国家出版基金项目
NATIONAL PUBLICATION FOUNDATION

航空航天科技出版工程

10

绿 色 航 空

［美］拉米什·阿加瓦尔（Ramesh Agarwal）　　［美］费耶特·科利尔（Fayette Collier）
［英］安德烈亚斯·舍费尔（Andreas Schäfer）［英］阿伦·西布里奇（Allan Seabridge）◎编

刘　莉　朱春玲　季路成　徐　军　等◎译

ENCYCLOPEDIA OF
AEROSPACE ENGINEERING 10
Green Aviation

北京理工大学出版社
BEIJING INSTITUTE OF TECHNOLOGY PRESS

WILEY

图书在版编目（CIP）数据

航空航天科技出版工程.10，绿色航空/（美）拉米什·阿加瓦尔（Ramesh Agarwal）等编；刘莉等译.—北京：北京理工大学出版社，2019.1

书名原文：Green Aviation

国家出版基金项目

ISBN 978-7-5682-6578-2

Ⅰ.①航… Ⅱ.①拉… ②刘… Ⅲ.①航空工程-环境保护 Ⅳ.①V

中国版本图书馆 CIP 数据核字（2018）第 301167 号

封面图片来源：

源自 Getty

出版发行 / 北京理工大学出版社有限责任公司

社　　址 / 北京市海淀区中关村南大街 5 号

邮　　编 / 100081

电　　话 / （010）68914775（总编室）

　　　　　（010）82562903（教材售后服务热线）

　　　　　（010）68948351（其他图书服务热线）

网　　址 / http：//www.bitpress.com.cn

经　　销 / 全国各地新华书店

印　　刷 / 北京地大彩印有限公司

开　　本 / 889 毫米×1194 毫米　1/16

印　　张 / 27.5　　　　　　　　　　　　　　责任编辑 / 梁铜华

字　　数 / 782 千字　　　　　　　　　　　　文案编辑 / 梁铜华

版　　次 / 2019 年 1 月第 1 版　2019 年 1 月第 1 次印刷　　责任校对 / 周瑞红

定　　价 / 168.00 元　　　　　　　　　　　　责任印制 / 边心超

航空航天技术出版工程

推 荐 序

　　航空航天是国家的战略产业，其科技水平直接决定着综合国力和国家安全。近年来，我国航空航天科技水平得到显著提升，在若干领域取得了举世瞩目的成就。在建设航空航天强国的进程中，广大科技人员需要学习和借鉴世界航空航天科技的最新成就。《航空航天科技出版工程》是综合反映当代世界范围内航空航天科技发展现状和研究前沿的一套丛书，具有系统性、学术性、前沿性等特点。该丛书的翻译和出版，为我国科技工作者提供了学习和借鉴世界航空航天科技提供了一个良好平台。

　　《航空航天科技出版工程》英文版由美国 WILEY 出版公司和 AIAA（美国航空航天学会）联合出版。全世界 34 位来自航空航天领域的顶级专家组成丛书顾问团，负责对丛书进行规划指导，来自美国、英国、德国、法国等国家的 800 多位著名专家参与丛书撰写。该丛书是当今世界上最为系统和权威的航空航天科技丛书，共有 11 卷、约1170 万字，涵盖航空航天科技的 62 个领域主题，合计 529 个章节。该丛书对航空航天科技所涉及的重要概念、理论、计算、实验等进行了系统阐述，并**配有大量**工程实践案例，主要内容包括：流体动力学与空气热力学、推进与动力、**结构技术**、材料技术、动力与控制、环境影响与制造、飞行器设计、系统工程、绿色航空、无人机系统等。最难能可贵的是，该丛书对航空航天工程的战略决策、实施路径、技术应用、实践验证和评价等方面进行了系统阐释，对未来二十年面临的挑战和机遇进行了深入分析。

　　该丛书中有些专题研究在我国尚属起步阶段，不少内容是国内紧缺的文献资料。例如，丛书对高超声速稀薄气体动力学、扑翼空气动力学、高超声速气动热弹性、多运动体协调控制、多种飞行器融合、深空探测、航天系统设计认证、多无人机系统网络、绿色航空飞机等领域的介绍颇有参考价值。丛书内容不仅适用于国防领域，而且适用于民用领域，对我国航空航天科技发展具有指导意义。

北京理工大学是我国首批设立火箭、导弹等专业的高校，曾为我国航天事业的创立和发展做出重要贡献，近年来又在深空探测、制导武器、空间信息处理等领域取得重要进展。该丛书英文版问世不久，北京理工大学出版社敏锐地判断，该丛书对我国航空航天科技发展具有重要借鉴作用，提出翻译这套巨著的设想。北京理工大学航空航天学科的教授们积极投身于翻译丛书的策划中，他们联合我国高校、研究机构中一批长期从事航空航天科技工作的教师和工程技术人员组成团队，仅用一年多时间就将这套巨著译为中文。我帮助他们邀请到丛书英文版顾问、著名航天结构力学家杜善义院士担任译审委员会主任，邀请到我国航空航天科技领域的多位领军科学家、总设计师共同负责丛书译审，进而确保中文版的科学性、准确性、权威性。

作为长期从事航空航天科技工作的学者，看到这套丛书即将问世由衷高兴。我认为，该丛书将为我国航空航天科技工作者提供一套不可多得的工具书，有利于提升我国航空航天科技水平，有利于促进我国航空航天科技与世界航空航天科技的有效对接，有利于推动我国建设航空航天强国。因此，我郑重向航空航天科技界的同行们推荐这套丛书。

中国科学院院士
北京理工大学教授

译 者 序

航空航天技术的发展水平体现了一个国家的综合实力。我国高度重视航空航天技术的创新发展，将航空航天产业列入国家战略性新兴产业和优先发展的高技术产业。航空航天技术的发展日新月异并呈现出跨学科化和国际化特征，国内学者需要一套系统全面的丛书，来巩固现有知识，了解国际前沿发展动态，以便进行系统更新，并提供高质量的科学研究资源。

美国 WILEY 国际出版公司和 AIAA（美国航空航天学会）联合出版的《航空航天科技出版工程》（*Encyclopedia of Aerospace Engineering*）正是这样的一套技术研究丛书。各章均由活跃在全球航空航天各专业领域研究一线的专家执笔，集成了编写团队在航空航天科技领域的重要科学研究成果和宝贵的科学试验数据。北京理工大学出版社组织专家对第一期出版的 9 个分册各章节标题及主要内容进行翻译和评审后，决定引进、出版本套丛书的中文版，并依托北京理工大学、北京航空航天大学、南京航空航天大学、中国航天科工集团、中国航天科技集团等国内从事航空航天技术研究的高校和科研院所，组建了翻译团队和专家译审团队。历时三年，中文版于 2016 年面世，分别为《流体动力学与空气热力学》《推进与动力》《结构技术》《材料技术》《动力学与控制》《环境影响与制造》《飞行器设计》《系统工程》和《航空航天专业术语》。

自《航空航天科技出版工程》英文版第 1 分册出版以来，随着新技术不断发展成熟，并已经出现新的技术挑战，所产生的经验和知识必须纳入专业知识体系，两个典型的例子就是绿色航空技术和无人机系统技术。英文版《航空航天科技出版工程》的补充分册《绿色航空》和《无人机系统》于 2016 年出版后，北京理工大学出版社第一时间做了版权引进，并迅速组织北京理工大学、北京航空航天大学、南京航空航天大学的专家学者组成译审团队。

《绿色航空》和《无人机系统》由181位国际航空航天相关领域的科学家、工程师、设计师和学者撰写，反映了编写团队在航空航天科技领域的重要科学研究成果和宝贵的科学实践经验，从工程、科技、运营和政策的视角，对航空航天工程的战略决策、实施路径、技术应用、实践验证和主客观评价等进行了系统阐释，对未来二十年面临的挑战和机遇进行了深入分析。

《绿色航空》是国内外首部阐述如何通过工程和技术措施来降低航空业对环境影响的权威著作，涵盖工程和技术相关学科（如空气动力学、发动机、燃料、结构等）、运营（如空中交通管理和基础设施）、大气和噪声污染相关政策和监管等内容，包括概述、空气动力学与飞行器结构、基于化学燃料燃烧的推进技术、替代推进、空气动力学与飞机概念、噪声、系统、运营、大气和气候等9个主题，38个章节。

《航空航天科技出版工程》中文版配有丰富的原版插图、表格以及大量的图片资料，最大程度地保留了原版书的编写风格。该丛书对于国内的科研和技术人员，以及承担着未来航空航天技术开发、管理的年轻学者和学生来说，都无疑是一套非常好的参考资料。

本分册由刘莉、朱春玲、季路成、徐军、王正平、贺云涛、施商涛、张超、杜孟尧、张耀、葛佳昊、蔚光辉、刘刚、侯亚伟、李延平、戴月领、陆天和、张晓辉、沈辉、孙一哲、王正之、王红兵、边庆勇、李胜超、曹宇等翻译。特别感谢北京理工大学出版社引进本书，更感谢各位院士学者们对此书出版的大力支持。译、校者虽在译文、专业内容、名词术语等方面进行了反复斟酌，并向有关专业人员请教，但限于译、校者的水平与对新知识的理解程度，谬误和不当之处恳请读者批评、指正。

翻译委员会

2018 年 12 月

英文版序

这些尊敬的前辈们在编撰《航空航天科技出版工程》丛书时，将这项工作称为是一项壮志凌云的计划，旨在应对将航空航天工程知识体系提炼为单个浓缩的参考体系这一挑战。

为何称其为"壮志凌云的挑战"呢？原因在于航空航天是一门存在时间跨度相对较短的学科，并且是一门依靠技术来动态推动的学科。自 2010 年第 1 分册出版以来，新技术不断发展并日趋成熟，同时人们也不断面对新的挑战，所以需要将由此得到的经验和知识总结到专业知识体系中。一个典型的例子就是绿色航空技术的出现和成熟。

随着媒体的炙热关注，人们越来越意识到为子孙后代所负有的保护地球及其环境的责任，对噪音和排放管理的增加正在改变着设计工程师、任务规划人员以及年轻人的强烈认同感。在全球经济不确定的时代，除了真诚努力地通过"变得更加绿色"来做好企业公民以外，尽可能使飞机和旋翼机更有效地飞行则更具商业意义。简而言之，作为一个行业，我们在做有意义的事，而且可以做得很好。

作为一个既快速发展又日趋复杂的领域，我们始终对《航空航天科技出版工程》丛书进行及时和全面的补充。与前 9 个分册特征相同，本分册延续了其多学科性和国际协同，但是，本分册的出版是为了补充当前重要航空环境方面的风险及其缓解措施等内容。

从空气动力学与推进到系统与运营，从噪音缓解到大气与气候科学，本分册是新手和经验丰富的航空航天专业人士的必备入门书。对于更广阔的科学领域来说，也肯定是有意义的，因为这些领域中的人员也在试图更好地去了解航空行业过去、现在和未来对环境的影响。

2016 年既是英国皇家航空学会（Royal Aeronautical Society，RAeS）成立 150 周

1

年，也是美国航空航天学会（American Institute of Aeronautics and Astronautics，AIAA）成立85周年，两个学会拥有的航空航天专业成员总数突破5万。我们庆祝这些里程碑，我们的成员从未停止对知识的探索与对当下乃至未来面临问题、挑战的解决方式的探寻。

可以很容易理解的是，当今的创新水平无法与当年实现重物在空气中的飞行和随后航空领域的先驱性工作相媲美。但是，今天我们服务于一个支撑全球经济的行业，这个行业在安全方面引领着世界，投入巨额资金进行产品开发，并解决了大量相互关联的技术挑战。这些因素使得当今创新者的贡献与150年前一样重要和鼓舞人心。我们特别赞赏那些努力了解和研究航空对环境影响的人，这对于我们行业的持续健康和人类社会福祉至关重要。

航空航天技术使世界变得更加安全、联系更加紧密、交通更加便利、社会更加繁荣。我们希望本分册能够延续这一趋势，对其读者、乃至整个行业有着和前9个分册一样的专业价值和影响力。

我们共同感谢本分册各位作者对航空航天工程知识体系的完善所做的贡献。

James Master

美国航空航天学会主席

普拉特惠特尼公司业务项目管理部副总裁

Chris Atkin

英国皇家航空学会主席

伦敦城市大学航空工程系教授

英文版前言

Wiley 出版的《航空航天科技出版工程》（*Encyclopedia of Aerospace Engineering*）在一系列"学习"章节中囊括了航空航天工业中的所有领域的知识。自出版以来，它一直在成功地、持续地为读者提供着知识，这些知识主要适用于目前正在运行或正在开发的航空航天系统。在广泛而全面的章节目录的基础上，编者们认为，进一步报道具有新兴重要性的特定主题领域可以进一步服务于读者。本分册旨在解决与航空航天排放、环境和绿色航空相关的机遇、挑战和技术问题。

多年来，关于这个问题的讨论和争论在稳步增长，很明显，没有达成一致。航空航天工业是否对环境造成有害的污染？如果是这样，通过什么机制来解决？更重要的是，这种作用是否可以量化？是否可以确定地预测其影响？以及为此可以做些什么？这些争论在新闻界、教科书、政治舞台和期刊上一直持续着。在这过程中，出现了一系列两极分化的观点，很难将科学和流行观点、客观和既得利益观点、以及严肃和挑衅性的观点区分开来。究竟谁对谁错，或者是否存在对和错的问题？

编写本分册的目的是为帮助了解目前存在的问题。本分册集合了由科学家、工程师、设计师和学者撰写的章节，对许多关键主题提供了广泛而深入的阐述。它旨在解释航空航天与环境之间的相互作用，并为该领域的主要参与者提供信息和建议。这包括那些直接为新飞机和基础设施的发展做出贡献的人——工程师、设计师、操作员、维护者和监管者等，以及那些有能力影响发展的人，如政策制定者、决策者、规划者、政治家和记者等。

本分册的主题范围广泛，包括新型飞行器和发动机的设计、空气动力学和推进、飞机运营和空中交通管理、替代燃料、轻型高强度材料、机载辅助动力装置、降噪技术、非传统飞机（电动、太阳能、氢能）等等，他们都与主题直接相关，由相关领域具有扎实经验的作者撰写。这些章节尽可能是真实和客观的，这不是个人观点或猜测的论坛，而是旨在激发讨论并鼓励辩论。

我们希望本分册的出版，在未来可以促进更多的行业交流和合作，推进新的概念和实践，并在适当的时候，以越来越可持续的方式，提供飞行的便利和乐趣。

Ramesh Agarwal

美国圣路易斯华盛顿大学教授

Fayette Collier

美国宇航局兰利研究中心

Andreas Schäfer

伦敦大学学院能源研究所

Allan Seabridge

航空航天顾问

目录

Contents

第1部分

概　述

第 1 章

持续的挑战——航空与气候变化

Alice Bows-Larkin，Sarah L. Mander，Michael B. Traut，Kevin L. Anderson，和 F. Ruth Wood

曼彻斯特大学机械航天和民用工程学院廷德尔气候变化研究中心，曼彻斯特，英国

1.1 航空和气候变化政策介绍

早在 21 世纪初期，人们就对国际航空的全球二氧化碳排放量进行了监测。在此之前，由于在《京都议定书》的国家目标中将国际航空排除在外，减排对象主要集中在国内二氧化碳。尽管相当多的研究已经质问了航空业二氧化碳的贡献，削减航空公司产生的二氧化碳这一提议仍然是具有争议的和不受欢迎的，为此工业利益相关者和公众也给出了很多解释（Budd 和 Ryley，2013）。所以尽管人们对"将航空业和其他行业放在一个公平的竞争环境中，并实施严格的二氧化碳减排政策"有很多争论，但它不是一个普遍的看法。

人们经常引用航空经济的重要性这一原因来避免严格的二氧化碳减排（Wood 等，2012）。航空可以连接不同发展阶段国家这一作用也是另一个原因。该行业的增长率，加上没有有效的手段来减少每乘客公里①碳排放量（g），使得航空业的二氧化碳排放上升。在工业化国家，不断增长的移民率和高经济增长速率影响着航空业需求。在 2020 年之前，这些工业国家通常不会去预测二氧化碳的排放量，因此没有直接的驱动力来减排。全球化支持"国际航空和运输业不同于那些不在国际空域或水域内经营的行业，其中一些国家可以实行高增长率的政策"的观点。但是这个观点只在以下气候变化背景下成立：全球平均增长率不违背"温度升高不超过 2 ℃"的国际社会承诺。

在各种协议、声明里存在广泛的政治共识，"2 ℃"代表了可接受和危险的气候变化之间的临界值。为了不超出碳排放预算，控制各行业温室气体的排放是至关重要的。然而大量的和不断增长的国际航空（和运输）排放却被排除在《京都议定书》的国家目标之外。虽然《京都议定书》包含了国内航空排放，但是在《京都议定书》被采纳之后，因美国所有国内航班的二氧化碳排放在全球范围内占据了主导地位（1997 年为 63%，国际能源署，2014），其不承认《京都议定书》，这导致进一步弱化了对航空排放的限制。

为了将国际航空二氧化碳排放纳入全球气候承诺，《京都议定书》委派联合国专业机构国际民航组织（ICAO）负责减缓航空二氧化碳排放的工作。然而 20 世纪 90 年代期间的缓慢进展导致欧盟委员会对此很沮丧，从而自行制订了将航空纳入排放交易计划（ETS）的提案，并且对行业征收碳税（Bows，2010）。尽管这样做会提高行业成本，但在制订《京都议定书》的最后一年，欧盟仍然将航空纳入 ETS 中。

然而，在政策开始实施之前，欧盟就已经停止了非欧盟国家的航班，以回应国际民航组织在建立全球贸易方案上取得的进展，并强烈反对一些包含美国在内的国家的计划（Bows-Larkin，2014）。该暂停直到 2016 年国际民航组织机制被同意才解除。其他由 ICAO 推进的政策机制有：车队效率全球每年提升 2%，直到 2050 年为止，同时使净排放从 2005 年的水平下降 50%；从 2020 年开始实现碳中性增长（ICAO，2013a）。

截至 2013 年 10 月，ICAO 全球交易计划的制

---

① 1 公里＝1 000 米。

订正在进行之中，衍生的收益用来抵押以减轻飞机发动机排放的影响，并开发低碳替代燃料。然而，在2016年之前机制尚未达成一致，而且需要时间来实施该机制。在此之前，排放预计是升高的。其间美国在二氧化碳减排方面也有所发展。2014年，美国最高法院支持美国环保署（EPA）根据《清洁空气法案》规定二氧化碳的排放。目前美国环保署正在考虑航空是否对人体健康有影响，并发布潜在的计划对飞机实施二氧化碳排放标准。

截至2050年，所有行业的二氧化碳排放量需从2010年的水平降低80%，以避免温升超过2 ℃（Bows-Larkin，2014），现有的国际航空减排策略是假定其他行业二氧化碳削减比例多于航空业。Bows（2010）评估了航空气候影响，对未来航空二氧化碳情景和2 ℃相关碳排放预算进行了比较。其文章介绍了航空的减排挑战，并强调了当评估航空气候影响时了解更加广泛的气候变化背景的重要性。本章通过对比更新后的航空情景与最近公布的2 ℃碳排放预算来更新Bows（2010）的文章。该章讨论了新兴发展背景下的见解，评价了Bows文章的结论"如果增长率没有大幅度下降或截至2050年替代燃料没有重大突破，航空业预计的二氧化碳排放量将不符合2 ℃的目标"是否仍然有效。

1.2　航空业二氧化碳排放趋势

自从民用航空工业出现以来，二氧化碳排放每年都在增长。航空相关二氧化碳排放随着经济发展在变化。在工业化国家其高速增长的原因有两个：它架起了国家之间的桥梁，特别是那些工业化不同阶段的国家；降低的飞机票价使得人们从偶尔乘坐飞机向经常性乘坐飞机转变（Randles 和 Mander，2009）。二氧化碳排放高增长率给缓解气候变化造成了很大的挑战。不像大多数其他行业，在要求的时间窗口内可用于避免温升2 ℃的技术是很少的。飞机的使用寿命和设计规范寿命较长，使得该行业受困于传统技术几十年。即使燃油效率在提高，图1.1表明高需求增长也会导致二氧化碳排放上升。

各地区目前航空二氧化碳快速增长的差异取决于国内或国外旅行。显然，国土面积较大的国家会有更多的国内旅行，然而在国土面积较小的国家，国际航空却占据主导地位。"国内"航空和"国际"航空的概念在气候政策背景下是非常重要的，因为国际航班不受限于国家减排策略。

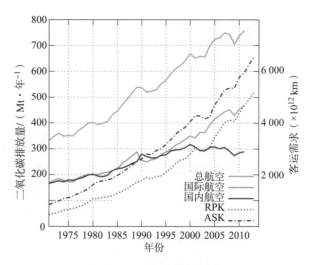

图1.1　航空指标的趋势

航空指标包括国际和国内航班的客运周转量（RPK）、可用客座·千米（ASK）和二氧化碳排放。［数据来源：国际能源二氧化碳排放数据（IEA，2014）；1971—2016年客运周转量以及可用客座数据，Owen（2018）；2007—2013年"客运量增长RPK"和"客运量实现指标"（IATA，2014）。］

1.2.1　国内航空二氧化碳排放趋势

航空二氧化碳排放历来主要来自美国国内航班，而且其排放量目前仍然占有主要的份额。（2011年占全球所有国内航班二氧化碳排放的50%；IEA，2014；图1.2）

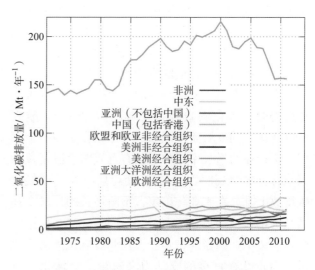

图1.2　国内航班的二氧化碳排放区域划分

［资源：IEA统计（IEA，2014）］

图1.2中的数据随着时间在不断变化，近期美国国内航班二氧化碳的排放是减少的。中国国内航空二氧化碳排放仅仅是美国的1/5，但是每年在以接近10%的比率快速增长（IEA，2014）。亚洲的其他区域也在经历着快速增长：从1990年开始，

每年增加6%，是广阔的地理范围导致部分区域的国内航班二氧化碳排放水平较高。

1.2.2 国际航空二氧化碳排放趋势

国际航空的二氧化碳排放区域划分如图1.3所示。欧洲经济合作与发展组织（简称"欧洲经合组织"）的国际航班二氧化碳排放占据了主导地位，其次是美洲经合组织，最后是亚洲（不包括中国）。在增长方面，从1990年开始，中国的年均增长率最高，为8%，亚洲其他国家是5%。自1990年以来，欧洲经合组织二氧化碳排放量每年以3%持续增长，即使在航空工业非常发达的北美，算上2001年"9·11"事件和最近的全球经济衰退这两个重大事件，也以年均2%的速率增长。

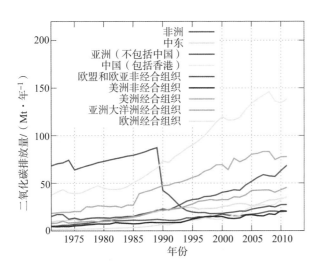

图1.3 国际航班的二氧化碳排放区域划分
[资源：IEA统计（IEA，2014）]

1.2.3 未来的航空二氧化碳排放

近年来，航空二氧化碳的排放重心从国内航空向国际航空转移，主要是因为欧盟居民的国际旅行的增加，以及美国国内飞行需求的下降，特别是在"9·11"事件和近期经济衰退之后。然而，中国作为一个国内航空二氧化碳排放快速增长的来源，其排放重心又将重新转移回国内航空。另一个二氧化碳排放的驱动力是高速增长的国际飞行，它受到高经济发展水平国家之间关系的影响。这种新场景导致了新问题的产生。中国高速增长的国内航空会对创新和气候政策产生什么样的影响？日益增长的国际航班二氧化碳排放来源是否会超出旨在用于其他

化石燃料消费行业的政策体制范围？最后，是什么驱动着乘客的飞行需求？

1.3 航空旅行需求的驱动力

为了探索飞行需求的某些驱动力，值得人们去思考航空旅行最初的目的是什么。总体来说，航空运输占大约10%的运输（交通工具）里程和35%的国际贸易货值（ATAG，2014）。53%的国际旅客通过乘坐飞机前往非定居地，剩余的47%是通过其他方式：40%通过公路，2%通过铁路，5%通过水路（UNWTO，2014）。52%的乘客乘坐飞机是为了日常休闲，27%是为了走亲访友、宗教或者健康原因，14%是为了出差（UNWTO，2014）。理解航空旅行需求的驱动力是关键。

1.3.1 全世界日益增长的需求

相比在2008—2009年的下降状态，近期乘客数量呈现上升趋势，2014年9月的客运周转量为5 100亿次左右（IATA，2014）。截至2014年9月，国际航空运输协会（IATA）推断，虽然全球范围内航空的前景各不相同，但总体是乐观的，其强调了经济状态与航空需求的关系。欧盟疲弱的经济增长和美国与亚太地区的经济复苏形成了对比（IATA，2014）。2014年9月，客运周转量全球同比增长5.3%，但是存在很大的区域差异。因为良好的区域经济，中东是客运周转量增长率持续增加的唯一地区，其他地区因为经济放缓、罢工和市场波动等因素而有所下降。新兴经济体的需求总体增长是最高的（IATA，2014）。40%的国际市场集中在欧洲，其次是亚太地区的25%。美国占据了国际航空市场的41%，中国居第二，为23%，（IATA，2014）。行业预报表明，在10年之内，中国会成为最大的国际航空市场。根据2014年人均航班情况，北美和欧洲是最可能飞行的地区，平均每人每年1.6个和1个航班。2033年，空客预测中国的人均每年航班数将从2014年的0.25个增加到0.95个，印度从0.06个增加到0.26个。

1.3.2 社会经济因素在塑造需求中的作用

航空需求受人们飞行能力、欲望，以及航空工业中如生产力和基础设施供给侧因素的影响。为了打开航空的需求，可以使用大量的模型方法，包括计量经济学模型（Department for Transport，

2013）。航空需求通常与经济活动和飞机票价有关（Department for Transport，2013），而其他研究（见延伸阅读章节）包含了变量，比如汇率、海外购买力和家庭财富的感知水平（O'Connell 等，2013）。

研究表明，大多数人不想乘飞机是因为他们想靠自己本身飞行，还因为本身飞行能够使他们做希望做的事情。因此，为了获得更细致的航空需求的驱动力，通过补充经济学模型研究和社会学与心理学研究，我们可以获知更多的情况。移民和变化的家庭人口是航空需求的一个重要驱动力，日益全球化意味着朋友和家庭可以分散。数据表明，大约1/4 的航班是为了走亲访友（Hibbert 等，2013）。Urry（2012）认为社会积极地看待高度流动的生活方式，人们的地位反映在他们访问的地方和流动模式上。飞行常客计划和航空公司营销策略也将移动生活方式与身份地位联系起来。

供给侧在变化，即专门从事国内和短途航线的低成本航空公司的出现，有助于创造新的市场。对于那些负担得起的人来说，英国较低的飞行费用有助于提高与朋友聚会或旅行等场合的"标准"（Randles 和 Mander，2009）。将庆祝、度假和走亲访友改到国外意味着每年将有更多数量的航班。通过简单的网上预订和在线登记的互动，加速服务购买与交付会进一步刺激增长（Randles 和 Mander，2010）。

最后，航空是一个消费领域，其在环境态度和行为态度之间存在差距。气候意识不会导致人们不飞行。相比于其他一些决策领域，缺乏替代品和飞行习惯使人们远离可持续的选择（Hares 等，2010）。Frew 和 Winter（2009）强调了人们对时间、家庭承诺以及对世界的渴望超过对旅行环境成本的考虑（Frew 和 Winter，2009）。世界许多富裕地区的飞行实践转移到了新兴市场，特别是那些目前有自己"低成本"的航空公司如亚航服务的飞行实践，这个转移的程度还有待观察。

1.3.3 航空旅行的未来需求

航空旅行的未来需求可能由新兴经济体中越来越多的中产阶级人口驱动，供给侧发展如扩大基础设施和放松市场管制会推动旅行。虽然放松管制和自由化的国家模式有所不同，但是竞争激烈的航空工业却被认为是降低成本和提高服务的关键，无论

是在国内还是在国际上（O'Connell 等，2013）。机场扩张支持了新兴经济体国内航空的扩张，如小城市机场的发展支持了中国区域通勤旅行。在新兴市场，区域性机场的发展可以推动国际航空旅行的增加，因为"轮毂与轮辐"的配置可以用来吸引国际旅客（O'Connell 等，2013）。在新兴经济体国家政府给予航空工业支持的情况下，人们正在构建能够实现行业增长预期的基础（O'Connell 等，2013）。

1.4 航空业二氧化碳减排的技术方案

当重新关注气候变化时，我们会问：怎样在降低航空业绝对二氧化碳排放量的情况下满足日益增长的飞行需求？答案显然是创新的技术和应用实践。然而，以往的工作表明那些有效方法具有渐进性（Bows-Larkin，2014）。

1.4.1 提高飞机效率

很多技术提升都是从结构重量、气动或者发动机效率等方面着手从而减少燃料燃烧的。减少飞机结构重量和降低阻力从而提高升阻比，都可以减少推进功率，从而降低燃料消耗。提高飞机发动机燃油效率同样能够降低飞行二氧化碳强度。三者的逐步改善会使得不同年代飞机的效率有所提升。燃油作为航空公司运营成本的一个重要部分，几十年来，其效率已经成为主要的研发目标。先进的发动机设计、优化的机翼和机身外形、材料科学有助于新一代飞机每可用座位公里比以往消耗更少的燃料。再加上增长的利用系数，使得燃油效率获得重大的提升（图1.4）。将来新一代的飞机效率仍然有潜力比目前的更高，图1.4 中的最佳拟合线说明随着技术的成熟，航空业怎样面对收益递减。飞机已高度优化，而且必须符合严格的安全标准，同时受到噪声和当地污染的制约，这就意味着基础设计变化很难而且成本很高。所以尽管有希望通过更长的时间使飞机变得更加先进，具有更高的燃油经济性、更低的碳强度，但当前的挑战是很有可能没有一个与气候变化目标相匹配的时间范围。因此替代燃料变得引人注目，但是它们也有一些尚未解决的问题，比如全生命周期二氧化碳的影响和更多的可持续问题。

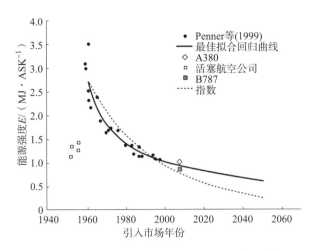

图 1.4 自民航民用飞机出现以来航空部门的
能源强度到 2050 年趋势预计

（资源：Peeters 等，2009：294）

1.4.2 效率之外

为了使二氧化碳减排量超越年度递增量，替代燃料必须开始发挥作用。短期内可能实现的是生物燃料和合成燃料。燃料本身不会与煤油有根本性的不同，但它们不是化石原料，而是由生物质或其他低二氧化碳原料生产而来。这个方向有一系列的新举措，但是减排取决于原料和生产方法。来自生物燃料的部分二氧化碳可以被植物所吸收的二氧化碳所抵消。然而，从如麻风树生产航空燃料的二氧化碳效益取决于当前植被或土地利用，在许多地区这有可能是负面效益。此外，由于原料生产代替了粮食生产，大规模的原料生产导致了更多的可持续问题。

一般来说，生命周期评估是否产生广泛的潜在的排放节约取决于具体的生产过程（Hileman 和 Stratton，2014）。目前正在进行的研究旨在解决与标准航空燃料不同性质的生物燃料问题，并为第二代和第三代燃料（例如，来自藻类的航空燃料）创造生产路线。使用太阳能（或另一种能源）的替代机制替代植物，将水和二氧化碳合成碳氢化合物，可以为航空燃料打开一条生产路线。除了碳氢化合物外，人们也考虑了用氢气和电池来作为推进系统的驱动力，但远远不能在恰当的时间范围内提供实际的替代品。

1.5 航空和气候变化的未来

随着需求的增长和受二氧化碳减排技术方案的

限制，将航空置于更广泛的气候变化政策目标的背景下是至关重要的。

1.5.1 全球环境政策和情景

政府间气候变化委员会（IPCC）在 2014 年发布了最新的全球气候变化挑战。其中的亮点是认识到累积的温室气体排放表明了未来全球平均气温升高的重要性。根据不同的预期的环境结果，全球累积的碳排放预算约束了所有行业的排放路径。总之，从 2015 年起，仍然有 1 100～1 400 t 二氧化碳，有 50%（"合理的"）的机会避免温升超过"可接受"或"危险"气候变化的 2 ℃ 临界值（IPCC，2014）。加上各行业一系列二氧化碳减排贡献，自然有多种路径可以用来维持这个约束的预算。但当仔细审查这些数字时，这个全球预算很明显对于任何行业来说都是巨大的挑战。为了有合理的机会避免温升 2 ℃，所有行业在未来的几十年里需要有显著和绝对的二氧化碳削减。更实际的是，富裕国家的能源系统，包括运输业，需要在 2050 年后很快消除二氧化碳排放（Anderson 和 Bows，2011）。

典型浓度路径展示了一个比较保守的观点（图 1.5）。最受约束的情景（RCP2.6）最有机会避免温升 2 ℃。然而，考虑到这一路径，全球二氧化碳排放上升很明显实际上已经快于这"2 ℃"情景。此外，在绝大多数假设"适应"这一排放路径的能源情景中，"负面排放"在维持低温上升中

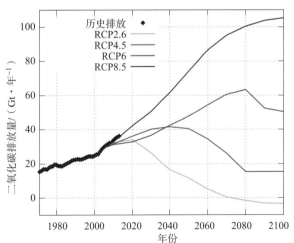

图 1.5 典型浓度路径（RCP）和化石燃料与
工业二氧化碳的历史排放

［资源：全球碳工程历史数据（Le Quéré 等，2014）；典型浓度路径来自 Meinshausen 等（2010）和 Moss 等（2010）。每个 RCP 后面的数据代表了未来辐射强迫的数量］

起到了显著作用。换句话说，通过土地利用变化，大范围并且快速部署生物质能源，加上碳捕获和存储和/或碳会使得人们具有更多信心。没有这个，预算会变得更具挑战性，所有行业需要彻底调整未来排放预期水平以避免温升超过 2 ℃。

1.5.2 航空二氧化碳的新情景和预测

为了回应气候变化带来的挑战，人们有必要对未来进行展望。在文献中有很多展望、预报和情景，有一些是正在作出预测，而另一些是探索潜在的未来的变化。在气候和能源政策中，"假设"类型情景已经是佼佼者，如 2 ℃温度目标。它们已经在各行业以各种各样的形式被使用，航空业也不例外。因此重新回顾现有的情景，并在最近航空二氧化碳排放趋势的背景下考虑它们是有意义的。图 1.1 显示了国内和国际航空排放的数据，在 20 世纪 90 年代中期以前有相似的增长轨迹。在那之后，国内和国际航空二氧化碳增长主要是由于国际航空排放量的增加，但是如上所述，中国和其他具有大国土面积的新兴经济体的国内航空具有很大潜力来改变这种状态。

从未来的角度看，图 1.6 展示了图 1.1 历史二氧化碳轨迹边上的两代航空排放情景的例子。文献（Newton 和 Falk，1997；Penner 等，1999；Vedantham 和 Oppenheimer，1994）中的 10 个情景包括来自 ICAO（2013b）被缩放到 1992 年的一个新系列。除了较老的 10 个情景外，三个最高和一个最低增长情景在当时是被认为不可信的。实际上，从 1992 年以来，很多老情景预测排放显著高于已经实现的排放。这是由于 2001 的"9·11"事件和近期的全球经济下行引起的。不足为奇的是，那些受工业观点影响的情景往往对预期需求较乐观，或者缺乏奖励措施来发展低增长情景。

在 ICAO 的 2013 年环境报告（ICAO，2013b）中考虑的显示在图 1.6 中的一系列情景都使用了相同的中期需求情景和不同的关于从技术和运营获得的效率假设。还没有足够的分析将替代燃料截至 2050 年潜在的二氧化碳排放量纳入，尽管在 2013 年 ICAO 的报告中有一些评估是在 2020 年之前完成的，据估计大约 3% 的燃料消耗可以来自"可持续替代"能源。ICAO 情景的平均年乘客需求增长率为 4.9%，与波音在 2014 年市场展望中提到的在 2014—2033 年预期的增长率相似。当然，这个假设和其他假设可能受到质疑。虽然如此，将前景与气候科学的结果进行比较有助于人们得出结论。

图 1.6 的 ICAO 情景都显示了航空二氧化碳排放增长的轨迹。这与 ICAO 在 2020 年前的"碳中性"增长目标和到 2050 年将排放量减半的目标形成了鲜明的对比。这表明需要在技术或运营上进行改变，或者与其他行业通过排放交易实现二氧化碳减排。受到 2 ℃二氧化碳排放预算的限制，假设某些行业在未来几十年内的不同时期将会比另外行业更快速地减排，航空业也将在此期间大幅度削减二氧化碳排放量。此外，由于排放交易迄今为止未能按照 2 ℃的要求实现减排，在 2020 年之前这样的方案不可能在航空业运行，因此将希望寄托于交易来实现减排目标可能是错误的（Bows-Larkin，2014）。

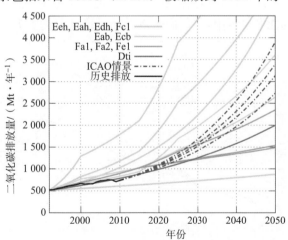

图 1.6 未来航空排放情景。一个不断增长的需求情景证实了 ICAO 情景（ICAO，2013b）

［资源：其他情景数据来自 Newton 和 Falk（1997），Penner 等（1999），Vedantham 和 Oppenheimer（1994）。环境保护基金（EDF）情景（制定 E＊＊）有"高"增长假设（指定 E＊h）和基准增长假设（指定 E＊b）。预测与经济分析小组（FESG）情景被指定为 F＊＊，增长差异由"a""c"，或者"e"区分］

1.5.3 对比航空业的前景和避免温升 2 ℃ 的目标

图 1.7 对 ICAO 采用的最近未来航空情景与符合 2 ℃目标的全球二氧化碳排放情景进行了比较。RCP2.6 情景已经脱离了目前全球二氧化碳轨迹（从 2000 年开始，全球二氧化碳排放更接近于一个更高的气候影响情景，RCP8.5 和图 1.5），Anderson 和 Bows（2011）中的三个全球情景被介绍用于强调各行业所需的二氧化碳减排规模。但是考虑到能源系统中更明确的动量识别，这些额外的全球路径有机会避免温升 2 ℃（更多的关于它们的来历信

息，见 Anderson 和 Bows，2011）。所有的轨迹线都被索引到 1992＝1 来强调在所有的情景下预测的航空排放与跨行业 2 ℃ 路径的差异。比较图 1.5 和图 1.6，值得注意的是 2050 年的航空排放绝对水平为 RCP2.6 下全球二氧化碳排放的 30％～40％。然而这些 ICAO 情景没有与 RCP2.6 一致的故事情节，在 RCP2.6 中所有的行业都采取了强有力的减排措施。

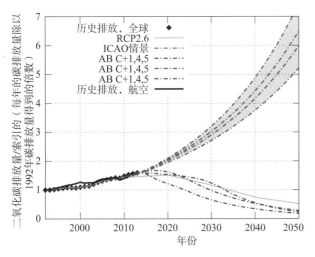

图 1.7　所有行业的 4 个全球二氧化碳情景

　　［(RCP2.6，ABC＋1C＋4 和 C＋5)和一系列来自 ICAO (2013b) 的 ICAO 航空二氧化碳情景（注释：所有情景都被索引到 1992＝1)］

回顾已经在之前表明这个差距的 Bows (2010) 的文章，"假设增长率没有大幅度下降或截至 2050 年替代燃料没有重大突破，航空业预计的二氧化碳排放量将不符合 2 ℃ 的目标"的结论显然仍然存在，尽管现在 2 ℃ 的预算进一步受到了限制。很少有迹象表明，任何新的技术或运营发展将实际开始二氧化碳减排，并抵消世界各地飞机机队因活动增加导致的二氧化碳的增长。世界很多地区会保持很高的增长率，没有显著加速去攻克使用生物燃料的飞机推进技术和可持续发展的壁垒，只能维持航空运输二氧化碳排放的高水平和不断增长。当其他行业也难以按照 2 ℃ 脱碳时，所有行业有必要发挥自己的作用。尽管不受欢迎，只要排放交易仍然不符合 2 ℃ 的目标，航空的需求管理就有明确的作用。

1.6　结　论

　　总体结论是清晰和明确的，航空工业对行业增长的当前预测与国际社会承诺的避免温升 2 ℃ 危险的气候变化描述是不相符的，其至高度乐观地吸收

了最有希望降低飞行二氧化碳强度的技术也无法提供快速且深的缓解率，以符合使得温度变化保持在 2 ℃ 以下的 IPCC 碳排放预算。即使大胆假设其他行业可能能够承担额外的减排任务来补偿航空业相较于其他行业较少的减排，结论依然是严峻的。无论怎样解释，从 IPCC 的 2 ℃ 碳排放预算来看，如果全球社区不违背其 2 ℃ 的承诺，航空需求就要受到约束。

与这种需求管理相比，市场分析强调有多少国家航空业迅速发展。如果中国的国内航空广泛遵循美国航空标准，它将成为未来二氧化碳排放强大的驱动力。按照实际情况来看，现有的扩张计划会增加富裕国家和新兴国家飞行常客的飞行实践，存在明显重大的风险。这样的前景与国际社会 2 ℃ 承诺不相符。

将现有的 2 ℃ 的航空相关二氧化碳排放情景、预测与全球二氧化碳排放情景相提并论，表明了两者之间存在巨大且在不断扩大的差距。目前几乎没有迹象显示，该行业与大多数行业一样，正在认真对待气候变化的 2 ℃ 目标和碳排放预算框架。为了实现从 2020 年开始碳中和增长，到 2050 年排放量减少 50％ 的目标，航空业已经提出了建议，但是几乎没有证据证明这些建议是可行的，即使有排放交易。此外，减少 50％ 的幅度不足以有合理的机会避免温升 2 ℃，使得航空业需要依靠其他行业遏制更多的排放。按照合理的可能机会避免 2 ℃ 来减少它们自己的排放量，对于所有行业来说都是一个巨大的挑战，所以足够多的行业能够比航空业取得更多的减排的假设误解了缓解规模的挑战。因此，如果航空业根据 2 ℃ 的承诺减少排放，就必须认识到气候挑战的真实性，并在内部机制上落实到位，从而根据减排必要的水平来管理自己的需求。

随着 IPCC 第五次报告和明确包含与 2 ℃ 临界值相关的碳预算的发布，出现了一个明确的考虑航空排放的框架。在这样的背景下，美国国家环境规划署的差距报告 (UNEP，2014) 引起了人们对高水平和普遍的全球社会未能根据 2 ℃ 限制排放的关注。国际民航组织列举了这种失败，预测排放会明显且持续地增长，同时持续强调对可持续发展未来的工业承诺。

像所有的行业一样，航空业到目前为止都未能发展科学可信的排放路径朝着 2 ℃ 的目标前进。如果未来几年没有这样的路径，显然航空业要么拒绝履行国际社会的 2 ℃ 承诺，要么已经判断自己太重

要而不能做出全面的贡献，而是依靠其他行业补偿这种站不住脚的假设。航空业不能从气候变化对话中孤立，作为一个成熟的行业，应义不容辞地明确其在 2 ℃、碳预算和减排挑战中的立场。

参考文献

Anderson, K. and Bows, A. (2011) Beyond 'dangerous' climate change: emission scenarios for a new world. *Philos. Trans. A*, 369 (1934), 20 – 44.

ATAG. Aviation Benefits Beyond Borders, Air Transport Action Group, Report by Oxford Economics. Available at http://aviationbenefits.org/media/26786/ATAG_AviationBenefits2014_FULL_LowRes.pdf2014.

Bows, A. (2010) Aviation and climate change: confronting the challenge. *Aeronaut. J.*, 114 (1158), 459 – 468.

Bows-Larkin, A. (2014) All adrift: aviation shipping and climate change policy. *Clim. Policy*, 15 (6): 1 – 22.

Budd, L. and Ryley, T. (2013) An international dimension: aviation, in *Transport and Sustainability* (eds. S. Ison and J. Shaw), Emerald, pp. 39 – 64.

Department for Transport. UK Aviation Forecasts. London.

Frew, E. and Winter, C. (2009) Tourist response to climate change: regional and metropolitan diversity. *Tour. Rev. Int.*, 13 (4), 237 – 246.

Hares, A., Dickinson, J., and Wilkes, K. (2010) Climate change and the air travel decisions of UK tourists. *J. Transp. Geogr.*, 18 (3), 466 – 473.

Hibbert, J. F., Dickinson, J. E., Gössling, S., and Curtin, S. (2013) Identity and tourism mobility: an exploration of the attitude-behaviour gap. *J. Sustain. Tourism*, 21 (7), 999 – 1016.

Hileman, J. I. and Stratton, R. W. (2014) Alternative jet fuel feasibility. *Transp. Policy*, 34 (0), 52 – 62.

IATA (2014) Air passenger markets: September 2014. http://www.iata.org/whatwedo/Documents/economics/passengeranalysis-sep-2014.pdf.

ICAO (2013a) Reducing emissions from aviation through carbon neutral growth from 2020. Position paper presented by the Global Aviation Industry, 38th ICAO Assembly, October 2013.

ICAO (2013b) Destination green: aviation and climate change. environmental Report, 2013. 23 – 25.

IEA (2014) CO_2 Emissions from fuel combustion: detailed estimates. International Energy Agency.

IPCC (2014) Intergovernmental panel on climate change fifth assessment. Synthesis Report, IPCC.

Le Quéré, C., Moriarty, R., Andrew, R. M., Peters, G. P., Ciais, P., Friedlingstein, P., Jones, S. D., Sitch, S., Tans, P., Arneth, A., Boden, T. A., Bopp, L., Bozec, Y., Canadell, J. G., Chevallier, F., Cosca, C. E., Harris, I., Hoppema, M., Houghton, R. A., House, J. I., Jain, A., Johannessen, T., Kato, E., Keeling, R. F., Kitidis, V., Klein Goldewijk, K., Koven, C., Landa, C. S., Landschützer, P., Lenton, A., Lima, I. D., Marland, G., Mathis, J. T., Metzl, N., Nojiri, Y., Olsen, A., Ono, T., Peters, W., Pfeil, B., Poulter, B., Raupach, M. R., Regnier, P., Rödenbeck, C., Saito, S., Salisbury, J. E., Schuster, U., Schwinger, J., Séférian, R., Segschneider, J., Steinhoff, T., Stocker, B. D., Sutton, A. J., Takahashi, T., Tilbrook, B., van der Werf, G. R., Viovy, N., Wang, Y. P., Wanninkhof, R., Wiltshire, A., and Zeng, N. (2014) Global carbon budget 2014. *Earth Syst. Sci. Data Discuss*, 7 (2), 521 – 610.

Meinshausen, M., Smith, S., Riahi, K., and van Vuuren, D. (2010) Figure compilation: RCP final release.

Moss, R. H., Edmonds, J. A., Hibbard, K. A., Manning, M. R., Rose, S. K., van Vuuren, D. P., Carter, T. R., Emori, S., Kainuma, M., Kram, T., Meehl, G. A., Mitchell, J. F. B., Nakicenovic, N., Riahi, K., Smith, S. J., Stouffer, R. J., Thomson, A. M., Weyant, J. P., and Wilbanks, T. J. (2010) The next generation of scenarios for climate change research and assessment. *Nature*, 463 (7282), 747 – 756.

Newton, P. J. and Falk, R. S. (1997) DTI Forecast of fuel consumption and emissions from civil aircraft in 2050. Based on ANCAT/EC2 1992 Data, The Stationery Office, London.

O'Connell, J. E., Krishnamurthy, P., Warnock-Smith, D., Lei, Z., and Miyoshi, C. (2013) An investigation into the core underlying problems of India's airlines. *Transp. Policy*, 29, 160 – 169.

Owen, B. (2008) Fuel efficiency development and prediction main thematic area: climate change. Omega MMU.

Peeters, P. M., Williams, V., and Haan, Ad. (2009) Technical and management reduction potentials, in *Climate Change and Aviation: Issues Challenges and Solutions* (eds P. J. Upham and S. Gossling), Earthscan, London, p. 293.

Penner, J. E., Lister, D. G., Griggs, D. J., Dokken,

D. J., and McFarland, M., (1999) Aviation and the global atmosphere: a special report of IPCC working groups I and III. Cambridge University Press, Cambridge.

Randles, S. and Mander, S. (2009) Practice (s) and ratchet (s): a sociological examination of frequent flying, in *Climate Change and Aviation: Issues Challenges and Solutions* (eds S. Gossling and P. Upham), Earthscan, London.

Randles, S. and Mander, S. (2010) Mobility markets and "hidden" intermediation: aviation and frequent flying, in *Shaping Urban Infrastructures Intermediaries and the Governance of Socio-Technical Networks* (eds S. M. Guy, W. Medd, and T. Moss), Earthscan.

UNEP (2014) The emissions gap report 2014: a UNEP synthesis report. Washington DC, USA.

UNWTO (2014) UNWTO Tourism highlights, 2014 edition. http://dtxtq4w60xqpw.cloudfront.net/sites/all/files/pdf/unwto_highlights14_en.pdf.

Urry, J. (2012) Social networks mobile lives and social inequalities. *J. Transp. Geogr.*, 21 (0), 24 - 30.

Vedantham, A. and Oppenheimer, M. (1994) *Aircraft Emissions and the Global Atmosphere*, vol. 77, New York.

Wood, F. R., Bows, A., and Anderson, K. (2012) Policy update: a one-way ticket to high carbon lock-in: the UK debate on aviation policy. *Carbon Manag.*, 3 (6), 537 - 540.

延伸阅读

Achten, W. M. J., Trabucco, A., Maes, W. H., Verchot, L. V. Aerts, R., Mathijs, E., Vantomme, P., Singh, V. P., and Muys, B. (2013) Global greenhouse gas implications of land conversion to biofuel crop cultivation in arid and semi-arid lands—Lessons learned from *Jatropha. J. Arid Environ.*, 98 (0), 135 - 145.

Adams, P., Bows-Larkin, A., Gilbert, P., Hammond, J., Howard, D., Lee, R., McNamara, N., Thornley, P., Whittaker, C., and Whitaker, J. (2013) *Understanding Greenhouse Gas Balances of Bioenergy Systems*, Supergen Bioenergy Hub.

Airbus. (2014) Flying on demand: global market forecast 2014-2033. http://www.airbus.com/company/market/forecast/? eID = dam_frontend_push&docID = 40815.

Anger, A. and Köhler, J. (2010) Including aviation emissions in the EU ETS: much ado about nothing? A review. *Transp. Policy*, 17 (1), 38 - 46.

Boeing. (2014) Current market outlook: 2014-2033.

http://www.boeing.com/assets/pdf/commercial/cmo/pdf/Boeing_Current_Market_Outlook_2014.pdf.

Bows, A., Anderson, K., and Upham, P. (2008) *Aviation and Climate Change: Lessons for European Policy*, London, Routlege/Taylor & Francis.

Dargay, J. and Hanley, M. (2001) *The Determinants of Demand for International Air Travel to and from the UK*. WCTR Conference, Seoul, South Korea.

EPA (2014) *U. S. Aircraft Greenhouse Gas Rulemaking Process*. http://www.epa.gov/otaq/documents/aviation/us-ghgendangerment-ip-9-3-14.pdf.

European Commission (2012) *Decision of the European Parliament and of the Council*. Strasbourg. Available at http://eur-lex.europa.eu/LexUriServ/LexUriServ.do? uri = COM: 2012: 0697: FIN: EN: PDF.

Furler, P., Scheffe, J. R., and Steinfeld, A. (2012) Syngas production by simultaneous splitting of H_2O and CO_2 via ceria redox reactions in a high-temperature solar reactor. *Energy Environ. Sci.*, 5 (3), 6098 - 6103.

Gossling, S. and Nilsson, J. H. (2010) Frequent flyer programmes and the reproduction of aeromobility. *Environ. Plan. A*, 42 (1), 241 - 252.

Graham, A. (2000) Demand for leisure air travel and limits to growth. *J. Air Transp. Manag.* 6, 109 - 118.

Graham, W. R., Hall, C. A., and Vera Morales, M. (2014) The potential of future aircraft technology for noise and pollutant emissions reduction. *Transp. Policy*, 34 (0), 36 - 51.

Grosche, T., Rothlauf, F., and Heinzl, A. (2007) Gravity models for airline passenger volume estimation. *J. Air Transp. Manag.*, 13, 175 - 183.

Hamelinck, C., Cuijpers, M., Spoettle, M., and van den Bos, A. (2013) *Biofuels for Aviation*, vol. BIENL13187. Ecofys.

IATA (2013) IATA 2013 report on alternative fuels, Montreal Geneva.

Lee, D. S., Fahey, D. W., Forster, P. M., Newton, P. J., Wit, R. C. N., Lim, L. L., Owen, B., and Sausen, R. (2009) Aviation and global climate change in the 21st century. *Atmos. Environ.*, 43 (22-23), 3520 - 3537.

Peters, G. P., Andrew, R. M., Boden, T., Canadell, J. G., Ciais, P., Le Quéré, C., Marland, G., Raupach, M. R., and Wilson, C. (2012) The challenge to keep global warming below 2℃. *Nat. Clim. Change*, 3, 4 - 6.

Randles, S. and Mander, S. (2009a) Aviation

consumption and the climate change debate: "Are you going to tell me off for flying?". *Technol. Anal. Strateg. Manag.*, 21 (1), 93 – 113.

Renouard-Vallet, G., Saballus, M., Schmithals, G., Schirmer, J., Kallo, J., and Friedrich, K. A. (2010) Improving the environmental impact of civil aircraft by fuel cell technology: concepts and technological progress. *Energ. Environ. Sci.*, 3 (10), 1458 – 1468.

Steiner, H. -J., Vratny, P., Gologan, C., Wieczorek, K., Isikveren, A. T., and Hornung, M. (2014) Optimum number of engines for transport aircraft employing electrically powered distributed propulsion. *CEAS Aeronaut. J.*, 5 (2), 157 – 170.

Subbaraman, N. (2010) Airlines ahead on algae. *Nat. Biotechnol*, 28 (12), 1230 – 1230.

UNFCCC (1992) *Article* 2. United nations framework convention on climate change. Available at http://unfccc. int/resource/docs/convkp/conveng. pdf.

本章译者：施商涛　刘莉
（北京理工大学宇航学院）

第 2 章

航空对全球大气化学的影响

Marcus O. Köhler

伯明翰大学地理与环境科学学院，伯明翰，英国

2.1 引　　言

在自然的大气环境中发生着很多的化学反应。大部分化学反应都是与空气中与氮、氧相比量较少的气体之间的反应。从地表到 10 km 的大气被称为对流层，这部分大气是全球大气生物化学循环的重要组成部分。在对流层大气中存在着时间、空间上的大跨度化学反应，由于人类的活动将大量的污染排放到大气中，所以对流层大气的成分逐渐改变。

航空发动机中化石燃料的燃烧导致了一系列污染物的排放，有的甚至会影响到大气中的自然反应。由飞机排放引起的化学变化可以大致分为三类：第一，发生在飞机排放后的快速相互作用的羽流反应。第二，由于空中交通活动，当地的空气质量与地面污染有关。这描述了一个区域规模的问题，通常适用于附近的机场。第三，全球大气循环解决飞机排放的化学反应需要较长的时间，一般从几周到数十年之间。在这种情况下，飞机排放量对温室气体的丰度和随后的气候系统的影响是相关的，本章只讨论涉及全球化学的第三个方面的影响，另外两个将在其他章节中讨论。

1970 年，人们首先开始调查航空对大气环境的影响，因为当时大型超音速客机的发展前景引起了人们对平流层臭氧消耗的担忧。虽然高速公路运输的设想最终没有成为现实，但人们认识到，航空器排放对大气化学影响的准确量化受限于关键化学化合物的全球分布的了解，主要是对流层的氮氧化物极限。自 20 世纪 50 年代以来，

全球空中交通量一直在增长，在 21 世纪的可预见的未来预计会继续有所增长。因此，在全球环境变化背景下，了解全球空中交通大气化学的现状和潜在的未来影响至关重要。20 世纪 90 年代，根据美国和欧洲的研究计划出版的评估与审查报告，重点研究飞机排放对化学和其他环境的影响。政府间气候变化专门委员会在 20 世纪末发表了《航空与全球大气特别报告》。此后，随着大气模型的进一步发展和对大气化学的了解，新的理论被不断发表和更新。

2.2 排　　放

为了确定航空对全球大气化学的影响，需要详细了解飞机发动机排放的性质，特别是关于其地方构成和全球地域分布情况。关于飞机发动机排放的全球数据被编成排放清单，作为能够模拟大气化学过程的数值模型的输入。这些库存包含网格格式的排放通量数据，其中空间网格通常具有经度和纬度为 1° 的水平分辨率与大约 1 000 ft① 的垂直分辨率。排放的季节变化大多以表格表示，给出了每个排放种类在每个网格点的月总量。例如，当代排放量的最新统计数据来自全球航空，可以从欧盟资助的项目 REACT4C（Grewe 等，2014）以及美国联邦航空管理局的 AEDT（Olsen 等，2013）得到。调查还包括近期的排放预测（例如，2025 年）和长期的排放情景（例如，2050 年）。飞机排放物主要由水蒸气（H_2O，每年 232 Tg）和二氧化碳（二氧

---

① 1 ft＝0.304 8 m。

化碳，每年 594 Tg）组成，还包含氮氧化物 [NO_x，0.81 Tg（N）]，一氧化碳（CO，每年 0.68 Tg），硫氧化物 [SO_x，每年 0.12 Gg（S）]，未燃碳氢化合物（HC，每年 94 Gg）和颗粒物（PM）。所有年度总排放量均取自 2006 年的 AEDT（Olsen 等，2013）。

在全球范围内，排放量最大的部分是在含有对流层（UT）和低层平流层（LS）的部分地区，巡航高度为 9～13 km。飞机排放与所处对流层或平流层相关，因为这些大气区域在其动力学和化学性质方面不同。排放在平流层内的排放量在 20%～60% 的范围内（Hoinka 等，1993；Forster 等，2003）。对流层与平流层之间的边界是对流层顶，其位置高度可变，取决于地理位置、季节和当地天气模式，这使飞机排放物的化学影响评估复杂化。

2.3 对流层中的化学反应

对流层受地球表面能量和物质交换过程的强烈影响。其特点是运输时间短，导致空气的混合和快速翻转，使得排放的化合物从地表抬升到自由对流层，并通过全球大气环流进行运输。化学活性微量

成分的大气浓度在很大程度上受到自然生物地球化学循环和人类越来越大的影响（IPCC，2013）。经过化学及物理过程未被破坏的物质会在几年的时间范围内逐渐进入平流层。

2.3.1 有机化合物的氧化

光化学过程是对流层自由基反应的主要驱动力。然而，由于平流层臭氧的过滤效应，可用太阳辐射的光谱限于长为 280 nm 的波长。O_3 和 NO_2 是在这些波长下被光解的两种重要物质。对流层中最重要的化学过程之一是将有机物质（碳氢化合物）和一氧化碳氧化成 H_2O 和 CO_2。这种自然光化学过程本质上构成了低温燃烧系统，并由羟基自由基（OH）主导，羟基自由基（OH）是一种在对流层中只存在非常少量的高反应性物质（Jacob，1999），在夜间没有阳光的情况下，硝酸根（NO_3^-）在对流层氧化过程中起着相似的作用；然而晚上的反应效率较低，稍后会在仅考虑硫酸盐气溶胶影响时讨论。图 2.1 显示了对流层氧化反应的示意。它说明了一氧化碳氧化和臭氧生成的关键化合物之间的相互作用。下面以 CO 和 CH_4 的氧化为例说明白天的自由基链反应。

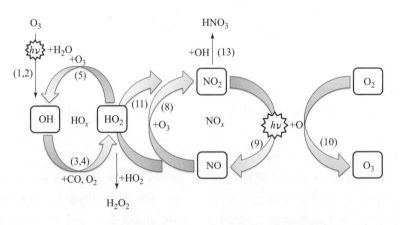

图 2.1 对流层中 O_3-HO_x-NO_x-CO 化学机理的示意

在波长 λ 小于 310 nm 的条件下，O_3 的光解可以产生激发态氧原子 $O(^1D)$，这种高能氧原子可以克服 H_2O 分子的稳定性，并且与水蒸气反应，导致 OH 基的形成。

$$O_3 + h\nu \longrightarrow O(^1D) + O_2$$
$$(\lambda < 310 \text{ nm}) \qquad (2-1)$$
$$O(^1D) + H_2O \longrightarrow 2OH \qquad (2-2)$$

反应（2-1）和反应（2-2）是 O_3 和 OH 的主要来源。大气中丙酮和甲醛的光解也会产生一部分 OH。

在对流层中，OH 基团迅速转化为 HO_2（氢

过氧基团）。该过程及常见反应链包括 O_3 和 CO。

$$OH + CO \longrightarrow H + CO_2 \qquad (2-3)$$
$$H + O_2 + M \longrightarrow HO_2 + M \qquad (2-4)$$
$$HO_2 + O_3 \longrightarrow OH + 2O_2 \qquad (2-5)$$

这种转化导致臭氧的破坏和一氧化碳氧化成二氧化碳。反应（2-4）所需的附加分子 M 通常是分子氮。OH 和 HO_2 反应在非常短的时间尺度上，使得两种物质通常处于化学稳定状态，并被统称为 HO_x 化学族。OH 自由基能够氧化大量的微量气体，如 CO [如反应（2-3）所示]，以及其他有机

化合物，如甲烷（CH_4）。

$$OH+CH_4 \longrightarrow CH_3+H_2O \qquad (2-6)$$
$$CH_3+O_2+M \longrightarrow CH_3O_2+M \qquad (2-7)$$

反应（2-3），反应（2-4），反应（2-6）和反应（2-7）导致水蒸气、二氧化碳以及最重要的过氧自由基（RO_2）物质（此情况下为氢过氧化物和甲基过氧自由基）的形成。过氧自由基的命运对于反应链是否导致净化学生产或臭氧的净损失至关重要。这些反应链可能的终止情况是 HO_2 与其自身形成过氧化氢（H_2O_2）或与 CH_3O_2 反应形成甲基过氧化氢（CH_3OOH）。

2.3.2 氮氧化物的重要性

化合物一氧化氮（NO）和二氧化氮（NO_2）在量足够大时具有干扰上述反应过程的能力。白天，大气中 NO 在臭氧存在的条件下与 NO_2 快速相互转化，使得这两种物质通常处于化学稳态，并被统称为 NO_x 化学族（氮氧化物）。

$$NO+O_3 \longrightarrow NO_2+O_2 \qquad (2-8)$$
$$NO_2+h\nu \longrightarrow NO+O$$
$$(\lambda<400 \text{ nm}) \qquad (2-9)$$
$$O+O_2+M \longrightarrow O_3+M \qquad (2-10)$$

对流层 NO_x 的天然来源包括土壤排放物、燃烧生物量（如野火）、雷电固定大气氮，以及通过一氧化二氮（N_2O）氧化产生的同温层向下运输 NO_x。然而，最大量的对流层氮氧化物是由化石燃料燃烧产生的，因此是人为因素（IPCC，2001）。氮氧化物通常通过硝酸（HNO_3）的形成及其随后的降雨或表面沉积被从大气中除去。NO_x 的大气寿命随着对流层高度的增加而增加。在对流层上方及以上区域，降水较少或完全不发生，NO_x 可以储存在 HNO_3 或各种其他储层气体中数周，并可能长距离扩散；然后可以通过光解或通过与 OH 的反应从硝酸中还原 O_x。

在氮氧化物浓度非常低的大气环境中，如远离大陆的偏远海域，过氧自由基可以形成过氧化物，其可被光解回到 HO_2 自由基中或溶解在水中，并通过沉淀从大气中除去。然而，在对流层的大多数地区，氮氧化物的浓度要大得多。当 NO_x 的浓度较高时，在反应（2-4）和反应（2-7）中形成的过氧自由基将开始与 NO 反应。

$$HO_2+NO \longrightarrow OH+NO_2 \qquad (2-11)$$
$$CH_3O_2+NO \longrightarrow CH_3O+NO_2 \qquad (2-12)$$

反应（2-11）和反应（2-12）发生在反应（2-8）中，导致进一步形成 NO_2，而不破坏 O_3。

如反应（2-9）和反应（2-10）所示，随后的 NO_2 分解并与分子氧再结合导致臭氧的形成。化学 O_3 生产超过 O_3 损失所需的大量 NO_x 的阈值水平取决于各种因素，如温度、湿度和 O_3 背景浓度。

当 NO_x 浓度继续增加甚至到达更高的水平时，如在大气边界层表面通常发现的 OH 自由基开始与 NO_2 反应形成 HNO_3。

$$OH+NO_2+M \longrightarrow HNO_3+M \qquad (2-13)$$

该反应代表过氧自由基和氮氧化物的化合。因此，反应（2-11）和反应（2-12）的反应速率以及臭氧产生率开始下降。

对流层中臭氧的生产率是臭氧产生的主要化学反应〔反应（2-9）和反应（2-10）〕和臭氧损失的主要化学反应〔主要是反应（2-5）〕之间的平衡。该速率是 NO_x 浓度的非线性函数，这取决于有机烃化合物的可用性（图2.2）。

2.3.3 硫化物和气溶胶效应

大气中的硫化物通过一系列天然和人为的过程释放到大气中。自然资源包括火山、生物质燃烧、海洋（海洋浮游生物）和土壤的排放。它们的排放部分是最终被氧化成 SO_2 的硫化物，如 H_2S、OCS、CS_2 和 CH_3SCH_3（二甲硫醚，缩写为 DMS）。然而，最大量的硫化物直接作为 SO_2 排放，其中大部分归因于人类活动，特别是化石燃料燃烧。

SO_2 在气相和液相的大气中都进行氧化，产生硫酸（H_2SO_4）作为最终产物。在气相中，反应涉及 SO_3 蒸汽的水解。

$$OH+SO_2+M \longrightarrow HSO_3+M \qquad (2-14)$$
$$HSO_3+O_2 \longrightarrow SO_3+HO_2 \qquad (2-15)$$
$$SO_3+H_2O+M \longrightarrow H_2SO_4+M \qquad (2-16)$$

硫酸具有非常低的饱和蒸汽压力，因此它沉积在固体或液体表面上或与环境水蒸气冷凝而形成硫酸盐气溶胶颗粒。硫酸盐气溶胶直接通过辐射散射或间接影响云的形成并改变其物理性质来影响地球的辐射平衡。然而，硫酸盐气溶胶也通过异质表面反应影响大气化学。N_2O_5 是 NO_x 的重要夜间储层。其在硫酸盐气溶胶上的水解导致 NO_x 转化为 HNO_3，它比 N_2O_5 具有更长的大气寿命。因此，硫酸盐气溶胶导致 NO_x 更有效地转化为 HNO_3，从而增强了从大气中去除活性氮氧化物的能力（Dentener 和 Crutzen，1993；Tie 等，2003）。这导致化学臭氧生产率下降。在夜间这个过程随着 N_2O_5 的产生开始。

$$NO_2 + O_3 \longrightarrow NO_3 + O_2 \qquad (2-17)$$
$$NO_2 + NO_3 + M \longrightarrow N_2O_5 + M \qquad (2-18)$$
$$N_2O_5 + M \longrightarrow NO_3 + NO_2 + M \qquad (2-19)$$

在低温和夜间，N_2O_5 是大气中稳定的化合物，可以在硫酸盐气溶胶上发生水解。

$$N_2O_5 + H_2O(\text{在硫酸盐中}) \longrightarrow 2HNO_3(\text{气态})$$
$$(2-20)$$

白天，N_2O_5 快速光解，反应（2-18）减慢。反应（2-13）表示将 NO_x 转化为 HNO_3 的过程，此过程主要但较为缓慢。

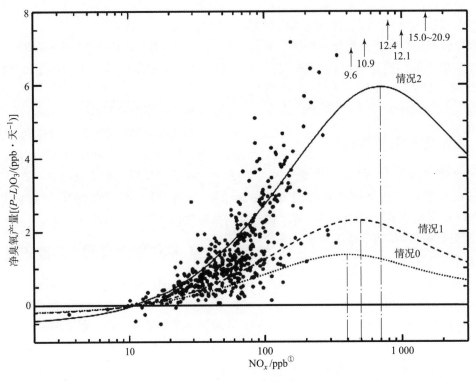

图 2.2　臭氧生成（平均 24 h）作为对流层上层 NO_x 的函数

（数据点是从美国宇航局的 SUCCESS 运动中获得的，定义了化学臭氧生产的速度。在此图中还显示了在 SUCCESS 中超过 11 km 经历的平均对流层条件的三个计算）

2.4　平流层的化学反应

平流层的特点是由光化学形成"臭氧层"（WMO，2014），其温度随着高度的升高而升高。这种稳定性导致垂直运输过程与对流层相比要慢得多，通常需要几年的时间。

2.4.1　臭氧形成

在化学上，平流层的组成特征在于原位形成臭氧和低丰度的水蒸气。我们目前对平流层臭氧形成的理解是基于查普曼（Chapman，1930）发展起来的理论。臭氧通过分子臭氧的光解产生，这需要波长低于 240 nm 的太阳辐射。然后原子氧与分子氧重新组合形成 O_3 分子。O_3 分子中的键比 O_2 中的键弱，因此 O_3 在 320 nm 以下光解，原子氧与 O_3 的反应使臭氧损失。

$$O_2 + h\nu \longrightarrow 2O \ (\lambda < 240 \text{ nm}) \qquad (2-21)$$

$$O + O_2 + M \longrightarrow O_3 + M \qquad (2-22)$$
$$O_3 + h\nu \longrightarrow O + O_2 \qquad (2-23)$$
$$O + O_3 \longrightarrow 2O_2 \qquad (2-24)$$

反应（2-22）和反应（2-23）形成 O 和 O_3 的快速相互作用，统称为"奇数氧"，并且可以假定为稳态。因此，它们不产生或破坏氧气，而是确定原子氧和臭氧之间的浓度比。通过查普曼机制形成的平流层臭氧层对地表的生命来说是必不可少的，因为它会滤除波长低于 280 nm 的太阳能辐射的近紫外光谱。因此，臭氧不能通过对流层的查普曼机制产生。

2.4.2　催化循环

平流层臭氧的沉降过程比反应（2-24）更快，以催化反应循环的形式存在。这些循环的两个主要物质类型是 HO_x 和 NO_x。在平流层中，HO_x 由

---

① ppb 为总体积的十亿分之一。

水蒸气［反应（2-2）］产生，其从下游的对流层运送到平流层或通过 CH_4 的氧化以化学方式产生。

$$OH+O_3 \longrightarrow HO_2+O_2 \quad (2-25)$$
$$HO_2+O_3 \longrightarrow OH+2O_2 \quad (2-26)$$

该循环将 HO_2、OH 和 HO_2 相互转化，在该过程中将两个 O_3 分子转化为三个氧分子。HO_x 保留下来作为催化剂，能够破坏大量的 O_3 分子。这种死循环需要 HO_x 的损失来终止，如通过反应（2-25）。

$$OH+HO_2 \longrightarrow H_2O+O_2 \quad (2-27)$$

反应（2-24）和反应（2-25）中所示的催化循环在 40 km 高度的平流层中效率最高，在对流层中没有重要作用，对流层中 OH 和 CO 的反应（2-3）比反应（2-24），HO_2 和 NO 之间的反应（2-11）比反应（2-25）速度更快。

通过 N_2O 的光解，在平流层中生成 NO_x，N_2O 由于其化学惰性从对流层运送到平流层。在该过程中破坏臭氧的 NO 和 NO_2 的催化循环描述为反应（2-8）和反应（2-26）。

$$NO+O_3 \longrightarrow NO_2+O_2 \quad (2-28)$$
$$NO_2+O \longrightarrow NO+O_2 \quad (2-29)$$

反应（2-26）与反应（2-9）相比在 20～40 km 高度是最有效的循环。该循环的终止包括如通过在白天［反应（2-13）］或 N_2O_5 在夜间形成 HNO_3［反应（2-17）～反应（2-19）］消耗 NO_x。除了这里所示的两个催化循环之外，还存在其他类似的循环，最显著的涉及卤素物质，但它们超出了本章的范围，因此不再进一步讨论。

2.5 飞机排放的影响

现在可以看到飞机发动机的化学物质排放的影响与上文所述的天然对流层和平流层中发生的化学过程有关。通过使用数字模型，如大气化学运输模型或化学气候模型，研究了飞机任务造成的大气化学变化。这些模型可以通过航空运动及其对自然化学过程的影响以及其他（非航空相关）排放源的影响，重现航空器排放的大气运输。直接观察对飞机发动机排放的全球尺度化学影响的测量通常是不可能的，因为天然的日常、季节或年际变化，如在氮氧化物和臭氧中，掩盖了飞机排放导致的大气浓度变化。评估化学影响的不确定性可能是由于对自然大气背景条件、相关化学过程及其相互作用的理解的限制。当前，大气模型并不能够完全准确地复现

大气过程，还有其他的不确定性。作为大气模型输入的全球飞机排放清单的汇总通常需要进一步抽象和简化排放位置和排放通量。尽管存在这些固有的不确定性，但自 20 世纪 90 年代以来进行的影响评估研究的结果与航空器排放、化学或其他方面的大气影响有相当高的一致性，并已在诸如 Brasseur 等（1998），IPCC（1999），Lee 等（2010）的各种出版物中得到记录。

2.5.1 水蒸气和二氧化碳

水蒸气和二氧化碳是煤油或其他化石燃料燃烧产生的主要排放物质。这两种化学物质都是有效的温室气体，其大气丰度的变化影响了地球—大气系统的辐射平衡。由于天然背景浓度高，水蒸气的大气丰度主要通过物理过程（温度）而不是化学反应来控制，因此水蒸气进入对流层的排放没有任何化学和辐射的真正意义。然而，在干燥的同温层内释放的水蒸气将导致 HO_x 浓度增加，因此通过催化循环可增加 O_3 的破坏，如第2.4.2 节所述。当今亚音速商用飞机的巡航高度已延伸到低平流层。据估计，它们对水汽排放的影响接近可以忽略不计（IPCC，1999）。潜在的未来商业超音速运输飞行在明显更高的巡航高度的影响表明催化循环对平流层臭氧损失的影响可能会更大（Grewe 等，2007）。排放在大气中的二氧化碳是化学惰性的；然而，它们参与了全球碳循环，与生物圈和水圈相互作用，估计大气使用寿命超过 100 年。随着时间的流逝，航空运输的二氧化碳排放量在全球范围内分布，最终与其他来源的二氧化碳排放量无法区分。

2.5.2 氮氧化物的影响

NO_x 排放会干扰对流层和平流层的化学过程，影响温室气体臭氧和甲烷的丰度。NO_x 的大气寿命随着高度而增加，因此它的臭氧生产潜力，除了其他运输方式的 NO_x 排放之外，来自航空的最大量的 NO_x 排放在靠近对流层顶的巡航高度。那里，在低环境温度下，NO_x 很容易转化为其他化合物，有时称为 NO_x 储层物质，如 HNO_3、N_2O_5 或 PAC（过氧乙酰硝酸盐）。因此，与地表释放的其他部分的排放量相比，来自航空的 NO_x 的相对重要性更大。对流层上层的其他 NO_x 来源是上述同温层的涌入，通过对流活动从较低的对角线隆起，并在闪电中进行原位化学生产（Berntsen 和

Isaksen，1999）。目前的估计表明，平流层的通量大小与全球航空相当。然而，雷电的排放量估计比空气中的排放量大很多。

由于限制大气背景浓度的 NO_x 较为困难，飞机 NO_x 排放的化学影响的幅度仍然存在显著的不确定性。Holmes 等（2011）对模型结果的范围进行了综述。作为出版文献的一个说明性例子，图 2.3 显示了由两个独立化学运输模型计算的飞机 NO_x 排放量导致的 O_3 变化。该图表示通过大气的纬度-高度横截面，其轮廓线表示年度和纬向平均 O_3 变化；也就是说，它们在所有经度上的平均。图（a）模型模拟对流层和低层平流层（从地表到 30 km 高度）的大气化学反应和运输。若在对流层周围的值都是正数，则表明由飞机排放导致大气 O_3 增加。最大的 O_3 增加发生在北半球上部重叠与排放最大位置重叠部位。这里最大的增长是 $5\sim6$ ppb。这表示 O_3 混合比例增加约 5%。自然的 O_3 背景在对流层顶为 $40\sim100$ ppb，对流层顶附近为 $100\sim50$ ppb。飞机排放物产生的臭氧是一个几周的寿命，远远低于空气中大气半球运输的时

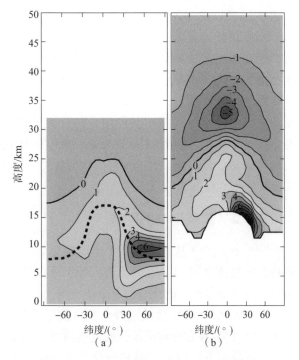

图 2.3 由两个独立化学运输模型计算的飞机 NO_x 排放量导致的 O_3 变化

［相对于没有飞机排放的大气，数值显示为以 ppb 为单位的区域和年平均体积混合比。图（a）的垂直域包括对流层和平流层下层。虚线是对流层顶的位置。图（b）只计算平流层的变化。轮廓线表示净 O_3 增加和飞机 NO_x 导致的净 O_3 损失之间的交叉点。Köhler 等人于 2008 年后修改］

间尺度。因此，飞机排放量较高的北半球的臭氧影响要大得多。图（a）中的模型没有模拟平流层的全部范围，因此低估了催化循环造成的平流层臭氧损失。图（b）中的模型模拟 $15\sim60$ km 高度的平流层的大气化学和运输（忽略对流层）。在这 6 个样本年的时间整合之后，模拟飞机排放 NO_x 进入中平流层的逐渐提升。运输到中平流层的 NO_x 排放通常以 HNO_3 或其他储层种类的形式，通过催化循环能够导致 O_3 损失。通常在 $20\sim30$ km 高度，根据纬度，可以确定"交叉"点，其中来自飞机排放的附加 NO_x 的影响从净臭氧产生变为净臭氧损失。模型研究调查了当日向上运输 NO_x 进入中平流层的排放率随巡航高度变化显示出显著差异（Rogers 等，2002）。然而，与天然背景浓度（约 105 ppb）相比，亚音速商用飞机的排放对平流层臭氧损失的影响在这个高度是可以忽略的。（IPCC，1999；Lee 等，2010）。

来自飞机 NO_x 的臭氧增加在 UTLS 地区最大。这些额外产生的臭氧中一些被运送到较低的高度，在那里被光解并有助于形成额外的 HO_x 自由基。这些 HO_x 自由基会使甲烷和一氧化碳更有效地氧化。由于来自航空的 NO_x 排放，对流层和 UTLS 地区的臭氧含量均有所增加，而 CH_4 和 CO 在全球的含量下降。由于这些化学过程导致的 CO 的减少超过了飞机发动机中煤油燃烧产生的 CO 排放量，O_3 和 HO_x 增加了大气的氧化能力，通过化学反应使有机化合物如甲烷更有效地被破坏。模型计算估计，由于全球飞机 NO_x 的排放，CH_4 的大气寿命降低了 3%（Köhler 等，2008）。化学相互作用进一步的复杂度由另一个效应引入。由于通过反应（2-3）和反应（2-6）直接对臭氧形成造成的碳氢化合物和一氧化碳的影响的降低，CH_4 和 CO 的减少导致了 NO_x 排放引起的臭氧增加的部分被抵消。

2.5.3 硫氧化物的影响

硫氧化物的影响主要通过 SO_2 释放，飞机排放影响硫酸盐气溶胶的丰度。气溶胶具有化学重要性，因为它代表可以在其上发生异质反应过程的表面。如第 2.3.3 节所述，H_2SO_4 气溶胶形成的区域表面积密度的增加将导致大气中活性氮的损失增加。因此，这种活性氮的损失将有助于减少氮氧化物排放引起的臭氧增加。活性氮损失导致的另外影响是，在较高纬度地区的对流层顶附近形成卤素硝

酸盐化合物的可能性降低。卤代硝酸盐是大气氯和溴的储层物质，其降低的丰度将导致能够通过催化循环消耗 O_3 的卤素的增加。Pitari 等（2002）的模型研究表明，在高纬度地区，由于气溶胶效应，低平流层 O_3 水平降低了 4～6 ppb，臭氧消耗的空气随后向下运输到对流层，导致 NO_x 排放造成的 O_3 增加抵消了约 2 ppb。

2.6 结 论

在全球航空排放及其对地球气候的影响的背景下，二氧化碳和非二氧化碳的影响往往有所区别。二氧化碳排放与燃料使用呈线性关系。它们由于大气使用寿命长而在全球范围内分布，对大气化学没有影响。然而，航空排放的一个特点是它们的许多非 CO_2 影响。它们的大气寿命要短得多，这使得它们的作用更加区域化。此外，其大气影响的大小往往在很大程度上取决于当地的大气条件，而不是与排放线性相关。所有这些都使得非二氧化碳效应更难以量化。在本章中已经描述了对全球大气化学影响的非二氧化碳效应。在大气中，各种微量成分之间发生大范围的化学过程。这些化学过程的性质取决于诸如位置（特别是高度）、阳光的可用性和大气成分等因素。从飞机发动机向大气释放的氮氧化物、硫化物和水蒸气会导致其对大气天然化学循环的干扰。这些影响的严重性在很大程度上取决于排放的位置，因此准确的量化需要在能够再现三维大气化学和运输过程的数值模型中进行模拟。排放的氮氧化物会影响整个低层大气中化学活性温室气体臭氧和甲烷，高度可达 25 km。平流层内的水蒸气排放可能会干扰化学 HO_x 循环，并导致臭氧破坏。硫化物的排放在影响异质化学物质的气溶胶的形成中起着重要的作用，诸如去除氮氧化物的储层物质的过程。因此，这些化合物的航空排放能够干扰大气化学，并导致大范围的复杂的环境影响。它们对全球化学的影响有许多途径，由于许多相互依存关系难以分别量化，因此，在此类辐射活性物质丰度受到影响的情况下，如温室气体或气溶胶在内的飞机排放物会对全球气候系统产生影响。

相关章节

第 31 章

第 34 章

参考文献

Berntsen, T. K. and Isaksen, I. S. A. (1999) Effects of lightning and convection on changes in tropospheric ozone due to NO_x emissions from aircraft. *Tellus*, 51B, 766 -788.

Brasseur, G. P., Cox, R. A., Hauglustaine, D., Isaksen, I., Lelieveld, J., Lister, D. H., Sausen, R., Schumann, U., Wahner, A., and Wiesen, P. (1998) European scientific assessment of the atmospheric effects of aircraft emissions. *Atmos. Environ.*, 32, 2329 - 2418.

Chapman, S. (1930) A theory of upper-atmosphere ozone. *Mem. R. Meteorol. Soc.*, 3, 103 - 125.

Dentener, F. J. and Crutzen, P. J. (1993) Reaction of N_2O_5 on tropospheric aerosols: impact on the global distribution of NO_x, O_3, and OH. *J. Geophys. Res.*, 98, 7149 -7163.

Finnlayson-Pitts, B. J. and Pitts, J. N. (2000) *Chemistry of the Upper and Lower Atmosphere: Theory, Experiments, and Applications*, Academic Press, San Diego, CA, 969 pp.

Forster, C., Stohl, A., James, P., and Thouret, V. (2003) The residence times of aircraft emissions in the stratosphere using a mean emission inventory and emissions along actual flight tracks. *J. Geophys. Res.*, 108, 8524.

Friedl, R. R. (ed.) (1997) Atmospheric effects of subsonic aircraft: interim assessment report of the advanced subsonic technology program. NASA Reference Publication 1400, National Aeronautics and Space Administration, Goddard Space Flight Center, Greenbelt, MD, 168 pp.

Grewe, V., Frömming, C., Matthes, S., Brinkop, S., Ponater, M., Dietmüller, S., Jöckel, P., Garny, H., Tsati, E., Dahlmann, K., Søvde, O. A., Fuglestvedt, J., Berntsen, T. K., Shine, K. P., Irvine, E. A., Champougny, T., and Hullah, P. (2014) Aircraft routing with minimal climate impact: the REACT4C climate cost function modelling approach (V1.0). *Geosci. Model Dev.*, 7, 175 - 201.

Grewe, V., Stenke, A., Ponater, M., Sausen, R., Pitari, G., Iachetti, D., Rogers, H., Dessens, O., Pyle, J., Isaksen, I. S. A., Gulstad, L., Søvde, O. A., Marizy, C., and Pascuillo, E. (2007) Climate impact of supersonic air traffic: an approach to optimize a potential future supersonic fleet-results from the EUproject SCENIC. *Atmos. Chem. Phys.*, 7, 5129 -

5145.

Hall, T. M. and Plumb, R. A. (1994) Age as a diagnostic of stratospheric transport. *J. Geophys. Res.*, 99, 1059 - 1070.

Hayman, G. D. and Markiewicz, M. (1996) Chemical modelling of the aircraft exhaust plume, in *Pollution from Aircraft Emissions in the North Atlantic Flight Corridor* (ed. U. Schumann), EUR-16978-EN, Office for Publications of the European Communities, Brussels, Belgium, pp. 280 - 297.

Hoinka, K. P., Reinhardt, M. E., and Metz, W. (1993) North Atlantic air traffic within the lower stratosphere-cruising times and corresponding emissions, *J. Geophys. Res.*, 98, 23113 - 23131.

Holmes, C. D., Tang, Q., and Prather, M. J. (2011) Uncertainties in climate assessment for the case of aviation NO. *Proc. Natl. Acad. Sci. USA*, 108, 10997 - 11002.

IPCC (1999) *Aviation and the Global Atmosphere. Special Report of the Intergovernmental Panel on Climate Change* (IPCC) *Working Groups I and III* (eds J. E. Penner, D. H. Lister, D. J. Griggs, D. J. Dokken, and M. McFarland), Cambridge University Press, Cambridge, UK, 384 pp.

IPCC (2001) *Climate Change* 2001: *The Scientific Basis. Contribution of Working Group I to the Third Assessment Report of the Intergovernmental Panel on Climate Change* (eds J. T. Houghton, Y. Ding, D. J. Griggs, M. Noguer, P. J. van der Linden, X. Dai, K. Maskell, and C. A. Johnson), Cambridge University Press, Cambridge, UK, 881 pp.

IPCC (2013) *Climate Change* 2013: *The Physical Science Basis. Contribution of Working Group I to the Fifth Assessment Report of the Intergovernmental Panel on Climate Change* (eds T. F. Stocker, D. Qin, G.-K. Plattner, M. Tignor, S. K. Allen, J. Boschung, A. Nauels, Y. Xia, V. Bex, and P. M. Midgley), Cambridge University Press, Cambridge, UK, 1535 pp.

Jacob, D. (1999) *An Introduction to Atmospheric Chemistry*, Princeton University Press, Princeton, NJ, 264 pp.

Johnston, H. (1971) Reduction of stratospheric ozone by nitrogen oxide catalysts from supersonic transport exhaust. *Science*, 173, 517 - 522.

Köhler, M. O., Rädel, G., Dessens, O., Shine, K. P., Rogers, H. L., Wild, O., and Pyle, J. A. (2008) Impact of perturbations to nitrogen oxide emissions from global aviation. *J. Geophys. Res.*, 113, D11305.

Kraabøl, A. G., Konopka, P., Stordal, F., and Schlager, H. (2000) Modelling chemistry in aircraft

plumes. Part 1. Comparison with observations and evaluation of a layered approach. *Atmos. Environ.*, 34, 3939 - 3950.

Lee, D. S., Pitari, G., Grewe, G., Gierens, K., Penner, J. E., Petzold, A., Prather, M. J., Schumann, U., Bais, A., Berntsen, T., Iachetti, D., Lim, L. L., and Sausen, R. (2010) Transport impacts on atmosphere and climate: aviation. *Atmos. Environ.*, 44, 4678 - 4734.

Logan, J. A. (1983) Nitrogen oxides in the troposphere: global and regional budgets. *J. Geophys. Res.*, 88, m10785-10807.

Meijer, E. W., van Velthoven, P., Wauben, W., Kelder, H., Beck, J., and Velders, G. (1997) The effects of the conversion of nitrogen oxides in aircraft exhaust plumes in global models. *Geophys. Res. Lett.*, 24, 3013 - 3016.

Olsen, S. C., Wuebbles, D. J., and Owen, B. (2013) Comparison of global 3-D aviation emissions datasets. *Atmos. Chem. Phys.*, 13, 429 - 441.

Pitari, G., Mancini, E., and Bregman, A. (2002) Climate forcing of subsonic aviation: indirect role of sulfate particles via heterogeneous chemistry. *Geophys. Res. Lett.*, 29, 2057.

Reeves, C. E., Penkett, S. A., Bauguitte, S., Law, K. S., Evans, M. J., Bandy, B. J., Monks, P. S., Edwards, G. D., Phillips, G., Barjat, H., Kent, J., Dewey, K., Schmitgen, S., and Kley, D. (2002) Potential for photochemical ozone formation in the troposphere over the North Atlantic as derived from aircraft observations during ACSOE. *J. Geophys. Res.*, 107, 4707.

Rogers, H., Teyssedre, H., Pitari, G., Grewe, V., van Velthoven, P., and Sundet, J. (2002), Model intercomparison of the transport of aircraft-like emissions from sub- and super-sonic aircraft. *Meteorol. Z.*, 11, 151 - 159.

Roof, C., Hansen, A., Fleming, G. G., Thrasher, T., Nguyen, A., Hall, C., Dinges, E., Bea, R., Grandi, F., Kim, B. Y., Usdrowski, S., and Hollingsworth, P. (2007). Aviation Environmental Design Tool (AEDT) System Architecture. AEDTAD-01.

Schumann, U. (1997) The impact of nitrogen oxides emissions from the aircraft upon the atmosphere at flight altitudes—results from the AERONO$_x$ Project. *Atmos. Environ.*, 31, 1723 - 1733.

Schumann, U. and Huntrieser, H. (2007), The global lightning induced nitrogen oxides source. *Atmos. Chem.*

Phys.，7，3823 – 3907.

Seinfeld，J. H. and Pandis，S. N.（2006）*Atmospheric Chemistry and Physics*：*From Air Pollution to Climate Change*，2nd edn，Wiley-Blackwell，New Jersey，USA，1232 pp.

Tie，X.，Emmons，L.，Horowitz，L.，Brasseur，G.，Ridley，B.，Atlas，E.，Stround，C.，Hess，P.，Klonecki，A.，Madronich，S.，Talbot，R.，and Dibb，J.（2003）Effect of sulfate aerosol on tropospheric NO_x and ozone budgets：model simulations and TOPSE evidence. *J. Geophys. Res.*，108，8364.

WMO.（2014）Scientific assessment of ozone depletion：2014. Global Ozone Research and Monitoring Project—Report No. 55，World Meteorological Organization，Geneva，Switzerland，416 pp.

本章译者：张超　王正平
（北京理工大学宇航学院）

第 3 章

航空排放物

Bethan Owen 和 David S. Lee

曼彻斯特城市大学道尔顿研究所，曼彻斯特，英国

3.1 引　言

　　航空排放物不仅会对当地或地区的局部空气质量造成影响，同时也会对整个地球的气候造成影响。在第 31 章中，将详细介绍航空排放对于当地和地区环境的影响情况。本章重点讨论航空排放物对整个地球气候的影响。

　　航空活动会增加大气中的温室气体（greenhouse gases，GHG）含量，从而改变气候系统的相对平衡。一方面，航空活动会直接排放温室气体（主要是二氧化碳——CO_2）；另一方面，排放物中的一部分其他物质（主要为氮氧化物——NO_x）影响诸如臭氧和甲烷等辐射活性气体。大气的辐射平衡被上述排放物扰乱之后，气候系统则会在新的温度上达到平衡，由此，航空排放物便成为气候变化的推手。此外，空中交通还会改变云量及云属性，改变地球大气层的反射特性，进而破坏气候系统的相对稳定性。对于航空业而言，最可观的影响情况当属飞机的航迹云（condensation trail，凝结尾迹）和飞机诱导卷云（aircraft induced cirrus，AIC），换句话讲，就是飞机对自然云层的改变。航迹云和诱导卷云效应将会在第 35 章中详细论述。

　　政府间气候变化专门委员会（IPCC）曾于 1991 年发布"航空业与全球气候"的主题报告（IPCC，1999）。此报告为后续几十年内的相关学科发展提供了参考，具有里程碑价值。据报告基本内容称，在全球人为影响大气辐射作用（RF，一种气候指标）中，航空活动占比接近 3.5%，其原因主要源于 CO_2、NO_x 以及持续性的条形航迹云

（由于缺乏好的总量估算方法，AIC 并未被涵盖在 RF 中）。根据中档增长模型分析，该部分 RF 占比将会在 2050 年增加至 5%。最大的不确定性与 AIC 有关（当前对该部分的了解"少之又少"），而航迹云（"较清晰"）和 NO_x 对 O_3 有影响（"较清晰"），甲烷（CH_4，"较缺乏"）对这种不确定性有重大的影响。

　　自从 IPCC 的报告发表以来，越来越多的相关研究工作得到了落实，从而进一步量化了航空对于环境的影响情况。特别是航迹云和 AIC 的不确定性得以缩小（例如，quantify project，量化工程）。

　　自从 IPCC（1999）报告发表以来，关于航空活动对气候影响研究的本质也逐渐在提升：期初，议题主要为"各种因素的影响力比重"；而在最近几年，研究工作则主要集中在"如何降低环境影响""应采取何种衡量指标来进行缓解作用的比较""气候保护和技术发展之间的折中妥协点在哪里"。可以说，当前的研究对象在逐渐向具体化、集中化、复杂化的方向发展。尽管如此，部分领域中仍然存在基础科学知识不足的问题。

　　在后文中，将对最近的部分科学研究进展进行回顾与总结，分别为：第 3.2 节，交通及排放物的发展；第 3.3 节，排放物及其危害；第 3.4 节，排放总量；第 3.5 节，未来的发展趋势；第 3.6 节，减排：技术及政策；第 3.7 节，结论。

3.2 交通及排放物的发展

　　随着航空进入喷气时代，民航部门得到了长足发展，旅客的远距离旅行也变得更加便捷。2006

年，全球共有近20 500架民航飞机服役，其中100座级以下飞机占比27%、100座级以上占比65%、货运飞机占比8%（空中客车公司数据，2007）。以上数据反映了除私人飞机以及专用航空以外的全球就航空燃油总量来说的现状。截至2026年，空客公司预测民航飞机总量会飞跃至现在的两倍，达40 500架之多。其中100座级以下的飞机占比20%、100座级以上的飞机占比70%、货运飞机占比8%（空中客车公司数据，2007）。

航空业的增长情况如图3.1所示，参考值为客运周转量（RPK）。例如，飞行运行客座数和飞行使用客座数。类似的衡量值，还有可用座位公里数（ASK），该值可作运载能力的量化指标。1980—2000年RPK平均年增长率为5.13%，1990—2007年为5.03%，而1971—2007年远程的数据增长率则为6.25%。

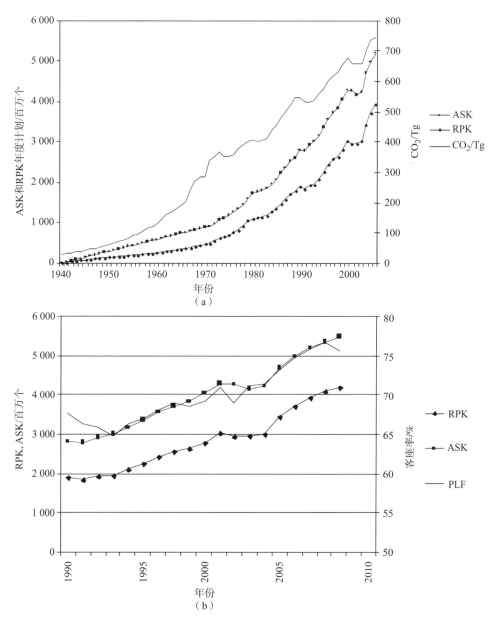

图3.1 航空业的增长情况

（a）RPK、ASK的长期趋势（百万个），航空煤油销售量，每年Tg（数据来自国际民航组织和国际能源机构）；（b）RPK、ASK和PLF的短期趋势（1990—2008）

业界在"9·11"事件后经历了公认的低迷期。而当前行业的复苏过程中仍有一个现象不为广大民众所知，就是自2007年年末至2008年，民航业的增长势头已经远远超过了能源价格的增长幅度。

2000—2006年，RPK的总增长率达到了29.7%，平均年增长率为4.8%，该数字已经非常接近长期增长率的平均值，比如2006年的年增长率仅比1990—2000年的年增长率低3.6%。虽然由石油行业的不确定性导致的航空业发展的不确定性非常明显，但以上的增长仍然会成为航空业恢复的征兆。值得关注的是，2003—2006年世界原油价格翻了一倍，而此时的RPK仅仅增加了30.5%。随着2007年全球经济衰退的趋势发展，航空业也受到了多个方面的影响。部分"边缘"运营商破产停业，而部分标志性的航空企业也与其他大型企业相同，遭受着经济衰退的全面影响。实际上，全球经济衰退是在2008年的下半年对整个航空业形成了严重影响，而即使如此，2008年的RPK仍然保持了1.3%～1.6%的增幅（数据分别来自国际民航组织和国际航空运输联合会）。相比之下，2008年对于航空业的最大影响在于，航班客座率由2007年的极大值76.7%减少到了2008年的75.7%。

航空排放与需求的增速差异主要在于两方面因素。首先，随着不断有更新的机型融入整个航空运营网络，其燃料利用率不断改善，这同时也是运营成本上的关键推动力。而与此相悖的是，由于新机型的研发耗资巨大，因此新机型的研发、上市通常具有较强的不确定性。而且飞机寿命通常较长（25年以上），造成部分运营商在更新换代的同时，依然有大量的老旧机型被卖给其他运营商继续使用。更多报废退役的飞机机龄都较高，并且往往经由多家航空公司运营。其次，飞机的利用率，或者说是负载系数（load factor）的效率也在不断提升。这两方面对于总体"运输效率"（比如RPK/kg）的促进作用如今还鲜为人知。然而，根据世界能源署（IEA）对于煤油销售量的统计，可以粗略地得到CO_2排放总量的估算结果。上述数据如图3.1（a）所示。1990—2005年，世界煤油的销售及使用增长率约为2%。2005年，燃料的使用总量达到了233 Tg/年。也就是说，对应的CO_2排放量为733 Tg/年，如图3.1（b）所示。

根据IEA的煤油销售数据以及Boden、Marland和Andres所统计的CO_2排放数据，2000年煤油燃烧排放的CO_2占比达到了最大值2.74%。而过去5年内航空CO_2排放量在总排放量中占比的减少，并不可归功于航空CO_2排放量的减少（实际上2000—2006年的航空CO_2排放量增加了9.8%），而更确切地说，应该得益于全部化石能源CO_2排放量的快速增加（数据来自Boden，Marland和Andres，2007）。航空CO_2排放量在全部化石能源CO_2排放量的占比变化情况，如图3.2所示。

图3.2　来自煤油销售数据的二氧化碳排放（数据来自国际能源机构，2007）与化石燃料总排放量相比的百分比（数据来自博登等人，2009）

3.3　排放物及其危害

3.3.1　二氧化碳

二氧化碳排放量与燃料的消耗量存在确定的比例关系，并且是现代航空发动机所排放的长效温室气体。民航所使用的燃料大部分是煤油，只有少数的轻型飞机的活塞式发动机会使用航空汽油（AvGas）。煤油充分燃烧过程中的CO_2排放指数（EI）通常量纲为g/kg燃料。废气中其他含碳气体还包括CO以及各种碳氢化合物。充分燃烧产生的排放物功率等级更低，上述所说的不完全燃烧产生的其他含碳气体相对比例非常小。

根据IEA的能源销售统计结果，2005年航空CO_2排放量为733 Tg（包括民用航空和军用航空在内）。这意味着会产生2%～2.5%的人为CO_2排放。然而，我们需要了解的是，由于CO_2在大气环境中的生命周期非常复杂，有20%～35%的CO_2将会在地球的大气中存留成千上万年。通常认为，有效的航空活动是从1940年开始的；而1940—2006年的累计排放量高达22 Pg。与传统化石能源燃烧、水泥工业以及天然气燃烧（Boden等，2007）相比，航空业的排放情况可谓微乎其微，其在1751—2006年的总排放物中仅占比0.5%，1940—2006年则占比2.1%。

航空活动对总CO_2的RF值影响情况，可以通过碳循环的方法进行计算。该方法首先需要根据背景的CO_2浓度计算大气中的CO_2浓度（未来也可

以根据模型 CO_2 浓度计算），之后便可得到辐射效应（radiative forcing，RF）值的简单自然对数拟合结果。如此，便可近似得到 CO_2 饱和度频谱。

图 3.3（a）所示为 1940—2005 年航空由于 CO_2 排放的 RF 变化情况。此外，图（b）为 2005 年之后的上述排放效应造成的残余 RF 变化趋势。图（b）可以从两个角度进行解读：一方面，数据表示了假设 2005 年后航空活动停止前提下的 CO_2 RF 值随时间变化的情况；另一方面，也可以认为数据是 1940—2005 年的航空活动所造成的累计 CO_2 排放所带来的残余 RF 变化情况。相比之下，后者的分析更易于接受，且最好能够使用每年 $W \cdot m^{-2}$ 这一综合 RF 值来进行表征。然而，这也并非标准的气候度量标准［除非能够嵌入 GWP（全球变暖潜能值）中］，其原因在于，由于无法明确航空 CO_2 排放，因此只能够在一定程度上衡量 CO_2 的影响。与此同时，其也具有一定的正面作

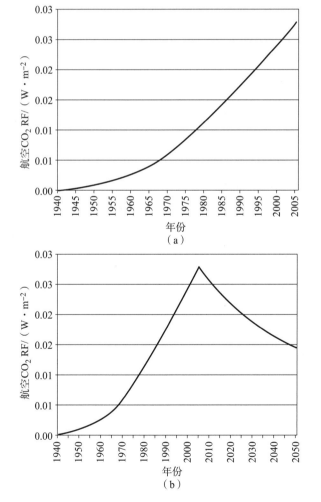

图 3.3

（a）1940—2005 年航空 CO_2 RF；（b）1940—2005 年航空 CO_2 RF 和预计到 2050 年的 CO_2 RF

用，如为明确诸如 CO_2 的长期影响因素较诸如 O_3 的短期影响因素更严峻给出了根据。

3.3.2　氮氧化物

氮氧化物或者 NO_x（主要由 NO 及 NO_2 构成）主要在航空发动机的各个工作阶段进行排放。局部空气质量受飞机起降过程中排放物的影响，其具体内容详见第 31 章。在这里，我们主要关注飞机巡航阶段的 NO_x 排放导致的大气化学和气候变化。

飞机发动机可通过四种途径产生 NO_x：热力途径（thermal NO_x）、诱发途径（prompt NO_x）、一氧化二氮途径（N_2O）以及氮化物燃料途径。

热生 NO_x 主要由空气中的氮气（N_2）和氧气（O_2）燃烧反应产生。在高温条件下，N_2 和 O_2 解离成原子状态，N、O 原子与 N_2 和 O_2 通过自由基的 Zeldovich 机制进行如下的化学反应：

$$N_2 + O \longrightarrow NO + N \qquad (3-1)$$
$$N + O_2 \longrightarrow NO + O \qquad (3-2)$$

上述反应的反应速率取决于主燃烧区的化学计量比（空气与燃料的混合比例）、火焰温度及其停留时长。当燃料比例偏低时，则会由于高温火焰处的 O_2 含量过高而产生大量的 NO_x，且此时的产生量基本处于极大值。

促生 NO_x 主要在 N_2 和 HC 基团反应生成 HCN 后通过媒介反应生成。除富燃料的情形之外，此种途径产生的 NO_x 通常较少。

燃料 NO_x 主要在燃料的化石转化和燃烧过程中与 O_2 反应生成。该途径中的化学反应和相关形成机制都较热生过程更加复杂。同时，对于使用煤油燃料的燃气轮机而言，由于蒸馏燃料中的氮元素含量极少，甚至为零，因此基本可以忽略这个途径的作用，而主要考虑热生效应所产生的 NO_x。

N_2O 途径包括了一种 N_2 分子和 O 原子以及第三类物质 M 的反应，具体如下：

$$N_2 + O + M \longrightarrow N_2O + M \qquad (3-3)$$

反应（3-3）中形成的 N_2O 可以进一步与 O、H 原子进行竞争化学反应形成 NO、N_2、O_2 以及 OH。这些化学物质在预混合燃料燃烧过程的应用中十分重要。同时，高压对于该类反应有一定的促进作用，而高温则作用不明显。

对于内燃机而言，不同工作模式下的优化与改进以降低 NO_x 排放量成为主要的挑战。例如，由于声波共振会造成波动热，因此稀薄燃烧且低排放燃烧室较容易受到影响而造成燃烧不稳定。空气与

燃料混合不均匀,会造成局部的温度过高而增加 NO_x 排放。通过强制保持燃料、空气混合比处于反应临界点(stoichiometry)附近,可以使 CO 和 CH 的排放最小,同时也会引起火焰温度的升高,进而造成 NO_x 排放增加。上述都是需要在设计低 NO_x 排放内燃机过程中克服的问题。

不同条件下 NO_x 的生成机理非常复杂,可见 NO_x 排放并非单纯地类同于 CO_2 燃料燃烧的排放问题,而是内燃机的固有技术问题。即便如此,还是存在一些简单的算法可以在考虑高空大气温度、湿度条件的前提下,根据燃料流量同时估计 NO_x 排放量,如所谓的 Boeing Fuel Flow Method-2(DuBois 和 Paynter,2007),以及 DLR Fuel Flow Method(Deidewig 等,1996)。

大气环境中飞行器的 NO_x 排放作用包括较为复杂的化学反应(主要但不仅限于气态反应)。这一作用最终会导致对流层顶部和平流层底部的 O_3 含量增加、CH_4 含量减少。从上述角度分析,由于可以产生 O_3,氮氧化物对于全球平均 RF 起到了正面效应;而由于会破坏 CH_4,氮氧化物对于全球平均 RF 起到了负面效应。

3.3.3 水蒸气

亚音速飞机排放的 H_2O 会通过以下两个途径对 RF 值和气候产生影响:其中额外的水蒸气为直接影响因素;H_2O 排放带来的尾迹云和 AIC 则构成间接影响因素。本文主要探讨直接影响因素。

与 CO_2 排放相似,H_2O 的排放量与燃料的消耗量是成固定比例的,对于煤油燃料的完全氧化燃烧而言,排放比例为($1\,230\pm20$)g/kg。根据 IPCC(1999)报告评估,水蒸气的 RF 值很小($1.5\ mW/m^2$,约占 1992 年全年航空业影响效应的 3%),其原因在于航空业对于整个自然水循环的影响增量作用非常微小。飞机排放的一部分水蒸气将会滞留在相对干燥的平流层底部,但受整个大气对流时间周期的影响,这部分的影响会非常小。然而,随着平流层中部运行的亚音速飞机逐渐成为发展趋势,水蒸气对于 RF 值的影响可能会随之增大,届时有可能 H_2O 将会成为总 RF 的支配性影响因素。就当前而言,大型超音速飞机的规模化应用还为期甚远。

3.3.4 颗粒物——硫酸盐、黑炭和有机物

硫酸盐以及黑炭(BC)颗粒,即煤烟,也会

随着水蒸气一起构成飞机的航迹云。此外,航迹云/AIC 中会含有有机颗粒物。根据 IPCC(1999)报告显示,虽然已经对上述三类物质在航迹云中的作用进行了研究,但依然鲜有研究证实其具有辐射气候效应。

航空煤油中含有低浓度的硫酸盐,通常在燃料中的浓度为 $400\ \mu g/g$。根据 IPCC(1999)报告显示,硫酸盐颗粒物对 RF 值的直接作用因数为负项,数值为 $-3\ mW/m^3$。

航空煤油的不完全燃烧,以及含碳的多环芳香烃碳氢化合物的凝聚过程,会导致黑炭的产生。如今航空发动机的"烟"排放早已有了排放标准规定,并且随着早期的喷气航空发动机发展过程中可见"烟尘"排放量的控制,这一排放标准基本上实现了达标。航空排放的 BC 颗粒物具有较为明显的尺度特征,通常为 $30\sim60\ nm$。BC 的平均排放量会随高度增加而降低,起、降高度每千克燃料的排放量为 0.08 g,16 km 高空每千克燃料的排放量为 0.02 g。虽然现代化的航空发动机排放量已经减少到了每千克燃料 0.01 g 煤烟排放,但 2002 年整个航空运输的平均值则为 0.025 g/kg(Eyers 等,2004)。根据订单信息,将会有 $10^{14}\sim10^{15}$/kg 煤烟排放(已考虑了相关的发动机型号等信息)。根据 IPCC(1999)预测,其直接的航空 BC 排放影响因素为 $3\ mW/m^2$。

有证据表明,包括含氧碳氢化合物和有机酸在内的低挥发性碳氢化合物也会由飞机排放到大气中并形成颗粒物。但到此为止还无法科学地说明相关物质的化学组成,因此暂且不将上述物质列入排放名录中。

3.4 排放总量

全球航空排放总量通常可以使用实际发生和计划进行的空中交通活动来计算,如可通过官方航线指南(OAG)(http://www.oag.com/)计算。该航空活动数据库通常会提供航班的出发地、目的地、机型以及承运商。在航程的估算方面,可以选择性地使用当地已有且可查询的实际航线(如北美、欧洲地区),或者根据出发地、目的地位置规划出其大圆航线作为航程距离的计算依据。在已有的航程、高度以及机型等信息的基础上,则可使用飞机发动机的燃料流量模型(PIANO-http://www.lissys.demon.co.uk/index.html#find. 或

BADA-Eurocontrol EC，2004）来估算燃料使用情况。通过上述的排放总量估算方法，可建立一种包含经度、纬度、高度信息的三维的燃料消耗模型（如 CO_2 排放量）。航空业的 NO_x 排放量计算通常需要根据燃料使用数据信息提供的飞机类型和飞行任务类型，再使用相应的燃料用量计算模型（如 Boeing Method-2，DuBois 等，2007 或者 DLR 算法，Deidewig 等，1996）来完成估算。其他一些

次要的排放物计算通常可以通过燃料用量比例来获得。

由于存在相当一部分的航空相关的气候影响作用与高度、纬度信息存在一定的相关性，因此上述内容中所提到的三维燃料消耗模型还是十分必要的。

表 3.1 所示给出了根据文献信息得到的全球航空排放清单汇总结果。

表 3.1 全球航空排放清单汇总

清单	燃料	CO_2/Tg	NO_x/Tg	亿/km	FE/(kg·km^{-1})	EINO$_x$	参考
NASA2000（详情见清单）	134	423	1.77	27.1	4.9	13.2	Sutkus，Baughcum 和 DuBois（2003）
TRADE-OFF-2000	152	476	1.95	25.1	6.1	12.8	Gauss 等（2006）
FAST-2000 数量	152	480	2.03	30.5	5.0	13.4	Owen 等（2010）
AERO2K 2002	156	492	2.06	33.2	4.7	13.9	Eyers 等（2004）
AEDT/SAGE 2000	181	572	2.51	33.0	5.5	13.9	Kim 等（2009）
国际能源机构2000下调预测[①]	190	601					IEA（2007）

①民用估计是基于国际能源机构的总数减去军事使用，假定军事燃料使用量约占总燃料的 11%。

经过近 15 年的不断更新和发展，排放总量的估算模型基本已经得到了较好的构建和理解。尽管如此，当前的计算方法仍然比较复杂，因此需要引入一些简化的假设来使其更加便于使用。一部分输入量的不确定性会最终造成排放总量估算结果的不确定性，如使用理论大圆距离代替实际飞行的航程，会造成部分等候延迟（holding delay）和侧风效应未被考虑在内。很有可能当前由于使用大圆航线进行近似计算而产生较大的负偏差（大约低估了10%）。表 3.1 中仅有 AERO2K 和 AEDT/SAGE 模型使用了实际的航线进行计算，而所有其他模型均采用了大圆航线。

鉴于上述燃料消耗总量估算模型具有本质上的不准确性，上述模型估算得到的结果被称为 IEA 估算总量，从而保证航空燃料的效力被完全考虑到。

3.5 未来的发展趋势

在 IPCC（1999）的报告中，ICAO 的航空与环境保护委员会（CAEP）就未来截至 2050 年的排放情景进行了分析。而就在最近，与 IPCC 上文章（SRES；IPCC 2000）相符合的 2050 年的排放

情形被计算出来。通过一种与 IPCC（1999）相似但更新后的算法来计算。上述论述被纳入了 IPCC AR4 WGⅢ 报告（Kahn-Ribeiro 等，2007）中。首先，根据 ICAO 算法预测了 2020 年的排放情景，之后假设了 GDP（国内生产总值）驱动效应和技术改进，计算到 2050 年的情况。上述的排放情景以及其他的估计结果和情景如图 3.4 所示。

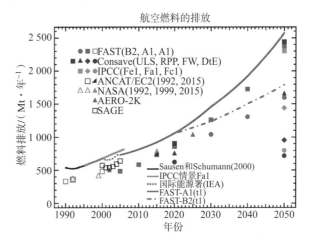

图 3.4 当前、未来预测和未来情景的航空二氧化碳排放量

（资源：Lee 等，2009）

由 FAST-A1 和 FAST-B2 205 航空排放情景

可推测，2050年的燃料使用量较2000年会增加2.7～3.9倍。与IPCC SRES全面估算的结果相一致的是A1、A2.2、B1，B2由Owen等（2010）得到。在这些情景中，2000—2050年，CO_2排放量将会以2.0～3.6倍率增长，同期与航空相关的NO_x的排放量会以2.0～3.6倍率增长，具体取值因不同情景结果而异。Owen等（2001）和Kahn-Ribeiro等（2007）对所共有的A1、B2全球航空排放情景的分析在基本算法上是相同的，而只在细节处理上有所差异。Owen等（2001）的论点则吸取了不同地区增长速度不同、不同技术发展导致的增长速度不同的概念。

3.6 减排：技术及政策

本文对减少航空对于气候的影响所采取的技术措施和政治措施不作深入探讨。也许从工程、交通管制以及政策社群的角度很难理解，但从科学的角度出发，则非常需要能够指明一些在降低航空对气候影响方面的"瓶颈"。

从技术角度而言，这一问题可分割为发动机/气动外形、燃料、飞行器操纵情况等。而从政策角度而言，这并非第一次被视为大气科学问题。大气如何响应、如何科学地将影响进行量化，都需要一些科学、技术之间的交互政策来准确量化减排的前景。

3.6.1 技术

对于燃烧/推进系统的改良，以及空气动力学角度的改进，已经在很大程度上提高了燃料的利用效率。而在发动机燃料消耗特性的改进上，其发展趋向于高涵道比涡扇发动机（同时这也有助于降低噪声）。但是，这样会导致燃烧室进口处温度升高、压力增大，进而更容易产生NO_x。由此，又不得不花大量精力在燃烧室的研发中，以降低NO_x的排放。有一种可能性存在，即以CO_2排放量增加为代价来降低NO_x的排放量（上述说法的争议性尚待讨论，详见Faber等，2008）。减少燃料使用总量，继而减少CO_2的排放总量，已经成为工程领域的共性需求。唯有如此才能够降低航空公司的运营成本，这也反过来成为技术发展的主要驱动力。而降低NO_x排放总量则是出于环境保护的主观意愿，其主要是为了满足ICAO认证要求、减小对机场附近大气环境的影响。

NO_x与CO_2的排放会影响RF值，进而对整个气候环境造成影响，这一观点已经广为认可。而在减排方面，工程领域内存在以下两个关键问题：一是"到底要降低多少"；二是"排放物要减少到何种程度"。由于NO_x与CO_2的减排之间存在着潜在的技术矛盾，需进行权衡，因此上述两个问题便尤为突出。然而，对应上述答案不幸的是，NO_x与CO_2在大气中的存留时间截然不同，而计算结果也完全取决于气候影响模型、指标的选择、输入数据中的质量和参数。

在燃料利用与减排方面，本文主要就所谓的替代性燃料展开论述。之后，将上述话题基本转入煤油替代燃料，如生物燃料和液态氢（LH_2）等未来替代性燃料。航空生物燃料相关的关键问题主要包括生产的可行性、道德考虑、农业生产中的温室气体平衡问题，以及燃气涡轮发动机相关的部分技术问题。

当前，对于未来可替代性燃料的研究主要集中于LH_2（如Ponater等，2006）。在LH_2的应用方面，仍然在系统、技术以及大气方面存在大量的问题需要解决和攻克，但其中最根本的一个问题是：由于该类燃料在制备过程中本身就需要耗费能源，如何能够证明最终在CO_2总排放量上使用液态氢燃料可以起到节能减排的作用？

空中交通管制（ATM）可以通过点对点运输、连续下降以及改进线路结构/飞行高度的方法，使运输效率得到提高。可见ATM对于二氧化碳减排还是有一定的积极作用的，因此也经常成为讨论的焦点。根据4年以来的数据增长情况（基于长期的排放数据情况），得到6%～12%的改善是有可能的（IPCC，1999），但任何系统在提升过程中，最后几个百分点的增长都需要花费巨大的代价。虽然ATM的作用看似无可厚非，但这并不能代表系统得到优化的背景下，ATM将会持续起到节能减排作用。

一段时间以来，尾迹是当前亚音速航班对大气层的特殊作用这一观念已经广为接受。而随着技术（推进效率）的进步，这一点将逐渐转变为次要影响，而尾迹的总量也会同时不断增加。因此为了减小亚音速航班对大气层的影响作用，有必要主观上避开更容易产生尾迹的区域（区域具有低温、冰饱和的特性）。该领域的科学知识仍存在如此之大的不确定性，以至于无法得到强有力的指导，并且无法量化对气候的影响。

3.6.2　政策

政策手段包括以市场为基础的工具（如排放交易）以及相关的规则制定，此处不详述。而对应上述政策措施的大气科学研究投入，又反过来往往与气候指标的选择有很强的关联性。在这里需要注意的是，业界已经一致认为 RF 及其衍生物 RFI 由于涉及历史性的估计值，其适用性并不高；而与此同时，我们仍然缺乏对航空界适用的一致的政策标准（Forster 等，2007）。像 GWPs 和 GTPs 这样的前瞻性指标是最合适的，但是对于时间范围、公式和输入数据（从 CTM/CCMS 对耦合的 NO_x-O_3-CH_4 系统来说）仍然是一个问题。

最近，欧盟委员会（European Commission）的一系列工作强调了用航空氮氧化物 GWP 计算中输入数据的质量和多元性来解决航空 NO_x 的排放问题，该系统工作希望能够制定出一系列平行于将航空业纳入欧盟碳排放交易机制的新的政策。在几乎所有的政策手段中，都需要在 NO_x 与 CO_2 的排放之间的艰难选择或平衡。然而，这实际上迫切需要一个航空氮氧化物的 GWP。正如这项研究所强调的，几乎没有对这方面的估计，这些研究并不是以一种普遍的方式进行的，结果是高度可变的，甚至是对一个氮氧化物 GWP 值的变化的改变。由此可见，并不值得推荐航空氮氧化物 GWP。

3.7　结　　论

1970—2008 年，航空活动增加了 9 倍，而同期二氧化碳排放总量增加了 2.6 倍。在近 20 年（1988—2008）的交通中长期 RPK 增长率约为平均每年 5%。据业内预测，2006—2026 年，飞机的总量将会翻一番。航空业的年均 CO_2 排放量约占整个全球排放量的 2.5%，而在近 15 年中航空 CO_2 排放量正在以 2% 的年均增长率不断上升。如今业界已经证实，尽管存在部分暂时的额外因素有可能导致航空业增长速度放缓甚至被扭转，但整个行业的长期增长势头是不会减弱的。燃油价格的上涨确实在 2003—2006 年对行业发展造成了一定的影响，最近的变化将如何影响行业的长期发展还有待观察。尽管如此，航空排放量预计将在 21 世纪中叶相比于现在增加 3~4 个百分点。

由于航空业及其 CO_2 排放增长态势迅猛，加之其气候影响效应又远远大于单纯的 CO_2 排放产生的影响，因此航空业对大气的影响作用逐渐成为应对气候变化方面的政策关注点，也成为科学研究的重要课题。航空活动的排放物包括 CO_2、NO_x、颗粒物以及水蒸气，这些都将会对气候产生辐射性的影响，同时飞机产生的航迹云也会对地球的上层大气产生影响。飞行器的航迹云以及其诱导卷云效应仍然是科学上的一个挑战，存在着较大的不确定性。航空氮氧化物对 O_3 和 CH_4 的影响基本比较明确，然而在全球和地区尺度上的模型还有待完善。航空 NO_x 排放对 O_3 和 CH_4 造成的气候影响效应调查表明，飞机飞行过程中释放 O_3，且北半球的航空活动明显更加频繁（经与两半球平均分布的模型比较），会导致明显的温度影响。综上可知，航空的 NO_x 排放是气候变化的一个重要因素。

航空减排问题受到日益广泛的热议，技术代价与大气环境之间的博弈也日臻复杂，这一点将会不断影响政策的选择与决策。问题的核心是，如何平衡来自 CO_2 的长期效应与来自 O_3、航迹云、诱导卷云等的短期效应，而后者的辐射效应相似甚至更甚于 CO_2。如今问题的焦点主要集中于通过对飞机高度修正的办法，减少航迹云等辐射效应的影响。然而，目前这一做法是否有利尚不明确，因为由此会带来燃料使用量的增加（由此引发了短期作用和长期作用效果的比较问题）。此外，我们当前也没有足够的技术能力和知识水平来支撑一个低航迹云效应的空中交通管制系统。同样，需要从大气科学的角度出发，作出一个合理的 NO_x 与 CO_2 排放量之间的权衡，并且输入的数据在不同比较模型中得到的结果对比起来差异很大。

相关章节

第 31 章

第 35 章

注释

上述课题的欧洲研究计划摘要，详见 http://www.pa.op.dlr.de/quantify/ 以及 Lee 等所著 Appendix I（2009b）。

参考文献

Airbus （2007） *Global Market Forecast 2006—2026*, Airbus，France.

Boden，T. A.，Marland，G. and Andres，R. J. （2007） *Global, Regional, and National Fossil-Fuel CO₂ Emissions*，Carbon Dioxide Information Analysis Center，

Oak Ridge, National Laboratory, U. S. Department of Energy, Oak Ridge, Tenn., USA. doi 10. 3334/CDIAC/00001（http：//cdiac. ornl. gov/ftp/ndp030/global. 1751_2006. ems（accessed July 2009）.

Deidewig, F., Döpelheuer, A. and Lecht, M. （1996） Methods to assess aircraft engine emissions in flight. *Proceedings of the 20th Congress of the International Council of the Aeronautical Sciences （ICAS）*, Sorrento：International Council on Aeronautical Sciences, pp. 131 - 141.

DuBois, D. and Paynter, G. C. （1996） "Fuel flow method 2" for estimating aircraft emissions. *Sae Trans.* 115 （1）, 1 - 14.

Eurocontrol EC （2009） BADA base of aircraft data aircraft performance modelling report. *Eurocontrol Experimental Centre EC Technical／Scientific Report* No. 2009-009, http：// www. eurocontrol. int/eec/public/standard _ page/DOC_Report _ 2009 _ 009. html.

Eyers, C. J., Addleton, D., Atkinson, K., Broomhead, M. J., Christou, R., Elliff, T., Falk, R., Gee, I., Lee, D. S., Marizy, C., Michot, S., Middel, J., Newton, P., Norman, P., Plohr, M., Raper, D. and Stanciou, N. （2004） AERO2K Global Aviation Emissions Inventories for 2002 and 2025, QINETIQ/04/01113, Farnborough, Hants, UK.

Faber, J., Greenwood, D., Lee, D. S., Mann, M., Leon, P. M., de Nelissen, D., Owen, B., Ralph, M., Tilston, J., Velzen, A. Van. and van de Vreede, G. （2008） *Lower NOₓ at Higher Altitudes：Policies to Reduce the Climate Impact of Aviation NOₓ Emissions*, CE-Delft, 08. 7536. 32, Delft, The Netherlands.

Forster, P., Ramaswamy, V., Artaxo, P., Berntsen, T., Betts, R., Fahey, D. W., Haywood, J., Lean, J., Lowe, D. C., Myhre, G., Nganga, J., Prinn, R., Raga, G., Schulz, M. and Van Dorland, R. （2007） *Changes in atmospheric constituents and in radioative forcing. "Climate Change", Fourth Assessment Report of Working Group I of the Intergovernmental Panel on Climate Change*, Cambridge University Press, UK.

Gauss, M., Isaksen, I. S. A., Lee, D. S. and Søvde, O. A. （2006） Impact of aircraft NOₓ emissions on the atmosphere-tradeoffs to reduce the impact. *Atmos. Chem. Phys.*, 6, 1529 - 1548.

IEA （2007） CO *Emissions from Fuel Combustion*, 1971—2001. 2007 edition, International Energy Agency, Organisation for Economic Co-Operation and Development, Paris.

IPCC （1999） Aviation and the global atmosphere, in *Intergovernmental Panel on Climate Change* （eds J. E. Penner, D. H. Lister, D. J., Griggs D. J. Dokken, and M. McFarland）, Cambridge University Press.

IPCC （2000） *Emission Scenarios*, A special report of working Group III of the intergovernmental panel on climate change. Cambridge University Press, UK.

Kahn-Ribeiro, S., Kobayashi, S., Beuthe, M., Gasca, J., Greene, D., Lee, D. S., Muromachi, Y., Newton, P. J., Plotkin, S., Wit, R. C. N. and Zhou, P. J. （2007） *Transportation and its infrastructure, "Mitigation of Climate Change" Fourth Assessment Report Working Group III, Intergovernmental Panel on Climate Change*. Cambridge University Press, UK.

Kim, B. Y., Fleming, G. G., Lee, J. J., Waitz, I. A., Clarke, J. -P., Balasubramanian, S., Malwitz, A., Klima, K., Locke, M., Holsclaw, C. A., Maurice, L. Q. and Gupta, M. L. （2007） System for assessing aviation's global emissions （SAGE）. Part 1：model description and inventory results. *Transp. Res.*, D12, 325 - 346.

Lee, D. S., Fahey, D. W., Forster, P. M., Newton, P. J., Wit, R. C. N., Lim, L. L., Owen, B. and Sausen, R. （2009） Aviation and global climate change in the 21st century. *Atmos. Environ.*, 43, 3520 - 3537.

Owen, B., Lee, D. S. and Lim, L. L. （2010） Flying into the future aviation emission scenarios to 2050. *Environ. Sci. Technol.*, 44 （7）, 2255 - 2260.

Ponater, M., Pechtl, S., Sausen, R., Schumann, U. and Hüttig, G. （2006） Potential of the cryoplane technology to reduce aircraft climate impact：a state-of-the-art assessment. *Atmos. Environ.*, 40, 6928 - 6944.

Sutkus, D. J., Baughcum, S. L. and DuBois, D. P. （2003） Commercial aircraft emission scenario for 2020：database development and analysis. Boeing Commercial Airplane Group, Seattle, Washington NASA/CR-2003-212331.

本章译者：杜孟尧　刘莉
（北京理工大学宇航学院）

第4章

简介：排放物和其他影响

Oliver Dessens

剑桥大学大气科学中心，英国

4.1 引 言

在 20 世纪的最初几十年里，航空处于发展初期。20 世纪 20 年代才有定期客运航班。战争时期的民用航班还仅限于社会富裕阶层享有并且乘客数量低。第二次世界大战后，随着军事运输向民用飞机的转变和跨洋远程运输飞机的生产，民用航空开始稳步增长。20 世纪 60 年代喷气式飞机的引进使得航空工业有了成功的突破。喷气时代使旅行的时间缩短并且机票价格也变得低廉，同时航线的增加开始强烈地促进乘客周转量增长。近年来，这一增长指标以每年 5.2% 的速度上升。

飞机的排放物改变了大气环境，这早在第二次世界大战时期就提出了凝结尾迹一词（又叫作航迹云）。然而，后来科学界才开始对航空对气候的影响产生兴趣。关于航空对大气影响的初步研究与 20 世纪 70 年代超音速飞机的发展及超音速机队可能的创建同步（Johnston，1971）。当时关注的焦点是平流层的 NO_x 排放对臭氧层的影响。最后，许多超音速机队的发展从来没有发生，人们将注意力转向了亚音速机队对对流层化学和气候的影响（IPCC 特别报道，1999）。

1999 年，IPCC 在一份名叫"航空与全球大气"的特别报告中对航空的影响进行了评估（IPCC，1999）。然而，从那时起，在欧洲爱提卡项目中，科学有所改进并且新的评估最近也开始进行了。

（1）航空业的碳排放：目前民用航空主要使用煤油作为燃料。飞机排气尾流包含很多成分，这些成分来自煤油燃烧以及通过燃烧室的大气组成。碳氢化合物燃烧产生二氧化碳和水。除此之外，其他排放物分别是 NO_x（燃烧室中氮的氧化物）、SO_x（燃烧中硫的氧化物）、CO、不完全燃烧碳氢化合物和炭黑颗粒。在尾流中，硫酸气溶胶可以由 SO_2 进一步氧化形成。这些排放物对气候（温室气体 CO_2 和气溶胶）和其他物种有直接的影响。例如，NO_x，它本身虽然不是温室气体，但是它在大气中具有化学活性，并能改变温室气体中臭氧和甲烷的浓度。

在不同的飞行阶段（滑行、起飞、爬升、巡航和降落）燃料燃烧的排放指数或排放的物质种类是有所不同的。在一定的大气条件下，处于巡航高度的飞机也会产生航迹云。这些航迹云可能持续存在，并最终演变成卷云。航迹云形成的概率取决于大气状态和尾气温度。

（2）对当地空气质量的影响：对地面来说，航空排放将影响机场及周边地区的空气质量。当地污染物的来源包括飞机运动（滑行、巡航、起飞和着陆），道路交通（建筑交通、机场通行、停车场和机场的车辆），机场的燃烧装置，燃料处理和铁路运营。被认为对当地空气质量具有重要影响的污染物是 NO_x、未燃碳氢化合物和细颗粒物。

① 氮氧化物是刺激性气体，它可以影响呼吸道和肺。

② 臭氧来源于氮氧化物和碳氢化合物之间的化学反应，它可能会对呼吸道和肺造成刺激性影响。

③ 空气中非常细的颗粒物会导致更严重的心肺疾病。

④ 多环芳烃（PAH）可以造成细胞遗传物质

的损害，并且可能与癌症有关。

⑤二氧化硫是一种呼吸道刺激物，它容易影响患有哮喘和慢性肺病个体的健康。

机场作为完整系统（陆路运输、发电、飞机排放等活动）对当地社区的影响由空气质量专家进行监测和建模（Lee等，2009）。

（3）高空排放会对大气产生全球规模的影响。这些排放将改变大气化学组成以及现有的气候。就目前研究而言，航空对气候的影响可以总结为辐射效应（RF）。

①二氧化碳的排放导致正 RF。

②NO_x 的排放导致臭氧的形成，为正 RF。

③NO_x 的排放（通过生产臭氧）导致甲烷的破坏，为负 RF。

④硫的排放为负 RF。

⑤颗粒物的排放为正 RF。

⑥永久航迹云（取决于大气条件）的产生为正 RF。

⑦卷云（航迹云或航空诱导卷云）的产生为正 RF。

正 RF 会导致大气变暖而负 RF 有助于大气降温。来自航空的 RF 总量最近重新评估为 55 mW/m² （不包括航空诱导卷云）。当包括航空引起的卷云时，RF 总量预计为 85 mW/m²，其大约占 2005 年人类 RF 变化总量的 3.5%。航空对全球影响范围的研究在很大程度上取决于大气模型的结果。使用配有监控仪器或卫星的飞机的全球测量已被用于验证模型结果。

（4）减排方案：由于生产新型飞机需要漫长的开发时间（20～30 年），未来 30～40 年机队的科技发展是众所周知的，需求的变化不太容易预测。过去 20 年来，航空运输发展势头强劲，预计将持续增长。考虑到飞机和空中交通效率的提升，按照常规预测，航空二氧化碳排放量在未来 40 年内将每年增长 3.1%。

2050 年后，航空的潜在发展包括以下几项。

①翼身融合飞机可能会提高 25% 的交通效率〔在 RPK 方面〕。

②生物燃料，作为部分替代品，可以减少燃料循环的碳排放。

③氢燃料将消除所有的碳排放，唯一的主要排放物将是 NO_x（相比煤油降低）和 H_2O（相比煤油增加）。

虽然在实施这些技术方面仍然存在许多技术挑战，但量化可能减少的排放量和可能产生的气候影响是很重要的。

4.2 总　　结

研究航空对大气的影响需要我们了解当今燃料的使用和排放的性质及规模，了解这些排放物被排放到了哪里，了解它们未来可能的变化。

参考文献

IPCC（1999）Aviation and the global atmosphere, in *Intergovernmental panel on Climate Change*，（eds J. Penner, D. H. Lister, D. J. Griggs, D. J. Dokken and M. MacFarland），Cambridge University Press，Cambridge, UK.

Johnston, H. Reduction of stratospheric ozone by nitrogen oxide catalysts from supersonic transport exhaust. *Science*，6 August（1971），vol. 173. no.（3996），517 - 522，DOI：10. 1126/science. 173. 3996. 517.

Lee，D.，Fahey，D. W.，Forster，P. M.，Newton，P. J.，Wit，R. C. N.，Lim，L. L.，Owen，B. and Sausen，R.（2009）Aviation and global climate change in the 21st century. *Atmos. Environ.*，43，3520 - 3537.

本章译者：张耀　王正平
（北京理工大学宇航学院）

第 5 章

避免可预见的意外：早期的行动是建立气候适应性航空网的关键

Rachel Burbidge

欧洲航空安全组织，布鲁塞尔，比利时

5.1 引 言

一个可预见的意外是指："那种会导致一个组织或国家感到意外的事件，尽管事实上预测该事件所需要的信息以及该事件所造成的后果是已知的。"（Bazerman，2006，p.179）最近的一个例子是美国的次贷危机。从理论上讲，决策者可以获得他们所需的所有信息来预测和预防它的发生，然而这并不可能实现（Watkins，2007）。气候变化是另一个经常被引用的例子：现在的科学研究毫无疑问地表明气候正在发生变化：世界上许多地方已经出现了气温升高、降水模式改变以及更频繁和更极端事件等气候变化（EEA，2012 及 IPCC，2007）。如果不能有效地减少全球二氧化碳的排放，那么类似的气候变化将变得更加严重，全球社会的各个方面都将受到影响。鉴于这一共识，减少面对气候变化影响时存在的不足并增强应对气候变化的能力这一需求似乎是显而易见的。然而，许多部门尚未采取全面行动来应对这些风险。

本文将探讨欧洲航空业在建立对可预测意外气候变化应对措施方面的发展程度。这是基于欧洲航空安全组织出具的《直面挑战 2013》年度报告中的一部分。本文是对该研究成果的研究综述：首先，概述气候变化对欧洲航空业的潜在影响；然后，回顾从业人员商讨会议的结果（这个会议是CG13 中的一部分，目的是给出欧洲航空业将采取何种行动来应对这些影响的指导意见）；最后，给出一系列旨在促进个别组织和整个欧洲航空网中关于气候应变方面的发展情况的建议。

5.2 背 景

欧洲航空安全组织在它的《直面挑战 2008》（CG08）环境报告中首次确定将气候变化的影响当成欧洲航空的一种潜在的操作风险和金融风险（Thomas 等，2009）。在此之后，委托开展的三个案例研究目的是在细节上探索更多可能的结果并找出目前对于航空潜在气候变化威胁理解上的差距和不足。案例重点研究气候引起的需求变化、海平面上升以及极端气候的增加这三类气候变化带来的影响，这些影响被认为对欧洲航空业具有潜在意义。每一个案例都建模并分析了欧洲航空 2020—2090年气候变化相关的风险及其潜在的影响（Thomas 和 Drew，2010）。

后续的工作，比方说欧盟的两个研究规划中七个有关事件和气候的项目以及个别航空组织进行的研究，都有助于欧洲航空安全组织取得初期工作的成果并对什么将是航空业关键影响的广泛认识起到促进作用（Doll 等，2011；LHR，2011；Molarius等，2012；SCCV，2007）。

因此，随着这个基本概念的建立，在欧洲航空安全组织《直面挑战 2013》（CG13）报告中关于气候变化的适应性工作包含下列两个目标。

（1）开展 2008—2010 年度关于确定气候变化对航空业可能产生的影响以及由此可能产生的应对

措施方面的需要。

（2）收集从业人员关于当前行业内是否认为适应行动是必要的以及具体采用怎样的行动的相关意见。

然后，将这两项任务的结果结合起来就可以用来评估欧洲航空业在多大程度上已经准备好应对气候变化的影响，并提出一系列相关建议用以促进当地和整个航空网的进一步发展。

5.3　气候变化对欧洲航空的潜在影响

现在欧洲航空将要针对几项质量议题达成协议，也就是地中海盆地夏季高温和湿度的增加对需求量与位置的影响、暴风雨气候的频率和强度的增

加以及扰乱运行的雪灾事件、平均海平面上升威胁到沿海机场并进而影响航空网容量。这些都将影响基础设施、运营和运营成本。但是，这些影响将因为现有的区域气候、地理位置和运行规模而有所不同（图5.1）。

当造成的影响同时具有间歇性和持续性时，时间尺度也会变化。这将影响所需的应变措施（表5.1），会逐步地、持续地经历如海平面上升、气温升高等影响，使得可以建立基于成本效益评估的长期计划，诸如决定是运用保护措施使机场不受海平面上升的影响还是直接重新选址等。然而，间歇性地破坏气候影响仍会在近期内发生，如强降雨事件或对流气候，并且需要采取适用于预期情况的应变措施（图5.2）。

图5.1　气候变化的潜在脆弱性和机会（EUROCONTROL 授权）

强降雨事件或更为强大和更为频繁的暴风雨可能导致暂时的停运并增加航班的延误情况，特别是如果一个区域内多个枢纽机场受到影响的情况下。同时，在缺乏防备的地方，由于相对缺少准备，突发性的大雪也会对机场作业造成特别大的影响。此外，当机场的运营能力接近饱和时，破坏性气候所造成的影响可能加剧。因此，繁忙的机场可能会遭

受更大的破坏。另外，平均气候条件和极端气温条件之间的突变，比如极热或极冷，被认为会越来越严重并且持续时间更长，给运营带来更多的挑战。此外，一些影响，诸如像气温升高引起的飞机性能的变化、当地风向变化引起的程序上的变化，会由于机场周围噪声影响的分布引起额外的环境威胁，可能将制约其成长的能力。

表 5.1 确定的关键气候变化影响和复原措施概述

项目	影响				
	温度上升	改变降水（雨和雪）	对流天气强度和频率增加	风型改变	海平面上升
对航空的潜在影响	需求变动 爬升性能改变 噪声影响重分布 对停机坪表面的热伤害	运作影响：能力和效率损失 延误增加；防冰需求增加 排水系统压力增加 地面冻深和持续时间改变导致的结构性问题	运作影响：能力和效率损失 延误增加	侧风的增加和跑道容量减少 程序化改变导致的噪声影响重分布	网络容量减少 延迟增加 网络中断 机场临时或永久关闭
影响类型	永久	间歇的	间歇的	间歇的	永久
大概的时间表	变严重要 20 年以上	变严重要 20 年以下或快得多	变严重要 20 年以下或快得多	变严重要 20 年以下或快得多	变严重要 40 年以上
潜在的弹性措施	了解潜在需求转移的研究 审查基础设施和人员要求（＋/－） 空域重新设计 社区参与	操作改进以增强鲁棒性和灵活性 更好地使用 MET 预测 信息共享（SWIM） 培训 A-CDM	操作改进以增强鲁棒性和灵活性 机载气象探测技术 更好地使用 MET 预测 信息共享（SWIM） 培训 A-CDM	当地的风险评估 操作改进，以增强鲁棒性和灵活性	操作改进以增强鲁棒性和灵活性 海上防御 发展次级机场

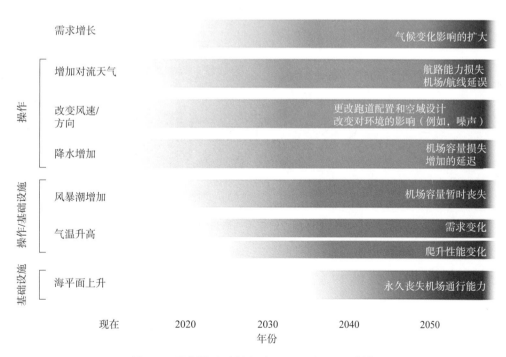

图 5.2 预期影响时间表（EUROCONTROL 授权）

一个从航空的角度仍然缺少了解的潜在的重大风险，是由于气候变化引起的旅游目的地偏好和全球供应链对潜在的交通需求模式的改变。例如，地中海地区目前每年吸引大约 1 亿名来自北欧的游客（Amelung 和 Moreno，2009）。而从

CG08 中关于气候变化和交通需求方面的案例研究可以估计出到希腊旅游的旅客中 73％是乘飞机的（Dimitriou 和 Drew，2010）。当然，对于一部分而不是全部以地中海为旅游目的地的北欧旅客来说，相比于坐飞机，其他的交通方式更方便。

然而，这仍表明，即使是很少数的夏天飞往地中海地区的人决定前往其他目的地，这可能导致在传统的和潜在的新的旅游目的地基础设施和人员配备方面要求的重大变化。更有意义的是，如果这些游客中的一部分决定改变他们的习惯，在春天或秋天去传统的度假胜地而不是在传统的夏季，那么这将可以缓解传统旺季的拥堵情况。尽管这样的问题很少能从影响需求的其他因素中分离出来，但了解它们的潜在影响是非常重要的，特别是在投资长期基础设施项目时。

此外，尽管当前处于全球经济危机时期，但预计未来几年内航空需求总体上仍将持续增长，这使无论是在新兴市场还是在成熟市场上运营压力都会越来越大。然而，这种需求的增长预计不会平均分配，一些有着新兴市场的国家的平均年增长率可能高达5％～6％（图5.3）。此外，预计增长最快的一些地区，如东南欧和中欧，也是一些潜在气候变化影响最大的地区。因此，这些国家可能在不得不应对日益增长的需求的同时，还需应对气候变化的影响，如水压力或极端气候的增加。而且，由于破坏性事件的影响，诸如对流气候或强降雨等，当机场的容量达到饱和时就可能加剧，所以在同时具有需求高增长及气候变化影响巨大的地区建立应变机制至关重要。

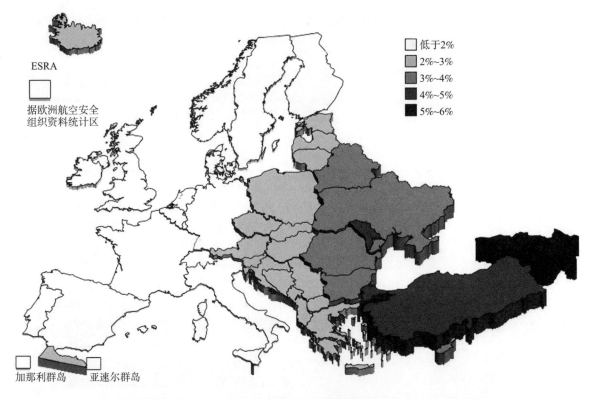

图5.3 预测2012—2035年欧洲交通年平均增长情况（EUROCONTROL 授权）

5.4 欧洲航空从业人员商讨会

CG13工作中第二部分包含有一个从业人员商讨会，该商讨会分为两个部分：第一部分是针对从业人员的一个在线调查，来探讨行业现在是否有必要考虑适应措施以及具体采取怎样的行动；另一部分是召开了一个为期1天的面向从业人员、决策者及研究团体等相关人员的研讨会。

上述调查发向了大约100个机构，并收回了35份有效答复。其中，大部分回复者都是空中导航服务提供商（ANSP）或机场运营商，而没有收到飞机运营商的回复。这或许是由于飞机运营商的规划时间范围较短，而这还没有提上他们的日程，或者由于我们没有在个体组织中找到合适的对象。然而，它确实填补了我们知识中的一个重要空白。那就是就地理分布而言，所有主要的欧洲气候区都有收到答复。

调查发现，超过半数的受访者现在认为气候变化在当前到2050年这段时间里对他们的机构来说是一个风险，而在其中只有不到一半具有官方定位［$N=33$，图5.4（a）］；而对于那些目前还没有官方定位的机构来说，还没有对风险进行评估，或者尚未列入其长期议程。同时，相关的观念也发生了改变：4年前很少有机构着手处理这个问题。然而，尽管许多机构还没有官方定位，但超过80%的受访者也认为，适应气候变化的应变能力措施在现在或将来都是必要的［N＝29，图5.4（b）］。在从业人员看来，气候变化的主要影响将是未来会受到更多的极端气候的影响，如暴风雨、降水量增加（雨、雪）及更高的气温等；对主要风向的潜在变化也是一个反复提及的问题。对于那些认为没有必要采取行动的人来说，主要原因是因为他们并不希望遭受重大影响，或因为尚未评估风险。

然而，尽管已经越来越意识到潜在影响的危害，但只有不到一半的回复机构已经开始规划相应的应变措施［N＝25，图5.4（c）］。有些机构认为现在太早了，而另一些机构认为他们没有足够的信息或资源。在那些已经开始规划的机构中，只有四名受访者制订了应变计划。当受访者被问及他们对于当前欧洲航空业的适应状况的看法时，50%的人认为一些适应措施已经到位，但还需要做更多的工作；25%的人认为已有一定的适应措施但还没有完成，另有25%的人认为没有相应的适应措施［N＝16，图5.5（a）］。当具体到ATM时，持否定态度的受访者提高到了1/3，而另有1/3的受访者认为适应措施部分完成［N＝16，图5.5（b）］。

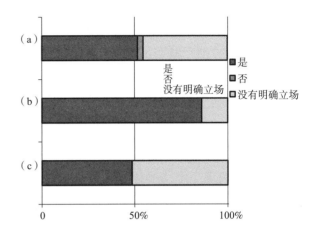

图5.4 受访者百分比

（a）预计到2050年将受到气候变化的影响；（b）考虑适应气候变化是必要的；（c）已经开始适应计划（EUROCONTROL授权）

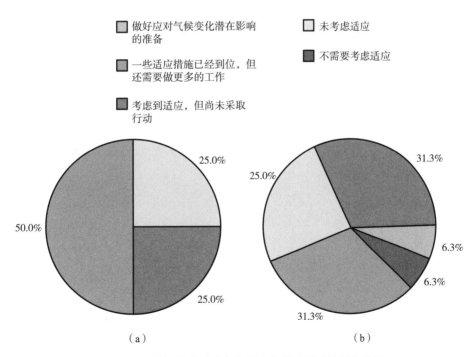

图5.5 利益相关者对防备气候变化潜在影响的认知水平

（a）欧洲航空业作为一个整体；（b）欧洲ATM（EUROCONTROL授权）

总之，结果表明越来越多的机构期望采取行动来适应气候变化的潜在影响，但仍有新出现的面临着缺乏信息和指导的问题。需要注意的是，这一结果或许带着某种程度的自筛性质，因为那些已经历过破坏性天气增长或已经采取措施适应气候变化的组织，会更可能反馈调查。为了获得欧洲航空业目前气候变化适应情况更清晰的图景，有必要采取一种更有战略性的对逐个国家在弱势、正在运用的应急措施以及行动缺口等方面的分析。

在此之后，一个为期一天的研讨会在位于布鲁塞尔的欧洲航空安全组织总部举行。与会人员由来自机场运营商、空中导航服务提供商、欧洲单一天空实施计划工业项目（SESAR）、行业协会、学术机构及欧洲相关政策制定者等机构的代表组成。与会者认为，气候变化风险评估和适应措施规划的需求日益增长。然而，他们对需求不在当前计划范围内而难以获得财政预算的那些情况表示担忧。为了解决这一问题，提出了一些尽可能不会留下遗憾的解决方法：已被用于解决其他问题，比如机场容量，同时也有助于建立气候应对机制的方法；或者是采取诸如培训等低成本行动。下一节探讨如何将这些建议转化为建立气候适应性的具体行动。

5.5　建立气候适应性

尽管在影响方面存在着地域性差异，但目前对于面临的相关挑战的状况已经形成广泛的一致看法。这一认知应当是采取行动来确定应对措施以发展对气候变化的应变能力的基础。在研讨会进行了建设性讨论之后，我们制定了适用于相关部门的一套具有五个关键点的应变措施。

1. 评估该部门在地方上、区域内及全球各级中的缺点和漏洞

在航空网及地方两级都需要进行风险评估与适应性计划。事实上，由于区域内航空系统和全球航空系统相互联系，所以一个完整的建立应变机制的方法是必要的，它可以确保将漏洞维持在航空网的一部分内，而不关联其他部分，从而避免影响的扩散。2012年Sandy台风的顶峰时期，全球航空运力的8%～9%被停飞，由此导致的收入损失保守估计约为5亿美元（IATA，2012）。此类事件的增加将产生重大的业务和财务损失。因此，即使全球综合运输系统的一部分得到了完好的保护，而另一部分不采取必要行动，整个网络仍然很脆弱。

2. 确定和实施在当地、区域内及全球的应变措施，特别是像操作的改进这类"无悔"措施

应对气候变化的早期行动被广泛地认为是具有经济效益的（EC，2013；EEA，2013）；所以现在是实施的时候了。尤其是像"无悔"或双赢式的措施有助于降低建立长期气候适应性的成本。例如，旨在建立更强的气候适应能力或促进可以在不利环境下运行的措施，解决诸如机场容量或提高基础设施的改善方案是具备成本与资源效益的解决方案。

此外，全球航空网的联动性表明，一个整合地方与区域影响的评估及适应性规划的整体方案是必需的。应变措施还应与运输网络的其他部分协调，包括地面交通如何到达机场等问题，以便尽可能减少总体漏洞。

3. 确定和实施诸如培训等具有经济效益的措施

建立适应性的最经济与最有效的方法就是如工作人员培训、分享最佳做法、工作经验、解决方法以及执行过程等能够促进应对气候变化挑战的合作方法。同时，尽管环境、气象等信息流至关重要，但人们仍需要接受如何运用此类信息的培训，也同样需要接受如何应对真实的破坏性气候的培训。

4. 加强与气象机构的合作来更好地运用先进预测技术

良好的气象信息加上积极主动的响应可以提高运行的适应性。改进的MET目前可以有效地支撑ATM[①]作出更好的前期计划。概率预测的方法就可以提前几天识别出潜在的气候问题，并且现有的模型可以比以往更高的分辨率运行。试验表明，比起可能会降低容量并触及安全底线的没有事先规划的应对措施，对恶劣气候进行有效的主动规划可以在恶劣条件下产生显著的性能增益。这意味着决策需要建立在对好的气象信息的充分信任上，并理解这些条件在实践中意味着什么。

5. 分析气候变化对空中交通需求的潜在影响来指导中长期运营业务规划

目前一些人已经完成了气候变化对旅游偏好的潜在影响的研究（EEA，2012）。然而，迄今为止，在这些偏好变化对航空需求产生的潜在影响方面只进行了有限的工作。因此，气候变化对交通需求的潜在影响及其与其他经济和社会因素的相互影响可以被更好地理解。急需开展进一步工作来研究任何可能的趋势。相关的研究结果也可以服务于中长期运营和业务规划。

诸如气候变化对航线容量的影响等其他因素也将受益于更多的相关研究，而变化的气候更一般的

---

① ATM网络化管理协会是欧洲委员会为优化欧洲航空网络性能而建立的。它汇集了包括设计、规划和管理等方面的不同航空公司和空中交通管理参与者。欧洲航空安全组织于2011年被任命为ATM的理事。

结果需要被转换成当地的影响来研究，比如对于风向的潜在变化。因此，尽管不应推迟对那些已经确定了的危害而采取的应变措施，但在地方和航空网层面上应当进行进一步的研究。

5.6　早期行动以建立适应性

尽管对整个欧洲航空业来说，气候变化的适应问题仍没有引起重视，但一些从业人员已经在采取全面行动。作为航空网管理员角色的欧洲航空安全组织已经与空中导航服务提供商、合作机场和航空公司等加强了在恶劣气候条件下的关于航线及机场的运行管理方面的合作。其中包括诸如在应对破坏性事件时促进规划、协调及沟通的流程以及主动管理需求的措施。而在大西洋的另一边，美国联邦航空局制订了一个建设基础设施与气候适应性的计划。

同样在欧洲，欧洲单一天空空管研究计划（SESAR）研究项目通过发展气象服务基础设施与相关服务来提高欧洲航空网的运营能力。通过更佳的信息共享，相应的适应性也得到了提高，从而有助于对破坏性气候事件采取更主动和更灵活的应对措施。一些个体组织也开始采取行动。例如，挪威的机场运营商及航空公司 AVINOR 最近推出了一项指导规定：跑道不应该建在低于海拔 7 m 的地方，同时应实施一个大型的计划来保护沿海机场免受波浪和台风的危害；并且，尽管相对较少的组织已经发展了气候变化适应计划，但那些已经被恰当使用的计划往往是综合多方面的。

然而，《直面挑战 2013》从业人员商讨会表明，许多机构要么没有考虑这个问题，要么没有采取行动所需的知识和资源。这意味着需要更多的数据、信息和相关指导，并且气候适应需要作为一个行业来加以合作。此外，不应忘记，这种准备工作具有经济意义；需要进行成本效益分析，来确定其可以应对哪种级别的灾害。

5.7　建设气候适应性是一个全球挑战

本章着重讨论气候变化的相关挑战和欧洲航空所需的潜在应变措施。然而，航空业是一个全球性的行业；如 2010 年的 Eyjafjallajökull 火山灰云事件和 2012 年的 Sandy 台风事件表明，在全球航空网中一部分的扰动就可以连锁反应影响到整个航空

网。因此，在全球各地确定气候危害影响并执行应变措施是非常重要的。本节将简要地从更全球化的角度考虑航空运输部门的气候恢复性问题。

正如第 5.3 节所讨论的，即使是在欧洲，气候变化的潜在风险也会因地理位置和经营规模而大不相同。在全球范围内，气候变化的影响和风险也是由特定的气候区域、地理位置（例如，海拔或接近水源）以及具体的所从事业务和基础设施来决定的。因此，相关机构不仅要了解它们所在的区域对进行气候预测是重要的；而且要知道气候变化的影响会根据当地的具体情况而有所不同，因此，进行风险评估也是至关重要的，它有助于它们了解可能需要解决的具体问题。

当前美国正在为其航空运输部门实施全面的适应计划。根据 2009 年和 2013 年的行政命令，联邦机构的任务是考虑机构规划中的气候变化的相关风险和漏洞，以有效管理其对相关行业的影响。美国联邦航空管理局（FAA）已经确定了一系列适应性优先行动，包括将气候适应性指导意见纳入机场规划的过程中，分析超级风暴 Sandy 对 FAA 导航基础设施的影响，以寻求具备气候变化适应性和极端事件恢复力的最佳做法，并持续开发能改进天气信息传播的工具。在美国交通部的气候适应计划中，描述了这三项优先行动以及其他适应工作。

遗憾的是，目前还没有对世界各地的机构与国家所采取的各类措施的综述。但是，据了解，存在这样一种情况，包括欧洲：即使在一些国家内，在机构或国家范围一级展开了相关行动，在其他国家，要么由于缺乏相关知识、资源而缺乏行动，要么缺少需要行动的意识。鉴于全球航空网的互通性以及全球世界观的缺乏，一种谨慎的做法是在更广泛地了解潜在的漏洞和风险的同时，建立起在世界不同地区所需要的或正在进行的应变措施。而像联合国国际民用航空组织（ICAO）等的国际组织将发挥关键作用。

事实上，气候适应问题已经是国际民航组织的关注点了。民航组织已经着手处理这一问题，并在 2010 年和 2013 年出版的最近两份民航组织环境报告中发表了一些资料，其中有专门的关于气候适应问题的章节。这两份报告都在 ICAO 网站上可以看到（ICAO，2010，2013）。航空环境保护委员会（CAEP）则为国际民航组织更新了 ICAO 机场规划手册（DOC 9184），目的是关于如何减少环境对机场发展的影响给出指导意见。此次更新还首次包

括了如何使机场更具有气候适应性的材料。这将对世界各地的机场提供宝贵的支持，特别是那些可能没有能力应对这种风险，而其航空部门可能容易受到气候变化影响的国家机场，这也是需要在全球层面突出强调应对气候变化适应问题重要性的另一个因素。

5.8 总 结

气候变化对航空业的潜在影响会因地点和经营规模而有所不同，并且由于需要满足的需求增加而面临的挑战会进一步加剧。目前，欧洲航空业的影响和后果已经可以在一个较高的水平预料到。许多用来缓解这些潜在影响的措施已在使用中，或者至少是已经被确定的。有经济效益的气候适应问题可以通过在当前的基础设施和运行计划中建立适应机制，并且确定诸如培训这样的廉价而无害的方法。这表明可预见的意外是可以被避免的。

然而，《直面挑战2013》从业人员商讨会表明，许多机构尚未采取行动。在许多案例中，这是由于信息和指导的缺失。此外，航空业是一个全球性的行业，航空网一部分出现的漏洞就可能对其他部分的成本和业务造成影响。因此，我们需要在各个等级进行沟通和合作，以便尽可能有效地执行应变措施。总的来说，气候变化是一个风险管理问题，及早采取行动是降低这些风险成本效益的关键。因此，如果我们想避免可预见的意外，那么现在就行动起来！

致谢

作者感谢美国联邦航空局 Andrea Freeburg 和 Julie Marks 提供了关于国际民航组织的适应工作的部分评论，美国联邦航空局的 Julie Marks 和国际民航组织的 Blandine Ferrier 提供了关于国际民航组织的适应工作的部分评论，使得这两个部分都得到了改进。

参考文献

Amelung, B. and Moreno, A. (2009) *Impacts of Climate Change in Tourism in Europe. PESETA-Tourism Study* (*JRC Scientific and Technical Reports*), European Commission-Joint Research Centre, Institute for Prospective Technological Studies. Available at http://ftp.jrc.es/EURdoc/JRC55392.pdf (accessed January 7, 2013).

Bazerman, M. H. (2006) Climate change as a predictable surprise. *Climatic Change*, 77 (1-2), 179 – 193.

Dimitriou, D. and Drew, A. J. (2010) Case study 1: changes to tourist activity in Greece, in *Challenges of Growth Environmental Update Study: Climate Adaptation Case Studies* (eds C. Thomas and A. J. Drew), EUROCONTROL, Brussels.

Doll, C., Klug, S., Köhler, J., Partzsch, I., Enei, R., Pelikan, V., Sedlacek, N., Maurer, H., Rudzikaite, L., Papanikolaou, A., and Mitsakis, V. (2011) *Adaptation Strategies in the Transport Sector: Deliverable 4 of the Research Project WEATHER* (*Weather Extremes: Impacts on Transport Systems and Hazards for European Regions*) *Funded under the 7th Framework Program of the European Commission.* Project coordinator: Fraunhofer ISI, Karlsruhe.

EUROCONTROL. (2013) *Climate Change Risk and Resilience*, Challenges of Growth 2013, EUROCONTROL, Brussels.

European Commission (EC). (2013) *An EU Strategy on Adaptation to Climate Change*, COM (2013) 216 (Final), European Commission, Brussels.

European Environment Agency (EEA). (2012) *Climate Change Impacts and Vulnerability in Europe* 2012, European Environment Agency, Copenhagen.

European Environment Agency (EEA). (2013) *Climate Change Adaptation in Europe*, European Environment Agency, Copenhagen.

Heathrow Airport (LHR). (2011) *Climate Change Adaptation Reporting Power Report*, Heathrow Airport Limited, London.

IATA (2012) *Hurricane Sandy Added to Industry Challenges in October*, IATA Press Release No. 48, November 29, 2012. Available at http://www.iata.org/pressroom/pr/pages/2012-11-29-01.aspx (accessed June 17, 2013).

ICAO (2010) *Aviation and Climate Change: 2010 Environment Report*, International Civil Aviation Organization, Montreal (Chapter 6: Adaptation). Available at http://www.icao.int/environmental-protection/Pages/EnvReport10.aspx (accessed June 17, 2013).

ICAO (2013) *Destination Green: 2013 Environment Report*, International Civil Aviation Organization, Montreal (Chapter 7: Adaptation). Available at http://www.icao.int/environmentalprotection/Pages/EnvReport13.aspx (accessed June 17, 2013).

IPCC. (2007) *Climate Change* 2007: *the Physical Science Basis. Contribution of Working Group I to the Fourth*

Assessment Report of the Intergovernmental Panel on Climate Change (eds s. Solomon, D. Qin, M. Manning, Z. Chen, M. Marquis, K. B. Averyt, M. Tignor, and H. L. Miller), Cambridge University Press, Cambridge, UK.

Manchester Airports Group (MAG). (2011) *Climate Change Adaptation Report for Manchester Airport and East Midlands Airport*, Manchester Airports Group, Manchester.

Molarius, R., Leviäkangas, P., Hietajärvi, A.-M., Nokkala, M., Rönty, J., Könönen, V., Zulkarnain, K. O., Mäensivu, S., Kreuz, M., Mühlhausen, T., Ludvigsen, J., Saarikivi, P., Vajda, A., Tuomenvirta, H., Athanasatos, S., Papadakis, M., Michaelides, S., Siedl, N., Schweighofer, N., Riemann-Campe, K., and Groenemeijer, P. (2012) *Weather Hazards and Vulnerabilities for the European Transport System— a Risk Panorama* (*EWENTD* 5.1), VTT Technical Research Centre of Finland.

Swedish Commission on Climate and Vulnerability (SCCV). (2007) *Sweden Facing Climate Change: Threats and Opportunities*, Swedish Government Official Reports, Swedish Commission on Climate and Vulnerability, Stockholm (Section4. 1. 4: Aviation).

Thomas, C. and Drew, A. J. (eds) (2010) *Challenges of Growth Environmental Update Study: Climate Adaptation Case Studies*, EUROCONTROL, Brussels.

Thomas, C., McCarthy, R., Lewis, K., Boucher, O., Hayward, J., Owen, B., and Liggins, F. (2009) *Challenges to Growth Environmental Update Study*, EUROCONTROL, Brussels.

US DoT (2014) *Climate Adaptation Plan: Ensuring Transportation Infrastructure and System Resilience*, United States Department of Transport, Washington, DC.

Watkins, M. (2007) Subprime: a predictable surprise. *Business Week*, December 17. Available at http://www.businessweek.com/stories/2007-12-17/subprime-a-predictable-surprisebusinessweek-business-news-stock-market-and-financial-advice (accessed June 12, 2013).

本章译者：贺云涛
（北京理工大学宇航学院）

第2部分

空气动力学与飞行器结构

第 6 章

减阻技术在运输机上的应用

Mujeeb R. Malik[1], Jeffrey D. Crouch[2], William S. Saric[3], John C. Lin[1] 和 Edward A. Whalen[4]

1　美国宇航局兰利研究中心，汉普顿，弗吉尼亚州，美国

2　波音飞机公司，西雅图，华盛顿州，美国

3　得克萨斯州农工大学航空航天工程系，学院站，得克萨斯州，美国

4　波音技术与研究中心，黑兹尔伍德，密苏里州，美国

6.1　引　言

目前以及未来的很长时间里，无论是军用航空、民用航空还是通用航空领域，提升飞机的气动效率都是首要研究问题。能够最大幅度提升飞机气动效率（降低燃料消耗）的方法包括采用先进的动力系统、应用层流控制（laminar flow control，LFC）技术、使用先进的复合材料对飞机进行减重以及利用减阻沟槽降低湍流阻力。1992 年 Bushnell 发现，表面摩擦阻力占到运输机总阻力的一半，所以降低表面摩擦阻力能够大量降低燃料消耗。2013 年在 NASA（美国航空航天局）进行的"航空环保"项目中，Drake 等人在"最优系统概念"这种未来理念（preferred system concept，PSC）的指导下进行了系统的研究，研究表明现在飞机客运所消耗的燃料相比 1998 年降低了 42%，货运降低了 37%，其中后掠翼层流控制（swept-wing laminar flow control，SWLFC）的贡献超过 9%（图 6.1）。2008 年，Arnal 和 Archambaud 发现可以通过在发动机短舱和尾翼处引入层流控制技术来提高燃油效率。1996 年，在空客工作的 Roeder 估算出，使用层流控制技术的短舱和尾翼平面可以降低 4.5% 的阻力。虽然对于不同种类的飞机估算也会不同，但是多项研究表明层流控制（推迟层流-湍流的边界层转换）可以节省 10% 的燃料，并且在运输机的远距离飞行中可以节省更多的燃料。因此，在持续了半个世纪的时间里，很多研究人员都对"维持层流边界的高雷诺数流动"的课题非常感兴趣，并且进行了研究。减阻（降低燃油消耗）所带来的直接好处有：更远的航程、更大的载重量和更低的发动机排放。

飞机减重（一般通过使用更轻的材料）也能够显著地降低燃油消耗（图 6.1）。2015 年，Whalen 等人发现了一种不使用轻型材料也可以对飞机进行减重的方法，这种方法就是"主动流体控制"（active flow control，AFC）。典型的现代多发动机运输机的垂尾大小的设计是为了克服一些特殊的飞行状况，比如在飞机起飞和低速爬升的过程中遇到发动机故障或者侧风。在这些情况下为了控制住航向，飞机的垂尾必须做得非常大才能产生足够的侧向力，用来抵消发动机在满功率运行时产生的不对称的推力和发动机发生故障时叶片自转带来的阻力，但是对于一般的巡航状态，飞机的垂尾就太大了。所以，现代飞机的垂尾一般设计得尽可能的小，而较早的飞机的垂尾一般会设计得比较大。这样设计出来的垂尾会增大飞机的阻力和重量，从而增大飞机的燃油消耗。使用主动流体控制装置可以推迟在大偏转方向舵上的气体流动分离，并且增加它产生的侧向力。这使飞机在遇到紧急情况时，在飞行包线内使用常规的操纵方式，小一点的垂尾也能够提供足够的控制能力。主动流体控制技术可以应用在一些飞机家族上，但是不能应用在变体飞行器上。基于系统集成的研究表明了应用主动流体控

制技术设计的垂尾可以减小飞机的重量和阻力，从而降低飞机的燃油消耗。2011 年，Bezos-O'Conner 等人开展的 ERA 项目对这些优点有着极大的兴趣，NASA 和波音公司也联合起来一同研究评估这种减阻设想的价值。

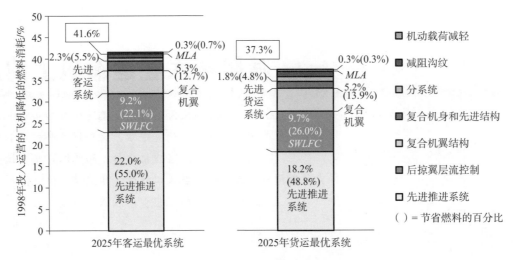

图 6.1　飞机最优系统概念带来的工程技术优势

6.2　层流控制

实现层流覆盖飞机表面的方式有三种。第一种方式是自然层流控制（natural laminar flow，NLF），通过机身形状设计增加机身上层流覆盖的长度；第二种方式是使用壁式引流器，使用这种方法也会降低机体表面的热交换；第三种方式是混合控制方式（hybrid laminar flow control，HLFC），包括自然层流控制和其他增加机体表面层流区域的技术，如采用壁式引流器、沿翼展方向不连续的粗糙面（discrete roughness elements，DREs）。1998年，Saric、Carrillo 和 Reibert 提出了新的技术来实现层流控制，如在后掠翼的前缘安放微型的粗糙面。引入不连续的粗糙面技术的优点在现实飞行中还没有被证明，但是在 2015 年 Malik 等人通过计算证明可以抑制主导边界层扰动的因素，并且推迟后掠翼上的边界层转换。

6.2.1　边界层转换原理

层流-湍流转换是由在边界层中不稳定扰动的增加导致的，所以以层流控制的方法就是把这些干扰控制在可接受的范围内，使非线性的因素不会导致层流转换为湍流。一般来说，在后掠翼的边界层上有四种情况会导致层流-湍流的转换。

1. Tollmien-Schlichting（T-S）波

在飞机表面，由黏滞效应引起的不稳定性在二维平面或者三维空间上主导着气流，如在发动机吊舱和后掠翼中弦区域。非线性稳定性方程——orr-sommerfeld equation（OSE）可以用来计算速度剖面图形的曲率。OSE 表明降低靠近机体表面的速度曲率可以提高边界层的稳定性。壁式引流器可以实现上述功能，可以加快压力梯度变化，通过气流冷却机体表面，再通过水流加热机体表面，这些作用都可以稳定边界层。即使是微弱的引流和微弱的压力梯度变化，也会产生显著的效果。

2. 附着线污染和稳定性

飞机机身边界层的湍流趋向于从翼根连接处的附着线开始传播并污染后掠翼上的边界层。在这种条件下，不能在机翼上维持层流。1979 年，Poll 基于附着线的雷诺数 $\overline{Re}$ 制定了一个简单的标准来避免污染。后掠翼的前缘法线半径为 r，椭圆率为 e，后掠角为 Λ，自由流体速度为 U_∞，临界雷诺数 $\overline{Re}$ 表示为

$$\overline{Re}=\left[\frac{U_\infty r \sin\Lambda \tan\Lambda}{\upsilon^{①}(1+e)}\right]^{1/2} \qquad (6-1)$$

经验值 $\overline{Re}=245$ 时能够在非常宽的流体范围内确保层流附着线不被污染。2008 年 Arnal、Perraud 和 Séraudie 发现，如果不能将雷诺数设计在临界值附近，则可以使用 Gaster bumps、引流贴片等其他方法来恢复层流。1984 年，Hall、

① 原文如此。

Malik 和 Poll 提出了通过线性稳定理论计算得到的 $\overline{Re}$ 的临界值为 583，但是由于翼展方向的粘连，自然层流通常不能保持该雷诺数。

3. 离心不稳定性

在凹形面上形成的剪切层会呈现出瑞利型离心不稳定性，1994 年，Saric 把开放系统中的这种不稳定性称作戈特勒不稳定性。在一些超临界翼型的设计中会使用凹形表面，但是并没有使用层流控制技术。虽然可以直接设计以避免戈特勒不稳定性，但是应该指出的是，用于提高升力的切向壁喷嘴在凸形表面上具有戈特勒不稳定性。

4. 紊流不稳定性

紊流不稳定性发生在后掠翼表面上存在压力梯度的区域中。在边界层外的非黏性区域中，由于后掠翼和压力梯度共同影响，边界层边缘产生弯曲的流线。在边界层内，流动速度减小，但压力梯度不变。因此，存在于非黏性层中的向心加速度和压力梯度之间的平衡不存在于边界层中。这种不平衡在边界层中形成了二次流，称为紊流，它垂直于局部非黏性流线的方向。关于综述，参见 Saric 等（2003）。

紊流在不稳定性控制中是最难的。而 CP（动力黏度）使 T-S 波加速稳定，并且引起不稳定的紊流。此外，与 T-S 波不稳定性不同，紊流的不稳定性同时表现在驻波和行波中。虽然两种类型的波都存在于典型后掠翼的附面层，但是通常由这些波中的一个引起，而不一定由两个波引起。虽然线性理论预测到行波具有更高的增加速率，但许多实验表明层流到湍流的转移是由驻波引起的。无论是驻波还是行波，作为主导因素，都与它们的影响过程相关。驻波在低湍流的飞行环境中更重要，而行波在高湍流环境中占据主导地位。因此，人们更希望在飞行环境中产生驻波而不是行波。涡流的减速压力梯度也是不稳定的，可以通过将压力梯度曲线翻转 $90°$ 来保持稳定。

紊流驻波常表现出强烈的非线效应（Saric 等，1998）。由于波阵面也遵循该模型，并与潜在流动方向几乎一致（波数矢量是几乎垂直于非黏性流线），弱对流运动产生的流向边界层轮廓会产生强烈的、类似于戈特勒涡流的畸变问题。这种综合的效应和边界层畸变会导致气流基本状态的改变和初始的非线性效应。由于畸变的增长，边界层被加速流和减速流所替代，形成双向曲折的形态。双向曲折的形态是无黏性且不稳定的，因此，都受到高频二次不稳定（Malik 等，1999）的影响。该二次不稳定被放大，并导致局部迅速击穿。由于转移的发生，转换前端的跨度不均匀，并且形成湍流楔的"锯齿"状图案。

紊流不稳定性是由紊流速度的拐点造成的，并且最小化这个速度分量会降低不稳定并因此延迟转换。对于给定的前缘后掠角和单元雷诺数，降低紊流速度的唯一方式是将压力梯度降低到最小，但是这将导致 T-S 波不稳定性的增加。因此，掠翼自然层流设计是基于通过调整压力分布的微妙平衡，使得紊流不稳定性被充分降低，同时在亚临界水平保持 T-S 波的增长。人们只能在一定的雷诺数范围内保持这种平衡，因此大型运输机在高雷诺数环境飞行时，必须引入 LFC 控制。由于驻波产生于表面的粗糙点，通过最小化后掠翼前缘区域的表面粗糙度，以减少干扰来源是延迟紊流转换的一种有效方法。另一种方法是设计先进的机翼以减小前缘后掠角，从而降低紊流的不稳定性。

6.2.2 层流设计计算工具

成功的层流构型设计需要用计算工具来计算所有相关的物理机制来预测转换点，包括在边界层的感受性、线性和非线性增长的扰动。NASA 已经开发出基于物理学预测转换点的代码并应用于层流控制和转换的研究。兰利稳定性和转换分析代码（LASTRAC）（Chang，2004）在二维和三维边界层采用了可压缩的线性稳定性理论（Mack，1984）和抛物化稳定性方程（PSE）（Herbert，1997）。

LASTRAC 可以计算由 N 个因子，包括非线性干扰的增长，以及随之而来的二次不稳定性干扰所引起的集成放大率。虽然主干扰 N 个因子中的大部分都可以在 LFC 设计中使用，但是紊流扰动的 DRE 控制需要非线性计算。图 6.2 显示了后掠翼在弦雷诺数（$24×10^6$）处，驻波主要扰动的 N 因子，这些 N 因子是使用线性抛物化稳定性方程计算得到的（Malik 等，2015）。需要注意，翼展处波长在 8 mm 左右的干扰可以最大限度地扩大附面层。推迟转换将需要抑制这些干扰增长。2015 年，Malik 使用 LASTRAC、非线性 PSE 和二次失稳对转换点进行计算。图 6.3 展示了干扰由波长 4 mm 增加到 8 mm 时对扰动的非线性放大（目标模式，初始放大率为 10^{-4}）。随着控制模式的振幅增大，目标模式的增加被延迟。其中 9 个因子引起的二次不稳定紊流也标记在目标模式振幅曲线上。2015 年，Malik 的研究表明，在特定后掠翼上使用 DRE 控制，可以将转换点后移 20%。然而，接受的粗糙元参数需要使用真正预测计算。

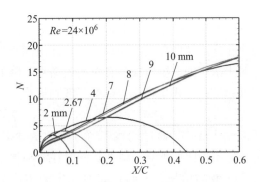

图 6.2　在 $Re_c = 24 \times 10^6$ 基于线性 PSE 的后掠翼不同横流扰动波长的 N 因子（数据来自 NASA）

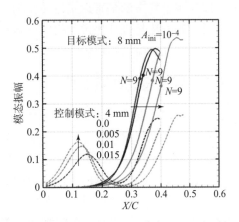

图 6.3　在不控制 $Re_c = 24 \times 10^6$ 时，目标 8 mm 波长横流扰动的非线性 PSE 结果（初始控制幅度分别为 0.005、0.01 和 0.015）。在振幅曲线上标注了二次 N 因子 $= 9$ 的位置（数据来自 NASA）

使用高精度的物理学逼近可以使设计方法更为简单。波音公司的转换建模工作尝试通过将边界层感受性和击穿纳入一种基于振幅的方法来预测转换。一种与转换位置有限线性不稳定相关联的幅度线性振幅方法，可以简化为用 N-因子变量方法来计算感受度的带宽（Crouch 和 Ng，2000）。这种方法用于在变量超过 100 的情况下捕获表面粗糙度对转换的影响。表面阶梯状因素和其他形式的表面不规则性引起的不稳定性的增长，也可以利用 N-因子变量法进行有效的建模（Crouch，2008）。

某些改进的建模使用数据库去近似奥尔-索末菲方程的不稳定增长特性，然后直接耦合到 CFD（计算流体动力学）代码。波音公司开发了一种基于神经网络的方法，可以同时捕捉 T-S 波和紊流不稳定转换（Crouch 和 Ng，2002）。该方案从边界层轮廓截取离散地点，而不是依赖于积分量来表征边界层流。结果同基于解决奥尔-索末菲方程计算结果基本一致。

6.2.3　表面缺陷与昆虫污染

由于转换点对表面的压力梯度很敏感，所以必须精确地知道在负载下的压力梯度和自由表面缺陷（例如，阶梯/间隙和波纹）造成的任何局部压力梯度。层流表面的可制造性是层流控制技术实际应用中需要认真考虑的问题。虽然在开发计算方法方面（Crouch，2008；Crouch 和 Ng，2000）取得了一些成功，可以确定允许的表面赘生物，但是层流设计主要是基于经验，这是一个需要持续研究的领域（如 Balakumar 等，2014）。

由紊流引起的转换，对机翼前缘的粗糙度极其敏感，因为驻波的初始幅度取决于表面的粗糙度。如果机翼前缘使用的是比铝更硬的材料，那么可以改进表面光洁度，还可以实现机翼表面自然层流更改的弦雷诺数。

而不可避免的表面粗糙度（例如，在起飞过程中昆虫污染）会使层流的性能恶化。避免昆虫冲击技术（例如，克鲁格襟翼）已在层流研究中进行飞行测试。最近，Wohl 等人正在对减轻昆虫残留物黏附表面工程系统进行研发（2013）。

6.2.4　层流的研究和应用

已经有一些 NLF 示范试验在风洞和飞行中进行了很多年，结果如图 6.4 所示（Malik 等，2011）。由于紊流的失稳效应，转换雷诺数（Re_{tr}）会随着后掠角的增大而减小。在某种情况下，最大转换雷诺数会被不利的压力梯度（T-S 波主导的转换）或冲击波位置限制。因此，通过精细的机翼设计来进一步提高转换雷诺数是可能的，但是，对于大型飞机，必须最终采用 HLFC 技术及壁式引流器。引流系统的成本是商用飞机是否使用先进技术的一个重要因素。

1990—1991 年，波音公司和 NASA 合作进行了 HLFC 试验，试验表明 HLFC 技术可以极大地提高超音速飞行中的层流水平，即使在真实的各种因素影响下也是如此（Collier，1993）。虽然试验结束后，该技术并未被马上应用到大型商用飞机的层流控制中，但是有更多的研究指向在关键制造技

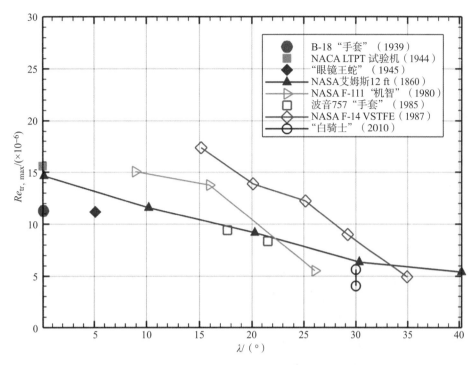

图 6.4 NLF 试验中多种后掠翼的最大转换雷诺数（数据来自 NASA）

术和解决环境问题中应用流体力学建模的方法，以更好地评估和优化飞机性能。

1995 年，波音公司和 NASA 合作，对控制层流不稳定转换问题中的机翼前缘引流效应进行了研究。在该研究中，使用红外线成像技术和热线风速仪来展示在不同引流布局下的转换特性。2003 年，Streett 发表了该试验中的某些因素，测试结果展示了不均匀的引流分布对提高紊流不稳定性的接受度，并且降低了层流与理想化的引流器分布的相关程度。2005 年，波音公司又同 NASA 合作，使用风洞试验研究了引流孔对于附着线层流的影响（Powell 等，2006）。该研究关注超音速飞行中单元雷诺数的特性。试验结果表明，引流孔可以降低附着线不稳定的风险。

为了支持层流控制技术在未来的应用，2009 年，波音公司和 NASA 使用国家超音速设施（national transonic facility，NTF）对高雷诺数层流试验评估进行了详细的研究（Crouch 等，2010）。如图 6.5 所示，研究层流机翼的模型表明由 T-S 波不稳定性和紊流不稳定性引起的转换都取决于雷诺数。该试验表明在限制单元雷诺数的情况下，影响转换的主要因素是机翼前缘的设备污染。层流控制试验表明，在较低的单元雷诺数情况下，气流的质量是可以接受的。

层流控制技术在大型商用飞机上的首次应用是

图 6.5 在国家超音速设施中进行试验的层流机翼

波音 787 飞机的发动机吊舱，如图 6.6 所示。在 2011 年投入运营的波音 787-8 型飞机上使用了可以扩展层流的发动机吊舱。该发动机吊舱的层流控制是靠机舱整形和管理建造过程实现的。2014 年投入运营的 787-9 和 2018 年将投入运营的 787-10 也使用了 NLF 技术发动机吊舱，并且还使用了 NLF 尾翼来扩展层流的范围。由于尾翼前缘后掠，尾翼的表面需要使用前缘引流技术（HLFC）来实现层流控制。波音 787-9 飞机是首架应用 HLFC 技术的大型商用飞机。

2017 年投入使用的 737Max 机型，使用了自然层流控制的先进技术——翼尖小翼，如图 6.7 所

图 6.6　使用 NLF 技术的波音 787-8 的发动机吊舱

图 6.7　波音 737Max 将安装使用 NLF 技术的翼尖小翼

示。这是 NLF 技术在大型商用飞机升力面上的首次应用。新的翼尖小翼对扩大层流范围提供了非常大的帮助。2012 年，翼尖小翼的自然层流控制技术在波音 737 节能验证机上进行了试飞验证，并且波音 737Max 型飞机也使用了 NLF 技术的发动机吊舱。

6.3　主动层流控制

通过主动反馈系统实现转换控制的想法得到了

高度的重视（Liepmann 和 Nosenchuck，1982）。该技术通过第一时间测量不稳定干扰的幅值，并引入适当的扰动来抵消原始干扰。尽管这种方法取得了一定成功，但是还未被证明是可行的转换控制方法。除了在飞机上实现这样的系统存在技术问题，立体波浪抵消的问题也是一个挑战，即使二维紊流（T-S 波）占主导。

还有一些其他方式来实现 AFC 技术，如气体流动分离的控制。各种控制方法已经显示出具有不同程度的有效性，并且激励器也有了一定的发展（Cattafesta 和 Sheplak，2010）。在很多试验室和空气动力学环境中，飞机和组件模型已经应用了主动控制技术。下面介绍一种使用扫射流激励器来进行流动分离控制的方法。

6.3.1　扫射流激励器

图 6.8 展示了 Raman 和 Raghu 在 2004 年发明的一种典型的激励器的图纸。该激励器从喷嘴的一侧发出连续的射流，射流从另一侧翻转并做扫掠运动（因此命名为扫射）。气流从"供气喷嘴"的左侧通过，然后附着到主腔中两个腔壁中的一个（在图 6.8 中所示的情况，气流会附着于上壁）。主腔的几何形状会造成喷射气流冲向激励器的喉部，并增加临近激励器喉部入口处的"反馈路径"压力。这会在"反馈路径"中产生气流并推压射流附着到对侧"相互作用区域"，并一直重复该作用。这种反馈环路使喷射流持续地从一侧摆动到另一侧，这种扩散流动比稳定送风更有效，如在偏转方向舵的情况下。由于没有使用运动部件来引入不稳定振动，扫射流激励器可以作为主动层流控制的引流设备。

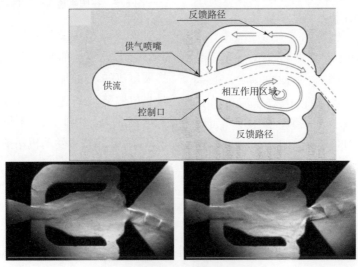

图 6.8　扫射流激励器的概念设计

6.3.2 全尺寸 AFC 风洞试验

最近，NASA 和波音公司在国家全尺寸空气动力学联合体（National Full-Scale Aerodynamics Complex，NFAC）、艾姆斯研究中心使用 40 ft×80 ft 的风洞进行了一次全尺寸的 AFC 增强垂尾试验（Whalen 等，2015）。测试的目的对全尺寸模型在整个飞行包线内进行测试，包括对激励器的大小、安放位置、可操作性以及集成电源进行测试。

波音 757 型飞机的垂尾高度为 25 ft，垂尾被安放在一个整流罩上，然后安置在风洞的测试区域内，如图 6.9 所示。在方向舵的偏转角度和侧滑角的范围内，对垂尾模型在 100 kn① 的较小速度和 130 kn 的最大速度条件下进行了测试，并获得了气动力和气动力矩数据。为了便于集成安装，扫射流激励器被安装在垂尾安定面的后缘铰链上，而不是在舵面上，它可以将气流吹到舵面的前缘上。一共有 37 个扫射流激励器被均匀地安装在安定面的右侧，用来提供加压气流。通过独立地控制每个激励器的流量，可以对激励器数量的影响进行研究。在实际应用中，垂尾的两侧都会安装激励器。在方向舵偏转超过一定角度的时候，这些激励器会按需要开启或关闭来增加舵面的侧向力。

图 6.9 波音 757 垂尾模型和其流线型整流罩安装在 40 ft×80 ft 的风洞中使用射流进行 AFC 测试

扫射流激励器与涡流发生器（VG）共同的作用也是测试的一部分。图 6.10（a）和（b）所示为在最佳的 AFC 和 VG 作用下，当飞行速度为 100 kn、侧滑角为 −7.5°时所产生的组织舵面偏转侧向力。VG 可以适当有效地提升侧向力（大概 10%），但是在舵偏角为 27.5°和 25°，并且侧滑角在 0°和 −7.5°时，VG 就没有作用了。同 VG 相

比，31 个扫射流激励器在最大舵偏角和零侧滑角的情况下可以提供超过双倍的侧向力。在侧滑角为 −7.5°并且舵偏角在最大偏转角（≥25°）时，扫射流激励器的优势更加明显，扫射流激励器在舵偏角为 25°时的功效是 VG 在舵偏角为 30°时功效的近 10 倍。31 个扫射流激励器在舵面偏转角达到 30°最大值和最大、最小侧滑角的情况下，可以显著地提升侧向力（超过 20%）。

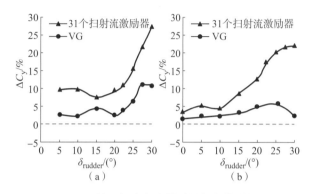

图 6.10 使用涡流发生器时侧向力的增加和偏转舵面角度的对比

基于相关集成系统的研究，侧向力的增加可以使垂直尾翼的面积减小 17%，从而减少阻力和重量以及 0.5% 的燃料消耗。使用 AFC 技术的垂尾技术计划在 2015 年在波音 757 节能验证飞机上进行试飞验证。飞行试验的完成将推动 AFC 技术达到一个新的水平，并且能够促进航空工业的发展。

6.4 总　　结

以上介绍了两种降低飞行器阻力的方法。第一种方法是使用壁式引流器（LFC 技术）或综合技术（HLFC 技术）获得较好的压力梯度（NLF），从而推迟边界层的转换。波音 787-8 的发动机吊舱使用 NLF 降低了阻力，波音 787-9 的尾翼使用 HLFC 技术扩大了层流区域的面积；波音 737Max 使用了翼尖小翼技术。这些技术都是首次应用在大型商用飞机上。

经过由美国航空航天局赞助的研究所和工厂评估，大型商用飞机上充分使用层流控制技术可以减少超过 10% 的空气阻力。

第二种方法是使用扫射流激励器来提高主动控制能力，可以减小垂尾的面积和重量。评估表明，

---

① 1 kn=1.852 km/h。

主动层流控制技术可以降低飞行器 0.5% 的阻力，这些优点足以促使工业界准备试飞验证来进一步研究该技术。

参考文献

Arnal, D. and Archambaud, J. P. (2008) Laminar-turbulent transition control: NLF, LFC, HLFC. *VKI Lecture Series: Advances in Laminar-Turbulent Transition Modeling*, Brussels, Belgium.

Arnal, D., Perraud, J., and Séraudie, A. (2008) Attachment line and surface imperfection problems. *VKI Lecture Series: Advances in Laminar-Turbulent Transition Modeling*, Brussels, Belgium.

Balakumar, P., King, R., and Eppink, J. (2014) Effects of forward and backward facing steps on the crossflow receptivity and stability in supersonic boundary layers. *AIAA Paper*, 2014-2639.

Bezos-O'Conner, G. M., Mangelsdorf, M. F., Maliska, H. A., Washburn, A. E., and Wahls, R. A. (2011) Fuel efficiencies through airframe improvements. *AIAA Paper*, 2011-3530.

Bushnell, D. M. (1992) Overview of aircraft drag reduction technology. *AGARD Report 786* (Special Course on Skin Friction Drag Reduction).

Cattafesta, L. N., III and Sheplak, M. (2010) Actuators for active flow control. *Annu. Rev. Fluid Mech.*, 43, 247–272.

Chang, C. L. (2004) LASTRAC 3d: transition prediction in 3D boundary layers. *AIAA Paper*, 2004-2542.

Collier, F. S., Jr. (1993) An overview of recent subsonic laminar flow control flight experiments. *AIAA Paper*, 1993-2987.

Crouch, J. D. (2008) Modeling transition physics for laminar flow control. *AIAA Paper*, 2008-3832.

Crouch, J. D., Crouch, I. W. M., and Ng, L. L. (2002) Transition prediction for three-dimensional boundary layers in computational fluid dynamics applications. *AIAA J.*, 40, 1536–1541.

Crouch, J. D. and Ng, L. L. (2000) Variable *N*-factor method for transition prediction in three-dimensional boundary layers. *AIAA J.*, 38, 211–216.

Crouch, J. D., Sutanto, M. S., Witkowski, D. P., Watkins, A. N., Rivers, M. B., and Campbell, R. L. (2010) *Assessment of the National Transonic Facility for laminar flow testing. AIAA Paper*, 2010-1302.

Drake, A., Harris, C. A., Komadina, S. C., Wang, D. P., and Bender, A. M. (2013) Environmentally

Responsible Aviation N + 2 Advanced Vehicle Study. *Northrop Grumman Systems Corporation Final Technical Report*, NASA-CR-2013-218304.

Hall, P., Malik, M. R., and Poll, D. I. A. (1984) On the stability of an infinite swept attachment-line boundary layer. *Proc. R. Soc. Lond. A*, 395, 229–245.

Herbert, Th. (1997) Parabolized stability equations. *Annu. Rev. Fluid Mech.*, 29, 245–283.

Joslin, R. D. (1998) Aircraft laminar flow control. *Annu. Rev. Fluid Mech.*, 30, 1–29.

Liepmann, H. W. and Nosenchuck, D. M. (1982) Active control of laminar-turbulent transition. *J. Fluid Mech.*, 118, 201.

Mack, L. M. (1984) Boundary-layer linear stability theory. *AGARD Report No. 709* (Special Course on Stability and Transition of Laminar Flows).

Malik, M. R., Li, F., Choudhari, M. M., and Chang, C. L. (1999) Secondary instability of crossflow vortices and swept-wing boundary-layer transition. *J. Fluid Mech.*, 399, 85–115.

Malik, M. R., Liao, W., Lee-Rausch, E., Li, F., Choudhari, M., and Chang, C. L. (2011) Computational analysis of the G-III laminar flow glove. *AIAA Paper*, 2011-3525.

Malik, M. R., Liao, W., Li, F., and Choudhari, M. (2015) Discrete roughness-element-enhanced swept-wing natural laminar flow at high Reynolds numbers. *AIAA J.*, 53 (8), 2321–2334.

Poll, D. I. A. (1979) Transition in the infinite swept attachment-line boundary layer. *Aero Q.*, 30, 607–629.

Powell, A. G., Beeler, G. B., and King, R. A. (2006) Attachment line tripping due to suction through a micro-perforated skin at Mach 2. *AIAA Paper*, 2006-3221.

Raman, G. and Raghu, S. (2004) Cavity resonance suppression using miniature fluidic oscillators. *AIAA J.*, 42, 2608–2611.

Roeder, J. P. (1996) Laminar flow application-past realities and future prospects. *2nd European Forum on Laminar Flow Technology*, *Bordeaux, France*, June 10-12, 1996.

Saric, W. S. (1994) Görtler vortices. *Annu. Rev. Fluid Mech.*, 26, 379–409.

Saric, W. S., Carrillo, R. B., and Reibert, M. S. (1998) Nonlinear stability and transition in 3-D boundary layers. *Meccanica*, 33, 469–87.

Saric, W. S., Reed, H. L., and White, E. B. (2003) Stability and transition of three-dimensional boundary layers. *Annu. Rev. Fluid Mech.*, 35, 413–440.

Streett，C. L. （2003）Designing a hybrid laminar-flow control experiment—the CFD-experiment connection. *AIAA Paper*，2003-977.

Whalen，E. A.，Lacy，D.，Lin，J. C.，Andino，M. Y.，Washburn，A. E.，Graff，E. C.，and Wygnanski，I. （2015）Performance enhancement of a full-scale vertical tail model equipped with active flow control. *AIAA Paper*，2015-0784.

Wohl，C. J.，Smith，J. G.，Jr.，Penenr，R. K.，Lorenzic，

T. M.，Lovell，C. S.，and Siochi，E. M. （2013） Evaluation of commercially available materials to mitigate insect residue adhesion on wing leading edge surfaces. *Prog. Org. Coat.*，76，42－50.

本章译者：徐军
（北京理工大学宇航学院）

第 7 章

混合翼飞行器：历史的视角

Egbert Torenbeek

代尔夫特理工大学航空航天工程系，代尔夫特，荷兰

7.1 经典飞机布局概念

乔治·凯利爵士（1773—1857）在研究鸟类飞行和人体构造领域时得出以下结论：Leonardoda Vinci 设计的人力扑翼机不足以产生载人或者载物的升力和推力。1799 年，凯利爵士发明了由独立功能部件组成的固定翼飞机的设计理念：将机翼、尾翼、推进装置等部件安装在一个连杆上。一个世纪之后，莱特兄弟在凯利爵士设计概念的基础上添加了两个活塞发动机来驱动螺旋桨，从而完善了设计。20 世纪，由凯利爵士和莱特兄弟发明的总体布局成为设计用来进行远距离客运或货运的、具有高速和高操作安全性的飞行器的主要依据。在这种布局下，机身包含有效载荷空间、产生升力并能够储存燃料的机翼，这种典型的飞机总体布局称为主导配置或管翼布局。从空气动力学的角度来看，机翼固有的气动阻力要远远小于升力，是亚音速飞行器机体部件中最有效的产生升力的结构。例如，一架喷气客机在平飞时，机翼的气动阻力是其产生升力的 $3\%\sim5\%$。虽然机翼结构的有效空间比机身要小很多，但是由于燃料的能量密度远高于每单位客舱空间的有效载荷，所以一般可以携带足够的燃料。虽然机身的表面摩擦阻力和机翼相似，但是只能产生很少或几乎不能产生升力。尾翼对于飞行稳定性和控制至关重要，其升力面阻力很大，对于产生升力没有任何帮助。

7.2 飞翼布局和无尾飞行器

翼身融合（BWB）飞行器也是飞翼飞行器（FWA）的一种，这种飞行器没有机身、水平尾翼和鸭翼。飞翼飞行器将机组成员、乘客和货物都安置在机翼内。其喷气式发动机大多安装在发动机舱中，并在机翼后缘和翼尖上安装一个或多个垂直尾翼。在传统布局的基础上取消机身和尾翼，有助于大大降低空气阻力和燃料消耗。从结构设计的角度来看，飞翼飞行器得益于有效载荷、燃料储存的结构以及发动机吊舱和沿翼展分布的系统设备。在操纵和垂直阵风作用下，重力会使机翼产生向下弯曲，从而抵消载荷引起机翼向上弯曲所产生的气动升力。对于飞翼飞机来说，这种跨荷载作用可以显著地减轻机翼重量。

飞翼是一个完全综合的概念，它并不是简单地拆卸掉普通飞机的机身和尾翼。任何关于飞翼布局和传统布局的比较只有在相同的有效载荷、巡航距离、巡航速度、可接受的飞行品质、飞行状态的条件下进行设计时才有可比性。使用飞翼布局来设计可搭载 500～1 000 人的超大型飞机和超大型货运飞机是有非常优势的。同飞翼布局类似，无尾飞行器（TA）也没有水平安定面。20 世纪 50 年代设计的火神轰炸机可作为一个早期的案例，它使用和飞机布局类似的无尾三角翼，只是其机组成员和武器装备的负载相对较小。但是由于无尾布局使用了垂尾，所以无尾布局并不是飞翼布局。

许多著名的飞机设计者很早就坚持认为飞翼布局是动力飞行的最终理想布局。在整个 20 世纪，

人们就一直在研究、制造、试飞飞翼飞行器，旨在用其取代凯利/莱特的布局。1925—1950 年，德国、苏联、美国都进行研究和试飞，并对飞翼布局进行了介绍和评估。对飞翼布局发展做出最突出贡献的是美国设计师 J·K·诺斯洛普。1940 年，诺斯洛普收到研制 XB-35 飞翼战略轰炸机的命令，这个轰炸机有四个活塞发动机作为动力，每个发动机通过很长的传动轴的变速箱来驱动螺旋桨。诺斯洛普把这种布局称为全翼飞行器（AWA）。直到第二次世界大战结束，XB-35 轰炸机衍化为 YB-49 轰炸机（图 7.1），它使用 8 个喷气式发动机作为动力。虽然 YB-49 相比于 XB-35 获得了更多的认可，但是获得喷气式轰炸机订单的却是波音公司的具有革命性的飞机 B-47（1947），B-47 也拥有更快的速度。和早期的飞机相比，B-47 也采用和常规布局相同的后掠翼与尾翼，将涡喷发动机吊舱安装在机翼前缘的下前方。大多数设计师认为 B-47 是具有代表性的引领高亚音速飞行器气动布局的先驱，之后的波音 KC-135 空中加油机（1952）、波音 707 以及道格拉斯 DC-8 喷气式客机都采用了同样的气动布局。

图 7.1 诺斯洛普 YB-49（1947）

在诺斯洛普设计的 B-49 订单被取消之后的 30 年中，飞翼布局被主流航空界所忽视。1980 年，NASA 和波音公司预测飞翼布局并不是未来的客运飞机的发展趋势（Torenbeek 和 Deconinck，2005）。1988 年，诺斯洛普公司展示了同 B-47 一样使用飞翼布局的 B-2 战略轰炸机（图 7.2）。B-2 使用了全翼布局，它的机组成员、武器载荷、油箱和发动机都安置在机翼的内部，并且没有水平和垂直安定面。虽然 B-2 的气动布局主要是为了隐身而

进行的设计，但是它的最大升阻比却高达 22.5，比 20 世纪 80—90 年代设计的飞机要高 10%。B-2 是一个成功，很快证明了诺斯洛普使用飞翼布局设计轰炸机的合理性。

图 7.2 诺斯洛普 B-2（1988）

7.3 空气动力学和燃油效率

空气动力学效率指的是升力 L 和气动阻力 D 的比值。在飞机平飞状态下，气动效率是影响燃油消耗的最大因素。无尾和飞翼布局气动效率取决于飞行器的尺寸，接近 15 倍的翼展大小除以总气动面积的平方根。这个公式也可以表示为 $15 \times$（气动比例）$^{0.5}$。不带有翼尖小翼的机翼的气动长度等于两翼尖之间的距离。总气动面积的定义是飞机外表面暴露在迎风气流中的总面积。增大气动长度可以提高气动效率，但是也会增加结构重量。因此，在选择气动长度的时候，也要考虑机翼结构的优化和操纵性这些约束条件。对于民航来说，由于机场基础设施的限制，飞机的翼展被限制在 80 m 以内（ICAO Class Ⅵ）。客运燃油效率（FEE）的定义是消耗 1 L 燃油飞行 1 km 所能携带的乘客数量。对于固定的负载，发动机消耗的燃料以及排放的二氧化碳的量和 FEE 成反比。因此，FEE 会影响燃油消耗量、发动机二氧化碳排放量，并直接影响成本，所以 FEE 称为优化运输类飞机设计的主要因素。喷气式客机在巡航状态下航空煤油的燃油效率大约是：37 座·km/L 乘以 (L/D) 和动力装置的

总体推进效率以及与有效载荷重量之比。现代超远距离航线的燃油效率大概是每千克 50 座/km，接近一辆中型汽车在高速公路上的油耗。然而，飞机的飞行速度比汽车的速度高 10 倍以上，并且有更高的负重系数，因此不同于人们的一般想法，考虑载重和距离，喷气式飞机的燃油效率要远远高于汽车。除了大升阻比和减重之外，飞翼布局的巡航高度也对提高燃油效率有很大的作用，并且可以减少排放对于大气层的影响。

7.4　超大型飞机

展望未来，主流长途航空公司或将需要 800～1 000 座的飞机，远远超过使用传统技术的 A380 和 B747（Whitford，2007）。从 20 世纪 80 年代中期开始，商业运输飞机的设计团队就致力于研究超大型飞机（VLA）的设计理念，以满足 21 世纪的需求并降低运营成本。使用飞翼布局设计的客机，尺寸的增加会导致重量的增加，在运营中也会遇到机场设施限制的问题。B-2 的出现引起了新一轮对在民航飞机上应用飞翼布局的兴趣。在 B-2 首飞后不久，全世界的科学杂志上发表了各种不同的未来气动布局，并且机身制造商、科研机构和学术界都在进行相关项目的深入研究。例如，1991 年法国宇航公司先进技术研究小组提出了一个能容纳 1 000 人的超级巨型飞翼飞行器；并且在 20 世纪 80 年代，俄罗斯中央空气流体动力学研究所（TsAGI）也开始了飞翼飞行器的研究（Denisov 等，1998）。TsAGI 的科学家发现基于凯利/莱特布局的飞机发展缓慢，他们预测飞翼布局能够为研制 200 座以上甚至 1 000 座以上的飞机提供足够的帮助。20 世纪 90 年代，科学家对超大容量飞机概念项目 FW-900（图 7.3）的理论基础进行了计算

和试验研究。FW-900 计划可容纳 940 名乘客，并且能够在 10 000 km 的高度以 0.8 Ma 的速度进行经济性巡航。

7.5　混合飞翼布局

也许会有一些和翼身融合相关的疑问：可不可以把部分客舱安置在机翼内，部分客舱安置在机身内？这种布局可以使机翼和机身融合，并且将负载集中在一个加压舱中（Bolsunovski 等，2001）。这种分离的设计需要为乘客提供有效的平整的空间，将燃油储存在机翼内并且将行李空间优化以获得空间的最有效利用。20 世纪 90 年代，TsAGI 同空客合作，研究 FW-900 的替代气动布局。该项目致力于研究共三层、可容纳 750 个座位、航程可达 13 000 km，并且可以以 0.85 Ma 的速度巡航的飞机。另一种气动布局为混合型的，如图 7.4 所示。它使用了较短小的机身和很大的传统机翼，并使用了两个甲板把连接的中心区域扩大。机翼中心的区域作为机舱，同下部的客舱连接在一起，一共可以容纳 560 个座位。位于机身上部的客舱可以容纳 190 个座位。从图 7.4 中可以看到有机身存在，这种混合飞机（HFW）实际上也属于无尾飞行器；设计者称这种气动布局为整体式翼身（IWB）布局。这种布局的显著优势在于在巡航状态下，它的升阻比全翼布局（AWA）高 6%，并且比传统的双层客机高 20%。采用整体式翼身布局的飞机同翼身融合飞机相比，起飞重量可以减少 20%，并且可以提升 33% 的燃油效率。更重要的是，翼身融合布局遇到的技术问题，在整体式翼身布局上可以解决，甚至根本不存在。再结合研发过程和操纵性这些问题，整体式翼身布局可以完美替代翼身融合布局。

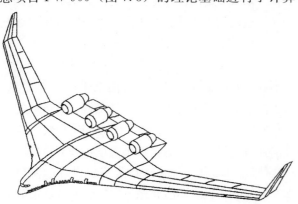

图 7.3　TsAGI 公司的飞翼布局飞机 FW-900

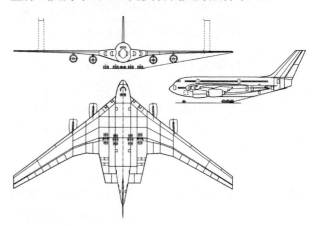

图 7.4　TsAGI 公司的混合飞翼

7.6 翼身融合飞行器的起源

大约在欧洲设计超大型飞机的同一时间，NASA兰利研究中心官方提出了一个问题：远程运输行业会复兴吗？（Liebeck等，1998）。工业界的反馈显示，1960—1990年，飞机的最大巡航马赫数 $Ma \times L/D$ 逐渐由13增大到15，每年缓慢地增加0.5%。麦克唐纳·道格拉斯公司（MDD）开始了发明和评估新气动布局的研究，用来替代传统的飞行器。他们设想新一代的超大型飞机应该可以容纳三层客舱，并运送800名乘客，航程应大于13 000 km，并且巡航速度要达到0.85 Ma。1988年，人们开始研究机身中分散客舱的设计概念。如图7.5所示，座舱的张力可以有效地抵抗外部压力，25座的压力舱被安放在四个相邻圆柱体的十字交叉区域。这种无尾布局是第一种翼身融合布局，也被称为短式翼身融合布局。在这种特殊的气动布局中，发动机被安装在机身和机翼的中间位置，类似哈维兰彗星型客机。和常规无尾布局飞机相比，在巡航状态下，翼身融合布局可以提高升阻比，并且显著地降低燃料消耗。

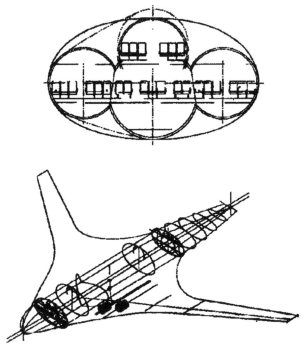

图7.5 最初的翼身融合布局

7.7 第一代翼身融合飞行器的发展

20世纪90年代，MDD公司的最初设计研究

表明，翼身融合技术是可以实现的。NASA兰利研究中心也资助了翼身融合概念研究的第一阶段。1994年，一个由NASA、企业、大学共同成立的研究团队展示了可容纳800名乘客且航程可达13 000 km的翼身融合飞机原型，从而证明了翼身融合在技术和商业应用上的可能性。这个团队根据混合翼布局构思了第一代翼身融合布局。接着，最初的混合翼布局发展为同凯利/莱特布局有极大不同的飞翼布局。在接下来更详细的设计中，基于一些关键因素的修改成了飞翼布局发展的关键。

（1）不再使用早期无尾布局飞行器一体化的圆柱形加压客舱。

（2）客舱和货舱都被完全安置在机翼内。这种布置再结合无尾布局，同传统无尾布局相比，可以使升力面减少33%。

（3）机身也作为机翼结构升力面的中心，在两侧加装大展弦比的机翼，可以使翼展达到106 m。

（4）将发动机安放在翼根内部的布局被创新性地以半潜入式将四个发动机安放在机身中央的后部。这样可以给机体中央部分提供更多的边界层，降低发动机进气道处的阻力，并且能够提升发动机效率及降低燃料消耗。

为了安放宽体的双层客舱和驾驶舱，中央升力段一般做成高宽比为17%的气动外形，并且有非常长的中心弦长。客舱作为一个耐高压容器安放在翼梁尾部的前面；在它之后是可以作为紧急情况下疏散用的不耐压的结构。行李舱和货舱都同客舱区域相邻。

翼身的中部呈锥形，和中间部分连接的机翼的前缘向后弯曲，后缘向前弯曲，并且安装了用于降低阻力的翼尖小翼。俯视这种完整的混合布局，飞机的中间部分和外部锥形的机翼呈现平滑过渡，并且后缘后掠角呈现不同角度的特点。使用这种翼型设计的飞机和使用传统的直锥形机翼的飞机的特点区别非常大，并且使静稳定裕度降低了0.15，因此这种飞机需要安装重要的稳定系统。

7.8 第二代翼身融合飞行器

对于第二代翼身融合布局（Liebeck，Page和Rawdon，1998）的研究始于对于第一代布局的细化和优化。使用第二代翼身融合布局的飞行器的翼面积为727 m^2，翼展为85 m，并且发动机的数量减少到3个。同传统布局飞行器相比，第二代翼身融合飞行器（图7.6）（Liebeck，VKI publication，2005）的燃油效率要高38%，如表7.1所示。

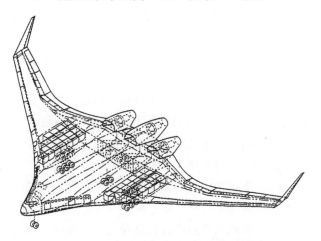

图7.6　第二代飞翼布局的等距视图

表7.1　第二代飞翼布局飞机与传统无尾布局
飞机的性能对比

性能	单位	飞翼布局	无尾布局
乘客	名	800	800
航程	km	13 000	13 000
最大起飞重量	kg	373 300	440 000
运行空重	kg	186 900	213 200
燃油消耗	kg	96 600	133 360
巡航升阻比	—	23	19
翼展	m	85.3	71.6
翼面积	m²	727	565
总推力	kg	3×8 000	4×8 850

由于所有相关的学科和组织领域都存在很多困难，所以设计飞翼布局飞行器并不是一个简单直接的过程。在飞翼飞行器的设计过程中，科技和实际应用经常会遇到难以平衡的矛盾，所以需要重新审视设计过程。虽然传统无尾布局客机不存在这些问题，但是飞翼飞行器的设计者并不能依赖现有的熟悉可行的解决方案，近10年来的研究、经验和技术应用也不能提供任何帮助。引入这种全新的运输类飞机的气动布局给研发、制造、认证、运营的领域都带来了非常深远的影响。将载荷都安置在机翼内对于运输类飞机的设计和研发来说是一种非常激进的方式。集成的压力舱被安置在机翼的中央区域，由于至今几乎没有使用非圆柱形结构设计高压舱的经验，因此对中央升力机体进行详细设计是飞翼飞行器设计者的主要任务。传统的圆形机体部分，可以通过自身的张力来有效地抵抗表面的综合压力。在研究抗压结构的初期，就依照经验使用了经典圆柱形机体，这种结构具有重量方面的优势，航空界内普遍认可这种设计。但是，翼身融合飞行器的机身部分不是圆柱形的，因此内部压力负载也会引起弯曲应力。舱体必须能够抵抗压力负载，并且机翼结构也能够适应由升力引起的弯曲力和弯曲力矩。

MDD公司的设计团队在早期的研究中提出了压力舱的两种设计理念：

（1）上下表面都是平的或者表面为弯曲的、类似三明治结构的客舱，用以承受和机翼相同的弯曲负载。

（2）把客舱的上、下表面分别设计为拱形、弧形的承压表面可以承受压力负载，和传统的机翼表面一起承受弯曲扭矩。

这两种设计理念都要求在客舱上设计加强用的长直加强筋来承受压力。设计团队更支持三明治构型。和传统无尾布局飞行器相比，飞翼飞行器的翼展更大，从而导致更大的负载效应，因此要对机翼的机构进行很大的减重（图7.7）。但是，由于使用了方盒状的承压客舱，中央升力体结构的重量要大于传统圆柱形机身。由于重量的增加，飞翼飞行器的翼展载荷的优势在一定程度上被中央机体的增重抵消了。

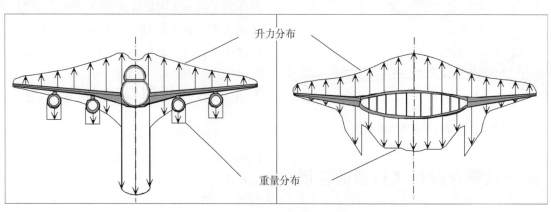

图7.7　气动布局决定翼展载荷

7.9　挑战和优势

尽管空气动力效率很高，但翼身融合布局还没有被飞机制造商所接受。原因是飞翼飞行器有很多固有缺点，只能部分地被它的优势所抵消。

（1）超大机翼。大展弦比机翼的气动面积和内部空间的比值很大，特别是高亚音速飞行时需要使用很薄的翼型。轰炸机非常高的负载密度可以在一定程度上抵消这个问题，但是客机或货机无法做到。由于客舱和货舱的密度要低于燃料的密度，所以要求传统无尾飞行器的机身体积至少是机翼体积的4倍。因此，飞翼飞行器机身装载有效载荷所需的平面面积是无尾布局飞行器机翼面积的两倍。较低的机翼负载可以不使用复杂的后缘襟翼，但是也让飞机对阵风更为敏感。

（2）翼展限制。如果将超大型飞翼运输机的机翼应用在现代高升阻比喷气式飞机上，那么由于机场基础设施的限制，翼展最大只能有80 m。一些设计团队使用可折叠翼尖解决了这个问题，在飞机滑行和维修的时候可以进行折叠，但是这也导致了内部结构的复杂性，也会导致认证的问题（Whitford，2007）。

（3）非最佳巡航高度。喷气式飞机的初始巡航高度一般是35 000 ft。飞翼飞机在这个高度上进行巡航飞行，由于翼载负荷较低，并且升力系数小，所以不能达到最大的升阻比。飞机需要在很高的高度进行巡航飞行，如45 000 ft。这就需要安装更多的发动机，除非发动机的推力能够满足起飞要求。

（4）稳定性、控制和飞行品质。翼身融合飞行器的稳定性、控制特性和喷气式战斗机更类似。一些早期的军用无尾飞机为纵向不稳定性和低速控制的问题提供了很多经验。B-49飞机上使用了全跨度升副翼和分体方向舵，解决了俯仰、偏航和滚转控制的大部分问题。现在可以使用电传控制系统来提高稳定性，并使用飞行包线保护系统。飞行状态决定了固有不稳定性的接受度，如巡航状态或者起飞/着陆状态。飞行品质也可以通过电传技术来改进。

7.10　波音 BWB-450

由于看到了翼身融合的可行性和潜力，波音公司首先开始了内部研究，很快就完成了第二代800

座翼身融合飞机的研究。研究的任务是研制468座客机，航程可达14 500 km，使用的发动机和B747、A340、A380安装的四个发动机相同。同第二代翼身融合布局不同，为了满足六类机场的要求，BWB-450的翼展被限制在80 m以内。如图7.8所示，飞机的基准配置显示，和以前的翼身融合布局设计不同，BWB-450采用了三个吊舱式发动机。同前几代的翼身融合布局相似，稳定性和控制都和B-49飞机基本相似。使用全跨度后缘襟翼来进行纵向控制，使用分体升降舵来进行航向控制，这样的布局不允许在机翼后缘安装升力效率高的设备。在低速飞行下需要大升力，因此必须增大飞机的迎角。为了在这种情况下避免飞机上仰，机翼的前缘也安装了全跨度的缝翼。整个客舱被安置在上层甲板上，货舱被安置在下层甲板上。所有的负载都被安置在机翼后缘的前方，并且布置了六个安全出口（图7.9）。

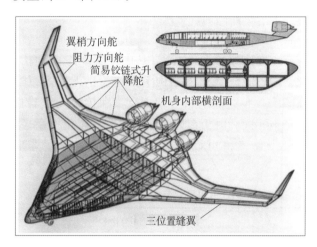

图7.8　波音 BWB-450 的内部、结构和控制面

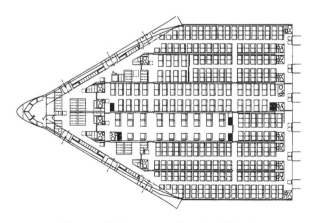

图7.9　波音 BWB-450 的三级客舱布局

飞翼运输机的设计者都经历过既要设计高级的空气动力学布局，还要满足配平条件这个硬性约束。以前的设计都使用后掠翼结合向下弯曲的机翼

59

机构,这会导致有效的空气动力学翼展要小于几何翼展,也妨碍了早期的飞翼飞行器发挥它的全部潜能。同静稳定布局的无尾飞行器相比,翼身融合飞行器可以通过将其重心向机尾方向移动来减小配平阻力。如果负静态裕度过大,那么同一、二代翼身融合飞行器一样,也需要关键的飞行增稳。但是由于将重力中心安置在所有控制面的中心位置,BWB-450的布局可以使升力沿着翼展方向进行最优化的分布,并且在气动外形之间取得平衡。这就使得在低速巡航状态下配平阻力非常小。

对于翼身融合飞机,主要的挑战是发明一种结构,使其能够吸收施加在客舱壁上的最大压力负载。为了确保对结构疲劳免疫,中央机体应使用复合材料建造,如碳纤维强化塑料或高强铝合金纤维增强金属压层材料,以达到主要舱体的抗压要求。BWB-450飞机的机翼材料使用的是铝,如图7.8所示。基于波音BWB-450飞机基线的结构设计理念,中央机体的前部都使用了厚表面和纵梁,用来承载压力负载以及弯曲负载。在这种设计下,结构与空重之比如表7.2所示。从中可以看出在机身方面,BWB-450飞机的结构空重比比无尾飞行器高22%,但是总的机身结构重量和传统飞行器相比基本相同。由于在巡航状态下的升阻比提高了,所以飞翼飞机可以大幅减重,从而大幅度降低油耗。

表7.2 BWB-450飞机与传统布局飞机的重量对比

重量	传统尾翼	BWB-450	飞翼布局
尾翼	0.016	0.003	0.18
机翼	0.090	0.066	0.73
机身	0.094	0.115	1.22
最大起飞重量	0.462	0.420	0.91
空重	1.000	0.887	0.89

来源:经Torenbeek(托伦比克)和Deconinck(德克宁克)(2005)同意复制使用,©冯·卡门流体动力学院。

7.11 遭遇困境并退出舞台

和传统无尾布局相比,采用客舱全部或者部分与机翼融合的喷气式飞机能大幅提升空气动力学效率、大幅降低起飞重量,具有将燃油效率提高30%~40%的巨大潜力。由于翼身融合布局或许是一种最激进的飞翼布局,在翼身融合飞行器通过认证并交付航空公司前,需要克服很多的障碍。下面列出了一些对于飞翼布局关键的因素(Torenbeek,2013)。

(1)安全出口的数量、位置和结构。

(2)客舱的体积、面积和高度可以保证乘客的舒适。

(3)乘客对于没有窗口的客舱的评价。

(4)在高速和低速飞行时,机舱地面的倾斜度。

(5)乘客登机和下飞机的方式。

(6)货舱的安置和可接近性。

(7)安装起落架的底座和轨道。

(8)飞机在滑行时如何转弯。

(9)外界噪声和尾涡。

(10)家族式设计:放大或者缩小。

(11)航空公司对气动布局的接受度。

客机持续增大引起了很多主要问题,如滑行道和跑道宽度的限制、舱门的限制、为乘客处理外部噪声以及躲避尾流。使用翼身融合布局设计的客机,由于装载和卸载的可到达性与传统飞机相比有很大的不同,所以很多运作问题被放大。客舱中有很多的横向过道,结构与剧院类似,并且安全出口的距离也相对较远,要在90 s内安全疏散500~100名乘客是不可能实现的。飞翼飞行器的稳定性和控制问题可能需要复杂的电子技术来解决。

7.12 结 论

翼身融合布局概念是飞翼布局的第一次发展,在这个过程中,主要的商用飞机制造商都表现出了极大的兴趣。例如,波音公司的幻影工程部基于BWB-451飞机制作了8.5%比例的无人机进行远程控制试验(图7.10)来研究这种气动布局。这个技术演示了翼身融合布局的飞行控制性能和过失速表现。至今为止,并没有无法解决的飞行控制问题

图7.10 X-48B飞翼验证飞行器

被提出来（Torenbeek，2013）。翼身融合布局的研究项目表明，现代的先进设计技术足以使设计师对翼身融合布局的关键特性作出可靠的预测，如计算空气动力学系数、进行结构分析和飞行品质评估。如果下一代使用翼身融合布局的大型客机配备新一代高涵道比涡扇或开式转子发动机，那么可以预计燃油效率将会提高30%～40%。让客机真正地做到不妨害生态环境是人类的梦想，翼身融合布局有潜力让梦想变成现实。

致谢

本章作者感谢 R. H. Liebeck（R. H. 利贝克）和 A. L. Bolsunovski（A. L. 博尔苏洛夫斯基），由于他们在麦道/波音/TsAgI 工作时对混合翼和飞翼的贡献，才使得作者能够是由这些有价值的资料。并且感谢冯·卡门学院允许作者在本章中使用 Torenbeek（托伦比克）和 Deconinck（德克宁克）（2005）的几个图。

参考文献

Bolsunovski，A. L.，Buzoyeverya，N. P.，Gurevich，B. I.，Denosov，V. E.，Dunaevski，A. I.，Shkadov，L. M.，and Sonin，O. V. （2001）Flying wing-problems and decisions. *Aircr. Des.*，4（4），193 - 219.

Denisov，V. E.，Bolsunovski，A. L.，Busoverya，N. P.，and Gurevich，B. I. （1998）Recent investigations of the very large passenger blended-wing-body aircraft. *ICAS* 98-4. 10. 3.

Liebeck，R. H. （2002）Design of the blended-wing-body subsonic transport. *AIAA Paper*，2002-0002.

Liebeck，R. H.，Page，M. A.，and Rawdon，B. K. （1998）Blended-wing-body subsonic commercial transport. *AIAA Paper*，98-0438.

Torenbeek，E. （2013）Chapter 5，in *Advanced Aircraft Design*，John Wiley & Sons，Inc.，Chicester，UK.

Torenbeek，E. and Deconinck，H. （eds）（2005）*Innovative Configurations and Advanced Concepts for Future Civil Aircraft*，Lecture Series 2005-2006，Von Karman Institute for Fluid Dynamics，Rhode Saint Genése，Belgium.

Whitford，R. （2007）Chapter 10，in *Evolution of the Airliner*，The Crowood Press，Ramsbury，Marlborough Wiltshire，UK.

本章译者：徐军
（北京理工大学宇航学院）

第 8 章

通过机翼变形来降低燃油消耗

Joaquim R. R. A Martins

密歇根大学航空航天工程系，安娜堡，密歇根州，美国

8.1 引　言

"变形"这个词起源于希腊字"metamorphosis"，翻译为"转化"。最初"变形"被使用在计算机图形学中，表示从一个图像变换到另一个图像。在飞机上应用"变形"始于 20 世纪 90 年代末（Welzien 等，1998），表示飞机外形的变换。虽然在各种研究中没有对飞机变形形成一致的结论（Friswell，2012），但我们将任何的类型变化都定义为广义的飞机变形（Weisshaar，2013）。

飞机的形状变化是有好处的，因为飞机在广泛的条件下飞行（例如，起飞、装载各种载荷巡航、着陆），每一种情况下都要求飞机有不同的，甚至矛盾的性能指标。例如，为了提高巡航效率，飞机机翼应该尽可能小、有适度的弯度，但是着陆时，机翼则需要足够大和高的弯度以满足较低的速度。这就需要使用传统的高升力系统，即变形系统的能力。

变形飞机的研究集中在机翼的形状变化上，而机翼是影响飞机性能的最重要的部件。然而，有一个值得注意的例外，可伸缩起落架也被认为是一种形状变形，其通过增加复杂性和重量达到大幅减少阻力的作用。机翼变形包括平面内变形（后掠翼、翼展和弦长）、平面外变形（扭曲、弯曲），或机翼变形。

本章的重点是研究变形系统对降低燃油消耗的贡献。燃油消耗的降低可以通过更好的空气动力学、结构、推进效率等综合因素得到。由于绝大多数的燃油是被商用飞机消耗的，所以本章只研究该

类飞机。2013 年，Weisshaar 从一般的和历史的角度来研究飞行器变形系统及其应用。2011 年，Barbarino 等人从底层机制和材料的综合角度研究了变形技术。

8.2　变形对燃油消耗的影响

当变形帮助飞行器保持高性能时，就可以影响燃油消耗，即使有不同的飞行条件和要求。为了量化变形对燃油消耗的影响，我们必须计算整个飞行任务中的性能（甚至要多计算几个不同的飞行任务），包括起飞、爬升、下降、着陆。图 8.1 展示了一个远程商用飞机的典型任务剖面。对于这样的飞机，燃料重量占起飞重量的百分比可高达 40%，因此，随着燃油的消耗，飞机重量大幅减轻。这就导致了飞行条件的改变：迎角降低，速度降低，或高度增加。高度是影响最大的因素，因为如果在一定高度上以最佳速率增加，飞机可以在其最佳阻力点飞行。然而，由于空中交通管制的限制，这通常是不可能的，飞机只能在固定高度上飞行。因此，远程飞机通常在恒定的高度段飞行，并且巡航高度会增加到 2 000 ft 的 3 倍。但是在此高度飞行，飞机的性能并不是最佳的。

飞机起飞、爬升、降落的运行点离最佳工作点甚至更远。虽然在长途飞行中这些飞行阶段的燃油消耗远远小于巡航段，但是对于短距离飞行，它就会显得很大。

另一个导致飞机远离最佳工作条件的因素是重量，这是一个关于有效载荷和飞机任务距离的函数（它决定了燃油量）。虽然在理论上，可以通过改变

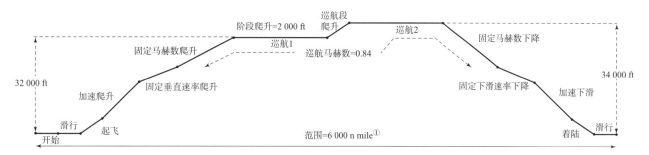

图 8.1 典型的远距离商业运输飞机的飞行任务

高度来匹配理想升力系数，使飞机在较大的重量范围内达到最佳工作点，但这并不总是可行的。此外，许多飞机增加起飞重量，但是机翼的大小不是理想的，因为它们沿用了较低起飞重量时飞机的设计。

由于商用飞机在各种不同的条件下飞行，所以需要通过改变形状来获得在每个状态下都达到最佳的性能。问题是，这样的做法是否对飞机有效？对于这种情况，我们可以通过多学科的综合权衡来提高飞机的性能（阻力、重量及最终的燃油效率）。此外，性能的增加必须足够大，以承受潜在的复杂性的增加和可接受的成本的增加，这是由航空公司决定的。

简单来说，我们可以通过 Breguet 距离方程来计算燃油消耗量：

$$W_f = W_0 \left\{ \exp\left[\frac{Rc}{V}\left(\frac{L}{D}\right)^{-1}\right] - 1 \right\} \quad (8-1)$$

式中，W_0 为飞机巡航结束后的重量；R 为巡航段的距离；c 为发动机油耗推力比；V 为巡航速度。燃油消耗的减少取决于气动性能（升阻比，L/D）、结构重量（包含在 W_0 中）和推进效率（c/V）。

这个方程中没有明确显示的是，提高其中任何一个因素会不会影响其他因素。例如，通过扩大翼展（降低诱导阻力）来提供 L/D 会导致结构重量的增加，从而使 W_0 增大。因此，变形系统对于降低燃油消耗的潜力需要通过所有学科的权衡计算来评估。此外，"简洁外形"的设计应考虑所有重要的变量，然后通过多学科设计来进行优化（Martins和 Lambe，2013；Kenway 和 Martins，2014）。

8.3 平面内变形

机翼平面内的变形有不同的方式，即后掠、翼展或弦长（后两个因素直接影响平面面积）。历史上，除了可以增大弦长的高升力系统之外，机翼形状变形从来没有在商业运输飞机中被证明（这在第

8.5 节讨论）。机翼后掠可以降低波阻，但同时也降低了整体的升力系数，这需要对底部平面区域进行补偿，或者使用高升力系统，或两者都需要。因此，可变后掠翼是可行的，因为高升力系统可以减小机翼尺寸和重量。一些超音速军用飞机已经采用了可变后掠翼系统，但是由于商用飞机在巡航状态下只需要在比较小的范围内调整最佳飞行点，所以没有使用过后掠翼。可变后掠翼系统所增加的重量和结构加固所需的装备又将上述优势否定。此外，复杂的高升力系统和超临界翼型的出现，也导致人们选择固定翼，而不选择使用可变后掠翼。

大翼展可以降低诱导阻力，商业运输飞机在进行典型的巡航时，诱导阻力占总阻力的 30%。虽然在飞行的不同阶段这个百分比也会变化，但是在飞行中没有很大的变化。通过多学科综合权衡，才能设计出最大的并满足所有飞行条件的翼展。在过去，已经成功地设计了一些可变翼展的飞机，机翼的变化配合平面区域来适应不同的飞行条件。其中的一个例子是 Akaflieg Stuttgart FS-29 滑翔机，它采用伸缩翼来适应不同速度：在气流中使用低速爬升，或者在气流之间高速飞行。

虽然没有足够的动力促使变翼展技术应用在商用飞机中，但是登机口的限制促进了在地面上减小翼展技术的应用。1994 年，在波音 777 项目启动时，工程师提出了折叠翼的方案，但没有航空公司选择这个方案。折叠翼在 777X 项目中复活，使用折叠翼技术使翼展和 777 相比要增大很多，但是可以使用 777 的登机口，并且可折叠机翼的结构重量比原来的结构轻很多。

8.4 平面外变形

平面外变形包括任何垂直于翼面方向的机翼的

---

① 1 n mile＝1 852 m。

形状变化，包括扭转和横向弯曲。这不包括局部机翼变形，局部机翼变形将在下一节中单独介绍。

第一个成功的动力飞机——莱特飞机就使用了机翼扭转来控制滚转。然而，这种形式的控制很快被副翼所取代，直到现在副翼仍然是首选。虽然变形可以保持机翼平滑无缝隙的形状，阻力也会小于铰接控制的舵面，但是它通常需要一个更复杂的驱动系统，使用更多的能源。此外，不使用过多的能源来扭转机翼就需要机翼更柔软灵活，这可能会导致在飞行包线内有不良气动弹性的现象。

然而，对气动弹性力学的深入研究和复合材料的发展已经让扭转变形更可行。扭转变形具有多种功能：增大升力系数和飞机的操控性、减轻气动载荷。这些功能也可以实现传统后缘襟翼和翼型曲面的变形（见第8.5节）。

主动柔性机翼（AFW）研究计划（Miller，1988）开发了一种变形系统，在机翼前缘和后缘使用相对很小变形，并利用扭转机翼的易弯曲性来实现更大的控制权。本文的研究结论表明，飞机可以使用扭转机翼来控制滚转，从而避免常规机翼的副翼反效。在随后的主动气动弹性机翼验证（AAW）项目中，测试了F/A-18战斗机的机翼前缘和后缘变形表面（Pendleton等，2000）。这样的系统现在还没有被用于商用飞机中，目前的研究趋势是设计更大翼展、更灵活的机翼，从而导致副翼反效更加严重，而这种变形的系统可能是一个很好的解决方案。

通过使用更易弯曲的机翼来控制飞机，扭转变形也有利于减轻负载，从而降低机翼结构重量，使得减轻机翼结构重量（或在同等重量下达到更大的翼展）变得可行。

有两种主要类型的负荷缓和：阵风缓和与机动载荷缓和。阵风缓和的动态表现为：一旦在机翼上检测到较大的加速度，就控制机翼表面的动作以减少其对结构载荷的影响。机动载荷缓和是随时间变化的，通常必须增加总升力。在这种情况下，控制机翼的动作将负载更集中地重新分配在机翼内侧来减少相同的总升力下的平均弯曲扭矩，如图8.2所示。

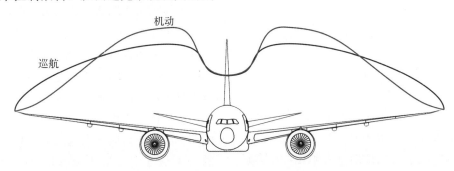

图8.2 扭转变形可以在临界载荷条件下改变翼展方向的升力分布，减少机翼结构重量

不一定要主动地进行负载缓和，设计一种介于弯曲和扭转变形之间的机翼可以降低外翼的角度，从而被动地减少由升力增大引起的机翼弯曲负载（Haghighat等，2012；Xu和Kroo，2014）。后掠机翼自然有一定程度的弯曲-扭转耦合，这可以通过增加剪裁刚度来解决。由于复合材料具有各向异性的特点，所以特别适合于这种气动弹性剪裁的机翼。被动的负载缓和也可以通过使用倾斜的翼尖来加强，因为这样可以具有较大的后掠角和较低的升力曲线斜率（Jansen等，2010；Kenway和Martins，2014）。

除了控制和减轻负载外，在任何飞行状态下，机翼扭转能够将沿翼展方向的升力分布调整为椭圆形，从而减少诱导阻力。在巡航状态下，沿翼展方向的升力分布需要呈椭圆形；在大负载状态下，沿翼展方向的升力分布要呈三角形，翼展的大小和结构是在这种状态下折中的选择。这些条件之间的权衡取决于设计师选择如何优化，可以通过MDO（多学科设计优化）来实现，包括空气动力学和结构、优化空气动力学形状和结构尺寸等方式（Kenway和Martins，2014；Kennedy等，2014）。

同被动调整相比，前面提到的主动调整的效果更好。此外，形状变形的自由度越大，性能就越好。因此在理论上，可以通过机翼变形来获得任何理想的翼型。但是，如前面所述，我们必须在能量、重量和变形结构的复杂性这些因素中取得平衡。通常，变形最有效的部分是机翼后缘，已经有太多的关于修改常规副翼和襟翼，以及使用更复杂的机制来使机翼后缘变形，并且增加机翼弯度的研究正在开展中。翼展方向翼型的变化能有效地改变机翼扭力分布，我们将在第8.5节中讨论这种类型的形变。

另一种可能的平面外变形是在两个层面上的变化。这包括上面提到的机翼的气动弹性弯曲，但是，和扭转变形不同，这种弯曲除了减小翼展效率和升力之外，对空气动力学性能的影响不大。最近，在无人机领域，关于二面性变形的研究有很多。在商用运输机领域，二面性变形主要用于解决侧向稳定性问题，也有助于提高发动机舱的离地间隙。因此，人们并没有热衷于研究二面性变形。但是，上文中提到的波音777X的折叠翼尖也可以被认为是二面性的变形。

8.5　机翼变形

现在已经有很多不为人所知的变形技术应用在商用运输中，如传统的高升力系统，就是利用改变机翼形状来应对起飞、降落（需要更高的升力系数）和巡航状态（较低的升力系数以及最小的机翼）下相互矛盾的要求。前缘缝翼和佛勒式襟翼的强大组合是解决这一问题的有效途径。最近，简化版的高升力系统已经有了进展，并且在结构上更加紧凑，波音787的机翼就使用了单槽襟翼，机械结构也十分紧凑。这一结果在较小的襟翼导轨整流罩上减少了阻力和重量。

目前还没有能够替代缝翼和佛勒式襟翼的设想。原因是，即使有一种机翼变形机制可以顺利地将翼型改变成任何形状，但是只有使用翼缝或者吹风机制，着陆所需的高升力系数才能实现。另外，可以增加机翼面积，但这将导致阻力和重量的增加。然而，表面平滑的变形翼面能够替代带有铰链或者翼缝的副翼，并且不会失去控制权限，能够减小阻力。

对翼型变形的研究主要集中在改变外倾角（相对于厚度）上，因为弯度是获得理想的升力系数的主要参数。此外，机翼后缘的变形更容易在结构设计的角度上进行集成设计，因为它不会影响翼盒结构。如第4章所述，这些变形可用于改善沿翼展方向的升力分布，降低诱导阻力，减轻负载。

1988年，Szodruch和Hilbig为运输机提出了

设计变弯度系统的理念，并且试图量化这种系统的效益。图8.3显示了该文章中最大的优点之一，它展示了一个变弯度的机翼后缘系统，风洞试验显示能够提高3%～9%的升阻比，并且将升力系数提高12%。这些优点得益于可变弯度机翼相对于制造精度有更大的鲁棒性。对于单一标称条件下固定翼的优化，我们期望变弯度机翼的L/D曲线在标称条件下显示完全相同的性能。然而，现实中的机翼设计要充分满足其他飞行条件，影响表现在标称条件下的性能。因此，在这种飞行条件下，变形翼仍然需要进行改进。

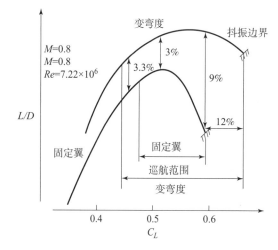

图8.3　变弯度尾缘增加了升力系数范围内的气动性能

近几十年，副翼被用来消减机动载荷，但在20世纪80年代的一些研究（Hilbig和Wagner，1984；Monner等，2000）显示了变形系统在巡航状态下的气动性能优势。但是直到最近，在巡航状态下，机翼还是被设计为固定的几何形状。

波音787和空客A350是商业运输中最早使用根据巡航飞行条件来偏转襟翼和副翼的系统，用以达到最小的燃料消耗（Reckzeh，2014）。现代运输飞机的机翼后缘已经使用了调整范围很大的可移动表面，如图8.4所示。然而，平滑的变形系统，没有沿机翼后缘的铰链机构，有着更好的空气动力性能，在翼展方向的弯度变化方面也有着更多的自由度。

Hilbig等人提出，至今为止还没有系统能够替代高升力系统。1984年，有一种方案是使用平滑系统取代副翼，并整合佛勒式襟翼。1990年，Greff提出了一个系统，即在巡航状态下调整传统舵面的偏转角度，这类似于波音787和空客A350上已经应用的系统。

除了调整翼展方向的升力分布，以减小诱导阻

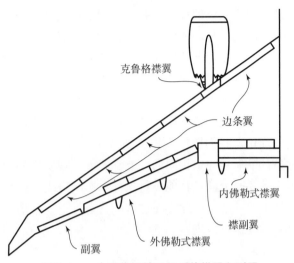

图8.4　一个现代运输飞机后缘襟翼和副翼占其大部分长度

力，并在一定的升力效率下优化翼型的弯度，以达到最佳的气动性能之外，使用该系统还有一些其他的优点。其中一个优点就是弯度的改变也改变了机翼的抖振边界，从而增加了操作灵活性，能够在给定的飞行任务下，实现更小的机翼尺寸和结构重量（Greff，1990）。

另一个引人关注的优点是，飞机可以在整个巡航段都使用恒定的迎角进行飞行，因此机身-机翼可以设计得更有效，以尽量减少干扰阻力。同样的优点也适用于机身尾部圆锥体的详细设计。最后，

迎角偏差的减小也使设计者能够更灵活地满足机场地面2°的约束，使得减小机翼根部相对于机身的角度变为可能。降低了俯仰力矩、下洗和尾锥的向上弯曲效率，额外地导致阻力减少了1%～1.5%。1990年，Greff做了结合减阻的估算，在假定襟翼运动为刚体运动的条件下，减小的阻力为5%。

调整机翼后缘弯度的缺点是增大了俯仰力矩，从而增加了配平阻力。然而，缺点的影响要比降低总阻力所带来的益处低一个数量级（Greff，1990）。

1990年，Greff提出了一个重要的设计理念：只有整个机翼的形状是按照这种思想进行特殊设计时，可变弯度机翼后缘才能展现出全部的潜力。这是因为传统的机翼往往有一个横向压力分布，使边界层变得更厚，使加大机翼后缘弯度变得不可能。具有优化外形以达到高性能空气动力性能的能力，使这个任务变得更容易。图8.5展示了以这种方法进行设计的一个例子（Lyu和Martins，2015）。图8.5（a）的机翼是使用平均雷诺数、Navier-Stokes分析法进行联合设计，并使用基于梯度的优化器进行优化的。设计优化考虑了五种不同的飞行条件。深色部分的结果显示此机翼在非设计状态下的分析结果。同样的机翼带有变形后缘的结果显示为浅色部分。我们可以看到，机翼后缘弯度的微小变化就可以降低由迎角减小造成的冲击。

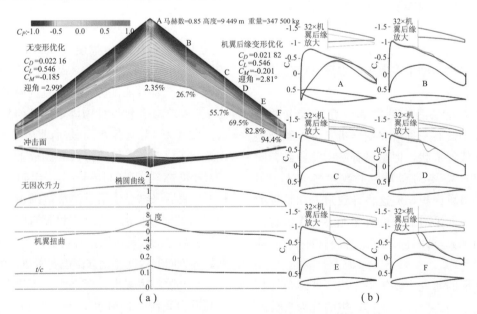

图8.5　一个在非设计工况条件下优化的机翼（a）与具有后缘变形的同一机翼［(b) 粗体］的对比

2006年，Kota、Hetrick和Osborn，2007年，Kota等人设计、制造、飞行测试了一个轻量级、低能耗、带有变形后缘的机翼。机翼的缩比模型被

安装在Composites White Knight飞机机体的缩比模型下面，并在所有的气动力和马赫数下，做了全面的全尺寸风洞试验。通过计算试验结果可知，使

用了自适应机翼技术的飞机续航可以提高 15% 以上。Kota 等人发现除了可以在不同飞行条件下调整阻力外，还能为自然层流翼型调整层流桶的作用（Kota 等，2007）。

8.6 总结和展望

在本章中，我们介绍了所有类型的机翼变形方式，但是着重讨论了变形能够降低商用飞机的燃油消耗的作用。我们讨论了不同类型的外形改变和它们对于燃油消耗的作用，而不是研究使外形改变的机械装置。我们将现在已经应用在飞行器中的翼面控制和高升力系统也包含在变形机械装置中。

任何变形机制的影响必须在所有相关的学科中进行量化考虑，并且通过简洁的设计来充分实现系统的全部潜力。虽然已经提出了许多类型的新的变形系统，但并不是所有的性能都能实现，还需要考虑重量、成本、所需的动力和可维护性。

虽然很多关于外部变形机制的研究和文献大胆预测不看好机翼变形的前景，但是我们知道，从历史上看，新技术应用在商用飞机中需要时间。正如在本章中所讨论的，传统机翼上使用可变弯度机翼后缘技术在 30 年前就被提出了，但是首次应用是在波音 787 飞机上。

更有前途的变形系统，在不久的将来似乎涉及改进的可变弯度机翼后缘技术，通过使用变形技术，使翼弦平滑没有间隙，在翼展方向上可以更多地改变机翼的弯度。虽然在传统翼面上使用自适应后缘，减少的燃料消耗不到 1%，但自适应变形后缘技术可以减少 3%～10%。进一步的研究方向预计是在被动和主动气动弹性微调翼展方向弯度的变化，连同使用先进的实时控制系统进行控制。这种系统所提供的负载减轻程度较大，使得翼展增加变为可能，从而降低诱导阻力，以实现进一步燃料消耗的减小。

目前新材料的研究和开发、新的变形机制的发明，以及设计过程的不断改进，最终将使外部的变形系统更轻、更节能、更经济。似乎今天我们不可能看到飞机机翼可以变形，但这只是一个时间问题。例如，翼型可以充分变形并不断适应任何跨音速条件下生产的 shockfree 流。另一种可能性是，我们找到一种方法来显著改变机翼面积，不再需要槽与高升力系统，飞机可以在所需的最小机翼面积

下进行巡航，大幅减少寄生阻力。

参考文献

Barbarino, S., Bilgen, O., Ajaj, R. M., Friswell, M. I., and Inman, D. J. (2011) A review of morphing aircraft. *J. Intell. Mater. Syst. Struct.*, 22, 823–877.

Friswell, M. I. (2012) Hierarchical models of morphing aircraft, in *Proceedings of the 23rd International Conference on Adaptive Structures and Technologies*, Nanjing, China.

Greff, E. (1990) The development and design integration of a variable camber wing for long/medium range aircraft. *Aeronaut. J.*, 301–312.

Haghighat, S., Martins, J. R. R. A., and Liu, H. H. T. (2012) Aeroservoelastic design optimization of aflexible wing. *J. Aircr.*, 49 (2), 432–443.

Hilbig, R. and Wagner, H. (1984) *Variable wing camber for civil transport aircraft*. Toulouse, France, 1984. ICAS Paper 84-5.2.1.

Jansen, P., Perez, R. E., and Martins, J. R. R. A. (2010) Aerostructural optimization of nonplanar lifting surfaces. *J. Aircr.*, 47 (5), 1491–1503.

Kennedy, G. J., Kenway, G. K., and Martins, J. R. R. A. (2014) *A comparison of metallic, composite and nanocomposite optimal transonic transport wings*. Technical report, NASA. CR-2014-218185.

Kenway, G. K. W. and Martins, J. R. R. A. (2014) Multipoint highfidelity aerostructural optimization of a transport aircraft configuration. *J. Aircr.*, 51 (1), 144–160.

Kota, S., Hetrick, J. A., and Osborn, R. F. (2006) Adaptive structures: moving into mainstream. *Aerosp. Am.*, 16–18.

Kota, S., Osborn, R., Ervin, G., Maric, D., Flick, P., and Paul, D. (2007) Mission adaptive compliant wing-design, fabrication and flight test. Technical Report RTO-MP-AVT-168, NATO Research and Technology Organization, 2007.

Lyu, Z. and Martins, J. R. R. A. (2015) Aerodynamic shape optimization of an adaptive morphing trailing edge wing. *J. Aircr.*, 52 (6), 1951–1970.

Martins, J. R. R. A. and Lambe, A. B. (2013) Multidisciplinary design optimization: a survey of architectures. *AIAA J.*, 51 (9), 2049–2075.

Miller, G. D., (1988) Active flexible wing technology. Technical Report AFWAL-TR-87-3096, Air Force Wright Aeronautical Laboratories.

Monner, H. P., Sachau, D. and Breitbach, E. (2000)

Design aspect of the elastic trailing edge for an adaptive wing. Technical Report RTO MP-36，Ottawa，Canada.

Pendleton，E. W.，Bessette，D.，Field，P. B.，Miller，G. D.，and Griffin，K. E.，（2000）Active aeroelastic wing flight research program：technical program and model analytical development. *J. Aircr.*，37（4），554 – 561.

Reckzeh，D. Multifunctional wing moveables：design of the A350XWB and the way to future concepts. In *Proceedings of the 29th Congress of the International Council of the Aeronautical Sciences*，St. Petersburg，Russia，September 2014.

Szodruch，J. and Hilbig，R.（1998）Variable wing camber for transport aircraft. *Prog. Aerosp. Sci.*，25，297 – 328.

Weisshaar，T. A.（2013）Morphing aircraft systems：historical perspectives and future challenges. *J. Aircr.*，50（2），337 – 353.

Welzien，R. W.，Horner，G. C.，McGowan，A. R.，Padula，S. L.，Scott，M. A.，Silcox，R. J.，and Simpson，J. O.（1998）The aircraft morphing program. *AIAA Paper*，1998-1927.

Xu，J. and Kroo，I.（2014）Aircraft design with active load alleviation and natural laminar flow. *J. Aircr.*，51（5），1532 – 1545.

本章译者：徐军

（北京理工大学宇航学院）

第3部分

基于化学燃料燃烧的推进技术

第 9 章

涡扇发动机的进步：美国发展回顾

Dale E. Van Zante

美国国家航空航天局格伦研究中心推进部声学室，克利夫兰，俄亥俄州，美国

9.1 历史回顾

自从 20 世纪 50 年代为运输机提供动力的涡喷发动机出现以来，人们一直希望发展更高效率、更环保、更安静的发动机。从效率方面讲，应同时提升推进效率和发动机热效率，以便提高总效率。图 9.1 展示了从涡喷发动机到当代高涵道比涡扇发动机（涵道比 5～8）的效率提升以及超高涵道比发动机（涵道比大于 10）提供的效率改进潜力。而此推进效率提升主要来源于更低的风扇压比。也就是说，对于相同的推力，发动机会以更低的速度增量推动更多的空气。在传统上，这与图 9.2 所示更高涵道比的趋势是一致的。然而，针对当代发动机循环，是否要从核心机中抽气的设计选择对涵道比（BPR）有重大影响。当代发动机的核心机越来越小（稍后讨论），这又加剧了这种影响。换言之，具有相同风扇压比的发动机循环会有相同的推进效

率，但会由于抽气与不抽气的选择而导致不同的涵道比。因此，风扇压比是更准确的比较推进效率的参数。

涡扇发动机总体噪声综合了风扇噪声、旁路喷流噪声以及来自压气机、燃烧室、涡轮和主喷管核心流噪声的影响。低压比风扇的一个附加好处是可以降低风扇噪声和喷流噪声。起飞时，涡轮喷气发动机由于非常高的喷气速度而使喷流噪声居于主要地位。低涵道比涡扇发动机只是部分地减轻了这一问题。当代涡扇发动机噪声信号显示风扇噪声与喷流噪声基本相当。随着涡扇发动机的发展，由于风扇压比持续走低，风扇噪声逐渐居于主要地位。图 9.2 对比展示了发动机不同噪声源大小和指向性随涵道比变化的趋势。由于在大推力等级时要实现高涵道比发动机推力可变就需要发动机构型变化，所以需要开发其他的风扇降噪技术。

例如，普惠公司（Pratt and Whitney）在 PW1500G 发动机低压轴上安装了变速齿轮以实现低压比风扇，进而使图 9.3 所示提高了推进效率。然而，就总体效率而言，类似商业运输机配装的通用电气公司（GE）LEAP 直驱发动机与齿轮驱动涡扇发动机仍不相上下。但是，在不使用齿轮来保证低压涡轮足够高效运行、足够轻的前提下，当今发动机风扇压比几乎已经达到顶峰。

图 9.2 中部分效率提升也可以归功于热效率的提升，而热效率提升则由于核心机总压比更高。总压比发展趋势如图 9.4 所示。值得注意的是，小型商用涡扇发动机与大型商用涡扇发动机的趋势相同，但总压比更小。如前所述，当代发动机与 20 世纪 60 年代的发动机相比，油耗降低 50%。

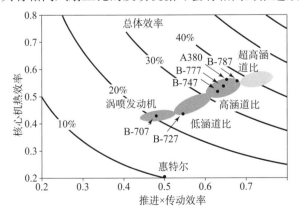

图 9.1 喷气发动机效率发展（Kenyon，2015）
（经普惠公司允许复制）

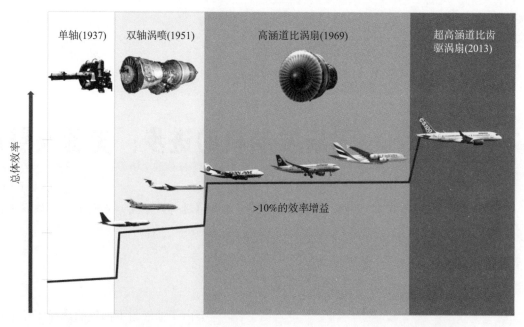

图 9.2 飞机发动机涵道比发展趋势（Kenyon，2015）（经普惠公司允许复制）

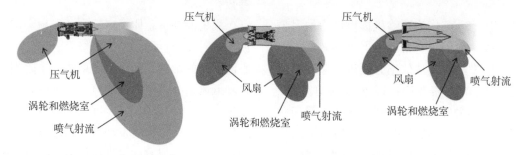

图 9.3 发动机噪声信号特征随涵道比变化，其中噪声源相对强度由色彩标示，噪声方向（向前或向后）由区域指向标示（Kenyon，2015）（经普惠公司允许复制）

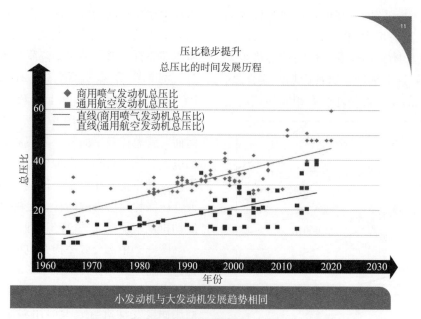

图 9.4 发动机总压比发展趋势（Kroeger，2015）
（经 Honeywell 允许复制）

随着总压比提升，发动机燃烧室和涡轮技术仍有待提高，以便保持可接受的排放水平和涡轮部件性能/寿命水平。早期燃烧室采用富油-淬火-贫油策略。随着氮氧化物污染形势更加严峻（主要为 NO_x）以及日趋严格的颗粒物管理条例，工业界转而采用贫油燃烧系统，这会在下文继续讨论。对涡轮技术来说，减少冷却空气流需求使人们致力于发展更高效的气膜冷却方案和耐高温材料，如陶瓷基复合材料（CMC）。图9.5展示了通用电气公司（GE）下一代应用CMC涡轮导叶的发展历程。

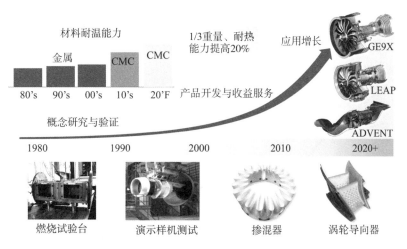

图9.5 陶瓷基复合材料应用于涡扇发动机的技术发展路径（Simpson，2015）

（经 GE 航空允许复制）

本节主要介绍 NASA 商用涡扇发动机的发展。FAA（美国联邦航空管理局）正在其可持续低能耗、低排放、低噪声（CLEEN）项目中追求近期取得发展。NASA 和 FAA 的众多项目协同部署，相关技术领域都在趋于成熟，只是投入实际应用的时间不同。CLEEN 项目是专注于短期内可实际应用的技术，而 NASA 是专注于需要长期发展的下一代技术。接下来展示下一代涡扇发动机技术，主要包括推进器、燃烧室和压气机技术。

9.2 美国涡扇发动机研究领域的现今努力

在公共研究领域，NASA 环境可持续航空工业（ERA）项目使一些技术得以发展成熟，以同时减少飞机或发动机系统的油耗、噪声和排放（Van Zante 和 Suder，2015）。NASA 基础研究项目中成熟度较高的概念被挑选出来继续发展，并作为更高成熟度综合性系统验证过程的储备技术。最初的发动机技术包括贫油直接注射（LDI）燃烧室概念、贫油-贫油燃烧室设计、主动燃烧控制策略、低 FPR 风扇、开放式转子（请参考《开式转子研究进展》）、边界层吸入式推进系统、高总压比核心压气机、陶瓷基复合材料涡轮导叶、燃烧室衬和混合式喷管。人们选择了某些技术来进一步发展，最终使其达到综合技术验证（ITD）水平。

普惠公司、通用电气公司和 FAA 合作完成了三种与发动机相关的综合性技术验证。虽然美国涡扇发动机研究并不包含所有方面，但是上述三个技术验证项目反映了其广泛的研究范围，而这又是发展涡扇发动机所必需的。

9.2.1 推进器技术

推进器技术（ITD35A）的成熟包含一系列低压比风扇与传统或短进气道耦合的风洞试验、一套用来发展更低压力损失和更高声学性能的风扇出口导叶试验、非传统声衬概念试验和一个最终的包含真实发动机特点的超高涵道推进器综合系统测试。这些测试同时验证了这些技术的空气动力学和声学性能。

优先的齿驱涡扇发动机（GTF）模型风洞试验验证了具有较低压比和齿轮传动风扇推进器系统的发动机有可能获得更高效率。如图9.6所示，试验风扇架构最终进化为 PW1500G 发动机。这台发

图9.6　测试中的PW1500G发动机
（经普惠公司允许复制）

动机的成功激励着人们继续发展更大推力的发动机及其需要的技术。风扇驱动系统中齿轮的加入使得叶尖速度更低、压比更小的风扇可以与更小、效率更高的高速核心机配合。这使得与最低燃油消耗对应的风扇压比进一步降低，如图9.7所示。然而，为了产生相等的推力，风扇尺寸也增大了。对更高推力发动机来说，发动机短舱会变得过大，导致更高的阻力，除非可以一并实现更短的发动机短舱（Peters等，2014）。这些结构上的变化对减少燃油消耗有益，但有可能对声学性能有害，因此进一步的噪声抑制技术还会继续发展。

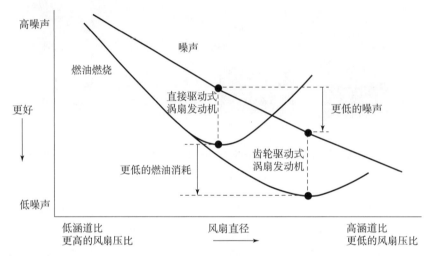

图9.7　先进涡扇或齿驱发动机的燃料燃烧和噪声特性（Kenyon，2015）
（经普惠公司允许复制）

对拥有大尺寸风扇和短舱的发动机来说，其可起到声衬作用的内表面面积减少了，而且由于涵道管道最佳长度直径比减小了，声衬效率也降低了。为增加推进器内声学处理的面积，NASA发展了两种更高级的内衬概念：转子顶端内衬（OTR）和柔性导叶（SV），它们都可以使内衬放在推进器内其他以前不可以放置的地方。

转子顶端内衬（OTR）概念是一种声学设计上的包装处理，它处于转子叶尖区域。细节部分还无法披露，因为还在申请专利。其设计意图是，在声音向外传播之前，就在源头处吸收其压强波动。柔性导叶（SV）概念在风扇出口导叶处使用了圆柱形折叠式通道，以便在压强波动源头将其吸收。两种思想都是为了增加推进器中的声学处理面积。

转子顶端内衬和柔性导叶概念都在增压比1.5的传统风扇内进行了试验，而且都是在飞行发动机短舱内只有转子的结构中测试的，以便分析所有性

能影响（Bozak等，2013）并测量声学特性。发动机短舱结构如图9.8所示。单转子测试结果显示，转子顶端内衬技术对效率影响非常小，可以接受。飞行发动机短舱声学测试结果显示，柔性导叶可以降低1.5 dB的噪声，但是转子顶端内衬技术没有降低噪声。转子顶端内衬技术在加工工艺上的难度以及转子叶尖流场在声学设计上的限制可能是其没有产生声学收益的原因。

对于低风扇压比发动机循环来说，与传统发动机相比，涵道管道中的压强损失对发动机耗油率影响增大。普惠公司和NASA用风洞模型测试了低损失风扇出口导叶和三维端壁技术。这个测试使用了低压比风扇，但用两项先进设计代替了出口导叶，其包含了弯、掠和/或轴向间距变化来限制发动机短舱总长度。管路和出口导叶压强损失的传统量值在1.2％水平。目前的测试验证了新设计具有更低的损失；同时测量了新设计的声学特性，为未

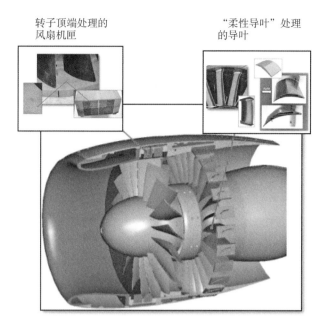

图 9.8 增压比 1.5 传统风扇模型的转子顶端和柔性导叶声学概念（引自 NASA）

来更先进设计提供了系统分析数据。

最终集成系统测试使用了模化的 FAA 的 CLEAN 发动机。该风洞模型包含了许多发动机真实特性，如下垂式进气道、涵道支板/分流环、分级出口导叶和非轴对称涵道管道。风洞模型如图 9.9 所示。该试验的主要目标之一是比较模化模型与发动机静态测试的声学测试结果。发动机测试完成后，就会得到测试和比较结果。

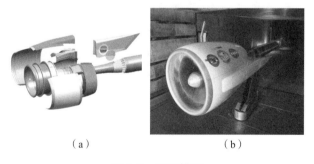

（a） （b）

图 9.9 风洞模型

（a）集成系统模型的分解视图；（b）9×15 LSWT 风洞中的 UHB 集成系统（Rig 2）风洞声学测试模型

9.2.2 燃烧室技术

燃烧室技术（ITD40A）集成验证使一种新型燃料可调燃烧室概念发展成熟，这种概念来自普惠公司，其在未来发动机燃烧室进口压强和温度更高的热力循环条件下可保持较低的 NO_x 排放。普惠公司和 NASA 的系列火焰管、扇区和全周台架试验验证了这个新概念燃烧室。下面讨论该系列试验

的目的和结果。

ITD40A 性能目标是：相比 CAEP6 标准，在起飞或降落时减少 75% 的 NO_x 排放。贫油-贫油设计理念也被称为轴向分级燃烧室（ASC），如图 9.10 所示。轴向分级燃烧室设计理念在燃烧室的前端使用了值班喷嘴以适应低动力工况，而在高动力工况时使用附加的主喷嘴。在整个发动机内，燃料-空气混合过程始终保持在贫油状态。这与富油-淬火-贫油结构不同，富油-淬火-贫油结构的燃烧室前端是富油区。为在下一代热力循环中保持较低的 NO_x 排放，贫油燃烧是必需的。NO_x 更倾向于在燃烧室热斑中形成，而燃烧室热斑是由富油区中燃油分布不均匀导致的（图 9.11）。另外，燃烧气流在高温区停留时间越长，就越容易形成 NO_x 产物。贫油-贫油系统设计时使贫油燃料高度均匀分布，而且燃烧产物会与冷却空气快速混合，从而使产生的 NO_x 最少。

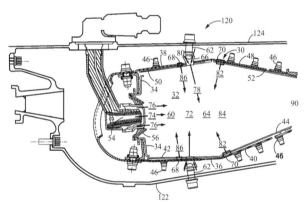

图 9.10 轴向分级燃烧室剖面——美国专利 9068748（经普惠公司允许复制）

对局部预混合燃烧室来说，起飞或降落过程中 NO_x 排放减少 75% 的目标非常有挑战性。但 NASA 还是在跟进普惠公司和通用电气公司的局部预混合燃烧室。为减小风险，NASA 还研究了三家喷嘴制造商的贫油-直接喷嘴（LDI），以防处于高压/高温状态时局部预混合燃烧室出现无法解决的自燃问题。NASA 还研究了以主动控制策略来缓解稳定性问题，若稳定性较差，则贫油-贫油可能会变为贫油-富油。最后，NASA 还研究了可替换燃油完全混合技术作为 Jet-A 可能的替代技术以减少 NO_x 排放。相关的测试细节可查阅 Suder 等（2013）。

早期测试表明，普惠公司和通用电气公司的局部预混合燃烧室虽然没有贫油直接喷嘴、主动燃烧控制和可替换燃油，但是有可能达到低温 NO_x 排

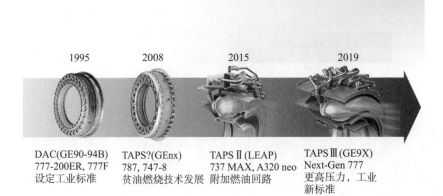

1995	2008	2015	2019
DAC(GE90-94B)	TAPS?(GEnx)	TAPS II (LEAP)	TAPS III (GE9X)
777-200ER, 777F	787, 747-8	737 MAX, A320 neo	Next-Gen 777
设定工业标准	贫油燃烧技术发展	附加燃油回路	更高压力, 工业新标准

20余年间关于燃烧科学、材料以及工艺创新的验证之旅

ISABE | October 2015   ©2015, General Electric Company

图 9.11　燃烧室技术

放要求。NASA 选择了普惠公司的分级燃烧室进行继续研究。

　　在 NASA 格林研究中心高亚音速燃烧装备测试室（ASCR）上，轴向分级燃烧室低温 NO_x 排放性能得到了验证。ASCR 测试室在 50 lb[①]/s 流量和 1 300 ℉[②]进口温度下，可以达到 900 lb/in^2[③]的压强，因此，它可以再现下一代燃烧室的压强和温度。在 NASA 和 UTRC（联合技术研究中心）燃烧管测试中，为 ASCR 中扇区测试所准备的喷嘴/旋流器得到了初筛，也在 UTRC 低压扇区测试中得到了初筛。在 UTRC 试验中，燃烧室扇区的安装如图 9.12 所示。随后，相同扇区在 ASCR 以全发动机条件（包括海平面起飞压强/温度）进行了测试。

　　在发动机整个热力循环压强/温度范围内，对轴向分级燃烧室扇区进行了测试。在每个热力循环点周围，都测试了压强、温度和油气比偏移，来测试排放产物对其的敏感度，更好地优化燃烧室设计。轴向阶梯式燃烧室的排放性能比很好。结果显示，其 NO_x 排放情况超额达到了减排目标；而且，还进行了 50/50 任意燃油掺混测试，来评估可用燃油种类的灵活性。燃烧室排放性能和混合燃油的可操作性与 Jet-A 相比几乎不变。

　　全周燃烧室测试于 2015 年 6 月完成，使用了与 ASCR 测试中相同的喷嘴和旋流器。初步分析，测试结果验证了 ASCR 测试中的低温 NO_x 排放数据。全周测试包含了热涂层测量以便评估燃烧室寿

图 9.12　在 UTRC 准备测试的第二阶段扇形试验段
（Smith，2015）

命。本项燃烧室测试非常成功地验证了：在保证寿命条件下，相对于 CAEP 6 标准，贫油-贫油燃烧室系统不仅减少了高于 75% 的 NO_x 排放，而且与任意两种燃油混合物兼容。

---

①　1 lb=0.453 6 kg。

②　1 ℉=$\frac{5}{9}$ K。

③　1 in=2.54 cm。

9.2.3 压气机技术

压气机综合技术（ITD30A）验证包含了两个系列的测试和分析工作，探索了进一步提高压气机压比（叶片负荷）和效率而不影响重量、长度、直径和可操作性的设计空间。第一系列测试研究了传统高压比6级核心压气机的前2级。第二系列测试研究了一种新型压气机前3级的两轮设计。

总压比和部件效率是减小燃气涡轮发动机燃油消耗的关键。特别地，ITD30A目标是提高效率，且与现有技术相比增压比提高30%，并减小燃油率2.5%。图9.13形象地展示了实验评估的设计空间。虚线表示现有叶型的负荷与效率。如图9.13所示，叶片负荷越高，就越难达到较高效率。若一台压气机设计点位于虚线上方，那么就表示这台压气机比现有设计要先进。现在试验压气机为第一阶段设计，而新设计压气机为第二阶段设计。注意：两个压气机设计性能都比现有技术要好。通用电气公司高压压气机技术发展路线如图9.14所示。对直驱式发动机循环来说，高压压气机提供高总压比是一个显著的优势，并且相对于现在的发动机总压比有了较大的进步。

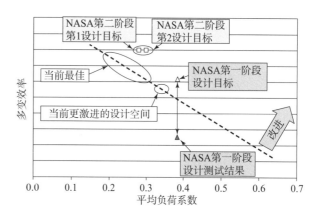

图9.13 ITD30A压气机 ERA第一、二阶段设计空间相对于虚线所展示的当前最好设计水平（经 GE 航空公司允许复制）

图9.14 直驱发动机结构的高压压气机发展（Simpson，2015）（经 Honeywell 公司允许复制）

试验中高总压比压气机未能达到设计预期的效率目标，因而还在进一步研究中。与现有最好设计相比，这个设计（图9.13中的第一阶段设计）推动了现有设计向更高叶片负荷水平（级增压比）、更高效率方向发展。不幸的是，虽然叶片负荷较高，但是效率并未达到预期目标。这台高负荷压气机有6级，其中前2级损失较大。前2级沿展高是跨音速的，因此，其性能表现对有效流通面积变化十分敏感。这有可能影响到通道激波的位置和强度，从而进一步因激波/叶排干扰、叶排间干扰、激波本身问题而影响流动分离、低动量损失区域。

NASA测试了该压气机的前2级，并使用现有测试技术研究了损失机理和高负荷跨声速压气机级间干涉作用。在高速多级压气机测试中，进口条件模拟了带支板和过渡段风扇后高压来流。本次测试先对单级进行定常和非定常测试，然后再添加第二级，从而评估每级性能和损失。这种方法可以检测出每级损失分布，并为确定压气机进口边界条件提供详细数据。

结果表明：第二级堵塞在某一流量，使第一级不能达到其最高效率点，说明两级间有匹配不当问题。这可能是因为设计工具没有预测到第一级更大的损失。两种测试中第一级静子前缘测量结果显示，该处性能不会受到第二级影响。因此，没有预测到的损失主要应来自第一级压气机。若想获得有关数值分析和试验结果的更多细节及相关讨论，请参考 Celestina 等（2012）和 Prahst 等（2015）的文章。

在第二阶段试验中测试了一台全新设计策略的核心压气机，而且这台压气机借鉴了第一阶段设计的压气机中获得的经验。第二阶段压气机设计追求更高效率和叶片负荷。注意：第二阶段压气机设计效率目标要高于第一阶段，负荷水平比现有最好压气机要高，但要低于第一阶段。图 9.13 给出了第一阶段和第二阶段压气机的设计空间，也展示了其相互间以及与现在设计最好水平的相对位置。

第二阶段压气机试验项目包含了两轮测试，其间主要区别在于：在保持相同效率条件下，第二轮压气机叶片负荷（级增压比）比第一轮型设计要高，如图 9.13 所示。第二轮压气机更高的叶片负荷会给系统总体性能带来好处。这两轮压气机设计在 2015 年年末才装配完成，所以本文来不及在此展示结果。

9.3 未来涡扇发动机研究

对涡扇发动机来说，更高总压增压比和更低风扇压比的需求推动仍将继续；图 9.15 展示了近 50 年涵道比的发展趋势。正如上文讨论，技术上的挑战包括：短进气道中的低压比风扇、降低管路损失、高功率密度核心叶轮机以及与下一代高总压比相匹配的低排放燃烧室。即使公司仍在为解决这些问题而使技术发展到极限，但是随着未来涡扇发动机发展，还会有其他新技术问题出现。

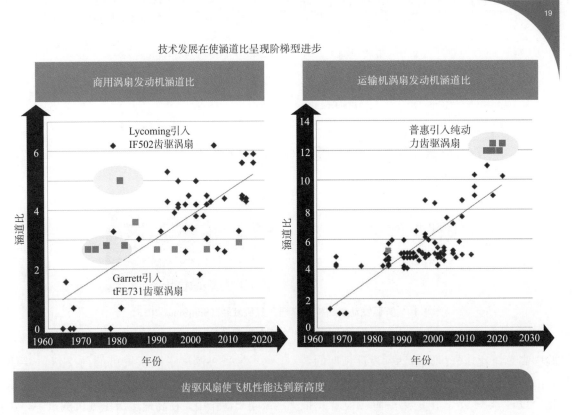

图 9.15 发动机涵道比发展（Kroeger，2015）（经罗罗公司允许）

当压比低于某值时，必须用可变面积导叶或可调桨距来主动控制风扇叶片气流迎角。从本质上讲，当风扇处于较低压比工况时（具体值还有待确定），风扇就有些类似螺旋桨了。为使发动机在从海平面到巡航高度的整个运行包线内保证喘振裕度，就必须采用主动控制技术。作为 NASA ERA

先进飞行器概念研究的一部分，洛克希德马丁公司、罗罗公司提出了超扇概念（Parker，2015；Martin，2012），如图 9.16 所示，超扇概念是指涵道比大于 15、实行叶片迎角主动控制的涡扇发动机，其技术挑战包括轮毂泄漏流以及低轮毂比下如何实现风扇叶片桨距可调。

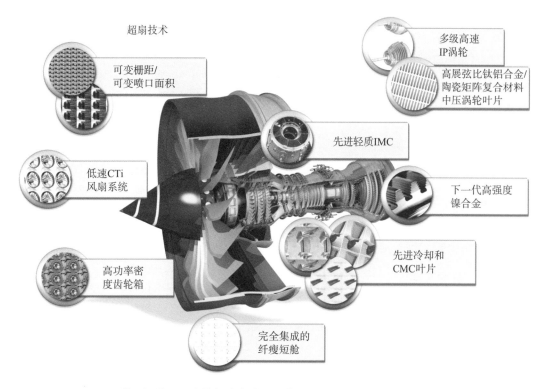

超扇技术

可变栅距/
可变喷口面积

多级高速
IP涡轮

高展弦比钛铝合金/
陶瓷矩阵复合材料
中压涡轮叶片

先进轻质IMC

低速CTi
风扇系统

下一代高强度
镍合金

高功率密
度齿轮箱

先进冷却和
CMC叶片

完全集成的
纤瘦短舱

图 9.16　带可调桨距风扇的超扇发动机概念（Parker，2015）（经普惠公司允许）

直径更大的低压比风扇会导致更多的与机翼或机身集成的复杂问题；而且，高功率密度核心机直径更小，使风扇轴如何穿过核心机成为问题。普惠公司提出了一个新构想：偏置核心机概念，如图 9.17 所示，这消除了风扇轴尺寸限制，使发动机能够紧凑集成到飞机机翼上。

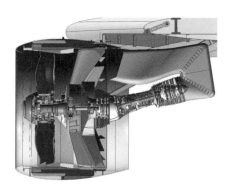

图 9.17　普惠公司的偏置核心机概念
（经普惠公司允许）

最后，到目前为止，上文所讨论的新概念仍然是以传统航空燃油涡扇发动机为蓝本的。未来发动机也许会使用混合电动系统和/或分布式推进。例如，如图 9.18 所示，在 NASA 提出的涡扇-电力飞机概念中，在机翼翼尖上（或飞机机身内部）使用了以燃气涡轮为动力的发电机来驱动多级电动风扇。这样，整个飞机系统就可以从高涵道比和削弱

附面层获得收益。在整个系统的可行性中，电动机和电池重量/功率密度是使这类系统可行所面临的两个技术挑战。

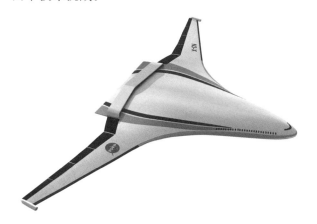

图 9.18　NASA 电驱飞机概念（N3-X）
（NASA）

9.4　展　　望

相对于 2015 年发动机，下一代涡扇发动机仍然有可能达到更高的总效率。为了提高发动机整机效率，不仅需要低压比风扇来提高推进效率，还需要高总压比来提高热效率。低排放燃烧室技术也必须跟上发动机总压比提升的步伐。

在美国，NASA 和 FAA 大力支持对于民用航空将要成熟的推进器、燃烧室和核心机的系统级研

究。NASA 的最近研究验证了下一代热力循环条件下的低压比风扇与短进气道耦合、压比 30 高压压气机和贫油-贫油低排放燃烧室技术的可行性。

致谢

NASA 环境友好航空项目和 Fay Collier 经理对本章撰写给予了帮助。

缩写

FAA 美国联邦航空管理局
NASA 美国国家航空航天局
SLTO 海平面起飞
UTRC 联合技术研究中心

参考文献

Bozak, R. F., Hughes, C. E., and Buckley, J. (2013) The aerodynamic performance of an over-the-rotor liner with circumferential grooves on a high bypass ratio turbofan rotor. *GT2013-95114*, *ASME Turbo Expo 2013*, San Antonio, TX, June 3-7, 2013.

Celestina, M. L., Fabian, J. C., and Kulkarni, S. (2012) "NASA environmentally responsible aviation high overall pressure ratio compressor research-pre-test CFD." *48th AIAA Joint Propulsion Conference*, Paper Number 2012-4040.

Kenyon, J. (2015) The future of air transportation, a propulsion perspective. Invited presentation, *22nd International Symposium on Air Breathing Engines*, Phoenix, Arizona, October 25-30, 2015.

Kroeger, J. (2015) Special considerations for small gas turbine engines. Invited presentation, *22nd International Symposium on Air Breathing Engines*, Phoenix, Arizona, October 25-30, 2015.

Martin, K. C. (2012) NASA environmentally responsible aviation. *Oral presentation at the 50th AIAA Aerospace Sciences Meeting*, January, 2012. Available at https://www.aiaa.org/uploadedFiles/About-AIAA/Press-Room/Key_Speeches-Reports-and-Presentations/2012/Martin-Lockheed-AVC-AIAA-GEPC2.pdf.

Parker, R. (2015) Vision 20 and beyond. Invited presentation, *22nd International Symposium on Air Breathing Engines*, Phoenix, Arizona, October 25-30, 2015.

Peters, A., Spakovszky, Z. S., Lord, W. K., and Rose, B. (2014) Ultrashort nacelles for low fan pressure ratio propulsors. *ASME GT2014-26369*, June 16-20, 2014, Dusseldorf, Germany.

Prahst, P. S., Kulkarni, S., and Sohn, K. H. (2015) Experimental results of the first two stages of a transonic core compressor under isolated and multistage conditions. *ASME Turbo Expo 2015 ASME Paper GT2015-42727*.

Pratt, & Whitney, (2015) Pratt & Whitney FAA CLEEN Program. Presentation at FAA CLEEN Consortium Meeting, May 6, 2015, Washington, DC.

Simpson, A. (2015) Aviation Innovation. Invited presentation, *22nd International Symposium on Air Breathing Engines*, Phoenix, Arizona, October 25-30, 2015.

Smith, L. L. (2015) N + 2 and N + 3 low emissions combustor development, presented during the AIAA Science and Technology Forum, Kissimmee, FL.

Suder, K. L., Delaat, J., Hughes, C., Arend, D., and Celestina, M. (2013) NASA environmentally responsible aviation project's propulsion technology phase I overview and highlights of accomplishments. *AIAA 2013-0414*, *SciTech*.

Van Zante, D. E. and Suder, K. L. (2015) Environmentally responsible aviation: propulsion research to enable fuel burn, noise and emissions reduction. ISABE-2015-20209, *22nd International Symposium on Air Breathing Engines*, Phoenix, Arizona, October 25-30, 2015.

本章译者：季路成
（北京理工大学宇航学院）

第 10 章

罗罗关于未来绿色推进系统的概念与技术展望

John Whurr，Jonathan Hart
罗罗公司，德比郡，英国

10.1 提高发动机燃油效率的基本原理：热效率和推进效率

在考虑可提高未来绿色推进发动机的环境性能之前，讨论一下必须加以考虑和优化的设计因素。航空飞行器推进系统效率的基本原理将在后面介绍，为使之在环境友好方面有所进展，本文提出了关于航空工业正在研究的概念和技术的观点，并特别以罗罗公司正在进行的技术计划和战略作为示例。

设计一个新的飞行器推进系统是个复杂的优化过程，因为为解决有时出现的冲突，需要平衡许多独立的变量。客户和飞机公司想要最大限度地减少生命周期的运行成本，同时也要满足日益增长的严格的环境目标、立法和安全标准。生命周期的运行成本主要是原始单位成本、维修成本以及燃油消耗的函数。优化一个推进系统，使其燃油消耗量达到最小，可能会引起与噪声最小化之间的矛盾。类似地，提升核心热力学循环更难实现热效率的增长，并且更低的燃油消耗和二氧化碳排放会使单位成本和维修费用增加，也会对燃烧排放物产生有害的影响，尤其是 NO_x 方面。此外，最终选择用于项目启动的推进系统概念也必须考虑竞争中产品的潜在能力，同时提供具有吸引力的商业案例，这涉及预估成本、产品化成本、项目特定技术获取成本。

为实现燃料消耗量和二氧化碳排放量显著减少，有两个根本途径可增加燃气轮机推进系统的热力学循环效率：核心热效率×传递效率，以及推进效率。

核心热效率本质上就是燃气发生器将燃料热能转化为主流气体中可利用的热能的效率，并且它是循环总体压比（OPR）、涡轮进口温度（TET）、部件效率以及二次空气系统等参数的函数。传递效率是指低压系统把来自核心机的可用能量转换为喷气动能的效率。推进效率，或者说"Froude"效率，是把喷气动能转化为推进力的效率。总体效率是热效率、传递效率和推进效率的乘积，并且它与燃料热值、飞行速度与推进系统燃料消耗率（SFC）直接相关。图 10.1 展示了循环效率和 SFC 之间的关系，并指出了传统燃气涡轮推进系统基础原理的限制。热效率从根本上受限于化学计量的燃烧温度，而实际上受限于 OPR/T30（压气机出口温度）和部件效率。推进效率在单位推力极低时在理论上可以接近 100%，但因需权衡安装阻力和重量间的矛盾关系而受到限制。然而，对于现在的推进系统来说，在达到最终效率极限前还在许多方面可以取得进展。

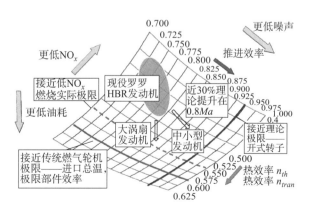

图 10.1 燃油消耗率（SFC）与热效率×传输效率、推进效率间的关系

循环发展的优化方向主要取决于部件技术和效

率，以及与特定机型相关的安装损失。然而，提高总压比和涡轮进口温度将导致核心尺寸（压气机系统出口流动面积）的显著减小，并且通常来讲对于小推力和中等推力发动机来说，想要实现高的总压比（OPR）会很困难，因此需要较高的部件效率。小尺寸和中等尺寸的短航程飞机相比于大型飞机来说，更趋向于较低的速度巡航——超低推力推进系统，高推进效率带来的益处有可能抵消安装带来的相关功率损失。小推力和中等推力发动机因此更有可能大力追求高推进效率而非热效率，作为实现更低燃油率的途径。而对于早期的大推力发动机来说，按上述思路优化具有更高设计巡航速度的大飞机，与超低比推力系统相关的重量和阻力损失对安装性能来说更为不利。然而，更大的核心机尺寸有利于实现更高的部件效率，因此，导致具有更高OPR/TET折中的先进循环设计、更高热效率核心机热循环的发展，从而因更少激进地改进低压系统结构而改进推进效率。

10.2　市场驱动和环境需求

过去50年中，空中运输量快速增长。有预测指出：这一增长将以每年4%的速度继续下去（IATA，2014；Leahy，2015）。能否持续、安全、可接受地满足这一需求取决于先进技术的创新和应用速度。因此，航空工业通常面临日益增长的市场竞争和减少商用飞机环境影响的监管压力，特别是CO_2、NO_x减排以及飞机降噪。

基于传递"为变化中的世界提供更好动力"的观念，罗罗公司致力于提高自身的动力系统和服务的质量与表现。罗罗公司持续进行技术投入（罗罗

公司年度报告，2014），履行对创新和卓越的承诺，使其能够抓住变革带来的机遇，并为客户和社会提供未来将需要的解决方案。过去10年中，罗罗公司已在研发领域投资84亿美元，其中大约2/3都用在了减少公司产品的环境影响上。

罗罗公司是ACARE（欧洲航空研究与创新咨询委员会）的重要成员，该公司制定了有挑战性的长期环境目标，反映了欧洲委员会在航线2050（欧洲委员会，2011）中雄心勃勃的愿景。ACARE对民用航空产品建立了三个明确的环境目标，技术和程序上实现了每乘客每千米CO_2减排75%，NO_x减排90%，飞机感知噪声降低65%（均相对于2000年制造的典型新型飞机的参数）。在美国，NASA对未来民用航空设定了类似的挑战性目标，并启动了旨在大幅度降低飞机噪声、NO_x和CO_2排放量的技术研究计划。罗罗公司是这些计划的关键参与者。

上述目标是系统级的，这包括来自机身、发动机和空中交通管理技术的贡献，以及运营实践的改进。

罗罗公司认识到要实现制定的2050目标会需要非传统或大不相同的发动机和机身配置，这时机身或发动机提升带来的贡献之间将更难以解耦。尽管ACARE尚未确定一个具体的贡献分配，正如其曾在原先2020计划中做的那样要求CO_2排放水平降低75%，但罗罗公司已经为其自身制定了目标：发动机燃油效率相对于Trent 772B型号（代表了2000年的技术能力）提升30%，为面向全局的ACARE目标做出重大而有挑战性的贡献。设定此目标后，罗罗公司对热效率、推进效率、传递效率的限制条件的基本原理，以及效率的历史增长率作出了评估，针对Trent系列发动机，在这三种效率方面取得的进展如图10.2所示。

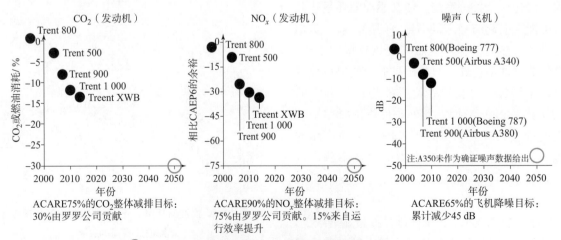

图 10.2　面向 2050 航线计划，罗罗公司 Trent 系列的发展路线

10.3　Trent 系列发展现状

作为技术引领者，罗罗公司认为先进工程在实现可持续未来方面发挥着至关重要的作用。因此，它致力于开发世界上最高效的电力系统，以及可以不断改善环境的技术和产品。

Trent XWB 是 Trent 系列的最新成员（图 10.3），并将于 2014 年年底在空客 A350XWB 客机（图 10.4）上服役。它代表了罗罗公司不断发展的独特三轴涡扇概念中的重要一步，代表了各个飞机制造商持续支持的合作所带来的详细周期优化研究的结果，代表了不间断追求先进部件和技术创新的结果。飞机测试结果显示，Trent XWB 是当今世界上服役中的最高效的大型民用航空发动机，相比早前 Trent

家族的 Trent 772B 在燃油消耗率方面有了 15% 的提升。它整合的先进部件技术使它能够满足当前的噪声和燃烧排放要求，并有充足的余量，符合未来发展的环境目标和法规要求。

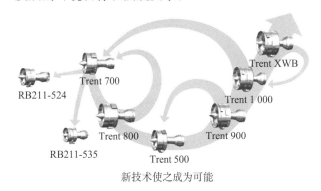

图 10.3　罗罗 Trent 家族的演变与技术嵌入
（引自罗罗公司）

图 10.4　为空客 A350XWB-900 提供动力的 Trent XWB（引自罗罗公司）

Trent XWB 卓越的燃油效率（图 10.5）是低比推力/高涵道比，联合喷气发动机先进的核心热力学循环（先进三轴涡扇概念和技术，2011）提高热效率的结果。核心配置（the configuration of the core）是可替代结构和核心工作优化的结果，核心工作将中等压力和高压的线轴（spool）分离，这一

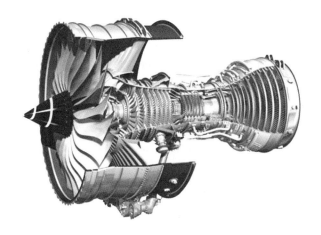

图 10.5　Trent XWB 剖面（引自罗罗公司）

变量仅在罗罗公司独特的三轴结构中可用。相比于其他 Trent 发动机，增加中压压气机的压比被证明是一个更优的解决方案，这会增加中压涡轮的气动负荷。在实现 Trent XWB 超常热效率的过程中，一个关键的因素就是，为了提高整体涡轮效率，要采用两级涡轮设计，这与罗罗公司的传统设计惯例大不相同。进一步持续的发展和组件技术的插入，会使 Trent XWB 满足后续 A350 XWB 客机显著提高的推力需求，而不改变物理尺寸和核心的结构。

尽管 Trent XWB 提供了卓越的低燃油消耗，但在热效率和推进效率方面的进一步提升仍有可能，罗罗公司对先进概念的研究和对先进技术的追求会持续下去。下一代罗罗大型涡扇发动机将会基于独特的罗罗三轴涡轮机构配置和 Trent XWB 的结构进行建造，以吸收新的组件技术并可继续努力推进核心热力学循环来继续提高热效率。先进的低压系统组件，以及改进的推进系统和机身集成都会使推进效率得以提升。

10.4　下一代发动机：Advance 和 UltraFan™

罗罗始终与主要飞机制造商合作，进行先进新型机身型号和完整机身-推进器交通系统的优化研究。这样的研究涉及系统化分析大范围变化的设计变量来实现推进系统特性、飞机性能和运营成本的优化折中。主要设计参数包括推力设计值、风扇尺寸、推进器构型、OPR/T30 和涡轮进口温度、热力学核心尺寸和主要叶轮机结构。

罗罗在持续不断地创新，作为创新的一部分，其技术策略（发动机技术未来发展，2015）希望在成功的 Trent 家族发动机基础上，提出两种新一代

发动机设计方案，如图 10.6 所示。Advance 是直接驱动的三轴结构，相比于 Trent772B 型号，可至少降低 20% 的燃油消耗和 CO_2 排放量，并可在将来 10 年被初步用于飞机上。另一个方案 UltraFan™ 是超高涵道比设计，其带有减速箱驱动的可变叶间距风扇系统。相比从 2025 年开始服役的技术，它将在相同基础上提供至少 25% 的燃料燃烧和排放改进。这两种发动机结构并未针对某款明确的飞机进行设计，但飞机制造商无论何时想利用这些发动机提供的益处时，都可调整改造以适应特定的飞机需求。这时，所选择的直驱涡扇 Advance 或 UltraFan™ 方案结构会确定下来，并进行推进结构的优化评估，这包括物理安装限制、安装拉力、重力、噪声和可移植性。

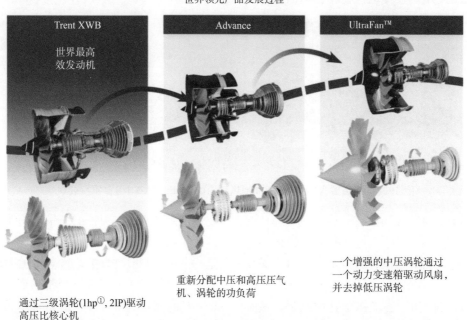

世界领先产品发展过程

Trent XWB 世界最高效发动机

Advance

UltraFan™

通过三级涡轮(1hp[①], 2IP)驱动高压比核心机

重新分配中压和高压压气机、涡轮的功负荷

一个增强的中压涡轮通过一个动力变速箱驱动风扇，并去掉低压涡轮

图 10.6　Advance 和 UltraFan™ 设计概念演变（引自 Rolls-Royce 公司）

Advance 设计概念遵循 Trent XWB 理念，即使用三级高压涡轮来驱动核心（中压和高压）压气机。然而，细节设计研究显示，总压比显著高过 XWB 的压气机需要重新分配中压和低压轴之间的工作负荷，增加高压压气机的压比，并且转变为一个两级高压涡轮和一级中压涡轮结构。除了能够实现超高总压比外，Advance 构型还能给发动机部件的热力学循环、气热设计带来许多好处。优化的负荷分流可使压气机和涡轮系统效率得到提高，使内流空气系统得到提升并降低冷却气需求，以及降低主要内部结构和轴承室处的温度。

Advance 方案的另一个关键贡献在于，它使下一步为减小推进系统比推力、增加涵道比而进行的

低压系统开发更为便利。减少比推力和风扇压比会使风扇最优转速更低，同时，增加从低压涡轮获取的做功量。在罗罗 UltraFan™ 概念中，风扇由中压涡轮通过变速箱驱动，使风扇和涡轮都在最优转速下工作。增加中压涡轮级数，能使中压涡轮做出额外的功，从而可以去掉低压涡轮。

实现 Advance 和 UltraFan™ 能带来的全部益处，需要发展许多关键的核心部件技术，如图 10.7 所示。先进的高压比、高温热力学循环需要有先进的空气动力学、材料、密封、先进轴承和合适的二次空气系统。

---

①　1 hp＝0.735 kW（公制）。

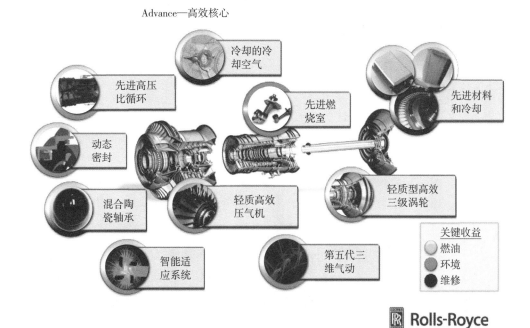

图 10.7　罗罗公司 Advance 机型核心部件技术（引自罗罗公司）

将新技术纳入产品之前，稳健的验证是必要的。低成熟度技术的发展通常在部件水平上进行，然后通过参与发动机论证项目获得技术成熟，并发展为高成熟度技术。Advance 和 UltraFan™ 中的技术会通过罗罗公司运行许多这样的流程而逐步成熟，如图 10.8 所示。

广泛的全尺寸验证

先进低压系统　　　Advance　　　先进贫油燃烧低排放燃烧系统

环境友好发动机　　　超级风扇发动机

图 10.8　罗罗公司技术验证项目（引自罗罗公司）

先进的核心部件技术会在环境友好发动机（EFE）、Advance 发动机和先进贫油燃烧系统中进行验证。

先进低压系统部件会更利于实现更低比推力和更高推进效率，这包括：先进复合材料或钛金属风扇叶片和轻质量复合材料机匣；低速齿轮驱动风扇和动力变速箱；利用钛铝合金等先进材料实现高效率、轻质量、低压涡轮；轻质、细长短舱概念将减轻大型发动机直径对重量和阻力的影响。这些技术会在先进的低压系统和 UltraFan™ 项目中进行验证。

10.5 长期燃气轮机技术"VISION 20"

展望未来，燃料价格很可能会上升，减少二氧化碳排放的需求将会降低飞机燃油消耗的压力。技术会因此变得更有价值，在新概念和部件层面上的创新会更有价值。提升燃油效率需求会驱动更多不同种类飞行器生产需求，并制定出明确的任务和操作过程。更低平均飞行速度趋势将偏好更低比推力推进的解决方案。

燃气涡轮机推进系统的发展将继续进行性能和操作方面的改进，同时将整合如图10.9所示的技术。使用燃料作为中间冷却、先进压气机、涡轮叶顶间隙控制、涡轮可变几何系统，这些技术为热效率的提高提供了理论基础。先进电子系统的引入可以实现轴功共享、可操作性提升以及废除润滑油系统，从而具有了一个多元化的推进系统和自适应控制，为连续飞行中优化和燃烧性能的提升提供了潜能。智能控制系统也为发动机操作性的提升和先进的发动机健康监控运行提供了机会。

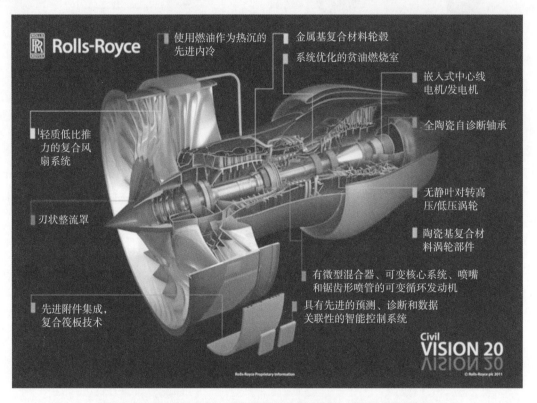

图10.9 罗罗"VISION 20"涡轮风扇燃气轮机（引自罗罗公司）

然而，实现航线2050（欧洲委员会，2011）目标或许会需要更多、更激进的发动机结构和技术。罗罗公司正在大范围内进行新颖推进系统和激进核心机概念（先进三周涡扇概念和技术，2011）的探索。热交换循环、中间冷却、余热回收，以及涡轮内燃烧都提供了热效率和单位功率提升的可能。增压或定容燃烧从理论上为从燃烧过程获得压力升高和大幅提高核心热效率提供了机会，但是在技术上很难实现。替代燃料，特别是低温燃料，如液态天然气（LNG）和液态氢气（LH$_2$），可作为高效热沉为中间冷却或余热回收提供可能，也可能减少航空工业对石油的依赖。

通过提升推进系统与飞机集成可进一步为飞机运营和性能带来重大提升。罗罗参与了大量项目，以研究推进系统与飞机结构集成以及发动机与飞机系统集成。更多采用电动发动机与飞机系统为提升效率和功能提供了潜能，也为提升发动机和飞机交界管理、优化整个飞机动力管理、提升发动机可操作性和效率提供了机会。

该原则的延伸涉及推进系统的主推进推力功能与飞机的完全集成。附面层吸入通过加速飞机低能量尾流方式为提升推进效率提供了机会。分布式推进原理（有限数量的核心发动机或"原动机"向多个推进器单元输送动力）提供了捕获飞机边界层最大化的机会。通过多种方式，包括机械、电动传动系统，都可以实现将动力分配给推进器。涡轮-电机混合原动机结构可以利用储存电能的方式提高推进系统的整体热效率。图10.10展示了一个具体可

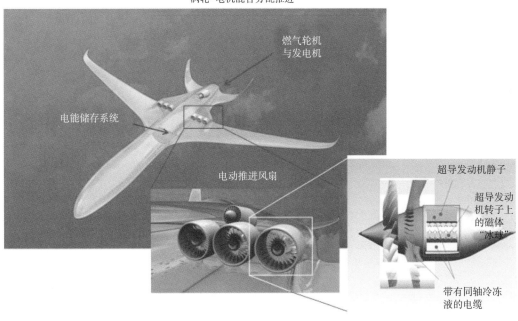

图 10.10 涡轮-电机混合分配推进系统方案——罗罗/空客 E 推进概念（引自罗罗公司）

行的涡轮-电机混合分配推进系统方案——罗罗/空客 E 推进概念，它合并了一个原动机和一个发电机，原动机是一个单体燃气涡轮，它可以提供飞机在飞行任务巡航时的动力需求，而发电机则是一个超导电动机。用于起飞和爬升的额外动力由电能储存系统提供，而燃气轮机在整个飞行操作期间始终运行在满功率和效率最高点。电能被分配给多个风扇用于推进，而在巡航时则为电能储存系统充电。推进单元包含一个由超导体电机驱动的风扇，被分配在飞机表面，吸除边界层并传递高的推进效率，E 推进概念的技术在未来 20 年内一定能够变为现实。

10.6 总 结

民用航空的长期持续发展，依赖于满足燃油效率和更宽范围环境影响方面的挑战性的目标。顾客对于飞机飞行能力、可靠性、实用性、安全性和操作成本的期望将会继续增加。在接近中期时，不断发展的推进概念和技术会继续提供重大的进步。然而，为了满足工业的长期需求和目标，会需要一些激进的解决方案。有必要在不断的技术研究和论证基础上，持续参与飞机和推进概念的研究与优化过程，以便为工业、社会和全球环境提供最佳的推进系统解决方案。

参考文献

IATA（2014）20 year passenger growth forecast.

Leahy，J.（2015）Airbus global market forecast 2015-2034，http：//www.airbus.com/company/market/forecast/.

Rolls-Royce Holdings PLC Annual Report（2014）http：//ar.rollsroyce.com/2014/.

European Commission.（2011）Flightpath 2050—Europe's vision for aviation，report of the high level group on aviation research，http：//ec.europa.eu/transport/modes/air/doc/flightpath2050.pdf.

Rolls-Royce policy on sustainability，Rolls-Royce public website：http：//www.rolls-royce.com/sustainability/better-power/products.aspx#aerospace.

Rainbow，I. and Whurr，J. Advanced 3-shaft turbofan concepts and technology：the trent XWB and beyond-rainbow，I & Whurr，J. ISABE 2011-1313.

Future developments in engine technology，Thomas，M. Royal aeronautical society，Sir Richard Fairey lecture 2015. http：//aerosociety.com/Assets/Docs/Events/746/GBD_Propulsion_211014_RR_1.pdf.

本章译者：季路成
（北京理工大学宇航学院）

第 *11* 章

齿驱涡扇发动机：创新驱动

William Sheridan，Michael Mc Cune 和 Michael Winter
Pratt & Whitney 公司，东哈特福德，康涅狄格州，美国

11.1 引　言

作为一门艺术和科学，齿轮设计已经存在了几个世纪。历史上的例子可以从古希腊 Antiky-thera 天文钟延伸到 Leonardo da Vinci 图纸。在发动机生产商中，航空发动机使用齿轮系统已经是众所周知的事。普惠公司最早生产活塞发动机是在螺旋桨和曲轴之间安装了减速齿轮系统。涡扇发动机中使用齿轮系统可追溯到 19 世纪 70 年代 Lycoming ALF502 和 Garrett TFE731 的引入。因此也触及了一个重要的问题：当普惠公司决定开发 PurePower © 发动机 PW1000G 生产线时，为什么它被誉为涡轮发动机和齿轮系统设计领域的重大突破？

以下几个因素使 PW1000G 系列比之前的发动机更有意义。第一个区别是风扇驱动齿轮系统（FDGS）的物理尺寸。目前这一系列产品包括从功率 10.4 MW（14 000 hp）的 PW1200G 小型发动机到功率 21.6 MW（29 000 hp）的 PW1100G 大型发动机。该系列与之前提到的已经存在的齿轮传动涡扇发动机相比，能够传递 3～4 倍的功率。第二个区别是该新型齿轮的效率。普惠公司能够减少运输功率的热损失比例。在同样功率上，与直驱涡扇发动机相比，前者能够减小润滑和冷却系统的尺寸。第三个区别是 FDGS 在役时间及可靠性将与发动机其他冷端部件可比。预期首次彻底检修前，齿轮系统将至少能使用 30 000 h。所有这些因素都使得 FDGS 开发任务从简单齿轮设计变成了一个挑战。该新技术将为消费者提供更清洁、噪声更小、效率更高的高涵道比涡扇发动机。

本章将讲述 FDGS 从 19 世纪 80 年代至今的发展历程。在决定推出 PurePower © 系列发动机 PW1000G 前，普惠公司有几种不同生产线预见。当许多产品被归类为"绿色"时，也就向消费者传达了其在环境方面具有较好的经济价值。运行成本低、可靠性高、噪声小和热功率高，这些特点都使 FDGS 非常吸引消费者。以下将讲述 FDGS 的一些关键设计和发展特点。同许多新产品一样，这些特点将以专利形式被重点保护。当然，也不能夸大说实现这个计划的激进目标需要大量创新。普惠公司已经在这些创新点上进行了大量投资以保护知识产权。最后，本章将介绍保证 FDGS 能实现其目标的开发和验证试验。普惠公司对试验台和发动机试验方面大量投入以确保所有安全性、专业认证和可靠性里程碑能够按计划实现。

11.2　齿驱风扇传动齿轮系统（FDGS）：历史发展

在 19 世纪 70 年代石油危机中，航天航空工业开始研究开式转子发动机以提高飞机效率。这催生了 19 世纪 80 年代就开始的关于开式桨扇设计的发动机和飞行试验项目，如图 11.1 所示。这些测试项目凸显了开式转子噪声、叶片包容性、大功率齿轮传动系统等设计问题。在桨扇项目后，普惠公司对全球范围内航空航天齿轮经验进行了为期两年的调研。研究结果指明了设计生产齿驱涡扇发动机齿轮系统所需改进的领域，这些领域包括齿轮对准控

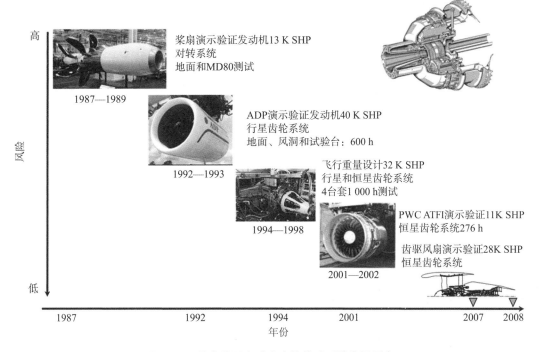

高

浆扇演示验证发动机13 K SHP
对转系统
地面和MD80测试

1987—1989

ADP演示验证发动机40 K SHP
行星齿轮系统
地面、风洞和试验台：600 h

1992—1993

飞行重量设计32 K SHP
行星和恒星齿轮系统
4台套1 000 h测试

1994—1998

PWC ATFI演示验证11K SHP
恒星齿轮系统276 h

齿驱风扇演示验证28K SHP
恒星齿轮系统

2001—2002

风险

低

1987　　　　1992　　1994　　2001　　　　2007　2008
年份

图 11.1　普惠公司大功率齿轮传动系统发展历史

制、高负载能力轴承以及整个系统效率。

　　随着风扇涵道比（BPR）增加，所需齿轮减速比也在增加。这一点将在 11.3 节进行详细介绍。对较低减速比一般会采用恒星齿轮系统，随着 BPR 继续增加，通常会转而采用行星齿轮系统。19 世纪 90 年代，普惠公司设计并测试了多种恒星、行星齿轮系统结构概念。关于先进管道浆扇（ADP）和飞行重量齿轮的研究评估了系统隔离特点与滑动轴承薄膜流动。选择滑动轴承是因为在紧凑尺寸下它具有高负载能力。

　　假如油膜供给充分，滑动轴承具有近乎无限寿命的优点。在扩展技术水平之前，普惠公司依赖于大量的 PT6 系列发动机的滑动轴承经验，该系列所使用轴承尺寸小且承受载荷不高。该计划结束之前，设计开发了具有比 PT6 更大承载力的滑动轴承，同时也减小了油流速率，系统效率驱动因素也被评估；建设了多个试验装置以确立润滑齿轮的最优方法，同时控制变速箱内风阻和旋涡影响。通过全尺寸试验，开发了一个基于轴功和飞行高度能够实现最高效率的润滑系统。最终系统结构在 2007—2008 年 GTF 演示验证项目中被证实，其中飞行测试系统与台架试验结果相匹配。这个测试项目验证了飞机机动过程中齿轮隔离概念，也证明了系统效率比预期目标更高。

11.3　设计特点和创新

11.3.1　齿轮方案设计与减速比选择

　　确定齿轮设计第一步就是选择满足所需低压涡轮转速和所需风扇速度的齿数比。普惠公司对此过程（Sheridan 和 Hasel，2014a，2014b）申请了专利，它包括所有可能范围的齿数比以及它们与涡轮、风扇是如何相互作用的。在普惠公司的经验中，BPR 大于 12 的风扇可以在优化后实现叶尖速度低于 350 m/s 和总压比小于 1.45；同时，可以改进低压涡轮设计使之级数达到最小（通常为 3 级或 4 级），且限制在材料允许的 AN^2（出口面积乘

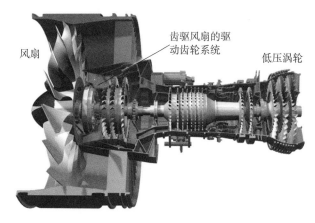

风扇

齿驱风扇的驱动齿轮系统

低压涡轮

图 11.2　齿驱风扇涡扇发动机的基本结构

以转速平方）范围内。图11.2示例了典型齿驱风扇涡扇发动机（GTF）结构。图11.3展示了使用恒星齿轮系统和行星齿轮系统实现所需齿数比的两种可能方法。

图11.3中的齿轮布局被称为星型齿轮系统。这两种配置都是从低压涡轮轴输入扭矩驱动中心齿轮，中心齿轮再驱动中间齿轮（恒星或行星齿轮），之后与内齿轮环啮合。当恒星系统骨架固定时，恒星齿轮带动内齿轮环进而驱动风扇轴。恒星布局最

佳减速比在1.5～3.0，也适合低压涡轮与风扇需要对转的情形。行星齿轮系统利用固定环齿，允许骨架旋转风扇轴。当需要风扇和低压涡轮同轴旋转时，行星齿轮系统适合减速比处于3.0～5.0。Sheridan和Hasel（2014a，2014b）给出了不同部件间的数学关系。PW1000G系列发动机选择恒星齿轮系统是因为这些发动机齿数比落在所需范围内。从气动角度看，风扇和低压涡轮对旋对每种应用情况下的叶轮机结构是有利的。

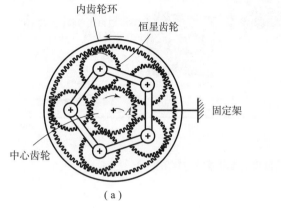
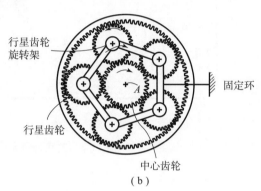

图11.3　星型齿轮系统的基本布局
（a）恒星齿轮系统；（b）行星齿轮系统

11.3.2　实现效率

设计这种尺寸的齿驱涡扇发动机的一个最大挑战是如何管理从FDGS排出的额外热量。忽略该重要参数可能会导致过于庞大的热管理系统，而且将换热器和其他冷却系统部件装入发动机短舱也将非常困难。减少齿轮系统热损失的关键是引入独特的隔板和排油系统，这样可将机油输运到齿轮与轴承之间进行润滑，同时还可以使它在流动过程中没有任何搅动损失。奇怪的是，最主要热量并非来自齿轮与轴承间的摩擦，而是通过流动搅拌方式产生，这种方式可使多余机油回到排油泵中。图11.4展示了星型齿轮系统中的隔板和排油系统运行机制。机油被引入中心/恒星齿轮中进行润滑，沿着隔板被带走，直到它从旋转的内齿环进入齿轮系统周围的静态排油系统。一旦进入排油系统，机油将会被引入滤清系统中。整个系统有大量创新专利和应用，包括 Sheridan（2001，2013），Sheridan 和 McCune（2010，2011，2012，2014），Sheridan 等（2014）的一些发现。

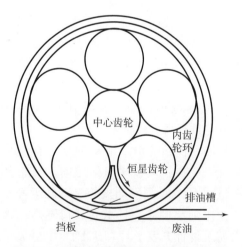

图11.4　高效能隔板和排油系统运行示意

11.3.3　通过柔性安装齿轮和轴承实现系统可靠性

为实现该计划的可靠性目标，FDGS不得不在无任何维护情况下在线飞行长达30 000 h。普惠公司花费大量时间研究先前的齿驱涡扇发动机，找寻齿轮和轴承失效的根本原因，发现几乎在所有的情况下，根本原因并不是零件本身问题，而是发动机中周围结构未对准而对齿轮和轴承施加了额外载

荷。为实现预期寿命目标，普惠公司需要将齿轮系统从发动机安装与变形情况中隔离出来。

图 11.5 示意了星型齿轮系统与发动机结构隔离系统。这个系统里齿轮环刚性安装在风扇轴上。风扇轴则安装在刚性轴承上，使整个组件能够沿着确定的中心线转动风扇轮毂和叶片。该刚性旋转轴需要被隔离。如图 11.5 所示，固定恒星齿轮的载架柔性安装在机座上，以便它能够跟上齿轮环传递给它的运动。同样，中心齿轮必须跟随着恒星齿轮运动，所以它也必须柔性安装在低压涡轮轴上。太多或者太少的柔性都不好，因此，载架需要一个制动机制，以便在极端运行或极限安全条件下，齿轮系统可以经冗余路径制作在机座上。它可以防止柔

性联结在瞬态过程中承受过度应力，同时也能在正常工况下有足够的柔性。Sheridan 和 Pagluica（1995），Sheridan，McCune 和 Pescosolido（2013），McCune 和 Husband（2012）较好地描述了这种结构细节。前述联结器可使整个齿轮传动装置很灵活，并且可减少宏观尺度上的负载而移动。由于制造、安装零件时会有位置误差，负载需要在中心齿轮和恒星齿轮间恰当分配。为此，普惠公司开发了一种有利于齿轮间均分负载的柔性滑动轴承。McCune（2014）对这类轴承进行了很好的论述。此类轴承具有隔离安装点以使轴承在不破坏轴承与齿轮间油膜前提下横向和纵向地移动。

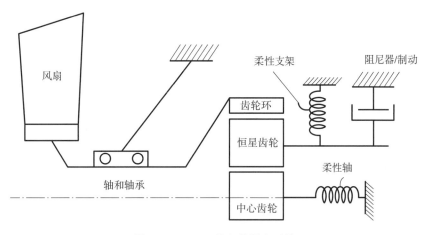

图 11.5 FDGS 的负载隔离系统

11.3.4 FDGS 独特润滑方案开发

由于 GTF 发动机结构需要在紧凑空间内实现非常高的负载能力，所以 FDGS 系统设计采用了基于普惠公司 PT6 发动机长时间使用经验发展而来的滑动轴承。如果能恰当润滑，则滑动轴承就可以像所有金属表面都在较薄油膜上滑行一样而保有近乎无限的使用寿命。为防止滑动轴承表面磨损而变得粗糙，普惠公司开发了独特的润滑系统，它可使滑动轴承在任何情况下都得到保护。除了正常工作情况，在负 G 飞行、飞行风车、地面风车和其他能够阻断机油流向这些轴承的情况下，滑动轴承都需要受到保护。图 11.6 展示了前述由静态排油系统包围的 FDGS 体系。它展示了一个齿连到风扇转子的风车泵。当风扇转动时，风车泵可在无人为干预或电器监控下使机油到达轴承。废油进入排油系统中后被直接引导进入内部备用的带有溢流管的储油槽中，这样就可使多余的油回到机油箱内。在非

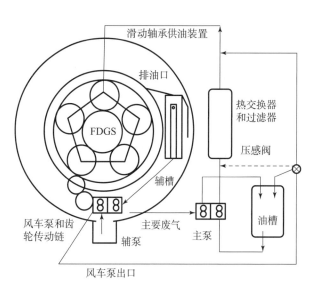

图 11.6 独特的 FDGS 润滑系统

正常工况下，如负 G 或地面风车工况，泵将会从机油箱或者内部储油槽中汲取油以润滑滑动轴承。隔间内也有主回油泵同时在工作，这样就可使这一区域内的油通过正常油路被送回到油箱内而得到重

新利用。油经过冷却和过滤过程也被送回到油箱内而得到重新利用，这一过程循环往复进行。如果在运行过程中气压比较低，就会绕开主油路，这样风车泵就会直接输送油给滑动轴承而不是把油送回油箱。当发动机关闭时，阀门自动固定在没有故障的位置，这样就可使油被直接输送到滑动轴承中，所以无监控地面或者飞行风车不需要人工干预。Parnin（2012）、McCune 和 James（2014）重点描述了该创新润滑系统的某些特点。

11.4　FDGS 确认和认证

在发动机得到认证前，所设计的齿轮系统的确认需要一个独特的测试装备，如图 11.7 所示。因此，普惠公司建设了这样一套测试装备，可以重现 FDGS 在最大发动机推力超长时间工作条件下受到的影响，这远远超出了一个典型飞行周期的经历。为了优化整个飞行循环内效率，普惠公司还制定了润滑规范。

图 11.7　FDGS 试验设备（仰角 35°）

在验证过程中，需要对齿轮系统在整个飞行包线内进行评估，如图 11.8 所示。起飞过程中，系统扭矩和速度增加至其最大功率设计值。随后在飞行爬升阶段，速度相对恒定，但系统扭矩持续下降，直到减少为巡航飞行时设计扭矩的 35%。在飞行下降阶段，扭矩继续减小，直至变为设计值的 15%，在这期间，飞行转速始终很高。该设计特点需要在宽广工况下得到动力稳定性验证。一旦动力稳定性得到证明，就可开展加速耐久性实验，从而在短期内加速证明起飞最大功率运行下的完全检修间隔。该起飞次数对应齿轮齿产生了超过 10^8 次弯曲疲劳周期，因此超过了材料的疲劳极限。

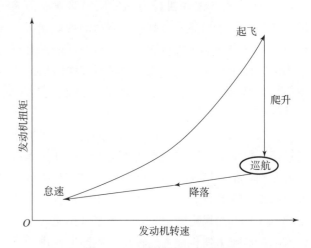

图 11.8　变速箱的飞行包线

在完成动力学、疲劳和效率测试后，下一阶段的验证就是要了解系统设计裕度和失效模态。在这个阶段，将改变油量和供油温度进行测试，以便了解损害何时开始、速率如何。另外的裕度测试包括过扭、转子不平衡、油含氧以及残渣摄入。在进行所有这些试验时，都要记录齿轮应力、振动、温度。在发动机验证阶段，这些数据要与从发动机试验获得的真实数据进行对比，以便这些台架实验设施准确复现发动机上的状况。

在使用全系统试验装置的同时，还使用了零部件试验装置，包括对弹性联轴器低循环疲劳（LCF）和高循环疲劳（HCF）能力的评估。滑动轴承装置也被用来确认设计的负载能力和温度范围。零部件试验和全尺寸系统试验组合为发动机整个认证程序做好了准备。

11.5 结 论

在过去的 20 年，对惠普 PurePower© 系列第一代发动机的认证使航空工业在噪声和燃油消耗方面有了显著改善。这些新型发动机的核心在于 FDGS 设计，它使航空齿轮箱的寿命、耐用性和效率得到显著提高。相比发动机冷端部件，FDGS 的成功依赖于其在柔性安装、滑动轴承设计和不需额外维修、检查和关照的润滑系统的创新特色。惠普公司的 GTF 发动机已经实现了这些目标，且因高速低压涡轮而极大减少了叶片数目，使发动机整体维修成本显著降低。FDGS 不仅是另外一个"齿轮设计"，更是一个值得关注的经惠普公司在设计、制造和对市场上涡轮发动机检测方面付出非凡努力而克服的"齿轮挑战"。最后，引用空客首席客户运营官 John Leahy 的陈述可以给出最好的总结。

"当我们不断在客舱生产和发动机效率方面保持创新使它们处于时代前列时，A320neo 系列正变得越来越好，"空客首席客户运营官 John Leahy 说，"到 2020 年，A320neo 系列每天节省的燃料将由 2015 年的 15% 变为 20%，确保 A320 保持在下一代单通道客机系列的领先地位。"（摘自 www. airbus. com，新闻稿 2014 年 9 月 23 日）

参考文献

McCune, M. E. (2014) Journal pin oil supply for a gear system. US Patent 8, 690, 721 (issued April 8, 2014).

McCune, M. E. and Husband, J. (2012) Flexible support structure for a geared architecture gas turbine engine. US Patent 8, 297, 917 (issued October 30, 2012).

McCune, M. E. and James, D. H. (2014) Turbo-machine fluid delivery system. US Patent Application 2014/000721A1 (issued January 2, 2014).

Parnin, F. (2012) Windmill and zero gravity lubrication system for a gas turbine engine. US Patent 8, 230, 974 (issued July 31, 2012).

Sheridan, W. G. (2001) Star gear system with lubrication circuit. US Patent 6, 223, 616 (issued May 1, 2001).

Sheridan, W. G. (2013) Fundamental gear system architecture. US Patent 8, 572, 943 (issued November 5, 2013).

Sheridan, W. G. and Hasel, K. L. (2014a) Method for setting a ratio of a fan drive gear system of a gas turbine engine. US Patent 8, 678, 743 (issued March 25, 2014).

Sheridan, W. G. and Hasel, K. L. (2014b) Method for setting a ratio of a fan drive gear system of a gas turbine engine. US Patent 8, 753, 065 (issued June 17, 2014).

Sheridan, W. G. and McCune, M. E. (2010) Oil baffle for a gas turbine fan drive gear system. US Patent 7, 704, 178 (issued April 27, 2010).

Sheridan, W. G. and McCune, M. E. (2011) Oil baffle for a gas turbine fan drive gear system. US Patent 7, 883, 439 (issued February 8, 2011).

Sheridan, W. G. and McCune, M. E. (2012) Method for assembling an epicyclic gear train, US Patent 8, 276, 275 (issued October 2, 2012).

Sheridan, W. G. and McCune, M. E. (2014) Oil baffle for a gas turbine fan drive gear system. US Patent 8, 640, 336 (issued February 4, 2014).

Sheridan, W. G., McCune, M. E., and Pescosolido, A. (2013) Coupling system for a star gear train in a gas turbine engine. US Patent 8, 585, 538 (issued November 19, 2013).

Sheridan, W. G., McCune, M. E., Schwarz, F. M., Kupratis, D. B., Suciu, G. L., Ackermann, W. K., and Husband J. (2014) Fundamental gear system architecture. US Patent 8, 756, 908 (issued June 24, 2014).

Sheridan, W. G. and Pagluica, G. J. (1995) Coupling system for a planetary gear train. US Patent 5, 433, 674 (issued July 18, 1995).

本章译者：季路成
（北京理工大学宇航学院）

第 12 章

先进发动机设计和非齿驱涡扇发动机概念

H. Douglas Perkins，Daniel E. Paxson 和 Christopher A. Snyder
美国宇航局格伦研究中心，克利夫兰，俄亥俄州，美国
美国航空航天局格伦研究中心通信和智能系统司，克利夫兰，俄亥俄州，美国

12.1 引 言

从性能角度来看，有三个主要参数来确定飞行器推进系统的优劣，即推进效率（η_p）、发动机循环热效率（η_{th}）以及推进系统的推重比（T/W）。对这三个参数在飞机任务规划内进行同步优化才能设计出最好的推进系统。这些对飞机推进系统性能的传统度量方法与环境相容性或者说"绿色"航空需求一致，即降低燃油消耗、化学物质排放以及噪声。它们与飞机燃油消耗以及正比于此的化学物质排放直接紧密关联。即便是噪声，从某种意义上讲，也是直接关联于推进系统效率，因为更高效的系统导致更小、更轻、更低动力需求的飞机，更低功率直接导致更低的声信号。

作为讨论未来飞行器推进系统设计概念的引述，首先需要了解这三个基本参数的定义以及它们如何促使飞行器推进系统逐步发展至今的。这将为判别未来推进技术发展提供基础。

12.1.1 推进效率

推进效率 η_p，用来表示发动机所产生的能量有多少被实际应用于提供产生推力。飞行器所需的瞬时功率等于推力 T 与飞行速度 V_o 的乘积。发动机功率定义为进入和排出发动机的气体动能差。以最早的涡喷发动机为例，如图 12.1 所示，其仅有单一的进气道及尾喷管，忽略燃料质量，出口压力为环境压力（亚音射流典型特征），则推进效率表

达式可简化为式（12-1），其中 V_e 是出口喷气速度（Mattingly，1996）。

$$\eta_p = \frac{2}{(V_e/V_o)+1} \qquad (12-1)$$

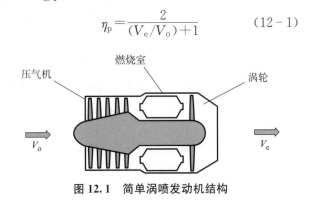

图 12.1 简单涡喷发动机结构

观察式（12-1），可发现当 V_e 接近于 V_o 时，推进效率接近 100%。然而，我们不能简单将喷气速度降低，因为当 V_e 接近 V_o 时，发动机所提供推力为零。这一点我们可以从式（12-2）中看出，该式同样经过了简化，其中 m_a 代表发动机空气质量流率。

$$T = m_a(V_e - V_o) \qquad (12-2)$$

另外，若要保持相同推力，提高推进效率需要增加发动机质量流率以均衡喷气速度减小。因此，后续出现了涡扇发动机及其衍生的涡桨发动机以增加发动机质量流率，其分别如图 12.2 和图 12.3 所示。涡扇发动机的风扇或者涡桨发动机的螺旋桨直径越大，发动机中压气机及涡轮旋转速度必须相应降低，以降低叶尖激波损失和噪声。因此，涡扇发动机有两个涵道，内涵道速度较高，外涵道速度较低，风扇连接在低速轴上。在涡桨发动机中，因为涡桨发动机是压气机压比较低的低推力发动机，涡

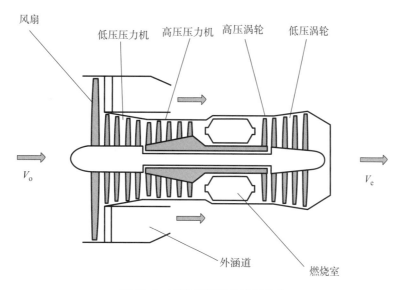

图 12.2 双转子涡扇发动机结构

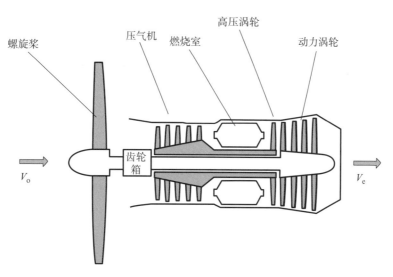

图 12.3 涡桨发动机结构

轮通常分为两个部分以适应螺旋桨速度需求，根据需要也可能进一步采用齿轮箱降低所需转速。

这些更为先进的发动机构型中，大部分核心机（由压气机、燃烧室、涡轮构成）产生的功率被转换到外涵流路。

对涡桨发动机，流过螺旋桨的气流便是这外涵气流，其通常是流过发动机空气流量的近 100 倍（Mattingly，1996）。因此，全部推力基本是由外涵气流产生的。

虽然涡桨发动机具有非常高的效率，但高速飞行时会由于螺旋桨尖部产生激波而受到限制。在马赫数为 0.6 以上时就会产生激波并降低飞行器推进效率，同时还会引起振动和噪声；而一般客机在飞行马赫数达到 0.8~0.85 时才会产生这种现象。为提高这种涵道设计的飞行马赫数，通常会在螺旋桨

外包罩以阻止气流外逸，这一思路衍生了后来的涡扇发动机，如图 12.2 所示。这个罩的作用是降低进入螺旋桨（现今称为"风扇"）来流的速度，因此当客机以巡航速度飞行时，风扇来流的马赫数被控制在 0.55~0.60，这保证了风扇具有较高的效率。

早期民用涡扇发动机中，外涵道空气流量和内涵道是基本相同的（普惠公司的 JT3D 网页）。由于外涵罩增重和阻力以及大尺寸高速叶片结构限制、不足的核心机性能等，涡扇发动机涵道比（BPR，外涵道流量/内涵道流量比）曾经一度受限而不能提高。然而，随着空气动力学、材料、制造水平提升以及高功率密度核心机的出现，涵道比 BPR 已经提高到了 10（罗罗 Trent 系列网页，2015）。进一步提高涵道比会受到过大风扇罩导致

的阻力和重量以及典型飞机布局下发动机与地面间距的限制。

12.1.2　热效率

接着需要考虑的参数是发动机的热效率 η_{th}。热效率是用来衡量燃料产生热能有多少转化为发动机输出功率的参数。同样，我们假设一股气流流过发动机并忽略燃料流量，热效率的表达式可被简化为式（12-3）（Mattingly，1996）：

$$\eta_{th}=\frac{1}{2}\frac{m_a(V_e^2-V_o^2)}{m_f G\Delta h_f}\qquad(12-3)$$

这个表达式的分子部分还可表示为通过燃料释放化学能输入到发动机的热量与被排出而未被利用的热量的差值。如式（12-4）所示，其中 C 是空气的比热容（Van Wylen 和 Sonntag，1978）：

$$\eta_{th}=\frac{m_f\Delta h_f-m_a(C_e T_e-C_0 T_0)}{m_f\Delta h_f}\qquad(12-4)$$

从式（12-4）中可以看出，任何没有用来提供推力的能量都是被浪费的。式（12-3）和式（12-4）都可以表示热效率。

所有热机循环都有三个基本步骤：压缩、加热、膨胀做功。对大多数发动机循环来说，加热过程都是通过在空气中直接燃烧燃料来完成的。而在某些情况下，热能可通过热交换器引入空气流中。然而，这在飞行器推进系统中鲜少应用，因为这样会使发动机很重且结构复杂化。

压缩过程可通过很多方法来实现。早期发动机采用往复活塞式压气机，典型航空燃气轮机中则采用旋转压气机，而冲压式喷气发动机（例如，Bomarc 导弹发动机）在超音速飞行中，空气压缩过程是通过进口处系列激波完成的（Zucrow，1958）。在脉冲喷射发动机中（例如，V-1 "Buzz 炸弹"），移动气动波使空气和燃料混合，并在燃烧过程中抑制其膨胀，所以通过这种方式可进行增压（Foa，1960）。这几种压缩方法也常常相互结合。例如，在燃气轮机中，气流在进口段时可通过减速来增压（超音速飞行中通过激波增压），随后再进入压气机中进行压缩。还有一些情况，两种压缩系统可以同时存在，如 SR-71 黑鸟上配备的 J-58 发动机，这款发动机在其飞行包线中以燃气轮机工作为主，只有当飞行速度相当高时，燃气轮机承受不了超高温度，才转换为冲压发动机工作。

膨胀过程常常包括提取涡轮或活塞部件中的机械功以及尾气加速喷出提供反推力等过程。涡轮中

获得的能量将被用于推动螺旋桨或者风扇持续工作。对于涡扇发动机和小型涡桨发动机来说，当提取了足够的机械功后，其压力仍然足够通过喷管提供高速气流来增进推力。对冲压喷气发动机和脉冲喷射发动机来说，没有机械功提取部件，推力都是通过尾喷管加速喷出尾气获得反推力的。

无论压缩、加热、膨胀做功采用哪种方式，其共同目标都是提高发动机热效率，这就需要燃烧室出口压力尽可能高。在燃料相同的情况下，出口压力越高、尾气温度越低，热效率就越高，这一点我们从式（12-4）中也可看出。举个例子，对于燃气轮机中的涡轮来说，压力降低与温度降低具有对应关系：

$$\frac{P_{t_e}}{P_{t_i}}=\left(\frac{T_{t_e}}{T_{t_i}}\right)^{\gamma/(\gamma-1)e_p}\sim\left(\frac{T_{t_e}}{T_{t_i}}\right)^{4.8}\qquad(12-5)$$

这里对应尾气成分及温度给定 $\gamma=1.3$、涡轮效率 $e_p=0.9$ 时，指数常数通常在 4.8 左右（Mattingly，1996），这个大的常数值意味着，举例来说，为使通过膨胀出口温度降低 10%，进口压力就需要增加 66%。式（12-5）中，温度和压力要给定总参数值或者滞止参数值（气流速度降为零时的值）。

提高燃烧室出口压力的方法有多种。第一种方法是尽可能提高压缩过程效率。进入压缩过程的功大部分转换为压力提升，小部分未被利用的功由摩擦和气动损失而转换为废热。因此提高压缩效率可有效增加出口压力。第二种方法是提高压气机或活塞压缩部件的增压能力。对常规燃气轮机来说，这意味着要增加级数，对活塞发动机来说，则需要更高的冲程容积率，而对于其他压缩装置来说，则需要更高速度，从而产生更强的压缩波或激波。第三种方法是将以上两种或更多方法结合起来，如在压气机中布置一个气动增压燃烧室。以上这些方法都存在增加结构重量及复杂性的问题，而且，对确定类型的发动机来说，压力所能达到的最高值也有物理限制。例如，对给定尺寸的燃气轮机来说，压气机级数不能无限制增加。因为当级数过多时，压气机叶片很小，黏性损失增高将使压气机效率非常低，同时又要增加重量，这是非常不值得的。

在活塞发动机中，压缩和膨胀进程在同一装置中进行，用来提供有用功的压强不能得到全部利用。可以构建这样一种活塞发动机，使膨胀冲程长于压缩冲程，这种巧妙设计不仅改善了发动机进气效率，也使发动机膨胀比高于压缩比，从而有效地提高发动机效率。该工作原理被称为阿特金森循环

(Borgnakke 和 Sonntag，2013）。然而，功率密度降低以及机械结构的复杂性限制了这种循环的应用。

对给定热力循环，其压缩量存在实际应用极限，即使是非常完美的压缩过程，也会相当程度地增加空气温度。如果压气机出口压强足够高，其高压级就可能需要冷却，这会大大增加重量和结构的复杂性。此外，当燃烧温度并非远高于当前发动机的温度时，限制的环境污染物 NO_x 会加速产生。最后，如果能开发出高于当前燃烧室温度的材料和结构，燃料也将裂解，燃料部分热值会丢失，尽管部分可在涡轮中重新复合但终究不是全部。

值得注意的是：简单地说，各种飞行器性能评估所用的整个推进系统的效率等于推进效率和热效率乘积，如下式所示。该公式忽略了轴承、密封以及变速箱机械效率等，这些通常很接近100%。

$$\eta = \eta_p \eta_{th} \tag{12-6}$$

12.1.3　推进系统的推重比

对飞行器来说，每个子系统都需要在保证可靠运行的同时尽可能减轻重量。对推进系统来说同样遵循这一点。推进系统重量问题可通过以下两种方式来考虑。其一，对给定外形、燃料供给以及任务目标的飞行器来说，推进系统每增加 1 lb 就意味着有效载荷将减少 1 lb。其二，对于给定载荷及任务目标的飞行器来说，低推重比就需要更大、更昂贵的机身外形以携带更多燃料；而且，很多能有效提高推进性能的新技术、新结构没有被采用就是由于增加了过多的重量。推重比随发动机尺寸变化而变化，其中推力随发动机迎风面积（～直径²）增加而增加，重量随发动机体积（～直径²×长度）增加而增加。因长度的增加通常与直径成比例，所以重量以发动机特征长度的三次方倍率增长，而推力只以相同特征长度的二次方倍率增长。因此，当推力水平提高时，推重比是降低的，推重比间的对比只能在推力水平相同的发动机间进行。

12.1.4　其他因素

上述提到的三个性能参数是为飞行器选择合适发动机的重要指标。此外，还有一些其他因素需要考虑。

1. 安装阻力

我们知道，空气阻力大小与推进系统及其在飞行器上的安装方式息息相关。减小阻力常采用以下几种方式，包括尽可能减小发动机横截面面积、避免发动机外表面的任何凸起、连接发动机和飞行器的支架做成机翼形，同时，发动机不能安装在与机翼、机身过近的地方，以防止造成局部气动堵塞而增加阻力。

2. 可靠性、可维护性、维护成本

发动机可靠性、可维修性以及长期使用维护成本是高度相互交织影响的。虽然当今发动机设计在该领域有长期的成功经验，但未来为进一步显著降低耗油率可能仍会引入新体结构和新设备，这样一来原本追求的三个指标值均将倒退。然而任何会降低乘客和乘务员安全性的新设计是不被允许的，因此，讨论新设计时，需要提升的指标还要包括冗余和安全裕度等，这当然会增加新系统的重量和复杂度。

12.1.5　优化设计

在飞行器及飞行任务不断发展的过程中，推进系统设计的这三个基础参数代表着不同时代最好的飞行器设计技术。早在 1903 年，莱特兄弟发明了高效率的螺旋桨飞机，它采用轻型、高热效率活塞发动机作为动力（Anderson，1978），他们通过研究这三个参数的组合方式而实现动力飞行。随着时间的推移，配备更高压比活塞发动机的更多高效率螺旋桨飞机设计获得成功。同时，材料、冷却及制造技术水平都有所提高，使发动机重量下降，速度提升需求也不断增加，而阻力是速度平方的函数，意味着需要更多的能量，提供更高能量的发动机也要同时兼备紧凑和重量轻的特点，很多设计者成功做到了这一点，如 Pratt 和 Whitney 的 R4360 巨黄蜂发动机，它能产生的功率为 4 300 马力，功率重量比为 1.11 马力/磅（普惠公司 R4360 网页，2015）。

早期活塞发动机发展的几十年中一直未有对此"传统"推进系统架构的挑战。然而，从 19 世纪 30 年代开始，工程师们开始在不同领域展开了探索，包括冲压喷气发动机、脉冲喷射发动机以及燃气轮机。与高度发展的活塞/螺旋桨发动机相比，所有这三种新设计无论是热效率还是推进效率都降低了。然而，随着更高速、更大型飞行器需求日益提升，传统活塞发动机在增大飞行器尺寸时会显著增加重量，而且螺旋桨由于尖部激波形成而使推进效率大幅降低，这些新设计重新步入研究视野。脉

冲喷射发动机和冲压喷气发动机由于无移动部件、重量轻、成本低而吸引人，但它们的压比、热效率也很低，仅被用于导弹等一次性系统。因此，回收成本成为另一个重要优化参数。最初燃气轮机压比很低，只有 5∶1，甚至更少（Mattingly，1996），但不同于脉冲喷射发动机和冲压喷气发动机，其内的压气机和涡轮部件性能都拥有大幅度提升的空间。燃气轮机可制造成较大尺寸且因无螺旋桨而不受速度限制。因此，为了应对新的尺寸和速度需求，19 世纪 50 年代出现了新的最佳设计，其热效率较低，推进效率可以接受（低速性能差于螺旋桨飞机；高速性能好于螺旋桨飞机），但具有较高推重比。到 20 世纪 50 年代末，除了小型飞机外，燃气轮机动力开始占据商用飞机的主要份额。

正像之前的活塞发动机，燃气轮机也在不断改进发展，20 世纪 50 年代末时燃气轮机总压比为 12，到 60 年代初便已经提高到了 20。重量也由于更有效的装配、新颖的发动机结构以及轻型材料的应用而得到降低。然而，推进效率仍然是个问题，直到 50 年代末，涡扇发动机的出现才改善了这一局面（普惠公司 JT3D 网页，2015）。然而，涡扇发动机代表的是优化空间的另一领域，相比于涡喷发动机而言，其重量显著增加，同时也增加了低压涡轮、风扇、相关支撑部件以及新的外部整流罩。它需要相对更大的推进效率提升才能平衡掉这些不利因素。涡扇发动机另一个好处是减少了喷气噪声。

12.1.6　工艺水平

在过去 40 年商用涡扇发动机的发展过程中，以前述三个主要设计参数为目标的优化设计结果如图 12.4 所示。作为长途运输机的设计指标，其发

图 12.4　当代高涵道比燃气轮机叶轮机部件
（引自 NASA）

动机涵道比达到 8～10，压比达到 40，甚至更高。它已经被精细设计以减小重量，也可能会有陶瓷基和金属基复合材料部件。重量和阻力问题也通过缩短整流罩长度予以解决。燃烧系统效率接近 100%，产生的 NO_x 也非常少，更对发动机噪声源采用了各种噪声消减措施。

12.2　近期发展

今后 10～15 年内，涡扇发动机基本结构几乎不会改变。零部件技术和先进组装工艺发展将会使热效率有微小提高，重量也会相应减轻。这种相对缓慢的提升不仅反映了现有设计技术日趋成熟，也体现了航空工业的严谨性。对推进系统所做的任何改进都需要花费大量时间以验证其可行性。实现新型推进概念的另一个障碍是，更革命性的推进系统概念经常涉及与飞机之间更加紧密的耦合集成。当前发动机通过标准支架安装在机身上。不同厂家发动机可安装在同一个机身上。如果与机身间进一步集成，那么每种新发动机将需要一种新机身外形。这不仅是技术上的挑战，而且还会成为飞机制造业务模式的重大变革。

涵道比提升是目前涡扇发动机的重要改变。为平衡风扇级数增加、发动机短舱重量及阻力增加带来的不利，涡扇发动机的最佳涵道比相比目前最先进发动机还要增加 20%～40%（Daggett 等，2003）。然而，风扇直径增加时，其转速不得不降低，以确保叶尖速度小于音速，减少激波损失。这给驱动风扇的涡轮造成了困难：为保证低转速风扇功率恒定，涡轮直径也不得不增加到同样级别。但是，涡轮通常很重且必须承担高温和高负载，其直径增加将会造成发动机过重，从而难以实现更高的涵道比。面向这一问题，一个解决方案是在涡轮和风扇之间增加变速箱，使每个部件都可在各自最优速度下工作。该技术已在尺寸较小的涡桨发动机上应用了很多年，但是，大于 5 000 hp 的涡桨发动机变速箱面临其独有的技术挑战，如大齿轮上的高齿速、润滑、冷却和重量等问题。这些挑战必须解决，同时还需要为商用飞机提供必要的功传输效率并保证其可靠性和耐久性。达到这些要求后，齿轮传动的涡扇发动机就可能进入日常商业服务中了（普惠公司 PW1000G，2015）。

12.3　长期选择

对推进系统长期发展来说，有很多提升性能方向的技术可以研究。

12.3.1　开式转子

或许最近的"长期"选择的结构变化会是开式转子推进器（参见开式转子研究），又称"无涵道涡扇发动机"。开式转子实际上将被放大应用在长途客机上高速涡桨发动机中。除尺寸外，主要区别是叶片数量增加，叶片更短且后掠角更大。有些开式转子采用两排对旋的桨叶，如图 12.5 所示。如果只用一级风扇，则在风扇后设置一排静叶，对风扇转叶出口过度旋转的气流进行整流（风扇旋转造成、垂直于推力方向），这种设置不会增加推力。配置第二级反向旋转风扇转叶理论上可抵消前排转叶造成的旋转分量，并把能量传递到风扇气流中。

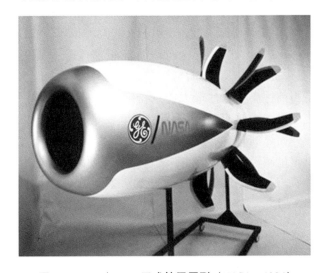

图 12.5　GE/NASA 开式转子原型（NASA，1984）

在这些设计中，叶片缩短、数目增加，这在同样推力情况下，保证了足够低叶尖速度以避免强激波损失。与涵道比 100 左右的涡桨发动机相比，即使开式转子的有效涵道比有所降低（Mattingly，1996），推进效率也远高于传统涡扇发动机。在使用相同核心机情况下，与传统涡扇发动机相比，开式转子有望提升 10%～15% 的燃料燃烧性能（Guynn 等，2012）。

开式转子也有缺点。首先，没有整流罩遮挡，风扇噪声会轻易辐射到地面，无法利用声学处理技术。正在开发的叶片造型技术可显著降低开式转子噪声，但噪声控制始终是一个挑战。其次，整流罩

可容忍失效断裂飞出的部件，尤其是风扇叶片。开式转子没有整流罩，但必须在机身上添加防护罩，因而会增加重量。对某些开式转子来讲，重量可能也会增加。因为，除了第二级风扇和相关驱动机构外，上述加固机身方法或许会抵消掉没有整流罩带来的重量节省。最后，与传统涡扇发动机相比，配装开式转子的飞机巡航速度会降低 5%～10%（Guynn 等，2012）。与涡桨发动机相比，这也是很不错的数据，但飞行器性能毕竟会有所降低。除这些缺点，在未来 20 年左右，开式转子性能可能会得到充分改进并被广泛采用。实际上，原本是希望开式转子在 20 世纪 90 年代中期得到应用的，但燃料价格大幅度下跌，使得这类发动机的经济性优势被忽略，以至于原型发动机成功试飞被无视，采用这类发动机的计划也被放弃（Flight Global 网页，2015）。

在可预见的未来，噪声和包容性安全问题使开式转子发动机并不适合未来商用飞机，或许 20 年左右，发动机设计可能更会追求采用更短的风扇整流罩、更高的涵道比、更低的风扇压比（Perkins，2014），这种发动机应该使用变速箱来更好地匹配风扇和涡轮的速度。

12.3.2　附面层吸入

某些发动机/飞机机身集成允许附面层流入发动机进气道，如图 12.6 所示的摄入上置发动机的翼身融合飞行器。如 Smith（1993）所述，众所周知，原则上使附面层流过发动机对飞机性能有积极作用。附面层吸入（BLI）效应有好几种。首先，因进入发动机的平均气流速度有所降低，所以"撞击阻力"更小，可减慢来流速度，这相当于提高了发动机推力。从这个角度看，BLI 可以归类为减阻概念。或者说，通过将低速附面层流动重新加速，推进器出口速度相应降低，根据式（12-1），增加推进效率。如果所有流动和力都能得到合理计算，那么任何一种考虑其效益的算法都会得到相同的总性能结果。

图 12.6　摄入上置发动机的翼身融合飞行器

BLI除了上述潜在益处外，还存在很多挑战。吸入附面层后，风扇来流是扭曲的而不再是均匀的，会导致风扇要么不得不容忍效率的显著降低，要么不得不通过各种流动控制措施使来流均匀化（Perkins，2014），任何一种措施都会增加进气道的长度和重量。由于流动非定常性产生叶片疲劳，所以风扇可能也需要结构上更加鲁棒。

一些BLI进气道设计还存在由矩形或"D"形向出口与风扇相接圆形截面变化的转接段，这也增加了长度和重量。此外，与常规发动机相比，BLI进气道单位截面面积流量要更低些。对BLI设计来说，推力要求可能会低些，而鉴于推力与空气流量成正比，进气道截面面积和风扇自身尺寸将不得不略大一些以增加流量满足飞行器设定任务的推力需求。这也会增加长度、重量以及推进系统的阻力。这种风扇进气系统相当复杂，因为不同飞行条件和飞行高度下（包括迎角等）附面层厚度是不同的，因此，进气/风扇系统需要在很宽来流分布条件下表现良好。BLI系统面临的最后一个设计问题是核心机（压气机、燃烧室、涡轮）的配置，除非是全电推进系统（随后会讨论），否则就有必要为核心机提供尽可能高总压气体以保证发动机热效率。如果核心机像常规燃气轮机那样装在风扇后，附面层和主流掺混后总压会比常规发动机中的略低。另一种方法是将核心机安装在不同位置，然后通过轴或分布式电动系统将功率传递给推进器。以上每种方式都会产生一定的功率损失并增加重量。

总的来说，BLI系统可以提升飞行器总体性能，但存在很多会降低或消除总性能提升的损失机制。如何解决损失和设计问题是当前研究的重点（Hardin 等，2012；Plas 等，2007；Kawai 等，2006）。

12.3.3 分布式推进

常常与BLI关联的概念是分布式推力。这个概念在机体合适位置安装许多小型推进器，并通过BLI和"尾迹充填"等优化系统性能、减轻重量。每个小型推进器都有自己的传统核心机，或者通过轴、变速箱、电力方式分配到功率（Felder 等，2012）。其依赖于总有效涵道比、推进效率随推进系统分布提升或降低的特定的推进构型。通过采用多推进器提供不同推力、减少或消除对阻力诱导控制面控制飞行器能获得额外的性能提升并减轻重量。在一些飞行器中，为满足仅一个发动机推进的

飞行任务要求，发动机需要做得非常大。若飞行器由多个推进器推进，那么单个推进器失效对飞机操作性影响将很小。另外，因为发动机重量（正比于横截面面积与长度之积）比推力（与横截面面积成正比）下降得更快，所以，采用许多更小推进系统的整个推进系统重量也会降低（Epstein，2013）。分布推进的不利影响在于，如果采用较小推进器，那么总压比会下降，也会降低热效率。如果采用较大的推进器，就需要考虑功率分配系统增加的重量和系统复杂性。推进系统重要的总体效应可正可负，只有实施详细设计后才能知道。

12.3.4 电推进

如果绿色航空的目标之一是减少排放，那么全电飞行便是其终极目标。全电动系统动力性能评判标准从热效率变为储能密度（kWh/kg）。为使全电动系统替换当前系统并保证相近性能，能量储存（主要是电池）和传送系统的重量需要大约等同当前系统燃料重量。对载客150名的大型客机来说，这将占据客机起飞总重80 000 kg的20%～25%（Perkins 等，2011）。这意味着能量密度至少要达到11 000 Wh/kg才能与当前技术水平持平，而这是当前锂离子电池最大能量密度的75倍。电动系统的另一个缺点就是储能器重量在飞行中保持不变，而燃油时重量会随燃油使用而逐渐减轻。当飞机重量减轻时，其所需升力降低，进而减小了阻力和所需推力。全电推进也存在一些优点，如增加BLI能力、改善控制能力、起飞和降落期间可恢复一定能量等。很明显，为能供飞机使用，电能储存技术仍需要大幅度提高。这种推进方法最可能首先应用在通用航空飞机上；随时间推移，储能密度会不断提升，其应用领域也将扩大。

燃料电池可以考虑作为全电推进飞机的一种供能电池，其可采用过氧化氢作为燃料，通过电池将燃料直接转换为电能，效率高于热机。当采用碳氢燃料时，需要通过化学方法将氢从中分离出来使用。虽可将剩余碳基用于另一种发动机循环中，但也会增加重量。这样看来，燃料电池距离应用于商业通用飞机还有很远的距离（Bradley 和 Droney，2011）。

全电推进的过渡步骤是电/燃气涡轮混合推进。这种系统工作起来与现有混合动力汽车发动机非常类似。与传统推进系统相比，这种系统中的燃气涡轮将会更小，但最大功率由电力储存系统提供。动

力需求小于涡轮输出最大功率时，剩余动力将为能量储存系统充能。在混合动力方案中，燃气涡轮通过电/机械"传动"与推进器直接耦合，可以根据需要，使能量在电力存储系统中输入或提取出来。或者燃气轮机也可以远离推进器，通过带动发电机发电而将电力输入电力分配系统。在后者情形中，对推进器和燃气涡轮数目匹配没有限制。因此如前所述，与分布式推进的变化是一致的（Felder 等，2012）。

最后需要强调，任何一种适于商用规模的航空电动推进系统很可能需要超导电机、超导发动机和电力线缆。如果超导产品不能投入应用，那么电力系统将过于笨重，并且电力损失会过高（同时产生热量），以至于电动推进系统无法成功应用。目前的超导技术需要将电力部件冷却至超低温。虽然冷却可以由闭环低温冷却器（冰箱）或低温燃料提供，如液氢和液态甲烷，但前提是飞行器也要使用这种燃料。

12.3.5　替代燃料

商业喷气燃料 Jet-A 是融合了多种碳氢化合物和少量添加剂的燃料，其热值为 42 800 kJ/kg、密度约为 800 kg/m³（Mattingly，1996）。为简单起见，采用碳氢比近似的分子式为 $C_{12}H_{23}$（Gordon 和 McBride，1994）。

低氢碳比赋予燃料相对较高的密度以减少燃料箱大小，但相比其他燃料，它导致了更高的碳排放量。为减少碳排放，最好使用高氢碳比燃料，甚至只用氢。然而，考虑到燃料密度以及因此导致的储存空间、运输、处理（一些低密度燃料如甲烷和氢气在室温下为气体，因此必须保存在低温条件下）、安全性和成本，应用低碳排放燃料非常具有挑战性。由于这些挑战，人工合成的生物燃料得到了众多投资。它具有商业喷气燃料的大多数特点，但从本质上看，通过将植物作为原料可以回收大部分飞行器所造成的碳排放。

12.3.6　热效率更高的核心机

正如前文讨论热效率时所述，减少发动机产生的废热，或者换种说法，从给定量燃料中提取出更多有用能量是发动机设计的首要目标。传统上，可通过提高总压比并提高部件效率来达到这一目标。对于燃气涡轮来讲，已经做出了大部分可能的改进，现在的主要研发工作是将进一步改善目前的

循环。大批技术将为传统核心机改进做出贡献。改进过的计算工具、质轻耐温的新材料、改良过的冷却、抵抗逆压梯度而保持气流贴附叶表的流动控制技术、叶尖间隙控制和许多其他技术，通过整合，对发动机热效率提升、重量减少都有显著效果。

为提升发动机热效率使其显著超过当今发动机，需要对基本的热力学循环作出修改，其可能途径如下。

1. 压力增益燃烧

已经对一些不同的增加压力的热添加模式进行了研究。

（1）爆震燃烧。如果用爆震方法燃烧燃料，那么其中激波与燃烧锋面耦合并后跟膨胀波，可以提高总压。在燃气轮机中，该过程可使总压提高15%～35%。爆震波可沿气流方向移动，就像典型脉冲爆震发动机（PDE）一样（Perkins 等，2005），或者垂直于空气流动方向，类似旋转爆震发动机（RDE）（Paxson，2014）。

（2）共振脉冲燃烧。谐振脉冲燃烧器，正像脉冲喷气发动机一样，在典型燃气轮机运行条件下，可提供3%～10%的总压增益。这种燃烧室利用周期性亚音速压力波来压缩下一轮的油气混合物，并约束燃烧后扩展燃烧产物，使总压获得提升（Yungster 等，2013）。

（3）波转子。波转子是另一种利用气动波压缩气流的装置。在该装置中，部分来流被压缩到更高压力，另一部分空气则继续保持低压。因此，该装置有时被称作压力交换器。在物理上，波转子由一套旋转管道和配套端板组成，端板实际上是每根管道的阀门。每根管道的开启和关闭引发管中空气产生提高总压的波。端板工作频率合适时，端板会定期释放高压空气，吸入需要增压的低压空气。当波转子两端都封闭时，也可以通过直接燃烧而成为压力增益燃烧器（Akbari 等，2006）。驱动波转子旋转的少量动力既可以来自高压涡轮，也可以通过使该管稍微倾斜产生旋转力而自动旋转。

所有这些利用非定常流的压力增益燃烧器概念都已获得证实，但需要进一步发展，以使之与商用燃气涡轮发动机完全兼容。这种发动机除具有脉冲流动特点外，尺寸和重量问题也限制了其在短期内的应用实现。

2. 预冷/间冷/再热循环

在地面燃气轮机中有许多常用的循环类型可以选择（Van Wylen 和 Sonntag，1978）。所有这些循环的变化包括将发动机内部的热量通过热交换器从一个位置转移到另一个位置。地面燃气轮机的许多循环选择众所周知（Van Wylen 和 Sonntag，1978）。所有这些循环变种都是通过热交换器将发动机中的热量从一处转移到另一处。尽管这些循环众所周知，但由于热交换器重量和压力损失问题，这些循环迄今仍未在飞行器上使用。此外，人们还担心颗粒物和外来物体对热交换器有损害，产生的碎片可能会进入发动机。地面应用时这些问题都不存在，因为在地面上，热交换器可以做得足够大以减少压力损失，同时不需要考虑重量影响，并且可以将气体入口保护起来以避免污染物。

（1）预冷。如果以液氢、液态甲烷这类制冷剂作为飞机燃料，那么或许可通过低温燃料冷却进气以实现额外的循环效率提升。压缩空气所需能量与进气温度成反比，这样可使更多涡轮功率产生推力。低的压气机进气温度同样会导致燃烧室进气温度较低，因此能减少氮氧化物排放，还可以减少涡轮冷却难度，产生更多有用功。另外，发动机总压比可以继续增加，而对同样压气机出口温度来讲，发动机总压得到了提高，并提升了热效率。

（2）间冷。从旁路提取的空气或燃料，可以用来在压气机不同位置处冷却核心气流，以提供前述预冷循环的许多好处，不过好处不多，因为并不是整个压气机内的空气都会降温。由于旁路空气可作为冷却介质，核心气流已部分压缩而使热交换器更小，间冷技术可轻而易举地得到应用。然而，热交换器尺寸或许很难减小到期望值，因为核心气流与旁通气流间一般并没有那么大的温度差来驱动热量传递，只能依靠更多的热交换面积。

（3）再热。前述热效率的一个定义中提及了减少发动机废热问题，很显然，适合放置热交换器的位置是涡轮下游、核心气流排出发动机之前。一些废热可以被输入燃烧室前气流中被发动机回收再利用，这样可减少燃料消耗。如果要把这些热量加入气流中，就需要在燃烧室前内置热交换器，而且存在驱动热流的极限温差，因为压气机出口温度通常与核心机排气温度相近，用来驱动热传递的温差有限。另一种选择是将燃料在排气管热交换器中加热，以增加燃烧过程中释放的能量。这避免了第二

个热交换器，但它也确实限制了从排气中所能回收的热量，与空气相比通常较低。另外，典型燃料在产生化学反应之前只能被加热到几百摄氏度，否则碳元素将会从燃料中释放出来而"焦化"，进一步变为固体而限制燃料在系统中的流动。如果有其他可替代燃料，如氢和甲烷，那就可以从发动机排气中获得更多的热量。

每种加强发动机循环的热交换措施都会面对重量、空间和压力损失的问题，导致目前为止这些众所周知的循环增强措施未能应用于飞机发动机，但是相关航空应用研究仍在进行（Ito，等，2012）。可靠性同样是一个问题，热交换器通常由许多小尺寸、薄壁管道组成，可能被大气中微粒或发动机失效所产生的碎片轻易损坏。然而，随着材料和组装技术的进步，这些概念最终或许会被采用。

12.3.7 智能发动机

传感器和控制技术在促成点火、燃料更高效利用、更鲁棒发动机方面仍将快速发展。通过监控发动机中每个零部件性能，设计裕度可以安全地降低，而且发动机实时优化运行。发动机部件的老化将可能在失效前被探测出来，从而使其得到及时更换，减少运行维护费用（Waters，2009）。

12.4 结　论

基础、长期的设计，将驱动飞机发动机的燃料燃烧、排放、噪声、安全性和可靠性一如既往地向未来发展。在很长一段时间内，它可能像是一位典型的乘客的眼睛，看不出什么明显的变化，然而先进零件技术将不断提升新型发动机的经济性、安全性和可靠性。从长远来看，对于持续提升推进效率的需求将使飞行器推进系统整体结构产生戏剧性的变化。开式转子、有或无附面层吸入的分布式动力系统不仅能改变推进系统本身，还能明显影响到飞机的总体结构。展望未来，先进发动机热力循环，甚至电动/混合电力推进可能会进一步改变商用飞机的推进技术。这些概念所迈出的步伐是未知的，因为它们明显受价格、可用燃料、飞机安全、环境法规以及整体竞争环境的影响。研究能力、资源发展和材料、传感器等外围科技发展，也是影响航空推进的主要因素。航空推进技术看起来非常成熟，然而仍存在很大的上升空间。

注释表

变量

C	比热容
e_p	多变效率
NO_x	NO 和 NO_2 化合物
m	流量
P	压力
T	温度
V	速度
Δh	反应热
γ	比热比
η	发动机总效率
η_p	推进效率
η_{th}	热效率

下标

a	空气
e	出口条件
f	燃料
i	进口条件
o	自由流条件
t	滞止条件

参考文献

Akbari, P., Nalim, M. R., and Snyder, P. H. (2006) Numerical simulation and design of a combustion wave rotor for deflagrative and detonative propagation. *AIAA*, 2006-5134, 2006.

Anderson, J. D. Jr. (1978) *Introduction to Flight*, McGraw-Hill, New York.

Borgnakke, C. and Sonntag, R. E. (2013) *Fundamentals of Thermodynamics*, John Wiley & Sons, Inc., New York.

Bradley, M. K. and Droney, C. K. (2011) Subsonic ultra green aircraft research: phase I final report. *NASA, CR*, 2011-216847, 2011.

Daggett, D. L., Brown, S. T., and Kawai, R. T. (2003) Ultra efficient engine diameter study. *NASA CR*, 2003-212309, 2003.

Epstein, A. H. (2013) Aeropropulsion for commercial aviation in the 21st century and research directions. *AIAA*, 2013-0001, 2013.

Felder, J. L. Tong, M. T., and Chu, J. (2012) Sensitivity of mission energy consumption to turboelectric distributed propulsion design assumptions on the N3-X hybrid wing body aircraft. *AIAA*, 2012-3701, 2012.

Flight Global Webpage. (accessed in 2015).

Foa, J. V. (1960) *Elements of Flight Propulsion*, John Wiley & Sons, Inc., New York.

Gordon S. and McBride, B. J. (1994) Computer program for calculation of complex chemical equilibrium compositions and applications. *NASA, RP*, 1311, 1994.

Guynn, M. D., Berton, J. J., Haller, W. J., Hendricks, E. S., and Tong, M. T. (2012) Performance and environmental assessment of an advanced aircraft with open rotor propulsion. *NASA, TM*, 2012-217772, 2012.

Hardin, L. W., Tillman, G., Sharma, O. P., Berton, J., and Arend, D. J. (2012) Aircraft system study of boundary layer ingesting propulsion. *AIAA*, 2012-3993, 2012.

Ito, Y., Yamamoto, N., and Nagasaki, T. (2012) Estimation of heat transfer performance for compressor stators heat exchangers in a new intercooled and recuperated aviation gas-turbine engine. *AIAA*, 2012-3937, 2012.

Kawai, R. T., Friedman, D. L., and Serrano, L. (2006) Blended wing body (BWB) boundary layer ingestion (BLI) inlet configuration and system studies. *NASA, CR*, 2006-214534, 2006.

Mattingly, J. D. (1996) *Elements of Gas Turbine Propulsion*, McGraw-Hill, New York.

Paxson, D. E. (2014) Numerical analysis of a rotating detonation engine in the relative reference frame. *AIAA*, 2014-0284, 2014.

Perkins, H. D. (2014) Design options for integrating ultra-high bypass ratio gas turbines on a blended wing body aircraft: an incremental step in evaluating distributed propulsion, in *Distributed Propulsion Technology* (ed A. S. Gohardani), Nova Science Publications, New York, pp. 173 – 184.

Perkins, H. D., Wilson, J., and Raymer, D. P. (2011) An evaluation of performance metrics for high efficiency tube-and-wing aircraft entering service in 2030-35. *NASA TM*, 2011-217264, 2011.

Perkins, H. D., Paxson, D. E., Povinelli, L. A., Petters, D. P., Thomas, S. R., Fittje, J. E., and Dyer, R. S. (2005) An assessment of pulse detonation engine performance estimation methods based on experimental results. *AIAA*, 2005-3831, 2005.

Plas, A. P., Sargeant, M. A., Madani, V., Crichton, D., Greitzer, E. M., Hynes, T. P., and Hall, C. A. (2007) Performance of a boundary layer ingesting (BLI) propulsion system. *AIAA*, 2007-450, 2007.

Pratt & Whitney JT3D Webpage. (accessed in 2015).

Pratt & Whitney R4360 Webpage. (accessed in 2015).

Pratt & Whitney PW1000G Webpage. (accessed in 2015).

Rolls Royce Trent Series Webpage. (accessed in 2015).

Smith, L. H. (1993) Wake ingestion propulsion benefit. *J. Propul. Power*, 9, 74 - 82.

Van Wylen, G. J. and Sonntag, R. E. (1978) *Fundamentals of Classical Thermodynamics*, John Wiley & Sons, Inc., New York.

Waters, N. (2009) Engine health management. *Ingenia*, 39, 37 - 42.

Xue, N. (2014) *Design and Optimization of Lithium-Ion Batteries for Electric-Vehicle Applications*. Ph. D. Dissertation, University of Michigan, 2014. Available at: http://deepblue.lib.umich.edu/bitstream/handle/2027.42/107299/courtrun_1.pdf? sequence=1.

Yungster, S., Paxson, D. E., and Perkins, H. D. (2013) Computational study of pulsejet-driven pressure gain combustors at high-pressure. *AIAA*, 2013-3709, 2013.

Zucrow, M. J. (1958) *Aircraft and Missile Propulsion*, John Wiley & Sons, Inc., New York.

本章译者：季路成

（北京理工大学宇航学院）

第 **13** 章

开式转子研究进展

Dale E. VanZante

美国航空航天局格伦研究中心，推进部门，声学分部，克利夫兰，俄亥俄州，美国

13.1 发展历程

20 世纪 30－40 年代，NASA 的前身 NACA 在螺旋桨空气动力及推进技术方面做了大量实验并且处于前沿地位。NACA 工程师研究得出，在马赫数小于 0.6 时，螺旋桨动力飞行器有较高的推进效率。然而在高超音速下使用螺旋桨动力几乎是不可行的，因为此时空气可压缩性大大降低了螺旋桨的效率。在努力克服可压缩性问题时，也没有能保证螺旋桨结构可靠性的设计方法和材料。随着 20 世纪 50 年代涡轮喷气技术进步，飞机飞行速度可以增加而没有性能损失。涡轮喷气机效率低，但燃料成本不是主要因素，因此增加飞行速度成为新飞机设计的主要目标。研究重点从螺旋桨转移到涡轮喷气式再到涡扇发动机。

20 世纪 70 年代初，为应对石油危机，美国重启高速螺旋桨研究。议会支持 NASA 实施了飞机节能计划（ACEE），该计划始于 1976 年，目标是大大减少飞行器燃料浪费。先进涡桨发动机项目（ATP）是飞机节能计划中一个技术难度较大且有争议性的项目。在该项目中，对单向和同轴对转概念进行了台架、风洞和飞行试验，前后持续了 10 多年。注意：高速螺旋桨在 ATP 项目中被称为涡桨发动机，但现在多称开式转子发动机。Hager、Vrabel（1988）和 Bowles（2010）对先进涡桨发动机项目和飞机节能计划进行了全面介绍，包括大量反对在螺旋桨上投入资源的讨论，因为它在一定程度上被认为是科技倒退。图 13.1 展示了 ATP 的三个主要研究方向：Hamilton Standard、

Rohr、Lockheed 和 Gulfstream 的单向旋转概念，通用电气公司、波音和 McDonnell Douglas 的无齿驱同轴对转概念，Hamilton Standard、United Technologies、Allison 和 McDonnell Douglas 的齿驱同轴对转概念。接下来我们将介绍这项研究留下来的重要科技成果。

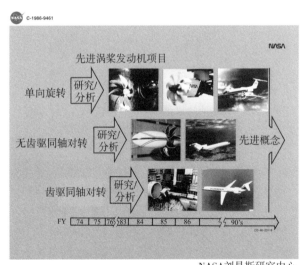

NASA刘易斯研究中心

图 13.1　NASA 先进涡桨发动机项目大事年表及概况（NASA C-86-9461）（经 NASA 许可引用）

13.1.1 单向旋转概念

ATP 项目早期对单向旋转概念做了大量研究。NACA 测试数据显示，如果结构和机械问题可以解决，那么低载荷薄螺旋桨在马赫数为 0.85 时仍能保持较高效率。NASA 工程师曾对跨音速风扇叶片、超音速机翼设计进行了研究，将这种设计推广到高速螺旋桨似乎是可行的，其中新的先进空气

动力学概念如图 13.2 所示。图 13.3 展示了几种 NASA 和工业界设计的先进螺旋桨模型。

降低叶型厚度

掠叶片

短舱堵塞

旋转体面积律

先进翼型

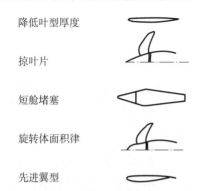

图 13.2　提高螺旋桨性能的先进空气动力学概念 (Jeracki 等，1979)（经 NASA 许可引用）

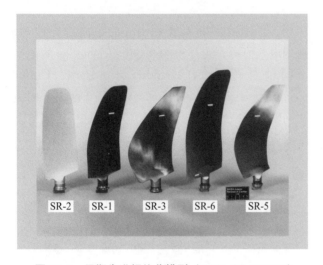

图 13.3　早期先进螺旋桨模型 (NASA CS-83-3100)（经 NASA 许可引用）

其中 SR-2 是一种经典螺旋桨设计，作为螺旋桨性能和噪声设计基准。显而易见，在其他设计中均使用了掠技术以管控气体压缩效应，导致短弯刀型桨叶的出现。如果成功，则新设计将使螺旋桨飞机能够有与涡喷、涡扇发动机飞机一样的空速，但是具有更高的效率。

对这些新设计在 NASA Lewis（现在的 NASA Glenn 研究中心）进行了大量风洞试验，其中包括：在（8×6）跨音速风洞中测试了巡航性能和气动弹性稳定性；在（9×15）低速风洞中测试了噪声污染。相对于 SR-2，SR-1 和 SR-3 掠型桨叶确实展现了效率增加、噪声减少的优势，特别是 SR-3 针对声学性能优化了掠型分布。虽然结果令人兴奋，但仍需继续细化 (Jeracki 等，1979)。SR-5 和 SR-6 分别是 Hamilton Standard 和 NASA 的进一步细化迭代设计，其中 SR-5 尖部后掠 60°，但经

典的颤振限制了其测试范围，且设计未能达到巡航性能要求。在 0.8 Ma 时，SR-6 与 SR-3 效率相同，但在更高马赫数下其效率迅速下降，这意味着气动设计出了问题。SR-6 的声学性能也没有 SR-3 好 (Dittmar 等，1982)。这些结果表明气动和噪声分析能力仍需超越经典螺旋桨方法，这样才能促成高速螺旋桨发展，于是 ATP 开始在这方面进行大量投入。技术革新的下一步是从模型试验尽可能转换到全尺寸试验。于是，为此部署了大尺寸先进桨扇（LAP）项目和大尺寸先进桨扇测试评估（PTA）项目。值得注意的是，LAP 和 PTA 项目也在核心机、齿轮箱、变桨距机构、发动机进气道和螺旋桨结构等方面做出了重要努力。此外，ATP 同时对舱室噪声环境和结构传输噪声特征进行了测试。在桨扇技术能够用在产品上之前，这些研究活动都是必需的。

基于模型测试分析以及设计/分析程序的进步，Hamilton Standard 完成了 LAP 设计，并加工了全尺寸螺旋桨 SR-7L 和模型尺度的螺旋桨 SR-7A。该设计类似于 SR-3，在空气动力学方面进行了一些改进，以提高性能和材料耐久结构。SR-7A 在跨音速风洞中进行了巡航性能/航空力学测试，在低速风洞中进行了噪声/空气动力学测试，包括孤立测试和挂翼 (Woodward，1987)。风洞测试结果使人们对飞行项目中采用 SR-7 充满了信心。SR-7L 全尺寸静态试验在 Dayton 的空军研究实验室（AFRL）进行，高速风洞试验在法国 Modane 进行，发动机静态试验在加利福尼亚 Rohr 进行，然后与 Lockheed Georgia 合作，在改进的 Gulfstream GII 飞机上进行了飞行测试。图 13.4 显示了飞行

图 13.4　全尺寸先进螺旋桨 (LAP)，别称 GII 飞机上的 SR-7L (NASA C-1987-03533)（经 NASA 许可引用）

测试结构，同时也提出了飞行、地面和客舱内噪声测试（Groeneweg，1990）。飞行项目表明了高速螺旋桨推进系统的可行性。大量材料/结构和分析技术进步都有利于对转方案（在下一节讨论）的实施，也使第一代使用复合风扇叶片的涡扇发动机成为可能。

13.1.2 改进方案

如图13.5所示，ATP还包括改进螺旋桨性能或与飞机集成的新概念。自适应几何、吹气增升翼型、弯度可调叶片以及静止旋流恢复导叶均被提出用于单向旋转构型。旋流恢复导叶（SRV）概念是通过回收螺旋桨下游旋流的"浪费"动能来提高单向旋转系统推进效率的一种方法。SR-3上SRV的理想配置如图13.6所示（Groeneweg和Bober，1988）。振动问题导致从SR-3到SR-7A的变化，SR-7A配装有一组可变桨距导叶并在跨音速风洞中测试了系统性能。在马赫数为0.8时，旋流恢复导叶使总效率提高了1.7%，在0.6 Ma 时提升接近4.5%（Gazzaniga和Rose，1992）。

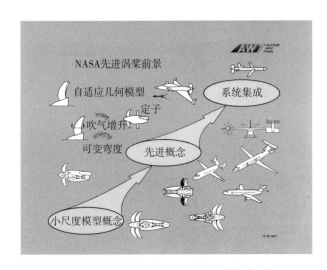

图13.5 改进的涡轮螺旋桨项目的未来设想
（NASA C-84-1348）（经NASA许可复制）

噪声问题仍然是高速螺旋桨关注的问题，因此提出了"涵道螺旋桨"构型，其中短舱在理论上提供了噪声屏蔽。如图13.7所示，与传统设计相比，涵道螺旋桨由高涵道比的涡轮风扇和极短的短舱组成。图中列出了要克服的技术问题。这一概念从未经过测试，然而，在20世纪80年代后期，NASA重新转向涡扇研究时，在先进涵道螺旋桨项目（ADP）中进行了低压比风扇和超短进口道研究（Boldman等，1991）。

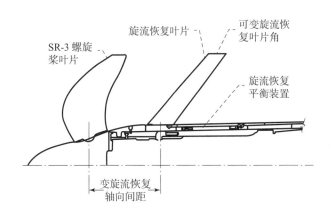

图13.6 旋流恢复叶片（SRV）配置
注意：对于实际测试，SR-3替换为SR-7A
（Groeneweg和Bober，1988）（经NASA许可复制）

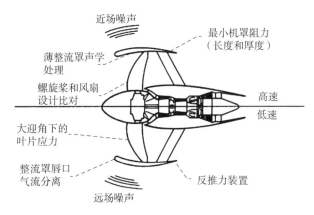

图13.7 高、低速飞行条件下高速涵道螺旋桨技术问题
（Groeneweg和Bober，1988）（经NASA许可复制）

13.1.3 单向旋转总结

单向旋转高速螺旋桨研究成功地证明了其比涡扇发动机油耗少，同时叶片具有结构和气弹可行性。由于高速螺旋桨直径明显大于等效推力的涡扇发动机，所以噪声和飞机装配仍然是问题。直径问题的一种可能的解决方案是使用对转高速螺旋桨，这将在下面讨论。

13.1.4 对转概念

如图13.5所示，对转构型最初被认为是一种先进概念。单向旋转概念的成功给了对转系统设计能力极大的信心。1983年，Hamilton Standard/UTRC开始开发一种称为CRP-X1的概念。CRP-X1在UTRC高速和低速风洞中进行模型级测试，其空气动力学性能优于相近的SR-3。这一成果与Allison变速箱（其齿轮概念如图13.1所示）的努力随后成就了578-DX发动机。这项工作后续在罗罗公司继续进行，这在第10章有讨论。NASA当时并不知道 GE 在进行无齿驱对转概念的研究，其与 NASA 合作共同承担经费以执行包括高速、低速风洞测试以及飞行测试项目在内的综合开发计划（Bowles，2010）。最初开发的产品如图 13.8 所示（Majjigi 和 Wojno，2011）。下面将讨论支持 GE36 产品定义的技术开发计划的亮点。

为了支持波音的试验，GE 和 NASA Lewis（Delaney 等，1986）加工了三套对转试验驱动装置。测试于 1985 年 7 月在 NASA Lewis 开始，包括不同叶片设计、叶片转速、叶片数、转叶间距、转子速度不匹配以及孤立/半安装构型下带支板并减小后转叶直径的测试（Hoff，1990）。GE 给出了一种叶片命名方法，其中 F♯♯ 表示前叶片，A♯♯ 表示后叶片，♯♯ 是叶片设计的数字名

称。图 13.9 展示了当时测试的具有不同掠角、弦线以及剪裁特征的前、后转叶叶片。

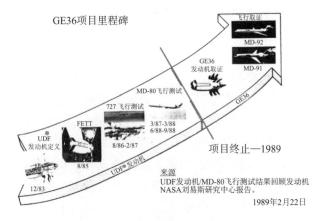

图 13.8　GE 无齿驱对转开式转子研究发展
（Majjigi 和 Wojno，2011）（经 GE 许可复制）

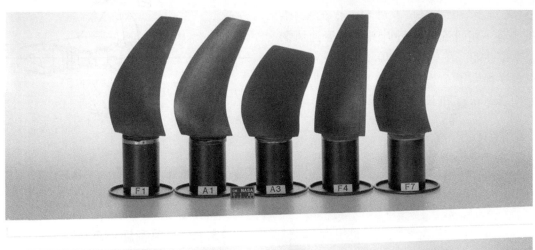

图 13.9　20 世纪 80 年代用于测试的对转叶片（NASA C-86-2815）（经 NASA 许可复制）

高速风洞中有迎角的试验件安装如图 13.10 所示，Stefko 和 Jeracki（1988）介绍了对这种构型所需的风洞安装修正。

各种飞行条件和模型构型的净效率是高速风洞试验的主要目的。使用作用在轮毂上的旋转力的平衡以及前、后体表面压力分布测量来确定效率。第二个目的是测量近场非定常压力，可用于估算客舱

噪声或来自螺旋桨纯音的沿途噪声。贴有非定常压力传感器的"声板"安装在风洞壁板上，并可相对于螺旋桨梢垂直平移到任何半径。该设计甚至到 0.8 Ma 以上仍然具有相当好的气动效率。非常高的叶片通过频率占据噪声典型频谱的主要部分，它是客舱噪声环境的要素之一。客舱降噪技术是 ATP 中非常活跃的研究领域。

图 13. 10　20 世纪 80 年代在 8×6 超音速风洞中以一定迎角安装的对转桨叶
试验装置（NASA C-85-6030）（经 NASA 许可复制）

13. 1. 5　对转概念的外界噪声挑战

在 NASA Glenn 研究中心 8×6 超音速风洞中验证了巡航效率和气弹稳定性后，对转概念的下一个技术挑战是外界噪声问题。针对对转系统的降噪问题是完全不同的。对无涵道系统，螺旋桨产生的旋转压力场可作为噪声传播到远场。此外，对于叶尖相对马赫数达到或超过音速的高速螺旋桨，其噪声辐射效率甚至更大。对于单向旋转螺旋桨，噪声辐射指向垂直于旋转轴，如图 13. 11 所示。除了高叶尖速度下的四极子源，噪声源还有叶片厚度和负载。单向旋转螺旋桨的主要降噪方法是减小桨盘载荷（相同推力下更大直径）或使用较多叶片（使每个叶片承受较少载荷）。

由于第二排旋转叶片，对转系统面临额外的降噪挑战。除了叶片通过噪声之外，由于黏性尾流、叶尖涡流和两排旋转叶片间势干扰，对转系统也会产生相互作用的纯音噪声。图 13. 12 给出了对转系统的典型频谱。在对噪声影响很大的运行条件下，纯音相互作用是噪声的主要来源。相互作用纯音噪声的方向性是"扁平的"时，则意味着噪声辐射具有更长的持续时间，参见图 13. 13。相互作用纯音的降噪策略更难以实现，因为整个叶片展高都对远场噪声有贡献。这些降噪策略包括后转子剪裁以及增加转子间距。虽然这些策略在降噪方面是有效的，但它们对效率会造成损失。接下来讨论 20 世纪 80 年代螺旋桨设计的噪声特性。

将试验件移到低速消声风洞中以评估新叶片设计的噪声特性。图 13. 14 显示了当时的试验台。注意，20 世纪 80 年代的设计均采用很小的转子间距。GE 提供了最大爬升条件下的三种 0. 72 Ma 叶片设计（F4/A4，F5/A5 和 F7/A7）和 0. 80 Ma

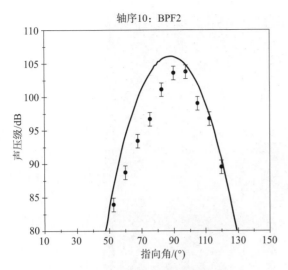

图 13.11　单向旋转螺旋桨辐射方向
（实线为数值预测方向，符号为实验测试值）
（Van Zante 和 Envia，2014）

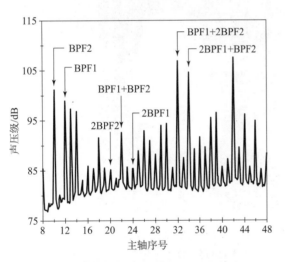

图 13.12　对转叶片 BPF 噪声和相互作用噪声
频谱示例（音调被标记为 $nF + kA$）
（Van Zante 和 Envia，2014）

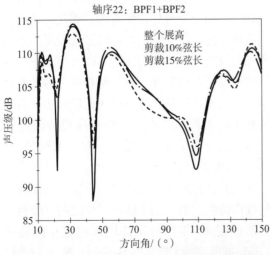

图 13.13　对转螺旋桨系统相互作用噪声方向示例

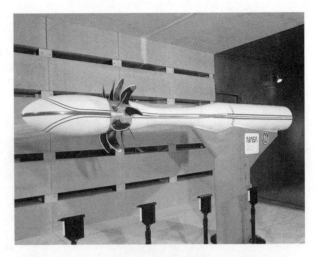

图 13.14　20 世纪 80 年代安装在 9×15 低速风洞中噪声
测试试验台（NASA C-86-7568）（经 NASA 许可复制）

下的两个附加设计（F11/A11 和 F21/A21）。Hoff
（1990）介绍了这些叶片的设计特点。F7/A7 用于
后面述及的无涵道风扇 Fan™（UDF）发动机验
证。另外，还测试了一些改型叶片，如减小了后叶
片直径的 A3。

测试目标是评估叶片概念在低速度飞行时的空
气动力学、声学和气动弹性性能。最初的系列试验
评估了叶片数（8×8 对 11×9 或 11×8）、直径、
转子间距和叶片桨距角对气动和声学性能的影响；
对带支板和模拟机身的安装效应也进行了评估。该
初始系列试验帮助指导选择叶片弦长、后掠角、叶
片数和转子间距。大部分试验集中在 F7/A7 上，
以便支持 UDF 发动机演示验证。

GE 继续基于其 Cell 41 消声风洞中使用类似的
专用对转试验台进行叶片开发和叶片测试。
图 13.15 展示了 GE 测试装置。Cell 41 消声风洞
是具有流动区域外围声学测量系统的自由射流设
施。Cell 41 和 9×15 风洞的声学测量比对显示出
总体一致性，但 9×15 风洞测量的噪声水平总体上
升了 2 dB。这种独特、垂直安装的 GE 对转试验台
已不再存在。

即使在多次设计迭代后，噪声仍然是对转系统
需要解决的问题。GE 设计了一种先进的前掠叶片
（F39），并在 NASA 的 A31 上做了测试。总的来
说，前掠可使前转子叶片尾迹和叶尖涡流能在被后
转子切割前进一步衰减。实际上，F39 出现了气动
弹性问题，这难以依靠当时材料、制造、设计能力
得以克服。与 F31/A31（Woodward 等，1993）相
比，F39/A31 也显示出较高的相互作用纯音噪声
水平（高达 8 dB）。F31/A31 和 F39/A31 流场的

图 13.15 安装了 GE 对转试验台的 GE Cell 41 设施 （Majjigi 和 Wojno，2011）（引自 GE 航空）

激光多普勒测速结果显示：F39 气动设计存在问题。

模型规模的试验活动始于 1984 年，持续了近 10 年，形成了一个可以为各种叶片设计提供空气动力学、声学和气动弹性信息的非常全面的数据库。

13.1.6 发动机地面试验和飞行试验

GE 和 NASA 模型规模试验进行的同时，UDF 发动机地面试验和飞行试验准备工作也在进行。UDF 发动机从政府贷款并基于现有 F404 核心机开发。为了能使发动机项目继续进行，由于意识到发动机试验不会有并行执行的模型试验中更优气动性能和更安静叶片的收益，所以有必要冻结 F7/A7 的叶片设计。在 GE Peebles 进行的发动机地面试验取得了成功，UDF 在波音 727 和 McDonnell-Douglas 的 MD-80 上都进行了飞行试验。图 13.16 展示了 UDF 发动机验证机。Harris 和 Cuthbertson （1987）对 727 飞行项目进行了回顾。UDF 最令人难忘的是其弯刀形叶片和独特的声学特征，但更令人兴奋的是，UDF 成功证明了相对于当时最好的涡扇发动机具有节约燃料（大约 15%）的显著优势。

GE 继续开发对转发动机，目的是在 20 世纪 90 年代初取证 GE36 发动机。GE36 叶片设计符合第 3 章的噪声规定，但也必须对空气动力学性能进行折中。当时的设计方法对同时优化空气动力学性

图 13.16 GE 无涵道风扇发动机示例 （Majjigi 和 Wojno，2011）（引自 GE 航空）

能和降噪性能的能力有限。随着燃料价格下降，GE 的 GE36 项目被取消，在 NASA 停止开式转子研究工作后不久，GE 也停止了对转发动机研究。

13.2 当代开式转子研究

21 世纪初，日益严峻的环境问题和燃料价格再次上涨，使人们重新对开式转子技术产生兴趣。数值建模的进步有望同时优化空气动力学和声学性能，这在 20 世纪 80 年代设计系统中是不可能实现的。相关科研工作在欧洲 CleanSky 计划、美国的 NASA、FAA 和 GE 也得以开展。欧洲研究成果已在第 10 章中讨论。

自早期对转螺旋桨项目后，气动声学设计方法已经发生了根本变化。20 世纪 80 年代，设计主要依靠简化的理论分析方法和经验数据库。例如，尖端涡流轨迹预测是基于直升机转子和机翼涡流衰减测量结果的一种理想涡旋模型，这二者均不能反映高负载、后掠和旋转叶片，参见 Hoff（1990）涡流模型讨论，三维欧拉方程解方法处于起步阶段，在刚开始对设计过程产生影响的时候，早期项目就结束了。

当代设计采用完全黏性数值预测方法进行评估，如图 13.17 所示，图来自 Van Zante 等（2014）。一旦完成气动设计，便可以提取前排叶片尾迹和叶尖涡流特征参数，用于后排叶片承受阵风和强迫响应的预测。后排叶片非定常压力响应以及前排转子的任何响应，产生可以传播到远场的近场非定常压力脉动。这种设计方法允许叶片特性的详细剪裁以优化叶片气动和声学性能。成熟的设计方法是当代设计同时实现两个目标的主要驱动因素之一。

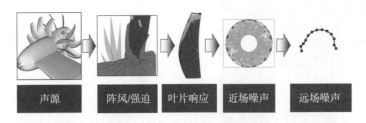

| 声源 | 阵风/强迫 | 叶片响应 | 近场噪声 | 远场噪声 |

图13.17 当代叶片气动声学设计系统（Van Zante 等，2014）

（经皇家航空协会期刊许可复制）

新设计叶片与早期设计叶片主要差异如表13.1所示。叶片数量和直径增加使这些设计有很大的降噪潜力。UDF飞行测试使用了8×8和10×8叶片数量配置，10×8配置噪声更小。表13.1早期设计已经使用了当前叶片数量及间距，但直径和载荷为早期所采用的值。所有新设计都结合了后排叶片剪流和定制叶片成形技术，以减少前排转子叶尖涡流造成的噪声影响。此外，为获得最大声学效益，对转子间距和转速/扭矩比进行了优化。新叶片设计的进一步细节在Van Zante 等人（2014）文章中有介绍。对设计参数和设计意图不同的两代新设计，即Gen-1和Gen-2，进行了加工以进行测试。重新制造并测试了早期基准设计（F31/A31，参数见表13.1），以便对当前测试项目与20世纪80年代的数据进行关联。

更新了遥测装置、提高了测力天平灵敏度。这是北美现存的唯一一种规模的对转试验装置。图13.18显示了9×15风洞中安装在支板上的翻新后的试验装置。注意，新设计中转子间距大大增加。

图13.18 安装了早期基准叶片组和CFM支板的翻新开式转子试验台

（NASA C-2010-3604）（经NASA许可复制）

试验包括孤立螺旋桨性能测试与带支板、机身的半安装测试，如图13.19所示。新设计在0.78 Ma、

表13.1 当代设计和早期设计的主要参数比较

参数	单位	早期	当代
叶片数（$R_1 \times R_2$）（叶片数）		12×10	12×10
R_1 直径 D	m	3.25	4.27
	ft	10.7	14.0
设计点的盘体	kW·m^{-2}	803	474
载荷	hp·ft^{-2}	100	59
间距/直径		0.28	0.27
S/D		（0.23，1980s）	
设计点 PQA/J^3（设计点效率）		0.167	0.099

新叶片设计的测试方法类似于ATP，包括在9×15风洞中测试低速气动/声学性能、在8×6风洞中测试巡航性能。一个主要区别是，由于气弹预测方法和材料气弹特性已经成熟，气动弹性不再是研究焦点。NASA翻新了其对转试验台，同时也

图13.19 带机身的半安装试验装置（Van Zante 等，2014）（经皇家航空协会期刊许可复制）

功率负载参数为 0.099 时实现了 85.5% 的净效率，该效率一直能维持到 0.8 Ma，这表明对于开式转子来说，没有必要"飞慢一点"来保证效率。新设计还实现了纯音和宽带噪声的显著降低，如图 13.20 所示的频谱示例。GE 和 NASA 用这些风洞测试数据来评估采用开式转子螺旋推进的未来飞机的性能。总燃料消耗和噪声测试结果总汇于图 13.21 中。关于系统分析方法的更多细节将在另一节中给出。

"早期气动"和"GE36 产品"的比较说明了 20 世纪 80 年代设计面临的困境。早期气动设计即指 F31/A31，它是从 20 世纪 80 年代设计中选出的最好气动性能叶片组，其除了增加叶片数外，并没有

图 13.19 带机身的半安装试验装置（Van Zante 等，2014）（经皇家航空协会期刊许可复制）（续）

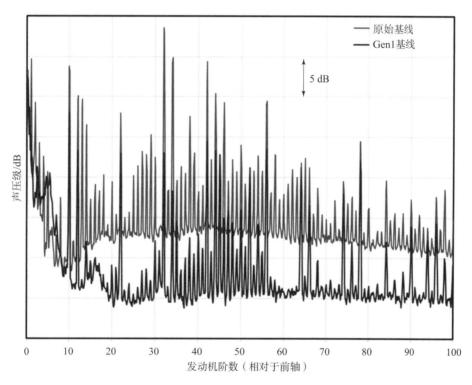

图 13.20 当代和 20 世纪 80 年代设计的频谱变化（Van Zante 等，2014）（经皇家航空协会期刊许可复制）

为降噪而折中。早期气动设计叶片并不满足第 3 级所述声学裕度。GE36 产品设计旨在满足第 3 级噪声规则，但具有显著的效率损失（效率降低 3 个百分点）。新设计 Gen1A＋B 和 Gen2A＋B 的结果表明，较之 20 世纪 80 年代最佳设计，GE 已经成功地提高了净效率并且也同时降低了噪声。＋B 指应用于前排叶片的降噪技术。最好的新设计对第 3 级水平预计有超过 15 EPNdB 的累积裕度。

除了基本的空气动力学和声学测量外，还进行

了流场和声学诊断测量，这有助于持续的工具开发。声相位阵列、压敏漆、支板安装声学测量、声屏蔽测量和粒子图像速度测量（PIV）等都是针对早期基准叶片组获得应用的测量技术。PIV 测量（图 13.22）用于验证设计系统预测的尖端涡流轨迹和尾流衰减，可对 Gen-2 设计测试增强信心（Van Zante 和 Wernet，2012；Khalid 等，2013）。大量广泛的数据组已被用于改进噪声预测方法和研究开式转子螺旋桨推进系统的声学性能（Van Zante，2013）。

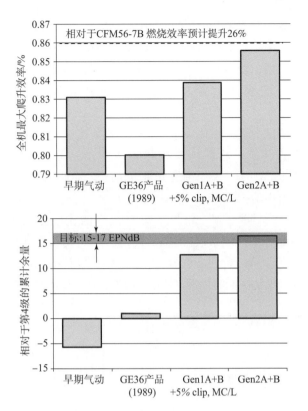

图 13.21　FAA Cleen 项目开式转子技术进步总结

（Van Zante 等，2014）

（经皇家航空协会期刊许可复制）

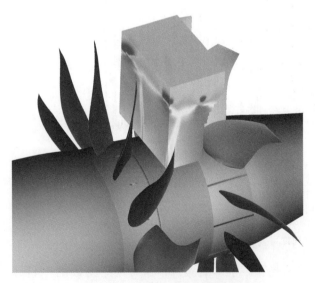

图 13.22　立体粒子图像测速数据

（Van Zante 和 Wernet，2012）

13.2.1　开式转子的装机试验

在 NASA Glenn 开展孤立和半安装试验的同时，波音和 NASA 也研究分别安装在常规机身-机翼布局和翼身融合体布局上的开式转子螺旋桨发动机的推进飞行结构气动声学。图 13.23 展示了置于波音大型声学设施（LSAF）中的开式转子模拟器

相对于翼身融合体（BWB）飞行平台的位置。为评估飞机机身对开式转子的影响以及测量机身声音屏蔽效应，需要大量的声学测量。Czech 和 Thomas（2013）讨论了早期的试验结果。由于时间限制，LSAF 系列测试使用了叶片数相同的 F7/A7 转子组，而未使用当代设计的叶片。

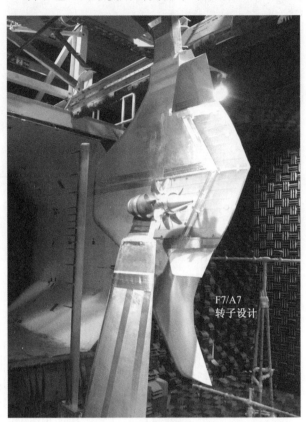

图 13.23　波音 LSAF 设施中的推进飞行结构集成试验

（Czech 和 Thomas，2013）

（经波音公司许可引用，2015）

大量深入研究获得的装机声学信息被用于评估机身屏蔽的降噪潜力。结合 LSAF 机身屏蔽数据和 NASA Glenn 试验获得的当代设计源噪声特性，开发了一种纯音匹配程序（Bahr 等，2014）。对所提最具有可能几何参数的翼身融合体布局和开式转子螺旋桨推进的分析显示距离第 4 级水平有 26 dB 余量，这表明非常规布局可以满足噪声目标（Thomas 等，2014）。

13.2.2　美国源噪声建模工作

20 世纪 90 年代初试验工作终止时，美国 NASA 支持的高速螺旋桨的程序开发/建模工作已经结束。由于对分析对转构型重新产生兴趣，"恢复"一些能力是必要的。最复杂、资源需求最密集的噪声预测方法是直接模拟一直延伸到远场的非定常压力场。这样做所需的计算量很大，所以迄今为止，这种尝试非常有限，且对设计是不切实际的。目前大多数声学建模方法都利用声类比方法，或者采用 Ffowcs Williams-Hawkings（FW-H）方程或 Kirchhoff 的面方法。Ffowcs Williams-Hawkings 方程将线性声场表示为感兴趣气动源区域（叶片表面和周围流场）的时间和空间积分。Kirchhoff 面方法将在预定的"控制"表面上的非定常压力作为边界条件，然后将其辐射到远场。案例请参见 Envia（2012）、Peters 和 Spakovszky（2010）对这些方法的综述。

对转螺旋桨系统纯音声场的函数形式由式（13-1）给出，其中仅包括了叶片厚度和载荷声源。注意：对转开式转子的纯音声压 p' 除包含每个转子纯音外（转子叶片通过频率分量），还包含纯音之间有交互作用的噪声（通过频率总和、差值的各种组合）。式（13-1）中谐波系列振幅可由 Ffowcs Williams-Hawkings 方程数值求解或渐近分析得到。渐近解方法可以给出这些系数的解析表达式。厚度噪声仅取决于螺旋桨的几何形状，而载荷噪声取决于叶片的气动载荷。

厚度噪声

$$p' = \sum_{m=-\infty}^{\infty} (\hat{p}_{1,m} \mathrm{e}^{-imB_1\Omega_1 t} + \hat{p}_{2,m} \mathrm{e}^{-imB_2\Omega_2 t}) +$$

$$\sum_{m=-\infty}^{\infty} \sum_{k=-\infty}^{\infty} \Big[\hat{p}_{1,m,k} \mathrm{e}^{-i(mB_1\Omega_1 + kB_2\Omega_2)t} +$$

负载噪声

$$\hat{p}_{2,m,k} \mathrm{e}^{-i(mB_2\Omega_2 + kB_1\Omega_1)t} \Big] \qquad (13-1)$$

为了获得载荷噪声谐波振幅，数值模拟结果可为式（13-1）提供必要的非定常压力输入。因此，声学结果的准确性受到空气动力学模拟质量的强烈影响，但该方法确实适用于同时优化气动和声学性能的剪裁设计。作为例子，图 13.24 展示了与叶片通过频率相关的非定常压力。早期预测方法使用基于标准翼型系列或平板的简化几何模型。类似地，叶片载荷也简化为解析表达式。这些早期方法对评估螺旋桨噪声的总体特性是很有用的，但由于几何/流场输入的精度有限，它们在预测详细螺旋桨设计差异方面存在局限性。

高可靠空气动力学模拟结果可进一步用来识别产生特定纯音噪声的叶片区域。对于交互纯音噪声，如 BPF1＋BPF2（图 13.25），整个叶展都

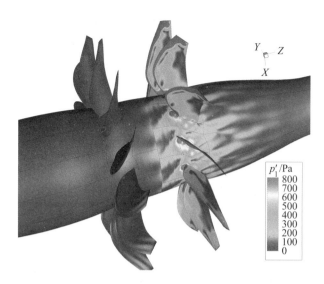

图 13.24 叶片表面非定常压力场数值模拟示例（Envia，2012）

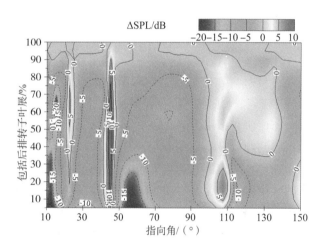

图 13.25 后排叶片剪切对交互噪声 BPF1＋BPF2 的影响（Van Zante 和 Envia，2014）

对此纯音噪声有影响。该图展示了在任意指向角方向上纯音噪声声压级随着后排叶展剪切的变化，即 ΔSPL。对于交互纯音噪声，后排叶片剪切并不一定能降低其噪声水平。实际上，由于沿叶展分布载荷噪声源中存在的复杂干扰模式，其反而可能增加。因此，像后排叶片剪切这类降噪策略对减少相互作用纯音噪声将不会有效，所以为进一步降低噪声，可能有必要采取其他减缓尾迹的措施（Van Zante 和 Envia，2014）。现在关于噪声产生机理的详细认知有可能促成噪声优化设计。

对于叶尖相对速度超音的螺旋桨，与叶片周围流场相关的四极子源对预测最高速叶尖噪声情况非常重要（Envia，1994）。当代螺旋桨设计在起飞、降落时叶尖相对速度亚音，因此尽管考虑到舱内噪

声时，四极子源影响可能很重要，但远离飞机时四极子源的影响并不显著。然而，在巡航条件下，即便是当前的设计，四极子源仍然可能是有影响的（Envia，2014）。

当前一代叶片已经从气动和声学性能优化能力中受益。在欧洲，广泛的建模研究在继续，对转系统降噪技术或其他措施研究也还在继续。

13.3　开式转子动力飞机的系统分析

相对于涡扇发动机，由于大直径以及螺旋桨平面处于均匀流动条件需求，开式转子发动机面临独特的系统整合困难。美国最近几个项目已经就所提飞行器构型的气动、声学和沿途噪声特性进行了研究。

波音在一项称为 OREIO（Open Rotor Engine Integration on a BWB）的研究中，对开式转子安装在翼身融合（BWB）飞行器上的推进与飞行结构集成挑战进行了研究（Pitera 等，2011）。如图 13.26 所示，OREIO 概念使用机身提供区域噪声屏蔽。该研究指出了开式转子发动机安装时会遇到的一些问题。最初发动机靠后安装，以将螺旋桨置于靠近尾部的较低马赫数流动中。这减少了来自机身的噪声屏蔽。为此，发动机前移以重新获得噪声屏蔽，但这使得螺旋桨进入了高马赫流动中。当螺旋桨推力在 BWB 上表面引起气流分离时也造成了空气动力学问题。OREIO 研究没有获得最佳构型布局，所以要掌握 BWB 机身上的发动机安装需要更多的研究。

图 13.26　安装开式转子发动机的翼身融合飞机概念（OREIO）（NASA CR-2011-217303）（经 NASA 许可复制）

NASA 在自己定义的相同平台上对有涵道系统和无涵道系统进行了比较（Hendricks 等，2013）。螺旋桨平面上的流场均匀性将影响螺旋桨的效率和噪声产生。噪声测量结果表明，迎角对螺

旋桨噪声有很大影响，而不像涵道风扇那样，在到达风扇前，进气道减小了迎角到达风扇的影响。安装到机翼构型中时，由于机翼上洗流，除非在飞机上增加了诸如倾斜发动机短舱等附加系统，否则螺旋桨将总是暴露在大迎角下。

为了减小迎角影响，NASA 进行了载客 162 名、航程 3 250 n mile 的一个后置发动机飞机的概念设计。该机布局是基于现代化的 MD-90-30 飞机，增加了开式转子的重量以考虑额外的噪声屏蔽和液压系统。这一飞机概念如图 13.27 所示。

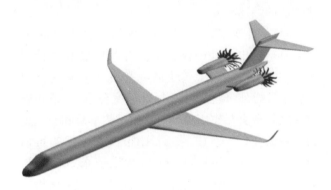

图 13.27　NASA 的后置发动机概念设计（Hendricks 等，2013）

螺旋桨性能模型使用了 Gen2 叶片组的气动和声学数据。对先进技术——高涵道比涡扇发动机也基于同一机身上进行了分析。两种布局飞机"飞"过对认证点地面产生可观测噪声，任务剖面总燃油消耗也作为约束。与 1998 年技术基线比较的结果如图 13.28 所示。正如预期，涵道系统比开式转子系统具有声学优势。然而，开式转子系统能够在满足当前噪声认证标准下节省大约 10% 的燃料。根据评估中使用数据的可靠性，对气动和声学性能进行技术评估，确认其技术成熟度为 4 级（TRL-4）。

国际民航组织（ICAO）独立专家小组 2（IEP2）把 NASA 系统研究结果作为他们对中远期可能进入市场的新型飞机和发动机概念进行分析的一部分（CAEP，2013）。美国、欧洲提出的基于开式转子的飞机系统都被放在长期时间轴上。除噪声和燃料消耗预测外，在 35 000 ft 高度巡航的沿途噪声也明显比 20 世纪 80 年代飞行测试的 UDF 发动机小。与欧洲背景噪声测量值相比（图 13.29）：开式转子式飞机的飞过噪声水平将接近涡扇发动机动力飞机噪声水平的上限。

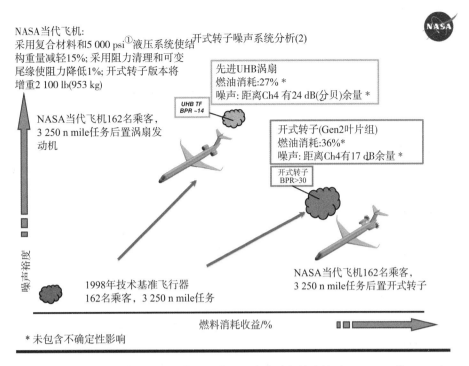

图 13.28　相同飞机平台上开式转子和先进涡扇发动机的比较（Hendricks 等，2013）

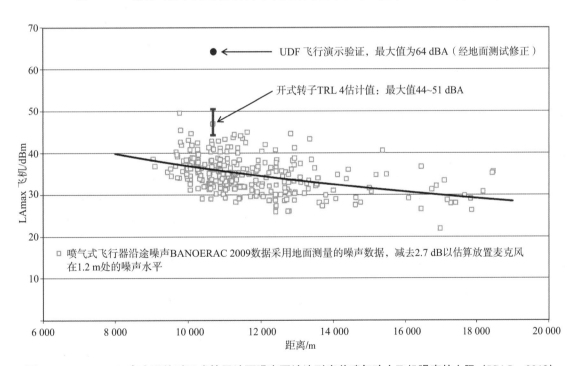

图 13.29　35 000 ft 高度巡航时开式转子地面噪声预计达到当前喷气动力飞机噪声的上限（ICAO，2013）

13.4　前　　景

美国最近开式转子研究已经使叶片设计达到较高的净效率（在 0.78 Ma 时大约 86%）和较低的噪声（>15EPNdB，当分析 NASA 派生型号飞机/任务时，累积裕度达第 3 级）。当考虑利用机身屏蔽的非常规结构时，可能会有更大的噪声裕度。应用开式转子发动机的主要技术挑战是机身集成和发动机认证。需要更高成熟度的飞行测试来迎接这些技术挑战。

致谢

感谢 NASA 环境友好航空项目经理 Fay

---

① 1 psi＝6.895 kPa。

117

Collier 对撰写本章的支持，NASA Langley 研究中心 Russell Thomas 博士对开式转子安装部分的支持！

术语

A	前排转子环形域面积
AoA	迎角
ATP	先进涡桨发动机项目
B_1，B_2	前、后转子叶片数
BPF	叶片通过频率
CAEP	航空环境保护委员会
CR	对转
D	前排转子直径
EASA	欧洲航空安全局
FAA	联邦航空局
ICAO	国际民航组织
J	前排转子进距比，$V_0/(ND)$
kA	R_2 的第 k 个转子通过频率
N	角速度，转速 s^{-1}
NACA	国家航空咨询委员会
NASA	美国航空宇航局
nF	R_1 的第 n 个叶片通过频率
P_{shaft}	两个组合转子的轴功率
PQA	动力系数，$P_{\text{shaft}}/(\rho_0 N^3 D^3 A)$
ρ_0	自由流空气密度
R_1，R_2	前、后转子
SPL	声压级，dB
SR	单向旋转
UTRC	联合技术研究中心
V_0	飞机或风洞的自由流速度
Ω_1，Ω_2	前、后转子转速
1，2	前、后转子

参考文献

Bahr, C. J., Thomas, R. H., Lopes, L. V., Burley, C. L., and Van Zante, D. E. (2014) Open rotor tone shielding methods for system noise assessments using multiple databases. *Sci Tech* 2014, AIAA-2014-0367, January 2014.

Boldman, D. R., Iek, C., Hwang, D. P., Jeracki, R. J., Larkin, M., and Sorin, G. (1991) Evaluation of panel code predictions with experimental results of inlet performance for a 17-inch ducted prop/fan simulator operating at Mach 0.2. *27th Joint Propulsion Conference*, Sacremento, CA, AIAA-91-3354, June 24-27, 1991.

Bowles, Mark D. (2010) *The "Apollo" of Aeronautics*, *NASA's Aircraft Energy Efficiency Program*, NASA SP-2009-574.

Czech, M. and Thomas, R (2013). Open rotor aeroacoustic installation effects for conventional and unconventional airframes. *19th AIAA/CEAS Aeroacoustics Conference*, AIAA-2013-2185.

Delaney, B. R., Balan, C., West, H., Humenik, F. M. and Craig, G. (1986) A model propulsion simulator for evaluating counter rotating blade characteristics. *Aerospace Technology Conference and Exhibition*, Long Beach, CA, SAE 861715, October 13-16, 1986.

Dittmar, J. H., Stefko, G. L., and Jeracki, R. J. (1982) *Noise of the 10-Bladed 40° Swept SR-6 Propeller in a Wind Tunnel*, NASA TM-82950.

Envia, E. (1994) Asymptotic theory of supersonic propeller noise. *AIAA J.*, 32 (2), 239－246.

Envia, E. (2012) Open rotor aeroacoustic modeling. *Conference on Modeling Fluid Flow*, Budapest, Hungary, NASA TM-2012-217740, September 4-7, 2012.

Envia, E. (2014) Contra-rotating open rotor tone noise prediction. *20th AIAA/CAES Aeroacoustics*, Atlanta, GA, AIAA 2014-2606, 2014.

Gazzaniga, J. A. and Rose, G. E. (1992) Wind tunnel performance results of swirl recovery vanes as tested with an advanced high speed propeller. *28th Joint Propulsion Conference*, AIAA-92-3770.

Groeneweg, J. F. (1990) *Aeroacoustics of Advanced Propellers*, NASA TM-103137, 1990.

Groeneweg, J. F. and Bober, L. J. (1988) *NASA Advanced Propeller Research*, NASA TM-101361.

Hager, R. and Vrabel, D. (1988) *Advanced Turboprop Project*, NASA-SP-495, 1988.

Harris, R. W. and Cuthbertson, R. D. (1987) UDFTM/727 flight test program, *AIAA/SAE/ASME/ASEE 23rd Joint Propulsion Conference*, San Diego, CA, AIAA-87-1733, June 29-July 2, 1987.

Hendricks, E. S., Berton, J. J., Haller, W. J., Tong, M. T., and Guynn, M. D. (2013) Updated assessments of an open rotor airplane using advanced blade designs. *Joint Propulsion Conference*, San Jose, CA, AIAA 2013-3628.

Hoff, G. E. (1990) *Experimental Performance and Acoustic Investigation of Modern, Counterrotating Blade Concepts*, NASA CR-185158, January 1990.

CAEP (ICAO) (2013) Noise technology independent expert panel (IEP2), *ICAO CAEP/9-WP16*, Final Report, 2013.

Jeracki, R. J., Mikkelson, D. C., and Blaha, B. J. (1979) *Wind Tunnel Performance of Four Energy Efficient Propellers Designed for Mach 0.8 Cruise*, NASA TM-79124.

Khalid, S., Arif, W., John P., Breeze-Stringfellow, A., Lurie, D. P., Wood, T. H., Ramakrishnan, K., and Paliath, U. (2013) Open rotor designs for low noise and high efficiency. *ASME Turbo Expo, San Antonio, TX*, ASME GT2013-94736, June 2013.

Majjigi, M. and Wojno, J. (2011) Previous open rotor noise experience at GE. Presented at the *X-Noise Open Rotor Technology Seminar, Lausanne, Switzerland*, March 18, 2011.

Peters, A. and Spakovszky, Z. S. (2010) Rotor interaction noise in counter-rotating prop fan propulsion systems. GT2010, *ASME Turbo Expo* 2010, *Glasgow, UK*, June 14-18, 2010.

Pitera, D. M., De Haan, M., Brown, D., Kawai, R. T., Hollowell, S., Camacho, P. Bruns, D. and Rawden, B. K. (2011) *Blended Wing Body Concept Development with Open Rotor Engine Integration*. NASA CR-2011-217303, November, 2011.

Stefko, G. L. and Jeracki, R. J. (1988) Porous wind tunnel corrections for counterrotation propeller testing. 15*th Aerodynamic Testing Conference, San Diego, CA*, AIAA-88-2055, May 1988.

Thomas, R. H., Burley, C. L., Lopes, L. V., Bahr, C. J., Gern, F. H., and Van Zante, D. E. (2014) System noise assessment and the potential for low noise hybrid wing body aircraft with open rotor propulsion. *SciTech* 2014, AIAA-2014-0258, January 2014.

Van Zante, D. E. (2013) The NASA environmentally responsible aviation project/general electric open rotor test campaign. 51*st AIAA Aerospace Sciences Meeting, Grapevine, TX*, AIAA-2013-415, January 2013.

Van Zante, D. E., Collier, F., Orton, A., Khalid, S. Arif, Wojno, J. P., and Wood, T. H. (2014) Progress in open rotor propulsors: the FAA/GE/NASA open rotor test campaign. *Aeronaut. J.*, 1181208.

Van Zante, D. E., and Envia, E. (2014) Prediction of the aero-acoustic performance of open rotors. *Turbo Expo* 2014, *Dus-seldorf, Germany*, ASME GT2014-26413, June 16-20.

Van Zante, D. E. and Wernet, M. P. (2012) Tip vortex and wake characteristics of a counterrotating open rotor. AIAA-2012-4039, 48*th AIAA/ASME/SAE/ASEE Joint Propulsion Conference*, Atlanta, GA, 29 July-August 1, 2012.

Woodward, R. P. (1987) Measured noise of a scale model high speed propeller at simulated takeoff/approach conditions. 25*th Aerospace Sciences Meeting, Reno, NV*, AIAA-87-0526.

Woodward, R. P., Hall, D. G., Podboy, G. G., and Jeracki, R. J. (1993) Takeoff/approach noise for a model counterrotation propeller with a forward-swept upstream rotor. 31*st Aerospace Sciences Meeting and Exhibit, Reno, NV*, AIAA-93-0596, January 11-14, 1993.

本章译者：季路成
（北京理工大学宇航学院）

第4部分

替代推进

第 14 章

太阳能飞机的能源优化

Ramesh K. Agarwal

华盛顿大学机械工程与材料科学学院，圣路易，密苏里州，美国

14.1 引　言

近年来，为了减少温室气体（GHG）的排放，除了用于飞机推进燃料之外，人们对于可替代能源的探索产生了极大的兴趣。对于商用运输和军用飞机来说，人们较多地强调了"生物能源"这一概念，"生物能源"类似于"即用性"燃料工作，但可以产生更少的 CO_2 和 NO_x，因此更加环保清洁。然而，对于小型无人机和低速私人飞机来说，已经有很多建造全电动或者太阳能飞机的尝试，其机翼可以用光伏面板覆盖以利用太阳能来推进。然而，以可用形式有效地收集太阳能非常具有挑战性。在当前的技术条件下，许多能量的损失都与将太阳能转换成热能或电能有关。此外，太阳能的辐射是间歇的，它随一天中的时间、位置、季节和其他的天气相关的变量变化而变化。

主要有两种以可用形式收集太阳能的方法：将光子的能量转换成电流的光伏（PV）面板和通过加热流体以热能形式收集太阳辐射能的热收集器。后一种方法通常用于工业和家用中，并且当用于大型系统（例如，发电厂）中时通常具有较好的效率和较低的每千瓦时的成本。然而，第一种方法是更通用的，因为它利用光电效应转移光子能来移动 PV 电池中的电子产生电流，直接将电磁辐射能（光子能）转换成电能。PV 板在质量上更轻，因此对于卫星、UAV（无人机）和小型飞机等的推进会得益于更轻的质量的应用更有吸引力。

虽然理论上 PV 电池可达到的量子热动力效率是相当高的（约90%）（Henry，1980），但是由于使用硅基树脂材料制造相关的原因和电池堆叠等，商业 PV 电池板的效率通常在 $10\%\sim30\%$。此外，因为太阳辐射非常依赖于一天的时间、天气和位置，所以它会变得更低效、间歇，并且更不可靠。然而，在诸如 UAV 和小型飞机的高空应用中，这其中的一些问题可以更好地得到解决（Gao 等，2013）。随着 UAV 的发展以及人们对"绿色航空"越来越多的兴趣，在小型飞机中使用光伏太阳能电池板的频率在过去 20 年中增长很多。在 UAV 或低速个人运输小型飞机中，飞机的机翼可以铺设光伏面板。

太阳能飞机的应用包括无人驾驶飞机、监视和通信飞行器以及可能的小型个人运输民用飞机。Landis，La Marre 和 Colozza（2002）研究了使用太阳能飞机用于火星和金星的行星探测的可能性，此类设备需要低重量和高续航能力。太阳能飞机还具有很高的飞行自主性的优点。最成功的太阳能飞机之一是"太阳脉冲"。诸如"太阳脉冲"的太阳能飞机项目已经构建了太阳能驱动的飞机 Si-1 和 Si-2。Si-2 计划 2015 年 3 月从阿布扎比环绕世界飞行，去往世界各地 11 个国家和地区，再回到阿布扎比，覆盖阿拉伯海、印度、缅甸、中国、太平洋、美国、大西洋和南欧或南非共计 35 000 km。此次世界环游需要耗费大约 25 天的时间，要在 4 个月内飞行约 500 h。Solar Impulse（Solvay 的一部分）的创始人 Piccard 和 Borschberg 将轮流作为飞行员驾驶飞机。Si-1 和 Si-2 的规格将在后面的"历史概述"一章中给出。

由于太阳能飞机是环保的，需要借助太阳的"自由能量"推进，因此太阳能飞机这个创意是非

常令人兴奋的。此外，认为飞机可以无限期地停留在天空中的想法仍然太新，所以在可预见的未来我们也无法知晓它全部的潜力。有一天，自主太阳能载具有望作为亚轨道通信卫星在大气中一次运行数月，或者该技术可以为其他未知领域的某些用途打开大门。

在 Rizzo 和 Frediani（2008）中给出了太阳能飞机建模所涉及的物理原理的相关概述。对密切跟踪太阳能飞机的功率优化问题已经在 Spangelo 和 Gilbert（2013）中被讨论过。在 Gur 和 Rosen（2009）中讨论了用于无人机的电推进系统的优化，其中给出了用于阻力和升力系数以及电池性能与结构分析的简单模型。Traub（2011）、Avanzini 和 Giulietti（2013）讨论了这种飞机的航程与耐久性估计。关于太阳能的几本书如 Duffie 和 Beckman（2006）提出了一个用于计算固定收集器中太阳能输入的模型。关于太阳跟踪和高空太阳辐射的更深入的讨论可以在 Iqbal（1984）中找到。然而，在这些论文或书籍中，都没有考虑太阳能飞机机翼形状的优化。此外，无论是数值的还是解析的，目前都不存在用于计算飞机机翼上的 PV 板的太阳能输入/输出的模型。最近，这些问题已在 Hobold 和 Agarwal（2014）中解决了。

在本章中，将介绍在机翼上覆盖太阳能电池的太阳能飞机的性能分析。考虑飞行的初始起点和最终目的地，并且假设飞机轨迹是连接两个地理位置（其是球体表面上的两个点之间的最小距离）的大圆弧，该路径是与飞机机翼的翼型截面一起离散并且入射太阳能的总量是确定的。对于一些假定的飞行条件我们做了翼型形状的优化。所提出的最终模型有足够的鲁棒性，可以计算一年中任一天任何小时的太阳辐射。然而，当翼片的任何一部分都没有被遮蔽时，可以使用更简单的方法来精确地计算在任意期间的太阳入射能量。

14.2 历史概述

太阳能飞行的历史可以追溯到 20 世纪 70 年代初美国和欧洲使用的模型飞机。在 Noth 和 Siegwart（2006），Leutenbergh、Jabas 和 Siegwart（2011）中对此进行了简要总结。1974 年 11 月 4 日，在加利福尼亚州欧文营地的干湖上太阳能飞机完成首飞；其中飞机"日出一号"是由 Astro 飞行公司的 R. J. Boucher（1984）根据 ARPA 的合同

设计的。飞机大约在 100 m 的高度飞行了 20 min。改进型的"日出二号"于 1975 年 9 月 12 日制成并完成测试；它拥有更高效率为 14% 的更新的光伏电池，功率为 600 kW。在欧洲，模型太阳能飞机的先驱是 Bruss 和 Militky。Bruss 的模型太阳能飞机 Solaris 在 50 m 高度上完成了共计 150 s 的三次飞行。自 70 年代初，许多模型飞机制造商试图使用太阳能，并试图将续航能力从几分钟增加到几个小时（Bruss，1991）。在当时，有人甚至试图建造一个载人的太阳能飞机。1980 年 5 月 18 日，由加利福尼亚州 Aerovironment 公司建造的"哥沙企鹅号"完成了世界上第一次载人操作的太阳能飞行。1981 年 7 月 7 日，由 Aerovironment 公司建造的"太阳挑战者号"成为第一架穿越英吉利海峡的太阳能飞机。

"太阳挑战者号"成功之后，美国政府开始对 Aerovironment 公司的高空长航时、太阳能电动飞行的可行性研究进行资助。1993 年，拥有 30 m 翼展和 254 kg 质量的"探路者号"在低空进行测试，并成为 1994 年美国航空航天局的环境研究飞机传感器技术（ERAST）计划的一部分。1994—2003 年，这个计划实现了一系列共三代太阳能飞机的制造："探路者号 Plus""百夫长号""太阳神号"。"太阳神号"旨在成为储存太阳能为夜间飞行供电的"永恒飞机"。2001 年，"太阳神号"在海拔 29 524 m（96 863 ft）高度上打破了一个非官方的世界纪录，但不幸的是，它被证明是不可持续的飞行；2003 年 6 月 26 日由于结构性故障，"太阳神号"在太平洋坠毁。然而，2005 年 4 月 22 日"太阳神号"的飞行证明了无人机（UAV）的永恒飞行的可行性。Apen Cocconi，AcPropulsion 的总裁和创始人，只使用太阳能驾驶他的 Solong 飞行了 24 h 11 min。在两个月后，2005 年 6 月 3 日，这架拥有 4.75 m 翼展、重 11.5 kg 的飞机证明了自己的飞行能力，此次飞行共持续了 48 h 16 min。

如前所述，通过"太阳脉冲"（2011）——瑞士和比利时的共同努力，长航时的持续载人飞行已经实现真正成功。"太阳脉冲 2 号"（Si-2）（2014）计划于 2015 年 3 月进行一项世界范围的飞行计划。为了简明起见，欧洲和日本建设太阳能飞机的许多其他努力在这里不再赘述；读者可参考 Noth 和 Siegwart（2006）。

"太阳脉冲"——Si-1（2011）是一种载人太阳能动力飞机，它为四个直径为 3.5 m 的双叶片螺

旋桨配备了四个 10 hp（或 7 kW）电动发动机，螺旋桨的转速为 450 r/min。此外，其翼展为 63.40 m，翼面积达 180 m²，水平尾翼面积为 20 m²；它重 1 600 kg，有效载荷约 100 kg。总重的 1 600 kg 中包括 700 kg 重量的结构和控制部分，还有 900 kg 用于推进系统（其中包括 400 kg 的电池）。它覆盖有单晶硅材质的 11 628 片太阳能电池板（其中有 10 748 片铺设在机翼，880 片铺设在水平尾翼）。它的平均巡航速度约为 70 kg/h。白天，当太阳能入射率高且电池充电时，"太阳脉冲号"通过将高度增加到约 8 500 m 来获得势能。在夜间，飞机通过降低高度来将其势能转换成动能。有关这架飞机的更多信息可以在 Solar Impulse（2011）的网页上找到。

太阳能脉冲——Si-2（2014）重 2 300 kg（包括 663 kg 锂离子电池），翼展为 72 m，翼面积为 576 m²。它为 4 个直径 4 m 的二叶螺旋桨配备了 4 个 17.4 hp（或 12.18 kW）电动发动机，其转速为 525 r/min。它有超过 17 000 片单晶硅太阳能电池覆盖机翼和平尾。对于太阳能电池，选择 SunPower 的 Maxeon 太阳能电池技术是因为其效率较高而且其太阳能电池的厚度约 135 μm；它增加了飞机的功率重量比。在这架飞机上使用了两种复合材料——碳纤维和蜂窝夹心（25 g/m²）。封装的太阳能电池的蒙皮覆盖上翼表面，而下翼表面被高强度柔性蒙皮覆盖。飞机借助于 140 片间隔 50 cm 碳纤维肋来保持其刚性，并为其机翼提供所需的空气动力横截面，这允许飞机在海平面的 36 km/h 和最大海拔的 140 km/h 之间飞行。为了优化能耗，飞机在白天上升到 8 500 m，在夜间下降到 1 500 m。驾驶舱有足够的空间提供氧气（六瓶）、食物和生存设备。降落伞和救生筏被包装在座椅的后面，它可以作为一个斜倚的卧铺和厕所。高密度、热隔离的驾驶舱保护驾驶员免受 −40～+40 ℃ 的极端温度。驾驶舱没有加压或加热以保持驾驶舱的重量和能量消耗较低。相反，飞行员将存储在客舱区域的氧气供应用于高空飞行，并且飞行员和电池通过 Bayer 新开发的隔热泡沫被保护免受零下的温度。

独自环球飞行的飞行员将坐在一个 3.8 m² 的驾驶舱内，这是使用计算机辅助的人体工程学模拟设计的，被描述为环游世界者的"商务舱座位"，

可以完成腰部按摩并能转换成一个铺位，以便飞行员可以在历时 5 天的海上飞行中休息。从使用氧气供应到进食甚至睡眠的一切都在地面上的飞行模拟器中进行测试，同时监测飞行员的生命体征。

有像"太阳脉冲"一样具有革命性的创意，通过与 80 个技术合作伙伴（太阳脉冲，2014）合作，多种新技术和结构模型被开发出来。例如，由 Bayer 材料科学开发的绝缘泡沫与电池一起使用，Solvay 发明的用于增加电池的能量密度的电解质，Decision 制造的最轻的碳纤维，这些都被使用。

"我们已经可以考虑在超轻材料和节能领域、组件效率、电动机更高的可靠性和性能、太阳能电池的效率和通过电池提高的能量密度的能量存储等方面的多项开发（灵感来自'太阳脉冲号'）"，Borschberg 说，他和 Piccard 一同为"太阳脉冲号"的两个主要建造师。"新的（绝热）泡沫具有非常细的孔隙、高刚性和结构强度，而同时还非常轻。"

正如在"导言"中说的，Si-2 计划于 2015 年 3 月环球飞行。

14.3　入射太阳辐射建模

为了计算入射在地球任何表面上的太阳能，需要跟踪太阳相对于地球表面上的给定位置的运动。

14.3.1　太阳能追踪

位于地球表面某一点的倾斜平面（图 14.1）是由水平测量的倾斜角 β，纬度角 ϕ（北半球 $\phi>0$），经度角 λ（东半球 $\lambda>0$）构成的。如图 14.2 所示，从切线方向测量到和经度有关的子午线的航向角 γ（$\gamma>0$，如果面向东）。如果 δ 是倾斜角，则入射角 θ 作为从倾斜平面的表面测量的入射辐射的角度由式（14-1）给出。

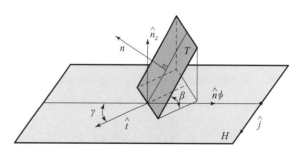

图 14.1　倾斜飞机的插图（Colle，2013）

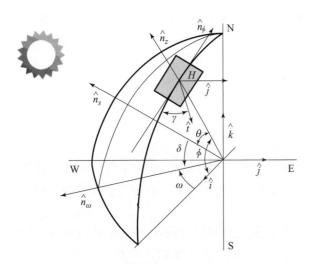

图 14.2 基本角度的例证 (Colle, 2013)

$$\cos\theta=(\sin\phi\cos\beta-\cos\phi\sin\beta\cos\gamma)\sin\delta+(\cos\phi\cos\beta+$$
$$\sin\phi\sin\beta\cos\gamma)\cos\delta\cos\omega+\cos\delta\sin\beta\sin\gamma\sin\omega$$

$$(14-1)$$

在式（14-1）中，ω 是小时角，其在中午为零，其随时间变化的关系由式（14-2）表示。

$$\omega=\dot{\omega}T \qquad (14-2)$$

其中，$\dot{\omega}$ 是角速度（地球是每小时15°）；T 是从中午开始测量的时间。也就是说，$T=0$ 为中午，$T=5$ h 为下午 5 点，$T=-3$ h 为上午 9 点，以此类推。

式（14-1）的完整推导可以在 Iqbal（1984）中找到。地球的倾角 δ 随时间变化，并以弧度表示为式（14-3）（Cooper，1969）。

$$\delta=0.006\,918-0.399\,912\cos\Gamma+0.070\,257\sin\Gamma-$$
$$0.006\,758\cos2\Gamma+0.000\,907\sin2\Gamma-$$
$$0.002\,697\cos3\Gamma+0.001\,48\sin3\Gamma \qquad (14-3)$$

其中，$\Gamma=2\pi(n-1)/365$，且 n 为当日在全年中的天数。

因为太阳能飞机的飞行不太可能持续许多天，通常 δ 被认为是一个常数。在该模型中，不考虑起飞和着陆，并且飞行期间的高度变化被认为是可忽略的，β 也保持不变。其他参数都随时间而变化。如果飞机正在朝向纬度 $\lambda(t)$ 移动，则它正朝另一时区移动，因此小时角 ω 将变成式（14-4）。

$$\omega(t)=[\omega_{\mathrm{h}}-\lambda(0)]+\lambda(t)$$
$$\omega_{\mathrm{h}}(t)=\omega(0)+\dot{\omega}_{\mathrm{h}}t \qquad (14-4)$$

14.3.2 飞机飞行路径方程

如前所述，飞机的路径由初始位置坐标 (ϕ_1, λ_1) 到最终目的地的坐标 (ϕ_2, λ_2) 来确定；

飞机将按照可能的最小距离进行飞行；因此，路径是测地方程，并且是地球表面（球体）的大圆。大圆是由球体的中心和初始坐标 (ϕ_1, λ_1)、目标地坐标 (ϕ_2, λ_2) 确定的平面中的点的几何位置，其位于离球体中心的距离 R 处。赤道和子午线是大圆的典型示例，如图 14.2 和图 14.3 所示。半正割方程用于计算沿着大圆连接初始坐标和最终坐标的角度 $\Delta\hat{\sigma}$。它由式（14-5）给出。

$$\Delta\hat{\sigma}=2\arcsin$$

$$\left[\sqrt{\sin^2\left(\frac{\phi_{i+1}-\phi_i}{2}\right)+\cos\phi_i\cos\phi_{i+1}\sin^2\left(\frac{\lambda_{i+1}-\lambda_i}{2}\right)}\right]$$

$$(14-5)$$

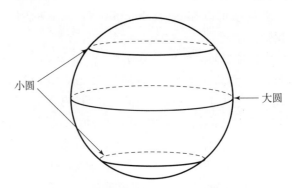

图 14.3 大圆的示意 (Weisstein, 2013)

这样，这两点之间的物理距离可以表示为 $D=r\Delta\hat{\sigma}$，其中，r 是球体的半径。

路径的离散化现在就可以建立了。太阳跟踪的方程被假定为对于 1 h 的时间步长是精确的，因此路径被这样离散化，使得每个长度步长由 1 h 飞行的最大值组成。假设飞机具有合成速度 V，其完全独立于任何其他变量。然后，飞机从一个点到另一个点（距离共计 D）行进的总时间由式（14-6）给出。

$$\text{Total time}=\frac{D}{V} \qquad (14-6)$$

现在，将总时间转换为小时，并且时间步长最大为 1 h，则应至少有 m 个步长，其中

$$m=\text{ceil(Total time)} \qquad (14-7)$$

函数 $\text{ceil}(x)$ 将 x 向上取整作为下一个整数值。

将另一组变量 $f_1, f_2, f_3, \cdots, f_m, f_{m+1}\in[0,1]$ 等间距地进行定义：

$$f_i=\frac{i-1}{m} \qquad (14-8)$$

这些值表示飞机已经行进的路径距离的百分比。所以，在第 i 步行进的距离实际上是 $d_i=D\times f_i$。现在可以用测地线方程来计算每一步行进的距

离。定义：

$$A_i = \frac{\sin\left[(1-f_i)\Delta\hat{\sigma}\right]}{\sin(\Delta\hat{\sigma})}$$

$$B_i = \frac{\sin(f_i\Delta\hat{\sigma})}{\sin(\Delta\hat{\sigma})} \quad (14-9)$$

并且应用如下变换将坐标变换为笛卡儿坐标系以获得集合(x_i, y_i, z_i)：

$$x_i = A_i\cos\phi_1\cos\lambda_1 + B_i\cos\phi_2\cos\lambda_2$$

$$y_i = A_i\cos\phi_1\sin\lambda_1 + B_i\cos\phi_2\sin\lambda_2$$

$$z_i = A_i\sin\phi_1 + B_i\sin\phi_2$$

$$(14-10)$$

然后将其变换为极坐标系以获得i的经度和纬度：

$$\phi_i = \text{atan2}\left(z_i, \sqrt{x_i^2 + y_i^2}\right)$$

$$\lambda_i = \text{atan2}(y_i, x_i) \quad (14-11)$$

注意，根据用于函数atan(·)的求解器，可能为了适应东半球$\lambda > 0$和北半球$\phi > 0$的定义，需要作出一些修正，如加或减$\pi/2$的倍数。图14.4所示为两个典型的开始和结束位置的笛卡儿坐标中的测地曲线。

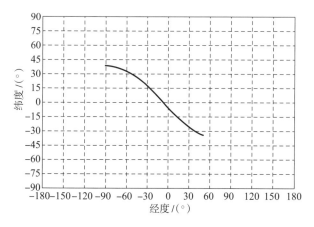

图14.4 从美国密苏里州圣路易斯到印度洋中部的笛卡儿坐标中的测地曲线

现在需要获得航向角γ_i。为此，假定所采取的步长与球体（地球）的半径相比足够小，可以使用笛卡儿坐标。因此，获得的航向角为

$$\gamma_i = \arctan\left(\frac{\phi_{i+1} - \phi_i}{\lambda_{i+1} - \lambda_i}\right) \quad (14-12)$$

在使用式（14-12）中的函数arctan(·)时必须再次注意，以便确定γ的范围，使得东向上$\gamma > 0$。

应当注意，地球的半径或高度对路径方程绝对没有影响，因为使用了单一球体导出方程。

这种简化是在不损失一般性的情况下进行的，因为仅仅与角坐标有关。飞行器的实际高度与式（14-6）中的距离D相关。飞行器的高度可以

影响由机翼实际收集的能量。这完成了通过大圆从一个坐标移动到另一个坐标的倾斜平面的数学描述。下一节专门分析铺设PV太阳能电池板的机翼。

14.3.3 覆盖有PV板的机翼的分析

由于太阳辐射不照射飞机的底侧，人们只需关注在机翼的上表面上的太阳辐射入射。在下面的分析中，还假定翼型足够凸出，即保证不产生翼型中间的阴影。如果发生阴影，它必须包括后缘或前缘。在完全没有翼型阴影的情况下，可以容易地证明机翼是独立于其形状的。因此，本节专用于分析有阴影的翼型。

1. 机翼数据拟合

本章中使用的翼型数据来自伊利诺伊大学厄巴纳-香槟分校的网站，该分校的应用空气动力学组对许多低速机翼进行了测试和测量（UIUC APA-LSAT, 2013）。由于这些数据由坐标点(ξ_i, υ_i)给出，为了达到本章中说明的目的，我们最好使用连续而不是离散的机翼。使用闭合形式的半多项式[式（14-13）]来表示翼型，其中，$\upsilon = \frac{y}{c}$，$\xi = \frac{x}{c}$：

$$\upsilon(\xi, a) = \frac{y}{c} = a_1\left[a_2\sqrt{\frac{x}{c}} + a_3\frac{x}{c} + a_4\left(\frac{x}{c}\right)^2 + a_5\left(\frac{x}{c}\right)^3 + \cdots + a_{10}\left(\frac{x}{c}\right)^8\right] \quad (14-13)$$

其中，参数$a = \{a_1, a_2, \cdots, a_{10}\}$是拟合到真实翼型的经验数据的变量。最小二乘法可用于此目的。最小二乘法是一种最小化目标函数的简单优化算法：

$$S(a) = \sum_{i=1}^{n}\left[\upsilon(\xi_i, a) - \upsilon_i\right]^2 \quad (14-14)$$

最小化问题可以以各种方式来解决。通常通过设置$\nabla S(a) = 0$并使用迭代多维牛顿-拉夫逊（Newton-Raphson）方法求解非线性方程的结果系统，即$\Delta a = a^{k+1} - a^k = -\boldsymbol{J}(a^k)^{-1}\nabla S(a^k)$，其中，$\boldsymbol{J}$是$\nabla S(a^k)$的雅可比矩阵。所以，$\boldsymbol{J} = \boldsymbol{H}$，其中$\boldsymbol{H}$是海森运算符。那么迭代方程就会变成：

$$\Delta a = a^{k+1} - a^k = -\boldsymbol{H}\left[S(a^k)\right]^{-1}\nabla S(a^k)$$

$$(14-15)$$

这样就解决了$a = \{a_1, a_2, \cdots, a_{10}\}$的问题。

图14.5示出了ESA翼型对式（14-13）的数据拟合。该式非常接近测量点，并且误差显著小于

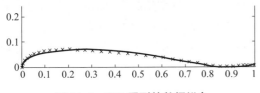

图 14.5　ESA 翼型的数据拟合

（UIUC LSATs 网站，2013）

在制造的翼型中可能发生的误差。

2. 离散化

一旦分析方程 $v=(\xi, a)$ 对于所考虑的翼型已经确定，就可以利用闭合形式的连续方程进行进一步运算。现在我们可以使用下面的等式来找到 β，其中 α 是飞机飞行的迎角：

$$\beta=\arctan\left(\frac{\mathrm{d}v}{\mathrm{d}\xi}\right)-\alpha \qquad (14-16)$$

一旦完全离散翼型，我们将再次用到该方程。在文献中已经讨论了许多翼型离散的方法。最简单的方法是将 ξ 轴划分为相等的段。然而，这种方法不能为翼型提供非常好的结果，除非离散化相对密集。为了克服这个问题，我们定义一个变量 ζ，使 $\zeta\in[0, \pi]$，并在其域上以 n 个相等的分段划分，以形成向量 $\zeta=\{\zeta_1, \zeta_2, \cdots, \zeta_n, \zeta_{n+1}\}$，使得对于第 i 个分量，我们有

$$\zeta_{i+1}-\zeta_i=\frac{\pi}{n} \qquad (14-17)$$

给定向量 ζ，我们找到离散化向量 ξ：

$$\xi=1-\frac{1}{2}(\cos\zeta-1) \qquad (14-18)$$

然后从 $v=v(\xi)$ 中计算相应的向量 v。现在我们用式（14-19）计算离散的角 β：

$$\beta_i=\arctan\left(\frac{v_{i+1}-v_i}{\xi_{i+1}-\xi_i}\right)-\alpha \qquad (14-19)$$

与向量 ξ 和 v 不同，向量 β 具有 n 项而不是 $n+1$ 项。这种差异是由于实际上存在 n 个板或面板 ξ 和 v 被计数为端点，而不是面板。给定月份第 i 天的 n 的值在表 14.1 中给出（Rizzo 和 Frediani，2008）。应该注意，表 14.1 不考虑闰年。图 14.6

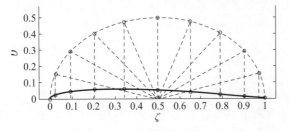

图 14.6　机翼的离散化

示出了翼型的离散化。

表 14.1　n 的值

月份	n 是该月的第 i 天
一月	i
二月	$31+i$
三月	$59+i$
四月	$90+i$
五月	$120+i$
六月	$151+i$
七月	$181+i$
八月	$212+i$
九月	$243+i$
十月	$273+i$
十一月	$304+i$
十二月	$334+i$

14.3.4　能量估计

现在我们已经完全离散了路径和翼型形状，我们回到式（14-1），现在将它应用于在路径中每个长度步长的翼型的每个面板。我们有

$$\cos\theta_{ij}=(\sin\phi_i\cos\beta_j-\cos\phi_i\sin\beta_j\cos\gamma_i)\sin\delta+$$
$$(\cos\phi_i\cos\beta_j+\sin\phi_i\sin\beta_j\cos\gamma_i)\cos\delta\cos\omega_i+$$
$$\cos\delta\sin\beta_j\sin\gamma_i\sin\omega_i \qquad (14-20)$$

式中，下标 i 与路径离散化有关，下标 j 与翼型离散化有关。

假设路径是连续曲线 Ω，翼型是连续曲线 S，并且入射太阳辐射是 G，则在飞行期间收集的总能量

$$E=\int_\Omega G\left(\int_S \cos\theta\mathrm{d}S\right)\mathrm{d}\Omega \qquad (14-21)$$

必须清楚的是，G 以每单位面积的功率为单位，E 以每长度的能量为单位。这是因为曲线 Ω 以每个角度的时间给出，曲线 S 以长度给出。那么，能量 E 就是在翼型的每单位长度提供的路径期间入射在翼型上的总能量。能量 E 不是收集的能量，因为它将取决于太阳能电池和系统效率，它只是飞行期间在翼型上入射的总能量。

由于域 S 和 Ω 都被离散化，因此式（14-21）中的积分成为和，因此：

$$E=\sum_{i=1}^m G_i\left[\sum_{j=1}^n \cos\theta_{ij}\boldsymbol{s}_j\right]\Delta t_i \qquad (14-22)$$

式中，矢量 $\boldsymbol{s}$ 是翼型上每个面板的长度，并且可以用下面的关系式确定：

$$s_i = \sqrt{\xi_i^2 + v_i^2} \qquad (14-23)$$

如果我们考虑到飞机将在非常高的高度上（高达 10 km）运转，则入射辐射将几乎与地理位置无关，因为天气的影响非常小。然而，这里给出的方法在包括天气模型的情况下也是通用的（因此 G 随位置而变化）。为了简单起见，我们认为 G 为恒定值。因此，G 可以从式（14-22）中的求和中获得，因此我们定义比能 e 为

$$e \stackrel{\text{def}}{=\!=} \frac{E}{G\Delta t} = \sum_{i=1}^{m}\sum_{j=1}^{n}\cos\theta_{ij}s_j \qquad (14-24)$$

这是最终的期望结果。如果天气数据可用，则式（14-22）可用于评估（求）能量输入。另外，即使不考虑天气的影响，式（14-24）也是在非常高的高度处的良好近似。

在这种情况下，我们将路径求值中的时间间隔设为常数，因此，我们可以将式（14-24）中的下标 i 用 Δt 代替。Iqbal（1984）指出，地球外太阳辐射可用式（14-25）计算：

$$G = G_{\text{sc}}\left(\frac{r}{r_0}\right)^2 \qquad (14-25)$$

式中，G_{sc} 是太阳常数，其已经被实验测量为 1 364 $\text{W}\cdot\text{m}^{-2}$。地球的偏心系数 $\left(\frac{r}{r_0}\right)^2$ 由式（14-26）（Spencer，1971）给出。

$$\left(\frac{r}{r_0}\right)^2 = 1.000\,110 + 0.034\,221\cos\varGamma +$$
$$0.001\,280\sin\varGamma + 0.000\,719\cos2\varGamma +$$
$$0.000\,077\sin\varGamma \qquad (14-26)$$

14.3.5　确定入射太阳能方法的总结

在前面的章节中，已经给出了用于计算入射在太阳能飞机的翼型上的太阳辐射的量的模型。本节描述了计算总能量的直接方法。

（1）选择翼型数据。

（2）将多项式曲线拟合到翼型数据。

（3）离散翼型。

（4）选择迎角。

（5）确定 $\boldsymbol{\beta}$。

（6）选择开始和结束路径坐标以及开始时间（一年中的日期以及一天中的时间）。

（7）查找起点和终点之间的物理距离。

（8）给定速度，找到所需的长度步长数 m，使时间步长从不大于 1 h。

（9）计算长度步长和分数 f。

（10）使用测地线方程式（14-9）～式（14-11），计算路径的中间坐标。

（11）计算飞机的航向角 γ。

（12）返回到初始位置，计算翼型的每个面板 $\cos\theta_{ij}$。

（13）移动到下一个长度步长并计算所有面板的 $\cos\theta_{i+1,j}$。

（14）继续直到飞机到达最终目的地。

（15）计算由式（14-24）给出的比能。

（16）如果提供了轨道的天气数据，则根据天气数据计算能量输入。如果没有，地球外辐射入射可以提供有价值的第一近似。

14.4　使入射太阳辐射最大化的翼型优化

我们希望得到 PV 太阳能电池覆盖的翼型形状使其可以最大化入射太阳能的利用率。翼型的形状优化相对于其他方法如伴随方法（Giannakoglou 和 Papadimitriou，2008），可以借助于遗传算法（Goldberg，1989）等轻松地实现。

遗传算法是一类由生物进化而来的启发式搜索和优化算法。一般来说，GA 由一群个体组成，它们在其间复制并演化，直到达到所需的代。再生通常包括将二进制串或染色体从一个个体转移到另一个个体，尽管一些替代算法使用实数作为染色体。本应用中使用的遗传算法包括多个群体。每个群体由它们自己的个体组成，它们最终迁移到另一个群体，以便将信息从一个个体集合转移到另一个群体，并且因此更快地收敛到最优值。

遗传算法（GA）以前已经用于形状优化的翼型（Chen 和 Agarwal，2014）。为了完整起见，下面简要描述单目标和多目标遗传算法。

1. 单目标遗传算法

单目标遗传算法用于太阳能翼型的能量优化，包括以下步骤。

（1）初始化。随机创建 N 个单独的翼型。

（2）评价。评估每个单独翼型的适合度。

（3）自然选择。删除个人的子集。通常具有最低适应度的个体被移除；但有时也会去除那些具有类似适应度的个体。

（4）繁殖。选择一对个体以产生后代。这通常通过轮盘抽样来完成；即选择用于再现的一些个体

h_i 的概率，由式（14-27）给出。

$$P[h_i] = \frac{\text{fitness}(h_i)}{\sum_j \text{fitness}(h_j)} \quad (14-27)$$

然后执行交叉函数以产生后代。通常，通过在每个个体上选择交叉点并在该点交换等位基因或载体元件来实施交换，如图 14.7 所示。

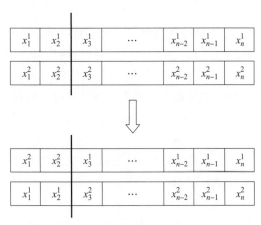

图 14.7　遗传算法中的交叉函数

（5）突变。通过改变二进制字符串的位（从 0 到 1 变化，反之亦然）来随机改变总体的一小部分。这个小百分比是指定的，通常在 0.5% 左右。

（6）迁移。来自一个群体的一部分个体迁移到另一个群体。这个步骤通常不会发生在每一代，而是在世代的间隔。

（7）检查收敛。如果解已收敛，则返回观察到的最佳个体。如果解还没有收敛，则将新一代标记为当前世代并且转到步骤（2）收敛，通常由一定数量的代或者类似的阈值来定义，但是也可以包括对适应度函数从一代到另一代的平均变化的评估。如果这种变化发生在特定公差以下，则认为遗传算法已经收敛。

在典型的翼型形状优化中，使用的值的范围在表 14.2 中列出。

表 14.2　典型的遗传算法参数

代数	$100 \sim 200$
人口数	$1 \sim 5$
个体	$20 \sim 50$
迁移率	0.2
迁移间隔	20
交叉分数	0.8
下限	$a_i - \lvert ta_i \rvert$
上限	$a_i + \lvert ta_i \rvert$
时间 t	0.5

对于太阳能动力翼型，适应度函数是收集的总能量或由式（14-24）定义的比能量。因此，个体收集的能量越大，其适合性越高，并且（在同代中）生殖和存活的机会越高。

遗传算法的搜索空间通常由控制变量的下限和上限决定。对于这里考虑的翼型，控制变量是翼型的轮廓式（14-13）的系数，即矢量 $\boldsymbol{a}$。

然而，有时需要向优化问题添加约束。这种约束通常通过创建惩罚因子来实施，该惩罚因子使适应度函数更差，以防破坏约束。在本问题中，使用了一些约束：对于所有 $\xi \in [0, 1]$，均有 $\upsilon(0) = \upsilon(1) = 0$ 且 $\upsilon(\xi) > 0$。当不满足约束方程时，通过从能量函数中减去它们执行约束。因为约束 $\upsilon(0) = \upsilon(1) = 0$ 永远不会准确地满足，所以可以选择小的公差 $\varepsilon > 0$，使得约束变为 $\upsilon(0) < \varepsilon$ 和 $\upsilon(1) < \varepsilon$。

遗传算法的目的是创建多个可行翼型的群体并沿着它们中的每一个（的路径）计算沿着路径的入射能量；然后采用适应度函数来选择具有最佳能量输入的翼型集合，再通过交叉繁殖。这些适应个体中的一些也被分配给表征迁移现象的其他群体（回想在每一代中考虑多个群体）。由于我们对具有最大能量输入的那些翼型感兴趣，所以算法搜索其中遮蔽效应最小和翼型的曲率大部分垂直于入射辐射的形状。因为二者不可能同时发生，所以最适合的个体或形状将是两个特征的结合。

对于太阳能翼型，当插入式（14-13）中时，个体是描述翼型轮廓的实数的向量 $\boldsymbol{a}$。这些向量通过遗传算法被翻译成二进制串，它们被视为二进制串而不是数字。每当 GA 执行适应度检查时，它们都会转换回实数。使用先前描述的方法来进行适应性检查，以评估多少能量入射在由矢量 $\boldsymbol{a}$ 描述的单个翼型轮廓上。这个单独的翼型相对于其产生的其他翼型进行分级，并且如果其入射比能量高于其他的翼型，则该翼型具有更高的级别。两代（不一定是连续的）更好排名的个体之间的差在用户定义的可接受的精度内时可实现收敛。

2. 多目标遗传算法

对于太阳能机翼，如果可能，期望实现多个目标的同时优化，如入射太阳能最大化和阻力最小化。通过使用多目标遗传算法可以实现多目标优化（Srinivas 和 Deb，1994）。然而，通常不可能找到单个最优解。多目标遗传算法（MOGA）可以找到一组最优解（通常称为帕累托最优解）。对于帕累托最优解，集合内的任何个体支配集合外的任何个体，而集合中的任何个体均不由该集合中的其他个体支配。用广泛使用的多目标遗传算法找翼型优化问题的帕累托最优解的方法被称为 NSGA-Ⅱ（Deb 等，2002）。它具有以下三个特征：①使用精英原理；②使用明确的多样性保护机制；③强调群体中的非支配解。NSGA-Ⅱ的实施过程如下。

（1）在第 0 代，创建大小为 N 的随机母群 P_0；它基于非支配被选出来。然后，P_0 中的个体被排名：1 是最佳水平，2 是次佳水平，以此类推；将 P_0 送到选择、重组和突变运算器以创建大小为 N 的后代群体 Q_0。

（2）在第 t 代，形成大小为 2 N 的组合群体 $R_t = P_t \bigcup Q_t$，并根据非支配进行选择。然后，R_t 中的个体被分成最佳非支配集合 F_1、次最佳非支配集合 F_2 等。如果 F_1 的大小小于 N，则 F_1 的所有成员转到 P_{t+1}，其余成员选自 F_2，F_3，…，直到 P_{t+1} 的大小为 N。然后，将新的群体 P_{t+1} 送到选择、交叉和变异运算器以创建大小为 N 的新群体 Q_{t+1}。

（3）终止。当满足收敛标准时，过程终止。

经常使用的基于 Java 的多目标遗传算法代码包称为 jMetal。它是一个基于 Java 的框架，用于使用元启发式进行多目标优化。它易于使用并且灵活和可扩展（Durillo，Nebro 和 Alba，2010）。

14.5　能量优化翼型

为了说明太阳辐射模型和基于遗传算法的形状优化算法的实现，作出以下假设：①飞行时间不长，不会使得由式（14 - 3）给出的地球的倾斜角度显著变化；②太阳能飞机在整个路径期间保持恒定速度；③没有可能使飞机离开轨道的大的湍流或自然事件；④地球被认为是恒定半径的完美球体；⑤飞机的迎角不变；⑥只考虑巡航飞行条件，起飞和着陆不考虑。在优化过程中使用的一些常数如表 14.3 所示。

图 14.8 示出了使用 LRN 1007 翼型在夏季条件下从美国密苏里州堪萨斯城到美国密苏里州圣路易斯的短飞行的结果。由于飞机以非常低的速度飞行，飞行时间需要 3.76 h，优化的翼型只比原始 LRN 1007 翼型收集的太阳能好 5.1%。

表 14.3　太阳能飞机的典型飞行条件

速度/(km·h⁻¹)	100
面板数（n）/个	10
飞行高度/m	10 000
地球半径/m	6 371 000
迎角/(°)	3
出发时间	6（a.m）
夏季时长/个	190
冬季时长/个	20

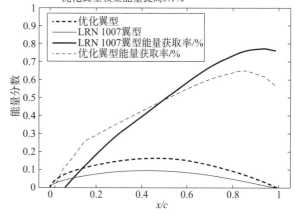

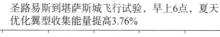

图 14.8　夏季从堪萨斯城飞到圣路易斯原始的和优化的 LRN 1007 翼型收集的太阳能分数

图 14.9 显示了相同的路径，只有这一次从圣路易斯到堪萨斯城使用相同的翼型；这一次优化的翼型效率只提高了 3.76%。

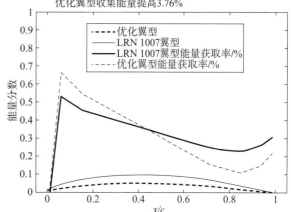

图 14.9　夏季从圣路易斯飞到堪萨斯城原始的和优化的 LRN 1007 翼型收集的太阳能分数

这种差异是由于航向角 γ，因为它们在所考虑的航线中是相反的。

对于相同的路径使用另一个翼型〔由欧洲航天局（ESA）开发的一种翼型〕产生了更好的结果，如图 14.10 所示；优化的 ESA 翼型收集 6.65％的更多的能量。

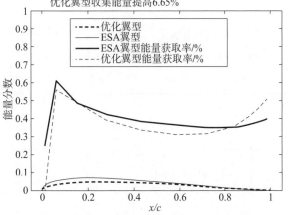

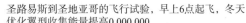

图 14.10　夏季从圣路易斯飞到堪萨斯城原始的和优化的 ESA 翼型收集的太阳能分数

然后，我们考虑更长航时的飞行。首先，在冬季条件下，有着 ESA 翼型的太阳能飞机从圣路易斯 MO 到圣地亚哥 CA 飞行。从图 14.11 中可以看出优化的和原始的翼型重叠，并且由两个翼型收集的能量基本相同。太阳能飞机飞行时间为 25.16 h。商用飞机的速度通常快 8 倍。

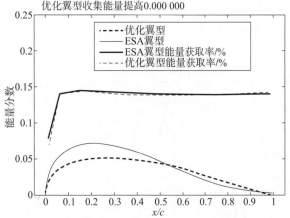

图 14.11　冬季从圣路易斯到圣地亚哥的飞行中原始的和优化的 ESA 翼型收集的太阳能的分数

接下来，我们考虑两个非常长的航班都在圣路易斯的冬天条件下起飞，并到达南半球，从而进入夏季条件。第一班飞往澳大利亚墨尔本的航班采用 ESA 翼型。飞行花了将近 153 h 完成；在这种情况下，优化的翼型仅比原始 ESA 翼型效率

高 0.603％。图 14.12 示出了优化的和原始的翼型轮廓重叠，并且收集的平均能量的差异非常小。第二个是从圣路易斯到巴西的弗洛里亚诺波利斯，是一段非常长的飞行，如图 14.13 所示。飞行约 86 h；在这种情况下，经典的 NACA0012 对称翼型被优化，并且其结果仅比原始 NACA0012 翼型效率高 0.18％。对于这样长的飞行，能量存储是特别重要的，因为在白天期间收集的能量需要在夜间使用。虽然这不是本章的主题，但能量存储的解决方案可能包括电池以及在白天存储势能。两者都在太阳飞机（"太阳脉冲号"，2014）中使用。

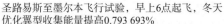

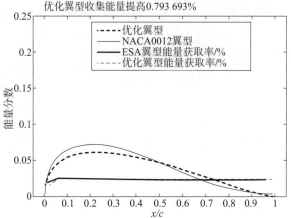

图 14.12　在从美国密苏里州圣路易斯到澳大利亚墨尔本的飞行中由原始的和优化的 ESA 翼型收集的太阳能的分数

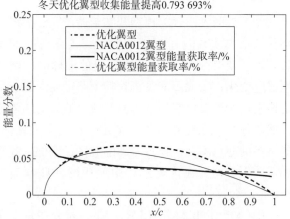

图 14.13　在从美国密苏里州圣路易斯到巴西弗洛里亚诺波利斯的飞行中通过原始的和优化的 NACA0012 翼型收集的太阳能的分数

14.6 使阻力最小化的能量优化

为了确保能量优化的有用性，检查翼型形状的差异是否将影响机翼的空气动力特性很重要，即其升力和阻力。为了实现阻力最小化、能量优化的两个目标，需要采用多目标遗传算法，其优化翼型的形状，不仅使在翼型上的太阳辐射入射最大化，而且使其阻力和 $\frac{C_D}{C_L}$ 最小。

我们采用商业计算流体动力学（CFD）软件 ANSYS Fluent（2013）对进化群体的几个单独翼型进行空气动力学模拟，并采用前述的太阳辐射模型来计算翼型上的能量发生率。使用下列三个目标函数。

（1）最大化由式（14-24）给出的辐射入射。

（2）最大化升力系数。

（3）最小化比率 $\frac{C_D}{C_L}$。

模拟中的雷诺数在（1.5～2）×10⁶，使用的湍流模型是 Spalart-Allmaras 模型。图 14.14 给出了在保持升力几乎相同的情况下，原始 ESA 翼型、仅使用能量优化的单个目标优化的翼型和能用于能量优化与阻力最小化优化的翼型的比较情况。

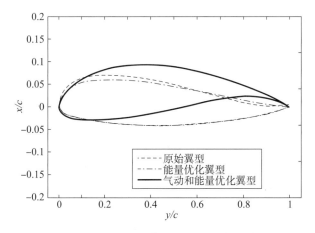

图 14.14 原始 ESA 翼型的形状、能量优化的 ESA 翼型，以及从圣路易斯到澳大利亚墨尔本的航班的能量和空气动力学优化的翼型

对应于图 14.14 的飞行在与图 14.12 中的飞行相同的条件下发生，但是当收集能量时比使用原始翼型的效率高 1.154%。图 14.15～图 14.17 分别示出了原始翼型和优化翼型的升力系数、阻力系数和极曲线。

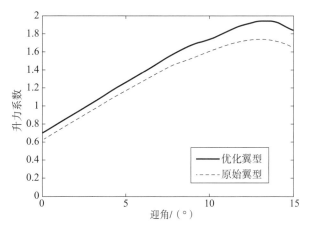

图 14.15 原始翼型和能量以及空气动力学优化翼型的升力系数

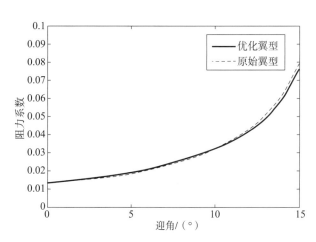

图 14.16 原始翼型和能量以及空气动力学优化翼型的阻力系数

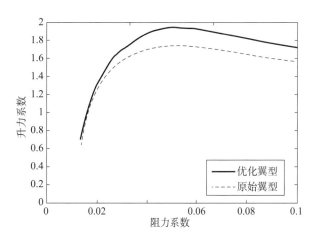

图 14.17 原始翼型和能量以及空气动力学优化翼型的极曲线

133

14.7 太阳能电池板的类型及其相关优点

在上述部分中，整个分析和讨论是基于翼型的形状优化，以使太阳能在翼型/机翼的上表面上的入射最大化。但是目前没有解决应当使用什么类型的太阳能电池板将太阳能最大限度转换以带动电动机这一问题。有各种各样的太阳能电池板可用，它们有相对的优点和缺点；Maehlum（2013）给出了一个很好的讨论。世界上90%的光伏板是由硅制成的。PV中使用的硅可以采用许多形式——单晶、多晶或薄膜。主要区别是硅的纯度。硅分子排列得越整齐，太阳能电池将太阳能转换成电能的效果就越好。太阳能电池板的效率与硅纯度直接相关。重要的是，用于提高硅的纯度的方法是昂贵的。由有均匀外观的单晶硅硅锭制成的太阳能电池是圆柱形状的，它们具有均匀着色、统一的外观，具有最高的效率（通常为15%～20%），因为它们是由最高级的硅制成的。

SunPower的E20系列和X系列的效率分别为20.1%和21.5%。与薄膜太阳能电池板相比，单晶太阳能电池产生的电量高达4倍；它们还具有在25年或更长的范围内的长寿命，并且在低光条件下表现优于多晶太阳能电池板。应当注意，由于太阳能入射的影响，单个太阳能电池的效率高于整个太阳能电池板。使用单晶太阳能电池板的唯一缺点是，与其他选项相比，其成本相对较高。有关各种PV及其相关优点和缺点的更多详细信息，可参考National Renewable Energy（NREL）网站：www.nrel.gov/pv。有使用能量收集纳米材料（除了硅以外）来制造太阳能电池板以提高其效率的研究努力，但是由于成本较高，它们已经很多年不用于大规模生产了。这个主题不是本章的一部分，所以详情请读者再次访问NREL网站。应当注意，"太阳脉冲号"使用的是单晶太阳能电池板。

14.8 能源供应与控制

在本节中，这些问题以Solar Impulse飞机为背景进行了简要描述。有关详细信息，读者可参阅Solar Impulse网站：http://www.fiddlersgreen.net/models/Aircraft/Solar-Impulse.html。

充足的阳光在热带的中午带来了相当大的能

量，理论上足以产生每平方码[①]1.1 hp的能量。如上一节所述，即使最好的太阳能电池在今天也只能提供25%～30%的转换效率。为了产生足够的功率以运行具有四个两叶片螺旋桨的四个电动机（Si-1为10 hp，Si-2为17.4 hp），"太阳脉冲号"的巨型机翼覆盖了大约12 000个（Si-1）、17 000个（Si-2）单晶硅太阳能电池。此外，为了利用从地球表面反射的间接光，并在黄昏时捕获低入射角度的太阳光，飞机的底部也覆盖有Graetzel电池（在Si-2的情况下）——一种新兴的由瑞典人开创的将二氧化钛和有机染料嵌入薄而柔软的聚合物结构中的技术。

白天期间，飞机的太阳能电池预期产生的峰值输出在Si-1上是40 hp，在Si-2上是69.6 hp，其中的一部分将为400 kg（Si-1）和633 kg（Si-2）的先进锂离子电池再充电。其余的电力被馈送到瑞士Etel公司为实现最高效率而设计的双无刷、无传感器直流电机。有关Si-1和Si-2的更详细规格，请参见"历史概述"部分。

"共生系统"让飞行员和飞机之间的通信成为一个整体。生物识别服装将关于飞行员生理学的信息传递到监视他的状态和活动的机载计算机。例如，在睡眠周期的最深部分，它将允许飞行员在常规飞行中睡觉，只有当需要飞行员使用控制器时唤醒他。反过来，称为触觉制动器的用户界面装置允许飞行员"感受"飞机的状态。如果一个机翼有过载，飞行员将感觉到相应手臂中的振动或热量。它真的使飞机和飞行员之间形成完全融合的关系。

"太阳脉冲号"将不会长时间保持在其最大高度。太阳落山后，飞机将利用其电气储备，以保持螺旋桨转动。它还将依赖于其第二主要储存能量源——重力。飞机将逐渐降低高度，以40∶1的滑翔比在高空飞翔，像一个好的高性能的滑翔机。

为了最小化阻力，飞机在海平面上（只以）低于50 km/h的速度巡航。定制设计的4 m直径螺旋桨以缓慢的500 r/min转动，以最大限度地提高效率。虽然非常缓慢的节奏节省能源，但它引入了几个问题。一个是不利偏航。当飞机将转弯时，外侧机翼上的副翼将导致机翼产生比内侧机翼上的副翼更多的升力。更多的升力意味着更多的阻力，这会将机头拉离转弯方向。通常的解决方案是使用飞机的方向舵将机头推到转弯处，就是这项技术的发

---

① 1平方码=0.836 127 4平方米。

明使 Wright Flyer 成为第一个可控飞机。然而，"太阳脉冲号"的巨大翼展和低空速将放大不利的偏航问题，以至于只靠舵面偏转都不足以克服它。因此，副翼被修改以使得作用在每个机翼上的阻力几乎是均匀的。

14.9 结　　论

本章介绍了一种入射太阳辐射模型，用于确定机翼上入射太阳能的量，目的是计算在巡航飞行条件下由太阳能飞机的 PV 板收集的能量。已知并且可以看出，接近中午，因为没有阴影效应，太阳入射与翼型的形状无关。对于一天中存在阴影效应的时间段，更完整的模型也被呈现了出来。翼型数据由用于模型中的封闭方程近似，然后沿着跟踪路径离散化。大地测量的方程用于建立飞机的路径方程。此处假设飞机将总是遵循最小距离的路径，即大圆航线。跟踪路径也是离散的，并且呈现了计算总能量的方法。

本章提出的太阳辐射模型的潜力通过使用具有迁移的遗传算法的对翼型形状的单目标优化来说明，给出飞行的一些初始和最终目的地条件。优化的结果表明，对于最大太阳能入射的最佳翼型形状的搜索对于特定路线和一年的时间是特定的，即最佳翼型形状取决于要飞行的距离（几百英里[①]的短飞行或长洲际飞行）以及飞行的时间（在夏季或冬季）。对于夏季的短航程飞行，与未优化的翼型相比，优化的翼型可以获得多 5%～6% 的太阳能。然而，对于夏季和冬季的非常长的飞行，优化的翼型形状在收集太阳的能量方面并不比原始翼型形状优越很多。这是一个预期的结果，因为这些飞行需要许多天，其中飞机经过几个中午/午夜的循环，在此期间太阳入射与机翼的形状无关。

由于一些最大化入射太阳能的能量优化翼型形状具有与原始翼型（非常）不同的形状，因此在巡航飞行条件下确定它们的升力和阻力特性是非常重要的。为此，可以采用多目标遗传算法来同时实现三个目标：①使入射太阳辐射最大；②使升力最大；③使阻力与升力阻力比最小。在这些约束条件下优化的翼型形状表明，即使对于长飞行，也可以最大化太阳辐射以及最小化阻力。

14.9.1 挑战

最重要的挑战本质不是空气动力学。这些挑战是在提高光伏太阳能电池的效率并降低其成本方面，以及在高效轻质廉价的高能量密度存储电池/燃料电池和超轻材料的开发方面。

14.9.2 未来的展望

本章的目标是掌握设计太阳能飞机所需的理解和技术的基本要素。本章可能在展示曲面预测入射太阳能量的方法上对读者有帮助。只要上翼面的轮廓沿着翼展是知道的，那么通过将其视为单个翼型的总和，可以容易地将建模扩展到全翼。这个以研究为导向的章节中提供的信息有可能在铺设有 PV 太阳能板的太阳能飞机机翼设计中有潜在帮助。太阳能小型无人机、小型运输机以及特定空间应用的未来前景是好的。太阳能飞机的想法是令人兴奋的，因为推进所需的能量是免费的，同时没有有害气体排放。然而，在不久的将来，它可能仍然是人类大胆的探索。通过在高效和低成本的 PV 面板与高效轻便的廉价能量储存电池/燃料电池的创新，对太阳能动力飞机的兴趣可以使其既在个人使用又在军用方面得到更多的利用。

致谢

作者感谢他在巴西圣卡塔琳娜州联邦大学的前学生 Gustavo Hobold 进行本章报告的大部分研究和圣卡塔琳娜州联邦大学的 Sergio Colle 博士允许使用他未发表的"太阳能讲座"作为参考。

术语

α	翼型轮廓系数
c	翼型的弦长
e	特异能（无单位能量通量）
f	已经行驶的路径百分比
i	离散的下标
j	离散的下标
m	路径离散时间步长的数量
n	一年中的天数，面板数
r	半径
s	沿翼型轮廓线
x	笛卡儿坐标
y	笛卡儿坐标
z	笛卡儿坐标
A	测地学方程系数
B	测地学方程系数

---

① 1英里（mi）=1.609 344 千米（km）。

D	地球表面的距离
E	不稳定能量，入射能量通量
G	由水平面板接收的辐射
$\boldsymbol{J}$	雅可比矩阵
$\boldsymbol{H}$	海森运算符
P	GA 的交叉概率
R	地球的半径
S	平滑函数，翼型曲线
T	从中午开始测量的时间
V	飞行器的速度
$\left(\dfrac{r}{r_0}\right)^2$	偏心系数
α	迎角
β	太阳能电池板的倾斜角
θ	太阳辐射的入射角
δ	偏角
γ	飞机的航向角
ϕ	纬度角
λ	经度角
ξ	缩减笛卡儿坐标 x
υ	缩减笛卡儿坐标 y
ζ	翼型离散变量
ω	小时角
$\Delta\sigma$	大圆的距离角
ω	角速度
Γ	一天的角度
Ω	路径曲线

参考文献

Avanzini，G. and Giulietti，F.（2013）Maximum range for battery-powered aircraft. *J. Aircr.*，50，304 – 307.

Bruss，H.（1991）Solar modell flug grundlagen，*Enwicklung，Praxis，Verlag fur Technik and handwerk*，Baden-Baden，Germany.

Chen，X. and Agarwal，R. K.（2014）Shape optimization of airfoils in transonic flow using a multi-objective genetic algorithm. *J. Aerosp. Eng.*，228，1654 – 1667.

Colle，S.（2013）Lecture notes on solar energy. *Laboratory of Solar Energy*，Federal University of Santa Catarina，Brazil，Vol. 1，unpublished.

Cooper，P. I.（1969）The absorption of radiation in solar stills. *J. Sol. Energy*，12，333 – 346.

Deb，K.，Pratap，A.，Agarwal，S.，and Meyarivan，T.（2002）A fast and elitist multi-objective genetic algorithm：NSGA-II. *IEEE Trans. Evol. Comput.*，6，

182 – 197.

Duffie，J. A. and Beckman，W. A.（2006）*Solar Engineering of Thermal Processes*，3rd ed.，Wiley.

Durillo，J. J.，Nebro，A. J.，and Alba，E.（2010）The jMetal framework for multi-objective optimization：design and architecture，in *Proceedings of the IEEE Congress on Evolutionary Computations*（CEC），IEEE Press，4138 – 4325.

Fluent 13.0（2013）Ansys Inc.，Cannonsburg，PA，2013.

Gao，X. -Z.，Hou，Z. -X.，Guo，Z.，Liu，J. -X.，and Cheng，X. -Q.（2013）Parameters determination for concept design of solarpowered，high-altitude long-endurance UAV. *J. Aircraft Eng. Aerosp. Tech.*，84，293 – 303.

Giannakoglou，K. C. and Papadimitriou，D. I.（2008）Adjoint methods for shape optimization，in *Optimization and Computational Fluid Dynamics*，（eds D. Thevenin and G. Janiga），Springer，Berlin，pp. 79 – 108.

Goldberg，D. E.（1989）*Genetic Algorithms in Search，Optimization，and Machine Learning*，Addison-Wesley.

Gur，O. and Rosen，A.（2009）Optimizing electric propulsion systems for unmanned aerial vehicles. *J. Aircr.*，46，1340 – 1353.

Henry，C. H.（1980）Limiting efficiencies of ideal single and multiple energy gap terrestrial solar cells. *J. Appl. Phys.*，51，4494 – 4500.

Hobold，G. M. and Agarwal，R. K.（2014）A methodology for predicting solar power incidence and their optimization for solar powered airplanes，*J. Aerosp. Eng.*，DOI：10. 1177/0954410014549391.

Iqbal，M.（1984）*Introduction to Solar Radiation*，Academic Press.

Landis，G. A.，La Marre，C. and Colozza，A.（2002）Solar flight on Mars and Venus，in *Proceedings of the 17th Space Photovoltaic Research and Technology Conference*，Ohio Aerospace Institute，Brookpark，Ohio，NASA CP 2002-211831，126 – 127.

Leutenbergh，S.，Jabas，M. and Siegwart，R. Y.（2011）Solar plane conceptual design and performance estimation. *J. Intell. Robot. Syst.*，11，545 – 561.

Maehlum，M. A.（2013）Which solar panel type is best？mono vs. polycrystalline vs. thin-film. Available at http：//energyinformative. org/best-solar-panel-monocrystallinepolycrystalline-thin-film/.

Noth，A. and Siegwart，R. Y.（2006）Design of solar powered airplanes for continuous flight，ETZH lecture in the symposium on Aircraft and Spacecraft Systems：

Design，Modeling and Control，December，2006.

Rizzo，E. and Frediani，A. （2008）A model for solar powered aircraft preliminary design. *Aeronaut. J.*，112，57 – 78.

Solar Impulse—around the world in a solar airplane 2011. Available at http：//www. solarimpulse. com/ （accessed on December 18，2014）.

Solar Impulse 2 （2014）Available at http：//www. solarpower-worldonline. com/2014/05/solar-impulse-2-future-flight/ （accessed February 20，2015）.

Spangelo，S. C. and Gilbert，E. G. （2013）Power optimization of solar-powered aircraft with specified closed ground tracks. *J. Aircr.*，50，232 – 238.

Spencer，J. W. （1971）Fourier series representation of the position of the sun，*Search*，2，172.

Srinivas，N. and Deb，K. （1994）Multi-objective optimization using non-dominated sorting in genetic algorithms. *Evol. Comput.*，2，221 – 248.

Traub，L. W. （2011）Range and endurance estimates for battery powered aircraft. *J. Aircr.*，48，703 – 707.

UIUC APA-LSATs （2013）Available at http：//www. ae. illinois. edu/m-selig/uiuc _ lsat. html. （accessed on April 25，2013）.

Weisstein，E. （2013）Great Circle—available from Wolfram Math World website on line at http：// mathworld. wolfram. com/GreatCircle. html. （accessed on April 25，2013）.

本章译者：葛佳昊　刘莉
（北京理工大学宇航学院）

第 15 章

氢动力飞行器

Jeff S. Schutte，Alexia P. Payan，Simon I. Briceno 和 Dimitri N. Mavris

佐治亚理工学院丹麦古根海姆航空航天工程学院航空航天系统设计实验室，亚特兰大，佐治亚州，美国

15.1 引　言

随着航空工业的持续增长和化石燃料的供应越来越不稳定，需要更多可持续和环保的替代燃料。为了减少对化石燃料的依赖以及由此产生的排放，提议将氢气作为一种替代品已经很长时间了。将氢气作为航空燃料主要是基于以下考虑：①氢气作为航空燃料对极大地减少甚至杜绝燃烧产物污染有很大的潜力，因此可以显著地减少航空事业对全球气候的影响；②由于氢气的储量大且容易以水的形式获取，氢燃料比碳氢化合物燃料有更高的能源安全性；③氢气用于航空可以规避由于碳氢燃料的减少造成喷气燃料价格的上升；④更具体地来说，和喷气燃料相比，较低的体密度给飞行器以及燃料系统的设计带来了机遇和挑战；⑤大规模地改用氢气作为航空燃料将消耗大量的时间以及资源来配套必要的基础设施（Brand 等，2003；Khandelwal 等，2013）。

15.2 氢能在航空史上的应用

15.2.1 气球和飞艇

氢气首次在航空器上的使用是作为热气球里热空气的替代品。第一次升空的氢气球是在法国物理学家 Jacques Charles 的监督下由 Roberts 兄弟制造的。1783 年 8 月在巴黎进行了处女航，飞行高度为 800 m，飞行距离为 24 km，留空 45 min。1783年 12 月，受蒙戈尔菲埃（Montgolfier）兄弟制作

的著名载人飞行热气球启发，Roberts 兄弟中的一个人和 Charles 决定乘坐他们设计的氢气球。从巴黎起飞后他们爬升到 550 m 并飞行了 40 km，留空约 2 h。成功飞行后不久，氢气球开始被用于收集科研目的的气象数据与研究地球大气和平流层的物理化学性质。氢气球也被用于侦察和观测等军事目的，以及海拔高度对人体机能影响的研究。然而，由于安全问题，氦气现在基本取代了气球中的氢气。

在早期设计的氢气球中，沙子压舱被用来控制高度。在气囊的顶部有一个用绳索开启的阀门来释放氢气，使氢气球的高度降低。然而，控制方向和速度是不太可能的。1852 年，Henri Giffard 决定制造一个长为 44 m、直径为 12 m 雪茄形的飞艇，在飞艇的尾部他安装了一个三角形的舵，在飞艇的下面安装了一台由他自己设计的蒸汽机。发动机的重量大约为 160 kg，产生的 3 hp 功率用于驱动一个直径为 3.4 m 的螺旋桨。1852 年，Giffard 驾驶他设计的飞艇在巴黎以 8 km/h 的稳定速度飞行了大约28 km。这次飞行是首次比空气轻的飞行器进行的可控飞行。20 年后，德国工程师 Paul Haenlein 制造并飞行了以飞艇内部氢气为燃料的内燃机驱动的飞艇。然而，尽管是可控的，但 Giffard 和 Haenlein 的氢能源飞艇缺乏返回到出发点的能力。考虑到缺乏气体燃料内燃机，法国陆军军官 Charles Renard 和他的同事 Arthur Krebs 开始设计由电动机驱动的飞艇。1884 年 8 月，利用充氢和电池供电工艺，他们在法国完成了首次循环飞行。他们飞行了 5 mi，留空 23 min（Brewer，1991）。

下一个在航空上使用氢的杰出贡献者是来自德

国的 Ferdinand von Zeppelin 伯爵，他制造了第一个用于商业运输的硬质飞艇，齐柏林 LZ-1。尽管制造齐柏林飞艇在 1874 年就首次提出过，但花了近 36 年以及 5 种不同的硬质飞艇设计才成功地激发了民众对飞艇可以进行大规模商业操作的兴趣。在 1911—1914 年，德国航空协会利用 5 架齐柏林飞艇进行了超过 1 600 架次的飞行，运输人数超过 37 000 人次。商业操作由于第一次世界大战而结束，但飞艇在参战双方都有着持续蓬勃的发展，并发展出更多的高效设计。1928 年齐柏林公司设计出原始的 Graf Zeppelin LZ-127 后恢复商业运输。飞艇在持续服务 9 年后于 1937 年退役，总共飞行超过 590 个航班，行驶超过 1 700 000 km，运输超过 13 000 名乘客以及 106 730 kg 的邮件和货物。1936 年，齐柏林公司建造了 245 m 长的 Hindenburg 号飞艇（也叫作 LZ-129），它提供了首次德国美国之间的跨大西洋商业运输。飞艇由 4 台 1 100 hp 的 Mercedes-Benz 柴油发动机驱动使得 Hindenburg 以 125 km/h 的巡航速度飞行，65 h 完成东向飞行航程，56 h 完成西向飞行航程。但是，在 1937 年第一次向西飞行完成时，Hindenburg 在目标停泊处烧成一团火球，飞船上 96 名乘客中的 35 名死亡（Brewer，1991）。这次事故成了飞艇商业运输上的首次标志性事故，也因此结束了氢气在商业飞艇上的使用。

15.2.2 涡轮发动机

这一时期，比空气轻的飞行器技术水平被氢动力发动机赶了上来。1937 年，德国 Von Ohain 成功地用氢气运转一台燃气轮机，氢成为取代传统喷气燃料的潜在航空燃料。这台实验性质的涡轮发动机被称为 Heinkel-Strahltriebwerk 1（HeS1），可以产生 1.1 kN 的推力。20 年后，美国联合技术公司下属的普惠公司改良了一台 J57 发动机，并且用液氢作为燃料进行了操作性测试。他们发现传统的喷气发动机在不经过重大修改的前提下就可以直接使用压缩液氢作为燃料。为了供应 J57 发动机的转换测试所需用氢，普惠公司在公司总部所在地东哈特福德建造了一座日产量 227 kg 的液氢加工厂。供应液氢的氢气车由位于俄亥俄州的佩恩斯维尔独立化工厂交付。普惠公司另外还有一个新的发动机设计，304 模型。针对新的设计，他们开发了一个特定的氢循环用来最大限度地提高发动机性能。1957 年 9 月，304 发动机首次进行了总共 25 h 的

海平面发动机测试，用来预测发动机的性能。在美国空军的帮助下，在位于佛罗里达州的西棕榈滩建造了一个更大的发动机工厂，在那里可以直接生产储存氢气（Brewer，1991；Price，1991）。

15.2.3 氢动力飞机

氢发动机最初发展的动机来源于有目的地评估氢能作为当代运输机能源的潜能并且确定其对飞机性能的影响。在 1955 年 NACA 的飞行推进实验室开发了以液氢为动力的兼顾亚音速和超音速的飞行器。他们用一架改装过的 B-57 双发轰炸机进行了作为这次测试实验的一部分的飞行试验，在一台改装 J-65 涡轮发动机中燃烧用氦压缩的氢。整个飞行试验没有遇到跟燃料系统有关的安全问题，这表明了发动机能够在高空平稳地运行。1956 年，洛克希德的先进发展项目组织（也被称为 Kelly Johnson's Skunk Works）被授予和美国空军共同研发两台两乘员氢燃料飞机原型机的任务，它可以携带 680 kg 侦察设备，在海拔 30 km 下以 2.5 Ma 的速度飞行 4 075 km。由于工作的革命性，他们进行了一系列的小规模试验，包括深入了解生产、处理、储存液态和气态氢以及氢用在涡轮发动机上的可行性。尽管进行了艰苦的工作，CL-400 侦察机还是没有生产出来（Brewer，1991；Contreras等，1997）。然而，这个计划证明了氢燃料飞机的可行性，并且大量新技术得到了发展并且被用于美国的航天计划（Brewer，1991）。

经历了将近 13 年以及一次石油危机，航空界才重燃氢作为燃料的兴趣。20 世纪 70 年代，一些跟航空利益相关的单位进行了液氢作为亚音速飞机潜在燃料的研究。例如，通用电气在它的改良发动机上进行了非常规氢循环的评估。NASA 比较了各个运输机（例如，B-707、B-747、DC-8、DC-10 和 L-1011）的常规动力和氢动力版本的各种飞行效率参数（例如，升阻比、巡航速度和高度、燃油消耗率）。与此同时，波音公司发现了利用液氢为动力的改装 B-747，相同的负载下可以减少 24% 的起飞重量，减小了起飞需求的跑道长度，减小了滑跑噪声，增加了巡航高度。与此相似的是，洛克希德公司发现比较两架具有相近飞行半径、载荷以及巡航速度的飞机，氢燃料版本的飞机节省了超过 25% 的毛重，将近 10% 的空重（Price，1991）。

20 年后，欧洲和苏联加大了在氢燃料飞机技术上的努力。例如，1988 年，经过 9 个月的准备，

苏联试飞了一架改装的 TU-154 运输机，它的三台发动机中的一台用于压缩液氢。新的飞机被统称为 TU-155。低温发动机的特点是改进了燃烧室、喷油嘴和控制系统，但保留了原来的涡轮机和压缩机部分。他们成功地操作并测试了从起飞到急速的所有飞机机动和推力系统（Price，1991；Pohl 和 Malychev，1997；Contreras 等，1997）。同年，FAA 的退休航空运输考官成了飞行纯氢能源飞机的飞行员。这个事件发生在 1988 年的 6 月，在罗德岱尔堡机场搭载了四名美国猎豹公司的高管，用的是改装过的 Lycoming 0320-e2d 发动机。这个世界性的纪录飞行持续了 36 s，达到的飞行高度为 30 m（Brewer，1991）。在 1989 年的巴黎航展上，空客的德国合作伙伴 MBB 透露，他们将要发展一款 A-340 的氢动力衍生机型，这个飞机航程将会达到 1 859 km。1990 年的汉诺威航展上，苏联和德国宣布合作研发一种载客 200 人的双发氢能源、航程 925 km 的商业原型机。这个原型机以空客的 A-310 或者是图波列夫的 TU-204 为样本。与此同时，德国、俄罗斯和美国正在一起进行以 A-310 为样本，安装有改装版的普惠 JT9D 发动机的氢燃料飞机的可行性研究。7 年后，俄罗斯、德国合资企业和 NASA 兰利研究中心在同时进行两种不同的基于 A-310 的亚音速飞机的设计工作。第一个概念，319 名乘客被安放于一个位于机身顶部的储氢箱下面。这种结构机翼的翼载小、体积小。第二个概念，计划运载 400 名乘客以 0.85 Ma 的速度飞行 10 000 km，以两个球形储氢箱为特征，这也导致了较低的表面利用率和因此带来的低热吸收率。20 世纪 90 年代，欧洲-加拿大的 Euro-Quebec 氢能源试点项目表明，涡轮发动机在以氢为燃料时，氮氧化合物（NO_x）的排放量特别低（Pohl，1995）。德国的亚琛应用科学大学再次证明了发电机组以氢为燃料运行时，NO_x 的排放量特别低。德国材料研究所和宝马联合对以上两个概念进行了安全性测试方面的补充。他们证明，使用氢时可以达到很高的安全水平。

15.2.4 氢在 21 世纪的航空业

1. 亚音速商业飞机

氢能在商业航空上的最初目的是为潜在的化石能源枯竭做好准备。随着航空业的发展，21 世纪的航空业专注于逐渐减少温室气体的排放。从这个角度来看，欧盟的 35 个成员国决定由空客领导并组队对氢作为燃料进行全面的系统分析，还拨款 450 万欧元给这个项目（Westenberger 等，2003），从 2000 年开始，研究从公务机到大型远程飞机等各种机型，涉及煤油转化氢的各种问题。该项目包括技术、环境和战略方面的工作，如飞机的配置、推进、系统和组件、安全、环境影响、基础设施、燃料来源、过渡过程、从碳氢化合物转化到氢（Klug 和 Faass，2001；Westenberger 等，2003）。在美国，美国宇航局进行了一系列的研究，如零二氧化碳排放技术项目、安静绿色交通研究，以及亚音速绿色飞行器研究项目，以研究未来飞机替代燃料能源的概念技术。例如，他们做了氢燃料电池飞行可行性的研究（Guynn 和 Olson，2002；Snyder 等，2009；Bradley 和 Droney，2012）。这些研究表明，氢燃料电池推进系统是可行的，但是重大的技术问题还是存在的。一些项目也开始进行燃料电池应用于通用航空的研究。2003 年，欧洲波音研究与技术公司开展了氢燃料电池动力演示航空研究计划，用于努力发展环境进步的航空航天应用技术。经过西班牙、法国、奥地利、德国和美国等合作伙伴 5 年的密切合作，BR&TE 设计、组装和飞行试验了采用燃料电池系统的 Super Dimona 电动滑翔机。2007 年，德国航空航天中心开发并飞行了一架两座实验性燃料电池动力的升力体构型的飞机。Smartfish 技术从无人机到轻型运动飞机或商用喷气飞机都有着广泛的应用。

2010 年，欧洲委员会资助的基于燃料电池的城际环境友好型飞机（ENFICA-FC）项目旨在开发、制造和测试基于质子交换膜燃料电池动力系统的新概念。实现的原型系统搭载了 Skyleader Rapid 200。虽然氢燃料电池无法满足于工商业航空的功率需求，但是可以用于小型的有人飞机和无人飞机。

2. 无人机

2002 年，随着 CRYOPLANE 项目的结束，更加强调把氢能源的利用技术应用于军事，尤其是无人机。2005 年，Aerovironment 公司成功地测试了世界上首架液氢高空长航时无人机原型机。飞行演示了移动液氢燃料系统的可行性与有效性。2011 年，经过 6 年的地面试验，全尺寸氢动力"全球侦察者"无人机在爱德华空军基地进行了具有历史意义的首次飞行。此次飞行持续了 4 h，达到了 1 500 m 的海拔高度。在这次试飞后，波音公司在

2007 年开始致力于地面动力系统测试，以及氢能源无人机 HALE 的发展。2010 年，波音"幻影眼"无人机诞生。在 2012 年的加利福尼亚州爱德华空军基地的沙漠上空，"幻影眼"无人机在自驾仪的控制下进行了首次飞行。在 1 244 m 的高度总共飞行了 28 min。飞行结果表明，氢能源无人机有着令人满意的可控性和可操作性。随后，在 2012 年进行的 6 次飞行试验表明，波音"幻影眼"无人机的滞空能力长于任何同类型的飞行器，并且有能力保持飞行高度长达几天。他们也表明液氢推进系统的发展对这个计划有着超强的经济性。2014 年 1 月，"幻影眼"无人机收到了来自美国空军第 412 操作小组的试验状态信号。进一步的飞行测试预计将展示实验飞机在其预期的 18 km 高度上的飞行性能和构建无人机全尺寸的操作。从 2009 年开始，美国海军研究实验室和 Sotera Defense Solutions Inc 也发展并测试了离子虎——一个小型的液氢燃料电池无人机。他们发现，液氢比低压气态氢提供了更长的滞空时间（Stroman 等，2014）。

3. 超音速/高超音速用途

无论是从政府角度还是从独立的行业角度看，氢在航空中的最大用途是与空间相关的活动。例如，氢在美国航天计划中首次被用作运载火箭发动机的燃料。第一枚由液态氢/液态氧火箭发动机推动的太空飞行器于 1963 年 11 月从肯尼迪角升空。这是由通用动力公司康维尔分公司建造的一个阿特拉斯-半人马座运载火箭。从那时起，一些火箭发动机制造商在使用液态氢成功研制火箭发动机方面发挥了重要作用。例如，所有的阿波罗发射计划，不是简单地用了一个而是用了六个 Rocketdyne J2 发动机，它们被分别置于土星五号的第二级和第三级。由于航天计划，美国在氢的制造和液化、运输、储存、仪器仪表和设计实践，以及操作和安全程序等方面都取得了相当多的经验。虽然该计划在 1972 年被取消，但美国核火箭计划诞生的宝贵成果在处理液氢方面极大地促进了后来美国航天飞机计划的成功（Brewer，1991）。2008 年英国反应发动机有限公司开始开发氢燃料的"云霄"飞船，它具有一种新的联合循环，吸气式喷气/火箭推进系统称为剑（SABRE）。"云霄"飞船是一个独立的、无人的飞行器，被设计从滑跑到地球轨道再到返回。它的目的是补充阿丽亚娜 5 型和阿丽亚娜 6 型火箭用来把卫星与小型飞船送入地球轨道。反应发动机

有限公司被欧空局委派发展一种作为长时间先进推进系统概念和技术的一部分、载客 300 人、航程 20 000 km 左右、以 5 Ma 飞行的高超音速飞机概念机。该项目的目标是研究推进系统，这样可以减少 2～4 h 的旅途时间。在这种情况下，只有液氢能达到要求。LAPCAT A2 概念飞机的关键在于创新，它利用氢独特的热力学性质，以及飞行器的特殊配置来确保在全马赫数范围内有足够的升阻比和飞机控制权（Cecere，Giacomazzi，和 Ingenito，2014）。

15.3 氢能源运输机的设计

液氢燃料飞机对飞机设计造成的影响在很多方面不同于煤油燃料飞机。初始考虑煤油燃油对飞机的影响主要是燃料的携带重量，液氢主要是影响燃料的体积和储氢箱的形状导致的整机阻力系数的增加。根据 CRYOPLANE 计划的分析结果，研究员们发现针对飞机，液氢储存在低温－253 ℃是实际的（Klug 和 Faass，2001）。由于液氢的沸点很低，为了尽可能地减少沸腾，储氢箱的形状必须接近于球形。另外，储氢箱要比传统的煤油油箱更能承受压强，再加之隔热性能，它能维持液氢的低温（Westenberger 等，2003）。这样就不能采用传统的利用机翼来储存燃料。CRYOPLANE 计划分析进一步表明，由于储氢箱体积的增大，低温飞机的表面浸润面积也增大，结果导致这些没有几何限制的商业喷气飞机和长距离运输机耗油率增加了 9％～14％（Westenberger 等，2003）。针对同种机型，净空中增加了 16.5％～25.2％，可执行任务的最大起飞重量从 4％变到－15％。单独燃油的经营成本增加了 4％～5％。表 15.1 展示了每种型号氢动力飞机的性能。

表 15.1 氢动力飞机与煤油飞机性能的比较

%

飞机配置	每 PAX N MILE 消耗能量的变化	每 PAX N MILE 在 OEW 的改变	每 PAX N MILE 在 MTOW 的改变
公务机	34	22.1	－5.2
小型支线飞机	14	16.5	－0.3
区域的螺旋桨飞机	14	23.0	4.4
支线喷气飞机	18	22.0	－2.4
中程飞机	10	25.1	－2.7
远程飞机	9	25.2	－14.8
更远程飞机	32	48.0	－1.6

15.3.1 储氢箱的安置

在过去，几种专门为配置液氢设计的运输机已经被测试过。最近研究范围更大的是CRYOPLANE项目（Westenberger 等，2003）。起初被使用的是外置燃料箱构型，由于面积增加剧烈而导致阻力大幅度提高，所以它只适用于小型飞机。因此，最好的选择就是燃料箱放在机身里面。三种基于这种任务要求的比较通用的设计方案已经被提了出来。

对于小型短航程飞机，燃料箱放在加压舱的后部是可行的。如图15.1所示，这种设计的可行性是由于燃料的重量比较小。否则，重心移动过多会造成较大的配平阻力，所以有必要采用更大的水平尾翼（Westenberger 等，2003）。

图 15.2 中型飞机的储氢罐位置

图 15.1 小型短程飞机的储氢罐位置

对于较大航程的飞机，在后舱组合几个燃料箱，以及在机身顶部放置几个燃料箱来增大载氢量。燃料箱被安置在重心附近来减小飞行过程中的重心变化，如图15.2所示。机身的宽度不允许在驾驶舱和客舱的过道两侧放置储氢箱。如果消除这种需求，前置储氢箱也是可以考虑的（Westenberger 等，2003）。

对于大型飞机（双通道配置），是有足够的空间来配置前置储氢箱的（图15.3）。大多数的建议设计是使用双甲板设计，来保证飞机的长度能够容纳 80 cm×80 cm×80 cm 的箱子，并且允许储氢箱的形状更加接近球形。更大的飞机或许会需要第三层甲板。

图 15.3 大型飞机的储氢罐位置

15.3.2 箱体设计

箱体设计的关键目标是最大可能地提高载氢量和最大可能地降低沸点的组合系统（Khandelwal 等，2013）。在飞机上储氢有很多的挑战。储氢箱必须是密闭的，包含适当的绝缘系统，可以减小或消除液氢的沸腾问题，能在低温下储存液氢。如果空气进入储氢箱，就可能会被冻成固体，并且有可能阻塞传输管道。液氢现在主要用于空间活动。然而，这些箱体设计不能应用到航空运输上。航天级别的储氢箱的使用时间短，且氢的流量大。因此，有很高的沸腾率，大约 1 h 为 1.6%（Khandelwal

等，2013）。对于航空业，沸腾率必须降到0.1%。

15.4　氢推进系统

氢能发动机已经被确定与常规发动机有一样的能量效率。进一步的研究表明，氢能源飞机不比现在的飞机危险，尽管还要适应一些法规（Westenberger等，2003）。但是为使用液氢涡轮发动机，必须进行以下修改（Brand等，2003）。

（1）燃料供给与控制系统的改造。

（2）注入发动机前为汽化液氢增加一个热交换器。

（3）修改燃烧室系统，包括更好的混合。

（4）增加氢消除系统，以防止氢的闪回。

（5）增加漏氢检测系统。

燃料供给系统必须能在低温下运行，在汽化前将液氢压力提高到喷射压力。燃料供应系统组件包括能够忍受低温的泵、绝缘燃料管和阀门。热交换器被定义为一个具有新特征的燃料供应系统。它需要把液态氢加热到汽化温度，并使之适合于将汽化燃料喷射到燃烧室中。当燃料通过喷嘴时，温度必须足够高以防止冷凝。对燃烧系统的主要修改是通过预混合器消除燃烧室中任意形式的富流。在启动时，燃料管线内将充满氢气，并且也可能含有少量的空气。这提高了发动机启动时的闪回。因此，燃料管线必须用惰性气体（如氮气）净化。（Khandelwal等，2013）。最后，必须建立泄漏检测系统。不像煤油燃料是液态的，并且会聚集在泄漏区域周围，液氢泄漏会立即蒸发并上升进入大气层使检测更加困难。

燃气轮机必须适应的另一个问题就是液氢下的氢脆。推进系统的材料若遭遇氢脆，就会导致金属和非金属材料的失效。这种风险是可以用以下手段管控的（Brand等，2003）。

（1）采用耐氢脆的材料。

（2）在设计中避免应力集中和高应力。

（3）用高纯度的液氢。

15.5　氢燃烧

为更好地操控燃气轮机，液氢燃烧与煤油燃烧不一样的地方必须加以解决。

15.5.1　燃料性能比较

表15.2和表15.3展示了液氢与煤油的性能区别。液氢的热值是煤油的2.8倍。因此，在保证相同的能量下，液氢比煤油轻65%。但是，液氢的密度比煤油低11.7倍。为保证相同的能量，需要增加400%的氢体积携带量。氢的理论燃烧温度比等比值的煤油高100 K。但是因为煤油有更广泛的燃烧稳定性，氢可以在比煤油低的当量比下燃烧。

表15.2　燃料性能比较

燃料种类	燃烧热 /(MJ·kg^{-1})	密度 /(kg·L^{-1})	能量密度 /(MJ·m^{-3})
煤油	42.8	0.827	35 396
液态氢	122.8	0.071	8 690

表15.3　氢和煤油排放物种类的比较

燃料种类	总消耗 /kg	CO_2排放 /kg	H_2O排放 /kg	其他
煤油	1	3.16	1.24	CO，NO$_x$，SO$_2$，UHC，烟尘
液态氢	0.36	0	3.21	NO$_x$

15.5.2　燃烧过程

由于氢的燃烧温度更高，相比于煤油会增加NO$_x$排放的风险，但这会被氢的更大的工作范围所抵销。氢的当量比在0.2~0.7，煤油的工作范围为0.6~1.2，这允许氢在低得多的火焰温度下燃烧。然而，贫油燃烧会比富油燃烧产生更多的NO$_x$。因此，燃油喷射系统必须确保燃料和空气混合良好（Brand等，2003）。在发动机瞬态工况下要注意保持适当的当量比，以防止由于比正常燃料-空气混合比更富集而发生回火或自动点火（Brand等，2003）。表15.4所示为全球变暖与海拔高度的关系。

表15.4　全球变暖与海拔高度的关系（是对 Sevensson，Hasselrot和Moldanova，2004的表A.3的修正）

高度/km	GWP CO_2	GWP H_2O
0	1	0
5	1	0
9	1	0
10	1	0.24
11	1	0.34
12	1	0.43
13	1	0.53
14	1	0.62
15	1	0.72

15.5.3　氢的排放

从环保角度来看，CRYOPLANE 计划经过评估得出，对于不断发展的航空业，使用氢有长远的好处。氢作为替代燃料的使用可能消除二氧化碳（CO_2）、一氧化碳、硫氧化物（SO_x）、挥发性有机化合物（VOC）和烟尘的产生。唯一排放的是水蒸气和 NO_x。燃烧氢气产生的水蒸气量是释放相同能量煤油的 3 倍。但是，释放的 NO_x 更少（比煤油燃料少 5%～10%）。表 15.3 展示了煤油和氢气排放的比较结果（Klug 和 Faass，2001）。水蒸气的排放会导致全球变暖，它们会导致凝结和卷云的形成。因此，有必要了解，是否燃烧氢气只是用一种温室气体（燃烧液氢时释放的水）的产生取代另一种温室气体（燃烧煤油时产生的二氧化碳）的产生。表 15.4 展示了全球变暖的力量对比［（GWP）CO_2 和 H_2O 作为高度的函数］。10 km 以下，水汽没有影响，10 km 以上，水汽造成的 GWP 比二氧化碳增加 72%。但是，公平地比较这两种气体时，必须考虑每次排放后在大气中存在的时间。大气中的水汽滞留时间为 6～12 个月，而二氧化碳则超过 100 年（Klug 和 Faass，2001；Haglind，Hasselrot 和 Singh，2006）。因此，燃烧氢气尽管会排放水蒸气，但还是会显著地减小航空业对气候的影响的。

15.6　氢的生产

氢元素是宇宙中最丰富的元素，但地球上没有天然的氢气资源。一些广泛的工艺已经被用于生产氢气，其中包括化学、生物、电解以及热化学。每种工艺都会给航空业带来好处与挑战，从化石资源如天然气中制氢，通过蒸汽甲烷重整（SMR），部分氧化（POX），或自热重整（ATR）。然而，这些工艺都不够成熟、商业化。氢也可以由高温煤汽化产生，它的混合气是（合成气）一氧化碳和氢的混合物。虽然这种方法比天然气制氢更加商业化，但它也更加复杂、更昂贵。然而，世界各地的煤炭资源丰富，这也是清洁汽化工艺技术的重要环节。由于二氧化碳是碳氢化合物制氢过程中的主要副产物，因此在这些工艺中，我们要努力解决碳排放问题。碳捕获与封存（CCS）技术，用于从燃烧中除去二氧化碳并将其储存在地质构造中（例如，油田或地下含水层）。使用核能或可再生能源等非排放

燃料也可以减少二氧化碳排放量。

电解水、光解水、光生物生产都可以产生氢气（Dincer 和 Joshi，2013）。电解水是将水分子分解成氢气和氧气的过程。这可以以电能或热能的形式实现。然而，与天然气制氢相比，电解水工艺会损失更多的能量。再者，这个过程需要一个显著的外部能源（例如，来自化石能源）来分解水分子，目前这是最不含碳的氢生产方法。

最后，可以用纤维素制氢。这种情况是从得到的混合气中提纯氢气并净化（Lalaurette 等，2009）。

15.7　氢基础设施分布

15.7.1　氢的运输

航空业面临的最大挑战是能够安全地向终端用户运送氢气。必要的传输和分配基础设施的发展是未来航空用氢的一个重要方面。目前运输液态或气态形式氢的方法是通过卡车、铁路和驳船。规模较大的工业消费者依赖管道和压缩机，但现有的氢气管道网络明显小于天然气管道。然而，利用天然气管道网络运输氢是有机会的。从理论上讲，在现有基础设施上，将 20% 的氢气与 80% 的天然气混合传输，可以不需要任何管道修改（Melaina 等，2013）。纯氢管道需要特殊的材料和考虑，以抵抗其腐蚀作用导致的氢脆。另一个方法是提供冷却和液化氢增加存储密度，成本效益更高。然而，在低温储存期间，需要能量来液化氢气并且有可能发生热损失。

15.7.2　氢储存

氢对航空运输业有很大的好处。单位质量氢比汽油含有更多的能量，因此将会储存 3 倍的能量。这使得它成为一种具有吸引力的燃料，但是，不管是液态的，还是气态的氢，其缺点主要是它的能量体密度比常规燃料低 4 倍。这就意味着，对于同样数量的能量，它需要 4 倍的体积。此外，15%～40% 的氢能源需要液化并保持低温。另一个挑战是安全地分配和填充大型增压氢气罐。

人们正在开发有前景的新存储技术，以减轻与氢气存储有关的一些挑战。最近，已经研究出来一些新的方法来储氢。例如，物理或化学的储存方法可以通过结合原子来储存大量的氢。这些新材料包

括金属杂化材料、化学杂化材料和碳基材料（Edwards 等，2008）。各种储氢技术目前正在发展中，如碳纳米管罐、玻璃微球罐、化学氢化物罐和金属氢化物。

储氢材料可以用多种方式进行分类（Chambers 等，1998；Jena，2011；Lim 等，2010），主要根据吸附的性质或材料的工作温度来划分（Chambers 等，1998）。在图 15.4 中，最有前途的材料被分为四种吸附类型。相关化学术语和定义来自国际纯粹与应用化学联合会。

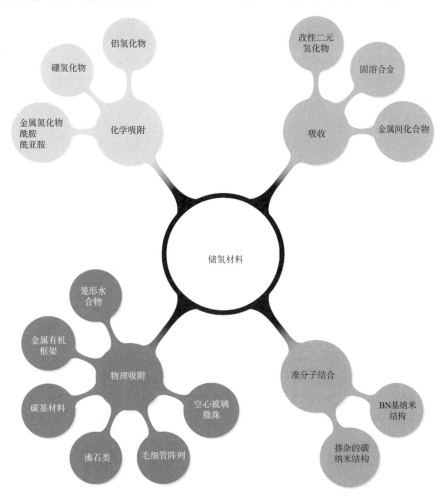

图 15.4 固体储氢材料的分类

第一类是吸收，包括固溶合金、金属间化合物和改性二元氢化物。这些材料是间质氢化物。在这种情况下，氢分子在金属元素或化合物表面离解成原子，然后通过扩散进入散装罐间隙位置（Broom，2011）。二元氢化物（MHX）存在几个缺点，如不稳定和在实际储存温度下氢气释放压力过高（Broom，2011）。因此，化学家试图结合元素，以改善这些材料的性能。

吸附是另一个存储 LH_2 的有效途径。物理吸附包括各种微孔材料、碳基材料（如活性炭或碳纳米管）、其他的材料（如空心玻璃微珠或金属有机框架材料），它们似乎真的是很有前途的新材料。它们的物理吸附发生在较低的温度，其中氢分子被吸收到超微孔，小于 0.7 nm（接近一个氢分子的大小）（Broom，2011）。因为不是化学力，这种结合是很脆弱的（Jena，2011）。这些材料已经被研究了 30 年，用于储存氢气并且在过去的 10 年中被广泛研究。

化学吸附材料包括复杂氢化物。这是一个通用术语，包括铝氢化物、硼氢化物、金属氮化物、酰胺和酰亚胺（Broom，2011）。氢分子通过共价键解离和结合。结合能很高，在 2～4 eV 范围内（Jena，2011）。这些材料的主要缺点之一是在高温下分解。

最后，根据 Jena（2011）的分类，第四种材料的特征是吸附质与吸附剂准分子结合。这种结合的强度介于化学吸附（2～4 eV）和物理吸附（几毫电子伏）之间，氢原子间的结合强度更弱（0.1～

0.8 eV)。这种新材料将把物理吸附和化学吸附材料的强度结合起来，且将包括掺杂碳和碳基纳米结构。

15.8 液态氢或液化天然气

液化天然气（LNG）作为航空替代燃料，已与液化氢同时开发，作为亚音速超绿色飞机研究（SUGAR）的一部分（Bradley 和 Droney，2012）。

首先，液化天然气是透明的、无色的、无臭的、无腐蚀性、无毒的液体，是通过冷凝甲烷气体在 $-159\ ℃ \sim -162\ ℃$ 的温度下得到的。相比之下，液化氢需要约 $-252\ ℃$，因此，相比液化天然气，它需要消耗更多的能量。与传统的喷气燃料相比，液化天然气的密度约为一半，但在获得相同的能量条件下，液化天然气要轻 20%。因此，它有可能增加航程，减少加油频率。液化天然气的热值也比常规喷气燃料稍高，从而降低了燃料燃烧的重量。由于液化天然气必须保持在非常低的温度下，因此液化天然气储罐必须绝缘（使用真空、多层或刚性泡沫系统）。液化天然气必须被泵入发动机中，然后在进入燃烧室燃烧前汽化。因此，必须对目前的喷气发动机的燃烧室进行修改，以适应不同的燃烧温度和液化天然气喷入过程。这进一步意味着液化天然气燃料的飞机将比常规燃料的飞机需要更重的飞机系统和更大的推进剂容量。这反而需要更多的总能量来进行给定的飞行。

此外，液化天然气与水剧烈反应，因此在水上"迫降"时比喷气燃料更危险。在环境温度下液化天然气会迅速蒸发。因此，如果燃料箱被刺破，液化天然气不会像煤油一样溢出地面，但仍能点燃。液化天然气与空气混合浓度为 5%~15% 时可以点燃。然而，无论是液化天然气还是它的蒸汽，都不能在一个没有限制的环境中爆炸。此外，液化天然气点火温度（632 ℃/1 169 °F）高于煤油的点火温度（245 ℃/473 °F），它提供了一个额外的安全保障。

最后，液化天然气的价格只是油基喷气飞机燃料的一部分，且比油基喷气式飞机清洁得多。它产生的硫化物少了 80%，颗粒少了 80%，氮氧化合物和温室气体排放量减少了 20%。但是，由于液化天然气是由甲烷冷凝得到的，又甲烷是一个强大的温室气体，所以液化天然气泄漏是一个潜在的问题。液化天然气的主要问题还包括高成本的深冷储

存与液化天然气生产厂、运输设施和分配站的基础设施要求。

最后，Saynor、Bauen 和 Leach（2003）指出，"液氢飞机的大多数的技术因素和设计要求也适用于液化天然气飞机，即使液化天然气飞机的一些要求较低。例如，不像液氢，甲烷不会导致材料脆化"。同时，甲烷的沸点（$-161.3\ ℃$）远远高于液氢（$-252.7\ ℃$），相比液氢降低了球形储罐的需要。此外，液化天然气的二氧化碳排放量比喷气燃料低约 25%。然而，减少二氧化碳排放的收益会被甲烷这一更强大的温室气体所掩盖，因为在液化天然气的生产、分配和燃烧过程中会不可避免地混入甲烷。最后，Saynor、Bauen 和 Leach（2003）得出结论："生物甲烷足够高的质量和可靠的同质性使它成为航空的实际选择，但它不可能在足够低的价格下供应足够多的数量。"

15.9 氢作为航空燃料

航空业是世界上发展最快的产业。目前，它只依赖于用不可再生的化石资源，如原油、天然气和煤炭，生产的喷气燃料，这些资源可能会在未来某个时候耗尽。此外，在燃气涡轮发动机中燃烧煤油会释放污染物到大气中，这不仅影响地球的气候，还影响环境和周围的空气质量。虽然目前航空占人为温室气体排放总量的约 3%，预计增加的空中交通将有可能使这一贡献超出可接受的水平。因此，有必要减少航空对常规化石燃料的依赖，并考虑使用替代能源。氢似乎是一个未来航天推进系统有希望的候选燃料。首先，它是地球上最丰富的元素。其次，它不仅可以从天然气和煤炭等化石原料中获得，还可以从风能、太阳能和生物能等可再生能源以及核能和废物回收中获得。假设从化石能源中制取氢气时能实现碳封存技术，那么上述工艺过程只会释放很少量的 CO_2 到大气中。

最后，氢气在燃气涡轮发动机的燃烧可消除 CO、CO_2、SO_x、VOC 和烟尘的排放量。氢动力发动机的主要排放物是大量的水蒸气和非常少量的氮氧化物。在高空释放的水蒸气负责形成航迹云和卷云，这往往会增加辐射强迫（Haglind、Hasselrot 和 Singh，2006）。然而，通过优化巡航高度可能会减少对全球变暖的影响（Sevensson、Hasselrot 和 Moldanova，2004）。氮氧化物往往与臭氧在超过 18 km 的空中反应，从而消耗臭氧层。

在 12 km 以下飞行可以避免这种情况。

与传统喷气燃料相比，氢的主要缺点来自它的存储体积。氢具有更大的比能量密度和 4 倍小的体积能量密度。氢燃料飞机预计将比传统的煤油动力飞机有更高的燃料效率，从而降低运营成本（Brewer，1991；Westenberger 等，2003）。然而，液态氢的生产是相当昂贵的，按照现在的状态，安全可靠的分销基础设施的开发也相当昂贵。最后，氢可用于燃料电池，目前这种燃料电池比今天使用的内燃机能源转换效率高 3 倍。燃料电池可以用来为小型飞机和无人机提供动力，也可以为商用飞机系统提供二次能源。

参考文献

Bradley，M. K. and Droney，C. K. （2012）Subsonic ultra green aircraft research phase II：N＋4 advanced concept development. *NASA/CR*，2012-217556.

Brand，J.，Sampath，S.，Shum，F.，Bayt，R.，and Cohen，J.（2003）Potential use of hydrogen in air propulsion. *AIAA Paper*，2003-2879.

Brewer，G. D.（1991）*Hydrogen Aircraft Technology*，CRC Press，Boca Raton，FL.

Broom，D. P.（2011）*Hydrogen Storage Materials：The Characterisation of Their Storage Properties. Green Energy and Technology*，Springer.

Cecere，D.，Giacomazzi，E.，and Ingenito，A.（2014）A review of hydrogen industrial aerospace applications. *Int. J. Hydrogen Energy*，39（20），10731 – 10747.

Chambers，A.，Park，C.，Terry，R.，Baker，K.，and Rodriguez，N.（1998）Hydrogen storage in graphite nanofibers. *Analysis*，102（22），0 – 3.

Contreras，A.，Yiğit，S.，Özay，K.，and Veziroǧlu，T. N.（1997）Hydrogen as aviation fuel：a comparison with hydrocarbon fuels. *Int. J. Hydrogen Energy*，22（10/11），1053 – 1060.

Dincer，I. and Joshi，A. S.（2013）Hydrogen production methods. *Solar Based Hydrogen Production Systems*，Springer，New York，pp. 7 – 20.

Edwards，P. P.，Kuznetsov，V. L.，David，W. I. F.，and Brandon，N. P.（2008）Hydrogen and fuel cells：towards a sustainable energy future. *Energy Policy*，36（12），4356 – 4362.

Guynn，M. D. and Olson，E. D.（2002）Evaluation of an aircraft concept with over-wing，hydrogen-fueled engines for reduced noise and emissions. *NASA/TM*，2002-211926.

Haglind，F.，Hasselrot，A.，and Singh，R.（2006）Potential of reducing the environmental impact of aviation by using hydrogen. *Aeronaut. J.*，110（1110），535 – 565.

Jena，P.（2011）Materials for hydrogen storage：past，present，and future. *J. Phys. Chem. Lett.*，2（3），206 – 211.

Khandelwal，B.，Karakurt，A.，Sekaran，P.，Sethi，V.，and Singh，R.（2013）Hydrogen powered aircraft：the future of air transport. *Prog. Aerosp. Sci.*，60，45 – 59.

Klug，H. and Faass，R.（2001），CRYOPLANE：hydrogen fuelled aircraft—status and challenges. *Air Space Eur.*，3，252 – 254.

Lalaurette，E.，Thammannagowdab，S.，Mohagheghib，A.，Manessb，P. -C.，and Logana，B. E.（2009）Hydrogen production from cellulose in a two-stage process combining fermentation and electrohydrogenesis. *Int. J. Hydrogen Energy*，34，6201 – 6210.

Lim，K.，Kazemian，H.，Yaakob，Z.，and Daud，W.（2010）Solidstate materials and methods for hydrogen storage：a critical review. *Chem. Eng. Technol.*，33（2），213 – 226.

Melaina，M. W.，Antonia，O.，and Penev，M.（2013）Blending hydrogen into natural gas pipeline networks：a review of key issues. National Renewable Energy Laboratory，U. S. Department of Energy，Technical Report NREL/TP-5600-51995.

Pohl，H. W.（1995）*Hydrogen and Other Alternative Fuels for Air and Ground Transportation*，John Wiley & Sons，Ltd，Chichester.

Pohl，H. W. and Malychev，V. V.（1997）Hydrogen in future civil aviation. *Int. J. Hydrogen Energy*，22（10/11），1061 – 1069.

Price，R. O.（1991）Liquid hydrogen：an alternative aviation fuel. *Int. J. Hydrogen Energy*，16（8），557 – 562.

Saynor，B.，Bauen，A.，and Leach，M.（2003）*The Potential for Renewable Energy Sources in Aviation*. Imperial College of London，Centre for Energy Policy and Technology.

Sevensson，F.，Hasselrot，A.，and Moldanova，J.（2004）Reduced environmental impact by lowering cruise altitude for liquid hydrogen fuelled aircraft. *Aerosp. Sci. Technol.*，8，307 – 320.

Snyder，C. A.，Berton，J. J.，Brown，G. V.，Dolce，J. L.，Dravid，N. V.，Eichenberg，D. J.，Freech，J. E.，Gallo，C. A.，Jones，S. M.，Kundu，K. P.，Marek，C. J.，Millis，M. G.，Murthy，P. L.，Roach，T. M.，Smith，T. D.，Stefko，G. L.，Sullivan，

R. M. , and Tornabene, R. T. （2009）Propulsion investigation for zero and near-zero emissions aircraft. *NASA/TM*，2009-215487.

Stroman, R. O. , Schuette, M. W. , Swider-Lyons, K. , Rodgers, J. A. , and Edwards, D. J. （2014）Liquid hydrogen fuel system design and demonstration in a small long endurance air vehicle. *Int. J. Hydrogen Energy*，39（21），11279－11290.

Westenberger, A. , Van Holten, A. , Singh, S. , Zerefos, H. , and Westerberg, B. （2003）*CRYOPLANE*：*Liquid Hydrogen Fuelled Aircraft—System Analysis*. Final Technical Report（Publishable Version）.

本章译者：蔚光辉　王正平
（北京理工大学宇航学院）

第 *16* 章

生物燃料飞行器

Bilal M. M. Bomani 和 Robert C. Hendricks
NASA 格伦研究中心，克里夫兰市，俄亥俄州，美国

16.1 概　　述

全球对生物燃料有着极大的兴趣，它可以将可靠、可再生和可持续发展的资源作为化石燃料使用的长期解决方案。世界上容易获得的燃料和能源的未来源头正在枯竭且不可再生。生物质是一种完全可再生的资源，可以用于生物燃料、食品和饲料、电力、化工、材料和其他的绿色应用，这些应用可通过保护和恢复来减轻温室气体排放，同时采用新的方法提供食物、清洁水和可持续利用半干旱的土地。虽然食物和饲料也是我们的生物质目标的主要问题，但本章的目的是介绍和开发可靠与有效的产生生物燃料的方法，以增加我们对世界自然资源的保护并减小对化石燃料的依赖。如果能有效地管理并且在进程中考虑现实生命周期成本，生物燃料可能是一个维持长期能源需求的可行选择。本章后面的内容包括引言、生物燃料作为绿色航空燃料的背景、潜在的绿色航空生物燃料、生物质的加工、潜在的绿色航空工业的生物燃料应用，还介绍了一个称为极致绿色航空（Extreme Green）的相当新的概念以及这一概念在未来如何应用于绿色航空业。

16.2 引　　言

据估计，到 2026 年，全球液体燃料的需求预计将增长 20％～25％或更多（Reilley，Paltsev，和 Choumert，2007）。此外，世界每年的航空燃料消耗预计从 950 亿加仑（3 594 亿升）增长到约 2 210 亿加仑（8 360 亿升）（美国能源信息管理局，

2009）。用绿色喷气燃料替代 10％的航空燃料将与目前世界范围内液体生物燃料（乙醇和生物柴油）的生产及其分配系统的规模相似。2026 年，未来航空器燃料燃烧的目标要求降低 70％（Reilley，Paltsev 和 Choumert，2007）。即使达到这一目标，每年仍需 660 亿加仑（2 497 亿升）。替代燃料的需求和生物燃料对传统及未来飞机性能与设计的影响已在文献（美国能源信息管理局，2009，2010；Reilley，Paltsev 和 Choumert，2007）中描述了。这些出版物描述了燃料类型与作物、农田、淡水和绿色飞机加油所需资源保护之间的冲突。不同于一般的运输业，航空业需要满足严格的喷气燃料规格的高度特定的流动性燃料，并且不能用当前未进行有效精炼的绿色燃料（乙醇、焦油、生物柴油、甲烷或氢气）代替。航空工业一直在追求大规模、安全和可持续的精炼生物燃料，这种燃料拥有低碳足迹并且在合理的成本和政府补充下没有不利的环境或社会影响。提供全球绿色航空燃料需求的关键是想出一个绿色解决方案。涉及绿色这个词的主要概念有以下三个。

（1）可替代的——利用与常规碳氢化合物能源相比具有较少不良后果并具有较低碳排放和环境影响的能源（例如，生物质、风能、太阳能、地热能和水力发电能源）。

（2）可再生的——利用自然补充能量的来源（例如，阳光、风、雨和潮汐）。

（3）可持续的——利用生态系统的自然能力维持生态过程、功能、生物多样性和未来的生产力（Bomani 等，2011）。

利用这三个概念中的任何一个都可以被认为是

绿色的，但不是极致绿色。本章将从绿色航空领域的环境、经济和社会方面讨论利用这三个概念。

16.3　生物燃料作为绿色航空燃料的背景

2014 年年初，通过石油/天然气工业钻探的进展和生物燃料补充，原油价格出现了模式转变。石油价格远远低于每桶 115 美元的关口，跌破每桶 50 美元，这种趋势预计将持续到 2015 年及以后。其中一个原因是石油库存处于历史最高水平，由于经济活动疲弱，需求处于历史低位。2014 年秋季，OPEC（石油输出国组织）会议未能达成一致的石油生产限制，这导致石油价格暴跌。这对尼日利亚、伊朗、委内瑞拉和俄罗斯等石油出口国造成了不利影响。沙特阿拉伯生产约 1/3 的 OPEC 总产量，但可以相对容易地容忍较低的油价。据报道，沙特阿拉伯拥有超过 9 000 亿美元的现金储备，自己的石油成本低于每桶 7 美元（匿名，n.d.）。一些有趣的事实是，美国现在已经成为世界上最大的石油生产国，进口原油比前几年少，并且实现了供应充裕。这些事实是最近油价下跌的原因。然而没有人能保证石油价格将稳定在 50 美元或增加到 100 美元以上。绝对真实的是，世界正在耗尽不可再生资源，也就是化石燃料。

需要在全世界建立用于航空工业的化石燃料的替代燃料，并且应当将可再生的、可持续的生物质可回收资源用作航空生物燃料。

虽然化石燃料的来源是古代生物质，但是它们不被认为是生物质，因为它们含有已经"超出"碳循环的碳很长时间。因此，它们的燃烧干扰了大气中的碳循环和二氧化碳含量（Bomani 等，2009）。生物质通常是指可用作燃料或工业能源生产的任何植物、植物衍生材料或可生物降解的废料。它不包括煤或石油等有机物质，通常用干重计量。生物质从几种植物类型生长，包括但不限于玉米、杨树、多年生草、柳树和甘蔗。生物质可以直接转化为液体燃料或生物燃料，用作汽车、卡车、公共汽车、飞机和其他能源需求中的替代运输燃料。乙醇和生物柴油是目前被用作替代燃料源的两种最常见的生物燃料类型。

绿色生物燃料的使用在过去 10 年中越来越受欢迎，因为哈伯特峰值（全球的石油产量峰值）预计在 2011 年达到（Bockris，2007）。截至 2014

年，钻探和炼油厂的石油、天然气生产实质上将哈伯特的峰值转移到了不可预见的未来。非生物理论中连续油气的生产也可能是一个主要资源，但程度未知。相比之下，施加于化石燃料的政治压力、公众关注和虚拟与实际的环境标准对生物燃料的兴趣达到顶峰。全世界对生物燃料做长期稳定航空燃料的可行的可再生能源的兴趣具有显著的潜力。如果有效管理，包括现实的生命周期成本，那么生物燃料可作为航空领域的长期能源解决方案。

替代燃料的需求与生物燃料对传统和未来飞机的性能与设计的影响，在以前出版物（美国能源信息管理局，2009；国际民航组织，n.d.；http：//www.caafi.org/）中早已表明。这些出版物清楚地说明了燃料类型与替代飞机加油所需的作物和农田之间的冲突。航空工业需要特定的流动性燃料，并且不能用当前的可再生燃料（乙醇、高级醇、热解油、生物柴油、甲烷或氢气）替代喷气燃料。因此，工业界在几个"无害"的限制之内追求新的和可持续的大规模安全生物燃料。

（1）不与食物/饲料生产所需的耕地或淡水资源竞争。

（2）低碳足迹，不会导致森林砍伐。

（3）不产生不利的环境或社会影响。

我们的地球被我们对"化石"烃类能源的依赖给我们的地球带来了困扰，我们需要依靠最优生物质燃料，因为它有潜力减少碳氢化合物依赖、二氧化碳、氮氧化物、纳米颗粒、Altitude H_2O clouds 和排放对健康与气候的危害。这样做将需要世界范围内的合作投资、能源来源和使用方面的全球范式转变。面对世界性的问题，经济增长、测试和生物质生产的预测必须解决如下燃料来源的挑战：

（1）世界人口预计在未来 40～50 年将增长 40%。

（2）航空预计将以每年 4% 的速度增长。

（3）2007 年使用了 95 亿加仑的喷气燃料，预计 2026 年投资 2 200 亿加仑；替换物，甚至低百分比的共混物需要巨大的投资和大量的生物质生产。

（4）传统的飞机、未来的 ATM（空中交通管理）和未来机群的组合意味着一个机群（2026 年）减少至少 40% 的燃料燃烧。

（5）不增加其他排放情况下二氧化碳减排 80% 的目标。

（6）航空地面规则将加油选项限制为"不伤

害"。

（7）替代燃料加注需要在概念、来源、能源的使用和其资金方面转变模式，并且它将降低对石油/煤/气/核燃料的依赖性成本。

（8）通过气候适应生态周期保护淡水和可耕地，保护我们的粮食供应、健康和气候。

我们面临的挑战是使我们的燃料资源安全、可持续、经济上可行并充分可用。所讨论的疑问、问题和难题导致我们必须使用地球最丰富的自然资源，这些自然资源是生物质、太阳能、干旱土地（43％）、海水（97％）与营养物质（80％）以及微咸水，并回收养分以解决能源、食品和淡水之间冲突的环境三角形。

在下一节中，我们将解释一些用于当今世界流行的来源的各种类型的生物燃料、如何处理生物质以及讨论绿色航空工业的潜在解决方案。最后，我们将描述一个相当新的研究领域，称为极限绿色航空，其中一个使用替代、可再生和可持续的方案为航空业及其他领域的需求提供了极致绿色解决方案。

16.4　潜在的绿色航空生物燃料

酒精喷气（ATJ）燃料的酒精生产商正在寻求认证。燃料转化过程是众所周知的，并且生命周期成本比其他生物质燃料更可行、更好理解。然而，尚未确定绿色航空燃料应用的生命周期成本。以下是关于乙醇、纤维素乙醇、丁醇、生物柴油（棕榈油、藻类和盐生植物）和合成燃料作为绿色航空的潜在生物燃料的讨论。

16.4.1　乙醇

乙醇是通过发酵和蒸馏转化为单糖的淀粉作物生产的酒精替代燃料。自 20 世纪初以来，乙醇在美国一直被用作燃料。乙醇的主要原料是玉米、大麦、小麦、甘蔗和灌木草。使用的其他原料是骆驼属物种、芸薹属物种、油菜籽和卡诺拉高粱。乙醇是当今世界上最流行的生物燃料。它是一种高辛烷值、清洁燃烧和可再生的燃料。乙醇通常在美国被列为 E10，乙醇的 10％混合物用于所有汽车。它也可作为 E85，85％乙醇混合物用于可变燃料车辆。一般地，在干磨或湿磨方法中将玉米转化为乙醇。在干磨操作中，通过用水和酶加热玉米淀粉来生产液化玉米淀粉。第二种酶将液化淀粉转化为糖，其通过酵母发酵成乙醇和二氧化碳。湿磨操作在将纤

维、胚芽（油）和蛋白质发酵成乙醇之前将其与淀粉分离。美国是世界上最大的乙醇生产国和消费国。在美国生产的超过 95％的乙醇由玉米原料生产（Bomani 等，2009）。然而，玉米可以被认为是非绿色的，因为它也是人类和动物的主要食物产品，并且直接与燃料需求竞争。从玉米生产乙醇是一种成熟的技术，不可能看到生产成本的显著降低。从低成本生物质生产乙醇的能力将是使乙醇与汽油竞争的关键。

2004 年，美国生产乙醇从 2003 年的 28.1 亿加仑增加到 34 亿加仑。2005 年，乙醇工业的产能已超过 40 亿加仑，到 2006 年年底，总产能达到近 55 亿加仑（美国乙醇联盟，http：//www.ethanol.org/）。预计生产商在 2006 年将生产相当于美国汽油消费量 3％的乙醇。然而，人们提出要关注培育玉米或生物质和将其转化为乙醇所需能量的数量（Johnson，2007）。我们看到玉米价格大幅上涨，全球的人们将因玉米制品变得更加昂贵而受到影响。因为对维持玉米作物生长的用水需求的增加、农业成本的增加以及乙醇的生产，玉米价格正在上涨，从而导致世界各地的牛、猪、家禽、肉、奶和奶酪的价格上涨。

根据 Pimentel 和 Patzek（2005）的研究结果，使用玉米粒生产乙醇比生产乙醇燃料多需要 29％的化石能量。使用柳枝稷生产乙醇比生产乙醇燃料多需要 50％的化石能量。使用木材生物质生产乙醇比生产乙醇燃料多需要 57％的化石能源。使用大豆油生产生物柴油比生产生物柴油燃料多需要 27％的化石能源。使用葵花子油生产生物柴油比生物柴油燃料生产所需的化石能源要多 118％。

作为可再生燃料，乙醇已经取得了一些成功，主要作为汽油增量剂，也是高氧燃料的含氧化合物。它的成功很大一部分是由于联邦乙醇补贴。缺乏政府支持可能会影响乙醇与原油竞争的能力。如果从生物质生产乙醇的努力取得成功，乙醇成本可能会大大降低。能源生产调查（Pimentel，2001）得出结论，玉米的乙醇生产消耗能源，需要总投入 140 加仑的化石燃料，成本为每英亩[①] 347 美元。将原料转化为乙醇需要额外的能量用于蒸馏，其将稀释的醇溶液从发酵肉汤浓缩成燃料乙醇。将原料转化为乙醇需要额外的能量用于蒸馏，其将稀释的醇溶液从发酵浆汤浓缩成燃料乙醇。转化每加仑乙醇需要 131 000 Btu[②]的能

---

① 1 英亩≈4 047 平方米。

② 英国热量单位，1 Btu＝1.055 kJ。

量。1加仑乙醇的能量值为 77 000 Btu，因此每加仑乙醇的能量损失为 54 000 Btu。一项调查得出结论是，美国需要农田生产食物，而不是发动机燃料。此外，用生物质替代所有化石燃料的可行性等待着技术的改进（Shapouri，2004）。

乙醇通常用于运输和农业燃料内燃机。它通常用作汽油的直接替代品或与汽油混合作为增量剂和辛烷值助剂。使用乙醇的一个主要缺点是车辆路程受到乙醇的可用性和分布的限制。此外，乙醇在压缩下不会点燃，也不能与柴油混合，这限制了其用于未经修改的飞机发动机。

16.4.2　纤维素乙醇

纤维素是一种天然存在的复杂碳水化合物聚合物，广泛存在于所有植物细胞壁中。纤维素乙醇，也称细胞醇，是由纤维素生产的乙醇燃料。纤维素乙醇与来自其他来源（如玉米或糖）的乙醇化学性质相同，但生物多样性包括来自城市、农业和林业来源的废物。加工纤维素乙醇与乙醇不同，因为它需要额外的步骤，称为纤维素分解，或将纤维素分解成糖。从纤维素生产乙醇显著增加了可用于乙醇生产的材料类型和数量。纤维素乙醇和常规的基于谷物的乙醇具有相同的分子，但是它们的区别在于

常规燃料乙醇仅来自生物质原料的一小部分：玉米或其他进料颗粒的可食用部分。相比之下，纤维素乙醇由可再生原料的非食品部分制成，如谷物秸秆和玉米秸秆（叶和茎）或其他能源作物。纤维素乙醇还能产生更大的净能源利益，导致比传统乙醇低得多的温室气体排放。

纤维素乙醇是有吸引力的，因为原料相对便宜且丰富。将其转化为乙醇需要更少的化石燃料，因此它可以比玉米乙醇对减少温室气体排放产生更大的影响。特别是生产纤维素乙醇的1英亩的草或其他作物可以比1英亩的玉米产生超过2倍加仑以上的乙醇，部分原因是整个植物可以用来替代谷物（Bullis，2007）。许多专家估计，玉米乙醇生产商将会用尽土地，部分原因是玉米型食品的需求相对较大，将总产量限制在约150亿加仑。现有和计划的玉米乙醇生产能力约为110亿加仑。

根据美国能源部（2014）数据，玉米基乙醇提供的能量比其生产所需能量多 26%，而纤维素乙醇则提供了更多的能源。虽然常规乙醇将温室气体排放量降低到低于汽油水平 10%～20%，但纤维素乙醇的减少范围从低于汽油的 80% 到完全二氧化碳中性。图 16.1 所示为乙醇生产流程。

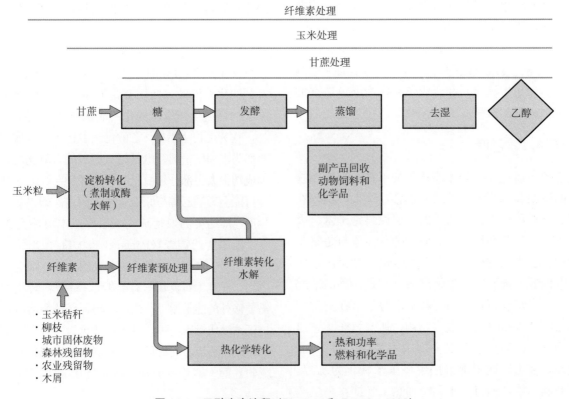

图 16.1　乙醇生产流程（Pimentel 和 Patzek，2005）

（来自 NASA/TM-2009-215587，http://ntrs.nasa.gov/archive/nasa/casi.ntrs.nasa.gov/20100002886.pdf）

至少有两种纤维素乙醇生产方法：涉及水解然后发酵生成游离糖的纤维素分解方法，以及有时称为合成气发酵或催化的汽化方法（例如，菲舍尔-费托方法）。应该注意的是，在生产乙醇时，这两个过程都不会产生有毒的排放物。还应该指出，乙醇是运输燃料的候选者，但不符合"A-1"喷气机或 JP-8 航空燃料的规格（Hammond，2007）。

16.4.3 丁醇

生物丁醇是由与乙醇相同的原料生产的四丁醇（丁醇），包括玉米、甜菜和其他生物质原料。丁醇通常用作诸如漆和搪瓷的产品中的工业溶剂，但也可以与用于常规汽油车辆的其他燃料混合。异丁醇是用作燃料的丁醇的唯一形式（其他的是叔丁醇和正丁醇）。在欧洲，汽油重量中 3.7% 的氧被认为与今天的汽车密度相符。该氧限制相当于 10% 体积的乙醇或 16% 体积的丁醇。此外，当考虑加热值、蒸汽压力、耐水性、腐蚀性和极性时，丁醇的性质比乙醇的性质更接近汽油。与甲醇和乙醇类似，根据 1992 年《美国能源政策法》（美国能源部，2014）可知，生物丁醇与汽油混合 85% 或以上被认为是替代燃料。UL 允许在用于 E10 以上乙醇混合物的 UL 87A 下列出的设备中分配生物丁醇混合物。

从 20 世纪初开始，通过发酵生产生物丁醇是可行的，但目前比生产石化产品贵。现代丁醇几乎完全由石油生产。将生物丁醇作为可持续车辆燃料的新兴趣促成了发酵生物丁醇的技术进步。预计第一个商业规模的设施是将之前乙醇玉米植物转化为生物丁醇玉米植物。生物丁醇提供了常规运输燃料的可行替代品。它们具有较高的能源含量，能增加能源安全并减少排放。现在人们对生物丁醇的兴趣越来越大，因为它可以用于未修改的汽油发动机。它在现有的汽油管道运输可以每加仑产生比乙醇更多的功率。生物丁醇可以由谷物作物、甘蔗和甜菜以及纤维素原料生产。

16.4.4 生物柴油

生物柴油是指由国内可再生资源生产的任何清洁燃烧的替代燃料。生物柴油不含石油，但可在任何级别与石油柴油混合生产生物柴油混合物。它也可以经过很少或没有修改用于压缩点火（柴油）发动机。生物柴油是可生物降解的、无毒的，基本上不含硫和芳烃。生物柴油是通过称为酯交换的化学过程制成的，其中甘油与脂肪或植物油分离。该过程剩下了两个产品：甲酯（生物柴油的化学名称）和甘油（通常出售用于肥皂和其他产品的有价值的副产物）。燃料级生物柴油必须按照严格的行业规范（美国材料与试验协会，2003）生产，以确保正常的性能。在美国，生物柴油是全部完成 1990 年清洁空气法修正案的健康影响测试要求的唯一替代燃料。满足 ASTM D6751 并在环境保护署法律注册的生物柴油是可以出售和分销的法定动力燃料。

生物柴油是指来自生物来源的柴油当量的加工燃料，可用于未经改进的柴油发动机。它具有与常规柴油非常相似的物理性质（表 16.1）。生物柴油可以通过各种酯化技术生产。

表 16.1 生物柴油的性质

比重	0.87～0.89
40 ℃下的运动黏度/$(mm^2 \cdot s^{-1})$	3.7～5.8
十六烷值	46～70
高位热值/$(Btu \cdot lb^{-1})$	16 928～17 996
硫/%	0～0.002 4
浊点/℃	-11～16
倾点/℃	-15～13
碘值	60～135
低位热值/$(Btu \cdot lb^{-1})$	15 700～16 735

资料来源：ASTM International（2003），来自 NASA/TM-2009-215587（http://ntrs.nasa.gov/archive/nasa/casi.ntrs.nasa.gov/20100002886.pdf）

据美国农业部（2004）称，生物柴油生产效率高，产生的能量比实际生产要高出 93%。他们还发现，与化石燃料相比，生物柴油减少了 41% 的温室气体排放。由于燃料分销商成本较高问题、发动机兼容性问题和寒冷天气操作问题，生物柴油几乎总是与常规柴油混合。最常见的共混物是 B2、B5 和 B20（分别为 2%、5% 和 20% 的生物柴油）。纯的 100% 生物柴油（B100）也可以在一些柴油发动机中用作未燃烧的燃料。

生物柴油原料厂利用光合作用将太阳能转化为化学能。储存的化学能量在燃烧时释放，因此，植物可以为生物柴油生产提供可持续的石油来源。在常规柴油发动机中使用生物柴油可显著减少未燃烧碳氢化合物、一氧化碳、硫酸盐、多环芳烃、硝化多环芳烃和颗粒物的排放。燃烧生物柴油时排放的大部分二氧化碳只是回收植物生长过程中吸收的二氧化碳，所以温室气体净产量很小。生物柴油通常比石油基柴油燃料减少约60%的二氧化碳排放量，因为它是通过植物光合作用从大气二氧化碳中产生的。有多种油可用于生产生物柴油，如油菜籽和大豆油，占所有燃料种类的约90%。其他作物包括芥末、亚麻、向日葵、卡诺拉、棕榈、麻、麻风树和藻类。废植物油、动物脂肪（牛油、猪油、黄油脂、鸡脂和鱼油）和污水也用于生物柴油生产。可以使用热解聚将几乎任何烃基原料（包括非油基原料）减少为轻质原油的新工艺来生产生物柴油。将生物柴油用于航空业的一个缺点是其凝固点。来自玉米原料、植物油和动物脂肪的生物柴油在−20 °F冻结，远高于喷气式飞机使用的典型燃料温度。使用生物柴油的其他缺点是其浊点、凝胶点和热稳定性。燃料储存也是一个主要的问题，因为生物柴油在储存过程中随着时间的推移会逐渐降解。

16.4.5 棕榈油制生物柴油

棕榈果实是从棕榈果提取的棕榈油和从果实种子中提取的棕榈仁油的来源。棕榈油含有大量的β-胡萝卜素，用作烹调油和制作人造黄油。棕榈油是从棕榈树果实中获得的一种食用植物油。对棕榈油的需求正在上升且预计将进一步攀升，特别是用作生物柴油燃料。到2020年，棕榈油使用量的需求预计会翻一番（Basiron和Simeh，2005）。为了实现生产增加，必须连续20年每年新种植1 160 mi²。自19世纪70年代以来种植棕榈树的马来西亚和印度尼西亚占世界棕榈油产量的85%。印度尼西亚有2 630 mi²的林地正式分配给新建的棕榈油种植园，而马来西亚的面积又比印度尼西亚多3 000 km²。在苏门答腊岛和婆罗洲岛上预计有数千平方英里的新种植面积有可能淘汰剩余的猩猩、犀牛和老虎。棕榈油种植园增长和进一步发展对环境的影响是由于棕榈油国家的政治压力而无法准确预测的严重威胁。马来西亚政府在2006年委托进行的一项独立研究表明：棕榈油只需投入化石燃料能源的30%～40%就能产生一定量的能源，而在从玉米、油菜籽或大豆生产生物燃料的过程中需投入高达60%的化石燃料能源。

16.4.6 藻类制生物柴油

目前，许多生物饲料用于乙醇和生物柴油生产，藻类已经成为最有希望的来源之一，特别是生物柴油。藻类油的产量比传统油籽的产量高出数个量级。作为对比，从理论上讲，1英亩藻类池塘可以产生高达15 000加仑的生物柴油，1英亩大豆生产多达50加仑的生物柴油，1英亩麻风树生产的生物柴油可达200加仑，1英亩椰子产生将近300加仑的生物柴油，1英亩棕榈种植园可生产多达650加仑的生物柴油（Briggs，2004；Riesing，2006）。表16.2列出了玉米、大豆、红花、向日葵、油菜籽、麻风树、椰子、棕榈树和微藻每英亩每年的加仑油量。

表16.2 每英亩各种生物燃料原料的年产油量

原料	产量/加仑
玉米	18
大豆	48～50
红花	83
向日葵	102
油菜籽	127
麻风树	200
椰子	300
棕榈树	635
微藻	5 000～15 000

资料来源：Briggs（2004）和Riesing（2006），来自NASA/TM-2009-215587（http://ntrs.nasa.gov/archive/nasa/casi.ntrs.nasa.gov/20100002886.pdf）

生物燃料工业目前有两种主要的藻类系统：光生物反应器和开放池系统。光生物反应器系统通常是闭环系统，其使得藻类能够在高度受控的环境中利用一个或多个透明圆柱体生长。光生物反应器系统的优点是能够控制单个藻类、二氧化碳、水温、光照和混合。光生物反应器系统与开放池系统相比的缺点是它们具有高资本设备成本、污染问题以及低生产率。

开放池系统通常使用暴露于自然阳光下的大型浅池塘（通常小于2 ft深）构建，藻类可利用阳光并转化为生物质。它们的形状通常像赛马场，并且包含水移动装置以保持藻类在整个池塘中循环。开放池系统的优点是启动和维护成本相对较低。开放池系统的缺点是，这些系统容易受到污染，难以控制营养，并且由于云层和偶尔的风暴而导致光源不一致。因此，需要的可能是利用光生物反应器和开放池技术的混合系统（Bomani等，2011）。

根据美国能源部的数据，目前私营部门正在进行关于高效藻类石油生产的大多数研究。据估计，藻类每单位面积产油量为每英亩5 000～20 000加仑，比以前最佳作物棕榈（635加仑）高出7～31倍。

藻类油可以像来自陆地作物的油一样加工成生物柴油。藻类有效生物柴油生产的困难不在于提取，而在于发现具有显著脂质含量和快速生长速率的藻类菌株，且这并不是难以获得的。对大量生产油类的藻类研究主要集中在与大藻类（海藻）相反的直径小于2 mm的光合作用微藻中。这种对微藻的偏好主要是由于其结构不太复杂、生长速度快且油含量高（某些物种）。大型藻类养殖系统的一些商业利益正在寻求与现有的基础设施相结合，如煤电厂或污水处理设施。这种方法不仅提供了系统的原料，如二氧化碳和营养物质，而且还将这些废物转化为资源。

16.4.7　盐生植物制生物柴油

盐生植物是能够在如盐沼、海岸、盐水或碱性半沙漠，以及草原等过度富含盐的栖息地中生长的任何植物，特别是种子植物。这些植物具有特殊的生理适应性，使得它们能够从土壤和海水中吸收水分，海水中溶质浓度不会受到非盐生植物的耐受。目前种植的植物种类不足2%是盐生植物。大多数植物物种是容易受到盐度损伤的淡土植物（Glenn等，1999）。

中东地区天然存在的盐碱环境为高耐盐植物的演化提供了必要的选择压力，这些植物主要用于放牧。来自29个植物科的大约211个盐生植物都被记录在中东地区；相比之下，世界植物区有250个属的大约885种盐生植物被子植物。本土和异国的盐生植物构成未开发的遗传资源，可用于在盐碱条件下开发作物。这些野生植物如果驯化，则可以利用盐水和土壤资源进行可持续的农业生产。它们的种子、水果、根、块茎或叶子可以直接或间接用作人类食物。盐植物对中东可持续农业系统最重要的贡献之一就是其作为饲料草、豆类、灌木和树木的潜力。基于这些盐生植物的农业系统的长期可持续性取决于投入和产出的经济价值、其环境影响、未来的粮食需求、经济性、淡水生态系统在进一步农业发展中的程度以及用于新农业系统的适当农艺实践发展（Jaradat，2003）。

最有希望的盐生植物之一是盐角草，它是一种无叶的盐沼植物，种植在新的沼泽区域。它们的种子含有30%的油和35%的蛋白质（与其他油菜作物非常相似），盐含量小于3%。有超过300倍的

土地已经盐碱化，许多内陆地区已经有运河、田地、农场和基础设施以及需要食物的人，但没有庄稼。新的盐植物作物，如水椰属牧草和水椰属谷物（NyPa澳大利亚有限公司）有潜力利用盐渍土地，稳定土壤免受风和水侵蚀，提供牧场，帮助较为不利的人口养活自己。沿海海岸线的土著居民已经利用过许多盐生植物，他们了解如何利用许多在红树林和盐沼中种植的植物。全球最迫切的问题之一就是找到足够的水和土地来支持世界的粮食需求。联合国粮食及农业组织估计，在接下来的30年里，将需要额外增加2亿公顷（4.942亿英亩）的新农田，以便为热带和亚热带的新兴人口提供食物。然而，这些国家只有9 300万公顷的农场可以扩大，但是大部分的土地都是森林，由此会造成环境问题（Hendrieks，2008；Bomani，2009）。

16.4.8　合成燃料

合成燃料（synfuel）是从煤、天然气或生物质获得的液体燃料。它有时可以指源自其他固体的燃料，如油页岩、焦油砂或塑料废物。根据初始原料，生产合成油的方法可以称为煤合成油、天然气合成油或生物质合成油。最常见的过程是第二次世界大战期间在德国大规模使用的费-托合成。生产合成燃料的中间产物往往是合成气，其是一氧化碳和氢气的化学计量混合物，有时直接用作工业燃料。位于南非的Sasol公司是合成燃料商业化的领先公司。他们目前在塞康达经营世界上唯一的商业煤合成油设备，每天的产能为15万桶（Sasol，2007）。已经开发了煤对液体或天然气对液体工艺的其他公司包括Shell，Exxon，Statoil，Rentech，Syntroleum和LanzaTech。全球商业天然气对液体的装机容量为每天6万桶，其中包括南非、马来西亚和新西兰的工厂。在没有政府补贴的情况下，合成燃料要与石油燃料竞争，原油价格必须相对较高。

16.5　生物质的加工

我们已经介绍了几种生物燃料的能源生产潜力，现在将讨论生物质的实际处理，这是将能量从可再生、可替代和可持续的具有成本效益的能源中消耗掉的最重要的一步。虽然生物质是可再生燃料来源，但它是碳循环的一部分，通常被称为"碳中和"燃料。通过光合作用，将大气中的碳转化成生物物质，然后通过衰变或燃烧回到大气或土壤中。这个过程

发生在相对较短的时间尺度上，用作燃料的植物物质可以通过种植来不断取代新的生长，有效地导致零"净"碳排放。人们普遍认为，生物量中储存的碳的含量约占生物量的50%（Smith等，2003）。

纤维素、半纤维素和木质素是大部分生物质的三个主要组成部分，如图16.2所示。因为可持续

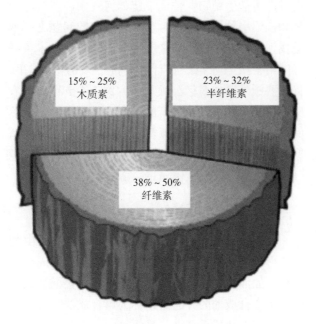

图16.2　生物质的三个主要组成部分

（资料来源：NASA/TM-2009-215587，http：//ntrs. nasa. gov/archive/nasa/casi. ntrs. nasa. gov/20100002886. pdf）

非化石燃料的压力增加，生物质的生产是一个每年都在不断发展的行业。生物质能已经超过了水能发电，成为国内最大的可再生能源。生物质目前主要通过在造纸工业、生产工业、热蒸汽和利用森林工业废弃物及城市固体废物发电，提供了美国总能源消耗的3%以上。

生物能源和生物产品的生产出现了新的行业。整合生物质转化过程和设备以及从生物质生产燃料、电力和化学物质的设施称为生物炼油厂，在概念上与炼油厂非常相似。这些炼油厂专注于将生物质原料（农业和林业作物、残留物和市政及工艺废物）精炼成化学品、燃料、压板、生物复合材料和其他有价值的产品。

图16.3列出了生物炼油厂的概念活动实例。由UOP有限责任公司开发的一种名为绿色柴油的新型UOP/Eni Ecofining工艺技术，用植物油生产绿色柴油。该方法利用催化饱和、加氢脱氧、脱羧和加氢异构化反应，从含有甘油三酯和脂肪酸的可再生原料如大豆、棕榈和菜籽油中生产富含异烷烃的柴油。所得的生物燃料产品具有较高的十六烷值，并且可以与石油衍生的柴油燃料标准混合物相混合，这可以为炼油厂提供附加值。他们认为，与生物柴油相比，绿色柴油有可能替代燃料中每能量含量中更多的石油资源（国家可再生能源实验室，2008）。

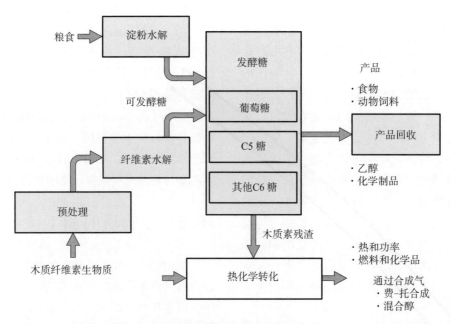

图16.3　在生物炼油厂处理生物质的概念实例（国家可再生能源实验室，2008）

（资料来源：NASA/TM-2009-215587，http：//ntrs. nasa. gov/archive/nasa/casi. ntrs. nasa. gov/20100002886. pdf）

16.5.1 汽化

汽化是使用热、压力和蒸汽将材料直接转化成主要由一氧化碳与氢气组成的气体的过程。当生物质被加热而没有氧气或只有有效燃烧所需氧气的1/3时，它通常会汽化（热解）为称为合成气的一氧化碳和氢气的混合物中。用于汽化的典型原料是煤、石油基材料和有机材料。原料被制备并以干燥或浆状的形式进料到称为汽化器的密封反应器室中。原料在汽化器内经受高热、压力以及富氧或缺氧环境。来自汽化的三种主要产物是烃类气体（合成气）、烃类液体（油）和焦炭（灰分）。

合成气能比其制成的固体生物质更有效和清洁地燃烧。合成气还比固体燃料更容易与化学催化剂混合，这可以大大提高其转化为运输所需的其他燃料的能力。费-托法将合成气转化为运输所需的液体燃料。各种其他催化过程可将合成气转化成无数种化学物质或其他潜在的燃料或产品。至少有一家公司将汽化过程中生物燃料的使用商业化（http：//www.lanzatech.com/innovation/）。

16.5.2 水解

水解是一种使用水分解物质化学键的化学分解过程。有两种类型的水解：酸和酶。可能适用于酸或酶水解的原料通常是含有纤维素的植物质材料，包括森林材料和锯木厂残渣、农业残留物、城市废物和废纸。所有植物都具有由木质纤维素纤维组成的结构组分，其又包含三个主要部分：纤维素、半纤维素和木质素。纤维素和半纤维素是可以化学或生物地分解成组分糖的糖分子链；再将糖用酵母或细菌发酵以产生乙醇，将其蒸馏至较高浓度以供最终用途。木质素将纤维素和半纤维素结合在一起，不能分解形成糖。在这一点上，木质素最具成本效益的用途是作为生物能源的能源设施燃料。糖也可以转化成乙酰丙酸和柠檬酸。乙酰丙酸是一种多功能化学物质，是其他特种化学品、燃料和燃料添加剂、除草剂与杀虫剂的前身。柠檬酸的最大应用是饮料行业，占该产品市场的45%左右。柠檬酸还用于各种糖果、冷冻食品和加工奶酪以及罐头食品、肉类、果冻和蜜饯中的防腐剂。

16.5.3 厌氧消化

厌氧消化是在没有氧气的情况下有机物质的细菌分解。这种生物过程产生一种主要由甲烷和二氧化碳组成的称为沼气的气体。这种气体由诸如污水污泥、家畜粪便和湿有机材料等原料生产。厌氧分解有三个步骤：①细菌将植物或动物物质分解成分子，如糖；②分解物质转化为有机酸；③有机酸转化为甲烷气体。纤维素和半纤维素是大量生物质资源的三个主要成分中的两个，是糖的聚合物，可以以这种方式分解成用于发酵或加工乙醇和其他有价值的燃料与化学品的组分糖。厌氧过程可以自然发生，也可以在受控环境中发生，如沼气厂。在受控环境中，将有机材料如污泥和其他相对较湿的有机材料以及各种类型的细菌放入称为消化器的气密容器中，在该容器中发生该过程。根据废物原料和系统设计，沼气通常是纯度为55%～75%的甲烷。

16.6 绿色航空工业的生物燃料应用

根据美国农业部的数据，每年的潜在生物质能源供应量可能达到14亿t，这个资源很大而且相对未开发（美国农业部，2004）。主要包括农业残余和林业残留。作为能源原料，生物质可用于替代大量进口的外来石油（每年1亿～2亿桶），因此代表着国内可再生能源储备非常大。每年可以从这个生物质资源生产70亿～100亿加仑的乙醇，而不必种植单一的能源作物。

航空级燃料的温度、黏度和不透明度（纯净/清洁）要求对生物燃料来说是最困难的挑战。一种成功的燃料是通用航空级乙醇。航空级乙醇（AGE-85）是用于任何往复式发动机的高性能的85%乙醇混合燃料。AGE-85开始取代100辛烷值低铅（Avgas 100LL）航空汽油，这是自第二次世界大战以来航空标准的含铅汽油。AGE-85对这些飞机的性能有了实质的改善，在典型的巡航能力下能够多产生至少12%的马力和扭矩。更低的操作温度也实现了，发动机比目前的燃料要低50 ℃～100 ℃。因为AGE-85燃料在发动机中燃烧副产物的积累量相当少，所以发动机大修之间的时间更长，维护成本更低。替代燃料用于航空产业的可行性已被很好地概述（Daggett等，2008）。他们考虑了生物衍生燃料、甲醇、乙醇、液态天然气、液态氢和合成燃料，以替代或补充常规喷气燃料。CFM国际（绿色汽车大会，2007）已经成功地使用酯型生物燃料对CFM56-7B发动机进行了初步测试。CFM56-7B目前是波音下一代单通道客机专用发动机：737-600/700/800/900。推力范围为18 500～27 300 lb。用于该测试的生物燃料是与70%常规喷气 A-1 燃料混合的30%植物油甲酯。

美国国防部一直致力于探索广泛的能源替代物和燃油效率的工作，以减少军方依赖石油来为其飞机、地面车辆和非核船舶提供动力。生产生物柴油的当前商业生产过程不适合军事应用的燃料，其需要更高的能量密度和较宽的工作温度范围。表 16.3 列出了 Jet A-1 燃料所需的规格。从中可以看出，使用传统生物质原料的生物燃料来满足这些规范是非常困难的。

表 16.3　Jet A 和 Jet A-1 的典型物理性质

参数	Jet A-1	Jet A
闪点/℃	38 (100℉)	38 (100℉)
自燃温度/℃	45 (473℉)	245 (473℉)
冰点/℃	−47 (−53℉)	−40 (−40℉)
最高绝热燃烧温度/K	2 500 (2 230 ℃, 4 040 ℉)	2 500 (2 230 ℃, 4 040 ℉)
露天燃烧温度/℃	1 030 (1 890 ℉)	1 030 (1 890 ℉)
15 ℃ (59 ℉) 时的密度/(kg·L⁻¹)	0.804 (6.71 lb per US gal)	0.804 (6.71 lb per US gal)
比能量/(MJ·kg⁻¹)	43.15	43.02
能量密度/(MJ·L⁻¹)	34.7	43.02

资料来源：ASTM 国际（2015），NASA/TM-2009-215587（http://ntrs.nasa.gov/archive/nasa/casi.ntrs.nasa.gov/20100002886.pdf）

截至 2014 年，全世界已有多家民用和军事机构实施了替代航空加油的发动机与飞行兼容性测试。这些包括大多数主要航空公司、全球甚至商业收入航班，但不是连续的。在这个时候，基础设施不足以支持全球不断地替代航空加油。一个可能的例外是南非航空公司与 Sasol 提供来自煤或天然气的燃料。如前所述，截至 2014 年，石油和天然气行业的钻井与炼油厂已经实现了价格压力，使替代航空加油不经济。还有待观察的是，作为立法授权，环境或其他因素能否使得替代航空因旅客成本增加而成为要求。作为所有这一切的警告，美国环保署已经要求在 2018 年更换 Avgas 100LL，并正

在测试各种替代品。一个潜在的候选替代品为91UL（联邦航空局，n.d.）。

16.7　未来：极致绿色航空

为了确保我们减轻对有限供应化石燃料的依赖，必须提出一种解决方案，这种解决方案是考虑到可替代的、可再生的和可持续的方法。迄今为止，只有两种生物质解决方案具有极好的绿色能力，它们是海洋藻类/细菌和盐生植物。涉及生产海洋藻类可行解决方案的成本因素可能是由于涉及的加工（藻类到油）步骤的数量太大而成为难以克服的障碍。然而，盐生植物没有多种加工（盐生植物制油）的步骤（Bomani 等，2014）。盐生植物基本上可以用作燃料和食物/饲料生物质，并被分类为 A 级食品。在撒哈拉以南非洲地区，由于存在大量的咸水以及非耕地，在理论上可能会开发一个撒哈拉以南非洲的盐生植物生长区，并种植盐生植物来生产燃料和食物。盐角草属是一种有希望的植物物种，可以用作可行的最佳绿色航空原料。为确定哪些物种能实现最大化脂质生产需要对盐生植物进行更多的研究。到目前为止，海蓬子、弗吉尼亚盐角草、盐角草、Salicornia subterminalis 和海滨锦葵都有很大希望，是航空生物燃料潜在的最佳绿色生物质候选者（匿名，n.d.）。所有这些都可以通过不使用淡水或耕地来种植，不直接与现成的粮食作物竞争。

16.8　总结和结论

我们必须认识到，寻找可再生、可替代和可持续的具有成本效益的能源的可行来源是一项全球性任务。我们提出了使用化石燃料的几种生物燃料替代方案。使用玉米进行乙醇生产对当地农民以及汽车行业来说都是有希望的，但技术相当成熟且对传统乙醇的生产并不乐观。然而，纤维素乙醇因其能比乙醇更多利用植物生物量的能力越来越受到关注。生物柴油表现出希望，但需求远远超过当前的能力。来自藻类/细菌的生物柴油具有比任何其他方法产生更多燃料数量级的潜力，并且应该进行研究，以便可以鉴定和将理想的藻类/细菌物种或菌株用于有效的生物燃料生产。盐生植物制造生物柴油也显示出巨大的希望，因为它们不仅可以作为燃料来源，还可以作为食物来源，节约淡水和耕地等

资源。在我们寻找有效、安全和经济实惠的生物燃料作为替代化石燃料时，合成油、甲烷和氢气在未来也是有前途的。

我们希望通过一项全球性计划，调查使用盐藻类和海藻类细菌作为航空工业生物燃料的可行性，将为未来可再生能源的大规模研究和开发提供一些见解与指导。如果我们推出一个极致绿色且具有成本效益的解决方案，那么我们可以为未来几代提供绿色航空燃料。

参考文献

Anonymous（n. d.）Why oil prices are falling. *The Economist*. Available at http：//www. economist. com/blogs/economistexplains/2014/12/economist-explains-4（accessed October 30，2015）.

ASTM International（2003）*ASTM D6751-03：Standard Specification for Biodiesel Fuel（B100）Blend Stock for Distillate Fuels*. ASTM International，West Conshohocken，PA.

ASTM International（2015）*ASTM D1655-15d：Standard Specification for Aviation Turbine Fuels. ASTM International，West Conshohocken，PA*. Available at http：//www. astm. org/Standards/D1655. htm（accessed October 30，2015）.

Basiron，Y. and Simeh，M. A.（2005）Vision 2020-the palm oil phenomenon. *Oil Palm Ind. Econ. J.*，5（2），1-10.

Bockris，J. O'M.（2007）Will lack of energy lead to the demise of high-technology countries in this century? *Int. J. Hydrogen Energy*，32（2），153-158.

Bomani，B. M. M.（n. d.）Plant fuels that could power a jet. Available at http：//www. ted. com/talks/bilal _ bomani _ plant _ fuels _ that _ could _ power _ a _ jet. html（accessed October 30，2015）.

Bomani，B. M. M.，Bulzan，D. L.，Centeno-Gomez，D. I.，and Hendricks，R. C.（2009）Biofuels as an alternative energy source for aviation-a survey. *NASA/TM*，2009-215587.

Bomani，B. M. M.，Hendricks，R. C.，Elbuluk，M.，Okon，M.，Lee，E.，and Gigante，B.（2011）NASA's Green Lab Research Facility：a guide for a self-sustainable renewable energy ecosystem. *NASA/TP*，2011-217208.

Bomani，B. M. M.，Link，D.，Kail，B.，Morreale，B.，Lee，E.，Gigante，B.，and Hendricks，R. C.（2014）The effect of growth environment and salinity on lipid production and composition of Salicornia virginica.

NASA/TM，2014-216645.

Briggs，M.（2004）Widescale biodiesel production from algae. University of New Hampshire Biodiesel Group. Available at http：//www. unh. edu/p2/biodiesel/article _ alge. html（accessed August 20，2009）.

Bullis，K.（2007）Will cellulosic ethanol take off? Fuel from grass and wood chips could be big in the next 10 years—if the government helps. *Technology Review*. Available at http：//www. technologyreview. com/Energy/18227/（accessed October 30，2015）.

Daggett，D. *et al.*（2008）Alternate fuels for use in commercial aircraft. *NASA/TM*，2008-214833. Available at http：//ntrs. nasa. gov/archive/nasa/casi. ntrs. nasa. gov/20080018472. pdf（accessed October 30，2015）.

Federal Aviation Administration（n. d.）Aviation gasoline. Available at https：//www. faa. gov/about/initiatives/avgas/（accessed October 30，2015）.

Glenn，E. P.，Brown，J. J.，and Blumwald，E.（1999）Salt tolerance and crop potential of halophytes. *Crit. Rev. Plant Sci.*，18（2），227-255.

Gordon，J. M. and Polle，J. E. W.（2007）Ultrahigh bioproductivity from algae. *Appl. Microbiol. Biotechnol.*，76（5），969-975.

Green Car Congress（2007）Successful initial test of 30％ biofuel blend in commercial jet engine. Available at http：//www. greencarcongress. com/2007/06/successful _ init. html（accessed October 30，2015）.

Hammond，L. A.（2007）Cellulosic ethanol fact sheet. Available at http：//www. carlist. com/blog/? p＝403（accessed October 30，2015）.

Hendricks，R. C. and Bushnell，D. M.（2008）Halophytes energy feedstocks：back to our roots. *12th International Symposium on Transport Phenomena and Dynamics of Rotating Machinery*，Honolulu，Hawaii，February 17-22，2008，ISROMAC12-2008-20241.

Hendricks，R. C. and Bushnell，D. M.（2009）Halophytes，algae and bacteria food and fuel feedstocks. *NASA/TM*，2009-215294.

ICAO（n. d.）*Commercial Aviation Alternative Fuels Initiative-CAAFI*. International Civil Aviation Organization.

Jaradat，A. A.（2003）Halophytes for sustainable biosaline farming systems in the Middle East，in *Desertification in the Third Millennium*（ed. A. S. Alsharhan），A. A. Balkema，Lisse，The Netherlands/Exton，PA，pp. 187-203.

Johnson，J.（2007）Ethanol—is it worth it? *Chem. Eng. News*，85（1），19-21. Available at http：//pubs. acs. org/email/cen/html/010207085554. html（accessed October

30，2015）．

National Renewable Energy Laboratory（2008）Biomass research. Available at http：//www. nrel. gov/biomass/ biorefinery. html（accessed October 30，2015）．

Pimentel，D.（2001）Ethanol from corn wastes energy. *Ind. Bioprocess.*，23（10），1‐2．

Pimentel，D. and Patzek，T. W.（2005）Ethanol production using corn，switchgrass，and wood；biodiesel production using soybean and sunflower. *Nat. Resour. Res.*，14（1），65．

Reilley，J.，Paltsev，S.，and Choumert，F.（2007）Heavier crude，changing demand for petroleum fuels，regional climate policy，and the location of upgrading capacity. MIT Joint Program on the Science and Policy of Global Change，Report No. 144. Available at http：//web. mit. edu/globalchange/www/MITJPSPGC _ Rpt144. pdf（accessed October 30，2015）．

Riesing，T. F.（2006）Cultivating algae for liquid fuel production. Available at http：//oakhavenpc. org/cultivating _ algae. htm（accessed October 30，2015）．

Sasol（2007）Coal to liquids at Sasol. Kentucky Energy Security Summit，CAER's 30th Anniversary，October 11，2007. Available at http：//www. caer. uky. edu/ podcast/Gibson‐KESummit Oct2007r. pdf（accessed October 30，2015）．

Shapouri，H. *et al*.（2004）The 2001 net energy balance of cornethanol. *Proceedings of the Conference on Agriculture as a Producer and Consumer of Energy*，Arlington，VA.

Smith，J. E.，Heath，L. S.，and Jenkins，J. C.（2003）Forest volume to‐biomass models and estimates of mass for live and standing dead trees of U. S. forests. US Department of Agriculture General Technical Report NE‐298. Available at http：//www. treesearch. fs. fed. us/ pubs/5179（accessed October 30，2015）．

US Department of Agriculture（2004）*Agricultural Statistics* 2004. Table 3‐51，p. Ⅲ‐26．

US Department of Energy（2014）*Biobutanol*. Alternative Fuels Data Center，US Department of Energy. Available at http：//www. afdc. energy. gov/fuels/emerging _ biobutanol. html（accessed October 30，2015）．

US Energy Information Administration（2009）*International Energy Outlook* 2009. DOE/EIA‐0484（2009）. Available at http：//www. eia. gov/oiaf/ieo/pdf/0484（2009）. pdf （accessed October 30，2015）．

US Energy Information Administration（2009）*International Energy Outlook* 2010. DOE/EIA‐0484（2010）. Available at http：//www. eia. doe. gov/oiaf/ieo/world. html（accessed October 30，2015）．

本章译者：刘刚　王正平
（北京理工大学宇航学院）

第 17 章

氢燃料电池辅助动力装置

Joshua E. Freeh

NASA 格伦研究中心，克里夫兰市，俄亥俄州，美国

17.1　引　　言

连同其他的交通运输产业一起，航空产业继续朝着高效率和低排放方向发展。在这些领域里飞行器发动机和机身已经有了明显的提高。在许多飞机的辅助动力装置（APU）中，燃气涡轮系统用于飞机在地面上或者飞行中产生电能，但是它作为推进发动机，在高效率利用能量和低排放方向却没有得到飞行器发动机与机身一样的提高。结果显示，它贡献多达 20% 的飞行器氮化物排放，同时也是飞机系统其他排放物、噪声和燃料利用的一个重要来源（Daggett 等，2003）。当一个关于减少排放、噪声和燃料利用的可选择性 APU 收益是飞行器总数乘以每年的航班总数时，结果是巨大的，也证明为了 APU 投资替代技术和解决问题是合理的。

相比常见的燃气涡轮技术，基于燃料电池的 APU 是一种可以潜在地提供大量的燃料节约、更低的排放和噪声，以及其他收益的一种方法。燃料电池能产生相当高效率的电能，对于氢/氧系统，水是它们唯一的副产物：

$$2H_2 + O_2 \longrightarrow 2H_2O \qquad (17-1)$$

相比燃气涡轮系统，氢/氧系统也是相当安静的。一项研究（Srinivasan 等，2006）表明，当地面操作的氢/氧系统产生的噪声水平在 51～72 dBA 时，经典燃气涡轮 APU 会在 90 dBA 的噪声水平。

然而，要在飞机上成为一个合适的代替物，燃料电池 APU 还存在很大的挑战。首先，飞机上的燃料是喷气燃料，它混合了碳氢混合物、硫化物和其他杂质。混合燃料比如喷气燃料不是经常直接用于燃料电池。虽然纯氢可以作为燃料电池储存在飞机上，但是不论是在飞机上还是在地面操作上它都大大增加了复杂度。另一种方法是把喷气燃料转化为更简单的碳氢混合物。更高温度的固体氧化物燃料电池（SOFC）可以用这种混合物作为燃料来源。这种转化过程可能是复杂的，其可以计算一些燃料电池 APU 方法的收益。而且，这种硫化物增加了复杂度的层次。燃料电池催化剂和其他材料对于有时甚至很少量的硫（Larminie 和 Dicks，2003）都会很敏感；所以，脱硫对于喷气燃料来说是必需的。

其他的挑战是，在同等能量水平下，大多数燃料电池系统一般都比燃气涡轮系统重。和商业运输工具的收益一样，对于一架飞行器，质量明显会影响它的性能。一些质量的增加要被计算到飞行时从燃料电池效率增加而节约的燃料中去。因为尽管增加质量，航空公司也要引进一个更清洁的 APU，所以排放和噪声的管理规定可以使质量差异变为一个无效的点。

除此之外，还有其他的一些挑战，包括外包装、启动和关闭操作、使用寿命、可靠性和鲁棒性。燃气涡轮是简洁、稳健的系统，对燃料杂质不太敏感，它们的退化和维修也很好处理。

本章将要回顾一个上面描述更为详细的燃料电池 APU 的收益、挑战、设计和操作，同时将重点介绍固体氧化物燃料电池燃气涡轮混合系统。

17.2　简　　史

飞机制造商、燃料电池开发者、政府机构

（Daggett 等，2003；Steffen 等，2005；Whyatt 和 Chick，2012）对燃料电池 APU 的可行性已经做了 10 多年的调查。这些研究主要聚焦在用一个固体氧化物燃料电池燃气涡轮混合系统替换一个 300 座位飞行器的燃气涡轮 APU。设计的目标无论是在地面上还是在飞行中，不仅减少了噪声和排放，而且也减少了超过一半的 APU 燃料利用。这个燃料电池 APU 上也设计有少数的可移动零件和更好的潜在可靠性。这些研究还评估了使用燃料电池系统副产物水作为飞机上灰水的可能性。

在上面的叙述中，燃料电池/燃气涡轮混合系统已经被证明比标准的燃气涡轮 APU 重。因为质量在飞行中的重要性，混合系统质量的增加被作为一个主要的考虑项。燃料电池 APU 硬件质量的增加能在某种程度上抵消一些飞行中燃料的节约，进而抵消用于飞行中燃料电池的副产物水。关于质量额外的细节和其他的权衡在下面会被描述。

上面的研究和许多学者已经评价了不同的燃料重整方法和空气来源的可用性，譬如客舱及环境源问题。反应物的利用和燃料电池阳极及阴极二者的再循环也在以前的研究中进行过评估。由于子系统之间的交互作用，这些参数以意想不到的方式影响整个系统的性能。在没有硬件的情况下，燃料电池 APU 的数学模型必须从根本上说明这些影响。

还有研究评估高压对燃料电池堆的影响。随着压力的增加，燃料电池性能由于在电化学反应水平的质量传输改善而增加。对系统和反应物加压所需的能量降低了性能增益，并且造成了有趣的权衡，特别是当如上所述考虑空气和燃料来源时。

Braun 等（2009）考虑了一种较小的、较低功率的燃料电池 APU 的应用，用于承载 162 名旅客飞行 1 800 km 的飞机。然而，得到的结论和较大飞机飞行较大范围的研究结果类似。在他们的研究中，因为有燃料电池 APU 的存在，较小的飞机飞行较短的范围使用较少的燃料，需要补偿更少的质量增加。

一些相关研究也在一定程度上评估了硫的问题。一种方法是在飞机上进行脱硫，这需要另一个复杂的子系统，该子系统很重并且可能需要定期维护。另一种方法是在机场或者飞行前燃料处理阶段脱硫。这两种方法都将增加燃料成本并降低燃料电池 APU 的竞争力。

最近完成了一些新的支持燃料电池 APU 成果

的实验工作。Pratt 等在没有预处理空气的高海拔压力和温度条件下测试了低温质子交换膜燃料电池（PEMFC）（Pratt 等，2005）与高温 SOFC（Pratt 等，2009）。结果显示，与预期的一样，性能降低，但具有相互作用和其他意外的效果。

1.2 kW 质子交换膜燃料电池（PEMFC）也已经在较低海拔（1 500 m）的通用航空飞机上进行了测试（Chang 和 Edwards，2003）。在墨西哥城，在 2 250 m 的高度（Spiegel 等，1999）使用燃料电池公共汽车测试了 20 个更大的燃料电池堆，发现功率输出下降，但在这些测试条件下仍然可用。

17.3 SOFC/燃气涡轮系统设计

大多数燃气涡轮 APU 通常主要在地面上操作。它们用于当燃气涡轮发动机不运行时，向飞机提供电能。APU 还用于启动推进 Gas（燃气）涡轮发动机。对于延伸型双发动机运行（ETOPS）应用（FAA，2008），双发动机飞机能飞越更长距离的航线，APU 在飞行中用作备用电力的来源。

一个燃气涡轮 APU 通常产生电能的效率为 15%～20%。飞行中，通常生产者操作推进发动机在大约 50% 的功率下产生电功率，这是低效 APU 通常不用于飞行的一个原因。然而，燃料电池 APU 具有可比性或更好的潜力，因此可以在飞行中和在地面上使用。对于较高温度的燃料电池，具有较长的启动和关闭时间，优选连续操作。这也可以消除对冲压空气涡轮机的需要，该冲压空气涡轮机在当前飞机上用作飞行中的另一个应急电源。

近年来，越来越多的电动飞机（MEA）呈现更广泛的应用趋势，其中电气子系统将在飞行中对大部分的飞机子系统进行供电和控制（Breit 和 Szydlo-Moore，2007）。使用 MEA 方法，燃料电池可以更容易地集成到整个飞行器系统中。MEA 提供了分布式的电源架构，为电源提供更灵活的解决方案。

用非混合燃料电池系统代替燃气涡轮 APU 将提供效率增益，但是质量会显著增加。这样的混合系统已经被构建并且被测试用于陆地功率应用（Veyo 等，2002）；然而，由于不同的品质因数，如最小化的质量和体积，航空电力应用需要不同的方法。

在图 17.1 中示出了代表性的混合式 SOFC/燃气涡轮系统。主要的子系统是燃料电池堆、燃料处理器，以及空气和水处理子系统。该系统的尺寸和包装在一个300座位飞机尾部整流器上作了可行性研究。封装单元的实体模型如图17.2所示。在燃料电池堆中，燃料电池串联操作以产生堆电压。多个堆叠被用于产生足够的电流以满足必要的功率水平。用于布置燃料电池堆的二维平面和管状方法都在开发中。空气处理子系统从空气源开始，至少三种方法是可用的：使用单独的环境空气入口、使用

来自推进发动机的引气、使用大部分被排出的来自客舱的空气。周围环境的空气入口从飞机发动机的角度来看是最少进入的，但会导致温度大范围变化和压力空气源。它需要混合系统的实质性燃气涡轮机部分处理可变入口的情况，它还在飞机上引入了额外的阻力源，当在飞机的寿命期间考虑到由阻力引起的损失时，这可能是重要的。

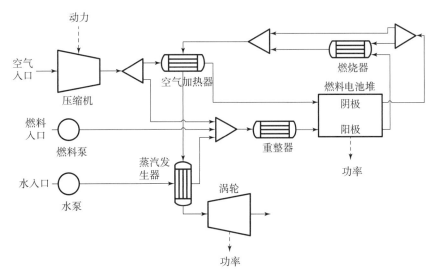

图 17.1 典型混合固体氧化物燃料电池和燃气涡轮的方框图

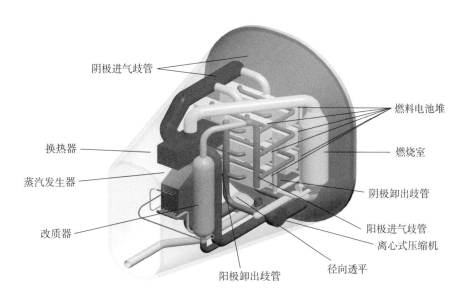

图 17.2 300座位客机的尾部整流器混合固体氧化物燃气涡轮系统的典型计算机模型

从推进发动机排出的空气提供预热和加压发动机中的空气。虽然这种方法似乎对推进发动机更具侵入性，但是对于飞行器也需要其他放气源，并且这可以是放气源的一部分。推进发动机是这样的大型预加热和压缩周围空气的燃气涡轮系统，与APU的燃气轮机部分相比，APU推进发动机的作用是相对较小的。

机舱空气有些是排气法的一种变化。机舱空气

是客舱的预处理空气。它来源于推进发动机的排放源，然后被进一步处理为舒适的客舱需要的气体（尽管在巡航期间仍然处于低于大气压的水平）。一些机舱空气被回收，一些被排放到飞机外。APU可以根据需要使用基本上是"免费空气"的排放气体和额外的机舱空气。虽然这可能不是理想的加压和加热，但它提供了一个很好的折中方法。

如图17.1所示，在压缩机子系统分裂成加热

器并进入燃料重整器之前，客舱空气在压缩机子系统中被进一步压缩。加热器被设计成将空气进一步预热到期望的SOFC阴极入口的温度。在加热器预热之后，空气进入燃料电池堆，空气中的氧与燃料在燃料电池堆里反应。反应中氧气的量（有时被描述为空气利用）是需要探究的许多系统级的选择之一。

气流还通常用于维持内部堆叠的热梯度，并且流速可以远高于充分冷却堆叠所需的流速。轻微氧化的空气被送到燃烧器。这里可以绕过一些空气以维持理想的燃烧反应条件。在燃烧器之后，空气通过空气加热器返回以预热进入的空气，然后通过蒸汽发生器预热进入的水。最后，空气通过涡轮机驱动压缩机系统。对于这种复杂的系统，通过每个子系统的压降可以在循环中产生明显的差异，这是值得探索的系统级权衡。例如，通过热交换器较高的压降可以允许以燃气涡轮机工作为代价的更好的热交换性能。燃料处理子系统假设喷气燃料在进入燃料重整器之前被加压，其中喷气燃料与空气和水反应产生用于燃料电池堆的更简单的烃。如果需要，脱硫器将很可能在重整器的上游，因为重整器催化剂可以具有与硫类似的敏感性。燃料重整通常由蒸汽、自热和部分氧化重整组成。蒸汽重整是燃料与水的吸热反应。这里示出了以甲烷作为燃料的反应方程：

$$CH_4 + H_2O \longrightarrow CO + 3H_2$$
$$(\Delta H = 206 \text{ kJ/mol}) \qquad (17-2)$$

部分氧化重整是燃料与氧的放热反应：

$$2CH_4 + O_2 \longrightarrow 2CO + 4H_2$$
$$(\Delta H = -247 \text{ kJ/mol}) \qquad (17-3)$$

自热重整是两者平衡热输出的组合。

$$CO + H_2O \longrightarrow CO_2 + H_2$$
$$(\Delta H = -41 \text{ kJ/mol}) \qquad (17-4)$$

关于化学反应、催化剂及其挑战的更完整讨论已在Larminie和Dicks（2003）及其他参考文献中列出。重整器的产物被送到燃料电池堆的阳极部分，与阴极部分反应产生电。类似于阴极侧，实际上一部分反应物用于电化学反应（称为燃料利用），剩余的反应物和任何副产物水都离开燃料电池堆。图17.1所示阳极出口被引导到燃烧器，燃烧器中剩余的燃料充分燃烧以获得额外的热量。另一种方法将阳极出口流回阳极入口，基本上实现了近100%的燃料利用率。

在燃烧器之后，所得产物在通过涡轮机排出之前用于空气加热器和蒸汽发生器。

结果是一个有效的系统需要大部分的废热和能量以在整个循环中使用。对于燃气涡轮系统以及混合式SOFC/燃气涡轮系统，必须理解给定轮廓的性能，因为所需的子系统相互作用和变化能力需要不同的能量水平。例如，压缩机和涡轮机性能随不同气流速率的变化而变化。这些问题的例子和它们对设计的影响在Freeh，Steffen和Larosiliere（2005）中进行了讨论。这种系统还需要对控制和瞬变进行大量的深层研究，包括由于子系统之间的相互作用造成的启动和关闭。性能问题的另一个例子是当燃料电池堆的工作点改变时，进入燃烧器的产品将是不同的，这可能影响空气加热器和蒸汽发生器的预热能力。

17.4 质子交换膜燃料电池系统的选择

SOFC的替代方法是PEMFC，PEMFC更常用于地面运输系统中较低温度（通常在80℃下操作，对于SOFC而言约为800℃）的燃料电池。因为对地面运输的关注，对较小尺寸和较小质量的PEMFC已经进行了深入的研究。这些知识肯定会有利于航空应用。PEMFC最重要的挑战是它依赖纯氢作为燃料，其催化剂对杂质（如一氧化碳和硫）敏感。由于PEMFC也对一氧化碳以及硫化合物敏感，多级喷气燃料重整过程伴随着巨大的辅助能量使用，该重整过程需要完全重组PEMFC的喷气燃料。备选方案是在飞机上携带单独的氢（或更简单、潜在的液体烃，如甲醇）存储单元。除了子系统额外的质量和体积，它在机场中增加了很大的物流挑战和成本。地面作业需要大规模氢气运输和储存以及充分的安全措施。对于存储在商用飞机中的氢气，也可能存在新的监管挑战。与液态氢存储相比，甲醇或其他简单的液态烃可能是令人感兴趣的折中，它提供比气态氢存储更好的单位体积能量以及更简单的存储子系统。

17.5 挑 战

要使燃料电池APU在技术上和商业上获得成功仍存在许多挑战。重要的技术问题包括解决系统质量和体积的增加。燃气涡轮发电机是成熟的、大规模和高体积效率的发电机。如过去的研究所示（Steffen等，2005；Tornabene等，2005），燃料电池子系统是最重要的质量贡献者。额外的单元和堆栈级研究用来获得可行性系统的增益。这些领域更详细地讨论单元和堆栈级方法来解决基本挑战。尽管以牺牲系统效率为代价,单元水平的较高电性能(每一单元较高的能量)也可以帮助减少堆的质量。

PEMFC通常具有比SOFC更好的单位质量功率输出,这主要是由于用于地面运输应用的PEMFC得到了广泛研究。PEMFC已经实现了相对于电池单位面积更高的功率,这使它更有利于在飞机应用中的探索。飞机应用中的挑战在于充分解决氢存储或喷气燃料重整子系统。这些问题都可以潜在地减少或者消除与SOFC相比的PEMFC的质量节约能力。机场及其以外的氢气基础设施也成为使用基于氢气的方法的另一个障碍。

增加的质量问题可能导致收入损失。可以在给定的飞机上运输较少的乘客或货物以补偿增加的APU质量。特别是在许多年度化的航班,虽然从商业角度来看是不可取的,但是这种方法仍然可以提供排放和噪声效益,并且可以作为早期技术演示而不是标准的解决方案。

解决较大体积问题可能比解决质量问题的挑战性小。许多方案的研究已经证明了现有300座位的客机尾部整流器中合适的SOFC混合系统(Daggett等,2003;Tornabene等,2005)。在这些研究中,燃料电池堆假设是积极的,而且需要技术进步。包括燃料电池堆的混合系统的加压和热管理模块需要绝缘压力容器,该绝缘压力容器增加了更小柔性的附加体积挑战。随着飞机更加需要电能,安装分布式燃料电池系统是具有潜力的,燃料电池系统可以减少尾部整流器方法的体积约束。

对于较高温度的燃料电池,还存在譬如启动和关闭瞬变的操作挑战。由于使用陶瓷和其他材料,启动必须是受控的且较慢的瞬变操作。现在地面上给燃气涡轮机APU提供能量需要快速打开和快速关闭功能。上面讨论的一种方法是连续运行SOFC APU。这也有利于在整个任务执行过程中具有较高燃料的电池效率。虽然飞机在被维护和未被使用时仍有偶然的启动和关闭问题,但是这些问题并不频繁发生。

还存在标准飞行中因为SOFC材料易碎的性质,对振动和冲击问题的担忧。这是因为在地面应用的正常环境之外,对该领域的燃料电池和电池堆进行的研究较少。可能有机械隔离和其他解决方案,但它是一个需要更多调查的领域。

以前总结了飞机上的喷气燃料的挑战,包括燃料电池对硫、一氧化碳(对于PEMFC)和其他杂质的敏感性。重新形成满足严格要求用以消除杂质的燃料,可能是复杂的并且需要多级子系统。备选方案是机载氢气,这给系统带来了新的复杂性以及额外的成本和机场物流。

燃料电池APU技术对于非常规和经常性成本都是额外的挑战。燃气轮机是成熟的并且是容易理解的技术,这些技术通常是先前设计成果的衍生物。与推进发动机相比,APU燃气涡轮机是较低性能的系统,需要较少的外来材料并且具有显著的成本节省。相比之下,处于所需功率水平和操作环境的燃料电池与燃料重整单元是新的开发,因此在可预见的将来,它们的成本将高于基于燃气涡轮机的APU。另一个相关的挑战,如Breit和Szydlo-Moore(2007)所指出的,大型飞机所需的燃料电池APU的数量可能少于约1 600个单位,这不足以真正有利于规模经济。当其他燃料电池应用(例如,汽车应用)进一步发展时,一些在飞机应用上的成本节约可能被实现。

17.6 未来前景

尽管上面描述了许多挑战,但是燃料电池电力解决方案在飞机上的应用是有潜力的。燃料电池类似于燃气涡轮机,因为它们在反应堆(燃料电池或者在这些条件下的燃烧器)中被燃烧,使得燃料可以有效地储存在飞行器有限的容器内。从增加质量的角度来看,外部燃料储存也是很好的,因为燃料储存的增加可以用于更长范围飞行需要的高能量消耗。相比之下,电池、电容器和其他电储存装置是单片的,其中能量储存在装置中,所以对较长范围和较高能量需求的作用并不明显。

随着飞机编队变得越来越需要电能,它们使得燃料电池和其他电能来源的使用更加现实。MEA的需求可能产生除了交换燃料电池系统的尾部整流器型燃气涡轮机之外的其他解决方案。分布式系统或者子系统可以为飞机系统提供更优化的解决方案。

解决燃料电池APU的质量、体积和成本挑战可能需要来自其他行业的帮助,如地面运输行业在应对这些挑战方面取得的进展。由于汽车方面的研究专注于生产轻质和功率密集的燃料电池堆,其在各种驱动条件下是鲁棒的,所以PEMFC取得了显著的进步。

与燃料相关的挑战是,飞机飞行中和在机场上无论是改造与脱硫喷气燃料还是管理氢气基础设施，在不久的将来可能仍然是挑战而没有突破。诸如使用液化天然气的其他方法可以是可接受的折中，这可以是解决气体燃料的能量密度问题。同时，使用这种更普通的燃料，在燃料电池系统中已被证明是可行的。

可以将无人驾驶飞行器（UAV）和较小的通用航空飞机的其他应用作为该技术的早期演示，包括燃料电池/电解槽组合的太阳能动力飞机已经成功飞行，还有使用PEMFC的汽车衍生产品为双座飞机提供动力的重大成就和范例。

如果一个APU可以成功地集成到一架商用飞机上，那将是朝着这一领域（包括环保技术）迈出的重要一步。

17.7 结　　论

对商用飞机燃料电池APU的可行性已经做了回顾。虽然燃料电池APU的收益看起来是有希望的，但是燃料电池APU的每个子系统和这些子系统的集成仍然存在重大挑战。小规模的试验证明更多的关于这些章节描述的主要问题是可以推荐出来进行研究的。对于实现更低质量、紧凑体积和强大的基于燃料电池系统的共同目标，推荐使用其他行业（特别是汽车行业）的研究。

延伸阅读

Larminie和Dicks（2003）总结了各种燃料电池类型与相关子系统的总体方案。这个评论可以作为燃料电池领域的良好介绍，其中包括基本原理以及应用主题。

参考文献

Braun, R., Gummalla, M., and Yamanis, J. (2009) *J. Fuel Cell Sci. Technol.*, 6.

Breit, J. and Szydlo-Moore, J. (2007) Fuel cells for commercial transport airplanes: needs and opportunities. *45th AIAA Aerospace Sciences Meeting*, *Reno*, *NV*, *AIAA* 2007-1390.

Chang, V. and Edwards, J. (2003) Fuel cells as aircraft battery replacements. Poster Presentation at the 2003 Fuel Cell Seminar, Miami Beach, FL.

Daggett, D., Eelman, S., and Kristiansson, G. (2003) Fuel cell APU for commercial aircraft. *AIAA/ICAS International Air and Space Symposium and Exposition*, *Dayton*, *OH*, *AIAA* 2003-2660.

FAA (2008) *Extended Operations* (*ETOPS and Polar Operations*). Advisory Circular 120-42B.

Freeh, J. E., Steffen, C. J., and Larosiliere, L. M. (2005) Off-design performance analysis of a solid-oxide fuel cell/gas turbine hybrid for auxiliary aerospace power. *Third International Conference on Fuel Cell Science*, *Engineering, and Technology*, *ASME FUELCELL* 2005-74099.

Larminie, J. and Dicks, A. (2003) *Fuel Cell Systems Explained*, 2nd ed., John Wiley & Sons, Inc., New York.

Pratt, J. W., Brouwer, J., and Samuelsen, G. S. (2005) Experimental performance of an air-breathing PEM fuel cell at high altitude conditions. *43rd AIAA Aerospace Sciences Meeting and Exhibit*, *AIAA* 2005-953.

Pratt, J. W., Shaffer, B. P., Brouwer, J., and Samuelsen, G. S. (2009) Sub-atmospheric pressure solid oxide fuel cell experimental setup and initial results. *7th International Energy Conversion Engineering Conference*, *AIAA* 2009-4525.

Spiegel, R. J., Gilchrist, T., and House, D. E. (1999) Fuel cell bus operation at high altitudes. *Proc. Inst. Mech. Eng. A J. Power Energy*, 213, 57-68.

Srinivasan, H., Yamanis, J., Welch, R., Tulyani, S., and Hardin, L. (2006) Solid oxide fuel cell APU feasibility study for a long range commercial aircraft using UTC ITAPS approach. *NASA CR*-2006-214458.

Steffen, C. J., Freeh, J. E., and Larosiliere, L. M. (2005) Solid oxide fuel cell/gas turbine hybrid cycle technology for auxiliary aerospace power. *ASME Turbo Expo* 2005, *Reno*, *NV*, *ASME GT* 2005-68619.

Tornabene, R., Wang, X.-Y., Steffen, C. J., and Freeh, J. E. (2005) Development of parametric mass and volume models for an aerospace SOFC/gas turbine hybrid system. *ASME Turbo Expo* 2005, *Reno*, *NV*, *ASME GT* 2005-68334.

Veyo, S., Litzinger, K., Vora, S., and Lundberg, W. (2002) Status of pressurized SOFC/gas turbine power system development at Siemens Westinghouse. *ASME GT*-2002-30670, *ASME Turbo Expo* 2002, *Amsterdam*, *The Netherlands*.

Whyatt, G. A. and Chick, L. A. (2012) Electrical generation for more-electric aircraft using solid oxide fuel cells. Available at http://energy.gov/eere/fuelcells/downloads/electricalgeneration-more-electric-aircraft-using-solid-oxide-fuel-cell.

本章译者：侯亚伟　王正平
（北京理工大学宇航学院）

第 18 章

运输飞机的电驱动推进系统

Clement Pornet

包豪斯航空，慕尼黑，德国

本文转自 Pornet，C. 的《运输飞机推进系统的电传动》（Electric Drives for Propulsion System of Transport Aircraft）。收录于 Chomat，M.《电传动新应用》（New Applications of Electric Drives）。里耶卡：In Tech；2015；115－141。

DOI：10.5772/61506. 文章版权声明：2015，Clément Pornet

18.1 引　言

继混合化或追求对陆地车辆的电力驱动的完全电气化战略，航空业正在考虑重视电力技术和电力电子在运输机上的应用。对运输机电力应用日益增长的兴趣首先来自欧洲在"航迹 2050"计划中宣布的雄心勃勃的排放和外部降噪目标、相应的战略研究和创新议程（SRIA）（ACARE，2012）以及美国在美国航空航天局环境负责航空 N＋系列（美国航空航天局环境负责航空，2012）。随之而来的是越来越多的证据表明，技术的进化改进可能不足以实现这些目标。研究（Isikveren 和 Schmidt，2014）显示，减排潜力可能低于 2035 年的目标，赤字在 2050 年的目标上变得更加显著。这种趋势可以由当代成熟度非常高的技术，特别是在运输机上实施的推进系统技术来解释。因此，技术改进的前景已经达到渐近线，没有足够的潜力来实现侵略性目标。因此，为满足未来航空目标而引入颠覆性技术是至关重要的。最后，电气技术发展的进展和观点触发了航空界部署的举措与广泛的研究活动，研究电气技术应用于运输机的可行性和潜力。

目前运输机电气技术的应用是所谓的多电飞机

（Abdel-Hafez，2012；Cronin，1990，1991；Faleiro，2005；Quigley，1993）。以飞机电力系统为目标的多电飞机计划的目标基本上是通过电气系统来替代气动和液压系统。波音 B787 是第一架采用更多电力系统架构的飞机。一个合乎逻辑的未来可想而知的步骤是飞机推进系统的电气化，这是本章的主题。为了达到普遍电动飞机的最终目标，混合动力电动方式将首先需要满足飞机推进系统的要求和电气部件技术的发展步伐。混合电动飞机的特征通常是组合的常规和电力推进系统。第 2 节首先讨论了考虑用于运输机应用和启用技术的混合电力与普遍电力推进系统拓扑的组合多样性。在第 3 节提出了混合动力和普遍电动先进飞机概念的概要，获取到这个时间点调查的飞机配置和电驱动选项的云概念。混合动力飞机的可行性需要在未来的市场中建立。在选定概念的基础上，混合动力飞机的综合前景最终在第 4 节进行了探讨。

18.2 混合电动和普通电动推进系统结构

这节介绍了具有电力驱动方式的推进系统拓扑变化的概述。电动飞机推进系统的方法是混合电动和普遍电动（Isikveren 等，2012）。通过区分发电和传动轴的变速箱，组件及其可能的混合电力和普遍推进系统结构布局的组合如图18.1（Pornet，2014）所示。以推进系统为中心，电力消费是推进装置。导管和未引导的推进器通常被认为是提供推进运输机所需的推力。通常已知的管道风扇被理解为被类型管道推进器覆盖，而未被引导的推进器包括螺旋桨和开放式转子装置。在传统的推进系统中，通过在燃气轮机中燃烧燃料产生轴功率。燃气轮机通过空气热力学过程将化学能转化为机械动力。在电力推进系统中，轴功率是通过一个过程产生的，该过程可分为电能的产生、分配和转换以及机械功率。

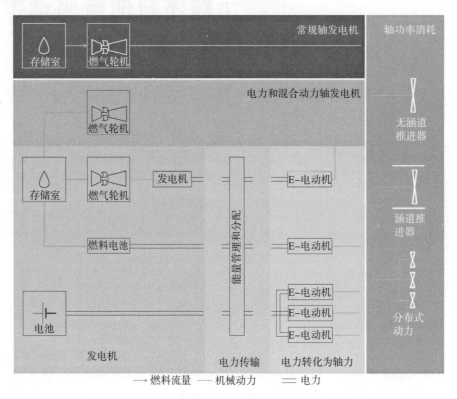

图18.1　传统的、混合的和普遍的电力推进系统拓扑结构（Pornet，2014）

对于运输机的应用，电池和燃料电池被认为用于产生电能。即使图18.1中没有明确显示，也可以在混合电力推进系统的布局中考虑超级电容器或飞轮（Dever等，2015）。生产电力的另一种手段是利用由传统燃气轮机驱动的发电机。这种手段将在18.2.1的小1节中的涡轮增压部分详细讨论。电能通过电力管理和分配系统（PMAD）从源头监测和分配给消费者。电力管理和分配系统通常由控制器、转换器、逆变器、电缆、电气总线和断路器组成。电力管理和分配系统的布局是一项相当复杂的任务。电力管理和分配系统的最佳布局是在异常操作模式的约束条件下分析系统效率、质量、物料清单、可靠性和维护成果。在集成电力驱动器的早期设计阶段，考虑热管理是至关重要的，因为其与推进和动力系统高度交错、相互作用。在介绍动力传动系统和热管理系统并行调度框架的开发时，Freeman等人（2014）强调了热管理的设计方案和影响；讨论了热调节的三个主要选择（Freeman

等，2014），包括空气冷却、液体冷却和低温冷却系统；提供了系统性能、整合影响、复杂性和票据材料等方面的优缺点；强调了用适当的热传递流速来确保电气部件的适当热调节。Freeman等人（2014）预测，由于引入电力驱动，散热器技术复苏。随后，他描述了散热器的设计考虑、它们与推进系统的相互作用以及在重量和寄生阻力方面对飞机水平的影响；指出了电气部件对防冰系统、客舱环境控制系统和厨房产生的多余热量的潜在协同使用（Freeman等，2014）。热管理系统需要在全球范围内进行整合。Liscouët-Hanke（2008）认为，横向方法的必要性是避免为每个电气部件开发本地化的专用工程热管理解决方案。

为了驱动推进装置，电能通过电动机转换为轴功率（参见第18.4.2节）。它可以自行驱动推进装置，或者可以安装在内燃机的轴上以支持其操作，被称为并行系统的最新安排将在18.2.1的第2小节中讨论。由于能够容易分配的电能的性质，旨在实现高度耦合的结构航空推进结构的分布式推进领域往往与混合动力和通用电气方式相结合（见第18.2.2的第3小节）。

18.2.1　电驱动应用的拓扑选择

以下各节将详细介绍运输机推进系统应用电动驱动器的拓扑选择。讨论包括串联、并行和集成安排的电驱动。

1. 串联系统

串联系统的一般表征由连接构成推进动力传动系统的不同系统的节点的电气性质给出。最常见的连续安排称为涡轮增压（Brown，2011；Felder等，2009；Gibson等，2010；Kim等，2014）。它表示一个串联系统，其中电力由发动机产生，该发电机通常由燃气发动机驱动，通常为燃气轮机。推进系统的效率改善主要表现在燃气轮机运行与推进器的运行限制脱钩的优点（Felder等，2009；Nalianda和Singh，2014）。因此，可以通过使燃气轮机和推进器操作接近其最高效率来优化系统效率和质量。然而，因为额外的电气部件造成的物料清单较多，在推进链中，与传统的推进系统相比，系统的重量预计将增加（Felder等，2009）。为了使这种方法在飞机级中是可行的，需要通过系统效率和/或结构-航空推进整合的任何改进来克服（见第18.2.2的3节）。

可以使用燃料电池作为电能产生装置的串联系统，包括工厂平衡在内的先进燃料电池的效率预计将达到与先进燃气轮机相当的效率水平。然而，燃料电池堆的功率密度预计将远低于燃气轮机的功率密度（Kuhn等，2012）。因此，体重减轻可能超过潜在的好处。燃料电池用于提供运输机推进的动力需求的独特利用仍然是具有挑战性的（Snyder等，2009）。

电力供应商是电池的串联系统，被称为普遍电气结构（Isikveren等，2012）。在推进系统中利用电池的明显优点是效率。在执行完整任务的过程（Vratny等，2013）中，值保持在90%以上，与传统系统相比，可以实现整体推进系统效率的显著提高。然而，基于完整的系统能量分析，先进电池的重量比能（每单位质量的能量含量）预计将保持相对较低，与化石燃料相比约为8倍（Kuhn等，2011）。因此，电池的重量及其对总体飞机的有害尺寸级联影响会给效率带来好处。

作为所有这些结果，考虑了诸如具有电池和/或燃料电池系统的涡轮增压系统的串联布置（Kuhn等，2012），以绘制每个系统的优点，并创建系统协同效应，以实现更大的系统性能，从而危害更高的系统复杂性。特别是空中客车公司采用E-Thrust概念（Airbus Group，2015）采用的方法，该方案将涡轮增压系统与电池相结合。需要在飞机级进一步研究创新的、协同的串联系统，以评估混合动力电动串联推进系统的全部潜力。

2. 并行系统

并行系统的特征在于连接不同系统的机械节点。最常见的并行方法是在燃气轮机的低压轴上安装电动机，以支持燃气轮机的运行，或者在任务段期间自行驱动推进装置（Bradley和Droney，2011，2012；Pornet等，2014b，2015）。由于利用电池对总体推进系统效率的益处，电动机通常由电池供电，但是燃料电池的利用也是可以想到的，而且已经发现，通过电动机同时驱动燃气轮机的轴可以显著地影响燃气轮机的运行。电动机的同时操作特别给燃气轮机操作造成部分负载，从而损害其效率。此外，由于燃气轮机部件的操作线的修改，浪涌的裕度也可能变得至关重要。必须设想实用的工程解决方案，用以将电动机整合到燃气轮机的环境中。电动机并行在低压轴上可能会破坏燃气轮机的当代设计公理。

3. 分布式并行系统

鉴于这些挑战，并寻求更多协同整合的动力，Pornet和Isikveren（2015）利用分布式推进技术提出了并联混合动力推进系统的创新方法（见第18.2.2的第3小节）。不是将电动机连接到燃气轮机的轴上，而是将电动机直接连接到推进器的轴上，并且将电动机和推进装置（称为电动风扇）的组合作为传统的基于燃烧的发动机的附加物料清单项目集成在飞行器上。具体的飞行器的概念将是一台三风扇飞机，其中两台风扇通常由燃气轮机提供动力，而剩余的风扇由电动机驱动（或反之亦然，两个电风扇和一个涡轮风扇安装在机身后部），或配备有两个涡轮风扇和两个电风扇的四风机。这一最新概念的综合前景是第18.4.4节提出的研究对象。与将电动机安装在燃气轮机的低压轴上相比，该方法具有许多优点。由于传统系统与电气系统分离，传统和电气系统的设计与运行是独立的。因此，燃气轮机的当代设计和脱离设计启发式并不受引入电气系统的干扰。而且，它降低了系统的复杂性，并清除了电动机在燃气轮机环境中的集成挑战。通过周密的燃气轮机和电动机的尺寸与运行策略，混合动力推进系统的效率可以通过运行接近最高效率的常规和电气系统来优化。这种创新的并联混合布置与分布式推进技术的完美结合，为航空推进结构整合开辟了潜力。

然而，在 Pornet 和 Isikveren（2015）研究的架构中，电动机仅由电池供电，分布式推进系统的进一步拓展演变可以通过引入涡轮增压方式来构想。通过为燃气轮机配备发电机，可以向电动机传输额外的电力。该系统方法降低了在重量比能量方面对电池施加的技术水平要求，同时在使用高效电池系统进行推进时可显著提高系统效率。这种拓扑结构也很有趣，因为它能够实现电池的电荷维持和电荷耗尽策略的可能组合以实现最佳能量管理（Harmon 等，2006；Schurhoff，2002）。充电维持策略，即在任务段期间利用发电机和燃气轮机的过剩功率为电池充电，将减少集成电池组的质量与体积要求。该拓扑的示意如图 18.2 所示。

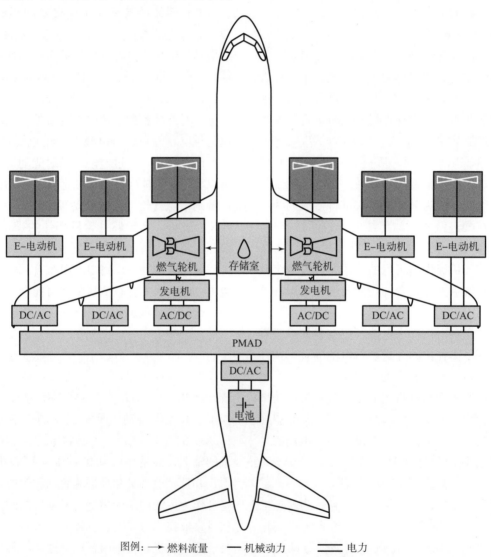

图 18.2　分布式并联混合电力拓扑结构用于分布式风扇布置

4. 集成系统

集成系统虽然在图 18.1 中未示出，但是考虑混合电力系统的另一种最近出现的方法是所谓的集成系统（Schmitz，2012，2013），其包括使燃气轮机的核心循环的一部分通电。Schmitz 和 Hornung（2013）提出了混合电力集成系统的可能配置，研究了燃气轮机高压压缩机级的通风。由于仍然在开创性的阶段，所以目前很少有关于这个话题的出版物，但它肯定是一个值得密切关注的应用程序，因为它的发展势头越来越强大。

18.2.2 电力驱动应用运输机的有利技术

在本节中讨论了被认为是将电力驱动器部署到运输机推进系统的关键推动因素。首先回顾了超导电场在电力推进系统中的应用，然后对分布式推进技术进行了讨论。

1. 蓄能

第18.2节讨论的电气部件在重力比功率和效率方面的技术改进对于运输机的电力驱动是特别重要的。但最重要的是，蓄能能力的演变，特别是电池技术的进步与建立混合动力电动飞机和普通电动飞机的竞争力有很大关系。重量比功率（每单位质量输出的功率量）和重量比能（每单位质量含量的能量）是评估电池应用的关键指标。这些参数不是独立的特性，而是在电池设计期间确定的（Divya和Ostergaard，2009）。因此，比单一标准优化，比能量和比功率的综合增强成为一个更大的技术挑战。在选择电池技术时，还需要考虑其他方面，如重量比能量密度、效率、设计服务目标、工作温度、放电行为、安全性、可靠性和环境可持续性（Scrosati和Garche，2010）。

锂电池技术被认为是航空应用的理想选择。最先进的锂电池在电池级达到了大约200 Wh/kg的比能量（Ketterer等，2009）。广泛的研究重点是改善阴极和阳极材料以及提高电解质的性能（Scrosati和Garche，2010；Woodford等，2012），旨在扩大电池的功率和能量能力，用于飞机应用。约400 Wh/kg的比能量预计将通过锂电池技术的未来进展在电池级别实现（Christensen等，2012）。

电池技术的突破可以通过开发创新的电池概念来实现，如开放式电池系统（如锌空气、铝合金和锂空气）所示（Kraytsberg和Ein-Eli，2011；Woodford等，2012）。考虑到飞机应用的锂空气电池，其估计的理论重量比能量从1 000 Wh/kg（Christensen等，2012；Visco等，2006）到2 000 Wh/kg（Johnson，2010）在电池级。锂离子电池被认为是在电池级上预估的理论重量比能量为1 000~2 000 Wh/kg的飞机应用的注意事项。目前其尚未商业化，锂离子电池的市场准备预计将达到2030年的时间期限（Thielmann，2010）。

2. 超导

超导性被认为是电力驱动应用于运输飞机的使能技术（Luongo等，2009；Masson，2007；Nalianda和Singh，2014）。通过使用高温超导（HTS）材料，可以明显提高重量比功率和电气元件的效率。在这个时间点，高温超导材料最常见的应用是电动机和发电机（Masson，2007；Masson等，2007；Sivasubramaniam等，2009）；还考虑了高温超导技术在传输电缆中的应用（Brown，2011；Gibson等，2010）。Malkin和Pagonis（2014）提出了开发完全超导网络（包括故障管理、保护和切换含义）的必要性。HTS运输飞机应用的挑战主要是在低温运行和冷却系统复杂集成的要求。除了使用化石燃料来操作飞机之外，冷却剂已经可用，使用低温燃料（如液态氢）可以产生与高温超导电气系统布局的强大协同作用（Gibson等，2010；Luongo等，2009；Nalianda和singh，2014）。处理与安全有关的问题（Ordin，2005）、低温储罐对飞机设计的负面一体化影响（Westenberger，2003）以及向经营机场供应液态氢的基础设施挑战都是尚未解决的问题（波音商业飞机公司，1976；洛克希德公司，1976）。

3. 分布式推进

混合电力或普遍电力系统的研究往往与分布式推进技术相结合（Gohardani，2013，2014；Gohardani等，2011；Mantic-Lugo等，2012）。这种组合由电能的性质来解释，其可以容易地分布，并且通过推进装置与机身的更高集成度来寻找航空结构的益处。考虑到空气动力学效率改善，包括对低动量边界层重新通电的边界层摄取（BLI）领域（Kirner等，2013；Laskaridis，2004）成为中心。这主要是在翼身融合体（BWB）配置上集中研究分布式推进的原因（Kim等，2014；Smith，2014），因为它通过沿着机身后缘分配埋地推进装置提供了很大的应用边界层摄取的潜力（见第18.3节）。对于边界层摄取应用于管和机翼配置，以围绕机身后端的大风扇为特点的推进机身配置被评估为最理想的并且是多次研究的中心（Bijewitz等，2014；Isikveren等，2014a，2015；Seitz等，2014；Steiner等，2012）。

预计电力分布式推进技术会破坏传统的飞机设计范例（Fredericks，2014；Fredericks等，2013；

Moore 和 Fredericks，2014）。一个突出的例子是通过在 LeapTech 项目（Stoll 等，2014）发起的沿着前沿的分配螺旋桨（见第 18.3 节），重新设计了机翼的最佳效率。通常，机翼设计受到低速操作的约束，以便根据高升力系统可接受的起飞和着陆现场性能的特性实现。受益于机翼上的螺旋桨滑流效应，可以降低对高升力装置和机翼设计的低速要求，为航路作业打开最佳翼设计的空间。此外，可以应用差速推力来控制飞机减少飞行控制面的要求。沿翼展的推力分布可以使如飞机偏航运动的控制导致减少甚至构想完全移除方向舵。一个发动机不工作的情况是推进系统、垂直稳定器和飞行控制表面尺寸的非常严格的低速条件，以符合适航条例和飞机顶级现场性能要求。由于分布式推进技术提供的推力生产本身的冗余性以及能量和电力系统中适当的冗余定义，故障模式无论是能源/动力系统不工作还是推进装置，都不能使系统施加较小的惩罚（Schiltgen 等，2013；Steiner 等，2014）。还可以想象，对于爬升梯度要求，适航条例将需要重新调整，以适应采用分布式推进技术飞机的特点。这些突出显示在飞机设计中的潜在优势表明，混合动

力和普遍电力推进系统的全部效益只能通过飞机级的整体整合进行评估。

18.3 混合电动和通用电动飞机组合

虽然在 1973 年 Bridschka 的 MB-E124 第一次固定翼电动飞机飞行了超过 9 min，但在重新考虑运输机应用的电力推进系统之前，大约需要 30 年时间。在电驱动应用于飞机推进的利益复兴中观察到这个时间流逝，首先由电气元件技术发展到适用于运输机推进系统要求的水平所需的时间所解释。20 世纪 90 年代末见证了一批分为一和二座的针对通用航空部门的电动实验和商用飞机的诞生。虽然主要是由于先驱者的冲动而受到工程好奇心的激励，但该行业目前正在表现出对混合电动和普遍电动飞机发展的强烈兴趣。Pornet 和 Isikveren（2015）提出了实验、商业和高级混合电动与普遍电动飞机概念的概要；通过说明图 18.3 中的云概念，评估乘客人数（PAX）与设计范围（以海里为单位），可以确定某些集群和设计趋势。

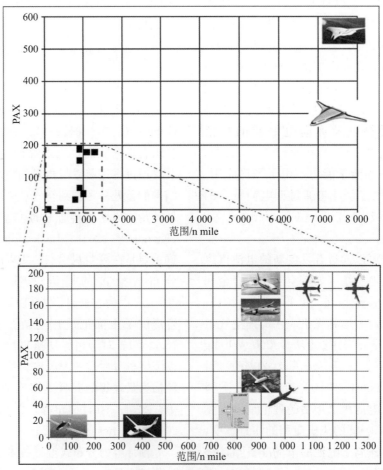

图 18.3　先进混合动力和普遍电动飞机的纲要（改编自 Pornet 和 Isikveren，2015）

172

这个概要包括使用电池作为能源的普遍电动飞机概念，四座空中客车 E-Fan（空客集团，2015），四座 Leap-Tech 概念（Fredericks，2014；Stoll 等，2014），Dornier Do328-LBM（Hepperle，2014），Voltair 概念（Stückl 等，2012）和 BHL Ce-Liner（Isikveren 等，2012）以及混合电动飞机，集成了电池燃料系统，将 NXG-50（Paulson 等，2013），Sugar-Volt（Bradley 和 Droney，2011），Bauhaus Luftfahrt Twin-Fan（Pornet 等，2014b）和 Bauhaus Luftfahrt Quad-Fan（Pornet 和 Isikveren，2015）的串联或并联拓扑结合在一起（见第 18.4.4 节）。

Moore 和 Fredericks（2014）强调，电动推进技术将首先在通用航空中出现，它为早期市场成功提供了有利的优势，并将在电气技术的成熟和发展方向应用于通勤、区域和窄体运输机的方向发展。利用依赖于电池技术的电力驱动器的明显设计意义是可以实现的设计范围，如图表左下角的低范围端所反映的更多区域市场细分。关于形态学，除了 BWB 配置之外，由于实施了混合动力推进系统，预计与传统的"管和翼"大不相同。Isikveren 等人研究的预先设计研究结果（2014b）表明，除非考虑了推动系统整合的重大偏离，如分布式推进技术，当代管-翼形态仍被认为是合适的。分布式推进技术可能会大大破坏当代飞机设计范式。LeapTech 的概念通过在机翼前沿（见第 18.2.2 的 3 节）上分配多个螺旋桨以及为 Voltair 概念选择的推进机身配置（见第 18.2.2 的 3 节）来体现这一点。航空界正处在电动汽车的开创性时代，在系统级和飞机级面临着组合可能性的爆炸式增长。需要对电动推进系统的创新方法进行进一步分析，并在飞机一级思考整合，以确定充分的潜力。随着对飞机技术及其影响的深入了解，预计将通过更雄心勃勃的整体电动推进系统设计出创新的先进飞机配置。

18.4 混合电力运输机

通过回顾图 18.3 所示的云计算概念，本节将介绍对混合电力运输机综合前景的见解。首先介绍代数参数和优势因素的发展，以便对采用推进系统电驱动的飞机进行评估；其次介绍混合电力推进系统对飞机整体尺寸和性能的整体影响；然后根据三项研究的混合电动窄体运输机概念进行详细的阐述。

18.4.1 代数描述和品质因数

混合电力推进的代数描述需要建立两个参数描述符（Isikveren 等，2014b；Lorenz 等，2013）：动力混合度（H_p）和能源混合度（H_e）。参数 H_p 描述了相对于整体总功率的电功率量。通常引用安装功率或有用功率（在推进器处测量的功率）。在以下分析中，H_p 表示有用功率，用 H_{puse} 表示。参数 H_{puse} 是总能量消耗的电能的比率，它表示所谓的能量分配。H_e 的量沿着指定的部分或任务进行评估。参数 H_{eblock} 表示块任务。考虑到以下例子，Isikveren 等人（2014b）阐述了双组参数描述符的需要。

（1）传统煤油燃气轮机推进系统由 $H_p + H_e = 0$ 描述。

（2）纯串联混合电气架构，其中在推进装置处仅提供电力，但蓄能仅是煤油。在这种情况下，H_p 等于 1，H_e 等于 0。

（3）普通电动飞机，其中蓄能仅为电池，其特征是 H_p 为 1，H_e 为 1。

除了表征推进系统类型的代数描述符之外，建立评估飞机效率的品质因数十分重要。与其瞬时形式相关，它们用于飞行技术优化，以确定最佳高度技术作为飞机总重量、空气动力学效率和整体推进系统效率的函数。沿着特定任务指标的综合形式可以比较不同飞机的效率，以完成相同的运输任务。用于燃料型飞机效率评估的传统品质是特定的空气范围（SAR）。它描绘了每单位燃料消耗的距离。优化飞机的最大空气范围可以最大限度地降低燃油消耗。然而，该度量仅限于使用以质量流量为特征的能量类型的飞行器。Seitz 等人（2012）推出的空气范围特征，具有能量特定空气范围（ESAR），它决定了每消耗能量的距离，能最大限度地提高特定的空气范围结果，最大限度减少飞机的能量消耗。优化如普遍电动飞机相对于特定空气范围导致最小化其电能消耗。为了能够优化混合能量运输机的最低能源成本，Pornet 等（2014）发布了《成本特定的航程》一文。能源的成本并不是引起飞机总运行成本的唯一因素。固定成本和时间依赖成本也需要考虑在内。有意减少总体成本，航空公司将其飞机机队的运营基于所谓的成本指数，这主要涉及时间成本与能源成本的关系。传统上用于燃料飞机的成本指数和混合能源飞机的成本指标衡量标准的回顾见于 Pornet 等（2014）的所述。

18.4.2 混合动力推进系统的飞机改造

使用混合动力推进系统对现有飞机进行改造，能够首先了解设计参数和限制，推进系统的行为，以及建立推进系统与任何其他飞机系统之间的正确接口。Pornet 等人（2015）研究了改装混合动力推进器的下摆式双发动机窄体运输机。

推进系统的改造包括将电池驱动的电动机与燃气轮机的低压轴平行安装，以支持其在任务的某些部分期间的运行。由于飞机改装的固有特性，基准飞机的认证最大起飞重量（MTOW）表示不超过设计限制，包括电池的电气系统组件表示额外的重量项目。为了在飞机级提供电气系统的安装，并且仍然遵循最大起飞重量限制，混合动力推进系统被用于设计工况以外的操作。由于基准飞机起飞重量低于最大起飞重量，又需要较少的燃料来执行设计工况外的设计阶段长度，所以起飞重量和最大起飞重量之间的三角形重量可以使电气系统成为可能。混合动力推进系统的尺寸是安装的电动机的最大功率之间的相互作用的结果，其主要确定了电气系统的质量、所需的总电池质量、潜在的燃料消耗和电池剩余电量（SOC）。SOC 表示相对于电池总能量的可用能量。为了保护电池免受任何损坏，并延长适用于航空航天的设计服务目标，电池不得在低于通常设定在 20% 的特定剩余电量限制下放电。设计参数和约束在图 18.4 的设计图中有说明。

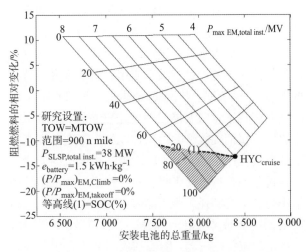

图 18.4　巡航混合动力推进系统设计
（Pornet 等，2015）

设计参数和约束表示在巡航期间利用电动机的情况下混合电力推进系统的尺寸特征，假设电池级的电池比能量为 1 500 Wh/kg。该评估的目标是在利用频谱峰值对应的阶段长度内实现最小燃料消

耗。对于基准飞机，发现最大利用阶段长度是 900 n mile（1 667 km）。电动机 $P/P_{\text{max EM, total inst}}$ 的总安装最大功率在 4～8 MW 变化，并且在 cruise $(P/P_{\text{max}})_{\text{EM, cruise}}$ 区间电动机的功率设定在 0%～100%。为了最大化安装电池的数量，混合动力飞机的起飞重量设置等于最大起飞重量。因此，安装的电池的总质量是上浆过程的结果。当电动机在巡航期间不使用电动机设定为 0% 时，由于飞机重量较高，混合电动飞机比基准飞机消耗更多的燃料。当增加电动机的功率设置时，会消耗更多的电能，增加潜在的阻燃燃料的消耗。

考虑到混合动力电动推进在飞机级整合造成的尺寸效应，以及对混合动力飞机潜在市场应用情况的研究，需要考虑混合动力飞机的全新设计。

18.4.3 混合动力全新设计

Pornet 等人（2014）在双发动机窄体运输机上研究了混合动力全新设计。混合动力推进系统的拓扑方法与第 18.4.2 节所述的方法相似。驱动低压轴上的电动机对燃气轮机的运行特性有很大的影响，如 18.2.1 的 2 节所述。随着电机功率的增加，这些方面变得越来越重要。为了不改变燃气轮机的当代设计启发式，为了避免电动机的负面影响，本设计中选择的运行策略是在巡航期间关闭燃气轮机，而电动机本身驱动推进器的轴。只有一台燃气轮机配备电动机，巡航过程中获得的有用的混合度 H_{puse} 为 50%。

传统上使用两个燃气轮机执行任务的其他部分。通过将尺寸为 500（926 km）～2 100 n mile（3 889 km）的混合动力电动飞机的整合性能，与适合投影的常规双发动机窄体飞机相比，在不同范围的应用中，研究了全程耗油量减少、飞机尺寸变化和车辆效率方面的前景。另外，在 750～1 500 Wh/kg 的单元级下，评估了电池技术水平的重量比能。

图 18.5 展示了全程耗油量的相对变化与块能量特定空气范围相对变化的分析。当电池重量比为 1 500 Wh/kg 的能量时，在 1 100 n mile（2 037 km）的设计范围内实现了最高的 20% 的燃料消耗燃烧。由于使用电能并且由于使用高效电气系统而导致的整体推进系统效率的增加，实现了全程耗油量的减少。评估出在巡航期间整体推进系统效率提高了 30%。在 1 100 n mile（2 037 km）内，与先进的燃气轮机参考飞机相比，达到了中性飞机效率的变

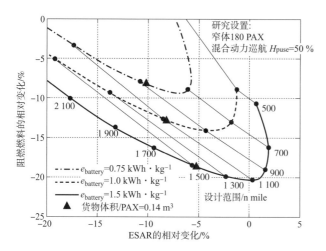

图18.5　巡航中50%的 H_{puse} 的阻燃燃料和能量特定空气范围的相对变化（Pornet 等，2014b）

化。据观察，为了增加设计范围，全程耗油量减少的潜力降低，然而，飞机效率显著降低。换句话说，对于相同的运输任务，混合电动运输机需要比参考飞机更多的能量。这种趋势由巡航期间电能需求的增加来解释，这导致所需的总电池质量的增加。如图18.6所示，产生的尺寸级联效应导致最大起飞重量的大幅增长是阻止能量特定空气范围降低的主要原因。在1 100 n mile（2 037 km）内，混合动力飞机的最大起飞重量比起先进的燃气轮机只增加了25%。在保持能量中性的同时，全程耗油量电势降低，设计范围更小。这通过在巡航的减少部分期间使用较少的电能并因此可以实现更少的全程耗油量减少的事实来解释。由于尺寸效应不太明显，整体推进效率提高，总的能源消耗依然保持中立。在评估混合动力电动飞机时，重点不仅要注重减少燃料，还要考虑整体能源消耗。电能消耗会

影响混合动力飞机在电价波动方面的经营成本，而且，由于电能肯定不能仅通过可再生能源生产，其生产将影响所进行的任何碳生命周期评估。

在较低的电池技术水平下观察到相同的趋势。然而，对于较高的电池质量要求所需的相同的能量来说，会产生较低的电池重量比，这极大地增大了尺寸级联效应，因此导致了潜在的燃料燃烧减少和飞机效率的降低。而且，减少燃油消耗最大的设计范围在750 Wh/kg和1 000 Wh/kg的比能量下分别降低到750 n mile（1 389 km）和900 n mile（1 667 km）。在这些点上，全程耗油量减少量为9%和14%，并且块能量特定空气范围的变化分别为−7%和−4%。在本研究概念的背景下，应达到至少1 000 Wh/kg的电池技术水平，以实现明显的减排。

附技术的整合，如空气动力学裁剪技术和灵活的适应性结构以及新型飞机形态的考虑，可能导致飞机效率的提高。然而，本研究的目的是捕捉混合动力推进系统和仅与燃气轮机相关的整合所产生的真正潜力。

本研究中研究的另一个方面是机身内部电池容积的体积约束。根据假设密度为1 000 kg/m³，包括电池体积、热管理和外壳，区域飞机每个乘客的标准乘载容量为0.14 m³，由图18.5和图18.6中的三角形表示。例如，假设电池比能量为1 000 Wh/kg，对于1 100 n mile（2 037 km）以上的设计范围，该概念体积受到限制。可以设想机身几何的可能演变、具有轻微的空气动力学和质量惩罚、双向气泡横截面，以便从这个体积限制中释放出设计空间。

对这种全新设计的分析揭示了由于混合动力电动推进系统的性质，可以实现燃料燃烧减少、飞机设计范式的变化，然而，飞机的最大起飞重量增加、燃料燃烧减少并不意味着自动提高飞机效率。

虽然这次的研究目的是首先了解混合动力电动推进系统在飞机上的影响，混合动力电力技术的全部优势将通过飞机级推进系统的整体整合来实现。由 Moore 和 Fredericks（2014）的观点可知，混合电动飞机的全部潜力只有在飞机级混合动力推进系统整合的协同效益得到充分了解后才会得到证明。在这方面，在下一节中提出了一种创新的混合电气方法，并对分布式混合电动的全新设计进行了评估。

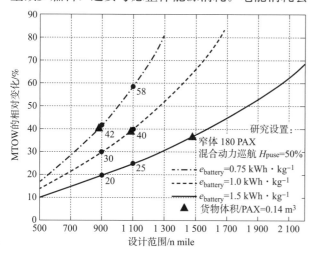

图18.6　巡航50%的 H_{puse} 的最大起飞重量相对变化（Pornet 等，2014b）

18.4.4　分布式混合电动全新设计

由于寻求在飞机一级整合混合动力推进系统的

更高协同作用，并且为了研究增加 H_p 对整体飞机尺寸、综合性能和飞行技术最优性的影响，Pornet 和 Isikveren（2015）研究了采用四风扇安排的混合电动窄体运输机。它具有两个常规齿轮涡轮风扇和两个电风扇，与以前研究的混合电气结构相比，这种基本形式的分布式推进具有许多优点，并且在18.2.1 节中列举了进一步演变的潜力。由于电动机与燃气轮机故障之间的平均时间较长，电风扇被置于外侧以减少一台发动机对性能和尺寸的不利影响。作为 H_{puse}（Pornet 和 Isikveren，2015）的功能，分析了混合动力推进系统的尺寸策略。选择的操作策略是在任务阶段以最大推力操作电风扇。运输阶段包括出租车进/出、下降、着陆和暂停只能用齿轮涡轮风扇进行。在巡航期间，齿轮传动风扇被节流回调，以适应瞬时推力要求。该操作被评估为适合高达 45% 的 H_{puse}。高于这个值，由于齿轮涡轮风扇推力节流引起的部分负荷运行，巡航中燃气轮机的效率受到损害。通过对间隔设计范围在900（1 667 km）～2 100 n mile（3 889 km）的飞机进行大小调整，并为了增加 H_{puse}，在潜在的燃料消耗（图18.7）减少、飞机效率的变化（图18.8）和飞机尺寸的变化（图18.9）方面对前景进行了研究。综合性能与先进的双发动机运输机是相反的。如图18.7 所示，通过增加 H_{puse}，由于电能的更大利用和整体推进系统效率的提高，可以实现全程耗油量的大量减少。由于电池的使用以及电气系统的重量（图18.9），增加的机壳会导致飞机重量的大幅提高。如图18.8 所示，这种效应不利于随着机壳增加而减少飞机效率。与更高的电能需求相关联的尺寸级联效应的放大解释了在较高设计范围

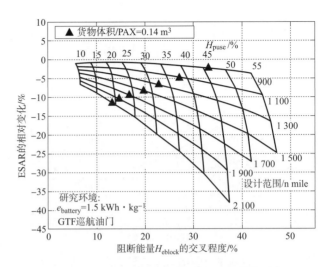

图 18.8　块 ESAR 相对于能量 H_{eblock} 的块混合程度的相对变化、齿轮涡轮风扇巡航节流（Pornet 和 Isikveren，2015）

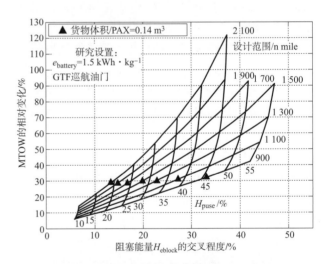

图 18.9　最大起飞重量相对于能量 H_{eblock} 的混合程度的相对变化、齿轮涡轮风扇巡航节流（Pornet 和 Isikveren，2015）

内集成性能的退化。从这一分析可以看出，区域市场细分是这种混合电动四通道运输机应用的最适合的部分，设计范围在900（1 667 km）～1 300 n mile（2 408 km）。研究电池外壳的体积约束表明，狭窄机身的横截面可能会限制设计空间。对于每个乘客的乘载体积约束 0.14 m³，对于区域飞机的标准体积分配，发现假设单元格级别的重量比能量为1 500 Wh/kg，在 1 300 n mile（2 408 km）的设计范围和 30% 的 H_{puse} 设计范围内可以实现 15% 的全程耗油量消耗，同时飞机效率降低 6%。

为了获得关于电池技术的敏感性的洞察力，对整体性能进行了研究，电池的能量为 1 000 Wh/kg（Pornet 和 Isikveren，2015）。如第 18.4.3 节所示，

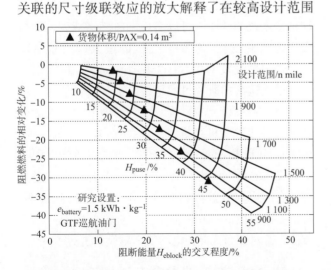

图 18.7　能量 H_{eblock} 的块燃料相对于块混合的相对变化、齿轮涡轮风扇巡航节流（Pornet 和 Isikveren，2015）

由于给定的能量需求需要更高的电池质量，因此，对于较低的电池比能量来说，施胶效果被明显地放大。这导致潜在的全程耗油量减少的降低和飞机效率的更强的降低。随着设计范围的扩大，能源需求的增加导致更大阶段的整体性能下降更明显。假设重量比为 1 000 Wh/kg 的比能量，在 1 300 n mile（2 408 km）以上的设计范围内没有实现明显的全程耗油量减少，而相对于 1 500 Wh/kg 的比能量，其设计范围高于 1 900 n mile（3 519 km）。

在 Pornet 和 Isikveren（2015）提出的前景中，强调了对混合动力推进系统的不同运行策略的分析。本节将对这一策略进行研究，其包括在巡航期间节流电风扇，而齿轮传动风扇以其最高效率运行。不同策略含义的比较是基于全程耗油量 H_{eblock} 的混合度。由于该综合指标包括推进系统的整体效率链，还表示了能量分配的综合阻力值，因此，为了比较巡航期间的两种不同的操作策略，这是特别重要的。将综合性能与相同的先进双发动机窄体飞机进行比较。潜在的全程耗油量减少、飞机效率的变化以及飞机重量的变化分别如图 18.10 ～图 18.12 所示。

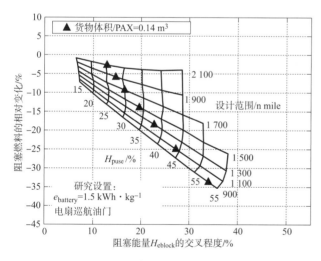

图 18.10　全程耗油量相对于能量 H_{eblock} 的阻挡混合度的相对变化、电风扇巡航节流

有趣的是，对于给定的 H_{eblock}，对于这两种策略而言，实现块燃料减排的好处大致相同（参见图 18.7 和图 18.10）。对于相同的 H_{eblock}，在巡航期间节流电风扇的情况下，H_{puse} 的水平较大。这基本上是为了实现相同的块能量分配，需要安装更大的电动机功率。这种趋势是可以理解的，因为当电风扇节流回来时，在巡航期间消耗的电能与相同 H_{puse} 的第一种策略相比。为了实现相同的 H_{eblock}，

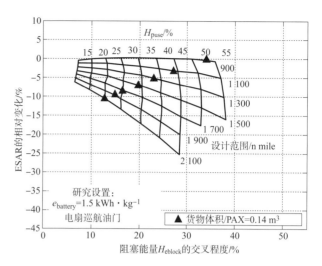

图 18.11　能量特定空气范围相对于能量 H_{eblock} 的混合度的相对变化、电风扇巡航节流

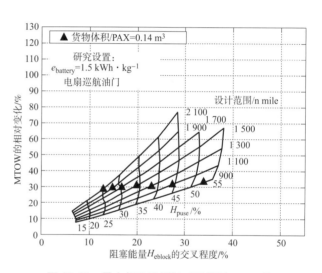

图 18.12　最大起飞重量相对于能量 H_{eblock} 的混合度的相对变化、电风扇巡航节流

需要安装更大的电动机以实现相同的块任务的相同的块能量分裂。这是解释选择在巡航期间节流电风扇的策略时获得的更"紧凑"的地毯绘图的原因。事实上，对于 H_{puse} 的相同变化，在巡航期间使用较少的电能导致 H_{eblock} 的较低值。

图 18.8 和图 18.11 中块能量特定空气范围与 H_{eblock} 相对变化的分析揭示了不同策略对系统影响产生的有趣趋势。正如本节开头所述，考虑到第一个策略，由于安装了更大的电风扇，H_{puse} 的增加导致了巡航过程中齿轮涡轮风扇的推力节流的更高水平。这种效应因更强的负荷运转而使齿轮传动风扇的效率降低，通过在图 18.8 所示的较高 H_{puse} 级别的能量特定空气范围的显著降级，可以观察到这种操作后果。在第二个策略中，电风扇降低速度，并且齿轮传动风扇在巡航期间接近其最大效率。结

果，由于通过使用高效的电气系统，整体推进系统的效率得到改善。因此，与 H_{puse} 相比，块式能源特定的空气范围略有增加，并且它几乎独立于 H_{puse} 的短设计范围。随着 H_{puse} 水平的增加，更高设计范围内的块能量比空气范围的减少归因于导致飞机质量大幅增加的较高电能需求引起的级联效应（图18.12）。但是，必须注意的是，对于给定的 H_{puse}，当比较不同的策略时，δ 块能量特定空气范围的差异很小。重要的是要强调在这一点上，在当前实施的电气系统模型中，除了电池之外，电气部件的效率还被认为相对于操作条件和操作时间是不变的。这种假设是在电气部件的适当热管理和推进架构的周密布局的前提下进行的。因此，模型中的电力推进系统链的效率取决于根据飞行状态和功率设置，电池效率相对于其放电特性和管道风扇效率的变化。此外，在当前的模型中，电气部件的比重被认为与任何尺度效应无关。随着更详细的电气系统模型可用性发生变化，将考虑电气部件效率相对于高度-温度包络和功率负载条件的依赖性以及具有缩放效应的特定重量的可能变化。

根据电风扇巡航节流策略，混合电动推进对飞机尺寸的影响用图18.12中最大起飞重量与 H_{eblock} 的变化进行了说明。确定了不同策略之间最大起飞重量变化的相似趋势相对于设计范围的增加和 H_{puse} 的增长。对于相同的 H_{eblock}，观察到最大起飞重量相对变化的相似值。

总之，当在巡航期间选择电风扇的节流时，可以实现类似的减少全程耗油量的水平。第二个操作策略导致全程耗油量和块能量特定空气范围以及相同 H_{eblock} 的最大起飞重量的相似变化。然而，为了达到同样的降低燃料消耗的潜力，需要实现更高水平的 H_{puse}（换句话说，相对于总有用功率的有用电力更高）。这转化为安装较大的电动机功率。这种系统的含义植根于业务战略的性质。在巡航期间使用节电电风扇时，在相同的 H_{puse} 水平下需要更少的电能。

18.5 结 论

随着对推进系统采用创新的电力驱动方式，航空界即将革新飞机推进和飞机设计。混合动力和普遍电动飞机的全部益处只能通过在飞机级采用一种真正整体的方法来整合混合动力与普遍电动推进系统。需要对电动推进系统的创新方法进行进一步分析，并在飞机级思考整合以确定充分的潜力。通过与机身以及与飞机上的其他系统的紧密交织耦合寻求在飞机级上推进系统的协同一体化预计将导致当代飞机设计范例的急剧变化。补充电力驱动对运输机影响的纯技术评估，需要进行严格的分析来衡量经济价值。基于经济学的指标在设计图中的表示将能够选择最佳和平衡的飞机概念。除了飞机系统的研究之外，还需要进行生命周期评估，以衡量电力驱动对整个链条的整体影响。而对于当代推进系统，发动机的概念设计分析可以几乎独立于机身进行，混合电动或普遍电力推进系统的协同分析和整合将由推进专家、电气系统专家和飞机设计师之间的跨学科工作产生。电子航空推进专家的专业化新专业领域可以从这个多学科的角度出发。这些相互作用不仅会影响飞机概念团队的内部组织，而且，由于供应商在新飞机产品的早期开发阶段基本上更密切地参与，甚至超越，将重新定义合作伙伴关系和合作的产业格局。

参考文献

Abdel-Hafez, A. (2012) Power generation and distribution system for a more electric aircraft—a review. *Recent Advances in Aircraft Technology* (ed. R. Agarwal), In Tech, ISBN: 978-953-51-0150-5.

Advisory Council for Aviation Research and Innovation in Europe (ACARE). (2012) Strategic Research and Innovation Agenda (SRIA) —Volume 1. Technical Report, Brussels.

Airbus Group. (2015) The future of e-aircraft. http://www. airbusgroup. com (accessed April, 2015).

Bijewitz, J., Seitz, A., and Hornung, M. (2014) Multi-disciplinary design investigation of propulsive fuselage aircraft concepts, in *4th EASN Association International Workshop on Flight Physics and Aircraft Design*, Aachen, Germany.

Bradley, M. K., and Droney, C. K. (2011) Subsonic ultra green aircraft research: phase I final report. *Technical Report*, April, Huntington Beach, California.

Bradley, M. K., and Droney, C. K. (2012) Subsonic ultra green aircraft research phase II: N + 4 advanced concept development. *Technical Report*, NASA, Huntington Beach, CA.

Brown, G. V. (2011) Weights and efficiencies of electric components of a turboelectric aircraft propulsion system, in *49th AIAA Aerospace Sciences Meeting including the New Horizons Forum and Aerospace Exposition*,

Orlando，FL.

Christensen，J.，Albertus，P.，Sanchez-Carrera，R. S.，Lohmann，T.，Kozinsky，B.，Liedtke，R.，Ahmed，J.，and Kojic，A.（2012）A critical review of Li-air batteries. *J. Electrochem. Soc.*，159，R1-R30.

Cronin，M.（1990）The all-electric aircraft. *IEE Rev.*，36，309-311.

Cronin，M.（1991）Advanced power generation systems for more electric aircraft. *SAE Technical Paper*，912186.

Dever，T. P.，Duffy，K. P.，Provenza，A. J.，Loyselle，P. L.，Choi，B. B.，Morrison，C. R.，and Lowe，A. M.（2015）Assessment of technologies for noncryogenic hybrid electric propulsion. *Technical Report*，January，NASA/Technical Report 2015-216588，Cleveland，OH.

Divya，K. C. and Ostergaard，J.（2009）Battery energy storage technology for power systems：an overview. *Electr. Power Syst. Res.*，79，511-520.

Faleiro，L.（2005）Beyond the more electric aircraft. *AIAA Aerospace America*.

Felder，J.，Kim，H.，and Brown，G.（2009）Turboelectric distributed propulsion engine cycle analysis for hybrid-wing-body aircraft，in *47th AIAA Aerospace Sciences Meeting including The New Horizons Forum and Aerospace Exposition*，American Institute of Aeronautics and Astronautics，Orlando，FL，pp. 1-25.

Fredericks，W. J.（2014）Impact of distributed electric propulsion（DEP）on aircraft design，in *Special Conference on Disruptive Green Propulsion Technologies：Beyond the Competitive Horizon*，November，London，UK.

Fredericks，W. J.，Moore，M. D.，and Busan，R. C.（2013）Benefits of hybrid-electric propulsion to achieve 4x increase in cruise efficiency for a VTOL aircraft，in *AIAA Aviation Technology，Integration，and Operations（ATIO）Conference*，Los Angeles，CL.

Freeman，J.，Osterkamp，P.，Green，M.，Gibson，A.，and Schiltgen，B.（2014）Challenges and opportunities for electric aircraft thermal management. *Aircr. Eng. Aerosp. Technol.*，86（6），519-524.

Gibson，A. R.，Hall，D.，Waters，M.，Schiltgen，B.，Foster，T.，Keith，J.，and Masson，P. J.（2010）The potential and challenge of turboelectric propulsion for subsonic transport aircraft，in *48th AIAA Aerospace Sciences Meeting Including the New Horizons Forum and Aerospace Exposition*，January，Orlando，FL.

Gohardani，A. S.（2013）A synergistic glance at the prospects of distributed propulsion technology and the electric aircraft concept for future unmanned air vehicles and commercial or military aviation. *Prog. Aerosp. Sci.*，

57，25-70.

Gohardani，A. S.（ed.）（2014）*Propulsion Technology*，Nova Science Publishers，ISBN：978-1-62948-588-1.

Gohardani，A. S.，Doulgeris，G.，and Singh，R.（2011）Challenges of future aircraft propulsion：a review of distributed propulsion technology and its potential application for the all electric commercial aircraft. *Prog. Aerosp. Sci.*，47，369-391.

Harmon，F. G.，Frank，A. A.，and Chattot，J.-J.（2006）Conceptual design and simulation of a small hybrid-electric unmanned aerial vehicle. *J. Aircr.*，43（5），1490-1498.

Hepperle，M.（2014）Electric flight-potential and limitations. In *NPU-DLR Workshop*，Braunschweig.

Isikveren，A. T.，and Schmidt，M.（2014）Future transport aircraft ultra-low emissions technology options，in *GARS Workshop Air Transport and Climate Change*，Worms，Germany.

Isikveren，A. T.，Seitz，A.，Vratny，P. C.，Pornet，C.，Plötner，K. O.，and Hornung，M.（2012）Conceptual studies of universally electric systems architectures suitable for transport aircraft，in *Deutscher Luft-und Raumfahrt Kongress*，DLRK，Bauhaus Luftfahrt，Berlin.

Isikveren，A. T.，Seitz，A.，Bijewitz，J.，Hornung，M.，Mirzoyan，A.，Isyanov，A.，Godard，J.-l.，Stückl，S.，and Toor，J. V.（2014）Recent advances in airframe-propulsion concepts with distributed propulsion，in *29th Congress of the International Council of the Aeronautical Sciences*，St. Petersburg，Russia.

Isikveren，A. T.，Kaiser，S.，Pornet，C.，and Vratny，P. C.（2014）Pre-design strategies and sizing techniques for dual-energy aircraft. *Aircr. Eng. Aerosp. Technol. J.*，86（6），525-542.

Isikveren，A. T.，Seitz，A.，Bijewitz，J.，Mirzoyan，A.，Isyanov，A.，Grenon，R.，Atinault，O.，Godard，J.-l.，and Stückl，S.（2015）Distributed propulsion and ultra-high by-pass rotor study at aircraft level. *Aeronaut. J.*

Johnson，L.（2010）The viability of high specific energy lithium air batteries，in *Symposium on Research Opportunities in Electrochemical Energy Storage：Beyond Lithium Ion：Materials Perspective*，Tennessee，USA.

Ketterer，B.，Karl，U.，Möst，D.，and Ulrich，S.（2009）Lithium-ion batteries：state of the art and application potential in hybrid-，plug-in hybrid-and electric vehicles. *Technical Report*，Forschungszentrum Karlsruhe in der Helmholtz-Gemeinschaft，Institut für

Materialforschung I.

Kim, H. D., Felder, J. L., Tong, M. T., Berton, J. J., and Haller, W. J. (2014) Turboelectric distributed propulsion benefits on the N3-X vehicle. *Aircr. Eng. Aerosp. Technol.*, 86 (6), 558–561.

Kirner, R., Raffaelli, L., Rolt, A., Laskaridis, P., and Singh, R. (2013) Analysis of distributed propulsion on advanced vision 2020 aircraft concepts. *International Society for Air Breathing Engines*, Busan, Korea.

Kraytsberg, A. and Ein-Eli, Y. (2011) Review on LiâÄSair batteries: opportunities, limitations and perspective. *J. Power Sources*, 196, 886–893.

Kuhn, H., Falter, C., and Sizmann, A. (2011) Renewable energy perspectives for aviation, in *Proceedings of the 3rd CEAS Air&Space Conference and 21st AIDAA Congress*, vol. 1259, Venice, Italy, pp. 1249–1259.

Kuhn, H., Seitz, A., Lorenz, L., Isikveren, A. T., and Sizmann, A. (2012) Progress and perspectives of electric air transport, in *28th International Congress of the Aeronautical Sciences*, ICAS, Brisbane.

Laskaridis, P. (2004) Performance investigations and systems architectures for the more electric aircraft. PhD thesis, Crandfield University.

Liscouët-Hanke, S. (2008) A model-based methodology for integrated preliminary sizing and analysis of aircraft power system architectures. PhD thesis, Institut National des Sciences Appliquée-Université Paul Sabatier.

Lockheed Company. (1976) LH_2 airport requirements study. *Technical Report*, NASA Contractor Report.

Lorenz, L., Seitz, A., Kuhn, H., and Sizmann, A. (2013) Hybrid power trains for future mobility, in Paper 1316, Deutscher Luftund Raumfahrtkongress, Stuttgart, Germany, pp. 1–17.

Luongo, C. A., Masson, P. J., Nam, T., Mavris, D., Kim, H. D., Brown, G. V., Waters, M., and Hall, D. (2009) Next generation more-electric aircraft: a potential application for HTS superconductors. *IEEE Trans. Appl. Supercond.*, 19 (3), 1055–1068.

Malkin, P. and Pagonis, M. (2014) Superconducting electric power systems for hybrid electric aircraft. *Aircr. Eng. Aerosp. Technol.*, 86 (6), 515–518.

Mantic-Lugo, V., Doulgeris, G., and Singh, R. (2012) Computational analysis of the effects of a boundary layer ingesting propulsion system in transonic flow. *Proc. Inst. Mech. Eng. G J. Aerosp. Eng.*

Masson, P. J. and Luongo, C. A. (2007) HTS machines for applications in all-electric aircraft, in *Proceedings of the PES Meeting*, Tampa, FL.

Masson, P. J., Brown, G. V., Soban, D. S., and Luongo, C. A. (2007) HTS machines as enabling technology for all-electric airborne vehicles. *Supercond. Sci. Technol.*, 20 (8), 748–756.

Moore, M. D. and Fredericks, B. (2014) Misconceptions of electric propulsion aircraft and their emergent aviation markets, in *52nd Aerospace Sciences Meeting*, AIAA SciTech, (AIAA2014-0535). Maryland.

Nalianda, D., and Singh, R. (2014) Turbo-electric distributed propulsion: opportunities, benefits and challenges. *Aircr. Eng. Aerosp. Technol.*, 86 (6), 543–549.

NASA Environmentally Responsible Aviation. (2012) N+2 advanced vehicle concepts NRA draft solicitation synopsis. *Technical Report*.

Ordin, P. M. (2005) Safety standard for hydrogen and hydrogen systems. *Technical Report*, NASA NSS1740. 16, National Aeronautics and Space Administration.

Paulson, J., Banning, T., Bristow, G., Level, C., Sollmann, L., Calderon-Fernandez, J., Wells, D., Olson, M., Davis, N., Du, C., and Ambadpudi, S. (2013) 2012-2013 FAA design competition for universities electric/hybrid-electric aircraft technology design category-NXG-50-Georgia Tech. *Technical Report*.

Pornet, C. (2014) Hybrid and universally-electric aircraft concepts, *AccessScience*, *McGraw-Hill Yearbook of Sciences and Technology*, McGraw-Hill Education, http://dx.doi.org/10.1036/1097-8542.YB150553.

Pornet, C. and Isikveren, A. T. (2015) Conceptual design of hybrid-electric transport aircraft. *J. Progress Aerosp. Sci.*, doi: 10.106/j.paerosci.2015.09.002.

Pornet, C., Kaiser, S., and Gologan, C. (2014) Cost-based flight technique optimization for hybrid energy aircraft. *Aircr. Eng. Aerosp. Technol. J.*, 86 (6), 591–598.

Pornet, C., Kaiser, S., Isikveren, A. T., and Hornung, M. (2014) Integrated fuel-battery hybrid for a narrow-body sized transport aircraft. *Aircr. Eng. Aerosp. Technol.*, 86 (6), 568–574.

Pornet, C., Gologan, C., Vratny, P. C., Seitz, A., Schmitz, O., Isikveren, A. T., and Hornung, M. (2015) Methodology for sizing and performance assessment of hybrid energy aircraft. *J. Aircr.*, 52 (1), 341–352.

Quigley, R. E. (1993) More electric aircraft. *Proceedings of the 8th Applied Power Electronics Conference and Exposition*, APEC 93, pp. 906–911.

Schiltgen, B., Green, M., and Gibson, A. (2013) Analysis of terminal area operations and short field performance of hybrid electric distributed propulsion, in *AIAA Aviation* 2013, vol. 86, Los Angeles, CL, pp. 584 – 590.

Schmitz, O. (2012) Fahrzeugtriebwerk, Fahrzeug mit diesem Fahrzeugtriebwerk und Verfahren zum Betrieb dieses Fahrzeugtriebwerkes.

Schmitz, O. and Hornung, M. (2013) Unified applicable propulsion system performance metrics. *J. Eng. Gas Turbines Power*, 135 (11), 1 – 9.

Schmitz, O. and Hornung, M. (2013) Methods for simulation and analysis of hybrid energy propulsion systems, in *Proceedings of the 62nd Deutscher Luft-und Raumfahrt Kongress (DLRK)*, Stuttgart.

Schurhoff, R. W. (2002) The development and evaluation of an optimal powertrain control strategy for a hybrid electric vehicle. PhD thesis, University of California, Davis, CA.

Scrosati, B. and Garche, J. (2010) Lithium batteries: status, prospects and future. *J. Power Sources*, 195, 2419 – 2430.

Seitz, A., Schmitz, O., Isikveren, A. T., and Hornung, M. (2012) Electrically powered propulsion: comparison and contrast to gas turbines, in *Deutscher Luftund Raumfahrt Kongress*, DLRK, Bauhaus Luftfahrt, Berlin.

Seitz, A., Bijewitz, J., Kaiser, S., and Wortmann, G. (2014) Conceptual investigation of a propulsive fuselage aircraft layout. *Aircr. Eng. Aerosp. Technol.*, 86 (6), 464 – 472.

Sivasubramaniam, K., Zhang, T., Lokhandwalla, M., Laskaris, E. T., Bray, J. W., Gerstler, B., Shah, M. R., and Alexander, J. P. (2009) Development of a high speed HTS generator for airborne applications. *IEEE Trans. Appl. Supercond.*, 19 (3), 1656 – 1661.

Smith, H. (2014) Airframe integration for an LH_2 hybrid-electric propulsion system. *Aircr. Eng. Aerosp. Technol.*, 86 (6), 562 – 567.

Snyder, C. A., Berton, J. J., Brown, G. V., Dolce, J. L., Dravid, N. V., Eichenberg, D. J., Freeh, J. E., Gallo, C. A., Jones, S. M., Kundu, K. P., Marek, C. J., Millis, M. G., Murthy, P. L., Roach, T. M., Smith, T. D., Stefko, G. L., Sullivan, R. M., Tornabene, R. T., Geiselhart, K. A., and Kascak, A. (2009) Propulsion investigation for zero and near-zero emissions aircraft. *Technical Report*, May, NASA/TM-2009-215487, National Aeronautics and Space Administration, Cleaveland, Ohio.

Steiner, H. -J., Seitz, A., Wieczorek, K., Plötner,

K., Isikveren, A. T., and Hornung, M. (2012) Multi-disciplinary design and feasibility study of distributed propulsion systems, in *28th International Congress of the Aeronautical Sciences*, ICAS, Brisbane.

Steiner, H. -J., Vratny, P. C., Gologan, C., Wieczorek, K., Isikveren, A. T., and Hornung, M. (2014) Optimum number of engines for transport aircraft employing electrically powered distributed propulsion. *CEAS Aeronaut. J.*, 5 (2), 157 – 170.

Stoll, A. M., Bevirt, J., Moore, M. D., Fredericks, W. J., and Borer, N. K. (2014) Drag reduction through distributed electric propulsion, in *Aviation Technology, Integration and Operations Conference*, June, Atlanta, GA.

Stückl, S., van Toor, J., and Lobentanzer, H. (2012) VOLTAIR-the all electric propulsion concept platform—a vision for atmospheric friendly flight, in *28th International Congress of the Aeronautical Sciences*, ICAS, Brisbane.

The Boeing Commercial Airplane Company. (1976) An exploratory study to determine the integrated technological air transportation system gound requirements of liquid-hydrogen-fueled subsonic, long-haul civil air transports. *Technical Report*, September 1976, NASA Contractor Report.

Thielmann, A. (2010) Technologie-roadmap lithium-ionen-batterien 2030. *Technical Report*, Fraunhofer-Institut für System-und Innovations forschung ISI Karlsruhe.

Visco, S., Nimon, E., Katz, B., Chu, M., and De Jonghe, L. (2006) High energy density lithium-air batteries with no self discharge, in *Proceedings of the 42nd Power Sources Conference*, pp. 201 – 203.

Vratny, P. C., Gologan, C., Pornet, C., Isikveren, A. T., and Hornung, M. (2013) Battery pack modeling methods for universally-electric aircraft, in *4th CEAS Air & Space Conference*, Linköping University Electronic Press, Linköping, Sweden, pp. 525 – 535.

Westenberger, A. (2003) Liquid hydrogen fuelled aircraft-system analysis. *Technical Report*, May 2002, Final Technical Report, Cryoplane Project.

Woodford, W. H., Ransil, R. A., and Chiang, Y. -M. (2012) Advanced batteries: beyond li-ion. *Technical Report*, NPC Future Transportation Fuels Study.

本章译者：李延平　刘莉
（北京理工大学宇航学院）

第 19 章

锂离子电池：热力学、性能和优化设计

Nansi Xue[1]，Wenbo Du[2]，Joaquim R. R. A Martins[3] 和 Wei Shyy[4]

1 Zee. Aero 公司，山景城，加利福尼亚州，美国

2 伊利诺伊大学厄巴纳香槟分校，厄巴纳，伊利诺伊州，美国

3 密歇根大学航空航天工程系，安娜堡，密歇根州，美国

4 香港科技大学，香港，中国

19.1 引　言

为了减少对环境的影响和加强能源安全，人们对可再生能源的关注日益增长。在利用可再生能源的技术中，锂离子电池是其中的关键。目前，锂离子电池的市场规模大约为 110 亿美元，考虑到需求的不断增长，市场规模有望在 5 年内达到目前的 3 倍。

锂离子电池不仅是各种手提电子设备的能量存储系统，而且正被越来越多地用在混合动力汽车和插电式混合动力汽车上以代替化石燃料。锂离子电池应用的其他领域包括航空（Traub，2011）、卫星（Fellner 等，2003）、栅极存储（Du 等，2014a）。如表 19.1 所示，锂离子电池具有的重要特性可以使不同的应用受益，但它们必须能满足广泛的设计和操作要求。

锂离子电池投入商业应用已经超过 20 年了，但是对于锂离子电池的相关研究并没有减弱，政府和私营部门都继续致力于提高锂离子电池的性能与安全性。本节是对锂离子电池各方面技术的简单总结：首先综述了电池系统，然后介绍了电池的组成和各种类型的锂离子电池。近年来，随着对锂离子电池进一步发展所面临挑战的讨论，建模和设计的进步是非常显著的，尤其是体现在热力学建模、最优设计和性能改进方面。

表 19.1　锂离子电池的应用

应用	锂离子电池的优点	独有的问题
电子	体积小，容量高	耐用性差，安全性
汽车	质量轻，体积小，容量和功率密度高	循环和日历寿命，快速充电，安全性
航空	质量轻，体积小，容量和功率密度高	可延展性，快速充电，安全性
航天	质量轻，体积小，容量高	对极端温度和辐射的敏感度
系统网络	自放电效应低，效率高	可延展性，成本

19.2　锂离子电池基础

电池是一个电化学装置，通过在两极发生反应产生的电势差将储存的化学能转化为电能。将一系列基本供电单元串联或并联可以提供需要的电压和功率。可用能量和可用功率是电极储能材料和反应之间标准电位差的函数。大部分锂离子可以在电池的两极之间来回穿梭，如用于电动车中的可充电电池或二次电池。锂离子作为穿梭离子是很受青睐的，因为它具有很强的正电性（标准电极电势差＝3.04 V），并且是较轻的金属（等效质量＝6.94），这对于高能量密度电池是至关重要的（Haynes 等，2012）。在 20 世纪 70 年代第一次展示的以锂为基础的可充电电池，是用锂金属做负极，以二硫化钛做正极（Whittingham，1976）。这种开创性的电

池循环性能差，在锂循环使用过程中会发生枝晶生长的问题，从而导致短路和爆炸。随后，锂金属被一种第二插入材料所取代，避免了锂电镀问题（Murphy 等，1978）。锂离子电池的工作原理是用一定的工艺将锂与活跃金属组合起来，这样锂离子就能在不明显改变负极结构下自由地脱离或嵌入多孔主体。形成的 Li_xMO_2（M 代表 Co，Ni，Mn）这种金属氧化物家族是在 20 世纪 80 年代（Mizushima 等，1980；Thackeray 等，1983）提出的，现在已经成为获得广泛认同的标准阴极活性材料。

1991 年，锂离子电池被索尼公司第一次投入商业应用，自那以后被用到越来越多的电子设备上。与上一代可充电电池相比较，如铅酸蓄电池、镍镉合金电池（NI-Cd）和镍及金属氢化物电池（Ni-MH），锂离子电池有更高的能量密度和功率密度（图 19.1）。另外，它展示了高倍率性能，工作温度范围宽，自放电效应低，没有记忆效应（Linden 和 Reddy，2002）。但是，它价格更贵，耐用性更低。更重要的是，锂离子电池的能量密度仍比汽油等燃料低一个数量级，这使得电动汽车行驶时间短，或者由于需要携带笨重的电池组而增加成本。许多正在进行的研究工作都集中在降低锂离子电池的价格和提高能量密度这两方面。

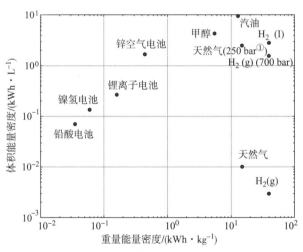

图 19.1 各种能量储存系统能量密度对比
（经 Du 同意转载，2013）

现在生产的各式各样的锂离子电池主要是圆柱形（18 650 型）和棱柱状的。一个典型的电池由两个插入电极组成，允许锂离子可逆的嵌脱。比较典型的负极（也叫作阳极）材料是碳基材料，正极（也叫阴极）材料包括锂的氧化物。电极表面通常会粘贴一层金属箔作为集电器（阴极是铝，阳极是铜），黏合剂通常选择聚偏氟乙烯（PVDF）。插入

电极是不导电的，需要额外的导电介质，通常用高比表面积的碳粒子来促进活性物质表面的电子运动。两极之间的分离器防止它们直接接触和短路。分离器通常是具有半渗透性的聚乙烯或聚丙烯分离薄层。电池被浸没在含有锂盐，如 $LiPF_6$，的有机溶剂中，为锂离子提供在两极之间穿梭的通道。是否使用凝胶聚合物和固态电解质等替代品则取决于应用、安全和对生命周期的要求。

一个电池最简单的构成包括电流集电器、电极、电解液和分离器，为了提高电池的临界物理性质，还会加一些惰性材料，如黏合剂和导电剂。放电时，电子从阳极中脱离通过集电器，同时锂离子从阳极进入电解液并朝阴极迁移；在阴极，电子通过正极集电器从外电路进入阴极，这些电子与插到活性固体物质中的锂离子结合在一起。充电时，通过在外电路施加电压使反应向相反的方向进行，锂离子从阴极脱离并嵌回阳极。总反应式是

$$LiMO_2 + C \Leftrightarrow Li_xC + Li_{1-x}MO_2$$

阴极反应和阳极反应的活性材料的库仑电荷量和标准电势的差值决定了电池能够储存的能量大小。因此，最大能量密度主要是电极材料性质的函数，在以后的章节中，我们还会看到在循环充放电过程中，电池设计对于理论总能量的利用率起着重要作用。过渡金属化合物的选择对阴极的设计至关重要，不同的化合物因为其不同的晶体结构表现出的充电容量和标准电势有着显著的不同。不同的过渡金属氧化物有着不同的循环特性，如片状晶体结构的 $LiCoO_2$、尖晶石结构的 $LiFeO_4$、橄榄石型结构的 $LiFePO_4$（Whittingham，2004）。表 19.2 列出了阴极材料的大部分共有属性。

表 19.2 常用阴极材料性能的理论极限

负极材料	能量密度		库仑容量 /(mAh·g^{-1})
	Wh·L^{-1}	Wh·kg^{-1}	
$Li_xMn_2O_4$	2 060	490	120
Li_xFePO_4	2 070	580	170
$Li_xV_2O_5$	2 920	870	360
Li_xCO_2	3 000	600	150
$Li_x(Ni_{1/3}Mn_{1/3}Co_{1/3})O_2$	3 680	770	200
$Li_x(Ni_{0.8}Co_{0.15}Al_{0.05})O_2$	3 780	740	190

资料来源：Sastry 建立的数据库。

183

① 1 bar=100 kPa。

在继续寻找更高性能电池的路上，正在进行的大量研究仍然集中在发展具有更高容量和电势的新电极材料方面。对锂离子电池材料发展的具体情况进行详细讨论已经超出了本章的范围，但是，有兴趣的读者可以参考 Etacheri（2011）和 Marom（2011）等的文献综述。

19.3　电池工作原理

开路电压（OCV）曲线是根据荷电状态函数（SOC）或放电深度函数（DOD）绘制的，从中可以得知电池性能。如图 19.2 所示，满电电池的开路电压是阴极和阳极的开路电压电势差。开路电压决定循环时电极板之间产生的电能。实际上，放电时的电压总是小于开路电压，这是因为在电流通过电池时，电池内部的电阻造成了电压下降。电池中的电压下降量与电流成比例。

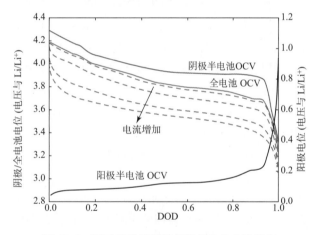

图 19.2　基于实验测量的锂钴氧化物电池放电电流变化下的电压变化

随着通过电池电流的增大，功率也在增大，因为利用率较低，所以可用放电容量在减小，从而可以看出，在电池内部功率和能量之间存在着一种平衡。功率-能量曲线也被叫作 Ragone 曲线。如图19.3 所示。Ragone 曲线的终点表示给定电池的最大可用能量密度和最大可用功率密度。曲线的形状取决于电极材料性质，就像开路电压的曲线形状和活性材料的库仑力取决于材料性质一样。同时，电池的设计和制造在确定电池循环性能方面起着重要的作用。如图 19.3 所示，两块不同的钴酸锂电池有着不同的 Ragone 曲线。因此，对于给定的应用，必须选择合适类型的电池。

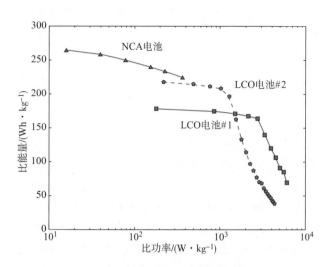

图 19.3　基于不同类型的锂离子电池的模拟的 Ragone 曲线

19.4　锂离子电池建模

在众多项目中，锂离子电池的研究和发展方法大致分为理论与实验两种。实验工作在新技术发展早期是非常重要的，作为表征和测试方法，它可以得到对相关物理现象的基本了解，并制定设计和制造的指导方针。对于锂离子电池，实验研究是识别和测试合适材料、建立合适的设计和制造要求以获得足够可靠性与安全性所必不可少的方法。在电池进行规模化生产之前，为验证其性能，必须进行实验室规模的测试。实验结果也可以用来验证理论和计算模型，以确保这些模型分析的合理性。实验工作具有相当的重要性，在众多科研人员的不懈努力下，实验工作持续不断地为电池科学进行有价值的突破。

尽管如此，为了提高超越试验方法范围的技术，工程设计和优化方面越来越依赖于计算建模与仿真工具。对于复杂系统和有着大量设计考虑与设计参数的技术尤其如此，锂离子电池也不例外。计算模型对复杂系统有几个关键的优势：不需要特殊的实验装置，能够从大量并行的案例中获取数据，能够准确地控制所有参数以减少不确定性。鉴于开发和利用锂离子电池行为和性能精确模型的重要性，本节概要地介绍了过去和现在的建模工作。

19.4.1　电池建模的方法和策略

为了研究大量与锂离子电池的组成和系统有关的问题，各种模型已经被开发出来。模型的选择与问题的性质密切相关，一般有如下定义。

（1）要搭建的系统或部件（从电池内部独立的部件到复杂系统的独立电池，如电动汽车里的电池就是一个部件）。

（2）需要获得的物理过程的细节层次（控制方程的选择和电池系统及其部件的几何或形态表示）。

（3）可用于分析的计算费用（所需的模拟数量及每个模拟的成本）。

根据不同的情景必须考虑不同的问题，同时电池模型的结构和复杂度也会有很大的不同。然而，某些类别的模型和技术已被证明是特别有用的，并激发了大量显著的发展。图19.4展示了几个模型的计算复杂度和细节层次。

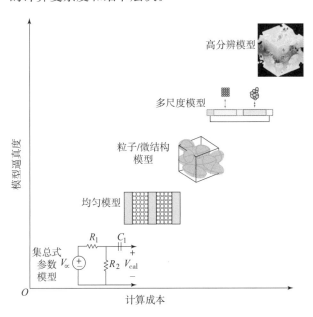

图 19.4　模型精度的提高是以较高的计算成本为代价的

被广泛使用的最简单模型是等效电路模型。作为整个电路的一部分，它代表了整个电池的等效特性行为（最常见的是电阻和电容）（Liaw 等，2004）。等效电路模型是集总式参数模型，参数由实验测量估计得到，不考虑电池的内部状态。尽管等效电路模型是简单的，但是它可以提供锂离子电池系统相对精确的稳态和瞬态行为，因此当需要一个粗略近似的系统级电池性能时，它对于含有锂离子电池的大型系统的分析和控制是很有用的（Hu 等，2012）。

对于更加复杂的应用，等效电路模型没有包含足够多有用的细节。例如，能够解决电池内的锂浓度分布和电势是重要的。在这些情况下，一个集总参数的方法是不够的，模型包含基于物理的方程是必要的。能够模拟电池内离子浓度分布和电位的著名模型是均质伪二维多孔电极模型（Doyle 等，

1993），有时它的相应的 Fortran 程序也被叫作 Dualfoil。该模型有以下优点：已经被实验验证（Doyle 等，1996），提供了较为详细的与电池内部有关的物理细节且计算速度快。这些优点使该模型适用于分析各种电池问题，如固态扩散（Smith 和 Wang，2006）和电极设计（Yu 等，2012）。

尽管基于均质一维和二维模型对一些问题提供了计算效率和物理细节之间的平衡，但在其他很多情况下，既需要体现更详细的重要物理现象，又需要更高的运算速度。不同的降阶建模技术已经被应用于改善模拟计算速度，包括模型重构（Subramanian 等，2009）、本征正交分解（Cai 和 White，2009）、代理模型（Du 等，2010；Shyy 等，2011）等。对于在每次迭代中用很少计算时间的控制系统（Perkins 等，2012；Randall 等，2012），或是对许多模型模拟的设计优化问题（De 等，2013；Du 等，2013a），都需要这种计算速度的改进。

通过简化近似同质化，齐次模型能够捕捉到一定微观结构参数的集体效应。例如，拟二维模型计算了理想球体内部模拟粒子大小对扩散速率的影响。更准确的处理能获得更真实的电极形态。应用这些方法的模型实例包括基于单粒子（Zhang 等，2000；Zhang 等，2007）和多粒子（Garcia 等，2005；Gupta 等，2011）的微观结构表征。单粒子模型通过提供一个对局部现象更准确的处理来扩展同质模型，同时保留一个基本假设：单粒子代表整个电极。多粒子模型通过重构或近似由微观粒子聚集体组成的微观结构代表电极体积，以放宽同质假设（Zhu 等，2014）。

粒子水平的微观结构或代表性体积模型有一个限制，那就是它们通常只关注局部行为而不涉及电池宏观性能的局部参数值。这些模型可以有效地模拟单个粒子内的机械应力和发热，但是不能提供最终影响电池整体的压力和热分布。为了解决这个问题，在不同层次抽象设计了两个多尺度模型。多尺度建模方法应用统计平均技术把参数和方程在微观空间或时间尺度（单个或多个粒子）上与在宏观尺度（电池或电极）上的行为和表现联系起来。而多尺度方法一般试图构建有较好精细度的微观模型，同时保持齐次模型的计算效率。应用多尺度模型研究特定电池现象的例子包括活性粒子的插层诱导应力（Golmon 等，2009）、分离器的机械应力应变（Xiao 等，2010）和热电耦合（Lee 等，2013）。一个典型的多尺度电池单元模型如图19.5所示。需

要注意到，虽然模型用两个尺度是比较常见的，但它可以包括更多。

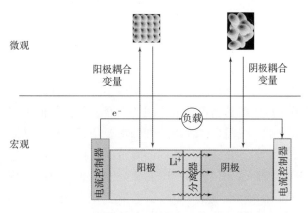

图 19.5 具有两个尺度的典型多尺度电池模型

最后，高分辨模型已经被设想作为一种模拟具有高层次细节电池的模型。在许多领域，它被称为穷举模拟或直接数值模拟，因为它没有使用先前讨论的技术简化模型。不幸的是，目前高分辨模型对于整个电池是不实际的，因为它需要在分子水平模拟整个系统，这需要大量的计算费用。然而，已经发展了对小截面电池的高分辨 3D 模型（Wang 和 Sastry，2007）以及有限空间分辨率的 3D 电池模型（Jeon 和 Baek，2011）。

19.4.2 建模的最新进展

正如前一节所介绍，近年来，在分析和设计锂离子电池的建模能力方面已经取得了很大的进展。尽管如此，现有模型的局限性激励着大量人员进行该方面的研究。为提高对锂电池的理解和设计水平，目前的努力包括扩充现有的建模方法和构想新的方法以解决日益复杂的问题。

一个扩充现有模型的例子是把物理基础的电池模型合并插入系统级建模架构（Ramadesigan 等，2012）和电池管理系统（Prada 等，2012；Lu 等，2013）中，更简化的方法已经被应用于等效电路模型中。在多尺度建模领域也有很多例子，通过对现有多种模型的整合，模型的复杂度越来越高，如在同质电池模型的粒子界面将电化学动力学与微观结构模型结合起来（Du 等，2014b）。

新型建模发展的显著方向包括以电池预测和诊断为目的的模型容量的衰减与其他老化现象、原子和分子方法与状态估计方法。正如本章后面所讨论的那样，在建模历史上，对电池退化曾进行过广泛的研究。虽然研究员 Ramadass 等人（2004）与 Liaw 等人

（2005）取得了重要的成果，但开发理论模型困难重重，并且缺少验证模型的实验数据。然而，随着电动汽车的出现和从相关测试获得大量循环寿命数据，对于更好退化模型的需要已经激发了无数的新进展。最近，新的电池退化模型包括 Lin 等（2013），Fu 等（2014），Xie 等（2014），Kang 等（2014）的模型。

相反的，对于前文所述微观结构模型，被分析的电池材料最好用连续的区域表示，而不是在原子、分子级别。开发的原子分子动力学模型（MD）已经被用于研究，如量子效应如何影响材料的宏观性能。这些建模方法的开发由于测量技术和工作条件的差异而使实验结果不一致，模型难以验证。例如，Park 等人（2010）已经发现，即使是相同材料，根据不同的测量技术，扩散系数和电导率等参数的报告值也可能差几个数量级。作为依赖材料性质和其他参数的实验值的替代方法，可以应用原子论和 MD 模拟来使用统计平均技术从第一原理计算这些量。已经使用这些方法的实例包括锂离子传输性能的研究（Islam 等，2005）、应力-扩散-浓度的关系（Haftbaradaran 等，2011）和在界面的牵引和分离（Lee 等，2014）。

在电动汽车方向，研究的一个重要领域是车载电池的状态估计和控制。能够监视主要参数是至关重要的，如 SOC 和低计算成本下的健康状态。这些信息是必要的，有助于用控制策略对一个大电池组内各电池实现负载的最佳分配，最大限度地提高效率和减少损失。健康状态是评估电池可靠性和安全性的一个重要数据依据。由于需要更准确的预测能力，为了评估电池的健康状态，已经做了很多的研究，使用的技术包括神经网络和自适应卡尔曼滤波（Andre 等，2013）、遗传算法（Chen 等，2013）和回归型支持向量机（Weng 等，2013）。

19.5 电池设计

虽然内在材料性能决定了锂离子电池的最大性能，但是为了使可获得的能量密度和相应的理论极限之间的差距最小化，电池设计仍是必不可少的。此外，不同的电极材料有不同的性能，如粒子尺寸、电导率和扩散系数。在电池设计过程中，必须考虑这些性能的变化。随着通过电池实验和模拟获得经验和知识，电池研究人员已经能够通过减少非能源材料（如电解质和各种添加剂）的质量，来最大化电池能量密度。锂离子电池可以用图 19.6 表

示，多孔电极表示为球形固体颗粒和液体电解液的混合物质。由于扩散的要求，在粒子中心用来存储电荷的固相只能在到达表面后才能进行电化学反应。在液相中，运输方程受离子种类的浓度梯度引起的扩散和由于电势梯度产生的迁移影响。然而，人们希望通过最大限度地减少电极的孔隙率和增加电极的厚度，来最大限度地提高活跃材料的电荷存储比，在高放电倍率下，通过保证足够的电液量来确保足够的传输率，以最小化梯度引起的电阻和避免活性材料利用率不足问题。

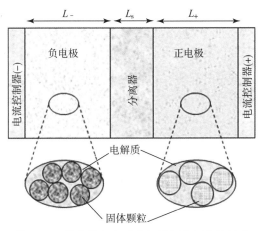

图 19.6　简化均匀多孔电极的锂离子电池示意

许多研究人员已经使用基于物理的电化学模型优化了电极的形态设计。Newman（1995）采用简化的反应区模型，通过改进电池正极的厚度和孔隙率优化电池的几何设计。通过将锂离子的正极限制在一个狭窄的区域内，他得到了一个解析解和与电池容量有关的参数，如电极厚度和开路电压。Du等人（2013）使用一个代理模型公式进一步分析了电池性能中无量纲性能，通过改善循环率、粒子尺寸、扩散和电导率优化能量密度。使用无量纲的扩散系数和电导率系数等参数对电池性能进行定量，并在每一种情况下确定一个阈值作为电池性能的限定因素。一些研究尝试优化在电极上的孔隙和颗粒分布（Ramadesigan 等，2010；Golmon 等，2012）。虽然目前的电池制造技术无法允许对电极内部形态进行这样微细程度的控制，在未来更好地了解物理工艺和掌握先进的纳米制造技术后，微结构电极设计或许是可能的。

增加活性材料与提高传输速率是冲突的，为了电池的特定放电要求，必须平衡能量密度和功率密度这两个相互矛盾的指标。有着厚电极和低孔隙率的电池是为提高能量密度设计的，而有着薄电极和高孔隙率的电池是为提高功率密度设计的。图19.7 通过比较 Ragone 曲线与帕累托最优电池设计曲线（Xue 等，2013），显示了对不同电池要求有一个适当设计的重要性。虽然高功率电池能够满足大功率需求，但它们在低放电率下不提供额外的能量容量。相反，在低功率要求下具有大的能量密度。然而，它们无法满足远超设计要求的功率需求。

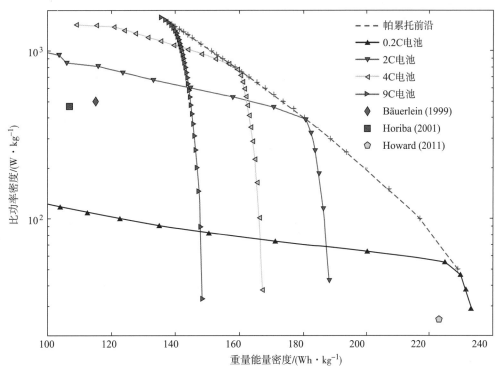

图 19.7　电池设计之前进行过帕累托最优的 Ragone 曲线比较

（改编自 Xue 等人，2013。经 ECS 许可转载）

如图 19.8 所示，根据电池设计要求，可以改变电极的厚度和孔隙率，平衡容量和功率这两个相互竞争的性能，以达到最佳的电池设计水平。随着电池功率需求的增加，孔隙率增加，电池厚度减小，以确保充分利用电池容量。对于不同的电池设计要求，虽然增加电极厚度和减少孔隙率是容易理解的，但还是要通过一系列数值优化，来确定两个参数之间的数学关系。如图 19.8 所示，在这种情况下，电极的厚度和孔隙率的最优变化取决于活性材料之间的库仑力，库仑力导致两个电极之间精确的电荷比和恒定活性物质质量比（Xue 等，2013）。

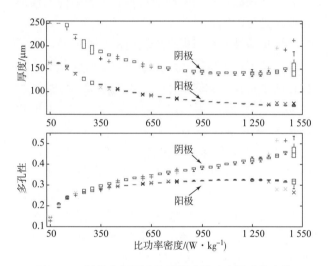

图 19.8　最佳电极厚度和孔隙率随功率要求的变化
（改编自 Xue 等人，2013。经 ECS 许可转载）

对于没有任何退化和材料缺陷的理想电池，很容易获得最优设计，如粒子大小、固相电导率和扩散系数等属性分别收敛到各自的极限。然而，实用的电池设计需要考虑额外的细节，比如退化机制、安全考虑、循环容量的保持能力和温度稳定性。为了解决实际问题，这些因素产生了额外的问题，使电池设计偏离了理论上的最佳值。例如，安全问题限制了分离器的最小厚度。然而，这个最小厚度以约束额外质量为代价，并且降低了电解质中离子的电导率。此外，由于过充，锂电池阳极上的电镀层使阴极电荷容量小于阳极的电荷容量。最后包装级别的考虑增加了对单个电池设计和操作的额外约束，最近弥合电池设计和包装设计之间的关系已经取得了一些进展（Xue 等，2014）。下一节概述了下一代电池发展的关键挑战。

19.6　问题和挑战

19.6.1　电池退化

在整个运行寿命中，由于充放电循环引起的各种不可逆机制，电池容量和内部流动性下降。近些年来，技术和设计的创新使电动汽车与插电式混合动力汽车的性能指标有了一定竞争力，但是车载电池的循环寿命限制对于这类车的成本竞争力有重要意义。这在很大程度上是由于更换锂离子电池组的高成本以及汽车制造商提供的保证效果。不过，巨大的投资已经取得了对锂离子电池退化的了解和对其循环寿命的改善，使价格下降的成熟技术有助于降低这种成本。

锂离子电池应用的关键挑战之一是用退化模型解释和预测容量与功率的衰减。电池退化是难以建模的，因为它不能被单一的过程解释。相反，退化是一些过程耦合和相互作用的结果。此外，不同的电极材料、添加剂和化学成分会导致完全不同的退化机制。各种电池模型已经被提出来模拟由于长期循环引起的电池退化。考虑到种类和阻抗因素，基于物理的模型因为副反应和参数需要额外的控制方程。要验证方程和参数已经被证明是极其困难与费时的，因为所有相关的退化机制和它们之间的相互作用都必须考虑在内。一个简单的方法是根据电池循环数据建立一个经验模型推算电池性能。例如，等效电路模型可以结合经验函数去模拟电池内部的电阻上升和容量损失（Liaw 等，2005）。由于反复循环的累积应力，模型结构失效的疲劳模型也能用来预测电池退化（Onori 等，2012）。然而，这些类型的模型有一些限制，那就是需要大量的实验数据且是该种电池特有的。通常情况下，电池可以分为两种类型：容量衰减，这是电池容量较低时，电极上可循环锂离子或活性物质的丢失引起的；功率衰减，这是由于电池阻抗增加引起的功率减小（Vetter 等，2005）。各种退化机制的原因和影响已经被研究，包括它们如何影响不同的电池组分。表 19.3 总结了最关键的退化过程。

表 19.3 锂离子降解的常见原因及影响

组件	原因	影响
阳极	电解液的分解导致 SEI 膜的生长	锂损失
		阻抗上升
	锂离子插层活性物质的接触损失	锂插入位置损失
	循环过程中由于体积变化引起的分散颗粒	活性物质损失
		锂损失
阴极	活性物质的溶解	锂插入位置损失
	相变	锂插入位置损失
		阻抗上升
	溶剂嵌入	产生气体
		活性物质损失
其他	集电极电流腐蚀	阻抗上升
		电流和电位分布不均匀，造成超电势
	黏合剂分解	机械稳定性损失
		锂损失
	导电剂氧化	阻抗上升

大多数商用锂离子电池阳极是由碳质材料制成的，尤其是石墨。各种基于石墨的电池老化机制被广泛研究（Arora 等，1998；Broussely 等，2005）。主要的退化机制已经被确认是由于固体电解质界面膜（SEI）的生长在阳极表面形成了钝化层。SEI 的生长造成了锂的损失和阻抗的上升。需要说明的是，SEI 也保护阳极被电解液近一步攻击，因此在初次循环后，可循环锂离子的减少，对阳极提供了一个稳定的影响。然而，SEI 层的持续增长，导致阻抗增加，最终电池无法满足功率需求。

另外，阴极有不同的材料选择，退化机制非常依赖于材料。氧化锰发生结构变化，活性物质溶解和电解液氧化（Park 等，2011）；氧化钴溶解阻碍夹层范围的充分利用；由于阴极的镍钴混合氧化物表面钝化的影响，功率受到损耗。

这里的一些过程可能有继发性的影响，会导致进一步退化。例如，SEI 增长导致电解液和固体颗粒之间的界面面积减小，层间体积分数的变化导致孔隙率改变，它们都会进一步导致阻抗增加和功率衰减（Li 等，2001）。电极上活性物质损失的结果是容量不平衡，造成过充或过放，进一步导致电池退化。

退化过程也依赖于温度。在低温下，离子进入碳中的速率降低，导致在充电过程中金属锂镀层和枝晶生长，这可能造成内部短路和灾难性的电池故障（Smart 等，1999）。另外，高温会加速电解质的退化速度，造成 SEI 层厚度增加和可循环锂离子丢失（Ramadass 等，2004）。

从设计角度看，可以采用许多方法延长电池寿命。可循环的锂离子在初次循环时就被不可逆地消耗掉以保护 SEI 层，因此重要的是选择相应的电极容量以解决循环时锂损失和防止后续过充。这通常是通过限制两个电极的容量比来实现的。另外，对于快速动力学的高界面表面积的需要必须与电极的高溶解速率平衡。因此，粒子的大小应根据放电率的要求选择。

应用各种添加剂来改善电池的循环能力。添加剂被添加到电解液中：①稳定 SEI 层；②减少 SEI 形成时锂的消耗和气体产生；③形成阴极的保护涂层；④提高锂盐的热稳定性；⑤改善电解液的物理性能；⑥提高电池的安全性（Zhang，2006）。一些常见的添加剂包括碳酸亚乙烯酯（VC）、乙烯基碳酸乙烯酯（VEC）、双草酸硼酸锂（LiBOB）。硅基阳极材料、氟代碳酸乙烯酯（FEC）已经被证明可以改善电池的循环寿命。

除循环因素以外，与日历寿命有关的问题也需要解决。通过限制 DOD 和使用保护电路能使因循环引起的退化最小化，改善日历寿命需要考虑电池不被循环时的发生机制。这些考虑包括电池组的配置设计、单个电池中电极材料的选择（例如，为了减少自放电行为）和环境条件（如保护外壳和温度调节系统）。日历寿命与储存温度密切相关（Zheng 等，1999），因为它造成 $LiPF_6$ 分解为 LiF 和高活性的 PF_5，极易引起电极溶解。

19.6.2 快速充电

除了有限的范围和未经验证的周期与日历寿命，在扩大电动汽车及其电池技术的接受程度上，快速充电也是非常可取的，尽管传统车辆用汽油和柴油填满油箱只需要几分钟就能行驶数百千米，而电动车需要充电几小时才能充满，且行驶距离短得多。快速充电问题与已建立的技术有相关性，如智能手机在功能扩展时需要越来越大的电池。尽管在快速充电技术领域进行了大量的研究工作，但仍没有实现在现实世界中应用，缓慢的充电速率仍然是一个显著的不便之处。有希望解决这个问题的方向包括适应快速充电技术的新材料的发展（Zaghib

等，2011）和最优充电策略（Kristoffersen 等，2011）。基础设施的成本也需要解决。为了快速充电，需要极高的电流或电压，这一要求超过了目前电网技术可以解决的范围。很可能需要在这些领域都取得进展，才能解决快速充电问题。

19.6.3　安全

安全是所有工程系统和技术必须充分满足的基本设计考虑。最近的关于安全重要性的一个例子是，用镍-金属氢化物电池代替镍-镉电池。这在很大程度上是出于充电时的安全性考虑。安全性是锂离子电池的一个特别重要的问题，因为它们被安装在高风险的应用上，如电动汽车和飞机。一旦出现问题，就会产生严重的后果。一个著名的例子是，远程喷气式客机波音787，与老式客机设计相比，采用轻型结构和提高电气化来提高燃油效率。波音787能够通过用更有效率的电力系统取代机械系统，来减少在空转和滑行过程中的燃料消耗。然而，这种电力系统对电池和发动机提供的电量有更大的需求。这种隐性成本在2013年被发现了，因为电池组泄漏引起的安全性和可靠性问题使波音787迫降（Williard 等，2013）。这件事仍然提醒着我们，虽然锂离子电池已经是一种成熟的技术，但是其可靠性仍需要继续改善。

改善锂电池的安全性是一个混合问题，因为能使锂电池失效的机理是复杂的。火灾和爆炸等灾难性的事故通常是由热失控引起的，它可以被各种因素所触发，如任一电极的电化学反应和微观结构分解（Wang 等，2012）。虽然热失控可以通过仔细挑选电池材料来加以避免（Mandal 等，2006），但它绝不是可能造成电池安全问题的唯一现象。电动汽车锂的电池组可以承受大的机械载荷，这些载荷会造成永久的电池退化和周围防护包装的破坏。类似的问题也可能由周围温度的变化所造成的热膨胀不均引起。最后，进入或离开活性材料的离子也会引起应力和应变，从而增加短路风险和对电池的长期损伤（Zhang 等，2007）。

建立更好的电池不仅限于避免这些安全问题。这些问题的解决方案通常与其他设计问题相矛盾。例如，在电动汽车电池组中较厚的外壳可以提供针对机械应力的优异保护，但这增加了电池组的重量，最终阻碍了车辆性能。真正的问题是建立性能、安全和其他要求的最佳平衡的电池设计方法。

19.7　未　　来

锂钴氧化物是第一个商用锂离子电池，而20年后的今天，由于容量高，它依然被广泛使用。从那时开始，许多正极材料被提出和商用。然而它们没有显示更显著的能量密度。有些材料，如锰铬氧化物比锂钴氧化物有更高的容量，但材料的毒性和成本限制了它们的使用。与遵循摩尔定律的半导体进步相比，电池能量密度的增加速度实在是太慢了。

利用高性能并行计算的高保真数值模型在促进其他领域进步方面起到了作用，但它在电池研究中的应用进展很慢。这是由于电池建模的固有困难，因为这是一个多领域、多尺度、多学科问题。直到最近，研究人员才开始用复杂的模型来研究原子或分子水平的反应。目标是理解如何根据量子第一原则推出宏观特性，然后将此应用到调整电池材料的微观性能上。计算机算法也可用于筛选可以作为潜在电极材料的化合物。例如，材料项目将超级计算机和最新的电子结构模型结合，创建一个全面的材料性能数据库（Ceder 和 Persson，2013）。迄今为止，这个数据库已经包含了49 000多种化合物，其中1 400多种可以用锂电池插层电极。

许多电极材料和电池化学品已经被作为目前锂离子电池的替代品而提出。一些潜在的电池技术如表19.4所示。另外，还提出了使用氟阴离子作为穿梭离子或多价碱金属作为插层材料的电池。他们用令人感兴趣的低成本化学品代替锂离子。然而，现在还不清楚最终是否会成功。

表 19.4　各种未来阴极系统的性能比较

电池种类	电压/V	理论容量/(mAh·g^{-1})	理论比能量/(Wh·kg^{-1})
传统锂离子	3.8	155	387
锂-硫	2.2	1 600	2 600
锂-空气（非水）	3.0	3 800	11 000
铝-空气	2.7	3 000	8 100
锌-空气	1.65	820	1 086

目前正在研发的下一代锂电池技术，已经确定了包括锂金属、硅阳极、锂硫、锂氧的电池技术。虽然这些技术在理论上比目前的锂离子电池有显著的改善，但在实践中，它们的发展已经受到与长期

稳定性相关问题的阻碍。

锂金属电池以锂金属箔为阳极，在电化学反应中会消耗锂金属箔。锂金属有明显的优势（重量轻、电池电位高），常用于一次锂电池。然而，当以前消耗的锂金属恢复到阳极时，充电循环期间不均匀的枝晶生长，使循环寿命变差。这会导致电池短路，引起显著的安全性和可靠性问题（Howlett等，2004）。鉴于明显的能量密度优势，现在人们已经在致力于解决枝晶生长问题（Scrosati 和 Garche，2010）。最近，用比锂剪切模量大的分离器抑制枝晶生长的研究已经取得了效果（Ferrese 和 Newman，2014）。

硅已经成为替代碳基插入的可行材料。硅也有自身的问题，如过度膨胀导致在硅表面的电解质界面生长不稳定（Aurbach，2000；Kasavajjula 等，2007）。最近通过将硅基阳极浸没在导电聚合物水凝胶中（Wu 等，2013），产生为膨胀提供多孔体积的连续导电 3D 网络已经取得了进展。

硫已经被确定为一个潜在阴极材料，因为它具有提供超过目前锂离子电池 10 倍能量密度的可能。此外，硫是一种天然丰富、无毒、廉价的元素（Jeon 等，2003；Wang 等，2008）。然而，硫基阴极的开发受到活性材料利用率低、循环不良、库仑效应低的困扰（Mikhaylik 和 Akridge，2004）。

将锂阳极与空气阴极耦合的锂-空气电池理论上有着与汽油相当的能量容量（11 kWh/kg）。第一个锂-空气电池在 1996 年被提出（Abraham 和 Jiang，1996）。然而，由于较差的功率输出和有限的工作温度，尚未实现期望的可再充电。为了实现锂-空气电池的期望性能，设计人员要同时掌握锂电极和氧电极，并克服众多的科学和技术挑战（Girishkumar 等，2010）。在实际应用过程中也存在约束，如对空气过滤器的要求是电池系统的能量密度为 400 Wh/kg，远低于理论极限。

最后，出于环境考虑，要对替代材料进行检查。研究混合动力汽车和电动汽车的原因是因为它们与传统汽车相比减少了能源消耗和环境影响。然而，目前对大型电池组的制造是能源密集型的，会导致汽车有很高的环境制造成本。另外，由于该方法的高成本，锂离子电池的回收过程尚未得到很好的建立。基于有机材料的锂离子电池在可回收性和可再生性方面显示出了应用希望（Tarascon 和 Armand，2001）。虽然它们会降低能量和功率性能并表现出有限的可循环性，但它们仍是中等性能应用对环境影响较小的可行替代。

19.8 结　　论

能量密度和功率密度的稳定增长已经使锂离子电池的许多高性能应用开发成为可能，如多功能便携式电子设备和电动汽车。在实验和数值模拟方面的努力使得研究人员能更好地了解电池中发生的物理过程，以便其能设计出更大能量容量和更长循环寿命的电池。然而，锂离子电池仍然受到很多制约，并且目前相当多的研究集中于克服这些困难。除了继续努力提高能源密度和功率密度（通过更高的电压、更高的容量和更轻的材料）外，需要改进的关键研究领域还包括延长循环和日历寿命、实现高性能应用的快充技术、提高安全性、减少对环境造成的影响。研究人员开始考虑超越常规的锂离子电池，以寻求能量密度的下一个重大突破。尽管这些新技术变得在商业上可行之前还需要大概 10 年时间，但在硅基阳极、锂-硫电池和锂-空气电池方面的研究仍取得了令人满意的发展。与化石燃料相比，锂离子电池有能量密度低及其他缺点，但是它仍然为实现能源独立、减少碳排放和实现可持续发展提供了最佳的解决方案。

参考文献

Abraham, K. M. and Jiang, Z. (1996) A polymer electrolyte-based rechargeable lithium/oxygen battery. *J. Electrochem. Soc.*, 143 (1), 1 - 5.

Andre, D., Nuhic, A., Soczka-Guth, T., and Sauer, D. U. (2013) Comparative study of a structured neural network and an extended Kalman filter for state of health determination of lithium-ion batteries in hybrid electric vehicles. *Eng. Appl. Artif. Intel.*, 26 (3), 951 - 961.

Arora, P., White, R. E., and Doyle, M. (1998) Capacity fade mechanisms and side reactions in lithium-ion batteries. *J. Electrochem. Soc.*, 145 (10), 3647 - 3667.

Aurbach, D. (2000) Review of selected electrode-solution interactions which determine the performance of Li and Li-ion batteries. *J. Power Sources*, 89 (2), 206 - 218.

Broussely, M., Biensan, P., Bonhomme, F., Blanchard, P., Herreyre, S., Nechev, K., and Staniewicz, R. J. (2005) Main aging mechanisms in Li ion batteries. *J. Power Sources*, 146, 90 - 96.

Cai, L. and White, R. E. (2009) Reduction of model order based on proper orthogonal decomposition for lithium-ion battery simulations. *J. Electrochem. Soc.*, 156 (3), A154 – A161.

Ceder, G. and Persson, K. (2013) How supercomputers will yield a golden age of materials science. *Sci. Am.*, 309 (6), http://www.scientificamerican.com/article/how-supercomputerswill-yielda-golden-age-of-materials-science/

Chen, Z., Mi, C. C., Fu, Y., Xu, J., and Gong, X. (2013) Online battery state of health estimation based on genetic algorithm for electric and hybrid vehicle applications. *J. Power Sources*, 240, 184 – 192.

De, S., Northrop, P. W., Ramadesigan, V., and Subramanian, V. R. (2013) Model-based simultaneous optimization of multiple design parameters for lithium-ion batteries for maximization of energy density. *J. Power Sources*, 227, 161 – 170.

Doyle, M., Fuller, T. F., and Newman, J. (1993) Modeling of galvanostatic charge and discharge of the lithium/polymer/insertion cell. *J. Electrochem. Soc.*, 140 (6), 1526 – 1533.

Doyle, M., Newman, J., Gozdz, A. S., Schmutz, C. N., and Tarascon, J. M. (1996) Comparison of modeling predictions with experimental data from plastic lithium ion cells. *J. Electrochem. Soc.*, 143 (6), 1890 – 1903.

Du, W. (2013) Multi-scale modeling, surrogate-based analysis, and optimization of lithium-ion batteries for vehicle applications. Doctoral dissertation. University of Michigan.

Du, W., Gupta, A., Zhang, X., Sastry, A. M., and Shyy, W. (2010) Effect of cycling rate, particle size and transport properties on lithium-ion cathode performance. *Int. J. Heat Mass Transf.*, 53 (17), 3552 – 3561.

Du, W., Xue, N., Gupta, A., Sastry, A. M., Martins, J. R. R. A., and Shyy, W. (2013a) Optimization of $LiMn_2O_4$ electrode properties in a gradient- and surrogate-based framework. *Acta Mech. Sin.*, 29 (3), 335 – 347.

Du, W., Xue, N., Sastry, A. M., Martins, J. R. R. A., and Shyy, W. (2013b) Energy density comparison of Li-ion cathode materials using dimensional analysis. *J. Electrochem. Soc.*, 160 (8), A1187 – A1193.

Du, W., Garcia, H. E., and Paredis, C. J. J. (2014a) An optimization framework for dynamic hybrid energy systems. *Proceedings of the* 10th *International Modelica Conference*, March, Lund, Sweden, pp. 767 – 776.

Du, W., Xue, N., Shyy, W., and Martins, J. R. R. A.

(2014b) A surrogate-based multi-scale model for mass transport and electrochemical kinetics in lithium-ion battery electrodes. *J. Electrochem. Soc.*, 161 (8), E3086-E3096.

Etacheri, V., Marom, R., Elazari, R., Salitra, G., and Aurbach, D. (2011) Challenges in the development of advanced Li-ion batteries: a review. *Energy Environ. Sci.*, 4 (9), 3243 – 3262.

Fellner, J. P., Loeber, G. J., Vukson, S. P., and Riepenhoff, C. A. (2003) Lithium-ion testing for spacecraft applications. *J. Power Sources*, 119, 911 – 913.

Ferrese, A. and Newman, J. (2014) Mechanical deformation of a lithium-metal anode due to a very stiff separator. *J. Electrochem. Soc.*, 161 (9), A1350 – A1359.

Fu, R., Choe, S. Y., Agubra, V., and Fergus, J. (2014) Modeling of degradation effects considering side reactions for a pouch type Li ion polymer battery with carbon anode. *J. Power Sources*, 261, 120 – 135.

Garcia, R. E., Chiang, Y. M., Carter, W. C., Limthongkul, P., and Bishop, C. M. (2005) Microstructural modeling and design of rechargeable lithium-ion batteries. *J. Electrochem. Soc.*, 152 (1), A255 – A263.

Girishkumar, G., McCloskey, B., Luntz, A. C., Swanson, S., and Wilcke, W. (2010) Lithium-air battery: promise and challenges. *J. Phys. Chem. Lett.*, 1 (14), 2193 – 2203.

Golmon, S., Maute, K., and Dunn, M. L. (2009) Numerical modeling of electrochemical-mechanical interactions in lithium polymer batteries. *Comput. Struct.*, 87 (23), 1567 – 1579.

Golmon, S., Maute, K., and Dunn, M. L. (2012) Multiscale design optimization of lithium-ion batteries using adjoint sensitivity analysis. *Int. J. Numer. Methods Eng.*, 92 (5), 475 – 494.

Gupta, A., Seo, J. H., Zhang, X., Du, W., Sastry, A. M., and Shyy, W. (2011) Effective transport properties of $LiMn_2O_4$ electrode via particle-scale modeling. *J. Electrochem. Soc.*, 158 (5), A487 – A497.

Haftbaradaran, H., Song, J., Curtin, W. A., and Gao, H. (2011) Continuum and atomistic models of strongly coupled diffusion, stress, and solute concentration. *J. Power Sources*, 196 (1), 361 – 370.

Haynes, W. M., Lide, D. R., and Bruno, T. J. (2012) *CRC Handbook of Chemistry and Physics* 2012 – 2013, CRC Press, Boca Raton, FL.

Howlett, P. C., MacFarlane, D. R., and Hollenkamp, A. F. (2004) High lithium metal cycling efficiency in a room-temperature ionic liquid. *Electrochem. Solid State Lett.*, 7 (5), A97 - A101.

Hu, X., Li, S., and Peng, H. (2012) A comparative study of equivalent circuit models for Li-ion batteries. *J. Power Sources*, 198, 359 - 367.

Islam, M. S., Driscoll, D. J., Fisher, C. A., and Slater, P. R. (2005) Atomic-scale investigation of defects, dopants, and lithium transport in the LiFePO$_4$ olivine-type battery material. *Chem. Mater.*, 17 (20), 5085 - 5092.

Jeon, D. H. and Baek, S. M. (2011) Thermal modeling of cylindrical lithium ion battery during discharge cycle. *Energy Convers. Manag.*, 52 (8), 2973 - 2981.

Jeon, B. H., Yeon, J. H., and Chung, I. J. (2003) Preparation and electrical properties of lithium-sulfur-composite polymer batteries. *J. Mater. Process. Technol.*, 143, 93 - 97.

Kang, J., Conlisk, A. T., and Rizzoni, G. (2014) Integration of capacity fading in an electrochemical model of Li-ion batteries. *J. Solid State Electrochem.*, 18, 2425 - 2434.

Kasavajjula, U., Wang, C., and Appleby, A. J. (2007) Nano-and bulk-silicon-based insertion anodes for lithium-ion secondary cells. *J. Power Sources*, 163 (2), 1003 - 1039.

Kristoffersen, T. K., Capion, K., and Meibom, P. (2011) Optimal charging of electric drive vehicles in a market environment. *Appl. Energy*, 88 (5), 1940 - 1948.

Lee, S., Park, J., Yang, J., and Lu, W. (2014) Molecular dynamics simulations of the traction-separation response at the interface between PVDF binder and graphite in the electrode of Li ion batteries. *J. Electrochem. Soc.*, 161 (9), A1218 - A1223.

Lee, K. J., Smith, K., Pesaran, A., and Kim, G. H. (2013) Three dimensional thermal-, electrical-, and electrochemical-coupled model for cylindrical wound large format lithium-ion batteries. *J. Power Sources*, 241, 20 - 32.

Li, J., Murphy, E., Winnick, J., and Kohl, P. A. (2001) Studies on the cycle life of commercial lithium ion batteries during rapid charge-discharge cycling. *J. Power Sources*, 102, 294 - 301.

Liaw, B. Y., Jungst, R. G., Nagasubramanian, G., Case, H. L., and Doughty, D. H. (2005) Modeling capacity fade in lithium-ion cells. *J. Power Sources*, 140 (1), 157 -161.

Liaw, B. Y., Nagasubramanian, G., Jungst, R. G., and Doughty, D. H. (2004) Modeling of lithium ion cells—a simple equivalent-circuit model approach. *Solid State Ion.*, 175 (1), 835 - 839.

Lin, X., Park, J., Liu, L., Lee, Y., Sastry, A. M., and Lu, W. (2013) A comprehensive capacity fade model and analysis for Li-ion batteries. *J. Electrochem. Soc.*, 160 (10), A1701 - A1710.

Linden, D. and Reddy, T. B. (2002) *Handbook of Batteries*, McGraw-Hill, New York.

Lu, L., Han, X., Li, J., Hua, J., and Ouyang, M. (2013) A review on the key issues for lithium-ion battery management in electric vehicles. *J. Power Sources*, 226, 272 - 288.

Mandal, B. K., Padhi, A. K., Shi, Z., Chakraborty, S., and Filler, R. (2006) Thermal runaway inhibitors for lithium battery electrolytes. *J. Power Sources*, 161 (2), 1341 - 1345.

Marom, R., Amalraj, S. F., Leifer, N., Jacob, D., and Aurbach, D. (2011) A review of advanced and practical lithium battery materials. *J. Mater. Chem.*, 21 (27), 9938 - 9954.

Mikhaylik, Y. V. and Akridge, J. R. (2004) Polysulfide shuttle study in the Li/S battery system. *J. Electrochem. Soc.*, 151 (11), A1969 - A1979.

Mizushima, K., Jones, P. C., Wiseman, P. J., and Goodenough, J. B. (1980) Li$_x$CoO$_2$ (0<x<1): a new cathode material for batteries of high energy density. *Mater. Res. Bull.*, 15 (6), 783 - 789.

Murphy, D. W., Salvo, F. J. D., Carides, J. N., and Waszczak, J. V. (1978) Topochemical reactions of rutile related structures with lithium. *Mater. Res. Bull.*, 13 (12), 1395 - 1402.

Newman, J. (1995) Optimization of porosity and thickness of a battery electrode by means of a reaction-zone model. *J. Electrochem. Soc.*, 142 (1), 97 - 101.

Onori, S., Spagnol, P., Marano, V., Guezennec, Y., and Rizzoni, G. (2012) A new life estimation method for lithium-ion batteries in plug-in hybrid electric vehicles applications. *Int. J. Power Electron.*, 4 (3), 302 - 319.

Park, J., Seo, J. H., Plett, G., Lu, W., and Sastry, A. M. (2011) Numerical simulation of the effect of the dissolution of LiMn$_2$O$_4$ particles on Li-ion battery performance. *Electrochem. Solid State Lett.*, 14 (2), A14 - A18.

Park, M., Zhang, X., Chung, M., Less, G. B. and Sastry, A. M. (2010) A review of conduction phenomena in Li-ion batteries. *J. Power Sources*, 195 (24), 7904 - 7929.

Perkins, R. D., Randall, A. V., Zhang, X., and Plett, G. L. (2012) Controls oriented reduced order modeling of lithium deposition on overcharge. *J. Power Sources*,

209，318 – 325.

Prada, E., Di Domenico, D., Creff, Y., Bernard, J., Sauvant-Moynot, V., and Huet, F. (2012) Simplified electrochemical and thermal model of LiFePO$_4$-graphite Li-ion batteries for fast charge applications. *J. Electrochem. Soc.*, 159 (9), A1508 – A1519.

Ramadass, P., Haran, B., Gomadam, P. M., White, R., and Popov, B. N. (2004) Development of first principles capacity fade model for Li-ion cells. *J. Electrochem. Soc.*, 151 (2), A196 – A203.

Ramadesigan, V., Methekar, R. N., Latinwo, F., Braatz, R. D., and Subramanian, V. R. (2010) Optimal porosity distribution for minimized ohmic drop across a porous electrode. *J. Electrochem. Soc.*, 157 (12), A1328 – A1334.

Ramadesigan, V., Northrop, P. W., De, S., Santhana-gopalan, S., Braatz, R. D., and Subramanian, V. R. (2012) Modeling and simulation of lithium-ion batteries from a systems engineering perspective. *J. Electrochem. Soc.*, 159 (3), R31 – R45.

Randall, A. V., Perkins, R. D., Zhang, X., and Plett, G. L. (2012) Controls oriented reduced order modeling of solid-electrolyte interphase layer growth. *J. Power Sources*, 209, 282 – 288.

Sastry, A. M. (2014) Solid-state energy storage: game-changing technology for the 21st century. stanford energy seminar presentation. Available at http: //energyseminar. stanford. edu/node/579.

Scrosati, B. and Garche, J. (2010) Lithium batteries: status, prospects and future. *J. Power Sources*, 195 (9), 2419 – 2430.

Shyy, W., Cho, Y. C., Du, W., Gupta, A., Tseng, C. C., and Sastry, A. M. (2011) Surrogate-based modeling and dimension reduction techniques for multi-scale mechanics problems. *Acta Mech. Sin.*, 27 (6), 845 – 865.

Smart, M. C., Ratnakumar, B. V., Surampudi, S., Wang, Y., Zhang, X., Greenbaum, S. G., Hightower, A., Ahn, C. C., and Fultz, B. (1999) Irreversible capacities of graphite in low temperature electrolytes for lithium-ion batteries. *J. Electrochem. Soc.*, 146 (11), 3963 – 3969.

Smith, K. and Wang, C. Y. (2006) Solid-state diffusion limitations on pulse operation of a lithium-ion cell for hybrid electric vehicles. *J. Power Sources*, 161 (1), 628 – 639.

Subramanian, V. R., Boovaragavan, V., Ramadesigan, V., and Arabandi, M. (2009) Mathematical model

reformulation for lithium-ion battery simulations: galvanostatic boundary conditions. *J. Electrochem. Soc.*, 156 (4), A260 – A271.

Tarascon, J. M. and Armand, M. (2001) Issues and challenges facing rechargeable lithium batteries. *Nature*, 414 (6861), 359 – 367.

Thackeray, M. M., David, W. I. F., Bruce, P. G., and Goodenough, J. B. (1983) Lithium insertion into manganese spinels. *Electrochem. Solid State Lett.*, 18 (4), 461 – 472.

Traub, L. W. (2011) Range and endurance estimates for batterypowered aircraft. *J. Aircr.*, 48 (2), 703 – 707.

Vetter, J., Novak, P., Wagner, M. R., Veit, C., Moller, K. -C., Besenhard, J. O., Winter, M., Wohlfahrt-Mehrens, M., Vogler, C., and Hammouche, A. (2005) Ageing mechanism in lithium-ion batteries. *J. Power Sources*, 147, 269 – 281.

Wang, C. W. and Sastry, A. M. (2007) Mesoscale modeling of a Li ion polymer cell. *J. Electrochem. Soc.*, 154 (11), A1035 – A1047.

Wang, J., Chew, S. Y., Zhao, Z. W., Ashraf, S., Wexler, D., Chen, J., Ng, S. H., Chou, S. L., and Liu, H. K. (2008) Sulfurmesoporous carbon composites in conjunction with a novel ionic liquid electrolyte for lithium rechargeable batteries. *Carbon*, 46 (2), 229 – 235.

Wang, Q., Ping, P., Zhao, X., Chu, G., Sun, J., and Chen, C. (2012) Thermal runaway caused fire and explosion of lithium ion battery. *J. Power Sources*, 208, 210 – 224.

Weng, C., Cui, Y., Sun, J., and Peng, H. (2013) On-board state of health monitoring of lithium-ion batteries using incremental capacity analysis with support vector regression. *J. Power Sources*, 235, 36 – 44.

Whittingham, M. S. (1976) Electrical energy storage and intercalation chemistry. *Science*, 192 (4244), 1126 – 1127.

Whittingham, M. S. (2004) Lithium batteries and cathode materials. *Chem. Rev.*, 104, 4271 – 4301.

Williard, N., He, W., Hendricks, C., and Pecht, M. (2013) Lessons learned from the 787 Dreamliner issue on lithium-ion battery reliability. *Energies*, 6 (9), 4682 – 4695.

Wu, H., Yu, G., Pan, J., Liu, N., McDowell, M. T., Bao, Z., and Cui, Y. (2013) Stable Li-ion battery anodes by *in-situ* polymerization of conducting hydrogel to conformally coat silicon nanoparticles. *Nat. Commun.*, 4, 1943.

Xiao, X., Wu, W., and Huang, X. (2010) A multi-scale approach for the stress analysis of polymeric separators in a lithium-ion battery. *J. Power Sources*, 195 (22), 7649-7660.

Xie, Y., Li, J., and Yuan, C. (2014) Multiphysics modeling of lithium ion battery capacity fading process with solid-electrolyte interphase growth by elementary reaction kinetics. *J. Power Sources*, 248, 172-179.

Xue, N., Du, W., Gupta, A., Shyy, W., Sastry, A. M., and Martins, J. R. R. A. (2013) Optimization of a single lithium-ion battery cell with a gradient-based algorithm. *J. Electrochem. Soc.*, 160 (8), A1071-1078.

Xue, N., Du, W., Greszler, T. A., Xue, N., Du, W., Greszler, T. A., Shyy, W. and Martins, J. R. R. A. (2014) Design of a lithium ion battery pack for PHEV using a hybrid optimization method. *Appl. Energy*, 115, 591-602.

Yu, S., Chung, Y., Song, M. S., Nam, J. H., and Cho, W. I. (2012) Investigation of design parameter effects on high current performance of lithium-ion cells with $LiFePO_4$/graphite electrodes. *J. Appl. Electrochem.*, 42 (6), 443-453.

Zaghib, K., Dontigny, M., Guerfi, A., Charest, P., Rodrigues, I., Mauger, A. and Julien, C. M. (2011) Safe and fastcharging Li-ion battery with long shelf life for power applications. *J. Power Sources*, 196 (8), 3949-3954.

Zhang, S. S. (2006) A review on electrolyte additives for lithiumion batteries. *J. Power Sources*, 162, 1379-1394.

Zhang, D., Popov, B. N., and White, R. E. (2000) Modeling lithium intercalation of a single spinel particle under potentiodynamic control. *J. Electrochem. Soc.*, 147 (3), 831-838.

Zhang, X., Shyy, W., and Sastry, A. M. (2007) Numerical simulation of intercalation-induced stress in Li-ion battery electrode particles. *J. Electrochem. Soc.*, 154 (10), A910-A916.

Zheng, T., Gozdz, A. S., and Amatucci, G. G. (1999) Reactivity of the solid electrolyte interface on carbon electrodes at elevated temperatures. *J. Electrochem. Soc.*, 146 (11), 4014-4018.

Zhu, M., Park, J., Sastry, A. M., and Lu, W. (2014) Numerical study of interaction and aggregation of non-spherical particles in forming Li-ion battery cathodes. *J. Electrochem. Soc.*, 161 (9), A1247-A1252.

本章译者：戴月领 刘莉
（北京理工大学宇航学院）

第5部分

空气动力学与飞机概念

第 20 章

复合材料损伤阻滞

Dawn C. Jegley[1] 和 Alexander Velicki[2]
1　美国国家航空航天局兰利研究中心，汉普顿，弗吉尼亚州，美国
2　波音公司，亨廷顿比奇，加利福尼亚州，美国

20.1　引　言

美国航空航天局创建了航空责任（ERA）项目，探索和记录先进的飞行器构造的可行性、效益和技术风险，将减少航空对环境影响的技术变为可能。这种追求的一个关键方向是发展更轻、结构强度更大的机身，从而可以引入非常规布局，使之具有较高的升阻比，减少阻力，降低环境噪声。同传统的飞机布局相比，混合翼身（HWB）布局具有明显改善动力性能的潜力（Liebeck，2004）。

虽然混合翼身形状提供了许多空气动力学优势，但由于其机身中心部分的截面是非圆形的，因此对结构也提出了挑战。虽然最好的复合材料比传统的铝结构明显减轻，但当今最先进飞机主结构采用的复合材料，还是不足以克服重量和成本的缺点，而且 HWB 飞机的机身外形是波浪状的。增压舱区域设计主要需要考虑的因素是平面外荷载、产生二次弯曲应力的区域。传统的层状材料系统需要数以千计的机械附件来抑制分层，连接各个结构元素，最终导致紧固件需要穿过非常薄的材料表面并拉紧的问题。另一个关于传统的复合材料的争议是，制造高弯曲度机身的价格太高。不仅需要复杂的外部造型工具，而且所有内部的纵梁和横梁的每一部分都需要单独的工具，这会对承压能力产生不利的影响。一个好的 HWB 结构解决方案必须能够在平面外荷载作用下有效运作，同时满足建造高度轮廓机体结构的要求。

除了在加压时产生的间接弯曲应力外，在机动

载荷条件下，HWB 外壳的另一个主要区别是独特的双轴加载模式。传统的机体-机翼布局飞机的载荷主要加载在沿着纵梁的 N_x 方向上，不是在沿着横梁的 N_y 方向上，而 HWB 布局飞机的载荷在 N_x 和 N_y 方向上的分布基本相等。单单这个区别就能对结构理念的选择产生深远的影响，因为它要求最佳的蒙皮几何形状在两个方向上都应该具有连续的载荷路径（N_x 和 N_y 方向）。除此之外，还要为几何形状近乎平面的底板有效地传输内部压力载荷（N_z 方向），如图 20.1 所示。而且，传统的蒙皮骨架结构、横梁的销钉通常是不连续的，允许纵梁在纵向载荷方向上不间断地通过。这样的设计应用在 HWB 布局飞机上，相比于直接使用蒙皮连接的横梁结构，在弯曲和轴向荷载方面不那么有效，会最终导致该方案没有竞争力。

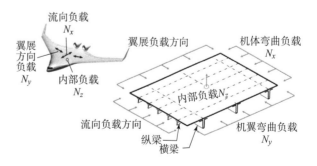

图 20.1　HWB 压力舱的压力布局

为了克服这些挑战，机舱蒙皮应该改进设计而使用双向加强筋蒙皮。在该处，横梁承受机翼的扭转力矩，纵梁承受机舱的扭转力矩。此外，蒙皮的设计还应该考虑在两个方向上连续的载荷通道，纵梁和横梁层压材料都是高度定制的，并且将蒙皮设

计得很薄，使其在有破损的状态下也能良好工作，并且采用止裂的功能设计，使损失的传播达到最小化。捕捉这样的属性是必要的，可克服非圆形压力舱固有的重量问题。考虑到这些目标，美国航空航天局的研究人员与波音飞机公司合作开发了一种新的结构概念，称为拉挤杆缝有效组合结构（PRSEUS），将来有可能被应用在运输类飞机的设计中（Velicki 和 Thrash，2008；Jegley 等，2008；Velicki，2009；Velicki 等，2011）。在 ERA 和以前的项目中，分析并用试验评估了用 PRSEUS 概念构建的、将基础结构连接到一起的模块的方法，这些基本结构在典型的载荷环境中工作（Jegley，2009，2011；Allen 和 Przekop，2012；Gould 等，2013；Yovanof 和 Jegley，2011；Lovejoy 等，2011；Yovanof 等，2012；Przekop，2012；Wu 等，2013；Przekop 等，2014）。

20.2　结构概念

如图 20.2 所示，PRSEUS 蒙皮概念是由干碳

纤维、拉挤杆、泡沫芯和缝合线以独特的方式结合在一起，形成一定几何形状的加强筋板，然后再用树脂灌注。和传统的复合材料制造方法相比，它可以减少频繁的养护，从而降低制造成本。使用该方法生产的蒙皮采用无缝接口的结构，通过一定厚度的加强筋进行正交拼接，能够保持各个方向上不同的特性、组件之间使用碳纤维进行牵引连接（Velicki，2009）。

通过消除机械附件、缺口和鼠孔来保持结构的连续性，从而在蒙皮、纵梁和横梁之间形成不间断的载荷路径。图 20.2 所示为 PRSEUS 的照片，其特征如图所示。将高模量杆嵌入纵梁的槽中，以增加纵梁截面的强度和稳定性，同时使中性轴远离蒙皮附近的浓缩物质。横梁结构直接缝合在表面上，以消除剪切带，旨在利用碳纤维可以弯曲和剪切的最大优势。由于所有的接口都缝合在一起以提供全厚度强度，所以即使是已知的脆性、易分层的复合材料系统，也可以得到很高的强度（Velicki，2009；Velicki 等，2011）。

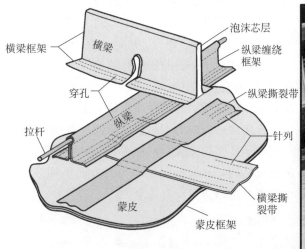

预制件装配爆炸视图

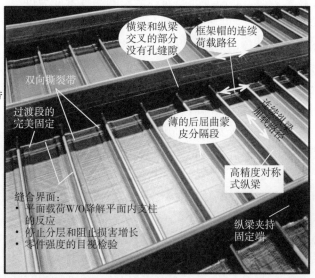

图 20.2　PRSEUS 统一结构概念

这一前所未有的蒙皮集成水平是通过使用干性材料、单面缝合以及独特的自支撑预制件设计来消除内部直线矫正工具的。使用这些技术，可以制造复杂的缝合预制件，这对大多数结构来说并没有严格的公差限制。发展 PRSEUS 制造技术的主要目的是证明缝合干燥织物嵌板能够在烤箱中得到软化和固化，并且同传统的复合材料制造过程相比，能够得到高质量、低成本的部件。由于所有的材料缝

合装配都是干性的，不用预浸胶体，所以没有时间的限制。使用烤箱进行固化消除了在高压釜中装配组件的尺寸限制。图 20.3 展示的是 PRSEUS 的制造顺序，首先对编织材料进行切割，然后连接成组件。将准备好的预成型杆和泡沫芯也在一定条件下装配到一起。将这些细节放置在预制装配夹具中，并缝合，便制造出一个自主支撑的碳纤维预制件。树脂的注入是通过软性的工具制造完成的，用膜袋

使内表面形成一定的形状并密封在外部的成型工具上，从而得到内部需要的形状。然后，将树脂注入预成型组件并用高压釜固化。最初的固化温度为 250 ℉，然后使用真空袋将树脂移除，并且在 350 ℉ 下进行独立固化（Linton 等，2014）。在 PRSEUS 生产过程中，支撑件和表面结合固化，完成的撕裂带经缝合转变，并且表面的厚度会变化。固化之后，在边缘没有暴露的碳纤维蒙皮内的结构。这种方法也可以消除剪切片段、缝隙和老鼠洞，并使纵梁较硬的部分远离蒙皮表面，使其免受损伤，与传统方法相比提高了抗弯刚度。

放置加强筋　　建立预制件　　缝合单面　　自承式预制件　　灌入模具　　去除袋膜　　边缘装饰固化板

图 20.3　编织 PRSEUS 面板的基本步骤

多 PRSEUS 蒙皮的制造证明自主支撑的预制件能够消除结构的内部模具，并且是可行的。实验室中研发的加工参数可以扩展到更大更复杂几何形状的蒙皮，蒙皮集成可以增加到远超出纵梁和横梁的大小。实心整体覆盖功能也被应用到蒙皮组件中，以方便连接大型蒙皮，而不必广泛使用紧固件。

除了这些结构和操作上的好处外，这种新方法最令人感兴趣的方面之一是利用缝合来阻止和控制层状材料系统中的损伤传播。通过在关键的结构界面上使用缝合线，可以消除传统树脂的主导失效模式，从而在局部树脂失效之前实现纤维主导的失效模式，实现蒙皮的最佳强度。通过厚度拼接进行局部加强 z 轴方向的接口，不仅使结构可以整体实现，而且也可以捕捉到结构中的新损坏和安全故障冗余。以前使用的韧性材料，通常不能与脆性复合系统连接（Velicki，2009；Velicki 等，2011）。

20.3　损伤阻滞设计

缝合接口改变的特性是，它提供了阻止脆性材料系统中损伤传播的能力，从而允许结构的未损坏区域继续承受载荷。为了演示这些缝合接口的工作现象，曾做了一系列的阻滞测试（Gould 等，2013；Jegley，2011；Yovanof 和 Jegley，2011；Lovejoy 等，2011；Yovanof 等，2012；Przekop，2012）。

在一系列拉紧的平面样品中首次观察到独特的裂纹扭转-阻滞失效模式，其存在于缝合和非缝合层压材料中，如图 20.4 所示。由于拉力会在缝合处增大，损坏从与垂直的缝合线平行的中心线处开始阻滞。然后，当裂缝垂直扭转时，它将 0°纤维分裂，然后再在水平缝上再次被阻滞。一旦损伤停止在表面的相反角上，增加的负荷就会导致样品的上角失效（如图 20.4 的最右侧，被标记为"原始失效"）。随后对非缝合样品的测试证明，这种复杂的断裂-扭转失效模式不能复制，因为非缝合样品在网状结构部分水平失效（如图 20.4 的最左侧，被标记为"原始失效"）。

由于两种样品之间的区别只有是否缝合，结果可以清晰地显示出在裂缝处的最大应力不足以在垂直缝线处造成更大的裂缝。该撕裂阻滞模式当应力增加时可一直维持，直到撕裂区域沿着针列扩展到垂直方向，当撕裂到达水平缝线处时才被再次阻滞。在不断增大的应力下，最终的失效模式也是发生在该位置。这个简单的试验表明了使用缝合可以实现基本的损坏阻滞设计，但是还需要更大、更复杂的试验来测试其性能。

接下来的损坏阻滞设计哲学是使用三根 14.2 cm 宽的纵梁和 72.6 cm 长的横梁结构。该试验的目的是展示损坏传播沿损坏的中心位置首先被法兰纵梁阻滞，然后被法兰横梁缝合阻滞。如图 20.5 所示，样品在静止载荷下失效，并且在水平和垂直的方向上都被阻滞传播。由于损坏区域被包含在纵梁和横梁之间的区域内，蒙皮在非连续损坏下足以支撑最大设计载荷（DLL）。

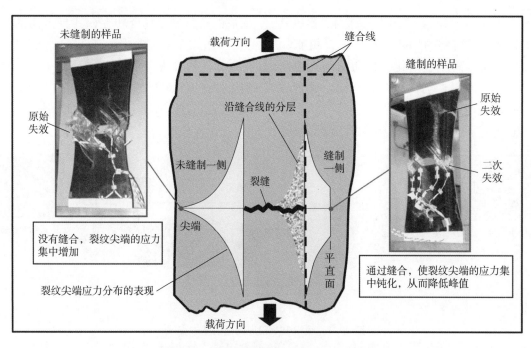

图 20.4 缝合削弱裂纹尖端的应力集中

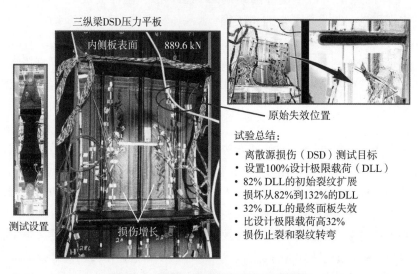

图 20.5 平面三纵梁板的损伤止裂设计

未损坏区域工作在其承受极限状态下,当载荷达到 132％的 DLL 时,其最终失效发生在横梁附近。如果不使用缝合技术,当载荷超过 DLL 的 82％时,最初的损坏会发生在纵梁附近。然而,相比于使用缝合来阻滞损坏和扭转裂缝,更好的方式是建立内部的载荷分布,使损坏点不再承受载荷并阻止损伤越过缝合线继续发展,直到未损坏区域的纤维不再能承受载荷并失效。

类似的试验也在大型弯曲的、使用 7 根纵梁和 5 根横梁的样品上进行了测试,这些横梁和纵梁能够将内部的压力联合起来并承受轴向的载荷(Gould 等,2013)。试验所呈现的损坏阻滞和撕裂扭转现象与之前测试中样品的失效模式类似,在

185％的 DLL 下失效。最初的损坏增长和最终的蒙皮失效之间巨大的载荷增长显示出缝合接口的自然鲁棒性,并且显示了残余蒙皮的力量可以通过缝合线和层压板材之间的连接达到。

对损坏完全阻滞的承载能力,重定向层板开裂、分离和撕裂在 PRSEUS 蒙皮的设计中起到最重要的作用,因为它能降低蒙皮设计对大型缺口载荷情况的敏感度。通过限制损伤扩展的程度和减少裂纹尖端的应力强度,剩余的未损坏的结构能够在其全部设计能力下工作。虽然这种表现是在大损伤条件下,满足 DLL 要求的重要特征,它也和满足极限设计载荷(DUL)有关,但 DUL 和几乎不可见的损伤影响(BVID)与小损伤条件下的设计

有关。

常规复合材料的设计是在 BVID 条件下满足 DUL 的要求，并不需要通过引入非增长保护准则来确定损坏的扩大。由于缝合接口天生的鲁棒性，PRSEUS 蒙皮可以设计得更加激进，其中在低载荷情况下允许损伤增长，但是会被缝合线阻滞，从而使蒙皮达到 DUL 要求。

图 20.6 中标出的该种方法是由鲁棒性蒙皮设计，具有 100% 的对损坏阻滞和扭转能力的预测，并且已经在之前的试验中得到了证明。另一个巨大的优点是，蒙皮的最终失效所承受的载荷的量级要大于损坏开始扩大时。该方法可行则必须承受 1.5 倍的 DLL，并且结构强度必须满足 DUL，或者 1.5 倍的 DLL。由于缝合结构能够阻滞损坏的扩大，因此前面所说的区别很容易解决。使用引入冗余结构的方法允许比常规不加固的复合材料有着更高的操纵限制。

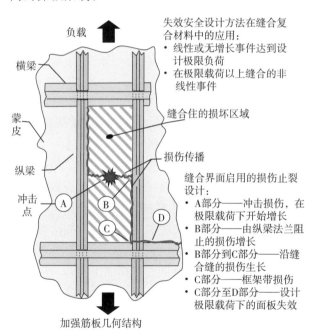

图 20.6 减轻板重的损伤止裂设计方法

20.4 结构可行性试验

从最早的研究开始，人们就希望建立并设计出参数，使 PRSEUS 技术能够应用在翼身融合飞行器的研究当中。如图 20.7 所示，PRSEUS 技术可以应用到翼身融合飞行器的机舱中。样品和蒙皮都经过了非轴向承载测试。压力载荷作用到分蒙皮上，然后加载到建好的盒状结构中。最后一步是使用大尺寸压力舱进行测试，包括材料的连接和压力

的承载性能，并对飞行器飞行条件进行仿真。

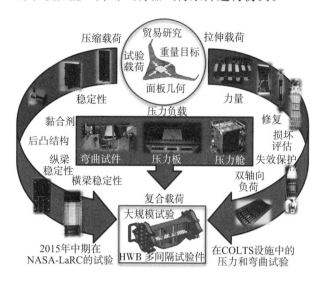

图 20.7 HWB 大型试验项目的发展路径

20.4.1 压缩载荷

最初的研究显示，对 PRSEUS 表面和坚硬部件的联合设计可以提高蒙皮的稳定性。和常规的、坚硬的系统相比，拉挤杆的作用还是非常明显的（Velicki，2009）。为了使用很薄的蒙皮，那些"工"型加强筋和 PRSEUS 蒙皮都可以通过将材料放置在尽量远离自然轴向的位置来最大化坚硬的区域。"工"型加强筋通过将法兰材料放置在坚硬外壳的最边缘来有效地实现该目的，而 PRSEUS 则通过使用高模量杆来实现。最终效果是"工"型加强筋结构可以通过 PRSEUS 杆加强筋结构配合使用成本较低的叶片几何形状。

为了展示 PRSEUS 纵梁的结构稳定性，进行了积木式分析和测试工作，将在局部和全局屈曲约束下，直接缝合到表面上的高度剪裁的加强筋的优点得到量化（Jegley，2009，2011；Yovanof 和 Jegley，2011）。从图 20.7 左侧所示的发展路径可以看到从单加强筋到多加强筋蒙皮的变化。

首先利用一系列单柱压缩元素试验对蒙皮的上柱稳定性进行论证（Jegley，2009）。这些实验的设计目标是在屈曲模态失效之前超过允许的压缩强度设计。在这两种情况下，强度诱导的故障发生在大于设计允许的应变之前，并在达到柱不稳定模式之前。这些结果表明 PRSEUS 纵梁的截面上柱稳定甚至细长柱压缩标本是不稳定的关键。作为这种功能的一部分，拉挤杆和外膜之间的键的破坏也需要单独测量杆的外力进行评价，如图 20.7 所示的

压载侧（Wang等，2012）。

接下来，对多加强筋结构蒙皮进行测试。加载7根纵梁和最小厚度的蒙皮以评估整体的屈服模态。利用侧边上的侧边约束和支撑，防止蒙皮进入整体屈曲模态。但是，在加强筋之间的蒙皮上出现了很多屈服区域。应变和位移模式的变化表明，这种设计使纵梁能够在屈曲后继续支撑载荷（Jegley，2011）。

随后，对一个使用两根横梁的蒙皮进行压缩试验，从而评估整体横梁设计的压缩载荷能力，确定沿翼展方向的载荷，以便在HWB机身上进行广泛的应用。和传统的设计相比，PRSEUS横梁的几何优化形状主要有两个亮点：①较高的框架高度影响屈曲和弯曲能力；②没有一个销钉，消除了夹件本身、紧固件和不对称的部分。将这些差异引入设计中，使中性轴的材料分布和位置更为有效，最终改善了整体截面刚度，使横梁在轴向压缩载荷下更稳定。虽然在加强筋之间的表面屈曲发生在很小的载荷下，蒙皮能够继续承受超过6.3倍的表面屈曲载荷，然后强度失效发生在纵梁通过横梁网的切口处。在纵梁和横梁交叉处，蒙皮的边缘和横梁处存在高应变，在观测到横梁屈曲之前产生强度破坏。

框架位移测量表明，载荷小于屈曲载荷的5.2倍，在强度破坏之前没有出现整体屈曲的迹象。这一结果表明，蒙皮在失效之前承受了约6倍的局部屈曲载荷，最终超过了材料的允许强度，然后才出现普通面板的屈曲模式。最后的失效贯穿于整个横梁和对蒙皮边缘进行约束的孔（Yovanof和Jegley，2011）。

20.4.2 拉伸载荷

遵循图20.7的右侧所示发展路径，可以看到将样品拉大至大蒙皮的过程拉伸载荷。简单的样品在早期的制造过程中被用来评估材料的性能和损伤阻滞能力，直到遇到特定的几何问题，如面板剩余强度和维修必须使用较大的标本进行试验。

与任何结构概念一样，由于多余的空间被挤出，设计理念变得更加集成，修复结构变得更加困难。此问题适用于高度优化的PRSEUS概念和使用拉挤杆的设计。为了解决这一问题，在拉伸载荷条件下评价了螺栓修复概念（Przekop，2012）。首先，修复拉挤杆的相对轻微的损害是使用螺栓金属附件进行的。然后，修复中间区域的缺口。在该维修概念中，损坏包括杆、外膜、网络、法兰和表面

在三横梁结构中被中间横梁完全切断。修理包括将金属板用螺栓通过上下受损处的断裂纵梁上的法兰盘固定到OML上，同时将其固定到相邻加强筋的法兰盘上，并且将IML上的螺栓托架也固定到断裂的法兰盘上。

在该测试中，要使用螺栓修复承载大幅超过DUL要求的蒙皮。两个受力的蒙皮在修复区域之外都失效了，这表明减少边缘效应的样品会承受更大的载荷。结果表明，断杆加强筋纵梁很容易修复，使用机械连接能够使承受荷载区域远离受损区域，然后将它们分配到蒙皮的未损坏的部分，最后使用紧固件修复。

在拉伸载荷作用下的发展路径（图20.7），对一系列的大尺寸蒙皮进行有关拉伸载荷下的损伤阻滞和残余强度的测试。这一系列的试验包括三纵梁蒙皮单轴加载和弯曲试验、七纵梁蒙皮双向加载试验，详见第20.3节（Velicki等，2011；Gould等，2013）。这些蒙皮成功地演示了使用拼接来增加剩余强度的原理。

20.4.3 内部载荷

平面的机身外壳内部加压引起的二次弯曲效应（图20.7）为设计带来了重大的挑战。针对PRSEUS蒙皮结构的这些问题，对试样、元件、组件，甚至更大的组合试样进行了评估。最初，试验显示，使用黏结或连接结构将试样弯折相比进行缝合加强蒙皮连接的承载能力更大。随后，更大、更复杂的测试解决了蒙皮离散元素之间的内部负荷转移的问题。

第一个试验是一个蒙皮试样加压试验，展示了PRSEUS的基本承载能力（Lovejoy等，2011）。最小几何面积的蒙皮在DUL静载条件下，将BVID放置在纵梁的最关键位置。首次纤维损伤发生在1.3倍DUL时，损伤快速从纵梁传播，在导致表面撕裂和承压损失之前，立即被下一排缝合的纵梁阻滞。随后，压力增大到测试单元的最大允许承受负载，即1.6倍的DUL时，未发生进一步的损坏。然后对蒙皮进行修复，在全寿命周期内，使用DLL载荷进行测试，并再次增大到DUL下，未发生进一步的损坏。这个测试表明，可修复性和弯曲应力导致的压力与循环荷载作用无关（Przekop等，2014）。

建立基本结构的基本压力承载能力，设计并测试一个更为复杂的样品，以验证加压舱边缘和角落

中基准连接部分结构设计的完整性。在这些区域所保持的结构效率是由整体施工技术提供的整层厚度拼接技术所保证的，这就可以用较少的金属配件和紧固件进行高效率的蒙皮与蒙皮连接。使用物理连接法将 6 块 PRSEUS 板连接成为 1.3 m² 的蒙皮，进行压力测试，如图 20.7 所示。该试件的设计是以相同大小、结构特征和接口来承载内部载荷的，但内部压力较高，要用较小尺寸的试件在拐角处产生等效弯矩（Yovanof 等，2012）。

压力立方体在原始状态下承受压力载荷。最初一系列的树脂失效发生在拉力达到 90%～100% 的 DUL，并且被认为发生在横梁之间的蒙皮上的整体面板的侧层中。后面的测试评估表明，这些层确实分开了，但所有的损伤都包含在缝合行中，如图 20.8 所示。过去这些最初的失效，在压力增加到 110%DUL 时，没有任何纤维损伤的迹象。BVID 被安装在外表面，使用球形的冲击，并且压力上升 2.6 倍 DUL 时，发生了灾难性的失效。

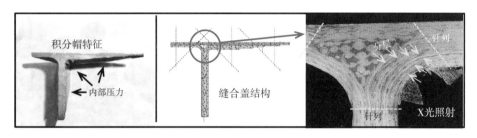

图 20.8 使用针来进行层压分离的圆角层效果

在立方体试样超过最大弯矩要求之前，在角落处的横梁的铝接头配件首先超过了它们的允许极限强度并发生失败。这一结果表明，用连接板整体盖设计能够满足用较大的多功能插槽测试较大的弯矩。通过检测这些 PRSEUS 在 2.6 倍 DUL条件下的弯曲应力，建造全尺寸的结构，使用2.5 倍的非支撑板，可以满足承受大尺寸下 DUL的要求。

20.4.4 整体式蒙皮设计设想

虽然使用整体建造技术能够提供良好的结构优势，但是也会需要对一些更多的部分进行进一步的优化，这些优势才能实现。分析法提供了一套更加全面的对内部载荷分布和失效模式与蒙皮结构之间关系的理解，包括纵梁和拉杆杆的接口、纵梁和横梁之间的十字接口，而且这种方法还在继续发展（Wang 等，2012；Jegley，2012）。这些方法将在微观力学方面被用来更好地描述损伤的传播和破坏，在缝合复合材料蒙皮上，可以结合新方法进行超声检查，并评估固化层压板的分层程度（Johnston，2013）。从整体上看，这些调查正在被用来证实试验结果，这些试验结果包含各种试验材料在不同载荷情况下的各种损伤。此外，还进行了诸如声学传输测试等相关的研究课题，以确保改进结构性能而减轻重量，以后不会再需要增加重量以

满足系统要求（Allen 和 Przekop，2012）。

20.4.5 组合载荷与大型建造

为制造 HWB 飞机机舱而研发了 PRSEUS 技术，其最终的建造方法如图 20.7 所示，其中底图显示的是多压箱测试。从早期测试中获得的知识被用于设计和分析这个大型测试。独立的蒙皮组成双层密闭箱多跨度结构（图 20.9），并在中间附上设计草图。这个多跨度压力舱大概长 9 m、高 4 m、宽 2 m。最终，该多跨度压力舱将被组合弯曲以符合内压载荷环境，是 HWB 中心机身外壳设计的代表。

多跨度压力舱蒙皮由 11 块 PRSEUS 板构成外壳和底板，并由 4 块内部使用加强筋板分隔成三部分，如图 20.9 所示。在接头处的耐压结构角落增加传递弯曲载荷的模拟机翼的结构，这将在机动飞行中进行试验。

固化后的蒙皮被装入一个装配夹具中，在此它们被机械地结合在一起，利用整体的帽特征来定位面板，减少金属配件的数量，并通过面板的外表面消除紧固件。这种方法是通过缝合面板的整体设计特点来使零件少、钻孔少、雷击保护材料少，并最终降低重复装配成本的。

目前在长滩的波音工厂正在进行多跨度压力舱的装配。部分装配测试如图 20.10 所示。蒙皮连接

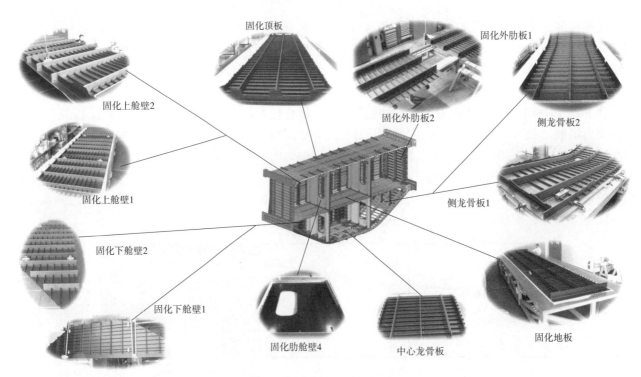

固化顶板

固化外肋板1

固化上舱壁2

固化外肋板2

侧龙骨板2

固化上舱壁1

侧龙骨板1

固化下舱壁2

固化下舱壁1

固化肋舱壁4

中心龙骨板

固化地板

图 20.9   多跨度压力舱复合板

的大部分已经完成，现在正在添加金属负载件来完成测试。当完成之后，测试会转移到 NASA 的兰利研究中心，在那里将会进行组合载荷的测试。2015 年，NASA 的兰利研究中心将会使用组合载荷测试系统进行一系列的测试（Rouse，2013）。

图 20.10   装配中的多跨度压力舱

图 20.11 展示了将测试件放置在组合载荷测试系统的滚筒中间的示意图。滚筒将旋转机械载荷加载到试验件上。图中只是展示了两个驱动器，但还有其他的驱动器位于两侧对称的位置，四驱动器加载每个驱动器传递弯矩到测试件上。

在测试过程中，压力和机动载荷组合。载荷将首先被应用于原始的试验件上，然后重复 BVID 在结构上最关键的位置。

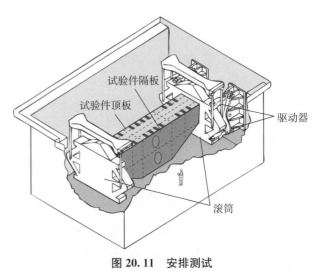

试验件隔板

试验件顶板

驱动器

滚筒

图 20.11   安排测试

20.5   总　　结

商用飞机对燃料的需求和燃料燃烧的排放量的大幅减少需要新的设计——研制非常规布局飞机结构，具有较高的升阻比，而减少阻力需要与目前不同的布局。HWB 布局与传统的管翼布局相比能明显改善动力性能。但是，HWB 的设计存在非圆形压力舱的挑战。研制一种概念结构来承载 HWB 机舱是最主要的技术挑战，需要实现 HWB 的大型升力体设计。PRSEUS 蒙皮结构的目的是解决传统层压材料的重量和成本的弊端，使 HWB 机身变为现实；通过使用干织物和缝合线的紧固件取代预浸料，使用一种高度工程化的结构解决方案超越传统的复合设计实践，提供一种具有更好的加载路径和阻滞损伤进展的高度集成的结构解决方案。建设的方法已被用来证明这个方案适用于一个运输机机舱区域。研发已从样品、面板向组合结构发展。NASA 和波音公司都在进行大尺寸压力舱建设工作，并将在关键机动飞行条件和加压条件下进行地面测试，以验证工艺能够满足 HWB 机身的结构重量。

参考文献

Allen，A. and Przekop，A.（2012）Vibroacoustic characterization of a new hybrid wing-body fuselage concept. *41st International Congress and Exposition on Noise Control Engineering*，vol. 6，pp. 4485 – 4496.

Gould，K.，Lovejoy，A.，Neal，A.，Linton，K.，Bergan，A.，and Bakuckas，J. J. R.（2013）Nonlinear analysis and post-test correlation for a curved PRSEUS panel. *Proceedings of the 54th AIAA Structures，Structural Dynamics，and Materials Conference*，AIAA-2013-1736.

Jegley，D.（2009）Experimental behavior of fatigued single stiffener PRSEUS specimens，TM-2009-215955，NASA，Hampton，VA.

Jegley，D.（2011）Structural efficiency and behavior of pristine and notched stitched structure. *International SAMPE Technical Conference*.

Jegley，D.（2012）Failure at frame-stringer intersections in PRSEUS panels. *27th Annual Technical Conference of the American Society for Composites*，vol. 1，pp. 795 –812.

Jegley，D. C.，Velicki，A.，and Hansen，D. A.（2008）Structural efficiency of stitched rod-stiffened composite panels with stiffener crippling. *Proceedings of the 49th AIAA/ASME/ASCE/AHS/ASC Structures，Structural Dynamics and Materials Conference*，AIAA-2008-2170.

Johnston，P.（2013）Ultrasonic nondestructive evaluation of PRSEUS pressure cube article in support of load test to failure. *NASA TM* 2013-217799，NASA，Hampton VA.

Liebeck，R.（2004）Design of blended wing body subsonic transport. *J. Aircr.*，41，10 – 25.

Linton，K.，Velicki，A.，Hoffman，K.，Thrash，P.，Pickell，R.，and Turley，R.（2014）PRSEUS panel fabrication final report. *NASA/CR-2014-218149*，NASA，Hampton，VA.

Lovejoy，A.，Rouse，M.，Linton，K.，and Li，V.（2011）Pressure testing of a minimum gauge PRSEUS panel. *Proceedings of the 52nd AIAA Structures Dynamics and Materials Conference*，AIAA-2011-1813.

Przekop，A.（2012）Repair concepts as design constraints of a stiffened composite PRSEUS panel. *Proceedings of the 53rd AIAA/ASME/ASCE/AHS/ASC Structures，Structural Dynamics and Materials Conference*，AIAA-2012-1444.

Przekop，A.，Wu，H. T.，and Shaw，P.（2014）Nonlinear finite element analysis of a composite non-cylindrical pressurized aircraft fuselage structure. *Proceedings of the 55th AIAA Structures，Structural Dynamics，and Materials Conference*，AIAA-2014-1064.

Przekop，A.，Jegley，D.，Rouse，M.，and Lovejoy，A.（2014）Analysis and testing of a metallic repair applicable to pressurized composite aircraft structure. *SAMPE Technical Conference*.

Rouse，M.（2013）Methodologies for combined loads tests using a multi-actuator test machine. *Conference Proceedings of the Society for Experimental Mechanics Series*，vol. 6，pp. 205 – 214.

Velicki，A.（2009）Damage arresting composites for shaped vehicles. *Phase I，Final Report*，CR-2009-215932，NASA，Hampton，VA.

Velicki，A. and Thrash，P. J.（2008）Advanced structural concept development using stitched composites. *Proceedings of the 49th AIAA/ASME/ASCE/AHS/ASC Structures，Structural Dynamics，and Materials Conference*，AIAA-2008-2329.

Velicki，A.，Yovanof，N. P.，Baraja，J.，Linton，K.，Li，V.，Hawley，A.，Thrash，P.，DeCoux，S.，and Pickell，R.（2011）Damage arresting composites for shaped vehicles. *Phase II，Final Report*，CR-2011-216880，NASA，Hampton，VA.

Wang，J.，Grenoble，R.，and Pickell，R.（2012）Structural integrity testing method for PRSEUS rod-wrap stringer design. *Proceedings of the 53rd AIAA Structures，Structural Dynamics，and Materials Conference*，AIAA-2012-1861.

Wu，H. T.，Shaw，P.，and Przekop，A.（2013）Analysis of a hybrid wing body center section test article. *Proceedings of the 54th AIAA Structures，Structural Dynamics，and Materials Conference*，AIAA-2013-1734.

Yovanof，N. and Jegley，D.（2011）Compressive behavior of frame-stiffened composite panels. *Proceedings of the 52nd AIAA Structures Dynamics and Materials Conference*，AIAA-2011-1913.

Yovanof，N.，Baraja，J.，Lovejoy，A.，and Gould，K.（2012）Design，analysis，and testing of a PRSEUS pressure cube to investigate assembly joints. *Aircraft Airworthiness & Sustainment Conference*，TP5431.

本章译者：徐军
（北京理工大学宇航学院）

第 21 章

更绿色的直升机

Carl R. Russell[1]，Larry A. Young[1]，Gloria K. Yamauchi[1]，Wayne Johnson[1]，

D. Douglas Boyd[2]，Susan A. Gorton[2]，

Christopher A. Snyder[3] 和 Lee W. Kohlman[3]

1　美国航空航天局艾姆斯研究中心，山景城，加利福尼亚州，美国

2　美国航空航天局兰利研究中心，汉普顿，弗吉尼亚州，美国

3　美国航空航天局格伦研究中心，克里夫兰，俄亥俄州，美国

21.1　引　　言

很多工业化国家正在对空气污染和噪声采取更严格的规定，在这种情况下，直升机面临着多种环境挑战。直升机和其他类型的旋翼机具有垂直起飞、悬停效率高、时间长的独特能力，使急救医疗服务、搜索和救援、基础设施维护和访问远程地区的任务变成可能。它们也有潜力补充商业客运航班，而不需要对机场的主要基础设施进行改进。为了在未来继续充当这些重要的角色，新的旋翼机的设计需要较小的环境影响。从历史上看，在VTOL（垂直起降）飞行器的设计中，环保性能，特别是从排放的角度来看，已经在很大程度上被忽视了。最近，人们对直升机态度的改变和有关排放与噪声法规的增加提高了环保直升机的吸引力。欧洲清洁天空计划（干净的天空，2014）中有一个由阿古斯塔·韦斯特兰公司和空客领导的绿色直升机集成技术示范者（ITD）的机构。绿色直升机 ITD 有以下三个最高级别的目标。

（1）每次任务减少 25％～40％的二氧化碳排放（涡轮轴和柴油发动机驱动的旋翼机）。

（2）对地面的有效感觉噪声减少 10 dB 或噪声的面积减少 50％。

（3）确保完全符合 REACH 指令，保护人体健康和环境免受有害化学物质侵袭。

在干净的天空项目下，也有针对飞机部件从设计到报废的绿色生命周期。在美国，联邦航空管理局（FAA）的赞助包括研究持续低能量、排放和噪声与目标噪声、排放和燃料消耗，但示范项目不在当前的赞助范围内。

美国的直升机协会，并没有"干净的天空"这样由国家认可的绿色目标；然而，如果美国的直升机要在欧洲市场和亚洲、南美洲等新兴市场具有竞争力，"干净的天空"目标也不容忽视。NASA 的革命性的垂直起降技术项目包括致力于设计低噪声旋翼的研究和降低排放与燃油消耗的推进技术的研究。

一种降低甚至消除排放的方式是彻底重新设计动力装置。虽然有很多例子表明，航模级别的旋翼发动机可以使用电力驱动，但是全尺寸的发动机都是使用传统的柴油或者涡轮驱动。内燃机具有低扭矩和高转速的峰值效率。大旋翼需要高扭矩和低转速，需要大传动比将动力从发动机传递到旋翼。

现在有新的发动机理念，即使用一个或多个电机代替内燃机。这些电机可以使用无污染能源，如电池和燃料电池，可以消除温室气体的排放。还有一种混合动力发动机，其中发动机驱动发电机发电，为发电机提供电力，使发动机不断地以最高效率运行，并且排放最低。正在开发的多速变速箱能够使发动机在不同飞行状态下工作效率最佳；这种性能对于某些旋翼机的设计特别重要，如倾转旋翼

机和复合直升机在巡航过程中降低旋翼的转速。

可以通过对噪声源进行处理或者在操纵飞机时遵循降低噪声的程序来降低螺旋桨噪声。除了尽量减少在噪声敏感地区的飞行时间外，转弯、下降、起飞的过程也可以减少外部噪声。直升机的螺旋桨是对人类有影响的噪声的主要来源，减少旋翼噪声的方法都集中在削弱旋翼叶尖涡流或改变其轨迹的技术方面，使叶片之间没有旋涡交互。减少螺旋桨叶尖速度和特质的尖端翼型也有助于降低直升机的噪声。

在政府机构、企业和高校的努力下，直升机设计和分析的软件工具一直在持续地发展。这些工具可以让工程师快速设计概念旋翼机，用以满足一定的任务和性能要求。对现有旋翼机的性能分析也是可能的，很容易计算一个特定任务的燃油消耗和排放。快速准确地对先进推进系统进行建模，让工程师能够设计多元化的概念推进结构。

使用"绿色指标"衡量旋翼机的环保性能是另一个活跃的研究领域。最简单的方法是只看二氧化碳排放量，但是内燃机还有其他类型的温室气体排放。各种指标可以用来帮助未来旋翼机的设计在排放、噪声和采购成本之间取得平衡。

本章将会对推进概念、降噪技术、垂直起降、绿色设计和一种使用非碳燃料的垂直起降运输机进行展开介绍。

21.2　推进系统

推进系统的性能对飞行器的设计有很大的影响。大型发动机往往具有更多的组件和整体效率，并且可以提高功率重量比。加上驱动系统和变速箱的复杂性与重量，会使直升机设计演变成使用一台或两台发动机驱动单一或同轴主螺旋桨。然而，随着高效、高功率重量比的电动机和发电机的发展，以及电池能力的增加，依据一定气动外形和飞行任务设计的垂直起降飞行器的设计空间大大增加。

21.2.1　使用绿色推进系统的 Vtol 飞行器设计

为了提高对组件设计、交互要求的理解，针对"常规"直升机的设计理念，在用电机、电源管理和分配系统（PMAD）、电池组来取代碳氢燃料发动机、燃料箱的方面进行了很多研究。后面将会具体讨论 NASA 的 Hopper 研究，Hopper 是能够搭

乘 30 个乘客的串联旋翼飞行器，能够提供快速和灵活的远距离通勤交通，尤其是在传统列车和巴士路线受到地形或其他因素阻碍的地区。

为了研究真正的电力推进系统，Sikorsky 公司研制了萤火虫技术验证机。Sikorsky 的 S-300 飞行器，使用了特别设计的电机、电源管理系统、电池组来替代往复式汽油发动机和燃油系统。虽然目前最先进的电气技术限制了这种飞行器的续航时间和飞行范围，但仍有许多关于系统设计的要求可以继续研究，包括热管理、故障检测/隔离和冗余设计。

另一个全电动直升机概念下的发展是 Volocopter 的 Vc200。Vc200 使用多个独立控制的电动旋翼，而不是使用单一的主旋翼和产生反扭矩的尾桨，这个系统通常被称为分布式推进系统。这些小旋翼的转速比传统直升机的大旋翼高很多。每个旋翼的功率和转矩要求都很小（旋翼重量减轻），这有利于使用多个更小、更轻的冗余电机，同时保持或提高动力系统的效率重量比。单独控制这些电机和旋翼可以达到高效悬停、飞行控制、垂直起降的效果。

许多垂直起降任务对悬停的要求很低，在这种情况下，正在研究和开发的垂直起降飞行器概念与先进的固定翼飞机更相似。飞行器将采用分布式推进部件并具有垂直起降能力，而在大部分的飞行任务中转换为固定翼飞机的布局。NASA 的 Greased Lightning 验证机是这类概念的一个例子。虽然悬停性能可能会严重退化，但这种飞行器在主巡航阶段的设计选择、飞行速度、范围和空气动力学效率大大提高。垂直起降能力进一步提高飞行器的灵活性和可利用的起降区域，方便用户使用，而不是被限制在使用机场跑道时才能起飞。

21.2.2　绿色推进系统的类型

为了提供动力，旋翼机推进系统一般包括发动机/电机、旋翼和将它们连接在一起的变速箱/传动系统。这三部分中任意一个的设计都会影响整体性能。目前，主流发动机的选择，尤其是大型飞行器，都是采用燃气涡轮发动机。这种发动机在概念上相当简单，运行平稳、可靠，并且具有很高的功率重量比和功率体积比。然而，目前大型的直升机用燃气涡轮发动机只有 25% 或者更低的热效率，小一些的发动机的损失更多，只有 15% 的热效率。在非全功率运行时，发动机效率会快速下降。燃气涡轮发动机的转速非常高，转速越高，体积越小。

变速箱的作用是通过大大降低发动机的转速来匹配旋翼的要求，这也增加了推进系统的重量、复杂性和维护工作。随着减重、提高效率、降低有害气体排放技术的持续发展，替换传统的燃气涡轮发动机变得可行。2014 年，Nagaraj 和 Chopra 发布了替换直升机推进系统的报告，下面的章节中将会介绍一些有前途的选择。

往复式汽油发动机可以达到其至超过燃气涡轮发动机的效率，尤其是在较低的功率水平下（低于 400 hp）。汽油发动机的效率在 20%～30%，并且在非全功率运转情况下依然能保持较高的效率水平。但是极低的推力重量比（一般为 1.5 hp/lb）使得汽油发动机在航空大推力的要求下并不实际。以前的航空汽油发动机使用高辛烷值（通常含铅）汽油，以提高性能和可靠性。铅的排放和接触对健康有严重的影响，因此含铅汽油正在被淘汰。替代汽油机的是柴油机，它的效率可达 40% 以上，同时能够保持非全功率时的效率。由于柴油机采用压缩点火，不需要高压点火系统，相比于汽油机，可靠性更高，并减少了对其他电气设备的干扰。柴油机在较高的压缩比和最大压力下运行，需要更坚固的发动机设计。新的材料和制造技术使取代汽油和小型燃气涡轮发动机变得可行，并能够显著减少燃料的使用和二氧化碳的排放量。柴油机效率高，但功率重量比低，适合于功率要求低、续航时间长的飞行器。

随着材料和设计的进步，电动机（和发电机）变得可行，可以达到或超过先进的燃气轮机的功率重量比。电动机是高转速、低转矩的设备，但是常规旋翼飞行器所需要的是低转速、高扭矩的发动机。电动机的效率在 90% 以上，明显优于燃气涡轮或往复式发动机，而电动机可以在非全功率和低转速下保持（甚至提高）效率。电动机的另一个重要设计特性是可伸缩性。对于燃气轮机或往复式发动机，热效率一般随发动机尺寸和功率的提高而提高；然而，电动机效率和功率重量比几乎与尺寸无关（重量与扭矩更接近线性关系）。这就增强了使用多个高转速电机的设计理念。

除了动力的设计之外，好的飞行器设计还必须包括能量储存和产生以满足任务要求。由于能量密度高，建设了大量基础设施，以便快速和容易地加油，传统的碳氢燃料（汽油、柴油或喷气燃料）已在运输系统中使用多年。几乎每磅燃料会产生多磅二氧化碳。几乎没有传统的碳氢燃料能显著提高排

放量或能量。用甲烷或氢气替代燃料的研究已经确定了在实际飞行器使用过程中二氧化碳和其他气体的排放量可大大减少。然而，甲烷和氢燃料都有燃料能量密度低的缺点。图 21.1 展示了各种燃料的能量密度和能量比。可以通过压缩或低温来液化气体，使用液态氢燃料来改进燃料能量密度（但这造成了额外的能源、成本、安全/处理问题和燃油系统的复杂性）。

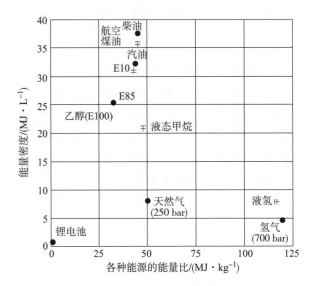

图 21.1　各种能源的能量密度

由于效率和可靠性的提高，飞机继续向更多的电力系统发展，电池作为这一演变的一个组成部分。从图 21.1 中可以看出，电池看起来像是一个不合适的能源储存选择；然而，电池在能量密度、安全性、放电/充电周期、成本、化学等方面仍在不断改进。针对特定飞行器和飞行任务的电池系统优化是所有这些属性之间的一个复杂的权衡。电动飞机的电池是一个引人注目的目标，由于噪声低，没有废气，电池能源转化为动力的效率一般超过 80%，而其他系统最多也只能达到 50% 的效率。

燃料电池是一种直接将燃料的化学能（通常是氢）转化为电能的电化学装置。燃料电池不是一种燃烧装置，它不受卡诺效率限制，因此具有比燃气涡轮或往复式发动机更高的效率。最近的一项研究是关于以燃料电池为动力的超轻型载人通用直升机的推进要求（Datta 和 Johnson，2014）。这项研究表明，燃料电池推进系统是可行的，但需要进一步改进系统组件，以达到内燃机的性能。尽管需求在许多方面不同，而且不如航空需求严格，但是汽车和静止电力系统也在继续开发用于供电的燃料电池。燃料电池系统的功率密度目前受限于反应膜或

细胞化学的材料特性/要求以及热管理、燃料和氧化剂管理所需的辅助系统（植物平衡）等。

另一个能量存储的新理念是飞轮。使用转动惯量飞轮储能。利用飞轮储能需要改进轴承（包括磁轴承）、新材料和改进传感器及控制。改进的轴承可以促进飞轮转速和能量密度的增加，同时减少摩擦损失和生热。先进的高强度材料可以提高飞轮转速，提高使用过程中的能量密度，改善制造过程中和使用寿命结束时对环境的影响。

对于各种绿色的、有限能量存储的系统（如电池、飞轮），有一种临时的解决方案，即增加发动机、发电机或"增程器"系统。增程器特别适合于飞行任务，它具有一种罕见的或非典型的特性，能够持续延长电源的供电时间。单独调整电池或飞轮以满足更长的飞行任务要求，将对标准飞行器性能产生非常不利的影响。由于燃烧动力支撑系统在恒定的条件下运行，在任务延伸段中其性能可以被优化为最高的效率和最低的排放。

混合涡轮系统是满足电力和能源需求的另一个选择，这种需求是其他能源存储系统，或全电动飞机的临时系统所不能达到的。混合涡轮系统可以长时间以高功率为大型飞行器提供动力，以及用电、分布式推进，这样有利于推进/飞行器的协同效应。混合涡轮发电系统被认为可能是发动机/增程系统的一种特殊情况，其中的燃气涡轮发电机系统在整个飞行任务中总是运行在最佳效率。应急电力可以满足电池或其他能量存储系统的需求。各种混合能源产生/储存系统的实际应用高度依赖于系统能力和任务要求。

21.2.3　NASA 进行的推进系统研究

提高燃气轮机效率的工作还在继续，这些应用对旋翼机的设计也有好处（Snyder，2014；Hendricks 等，2014）。通过改进涡轮机械部件的效率仍能获得很大的好处。改进的高强度和耐高温材料可以提高燃烧效率与功率重量比。将这些先进的技术应用到新一代更高压缩比的发动机中，可比现有发动机降低 25% 的油耗。进一步的设计、材料和研制技术的改进又可以提高涡轮增压器效率，并降低 16%～25% 的燃料消耗。同 2005 年最好的指标相比，改进的燃烧室，可以使飞机在巡航状态下减少 80% 的氮氧化物排放（Chang 等，2013）。涡轮变速技术，可以在低转速下大大提高发动机效率，使旋翼减速并将旋翼的推进效率提高 2%～3%。该

技术也在继续研究当中（Welch 等，2012）。最近一份关于使用换热器和再生技术的研究报告表明，燃料消耗可减少 35%，并且降低二氧化碳排放，但氮化物的排放增加了 2～3 倍（Fakhre 等，2013）。

研究电机和发电机的设计、控制和热管理工作也在进行（Choi 等，2014）。虽然高转速、低扭矩电机的功率-重量比已经取得了重大进展，但是许多成果也将更好地应用在低转速、高扭矩电机中，并且可以不使用变速箱。通过用于鲁棒和冗余的功率管理与分配（PMAD）功能的辅助，来研究探索更好的电机控制和响应，以增强飞行器的性能和操纵。

研究变速箱和传动系统需要继续寻找创新的齿轮齿的几何形状、混合齿轮、先进材料和多速率系统以更好地匹配速度和扭矩的动力（发动机、电动机等）与驱动装置（旋翼、发电机等）（Roberts 等，2013；Stevens 等，2008）。变速箱和传动系统效率很高（>95%），但实际应用还要考虑重量、可靠性和维修要求。

对于燃料电池的研究致力于开发新的材料和化学物质，以减少对战略物资的需求，提高瞬态电力能力和能量密度。迄今为止，需要更多的研究来确定系统和技术的组合，实现航空航天对推进器严格的功率、重量和体积要求。

21.3　声　　学

尽管特殊的能力让旋翼飞行器适合在公共区域提供服务，但是噪声仍然是阻碍其在城市和偏远地区增加应用的主要因素。在城市地区，对于不属于政府的直升机的反对声音越来越多，如旅游飞行、飞机租赁服务和新闻报道等。在一些情况下，公众对噪声的反应使得国家立法来规范旋翼机的噪声。例如，在加利福尼亚州的洛杉矶，2011 年立法"洛杉矶上空低空飞行的直升机发出的噪声"（Now，2011）。立法的主要原因是安全和噪声问题。2013 年 2 月，众议院讨论了 H.R.456《2013 年洛杉矶市区直升机噪声法案》（Schiff，2013），并且参议院也讨论了相关法案（Feinstein，2013）。如果这些法案通过，FAA 署长将制定洛杉矶市直升机操作的规定，包括直升机的飞行路径和高度，以减少直升机噪声。在某些地区，已经制定了法规。例如，在纽约的长岛，立法要求直升机飞行员减少纽约北岸航线，减少"直升机飞越和带来的干

扰附近社区的噪声"[美国联邦航空局，2014；14 CFR 93 部 G（93.101）]。

直升机在偏远地区飞行也会受到管制。例如，FAA 制定了部分特殊飞行规则（14 CFR 93 部），规定了直升机怎样才能在大峡谷国家公园附近的一定区域飞行。这些法规规定了公园各个区域的最低飞行高度等。此外，这些名为"大峡谷国家公园安静飞机技术"的规定的设立，是基于大量的游客的要求，而不是那些 FAA 基于飞行器重量制定的要求。

21.3.1 旋翼飞机噪声的种类

直升机在飞行中产生的噪声是复杂的空气动力和结构动力的综合结果。这种噪声是旋翼上的稳定和非稳定空气动力学的函数，也和旋翼相对于被测噪声的位置（"观察点"）与相对运动有关。例如，在 FAA 噪声认证要求中，"观察点"被定为靠近地面的三个特定的麦克风，测量特定飞行条件下三种不同飞行条件（起飞、飞越和进场）的噪声。FAA 认证标准的度量标准是噪声有效感觉等级（EPNdB），单位用分贝表示。尽管 FAA 认证的 EPNdB 标准是许多飞机噪声限值的度量标准，这种"认证的度量"并不总是与公众对旋翼的接受水平密切相关。例如，纽约北岸直升机航线监管覆盖了所有的旋翼机飞行器，已经满足了 FAA 噪声认证要求。然而，他们仍在进一步加强管理，以限制城市噪声。为了深入理解这个问题，需要对旋翼噪声力学作一个简要的概述。图 21.2 展示了直升机噪声的各种来源。

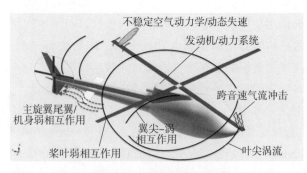

图 21.2 直升机噪声来源

直升机的噪声一般由离散频率噪声和宽带噪声组成。离散频率噪声在低频段上往往占主导地位，通常是脉冲性的。和宽带噪声相比，人们更容易受到脉冲噪声的干扰。"翼尖-涡相互作用"（BVI）噪声是离散（脉冲型）的噪声，在螺旋桨叶片和强涡流以平行的形式相互作用时产生。BVI 在低速飞

行时、下降时和高速飞行时都能够产生巨大的机械噪声。其他类型的离散频率噪声包括由桨叶造成的周围空气的位移引起的厚度噪声；旋翼桨叶周围气流的跨音速流动产生高速脉冲噪声（HSI）；叶片相对于观察者运动时也会产生稳定（或不稳定）的载荷。BIV 和稳定/不稳定的载荷噪声是在桨叶下直接产生的，而厚度噪声和 HSI 噪声是在飞机旋翼的前部产生的。

宽带噪声是一种非脉冲现象，它发生在很宽的频率范围内（比脉冲噪声有更高的频率）。宽带噪声源包括当旋翼桨叶以一个倾斜的角度遇到涡流时形成的桨叶-弱涡流相互作用（BWI）、当大气湍流进入旋翼系统时引起的湍流噪声（TIN）。宽带噪声还包括"自噪声"、中噪声，比如后缘噪声、层流和湍流边界层噪声的几种类型，以及由桨叶尖端引起的涡流产生的噪声。

所有上述噪声源（也包括其他的）对观察点处噪声的频率都造成影响。EPNdB 标准最初是量化人耳对于固定翼飞行器产生的噪声最敏感的频率。在这个度量标准中有一些修正来计算离散频率（音调）。然而，旋翼机的噪声往往是由脉冲噪声占主导地位，它的频率相对较低。EPNdB 对这些较低频率的噪声更为关注，它是一个让公众烦恼的来源，导致直升机虽然符合 FAA 噪声认证要求，依然被禁止在某些区域飞行。

21.3.2 减少中的旋翼飞行器噪声

减少直升机噪声的方法一般分为两种：从设计上减少噪声和航迹管理。设计方法又进一步分为被动和主动方法。被动方法可以使用旋翼桨叶形状变化，桨叶微小弯曲变化会导致平面上巨大的变化。例如，NASA 的两种设计，将旋翼桨叶设计为"狗腿"形状（Brooks，1996）和"波浪式"叶片（《NASA 技术简报》，2004），它们分别如图 21.3 和图 21.4 所示。两种设计的主要目标都是降低 BVI 噪声。主动方法的例子包括：高级谐波控制（van der Wall 等，2003）、单桨叶控制（IBC）（Jacklin 等，1995）、主动旋翼桨叶（ATR）（Wilbur 等，2000），以及主动襟翼（Lau 等，2010）。这些主动方法经常被用于几种机理的目标噪声，如 BVI 噪声。降低旋翼的转速也是减少直升机噪声的一种方法。NASA 还在继续研究很多能够使旋翼转速大范围（目标是 50%）变化的方法，比如使用发动机或者多速传动系统。之前的章

节中已经讨论了使用变速系统和涡轮发动机来实现降噪所正在做的工作。

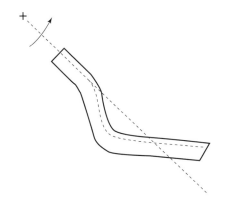

图 21.3　"狗腿"平面形状（来自 NASA）

图 21.4　风洞中的风浪平面旋翼直升机模型

上述的大部分技术已经使用风洞试验、缩比模型、全尺寸模型进行了验证。其中的一些技术已经进行了飞行试验。例如，BK17 直升机已经使用了主动襟翼技术来控制噪声和飞行品质（Dieterich 等，2006）。还有一种名为 Blue Edge 的径向后掠桨叶也已经进行了飞行试验。尽管已经有很多技术经过了风洞试验和飞行试验验证，但是只有很少的技术已经应用在直升机的制造中。

另一部分的降噪工作集中在航路管理上。从 20 世纪 60 年代开始，人们就把航路管理作为了一个减少噪声的有效方式。例如，1971 年，由 Dennis Halwes 在 Vertiflite 上发表的一篇文章中定义了一种"煎蛋曲线"，并且直到现在还在使用。这一曲线将通用的中量级直升机的高噪声飞行状态定义为关于空速和下降-爬升率的函数。1971 年，Halwes 还确定了航迹，可以避免高噪声飞行状态。在直升机国际协会发布的《飞行睦邻指南》中还能

看到这些函数关系和航迹管理策略，该手册为直升机提供了各种降低噪声的程序。（http：//www.rotor.com/Operations/FlyNeighborly/FlyNeighborly-Guide.aspx）。图 21.5 展示了煎蛋曲线；该图直接来源于 1971 年 Halwes 的原版图。

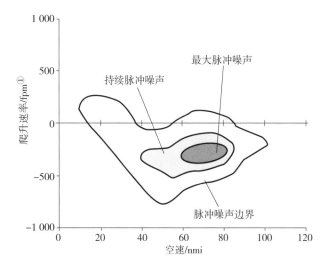

图 21.5　形状像煎鸡蛋的主旋翼噪声的边界

在过去的几十年中，我们已经探索了许多飞行航迹管理策略的扩展。例如，NASA 已经建立了噪声特性的测量数据库，可以为大量的直升机进行降低噪声飞行路径优化提供帮助。已经测量的直升机噪声数据库包含了很多机型的数据，包括 XV-15 倾转旋翼验证机的静态飞行路径（例如，平飞、固定迎角下降等）下的数据（Conner 等，2000），也包括贝尔 430 直升机在机动飞行状态下的数据（Watts 等，2014）。虽然飞行试验表明，通过飞行航迹管理可以减少噪声，但大多数降噪的方法尚未应用。

21.4　概念设计

降低旋翼机的环境影响需要重新考虑推进结构，除了传统的涡轮轴发动机或往复式发动机燃烧碳氢燃料的常规配置外，还需要通过机械传动连接旋翼。概念设计和分析软件可以大大提高工程师的评估能力，有效地评估出许多飞行器的构型和推进系统架构。

21.4.1　旋翼飞行器设计软件

NASA 的旋翼飞行器设计和分析（NDARC）（Johnson，2010，2014）软件是为旋翼飞行器提供

---

①　1 fpm（ft/min）＝0.005 08 m/s。

概念设计与分析的电脑程序。该软件的设计任务是设计旋翼机，并满足一系列的条件和任务要求。分析任务包括非设计任务性能分析和单点操作条件下的飞行性能计算。

为了进行灵活的设计，NDARC 软件可以为旋翼机建立一套完整的组件，包括机身、机翼、尾翼、旋翼和发动机、变速箱。为了提高程序执行的效率，每个组件都需要一个模型来进行性能和重量估计。更高保真度的组件设计、分析程序以及现有组件的数据库为校准这些模型提供所需的信息，包括尺寸和技术水平的影响。对合成和评估结果的信心取决于校准组件模型的准确性。

消耗燃料的推进系统部件可以用以下三种方式来表征。

（1）通过轴扭矩传递动力（发动机和电动机）。

（2）对飞行器产生推力（喷气式飞机）。

（3）为飞机制造能源（充电）。

发动机和旋翼使用机械传动系统连接。"发动机"包括涡轮轴发动机和往复式发动机、压缩机、电动机、发电机、电动机-发电机。"喷气式发动机"包含涡轮喷气发动机、涡轮风扇发动机和用于旋翼的反扭矩系统。"充电"包括燃料电池和太阳能电池。每一种发动机都和使用的燃料的种类、燃料存储形式密切相关。图 21.6 展示了 NDARC 软件中建立的推进系统的一般结构模型。

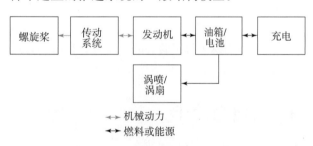

图 21.6 NDARC 的推进系统架构

燃料的特点是储存的和使用的量是以重量或能量计量的。燃料储存装置也有一定的容量和重量。重量会发生变化的燃料包括喷气燃料、汽油、柴油和氢气。重量不会发生变化的燃料包括电能（电池、电容）和动能（飞轮）。

许多推进架构可以使用这些组件来构造。旋翼、发动机、电机、发电机和其他部件的数量与分布的变化导致了一系列潜在的配置。该概念设计方案的任务是为新一代绿色旋翼机的确定优化配置。

CREATION 是另一种旋翼机的概念设计工具，目前正在由法国航空航天实验室进行开发，它

能通过集成优化网络对概念旋翼机增强评估（Basset 等，2012）。和 NDARC 类似，CREATION 在旋翼机设计过程中使用降阶的模型。CREATION 也包含直接使用高阶发动机和空气动力学模型进行分析的选项与集成形式优化例程。最近，该软件已被用于优化作为直升机目标函数之一的声学足迹（Basset 等，2014）。此功能允许优化环境效应以及传统的成本动因（如飞行器空重和燃油消耗）都作为旋翼机设计的因素。德国航空航天中心也在研发一种名为 COMRADE（旋翼飞行器评估和设计计算机辅助软件）的概念旋翼飞机设计代码，和上述两种软件类似，该代码集成在 RIDE（旋翼飞行器集成设计和评估）设计环境中，允许对各种旋翼飞行器组件进行更详细的研究（Lier 等，2014）。

21.4.2 使用"绿色标准"设计旋翼飞行器

将环保整合在旋翼机设计过程中是可行的，但首先需要选择或定义用来测量环境影响的标准。找到总体指标是面临的最大挑战，但也有可接受的不确定性水平。最容易计算的是二氧化碳排放量，然而，这样一个简单的指标忽略了其他排放物，如氮氧化物的影响。民用旋翼机概念设计和评价软件 NDARC（Russell，2015）采用平均温度影响（ATR）作为标准。

ATR 是近年发展起来的一种标准，专门针对飞机的排放物（Dallara 等，2011）。这个度量是根据一个特定飞机的操作引起的全球平均温度变化来衡量的。这种温度变化是由每种排放的污染物所产生的热量的函数。ATR 可以用相关的一些项目表示，这样飞机的 ATR 设计就可以分为不同的基准来进行，这便于飞机之间进行比较。

未来旋翼机的设计需要在经营成本、采购成本和环保性能之间进行平衡。2015 年，Russell 和 Basset 展示了他们使用不同指标设计的大型民用概念旋翼机。图 21.7 展示了以一定高度巡航状态下的 ATR 和燃料消耗为标准的设计。结果显示，飞行的高度和速度小于最低燃料消耗状态时引起的环境影响最小。这样的结果主要是由于高海拔地区氮氧化物的增温效应所致。

计算旋翼机的排放指标的挑战之一是估算产生的氮化物的量。虽然有大量关于涡扇发动机排放氮化物数据和随高度变化估算的成熟的方法已经发表，但是目前直升机涡扇发动机的大部分数据都是专用的。因此，公开的涡轮轴发动机的氮化物排放

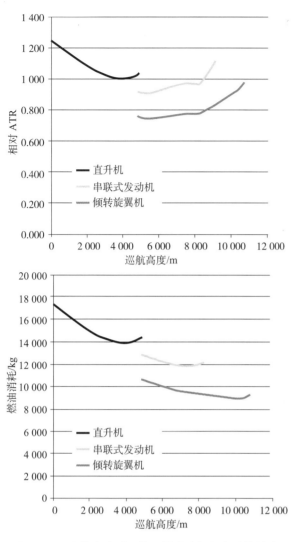

图 21.7　巡航高度对环境、燃油消耗和空重的影响

数据非常少。瑞士联邦办公室收集了有限的数据，他们致力于开发民用航空排放清单（Rindlisbacher，2009）。2015 年，Rindlisbacher 和 Basset 通过假设涡轮轴发动机与涡扇发动机排放的污染物量相似，得到了氮化物的排放量比例，并将其公布在 ICAO 涡轮轴排放数据上。

将更真实地制造氮化物的计算集成到旋翼飞行器计算代码中是可行的。2014 年，Fakhre 等人使用搅拌反应器和简单的化学反应预测了氮化物的排放量。这种氮化物估算估计能力和旋翼机的设计与优化软件框架集成，并且结合发动机参数的变化，实现最少的燃料消耗、最少的氮化物排放和最小的旋翼机重量。

21.4.3　绿色垂直起降运输系统：Hopper

未来城市交通的巨大挑战是高效的、经济的和环境友好的。最近由 NASA 和斯坦福大学联合完成的一向研究表明，旋翼飞行器有可能解决未来的城市交通问题（Melton 等，2014；Sinsay 等，2012）。这样的空中运输系统可以很好地解决与城市化、交通堵塞和化石燃料排放的相关问题。

这项研究的目标是开发一个集成系统的仿真，包括飞机、机场、车站、飞行器的模型，并使用空域管理的技术来确定用电力推进系统的可行性，垂直起降的飞行器称为"Hopper"，如图 21.8 所示，主要为地铁区域进行服务。

图 21.8　Hopper 概念：使用旋翼飞行器的空中公共交通系统

扩大的旋翼飞行器的设计空间是为了验证电力推进技术。该设计空间不仅包括对新的电池技术进行建模，还包括氢燃料电池和混合动力电池系统（涡轮轴发动机和使用电池/燃料电池的驱动电机）。

此外，设计空间受到任务要求的影响，特别是飞行器飞行范围的要求（25～100 n mile）。国家交通运输网络的设想是在旧金山湾地区使用 Hopper 概念飞行器，如图 21.9 所示，一个 National Hopper

站的运行情况如图 21.10 所示。Hopper 地铁/市区空中运输系统也许是可行的。具体来说，短期的电池/混合（涡轴发动机与电池燃料/电池）技术，也许可以使这些短程飞行器在未来 10 年内变为现实。短期的电池技术（合理的功率密度为 500～600 Wh/kg）能够满足短距飞行器的功率和能量需求。

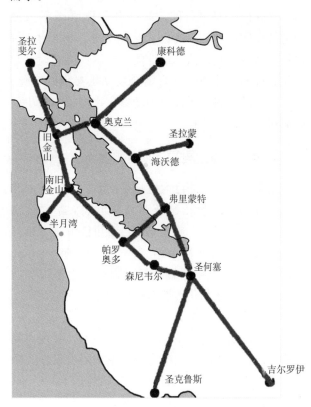

图 21.9　旧金山湾地区的 Hopper 网络

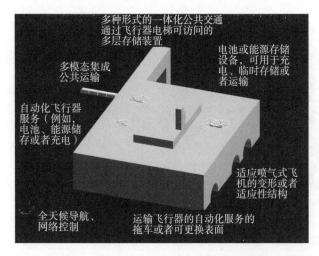

图 21.10　一个 Notional Hopper 站的运行

操作一个规模庞大的中量级垂直起降飞行器队伍还需要考虑在城市中进行持续、频繁飞越而引起的噪声和排放的问题。从排放的角度来看，电力推

进比涡轴发动机更环保。然而，尽管在这项研究中设计的概念飞行器和传统直升机相比都必须在较低的转速和较大负载下飞行，减少其噪声仍将是一个重大的技术挑战。

21.5　总　　结

降低旋翼机的环境影响仍然是一个活跃的研究领域。噪声、排放和混合动力都是政府机构、大学、企业现在的主要研究领域。在某些情况下，绿色旋翼飞行器设计中的挑战和一些固定翼飞机及汽车的研究重叠，特别是在电机和能力储存技术上。与旋翼相关的独特的环境问题需要继续进行投资，以得到更环保的推进系统和更环保的直升机。

参考文献

Basset, P.-M., Tremolet, A., Cuzieux, F., Reboul, G., Costes, M., Tristrant, D., and Petot, D. (2012) CREATION: the oneramultilevel rotorcraft concepts evaluation tool—the Foundations. *AHS Future Vertical Lift Aircraft Design Conference*, San Francisco, CA, January 2012.

Basset, P.-M., Tremolet, A., Bartoli, N., and Lefebvre, T. (2014) Helicopter presizing by multidisciplinary multi-objective optimization. *OPT-i International Conference on Engineering and Applied Sciences Optimization*, Kos Island, Greece, June 2014.

Brooks, T. F. (1996) *Forward Sweep, Low Noise Rotor Blade*. US Patent 5, 584, 661.

Chang, C. T., Lee, C. M., Herbon, J. T., and Kramer, S. K. (2013) NASA environmentally responsible aviation project develops next-generation low-emissions combustor technologies (phase I). *J. Aeronaut. Aerospace Eng.*, 2, 116.

Choi, B., Brown, G., Morrison, C., and Dever, T. (2014) Propulsion electric grid simulator (PEGS) for future turboelectric distributed propulsion aircraft. *AIAA Propulsion and Energy Forum and Exposition* 2014, Cleveland, OH, July 2014.

Clean Sky (2014) http://www.cleansky.eu/content/page/greenrotorcraft (accessed August 14, 2014)

Conner, D. A., Edwards, B. D., Decker, W. A., Marcolini, M. A., and Klein, P. D. (2000) NASA/army/bell XV-15 tiltrotor low noise terminal area operations flight research program. *AIAA 6th Aeroacoustics Conference and Exhibit*, Lahaina, HI, June 2000.

Dallara, E. S., Kroo, I., and Waitz, I. (2011) Metric for comparing lifetime average climate impact of aircraft. *AIAA J.*, 49 (8). 1600 – 1613.

Datta, A. and Johnson, W. (2014) Powerplant design and performance analysis of a manned all-electric helicopter. *J. Propul. Power*, 30 (2), 490 – 505.

Dieterich, O., Enenlk, B., and Roth, D. (2006) Trailing edge flaps for active rotor control aeroelastic characteristics of the ADASYS rotor system, in *Proceedings of the 62nd Annual Forum of the American Helicopter Society*, May 2006.

FAA. (2014) http://www.faa.gov/regulations_policies/rulemaking/media/NYNShoreHelicopterFinalRule.pdf (acce-ssed October 7, 2014).

Fakhre, A., Pachidis, V., Goulos, I., Pervier, H., and Tashfeen, M. (2013) Helicopter mission analysis for a regenerative turboshaft engine. *AHS 69th Annual Forum*, *Phoenix*, *Arizona*, May 21-23, 2013.

Fakhre, A., Tzanidakis, K., Goulous, I., and Pachdis, V. (2014) Optimized powerplant configurations for improved rotorcraft operational performance. *AHS 70th Annual Forum*, *Montreal*, *Quebec*, *Canada*, May 20-22, 2014.

Feinstein, D. (2013) S. 208—Los Angeles residential helicopter noise relief act of 2013. *113th Congress*, February 4, 2013.

Halwes, D. R. (1971) Flight operations to minimize noise. *Vertiflite*, February, pp. 4 – 9.

Hendricks, E., Jones, S., and Gray, J. (2014) Design optimization of a variable-speed power turbine. *AIAA Propulsion and Energy Forum and Exposition* 2014, *Cleveland*, *OH*, July 2014.

Jacklin, S. A., Blaas, A., Teves, D., and Kube, R. (1995) Reduction of helicopter BVI noise, vibration, and power consumption through individual blade control, in *Proceedings of the 51st Annual Forum of the American Helicopter Society*, May 1995.

Johnson, W. (2010) NDARC: NASA design and analysis of rotorcraft: theoretical basis and architecture. *American Helicopter Society Specialists' Conference on Aeromechanics*, *San Francisco*, *CA*, January 2010.

Johnson, W. (2014) Propulsion system models for rotorcraft conceptual design. *5th Decennial AHS Aeromechanics Specialists' Conference*, *San Francisco*, *CA*, January 2014.

Lau, B., Obriecht, N., Gasow, T., Hagerty, B., Cheng, K. C., and Sim, B. W. (2010) Boeing-SMART rotor wind tunnel test data report for DARPA helicopter

quieting program (HQP), phase 1B. *NASA TM*-2010-216404, September 2010.

Lier, M., Kohlgrüber, D., Krenik, A., Kunze, P., Lützenburger, M., and Schwinn, D. (2014) Rotorcraft pre-design activities at DLR: results, status and outlook. *40th European Rotorcraft Forum*, *Southampton*, *UK*, September 2014.

Melton, J., Kontinos, D., Grabbe, S., Alonso, J., Sinsay, J., and Tracey, B. (2014) *Combined electric aircraft and airspace management design for metro-regional public transportation*. NASA/TM-2014-216626, 2014.

Nagaraj, V. and Chopra, I. (2014) Exploration of novel powerplant architectures for hybrid electric helicopters. *AHS 70th Annual Forum*, *Montréal*, *Québec*, *Canada*, May 2014.

NASA Tech Briefs (2004) Wavy-planform helicopter blades make less noise. *NASA Tech Briefs*, p. 22.

Now L. A. (2011) Rep. howard berman proposes helicopter noise bill for L. A., http://latimesblogs.latimes.com/lanow/2011/07/westside-lawmaker-proposes-helicopter-noise-bill.html, July 28, 2011.

Rauch, P., Gervais, M., Cranga, P., Baud, A., Hirsch, J-F., Walter, A., and Beaumier, P. (2011) Blue edge: the design, development, and testing of a new blade concept, in *Proceedings of the 67th Annual Forum of the American Helicopter Society*, May 2011.

Rindlisbacher, T. (2009) Guidance on the determination of helicopter emissions. Swiss Confederation Federal Office of Civil Aviation (FOCA), Ref. 0/3/33/33-05-20, Bern, Switzerland, March 2009.

Roberts, G., Kohlman, L., Ruggeri, C., Handschuh, R., and Thorp, S. (2013) A hybrid composite/metal gear concept for rotorcraft drive systems. *Composites World Carbon Fiber* 2013, *Knoxville*, *TN*, December 9-12, 2013.

Russell, C. and Basset, P. -M. (2015) Conceptual design of environmentally friendly rotorcraft: a comparison of NASA and ONERA approaches. *AHS 71st Annual Forum*, *Virginia Beach*, *VA*, May 5-7, 2015.

Schiff, A. (2013) H. R. 456—Los Angeles residential helicopter noise relief act of 2013. *113th Congress*, February 4.

Sinsay, J. D., Alonso, J. J., Kontinos, D. A., Melton, J. E., and Grabbe, S. (2012) Air vehicle design and technology considerations for an electric VTOL metro-regional public transportation system. *12th AIAA Aviation Technology*, *Integration*, *and Operations* (ATIO)

Conference and 14th AIAA/ISSMO Multidisciplinary Analysis and Optimization Conference, *Indianapolis*, *IN*, September 2012.

Snyder, C. （2014） Exploring advanced technology gas turbine engine design and performance for the large civil tiltrotor （LCTR）. *AIAA Propulsion and Energy Forum and Exposition* 2014, *Cleveland*, *OH*, July 2014.

Stevens, M. A., Handschuh, R. F., and Lewicki, D. G. （2008） Concepts for variable/multi-speed rotorcraft drive system. *NASA/TM*-2008-215276, September 2008.

van der Wall, B. G., Burley, C. L., Yu, Y. H., Pengel, K., and Beaumier, P. （2003） The HART II test: measurement of helicopter rotor wakes. *Aerospace Sci. Technol.*, 8 （4）, 273 – 284.

Watts, M. E., Greenwood, E., Smith, C. D., Snider, R., and Conner, D. A. （2014） Maneuver acoustic flight test of the bell 430 helicopter data report. *NASA/TM*-2014-218266, May 2014.

Welch, G. E., McVetta, A. B., Stevens, M. A., Howard, S. A., Giel, P. W., Ameri, A. A., To, W., Skoch, G. J., and Thurman, D. R. （2012） Variable-speed power-turbine research at glenn research center, *NASA/TM*-2012-217605, July 2012.

Wilbur, M. L., Yeager, W. T., Jr., Wilkie, W. K., Cesnik, C. E. S., and SangJoon, S. （2000） Hover testing of the NASA/Army/MIT active twist rotor prototype blade, in *Proceedings of the 56th Annual Forum of the American Helicopter Society*, May 2000.

本章译者：徐军
（北京理工大学宇航学院）

第6部分

噪 声

第 22 章

飞机噪声：机场运营与发展的约束缓解[①]

Paul D. Hooper，Callum S. Thomas，Ken I. Hume 和 Janet A. Maughan
曼彻斯特城市大学航空、运输和环境中心，曼彻斯特，英国

22.1 引 言

航空运输在当下社会中的地位越来越重要，机场为它服务的地区提供了重要的社会和经济效益。然而，飞机运行产生的恼人噪声却导致了许多机场的运营限制，影响到了其未来的"运营许可"以及有助于经济增长的能力。这个问题一度只困扰经济发达国家的大机场，现在却正在波及世界各地的小机场。

政府、机身和发动机制造商已经在此方向投入了大量的资金（第 26 章），但是再也不会有轻松的进展，而且降低飞机噪声也变得越来越困难。物理定律规定飞机完全"安静"是不可能的。相反，行业的增长速度、噪声事件频率的增加，以及当地居民对暴露于噪声中的更加敏感，表明机场的噪声问题在短期到中期内可能变得更糟。与此同时，民主化进程的发展带来了更多对机场增长的反对声音，如希思罗机场、法兰克福、慕尼黑、悉尼、芝加哥和其他主要机场所面临的挑战，而且世界其他地区的公众抗议日益频繁，如上海、香港和德里。

显而易见，如果航空运输业想在需求出现的时候作出回应，就需要一种解决航空器噪声的新方法。这不仅要进一步降低噪声，还要关注噪声暴露下居民的态度。这种方法的四个关键要素如下。

（1）加强土地用途规划的执行，以尽量减少在机场周围建造的噪声敏感的住房数量。

（2）通过进一步投资，改善技术和运营等居民喜闻乐见的方式来减少社区的噪声。

（3）通过更好地普及、理解噪声和非声学因素的解释来改变群众对航空与机场的看法和态度，从而影响居民的反应。

（4）通过增进噪声交流，促进公众对机场发展的参与度以及机场对受影响社区的投资，从而提高对噪声暴露和航空增长的容忍度。

22.2 背 景

机场周围社区提出的唯一重要问题就是飞机的恼人噪声。尽管在过去的 50 年中，机身和发动机降噪技术已经有了实质性的改进，但这仍然是航空领域面临的主要环境问题之一。这些改进，加上航空公司的现代化，已经减少了大量暴露于机场噪声下的人口，如传统指标（Whitelegg 和 Williams，2000）所示。但是，预期的技术改进似乎不太可能抵消未来的增长。因此，预测显示未来 20～30 年，某些机场周围的暴露于飞机噪声下的人口可能会增加。

许多因素可能会加剧感知干扰的程度。它包括持续的交通增长，这意味着困扰的平衡正从单个飞机起降的噪声转移到飞行的频率。研究还表明，敏感度正在发生变化，过去"可接受"的噪声或干扰水平在将来可能不再被接受。这种趋势可以从在英国进行的连续民意调查中体现出来，如 1963 年威尔逊报告，这是希思罗机场周围的社会调查；1982 年英国飞机噪声指数研究（ANIS）调查和 2005 年对英格兰飞机噪声的态度（ANASE）研究（DfT，

---

① 更新版，基于《航天工程百科全书》作者的原文，2010，John Wiley & Sons, Ltd.

2007)。另一个问题涉及这样一个事实：由于机场基础设施或飞行路径的变化，第一次暴露于噪声或突然暴露于噪声中的人似乎比处于交通逐渐增长社区的人更加敏感。

这些因素是非常重要的，因为越来越多的干扰可能会引起更大程度的社区和政治方面的反对，进而可能成为机场增长的制约因素。因此，飞机噪声的有效管理可以被视为确保机场能够满足需求，从而支持其所服务地区的可持续社会经济发展的关键。

22.3　飞机噪声和机场容量

由于监管限制、规划控制以及暴露于噪声的居民的强烈反对，飞机噪声干扰可能会限制机场运营。机场获得额外增长的规划许可的能力在很大程度上将受到噪声干扰的影响。即使获得了规划许可，也越来越受制于与噪声有关的规划限制。因此，机场的运营能力会被限制在其基础设施能力之下。世界各地的大量机场都很好地说明了这一点。这些机场必须在夜间关闭，旨在防止睡眠障碍的运营限制。

噪声容量限制与特定时间段（例如，噪声等值线）在机场附近产生的噪声量、暴露于噪声中的房屋数量、飞机移动的数量或类型，抑或是机场、跑道在敏感时段关闭有关。

22.4　噪声对居民区的影响评估

噪声可以用气压、波长、频率、振幅或纯度的变化来描述（Sekuler 和 Blake，1994；Veitch 和 Arkkelin，1995）。然而，尽管这些因素描述了声能如何通过空气传输到耳朵，但并没有测量相应于听到该声音而引起的干扰的水平。

研究表明，长时间暴露于高水平的噪声会对人类造成严重的心理和生理影响，包括听力障碍或丧失，以及睡眠不足导致的压力与免疫后果（Veitch 和 Arkkelin，1995）。飞机干扰的问题通常涉及的是较低的噪声水平，但影响的人数却相当多（全球数千万人）。它还涉及一些物理、生物、心理和社会学过程的复杂的相互作用（Powell 和 Fields，1994；Schultz，1978）。飞机噪声早已有之，并以各种方式影响人们，这取决于他们的生活方式。它干扰睡眠（Basner 等，2007），并影响放松、看电视、对话和阅读。它也被证明会影响到学校的学习（Hygge，2003），并且与心血管健康问题的风险增加有关（Jarup 等，2007）。

感知滋扰的程度也是飞机运营频率和产生噪声的一部分后果，它可能受到诸如健康状况、烦恼和压力、社会经济地位、文化和生活方式差异等其他因素的影响。最后，虽然个人可能会抱怨飞机的"噪声"，但对空中事故的恐惧、机场发展或其他机场活动的干扰（如道路交通量增加）等因素也可能涉及烦恼的根本原因和投诉（Hume 等，2001）。Schreckenberg 等人最近的工作（2010）使用噪声相关应力模型的理论（van Kamp，1990；Stallen，1999）进一步阐明了飞机恼人噪声的这些"非声学相关性"，以加深对引起烦扰因素的理解。具体来说，他们提到了 Hatfield 等人（2002）的研究，强调"长期的噪声烦恼可以被理解为由评估过程产生的应变，包括由于声音的干扰和烦恼对噪声情况的感知控制"（Schreckenberg 等，2010）。Stallen（1999）在他的"暴露其中"的噪声感知要素中突出了对噪声源头缺乏控制的感知对恼人程度的重要性。对噪声来源和当局的更一般的态度被确定为噪声烦恼的关键决定因素。事实上，一些作者认为，这些态度因素可能比恼人的声音本身更能影响对暴露于噪声中的反应（Guski，1999；Job，1988）。因此，Schreckenberg 等人（2010）同意 Stallen 的观点，认为"噪声政策或声音管理方式"是对噪声的压力反应的刺激；这些反应反之可能会因为在飞机噪声侵扰的相关程序和政治话语中被认为缺乏公平性而加剧。

因此，飞机噪声干扰可以通过多种方式进行量化，如特定地点人员所经受的噪声量、暴露于高水平噪声中的人数、噪声对人们生活的影响或感知水平，这反映了人们忍受暴露于噪声中的意愿。这同样受到各种社会、经济和文化因素的影响，反映在社区的反对、投诉、抗议和法律行动上。宽容度也受个人理解或接受机场增长的社会和经济后果的影响。正是出于这个原因，许多机场选择实施社区关系计划，以确定感知干扰的性质和范围，并构建社区容忍度。

22.4.1　噪声暴露指标

由于难以精确地确定飞机噪声的影响或对飞机噪声的反应，常见的处理方式是量化噪声暴露程度。这可以通过单独监测的事件的数量、持续时间和响度来表示，或者通过模拟在特定时间段内经历的多个噪声事件将其表示为平均连续等效噪声水平，并添加额外的权重于事件发生的时间。例如，LDEN（相当于白天/夜晚和夜间事件的噪声水平）旨在通过对这段时间内发生的事件加权来反映夜晚和夜间更大的敏感性。Ollerhead，Jones 和 Cadoux（1992）对噪声暴露指标进行了评估。

国际民航组织（ICAO）通过定义飞机噪声认证标准来测量个别噪声事件，以调节飞机噪声。噪声监测和建模（第 23 章）也用于描述特定地点的噪声气候；确认遵守与噪声有关的规划限制；提供信息，以便有效管理噪声，或支持机场与邻近居民区之间的交流。

为了提供暴露于飞机噪声中总人口的指示，通常使用上述平均技术。这可以根据地图上的轮廓显示噪声暴露程度。图 22.1 提供了这种轮廓的一个例子，图中显示了英国最大的一个机场的 LAeq（等效声级）的噪声等值线。

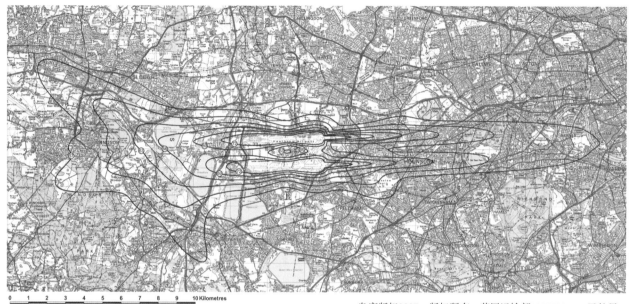

图 22.1　英国一主要机场的噪声等值线

图 22.1 所示的轮廓可以与社会调查联系起来，并用来确定发生"重度受扰区"的声级轮廓。这些信息可能会被监管机构用来控制机场周围的土地使用。但是，如前文所述，态度在不断变化，这对未来的土地利用规划可能有重要的影响。

表 22.1 提供的欧洲和北美常用的各种噪声指标，可用来描述航空器的噪声，并已经用于土地利用规划。世界其他地区也使用类似的指标。

表 22.1　常用噪声指标的例子

指标	全　　称	简　　介
PNL	感知的噪声水平	衡量个人噪声事件的响度，其设计考虑到人耳处理喷气飞机产生的噪声的方式。作为 20 世纪 50 年代后期代表喷气机噪声的 A 频率权重的一种更复杂的替代方案
EPNL	有效的感知到的噪声水平，通常以 dB 为单位	考虑单音频率和事件持续时间的 PNL 更复杂的导数
LAmax	瞬间最大值 A 加权声级	常被表示为 dBA
SEL	声音暴露水平	持续时间和幅度对特定阈值以上的单个事件的影响
LAeq	等效声级	能量平均声级在特定时间内的积分
Lden	昼夜的噪声水平	LAeq 在晚上（19：00—23：00）和夜间（23：00—07：00）分别具有 5 dB 和 10 dB 的权重
NA	上述数字	将单一事件噪声水平信息与飞机运动数据相结合。等高线通常显示在特定时间段［例如，70 dB（A）和 24 h］超过给定阈值的飞机数量
DNL	昼夜平均声级	由 FAA 使用。作为 LAeq，在 22：00—07：00 夜间时间内的权重为 10 dB

22.4.2　评估噪声影响和民众态度

机场采用各种方法收集有关其对当地居民影响的信息，以及与飞机噪声造成的干扰有关的关心度。这里描述了关键领域，包括噪声投诉的分析、社会调查、公众咨询、新闻媒体和其他媒体的使用。

当由此引起的烦恼达到宽容的阈值时，人们会开始抱怨飞机噪声。如表22.1所示，尽管根据各种不同指标来描述噪声暴露值是可行的，但要量化人们对烦恼感的影响并确定个人宽容阈值的人为因素很困难。这些人为因素可以被描述为噪声的非声学效应。WTO（世界卫生组织）对飞机噪声可能造成的健康影响进行了循证评估，2009年发表的《夜间噪声指导》文件在证据基础上列举了与航空器噪声暴露相关的一系列健康影响（WTO，2009年全面审查）。

Terranova和Thomas（2003）对英国主要机场的噪声投诉进行了广泛的研究。这项研究表明，经过更彻底地调查这些投诉的价值，发现尽管人们对机场抱怨噪声，但进一步的讨论揭示了一些可能引发投诉的潜在因素。此外，研究发现，有些人会定期投诉机场，其中有的是因为受到高强度的噪声滋扰，对噪声特别敏感，有的是因为有特定的日程安排。投诉率也会根据星期几和白天/夜间的不同而变化，这反映了人们的日常生活习惯。

虽然最嘈杂的飞机产生的投诉最多，投诉数量往往会随着交通量的增长而增加，但是当新的人口首次暴露在噪声之下时，投诉的数量会大幅上升。宣布新机场的发展计划或改变飞行路线，甚至可能会在计划实施之前加重投诉，这反映出当地人们更焦虑的心态，他们认为大量投诉可能影响与提案有关的磋商结果。提起官方诉讼不是中立的行为，而是后续行动希望的表现。由于这些原因，实际的投诉数量本身可能并不是某一特定人群真正受扰程度的最佳指标。然而，这些信息提供了快速的反馈信息，可以引起机场运营商、航空公司和航空运输管理提供商对受飞机噪声影响地区的关注，并指出造成这种干扰的原因。

社会调查确保了抽样的民意更具有代表性，并且可以更好地揭示民众关心噪声问题的本质和地理范围，以及它们如何与更大众化的态度和信仰共存。细节性的提问可以更详细地探讨投诉中透露出潜在问题的因素。

公众咨询是环境影响评估的重要组成部分，也是发展新机场和航空公司噪声运作程序的先决条件。咨询过程可以体现民众支持或反对不同提案的程度，也可能透露出出乎意料的影响。咨询方法多种多样，有公开会议、展览、新闻发布、信件拍摄，以及互联网等。另外，确保所有关键的利益相关者都能得到咨询，并能够获得准确的信息以作出明智的反应，这一点非常重要。在让公众参与时，认识到表面文章和适当参与的区别也很重要。这就提出了三个问题：应该有充足的反馈机会；对反馈进行整理并尽可能采取行动；将所采取行动的信息传达给咨询者。

新闻界，特别是当地的报纸和电视台，经常报道有关当地噪声滋扰的新闻，或许会使民众意识到飞机噪声问题。对媒体进行定期分析有助于澄清问题，并可以解释投诉增加的原因。

22.4.3　噪声暴露下的沟通和居民区影响

显然，机场需要与利益相关方进行沟通，承诺他们将尽量减少其对环境和社会的负面影响。在更主动的方式下，机场可以与利益相关者进行沟通，使他们能够为机场发展做出贡献，从而确保机场发展的方式尽可能地被接受。

这种行为必然需要沟通飞机的噪声问题。然而，大多数评论家认为，现有的噪声指标对于普通民众来说依然复杂而难以理解，从而产生误解、误会和不信任的气氛（Eagan，2007）。这就会使社区关注和影响可实现的建设性沟通水平。

为此，一些机场与社区代表磋商，制订了各种不同的目标来促进噪声管理，同时也提供了环境质量的指标。研究（Hooper等，2009）表明，当地居民对特定的位置信息更感兴趣，或者说他们可以更好地理解这些信息，以便能够弄清具体问题的响度、时间和频率，他们感兴趣的不是更全面汇总的指标，比如传统用来描述机场周围的噪声气候。这些信息有助于更广泛地让民众了解飞机噪声的运行原因以及机场减少噪声暴露并减轻其影响的努力（Hooper和Flindell，2013）。这种沟通方式和对噪声问题的高度理解可以形成与所有利益相关者进行更有效对话的基础，从而更有效地对影响他们的噪声管理决策做出贡献。为这种沟通提供机会，积极影响对机场和其他航空相关产业的态度，有助于提高宽容程度，从而降低民众的不满度。事实上，这种侧重于对噪声烦恼的非声学元素的有效回应是新兴的研究领域。

22.5　噪声控制与管理

　　ICAO 国际民航组织是联合国民用航空运输管理机构。国际民航组织的职责范围包括在全球范围内为控制航空器噪声提供监管框架。但是，它必须考虑到地区和国家的优先事项、分歧以及民族国家的独立性。国际民航组织的监管是改进飞机噪声技术的主要动力，首先是制定飞机许可证的噪声认证标准；其次是对较老旧、噪声较大的飞机实行"逐步淘汰"制度。在 2001 年 9 月举行的联合国大会上，ICAO 通过了在 2006 年以后更严格的噪声标准。此外，它还采用了所谓的"平衡方法"来控制

飞机噪声，而且并入了 ICAO 大会决议 A33-7。这种平衡的方法包括四个独立但相互关联的因素：减少声源处的噪声；土地利用规划；噪声消减操作程序；对飞机进行操作限制，包括排除在特定机场使用特定类别的噪声较大的飞机的可能性。ICAO 的规定已被采纳，并纳入了超国家（如欧洲共同体）和全球的国家监管体系。图 22.2 揭示了发动机技术改进的影响，图中显示了 1988—2007 年英国主要机场的噪声等高线，每 10 年一次。从中可以看出，噪声轮廓线已经明显缩小，这主要归功于发动机技术的改进，特别是飞机起飞航线的改变。飞机抵达和着陆的噪声降低近年来发展缓慢，这说明需要解决机身噪声问题来达到类似的降噪水平。

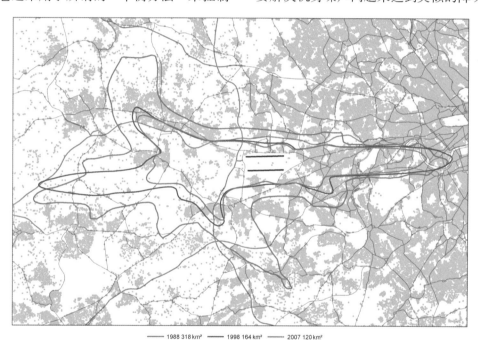

———— 1988 318 km²　———— 1998 164 km²　———— 2007 120 km²

图 22.2　英国的一个主要机场的历史噪声等高线

　　欧洲共同体（EC）采取的方法提供了一个典型的例子，可以用来说明在一个包含独立的民族国家的特定地区对飞机噪声的全球监管方式。欧共体已经制订了一个重要的战略目标，以确保受到航空器噪声严重影响的机场及其周边地区的人员数量不增加。还有一个更长远的目标，就是减少整个共同体中受到较高噪声影响的人口，这是《2001—2006年第六次社区环境行动计划》（6EAP）中的内容。第 2002/30 号指令（EC）专门为解决个别机场的噪声问题提供了基础，可以促进发展，同时针对当地的噪声问题和特定的机场环境量身定制。它没有具体规定要采取的行动，而是规定了在需要采取任何行动时应采取的措施。

　　"指令"建议实施限制措施，旨在从特定的机场中找出那些与"噪声限制"相悖的飞机。

　　与"噪声限制"相悖的飞机，被定义为"符合国际民航组织噪声认证限制附件 16 第 3 章规定的民用亚音速喷气式飞机，其累计偏差不超过5EPNdB（有效感知噪声，单位为分贝）"。"城市机场"——如指令中所定义的——可能会采取更为严格的"最低限制"的定义，因为他们认为这些机场噪声的增加会引起特别强烈的民众抗议。

　　一条单独的欧盟指令 2002/49/EC（环境噪声的评估和管理）已经建立了欧盟范围内的噪声测量单元和协调的噪声评估技术。它要求采取地方行动计划（基于欧盟范围的噪声测绘演习），以防止或减少

主要机场（每年超过5万次起降）的环境噪声。

因此，欧盟制定了旨在促进航空发展的区域管理框架，承认了联盟各个部门、不同机场和居民的需求，同时寻找方法以长期减少人们接触到的噪声。这个欧盟监管框架被纳入国家法律，并由欧共体成员国执行。

所有这些行动都要经过一个过程，旨在识别和评估噪声暴露风险（一个需要噪声建模或监测的过程），并允许评估噪声控制措施，来确保最具成本效益的方法。该程序还规定了公示和磋商程序，以及国家当局的"监督"和解决争端的机制。

22.5.1　减少噪声暴露

采取措施减少飞机运行产生的噪声暴露需要机场、航空公司和空中交通管理机构之间的合作。机场公司是与内外部利益相关者协商制订噪声控制计划的最佳场所，它可以制定运营限制，与航空公司协商制定更安静的运营程序，确定基础设施的发展情况，影响土地使用规划并管理缓解和补偿计划（Miller等，2007）。航空公司决定在特定航线上使用适当的飞机，飞行员可以控制飞机的安静程度。空中交通管理供应商对飞机在地面和空中的运行方式有影响。

噪声控制程序的关键部分包括以下几个方面。

（1）通过政策和实践方式（如噪声相关额外费用、时隙分配或营销激励措施）鼓励使用更安静的飞机，并劝止航空公司使用噪声大的飞机，从源头降低噪声。

（2）采用限制飞机噪声的操作方法，如安静起飞程序和低噪声进场程序（例如，连续下降方法）。选择特定的跑道，设计进场和离场路线（首选的噪声路线），以尽量减少飞越的人数。通过"噪声和航线保持惩罚"可以有助于航空公司遵守这些程序。

（3）实施地面作业程序，如着陆时最小限度使用反推力，在噪声不影响当地居民的地点对飞机进行发动机试验。许多机场还引入了固定的电力，以最大限度地减少航空器在机架上使用其辅助动力装置所产生的气体排放和噪声。

（4）机场基础设施的设计和调整可以通过引导飞机远离建筑区域或者在运营区域和周围的住房之间建立物理屏障来最大限度地减少噪声干扰。

（5）全世界的机场已经引入旨在减少敏感时间噪声干扰的操作限制。其中主要涉及夜间飞行，公约限制了在夜间起降的飞机的数量和类型。有些机场在敏感时期对特定跑道的使用有限制，而许多机场在夜间关闭，紧急情况下除外。

（6）机场周边土地利用规划的实施可以防止噪声敏感建筑物的建设，并有助于减少在高噪地区工作或生活的人数。表22.2列举了一些英国机场规划协议中包含的噪声目标的例子。目的是说明如何根据当地特定的需求来设计特定的目标，而且还要让当地居民理解。这样的规定在许多国家并不存在，另一些国家则并没有强制执行。因此，尽管有规划控制，机场附近仍有不科学的发展。

表22.2　包含在英国机场规划协议中噪声目标的例子

（1）噪声影响不应低于1992年的水平，以年内10%最嘈杂的噪声水平及60LAeq日间噪声等高线的模拟面积为标准。

（2）机场应在立法要求之前完成第2章业务的淘汰，具体目标是：

①第3章飞机在1996年12月前100%的夜间行动。

②在1998年年底之前，按第3章计划的日间行动为92%。

③按照第3章计划在2000年年底前完成96%的白天运行。

（3）机场应24 h保持跑道的优惠使用，并报告年度业绩。

（4）每年不超过20次的发动机测试会在晚上进行。

（5）飞机在展台上使用固定电力，到1998年应比1992年增加1/3。

（6）建立起飞航空器的首选噪声路线以及制定一个追踪程序，目标是：

①在1998年年底前，至少有95%的飞机须按照优先的噪声路线运行。

②到1998年年底，至少有95%的飞机在首选的噪声通道走廊内起飞①。

（7）夜间飞行的限制将规定每年可以起飞和着陆的飞机的数量与类型，并报告年度性能。

（8）通过年度噪声建模来确定夜间噪声气候［60.00eq夜间噪声等高线（11：00—07：00）］的面积测量结果不低于1992年的情况。

（9）夜间飞行总数不得超过机场总行程的7%

---

① 首选的噪声路线是飞行路线，旨在使离开的飞机远离建成区域。

（7）一些国家的法规要求机场为高噪声地区安装户向隔层保护片或声学双层玻璃窗以及为建筑物的一般隔音提供补助。这样的方法可以有效降噪，但限制于人们在他们的家中，窗户紧闭的情况下。

（8）许多机场提供了一系列的补助，以帮助附近住户搬家，大多是由于噪声暴露的增加，抑或是飞机运行的增长或变化迫使的。其中绝大多数与特定的基础设施发展相联系，在规划阶段造成"荒芜"。少数机场（英国境内的许多机场）还提供援助，帮助那些受到现有机场高强度噪声干扰的家庭。

22.5.2　增长的民众容忍度

由于不可能完全消除飞机的噪声，机场需要采取行动在邻近居民区内增长宽容度。这可以通过以下多种方式来实现。

（1）积极与受噪声影响的居民接触，确定具体的问题；通过让他们寻求适当的解决方案来表明承诺采取行动并报告进度。

（2）通过将机场效益（如就业和社区投资举措）引导到高噪声的地区和居民区。

（3）通过提高居民对于机场扩张的好处的认识来增强其忍受扰动的能力。

研究表明，机场与附近居民之间的关系在很大程度上受到人们相信机场正全力以赴处理他们的噪声问题这一信心水平的影响。出于这个原因，一些机场发现进行外部独立基准确定是有好处的，进而向外部利益相关方证明他们正在进行适当的"最佳实践"（Francis 等，2002）。通过改进通信技术，机场可以解释噪声管理干预措施对当地社区的潜在影响，从而使他们参与制定最可接受的实施协议，从而优化技术和运营变革带来的社会效益。所有这些都有助于改善机场利益相关者关系，并有可能提高民众对机场运营的容忍度，包括噪声影响。

22.6　结　论

一个机场的噪声管制策略的性质和范围，只有一部分由监管部门所决定。每个机场的条件，如在一个特定噪声等级内暴露的人数、飞机运行的型号和数量，以及当地居民对机场的生活方式和态度，都是因地制宜的。因此，确实需要监管创建一个适合当地情况的框架。另外，特别需要认识到目前使用的噪声指标被设计捕捉的噪声暴露与机场试图管

理的噪声干扰和烦恼之间的区别。表 22.3 总结了这一点。

表 22.3　对噪声暴露和态度的总结

项目	受影响于	措施	控制
噪声暴露	飞机类型、数量、时间	检测建模	技术运营限制
态度	个人社会经济生活方式、信任、恐惧	社会调查咨询投诉	股东参与补偿措施

为了解决噪声干扰和烦恼问题，并与居民充分合作，机场必须考虑全面的应对措施，并需要表明他们采取了适当的行动。在噪声暴露无法避免的情况下，机场需要交流其管理策略，并表明他们正在尽一切可能的努力来保护附近居民，从而保持扩张的许可。

相关章节

第 26 章

第 23 章

参考文献

Basner, M., Isermann, U., and Samel, A. (2007) Aircraft noise effect on sleep: application of the results of a large polysomnographic field study. *J. Acoust. Soc. Am.*, 119 (5), 2772 - 2784.

Department for Transport (DfT) (2007) Attitudes to noise from aviation sources in England (*ANASE*). A report produced for the DfT by MVA Consulting, October 2007. HMSO London.

Eagan, M. E. (2007) *Using Supplemental Metrics to Communicate Aircraft Noise Effects*, Harris, Miller, Miller & Hanson Inc. Burlington MA.

FAA (1985), *Aviation Noise Effects*, Federal Aviation Administration, Washington DC, pp. 3 - 17.

Francis, G., Humphreys, I., and Fry, J. (2002) The benchmarking of airport performance. *J. Air Transp. Manag.*, 8, 239 - 247.

Guski, R. (1999) Personal and social variables as co-determinants of noise annoyance. *Noise Health*, 3, 45 - 56.

Hatfield, J., Job, R. F. S., Hede, A. J., Carter, N. L., Peploe, P., Taylor, R., and Morrel, S. (2002) Human response to environmental noise: the role of perceived control. *Int. J. Behav. Med.*, 9, 341 - 359.

Hooper, P. D. and Flindell, I. (2013) Exchanging aircraft

noise information with local communities around airports: "the devil is in the detail"!, *invited paper*, INTERNOISE 2013, *Proceedings Volume 2 (SS13)*, Innsbruck, September 16-18, pp. 1047 – 1054.

Hooper, P. D., Maughan, J. A., and Flindell, I. (2009) Indices to enhance understanding&-management of community responses to aircraft noise exposure. OMEGA Community Noise Project. CATE, Manchester Metropolitan University.

Hume, K. I., Gregg, M., Thomas, C., and Terranova, D. (2003) Complaints caused by aircraft operations: an assessment of annoyance by noise level and time of day. *J. Air Transp. Manag.*, 9, 153 – 160.

Hume, K. I., Terranova, D., and Thomas, C. S. (2001) Complaints and annoyance caused by airport operations: temporal patterns and individual bias. *Noise Health*, 4 (15), 45 – 55.

Hygge, S. (2003) Classroom experiments on the effects of different noise sources and sound levels on the long-term recall and recognition in children. *Appl. Cognitive Psychol.*, 17, 895 – 914.

Jarup, L., Dudley, M. L., Babisch, W., Houthuijs D., Swart W., Pershagen G., Bluhm G., Katsouyanni, K., Velonakis, M., and Cadum, E. (2007) Hypertension and exposure to noise near airports—the HYENA study. *Epidemiology*, 18 (5), S137.

Job, R. F. S. (1988) Community response to noise: a review of factors influencing the relationship between noise exposure and reaction. *J. Acoust. Soc. Amer.*, 83, 991 – 1001.

Miller, N. P., Reindel, E. M., and Horonjeff, R. D. (2007) Aircraft and airport noise prediction and control, in *Handbook of Noise Vibration and Control* (ed M. J. Crocker), John Wiley & Sons Inc., Hoboken, NJ.

Ollerhead, J. B., Jones, C. J., Cadoux, R. E., Woodley, A., Atkinson, B. J., and Horne, J. A. (1992) *A Field Study of Aircraft Noise and Sleep Disturbance*, Department of Transport, HMSO, London.

Powell, C. A. and Fields, J. M. (1994) Human response to aircraft noise, in *Aeroacoustics of Flight Vehicles, Theory and Practice. Volume 2: Noise Control* (ed. H. Hubbard), Acoustical Society of America 1.

Schreckenberg, D., Meis, M., Kahl, C., Peschel, C., and Eikmann, T. (2010) Aircraft noise and quality of life around frankfurt airport. *Int. J. Environ. Res. Public Health*, 7, 3382 – 3405.

Schultz, T. J. (1978) Synthesis of social surveys on noise annoyance. *J Acoust. Soc. Am.*, 64, 377 – 405.

Sekuler, R. and Blake, R. (1994) *Perception*, McGraw-Hill, New York.

Stallen, P. J. M. (1999) A theoretical framework for environmental noise annoyance. *Noise Health*, 3, 69 – 79.

van Kamp, I. (1990) *Coping with Noise and Its Health Consequences*, Dissertation; Styx & PP Publications, Groningen, The Netherlands.

Veitch, R. and Arkkelin, D. (1995) *Environmental Psychology: An Interdisciplinary Approach*, Prentice-Hall, Englewood Cliffs, NJ.

Whitelegg, J. and Williams, N. (2000) *The Plane Truth: Aviation and the Environment*. The Ashden Trust Transport 2000. Available at http://www.ashdentrust.org.uk/PDFs/The%20Plane%20Truth.pdf.

World Health Organisation. (2009) *Night Noise Guidelines for Europe*.

延伸阅读

Civil Aviation Authority UK (CAA). (2014) *Managing Aviation Noise*, CAP1165. Available at http://www.caa.co.uk/docs/33/CAP%201165%20Managing%20Aviation%20Noise%202.pdf.

Department for Transport (DfT). (2013) *Aviation Policy Framework White Paper*, HMSO, March 2013. Available at https://www.gov.uk/government/publications/aviation-policy-framework.

Sustainable Aviation. (2013) *Noise Road-Map: a Blueprint for Managing Noise from Aviation Sources to 2050*, pp. 1-112. Available at http://www.sustainableaviation.co.uk.

本章译者：朱春玲 孙一哲
（南京航空航天大学航空宇航学院）

第 23 章

飞行器噪声建模

Xin Zhang[1]，James Gill[2] 和 David Angland[2]

1　香港科技大学工学院机械与航天工程系，香港，中国

2　南安普敦大学工程学院，南安普顿，英国

23.1　飞行器噪声源

23.1.1　飞行器噪声——一种环境问题

本章将对飞行器噪声进行概括性评论（Hubbard，1995），特别是机身噪声模型。航空业对人们的生活有着形形色色的影响；它对经济发展不可或缺，但会产生噪声污染、碳和氮氧化物排放以及化石燃料燃烧。飞机噪声是一个环境问题，并限制了飞机性能。通常认为飞机上发声最大的部件是发动机、高升装置和起落架。最主要的噪声源随飞行条件而变化，但每个组件在起飞和着陆阶段声音都很大，这也是最困扰居民区的阶段。航空器噪声的不利影响包括噪声引起的听力损伤、干扰言语交流、睡眠障碍、心血管和生理损伤以及心理健康影响（Jones 和 Rhodes，2013）。

人们对噪声的反应和看法是一个复杂而不断演变的问题。飞机噪声在 20 世纪 50 年代初由于涡轮喷气式飞机的使用而成为环境问题。第二次世界大战后，喷气噪声是民航初期的主要问题。1952 年，Westley 和 Lilley 在 Cranfield 进行了第一次关于喷气噪声及减小喷气噪声的实验室实验。多年来，飞机噪声问题已经有了一些重大突破，特别是在 20 世纪 70 年代早期引进的涡扇发动机，它降低了喷气噪声在整体噪声水平中的比重。由于高涵道流量比涡扇发动机的使用和对噪声衰减方法的不断投资，机身噪声成为决定整体噪声水平的主要因素。现在这一代民用运输机比第一代涡扇飞机要安静

20～30 dB。这个实实在在的成就往往被公众所忽视。航空需求随着 GDP（国内生产总值）增长而上升，航空业一直承受着巨大压力。在过去的 20 年中，全球航空运输量每年增长 4.8%，在未来 15 年内将翻一番。在欧洲，欧洲委员会要求相对于 2000 年飞机的噪声水平，在 2050 年前要将噪声水平降低 65%（欧洲委员会，2011）。在美国，美国宇航局要求在 2035 年前，相较于 2005 年的最佳纪录还要累计降低 52 dB。世界各地的机场越来越多地引入噪声限制系统（QC）来限制噪声，这对航空公司来说是一种经济负担（附加费）。

新的噪声认证要求也为新型飞机的投入和使用设定了一个上限。该证书受国际民用航空组织（ICAO）《国际民用航空公约》（ICAO，2008）附件 16 的管辖，并基于"有效感知噪声水平"（EPNL）的三种认证条件：边线、削减和方法。EPNL（以 dB 为单位）用于量化飞机的噪声（包括频谱、持续时间和音调），以及用 NOYS 测量的受扰度。国际民航组织的噪声认证标准已经逐步演变并变得更为严格。自 2006 年以来，国际民航组织的噪声认证标准一直处于第 4 阶段。

为了达到降噪要求并更好地告知各利益相关方，就需要有效且准确的噪声模型和仿真方法。预测飞机噪声的影响很重要，需要使用各种技术才能获得最终的预测结果。可以开发噪声模型来描述：①噪声源，预测噪声源的强度和类型；②预测近场噪声传播的声音传播；③声音辐射，预测离飞机很远处的观察者处噪声源的影响。通常，噪声模型并不涉及单个物理过程。相反，它提供了一种通过气

动声音产生理论和比例尺法则将流量（马赫数、雷诺数、迎面流量分布）、几何形状和远场指向性联系起来的手段。实验和半经验方法在设计与评估过程中占有重要的地位。

随着计算能力的提高，我们预测噪声的能力也在提高。飞机噪声的最初预测仅限于分析或半经验模型。然而，计算能力的进步已经发展到了计算机航空声学（CAA）建模领域，它可以预测实际飞机部件的宽带和音调噪声的复杂模拟。然而，即使在今天的计算能力下，在单一模拟中对所有飞机噪声源的预测也是不可行的。但是高硬度模拟能力的可用性为改进和校准经验方法提供了可能性，因此可以开发"基于物理学"的方法。

23.1.2　主要噪声源

飞机噪声的问题是一个复杂的问题，包含了匝道噪声、接近地面噪声、起飞噪声、喷气噪声、机身噪声、推进系统噪声以及驾驶舱和驾驶舱噪声等不同领域。它可以分为内部噪声和外部噪声。图23.1展示了主要的飞机外部噪声源的示意。噪声的主要来源是由机身和推进装置周围的湍流引起的（Hubbard，1995）。机身噪声是由高升力装置（Zhang，2008）和起落架（Dobrzynski，2008）等部件的湍流产生的。

图 23.1　飞机噪声源示意

推进系统噪声包括由涡轮机械和各种类型的喷嘴或转子产生的噪声。外部的噪声通过机身结构传到客舱和驾驶舱。结构噪声与其他内部噪声（如空气分配系统）和足够高的雷诺数下的湍流边界噪声一同构成了飞机内部的噪声环境。外部噪声辐射到地面，影响机场周围的社区而成为环境噪声。超音速陆地飞行的"音爆"问题现在不用考虑，因为没有超音速客机在运营。图23.2展示了在三个认证条件下通用现代民用客机的排名顺序。从中可以看出，发动机和机身噪声都占了很大比重（Astley，2009）。

风扇、压缩机和涡轮机是涡扇发动机噪声的主要来源（Astley，2009）。风扇和压缩机的噪声通过发动机进气口传播并传播到前方弧的远场。噪声

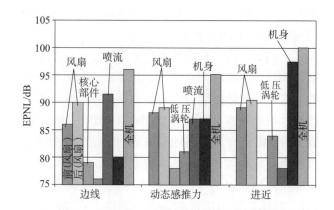

图 23.2　现代亚音速民用运输机的噪声源分布
（Astley，2009）

也可以通过旁路管传播。另外，还有的噪声通过核心风道的涡轮机，以及风扇和压缩机传播到后方弧

的远场。涉及的声学过程包括衍射、散射、折射和几何散布。其物理现象是复杂的，需要各种建模处理。除了锁定转子的音调之外，嗡嗡的锯齿噪声是由超音速尖端速度产生的，其叶片交错角度是变化的。定子和非均匀平均流场可能会出现相互作用的音调。当使用隔音衬垫来降低音调噪声含量时，宽带噪声含量将变得重要。压力和温度的波动会导致由于熵波和声波相互作用引起的燃烧器噪声与非线性声学。

机身噪声是由与表面相互作用以及分离的湍流产生的（Dobrzynski，2010），主要是高升力装置（HLD）和起落架。HLD包括主翼上的飞机和板条。噪声产生过程中涉及许多因素，包括迎面流动、板条设置、流动分离、剪切层不稳等。总体上说，远场噪声本质上是宽带的。

对于一个展开的襟翼部分，其外侧的边缘、湍流分离以及不稳定的襟翼涡流系统故障是噪声的主要来源。高升力装置噪声水平遵循流速幂律。起落架有很多组件会产生高水平的噪声（Dobrzynski，2008）。多源的存在导致在低频下产生全方向的指向性模式，其遵循比例定律。在更高的频率下，后方弧和前方弧中有最大值。起落架复杂的几何形状意味着组件的自噪声和各部件之间的相互作用噪声是重要的（Dobrzynski，2008）。自噪声主要是湍流分离噪声，主要来自钝体（例如，支柱和车轮），因为它们是起落架上的特征几何形状。相互作用的噪声是由上游部件（如前轮）后面的湍流产生的。上述所有装置在航空器运行的巡航阶段都处于收回状态。

23.1.3 噪声问题分类

噪声的产生及其向远场的传播可分为三个区域（Zhang，2012）：声音的产生、传播和辐射。声音的产生区域围绕产生噪声的组件，如高升力装置或起落架。在这个区域，湍流与空气动力学表面相互作用并产生噪声。航空动力学与声学领域之间存在很强的耦合，所以它们不能相互分离。在声音产生区域，物理过程是非线性的，可以用 Navier-Stokes 方程来描述。声音传播区域围绕声音产生区域。然而，空气动力场与声场之间只有很弱的耦合。通常假设在空气动力流场上没有来自声场的反馈。在声辐射区域，声音辐射到固定或均匀背景流场顶部的声学远场。空气动力学和声学之间没有耦合。

23.2 噪声预测模型

机身制造商都对预测有效感知噪声水平（EPNL）有着浓厚的兴趣。这考虑到了机身噪声的音调分量以及宽带。噪声的持续时间也被考虑在内。它是感知噪声水平（PNL）加上对宽带噪声和声音持续时间之上出现的音调的校正。当涉及评估噪声预测模型时，这有很多的含义。该方法必须能够预测音调的出现。由于使用 PNL，在特定的频率上需要很好的预测。EPNL 的计算也需要良好的方向性预测。

23.2.1 半经验和基于组件的方法

一种常用的方法是分别考虑飞机的组件，并总结它们产生的噪声。航空器噪声的经验模型和半经验模型通常基于源类型的假设，如偶极子、投射到远场的定标法，基于数据集（通过子尺度和全尺度模型测试获得）上的光谱形状可以进行飞行测试和数值模拟等。Fink（1977）发表了第一个基于飞行试验数据和简单模型的风洞试验的经验模型。他用比例尺法则来预测净型机翼、水平尾翼、垂直尾翼、起落架、前缘缝翼和后缘缝翼的分量噪声。Fink 假设的前提是这些部件不相互作用，但是单个部件的噪声总和构成了机身噪声。对于起落架部件，Fink 的模型是通过将经验方程拟合到现有的两轮和四轮数据集来构造的。Fink 的模型经常被用来比较飞行试验数据的预测结果，并且一直导致噪声预测较差，特别是在方向性方面。有些假设是错误的。例如，假设高升噪声作为后沿噪声是不正确的。后来根据更新的数据修改了模型的方向性和频谱函数。

23.2.2 基于组件的起落架方法

Smith 和 Chow 的起落架噪声经验模型（Smith 和 Chow，1998）是一种典型的基于组件的方法，它将起落架分解成各种类型、尺寸和方向的主要部件。

该模型的基础是使用一些经验常数来将标准源特征拟合到特定组件。对于非线性声源的 Curle 声强（Curle，1955）的尺寸分析给出了一个表达式，用于表示产生偶极子噪声源的非线性声阻体的均方根声压：

$$\langle p^2 \rangle \propto \frac{(\rho_0 c_0^2)^2 M^6 QS(St,\ \theta,\ \phi)}{r^2(1-M\cos\theta)^4} \quad (23-1)$$

其中，Q 是特征区域，c_0 是流体静止时的局部声速，ρ_0 是流体静止时的密度，r 是距离源的距离，M 是马赫数，$S(St, \theta, \phi)$ 是无量纲谱，St 是斯特劳哈尔数，θ 和 ϕ 是观测者的极坐标与方位角。理论上，光谱既可以凭经验定义，也可以通过测试获得，或者通过数值模拟提供。图 23.3 给出了飞行器噪声评估坐标系的定义。

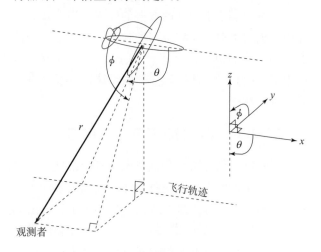

图 23.3　飞行器噪声评估坐标系的定义

在 Smith 和 Chow 的研究中（Smith 和 Chow, 1998），组成部分有他们自己的特征光谱形状。典型的形状是具有以部件的涡旋脱落频率为中心的峰值的"干草堆"。干草堆的宽度是一个经验拟合的参数。该方法有其不足之处。光谱形状不考虑观测者角度。该模型不考虑组件是否处于清洁或湍流状态、横截面或流动倾向。一个改进的模型显示与全面的空客 340 数据和风洞试验和谐一致。它已被用于研究低噪声起落架设计。

图 23.4 展示了 Smith 和 Chow 模型与 Heller 和 Dobrzynski 的两轮起落架数据集（Heller 和 Dobrzynski, 1977）的比较，没有敷料，可以在更高的频率下提供改进的预测。St_w 是基于车轮直径（0.075 m）和自由流速度（100 m/s）的斯特劳哈尔数。

典型的基于组件的方法建模策略包括以下内容。

（1）基于组件的方法：将起落架分解为组成部分。

（2）代表几何形状：使用有限数量的代表性组件（如圆柱体）对大量元件进行建模，以开发建模数据库。

（3）声学标定法则：采用气动声音产生的标定法则来解释元件尺寸和局部流速。

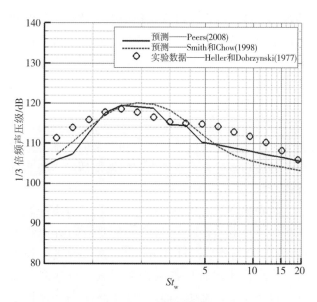

图 23.4　着陆噪声预测

Smith 和 Chow（1998）、Heller 和 Dobrzynski（1977）以及 Peers（2008）的比较（$\theta=90°$，$\phi=45°$）

（4）交互和小细节：一个准确的方法应该包括组件之间的交互作用。这可以通过经验或分析来实现。小细节有助于细化噪声频谱的高频部分。

（5）总噪声：总噪声是单个组件产生的远场噪声的总和。

Guo（2006）基于上述类似的方法提出了一个用于起落架噪声预测的经验模型。该模型基于缩放规律与可用测试数据（波音 737 缩尺模型风洞试验和波音 777 飞行试验）的相关性。起落架部件分为三组：车轮、主撑杆和小部件，并且每个都有自己的光谱形状、远景指向性和噪声幅度。

安装效果是经验性的。分析表明，低频和中频噪声按照马赫数的六次方来缩放，但是高频噪声按照第七幂律缩放。后一种结果被认为是典型的由湍流产生的噪声，而不是部件表面上的不稳定的力。这是因为高频噪声源通常不紧凑。引入复杂性因子来表示小特征的总体效果。Guo 的起落架噪声预测方法被用来比较全面的波音 737 测试数据集，典型的结果如图 23.5 所示。

Guo 于 2003 年也提出了起落架噪声预测统计模型的概要。该模型的基础是将起落架分解成三个光谱分量，与上述经验模型类似。Guo 导出每个频率域的渐近结果，导出远场噪声的显式分析方程。这种分解导致需要解决的简单的分析表达式。这些表达式需要表面压力波动的统计数据，这是很难获得的。然而，该模型使用了一个聪明的办法——将更多的流体物理结合到起落架噪声预测中。

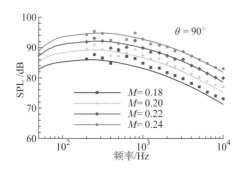

图 23.5　着陆齿轮噪声预测（Guo，2006）
与全面的波音 737 测试数据

（认证和许可转载来自ⓒ Yueping Guo，2006，ⓒ Yueping Guo）

23.2.3　基于物理的起落架方法

实验研究表明，一个可靠的噪声模型应该考虑到单个组件的贡献。一个简单的组件故障和几何简化可能会限制一个模型在类似或简单的起落架中的应用。可以在噪声模型中引入更高水平的物理和复杂性来描述使用计算流体动力学的源特性。这是 Peers（2008）采取的方法。

该模型具有以下关键要素：①对组件进行的计算流体动力学/计算气动声学（CFD/CAA）模拟，以获得非定常的空气动力学流动解；②用 Ffowcs Williams-Hawkings（FW-H）方程（Ffowcs 等，1969）的完整积分解来提取组件的远场声学和方向性信息；③用声学缩放法则来说明参数变化。

该模型包括几何细节和流动变量的影响。它本质上是一个基于组件的方法，但是复杂的组件可能会分阶段分解并由多个组件建模。数值模拟提供了物理光谱，即式（23-1）中的 $S(St, \theta, \phi)$ 作为一个特定的组件。由于多个组件可以通过数值模拟获得的结果建模，组件之间的相互作用可以通过相关数据集隐式包含在内。方向性信息也包含在物理光谱中。该方法潜在适用于未来的非传统起落架设计。图 23.6 展示了使用 Peers 模型的 Heller 和 Dobrzynski（1977）中各个组成部分的总体贡献。

23.2.4　高升力机型

高升力设备产生的噪声是机身噪声的主要来源。主要来源包括板条和飞边的边缘、后缘、板条轨道和平板轨道整流罩。

对于板条，主要的噪声源分布在机翼翼展方向。然而，本地源也集中在板条轨道周围。对襟翼而言，主要来源集中在襟翼边缘。当板条被展开时，在主要元件和板条之间形成区域。这个凹陷地

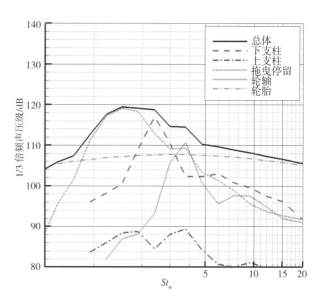

图 23.6　Heller 和 Dobrzynski 的 Peers 模型中
组件的总体贡献（1977），$\theta=90°$，$\phi=45°$

（认证和许可转载来自 Yueping Guo，2015，ⓒ Yueping Guo）

区有一个逐渐向下扩大的差距和一个狭窄的通向后缘的板条。板条的后缘比较薄，但厚度有限。后缘周围的流动和声学环境可以产生由于涡流脱落而产生的离散音调，这在风洞模型测试中经常在某些设置下听到，但是很少在飞行中听到。中低频范围内（<2 kHz）的高升噪声主要受噪声的影响。

对于板条噪声，Guo（2010）提出了一个基于气动声音产生和缩放规律的方法，遵循上述类似的策略。高雷诺数、低马赫数板条流的声学模拟、远场噪声谱与表面压力统计、长度和时间尺度有关。格林函数用于解释声音耦合和传播/散射效应。重要的参数，如板噪声频谱形状、马赫数依赖和远场指向性包括在模型中。远场噪声的功率谱密度（PSD）由下式给出：

$$\mathrm{PSD} = \rho_0^2 c_0^4 A_G A_F W(M) S[f/(1-M\cos\theta), M] \times$$
$$D(\theta, \phi) \times \frac{Q}{r^2(1-M\cos\theta)^2} e^{-\alpha_0 r} \qquad (23-2)$$

其中，Q 为特征区域（＝板条弦长×板条跨度），c_0 为流体静止时的局部声速，ρ_0 为静止液体的密度，r 为与源的距离，M 为马赫数，θ 和 ϕ 是观测者的极坐标与方位角。因子 $e^{-\alpha_0 r}$ 代表大气层吸收。$W(M)$ 是一个比例因子，$D(\theta, \phi)$ 是方向性的，S 是谱形函数。A_G 和 A_F 是几何流量相关的幅度因子。

部署分段的边界部分形成边缘，这是噪声的来源。噪声主要集中在中高频范围。在飞机侧边缘流动的特点是涡流系统沿着边缘的尖锐边缘的流动分

离形成的。涡流的汇总是由机翼的吸力面和压力面之间的压差引起的。会出现压力侧的主涡流和吸力侧的次涡流。这些涡旋会沿着边缘发展，最终可能会合并形成一个大涡旋。在中等到高的飞行角度，涡旋从飞机表面分离。如果逆向压力梯度很高，涡流将破裂，从而导致可能的噪声源。

Guo（2011）提出襟翼边缘噪声模型分别处理噪声的低频部分和高频部分，以解释两种不同的物理特性。高频噪声归因于流体分离，低频噪声归因于大涡流-角点相互作用。该方法遵循与板条模型相同的策略（Guo，2010）。声场强度的功率谱密度可以用下式计算：

$$PSD = \rho_0^2 c_0^4 A_G A_F W(M) S[f/(1-M\cos\theta), M] \cdot$$
$$D(\theta, \phi)\frac{1}{c_0} \times \frac{lL_f}{r^2(1-M\cos\theta)^2} e^{-\alpha_0 r} \quad (23-3)$$

其中，符号定义与式（23-2）中给出的定义相同。L_f 是襟翼弦长；l 是一个特征长度，可以定义为

$$l = \begin{cases} L_f & 低频 \\ Lh & 高频 \end{cases}$$

其中，h 是襟翼侧边的厚度。图 23.7 展示了 Guo 的飞机边缘噪声预测模型与波音 777 飞行试验数据的比较。

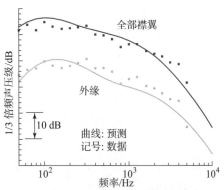

图 23.7　波音 777 飞行试验数据与飞机侧边噪声预测的比较（Guo，2011）

（认证和许可转载来自 Yueping Guo，2015，© Yueping Guo）

对于后缘噪声，Amiet 的模型（Amiet，1976）是预测噪声辐射的实用工具。Amiet 模型假定机翼表面的对流压力谱，通过机翼的后缘，产生类似幅度的辐射压力场。机翼上的加载是通过标准的阵风相互作用的方法来计算的。Amiet 理论对于可压缩流体是有效的，并且假定"冻结"的湍流效应、马赫数效应也考虑了进去。

Amiet 模型是在坐标系中导出的，$[x, y, z]$ 中 x，y 和 z 是流向、法线和翼展方向，用半弦长 b 无量纲化。根据 Amiet 的说法，在 $y=0$ 平面的

观测者的远场功率谱密度为

$$PSD = \left(\frac{\omega b z}{2\pi c_0 \sigma^2}\right) l_y(\omega) d |L|^2 S_{qq}(\omega, 0)$$

$$(23-4)$$

其中，L 是可以根据 Amiet（1976）中的等式 5 分析方式评估的方向因子，c_0 是声速，$\sigma[= \sqrt{[x^2 + (1-M^2)z^2]}$ 是从后沿缩放的半径，ω 是频率，而 d 是翼展宽度，$l_y(\omega)$ 是壁面湍流的翼展相关长度，$S_{qq}(\omega, 0)$ 是表面压力的展向交叉谱。

23.2.5　转子和对转的转子噪声

在目前和未来的飞机设计中，具有转子或反转转子的噪声可能是很大的。在传统的转子设计中，主要的噪声机制是音调，其主要取决于叶片通过的频率。噪声是由于转子叶片通过空气的位移以及它施加在空气上的力而产生的。基于声发生的空气动力学理论、标定规律以及与实验的相关性的工程预测模型，在设计和优化中仍然占有重要地位。

正确地解决音调转子噪声的第一个理论是由 Gutin（1948）提出的，他在螺旋桨叶片扫过的圆盘上用偶极环形成了螺旋桨叶片上的空气动力。大多数早期的转子噪声预测工具都是基于这项工作。从 Ffowcs-Williams 和 Hawkings（FW-H）方程开发了更多最近的转子音调噪声预测方法，而这些方程又来自 Lighthill 的声学类比。Farassat 提供了一个理论来预测转子在时域中的噪声，考虑了亚音速和超音速螺旋叶尖速度以及其他影响，如流量不均匀性（Farassat，1975），而 Hanson 在频率方面开发了类似的能力（Hanson，1980）。Hanson 逐渐将其理论扩展到解决反转转子、四极噪声源、机身散射效应以及由于非轴向流动引起的不稳定载荷和厚度噪声。图 23.8 展示了这些转子预测理论的历史发展。除了音调噪声源外，单转子还会产生宽带噪声，如后端噪声，这可以通过使用上述 Amiet 理论（Amiet，1976）和尖端涡旋噪声来预测。

由于其推进效率高，正在考虑使用转式发动机。但是，转式发动机会产生严重的噪声污染。除了单个转子噪声源之外，由于前转子和后转子之间的相互作用，还存在音调与宽带源，特别的是，后转子通过前转子空气动力学尾流的通道会产生周期性和随机（湍流）不稳定负荷。周期性的不稳定加载会产生音调噪声，而随机加载会产生宽带噪声。对旋转转子的音调噪声含量已经用分析和计算方法

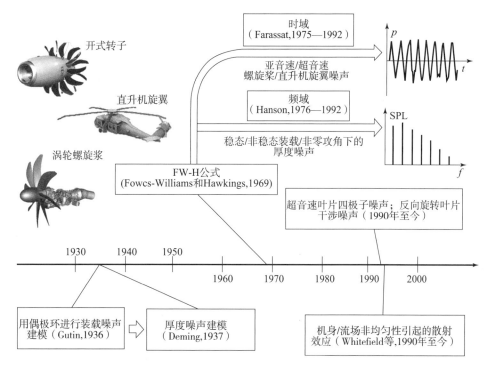

图 23.8 转子噪声模型发展的原理和策略

进行了广泛的模拟，如 Whitfield，Mani 和 Gliebe（1990）。这已经建立了用于减少对转转子的音调噪声的技术，如后转子修剪以去除尖端涡流相互作用，以及不匹配的叶片数量和旋转速度以打破方向性模式。然而，直到最近，这些设计的宽带噪声还没有达到相同的调查水平，这是因为湍流造成的随机不稳定载荷的建模造成了额外的困难。

Blandeau（2011）提出了一个分析和半经验模型来预测来自对转式转子的两个宽带噪声源。这些是后缘噪声和转子-尾流相互作用的噪声。在这两种情况下，噪声源被假定为非紧致旋转偶极子，并且辐射强度用叶片边界层和转子尾迹中的湍流谱形状的表达来建模。通过考虑一系列的条状计算和不连贯地总结结果来考虑三维几何形状。这个理论是 Amiet 提出的用于翻译叶片的开创性理论的延伸（Amiet，1976；Amiet，1975），其中 Blandeau 最显著的工作是在频域实现 FW-H 方程。

Blandeau 还证明了没有必要模拟相邻转子叶片之间的相互作用。然而，人们发现该理论对输入的湍流参数高度敏感。通过将理论与从 CFD 计算中获得的空气动力学输入相结合（Node-Langlois 等，2014），这个问题已经得到了进一步的解决。将一个未安装对转式转子的宽带噪声的实例预测与图 23.9 中的实验数据进行比较。由 Blandeau 给出的 rotorwake 相互作用功率谱密度的最终表达式是

$$\text{PSD} = \frac{B_2}{4}\left(\frac{B_1\rho_0 k_0 b_2}{r_0}\right)^2 U_{X2}\Delta r \sum_{m=-\infty}^{\infty}\sum_{h=-\infty}^{\infty}\times$$
$$D_{mh}(\theta,\alpha_2,\omega)\Phi(0,k_{X,mh})|L^{LE}(0,k_{X,mh},k_{mh})|^2$$

$$(23-5)$$

其中，下标 1 和 2 分别指的是前、后转子，B 是转子叶片的数量，$k_0=\omega/c_0$，U_X 是叶片弦方向的速度，Δr 是单个翼展条的宽度，α 是叶片交错角，k_{mh} 是气声耦合波数，D 是方向性项，Φ 表示上游

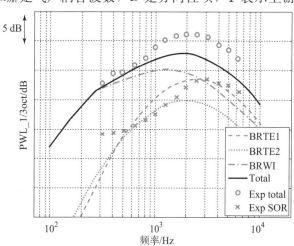

图 23.9 从 Node-Langlois 等人获得的未安装反转开式转子的宽带噪声的实例预测（2014）

绘制的线是：BRTE1，2——转子后缘的噪声分别在前后转子上。BRWI——转子尾流相互作用噪声，Total——所有噪声源的总和，Exp total——测得的总噪声，Exp SOR——测得单个独立转子的噪声

235

湍流谱，m 和 h 是模态总和指数。所有其他符号都按前文定义。

然而，Blandeau 的模型仍然存在一些缺点。尖端涡旋相互作用和毂涡相互作用噪声源不包括在内，并且忽略了来自转子本体的散射。

23.3　结　论

本章主要回顾并介绍了一些重要的工程飞机噪声成分模型。由于相关资料并不丰富和页面限制，回顾并不全面。尽管如此，这里提出的模型还是有效和准确的，并且代表了典型的工程预测模型。飞机设计中越来越多地使用高硬度、大型模型测试、整个飞机和关键部件的大型计算机模拟以及飞行测试。然而，风洞试验、计算机模拟和飞行试验往往成本非常高并且非常耗时。这些资源可能难以保证对资源的迫切和经常相互竞争的需求。

另外，基于声音产生的空气动力学理论的工程飞机噪声模型、缩放法则、相关性和验证可以是在飞机设计过程的评估和优化阶段的有用手段。飞机噪声问题不仅是性能问题，还是政治家、监管机构和地方/国家政府为了低排放目标而需要考虑的环境问题，同时也是机场周围的建设者和当地居民需要考虑的问题。基于可靠的组件噪声模型的低成本，高效率的工程预测方法可以为所有的利益相关者提供一个解决环境噪声问题的平台。

对于机体噪声建模，本章介绍了各种基于组件的噪声预测模型通常基于声音生成的空气动力学理论、标定法则以及与模型测试和/或飞行测试的相关性和验证。噪声预测模型通常可以将机体几何分解为代表性的组件，以便开发建模数据库，或者在不同的频率范围内对问题进行建模，对应于各种尺寸和速度组件的贡献。随后开发了声学标度法来考虑部件尺寸和局部流速。通常情况下，相互作用和小模型细节的问题要么是经验性的，要么是分析性的，如小细节的复杂性因素。最后，总噪声是单个部件产生的远场噪声的总和。关键的考虑因素是表面压力波动的特征谱形状，或者远场噪声投影。基于组件的噪声建模方法中的频谱形状可以通过源类型或实验的假设获得。这些可以通过模型测试进行验证和校准。基于物理学的模型通常使用模型建立阶段高流动性和噪声模拟的结果，并通过 FW-H 方程的积分解来获得远场噪声信息。这些方法可以是准确的、有效的和高性价比的。它们已广泛应用

于工业中。

工程噪声模型的另一个领域是预测转子噪声或对转的转子噪声。很多人已经开发出模型来解决已知的单个转子和对转转子上的噪声源。直到最近，文献仍然集中在音调噪声含量，而不是宽带噪声含量上，而这往往是更大的噪声来源。这已经通过 FW-H 方程的解决方案在时域和频域中提供了音调噪声预测，并且已经包括了诸如不均匀流动和超音速叶片尖端速度的问题的各种物理方面。最近在这个领域的发展为反转转子的宽带噪声提供了模型，这已经在减轻音调噪声方面取得了重大进展。与机身噪声模型类似，最高精度的结果是由高精度空气动力学模拟得到的。这些方法为转子提供了低成本的工业设计工具。

致谢

在此感谢 Yueping Guo 博士和 Yu Hou 女士在编写本章期间提供的帮助与建议。本章表达的观点是作者原创的。

参考文献

Amiet，R. K.（1975）Acoustic radiation from an airfoil in a turbulent stream. *J. Sound Vib.*，41（4），407 - 420.

Amiet，R. K.（1976）Noise due to turbulent flow past a trailing edge. *J. Sound Vib.*，47（3），387 - 393.

Astley，R. J.（2009）Numerical methods for noise propagation in moving flows，with application to turbofan engines. *Acoust. Sci. & Tech.*，30（4），227 - 239.

Blandeau，V. B.（2011）*Aerodynamic Broadband Noise from Contra-Rotating Open Rotors*，University of Southampton，Southampton.

Curle，N.（1955）The influence of solid boundaries upon aerodynamic sound. *Proc. R. Soc. Lond. Ser. A*，231（1187），505 - 514.

Dobrzynski，W. M.（2008）Airframe noise：landing gear noise，in *Encyclopedia of Aerospace Engineering*，vol. 6，Wiley，Chichester，UK，pp. 3529 - 3539.

Dobrzynski，W.（2010）Almost 40 years of airframe noise research：what did we achieve？. *J. Aircr.*，47（2），353 - 367.

European Commission.（2011）Flightpath 2050 Europe's vision for aviation：report of the high level group on aviation research.

Farassat，F.（1975）Theory of noise generation from moving bodies and application to helicopter rotors. *NASA TR* R-451.

Ffowcs Williams，J. E. and Hawkings，D. L.（1969）

Sound generation by turbulence and surfaces in arbitrary motion. *Philos. Trans. R. Soc. London*，A264 (1151)，321－342.

Fink，M. R.（1977）Airframe noise prediction method，*FAA-RD-77-29*.

Guo，Y.（2003）A statistical model for landing gear noise prediction. *AIAA Paper*，2003-3227.

Guo，Y.（2006）A semi-empirical model for aircraft landing gear noise prediction. *AIAA Paper*，2006-2627.

Guo，Y. P.（2010）Aircraft slat noise modelling and prediction. *AIAA Paper*，2010-3837.

Guo，Y. P.（2011）Aircraft flap side edge noise modeling and prediction. *AIAA Paper*，2011-2731.

Gutin，L.（1948）On the sound field of a rotating propeller. *NACA Technical Memorandium*，1195.

Hanson，D. B.（1980）Helicoidal surface theory for harmonic noise of propellers in the far field. *AIAA J.*，18 (10)，1213－1220.

Heller，H. H. and Dobrzynski，W. M.（1977）Sound radiation from aircraft wheel-well/landing gear configurations. *J. Aircr.*，14 (8)，768－774.

Hubbard H. H.（ed.）（1995）*Aeroacoustics of Flight Vehicles，Theory and Practice，Volume* 1：*Noise Sources*，Acoustical Society of America.

International Civil Aviation Organization（ICAO）.（2008）Annex 16 to the *Convention on International Civil Aviation，Environmental Protection，Volume* 1 *Aircraft Noise*.

Jones，K. and Rhodes，D. P.（2013）Aircraft noise, sleep disturbance and health effects：a review. Civil Aviation Authority ERCD Report 1208.

Node-Langlois，T.，Wlassow，F.，Languille，V.，Colin，Y.，Caruelle，B.，Gill，J.，Chen，X.，and Zhang，X.（2014）Prediction of contra-rotating open rotor broadband noise in isolated and installed configurations. *AIAA Paper*，2014-2610.

Peers，E.（2008）Physics-based aeroacoustic modelling of bluff bodies. PhD thesis，University of Southampton，Southampton，UK.

Smith，M. G. and Chow，L. C.（1998）Prediction method for aerodynamic noise from aircraft landing gear. *AIAA Paper*，98-2228.

Westley，R. and Lilley，G. M.（1952）An investigation of the noise field from a small jet and methods for its reduction. Report 53，The College of Aeronautics，Cranfield.

Whitfield，C. E.，Mani，R.，and Gliebe，P. R. High speed turboprop：aeroacoustic study. NASA Contractor Report 185242.

Zhang，X.（2008）Airframe noise：high lift device noise，in *Encyclopedia of Aerospace Engineering*，vol. 6，Wiley，Chichester，UK，pp. 3541－3551.

Zhang，X.（2012）Aircraft noise and its nearfield propagation computations. *Acta Mech. Sinica*，4，960－977.

本章译者：朱春玲　孙一哲
（南京航空航天大学航空宇航学院）

第 24 章

碳和航空噪声交易

Zia Wadud[1] 和 Astrid Gühnemann[2]

1　利兹大学运输研究所和综合能源研究中心，利兹，英国
2　利兹大学运输研究所，利兹，英国

24.1　引　言

全球航空运输需求大约每 15 年翻一番，未来趋势将持续下去，预计到 2035 年，年增长率将达到 5% 左右。这一增长对资本密集型航空业至关重要，噪声、空气质量和气候因素也会产生严重的环境影响。目前，航空业占全球人类发展的 2.5% 左右，二氧化碳排放是全球变暖和相关气候变化的关键因素（Owen 等，2010）。此外，2005 年，全世界大约有 2 300 万人面临 55 dB 以上的机场噪声（Fleming 等，2007），这是世界卫生组织建议的限制，以避免造成人群中的重大困扰。如果没有适当的减缓措施来抑制空中运输需求的强劲增长，预计这些和其他环境影响会更为显著。

本章讨论了一种这样的措施，即排放交易（也称津贴或许可证交易）及其在减轻航空业的某些环境影响方面的应用；也将讨论对二氧化碳排放量、噪声交易等方面的关注[①]。

24.2　对抗环境外部效应的政策方案

在经济理论中，当稀缺的资源在买方和卖方之间交易时，会出现最佳的市场情况，以致它们为所有人实现最大可能的效用。在自由市场中，这是通过表示消费者支付意愿和生产者成本的价格来实现的。在社会最优市场均衡中，供需平衡，即生产的确切数量将在市场上销售，不会浪费资源。这就要求市场具备完善的条件，尤其是价格正确地反映了与生产和消费相关的所有成本与收益。然而，上述环境影响对经济决策过程是"外在的"，因为决策者（例如，购买飞机的航空公司或购买机票的个人）不需要考虑这些影响，也没有补偿受损失一方的市场机制存在。

这是"市场失灵"的一个例子，各种污染减排政策的目标是纠正市场，使得在决策过程中考虑到这个方面或者内在化，以确保社会最优污染水平。

直接排放控制机制可以大致分为两套截然不同的方法[②]。首先，指挥与控制（C&C）通过技术或绩效标准为污染单位（如公司、车辆、家庭和个人）设定统一的限制。在航空方面，例子包括禁止第 2 章飞机的噪声规定和国际民用航空组织（ICAO）制定的新飞机发动机当地空气污染物排放标准。控制污染的成本——例如，通过逐步淘汰第 2 章飞机或将其修改为第 3 章标准以控制噪声——在各航空公司或飞机制造商之间通常会有很大差异。为每个航空公司设定相同的目标减排量不会利用这些成本差异。[③] 从经济学的角度来看，减排的总成本是最小的，当所有航空公司减少最后一个污染单位（边际减排成本）的成本相等时，政策是"有效的"，而不是目标减排量相等时。实际上，这意味着与减排成本较高的航空公司相比，边际减排

---

①　虽然排放交易也可应用于当地的飞机空气污染物，但在学术或政策文献中却没有得到太多关注。

②　还有其他"软"的方法，我们不在这里讨论：信息和意识方案，研究和开发，支持创新，自愿协议，等等。

③　见 Tietenberg（2006）对实证研究的讨论，这些实证研究显示了 C&C 如何比最具成本效益的策略花费更多。

成本较低的航空公司将减少更多的排放量，从而将减排的总成本降到最低。此外，标准还规定了单个飞机的排放（或噪声），但不能保证绝对减少，因为其他因素可能会增加需求，从而增加整体污染水平。

C&C方法对经济效率低下的担忧为基于价格或市场的污染控制方法铺平了道路。经济学家们认为，一个适当的价格信号——反映污染的边际成本——迫使污染者把污染外部因素内在化，从而调整其结构以便以最低的成本减少排放。因为缓解的边际成本等于排放的市场价格，并且所有的污染者都是相同的，所以缓解现在是有效的。两种最常用的市场手段是污染税和可交易许可证。

24.3　交换许可

24.3.1　什么是可交易许可证？

交易性污染许可证的来源是科斯定理（Coase，1960）：原则是如果污染权分配给有关方面，交易成本低，那么受影响的各方将私下讨价还价来纠正污染的外部性。实际上，这意味着在污染企业之间分配污染许可证并让他们交易许可证。这使许可证成为一种资源，企业将努力减少其污染；那些能够以比许可证的市场价格较低成本（例如，通过采用低污染技术或实践）减少污染的企业将减少污染，而那些减排成本较高的企业则会选择购买许可证，这样可以使企业的大部分减排成本降到最低，从而降低总体减排成本。

24.3.2　优缺点

不考虑交易成本，可交易许可证在成本效率方面与污染税相似，但在实践中存在一些重要的差异。可交易许可证包括污染量，使得许可证价格波动，而税收则以价格不确定性为代价来保持价格不变。税收可以增加收入，可以用来促进污染控制或其他社会目标的达成。可交易许可证通常不提供这种优势，因为许可证通常是免费分配的，但是如果许可证被拍卖，可以增加收入（见第24.3.3的2节）。设计可交易许可证政策是可能的，它可以模仿污染税的几个关键特征，但反之亦然（Parry和Pizer，2007）。

可交易许可证的一个关键缺点是需要一个不同类型的机构，尽管经验表明这些机构经常出现很

快，而且，一旦建立了这样一个机构，将其他部门纳入可交易许可证的管辖范围就比较容易，如将航空纳入已经建立的欧盟排放交易体系（EU-ETS）。有关排放交易、排放税和C&C污染控制方法的比较，请参阅Parry和Pizer（2007）。

24.3.3　可交易许可证政策的设计

实践中，交易许可的污染控制方法包括以下步骤（美国环境保护署，2015）。

（1）为特定的污染物设置污染限值或"上限"（上限和交易）。

（2）在合规初期，企业之间的许可证初始分配。

（3）测量和监测每个企业的污染。

（4）许可证持有者如何减少污染和/或买卖许可证的灵活性。

（5）遵守每个企业最终拥有相同数量的排放许可证。

尽管上限和交易是最广泛使用的排放交易方案，但有时候也可以应用基准和信用系统。在这个系统中，排放者需要将排放减少到预定基线以下以获得信用，然后可以交易。还有几个设计考虑可以决定可交易许可证政策在实践中的成败。

1. 规范的范围和要点

交易许可的范围和监管点通常是因环境污染问题的解决而口授的。例如，为了减缓二氧化碳排放，一个涵盖主要污染源的全球排放交易体系是合适的，但是要减少某个特定机场的噪声污染，就需要缩小空间范围。此外，为了减少二氧化碳排放，许可证政策可以在个人碳交易中提出的供应和消费链中的任何一点实行——能源生产商和进口商，或中间产品生产商，甚至最终消费者（Wadud，2011）。时间范围也是重要的：对于对不同季节敏感的污染，可以实施季节性许可制度，就像美国的NO_x预算交易在夏季期间控制臭氧形成的情况一样。可交易许可证也可以与其他政策以混合方式结合使用，其中使用许可证交易是一个部门，另一个部门则使用其他方法。

2. 许可分配

在没有交易成本的情况下，许可证的分配不会影响可交易许可证的效率，但如果交易成本存在，则可能会影响效率。此外，由于许可证成为企业的

资产，所以分配策略对股权具有严重的影响。实际上，根据历史排放量，许可一般分配给免费或"特权阶级"。在"基准测试"方法中，许可证仍然是免费分配的，但要根据预先确定的环境绩效进行分配。免费分配通常会减少企业对政策的抗议（Parry 和 Pizer，2007），EU-ETS 中的制造业通过基准获得免费分配。

然而，由于公司可能获得的暴利收益，自由分配通常是基于公平的原因而被压低的。"拍卖"是第三种选择，可以提高收入，使许可证和税收类似。Stavins（2005）认为，如果通过拍卖分配许可证，美国二氧化硫排放交易的许可证价格将下降25%。此外，免费分配和拍卖都可以在混合分配策略中进行组合，由此一部分许可证被免费分配，其余的被拍卖。一个暂时的混合系统也可以设计成许可证最初是属于特权的，但随后逐渐被拍卖，如 EU-ETS。

3. 灵活性

许可证价格的不确定性或波动性可能会对低污染技术的投资产生不利影响。几个特别的设计可以让灵活性来稳定价格。"银行业务"允许企业在未来几年内节省当前未使用的许可证，而"贷款"允许他们现在使用未来的许可证，并在将来减少许可证。这两项规定都为公司提供了在适当的时候减少污染的灵活性（Rubin，1996）。"安全阀"机制允许企业以预定的价格购买超过总量的许可证，从而形成价格上限。相反地，价格也可以设计处理意外的价格下跌。"抵销"可以让企业减少来自可交易许可证制度以外的来源的污染，在这种制度下，减排成本较低，并将这些减排量作为"附加"许可。

这些灵活性规定可以在不同程度上损害可交易许可证的有效性。安全阀允许污染超过初始设计上限。抵消不会减少监管领域的污染，但在其他地方也是如此。因此，为了减少局部污染（例如，一个城市或一个地区的当地空气质量，或机场的噪声），抵消不利于这项事业。银行和借款折中年度限额，但长期保持有效。

24.3.4 实践中的交易许可

可交易许可证不仅适用于污染控制，也适用于自然资源保护，如渔业、林业和供水。1976 年美国减少空气污染的抵消政策可能是可交易许可方法的最早例子（Tietenberg，2006）。在这些早期阶段，企业没有发放许可证，但减排额度是为"自愿"减免创造的，然后进行交易。

接下来是 1982 年美国逐步减少汽油中铅的含量（Hahn 和 Hester，1989），在此期间石油精炼厂被分配了可以卖给其他炼油厂的铅排放许可（被称为"权利"）。

1990 年"清洁空气法案"带来的美国二氧化硫排放交易是排污交易方法在污染控制方面最成功的应用之一。在分配给电力公司的总配额中，有3%是拍卖的，从而既显示了价格，又降低了私人的交易成本。二氧化硫交易允许公用事业公司采用还原方法。尽管洗涤器是减少废气二氧化硫排放的主要技术，但一些公用事业公司发现使用低硫燃料比较便宜，由于铁路放松管制，铁路货运成本大幅下降，因此具有竞争力。如果实施洗涤器的技术授权，这种创新是不可能实现的。[①] 然而，加利福尼亚州的 RECLAIM 计划由于电力放松管制的效应溢出和慷慨的初始配额分配（超过实际排放量）而遇到了问题。

24.3.5 温室气体排放交易计划和 EU-ETS

交易许可在遏制二氧化硫、氮氧化物和铅的排放方面取得初步成功与经验之后，交易许可成为全球减少温室气体排放努力的重要政策工具。欧盟排放交易计划于 2005 年启动，旨在遏制来自欧盟国家的温室气体排放，成为世界上最大的排放交易市场。EU-ETS 涵盖了 11 000 多个能源密集型设施，主要是发电厂、炼油厂、石油平台以及生产钢铁、水泥和石灰、铝、玻璃、陶瓷、化学品、纸张、矿棉的行业、石油工业等。它涵盖了这些国家温室气体排放总量的约 45%，并允许交易多种温室气体，如二氧化碳、氧化亚氮和全氟碳化合物。

欧盟排放交易体系的目标是到 2020 年将温室气体排放量相比 2005 年的水平降低 21%。该计划有三个截然不同的阶段：第一阶段构想为学习阶段，为 2005—2007 年。第二阶段为 2008—2012 年，这与《京都议定书》承诺期一致。第三阶段将延续到 2020 年。

不同阶段的范围和交易规则之间有一些差异。例如，在第三阶段，至少有 50% 的配额将通过拍

---

① 研究表明，欧洲使用 C&C 方法在相似的时间段内减少了二氧化碳的排放量，但这是"目标"减少的差异，而不是交易许可证政策的问题。

第24章　碳和航空噪声交易

卖进行分配，而第一阶段只有 3%。欧盟被纳入该计划的第二阶段，而部分航空排放也纳入了碳排放交易体系的范围内。欧盟排放交易体系还允许与其他既定的碳市场进行贸易。尽管存在一些局限性，但是逐步实施是重要的，因为它允许在较后阶段实施早期阶段的经验教训（Laing 等，2013）。

正如在美国的 RECLAIM 计划中一样，EU-ETS 也有很多许可证的分配，特别是在一些行业（如钢铁、水泥和石灰、纸浆和造纸）。在 2008 年经济衰退之后，大量的许可证分配以及减少的需求使得到 2013 年年底市场上许可证的供应量增加到 21 亿个单位。这使许可证的价格降低到了无法鼓励任何减排行为。作为回应，EU-ETS 监管机构在 2014—2016 年推迟拍卖约 9 亿单位的配额，稍后

将进行重新调整。英国政府提出要为英国的排放量引入价格，但最终还是没有实施。Laing 等（2013）指出，欧盟排放交易体系（EU-ETS）在 2020 年之后缺乏明确性以及许可证价格的不稳定性，阻碍了对低碳技术和实践的长期投资。

在欧盟排放交易体系之外，现在有 4 个大陆 16 个不同的碳交易或温室气体交易市场。其中包括美国（加利福尼亚和 RGGI）和加拿大（魁北克）的区域市场，而韩国则实施了覆盖其 2/3 温室气体排放的全国性计划。在日本，东京的排放交易计划是第一个城市级别，而在中国，几个试点交易许可证计划在不同的地区实施。表 24.1 给出了简要的描述。

表 24.1　实践中的温室气体排放交易计划①

项目名称	地理范围	开始年份	排放范围	包含航空
EU-ETS	28 欧洲国家＋3 非欧洲国家	2005	45%，CO_2，N_2O，全氟氯化物，>11 000 种类	是
California C&T	1 美国州，与魁北克	2012	85%，大部分温室气体，350 种类	否
Québec C&T	1 加拿大州，与加利福尼亚	2012	85%，CO_2 & CH_4，80 种类	否
RGGI	9 美国州	2009	20%，CO_2，168 种类	否
Tokyo C&T	全市性	2011	20%，CO_2，1 325 种类	否
Swiss ETS	全国性	2008	11%，大部分温室气体，55 种类	否
South Korea ETS	全国性	2015	66%，大部分温室气体，525 种类	是
Kazakhstan ETS	全国性	2014	55%，CO_2，178 种类	否
China	省级——7 独立市场	2013—2015	35%～60%，主要是 CO_2，114～635 种类	否
New Zealand ETS	全国性	2008	54%，2 424 种类	是

①表中数据来自 CAP（2015）。

24.4　航空和排放交易

24.4.1　政策背景

虽然上述一些上市交易计划包括国内的航空排放，但国际航空对于气候变化政策和排放交易有着特别的难点，因为难以将国际飞行的温室气体排放责任归咎于个别国家（Bows-Larkin，2014）。由于对如何解决这一问题缺乏共识，国际飞行的排放不受《京都议定书》下达成的 1992 年《联合国气候

变化框架公约》（UNFCC）的减排目标的约束。

相反，《京都议定书》包括的发达国家有义务限制或减少国际民航组织通过国际民航组织制定全球部门的温室气体排放。随后的国际民航组织大会批准了调查和制定激励减排措施（国际民航组织第 33 届大会，2001；国际民航组织第 35 届大会，2004），国际民航组织于 2007 年出版了关于自愿计划的报告，如公开排放交易或碳排放量偏移。但是，在全球实施这种基于市场的措施或温室气体排放的监管标准方面很难达成协议。由于缺乏国际监管，欧盟委员会推动将航空纳入欧盟排放交易体

241

系，作为减少欧洲航空对气候影响的更广泛战略的一部分（CEC，2005）。关于建立欧盟委员会2008年通过的航空欧洲排放交易计划（《航空排放交易计划》，Aviation ETS）的指令提案，建议为从2012年起到达或离开欧洲经济区（EEA）机场的所有航班产生的二氧化碳排放总量设定上限。

《芝加哥公约》中的航空运输规定侵犯了国家主权的行为，欧盟指令在国际上受到来自非欧盟国家的航空公司和航空公司的利益相关者的强烈反对。特别是美国和中国受到贸易报复威胁，2011年美国立法①禁止美国航空公司参与欧盟航空排放交易体系。

一些北美航空公司和它们的行业协会对该计划提出了法律上的质疑，但是欧洲法院（ECJ）确认了拟议立法与国际法的相容性。

Birchfield（2015）认为，欧盟面临的持续压力导致国际民航组织在提出全球减少航空温室气体排放的措施方面取得了一些进展，其中包括市场手段。鉴于这些积极的发展和贸易战争的前景，欧盟暂停执行非欧盟内部飞行1年（被称为"停止时间"的决定）。2013年，国际民航组织大会通过了一项决议，即制定一个全球市场机制，以减少航空排放，并在2016年国际民航组织大会上作出决定，将从2020年起实施。2014年，欧盟限制原EU-ETS航空公司在2013—2016年的欧洲内部经济区飞行，如果国际民航组织拟议的全球机制不能发展，则有可能回到最初的提案。为此，欧盟委员会将根据2016年全球市场措施的进展情况对ETS的范围进行审查［例如，参见Elsworth和MacDonald（2013）关于政治进程的更多细节］。

由于这一政治进程，欧盟排放交易体系目前只涵盖欧盟内部的飞行。此外，韩国和新西兰的计划还包括国内航空。后者采用上游方式，即燃料供应商负责遵守并通过燃料价格将成本转嫁给航空公司。由于欧洲的方案最大、最突出，表24.2提供了进一步的细节。

表 24.2　目前欧盟航空排放交易体系的特点

特点	描述
温室气体的覆盖面	该方案仅涵盖航空的二氧化碳排放量
许可证单位	许可证或限额被定义为在每个监测和报告期（1年）内排放1t二氧化碳的权利
许可证分配	上限：排放许可给航空部门的排放限制在2004年和2006年的97%，2012年的平均年排放量，从2013年起到2020年止为95%。2020年后的排放上限尚未确定。 分配：航空配额的82%是使用基准方法自由分配的，15%被拍卖，其余的则被划入"特别储备"以允许新的市场进入者或快速增长的运营商。 基准：基准是根据2010年报告的每吨千米平均可用配额计算，超过900名运营商申请免费分配，并指定为每千吨千米（2013—2020）的0.642 2配额
监测、报告和验证	航空公司在一个特定的成员国进行登记、管理分配以及监督和执行。如果在每个监测周期结束时，航空公司没有交出足够的许可来支付年度排放量，那么在第二年又未能交出缺失许可证的情况下将处以罚款。该航空公司还可能面临在欧洲机场的停运
监测和报告期	航空器运营人需要监测每个年度的二氧化碳排放情况，并在下一年3月底之前向各自所在地成员国的监管机构提交独立核实的报告
小型排放者	排放少于1 000 t二氧化碳的飞机免于该计划，而二氧化碳少于25 000 t的运营者可以采用简化程序
系统设计	航空公司可以在EU-ETS常规市场购买二氧化碳许可，但其他公司不能购买航空二氧化碳许可。允许航空运营人使用《京都议定书》清洁发展和联合执行机制的国际信用，最高可达其核查排放量的1.5%

注：表格中的信息基于欧盟委员会网站。

24.4.2　航空排放交易的评估和预期影响

由于最近在排放交易计划中纳入了航空，因此很少有真实的结果可用于其影响。因此，下面的讨论总结了主要基于模型计算和行业利益相关者与非政府组织（NGO）实施过程的初步陈述的研究结果。

1. 环境效益

欧盟排放交易体系在制度性学习方面被普遍认为比大幅度减少二氧化碳排放更为成功（Bows-

① 被命名为"2011年欧盟排放交易计划禁止法案"。

Larkin，2014；Vesperman 和 Wald，2011）。此外，目前欧洲机场的航班排放总量仅占原本欧盟提议的25％左右。与其他方案，如地区性的税收、排污收费、运营和技术层面的改进相比，全球排放交易计划可能带来比表24.1中总结的现有区域减排量更显著的效益，（Lee 等，2013；Scheelhaase 等，2010）。

由于航空相对较高的减排成本（Faber 和 Brinke，2011；Scheelhaase 等，2015），通过购买其他排放者的排放许可，很大程度上可以在其他部门实现二氧化碳减排总量。这可能会导致其他行业低碳技术的创新。但是，目前欧盟 ETS 市场的二氧化碳价格太低，不足以产生显著的影响（IETA，2012）。

目前的排放交易计划的地区性限制原则上可能导致碳泄漏，即航空公司可能将来自欧洲的飞机转移到非欧洲经济区枢纽起飞，以节省排放许可。这可能导致更长距离的馈线飞行，从而增加总排放量。然而，从目前的价格来看，由于重组飞行时间表的成本很高（Scheelhaase 等，2010），只会在一定程度上发生（Faber 和 Brinke，2011）。

防止此事发生的一个选择可能是增加免费配额或补偿发生碳泄漏的可能性较高的航空公司，类似于 EU-ETS 对其他部门碳泄漏的处理。[1]

目前，由于航空业其他非二氧化碳变暖因素的不确定性，尽管都承认这些气体对全球变暖可能造成的巨大影响，但只有部分航空温室气体排放被排放交易计划所覆盖。[2] 尽管提出了一些建议（Scheelhaase 等，2015），但对于非 CO_2 效应的适当度量还没有达成共识。

欧盟排放交易体系允许使用清洁发展机制（CDM）项目的信贷来抵消排放，因此减少航空温室气体排放量可能会被抵消。这可以通过反弹效应增加排放总量，也就是说，如果用钱来提高效率，则降低发展中国家或新兴国家的能源生产成本，并随之增加能源需求（Bows-Larkin，2014）。例如，为了避免这种情况，韩国方案将选项限制在韩国的 CDM 项目中。

2. 经济影响

将航空纳入欧盟排放交易体系中对运营成本和票价的影响已得到充分研究。结果取决于系统的市场覆盖面、配额价格、路线距离、直接和间接排放量、可用性、技术和运营缓解解决方案的成本以及

成本传递给乘客的程度。然而，在现行许可证价格的假设下，对成本和票价的影响被认为是适度的，如短途为 0.2～4.6 欧元，在欧盟中程往返的情况下为 0.4～9 欧元，这取决于该系统的覆盖范围（Wit 等，2005），目前欧盟 ETS（Scheelhaase 等，2010）的典型长途旅行为10～13 欧元，或者欧盟、澳大利亚和新西兰原定计划的 1.6％～6％（Forsyth，2008）。

如果航空公司可以通过实施机票价格附加费来将成本转嫁给乘客，那么可能的意外收获会超过参与碳排放量交易的航空公司的额外成本（Malina 等，2012）。

一些航空公司的确在欧盟航空排放交易体系中获得了暴利，一些非政府组织呼吁欧盟按照固定排放交易体系中的规定减少免费配额的份额（Sandbag，2013）。

由于目前许可证价格下的机票价格只有适度的增长，潜在的需求消退也被认为是可忽略的。Anger 和 Köhler（2010）根据许可证的价格和分配方法与价格弹性的假设，估计到2020年需求减少量在 0.5％～3.8％。Vespermann 和 Wald（2011）也得到了类似的结果。Anger（2010）利用动态的宏观经济模拟模型发现，到2020年，需求的影响只有 0.04％～0.98％，这取决于许可证价格。

研究还表明，欧盟以外的航空公司可能会在 EU-ETS 的全面申请（Scheelhaase 等，2010）下具有显著的竞争优势，而对低成本航空公司的影响可能要比国际航空公司更大（Scheelhaase 和 Grimme，2007）。欧洲航空公司也提出这样的担忧。他们认为，与欧共体以外的航空公司相比，在欧盟航空 ETS 下运营大部分航班的地区航空公司，以及到东亚航空枢纽的补给航班都存在特别的劣势（2015年汉莎航空公司）。由于航空运输市场竞争激烈，免费分配大量配额也可能导致潜在的新运营商望而却步。欧盟排放交易体系（EU-ETS）已经为新进入者和快速增长的航空公司提供了特殊的储备。

此外，运输成本的略有增加，可能会对欧洲和发展中国家之间的贸易产生小的积极影响，这可能

243

---

① 见 http://ec.europa.eu/clima/policies/ets/cap/leakage/index_en.htm.

② 例如，Lee 等人（2009）估计，人为辐射强迫总量的 4.9％是由航空排放造成的，大约是单纯的二氧化碳（1.6％）的3倍。

部分得益于 CDM 项目的潜在收入（Faber 和 Brinke，2011）。

3. 实施问题和障碍

如 24.4.1 节所述，实施航空排放权交易制度确实在政治和法律方面存在障碍。包括 EU-ETS 等国际飞行排放在内的地区或国家计划被航空业和许多国家政府认为是非法的，因为它们的潜在问题有以下几个方面。

（1）根据《芝加哥公约》，侵犯国家主权。

（2）违反国际条约义务，尤其是在《京都议定书》和《美国-欧盟航空运输协定（开放天空协议）》下，国际民航组织寻求全球解决方案。

（3）对与《芝加哥公约》相抵触的航空器经营者实施非法的税收或收费（Tuteng 等，2012）。

针对航空公司对欧盟航空排放交易体系提出的这些法律挑战，欧洲法院裁决确认其符合国际法和双边协议。然而，欧洲法院仍有争议点，认为该指令不能根据《芝加哥公约》进行评估，因为欧盟本身并不是签署国本身。因此，这种情况不能轻易转移到其他区域或国家计划。欧盟也认为，ETS 与国际民航组织在制订国际解决方案方面的作用并不矛盾，而是作为全球航空排放交易计划的第一步和模式。他们同样认为，国际民航组织认识到其作为全球市场机制的潜力，认为排放交易制度不是一种税收或收费（Tuteng 等，2012）。因此，将国际航空列入今后的区域或国家计划必须认真规划，以符合国际协议，必须有强大的政治意愿和力量来应对国际压力。

欧盟排放交易体系第一阶段的另一个实施问题是，数据保护不足和交易规则造成了大规模的欺诈行为。任何未来的全球系统都必须确保安全标准与金融部门的安全标准相匹配。

24.4.3　前进的道路

在 2010 年第 37 届大会上，国际民航组织致力于将燃油效率提高 2%，并从 2020 年起实现航空业的碳平衡增长。航空业认识到，通过技术和运营改进可以实现这些目标（ATAG，2013）。然而，他们也认识到仅仅提高效率不足以在中期内抵消航空运输的持续强劲增长，并支持国际民航组织发展全球市场机制（ATAG，2013）。为了发展这样一个全球机制，需要解决一系列问题〔例如，国际民航组织（2007）关于使用航空排放交易的指导草

案〕。以下内容涵盖了对发展至关重要的一些主要关键点。

1. 关于航空部门目标的国际协议

国际民航组织同意的燃料效率目标仅从 2020 年开始实现碳平衡增长，而航空业本身早些时候提出，2050 年与 2005 年相比，二氧化碳排放量将减少 50%（国际航空运输协会，2009）。

后者将使航空业有更大的责任为国际气候变化目标做出贡献。特别是，如果达到相当于全球平均温升最高 2 ℃的脱碳水平，则可能需要更大幅度地减少空中运输温室气体的排放（Bows-Larkin，2014）。环保组织也呼吁国际民航组织进一步努力，不仅要限制，还要减少航空的温室气体排放（例如，见"2015 年碳市场观察"）。

2. 系统设计

国际民航组织正在探索三种选择：弥补方案（基准和信用制度）、用收入生成因素弥补（为支持环境减缓项目提供额外费用）和全球排放量交易方案（"非歧视"，"扭曲"）。一个简单的碳补偿计划是最容易实施和管理的（ATAG，2013），并受到行业青睐。与此同时，它也是最不具有环保效益的，且需要作出一些规定，以确保任何使用弥补措施的行为都限于可靠的项目，并能防止反弹效应（"2015 年碳市场观察"）。

3. 地理范围

Scheelhaase 等人（2015）发现，对全球最大的航空国家（欧盟、美国、加拿大、日本、新加坡、中国、巴西和海湾国家）全球计划的限制可以实现对所有国家类似的环境效益。这样一个受限制的方案将导致比区域实施体系更少的竞争扭曲和政治挑战，并且可能比完全全球性的方案更容易和更快地实施。

4. 温室气体范围

正如第 24.4.2 节所讨论的那样，目前航空领域的非二氧化碳排放效应并未包含在任何排放交易计划中。欧洲议会提出的一个简单的二氧化碳排放上升因素可能是第一步，但忽略了航空影响的非线性，如形成冷凝道。科学的最新进展应该允许找到一个商定的指标来更准确地反映气候影响（Scheelhaase 等，2015）。

24.5　噪声交易中的概念

尽管飞机的降噪技术有了相当大的发展，噪声仍然是机场周围的主要环境问题，也是其扩张的一个限制因素。降噪技术的创新和采用是长期的解决方案，目前的实践表明，诸如配额或运营限制等C&C措施对于运营商和机构利益相关者的代价都是高昂的，而噪声差异化的着陆费则不能保证噪声阈值不越线（例如，Netjasov，2012）。在这种情况下，可交易噪声许可证被认为是一种市场手段，它一方面可以有效减少噪声，另一方面可以让航空公司和机场选择成本最低的噪声缓解解决方案。

与温室气体排放交易相比，机场噪声有其特点，需要考虑：影响是局部的、强烈的非线性，而且大多是短期的，这给定义可交易单位（许可证）以及跨时期的设计方案带来了难度。另外，在许多机场，由于强大的本土运营商的存在，从一定程度上说，市场力量导致了"单一"的交易市场，导致了一个市场中的角色可以强烈地影响价格和降低经济效率。

提议的噪声交易方案在许可证的空间定义、谁拥有和交易许可证，以及假定航空公司有哪些噪声缓解选项方面有所不同。Bréchet 和 Picard（2010）描述了居民是特定区域许可证所有者的噪声许可证制度。在他们的系统中，航空公司可以在几条航线之间进行选择，因此可能在需要较少许可证的航线和运营成本较低的航线之间进行选择。航空公司必须从居民那里购买可交易的噪声许可证。这可以有效分配噪声困扰，因为居民接受噪声的意愿和航空公司的减排成本将反映在市场价格中。作者还表明，实施问题，如飞机的异质性和天气条件，可以考虑进去。

假设由于航空交通管制的安全和容量限制，航空公司在不同的航线之间没有选择权，许可证可以独立于特定的区域而定义，并且根据机场的总噪声干扰而定，在机场一级进行交易。Hullah 等人（2011）表明，机场周围的噪声烦扰可以线性方式连接到单一的飞行事件，然后基于人口总的声音暴露水平（SEL）与可交易的噪声单位相关联。根据这一许可证的定义，作者根据模拟其对通用机场的影响，并与排放费用和非交易配额进行了比较，评估了有关分配方法和上限严格程度的不同交易方案。结果表明，与其他噪声控制方法相比，许可证交易有一定的好处：它比噪声收费更有效地降低了外部噪声成本，并获得了比非可交易报价更有效的市场解决方案。它激励早期引入更安静的飞机，并重新调整飞行时间，以减少扰民的时间（Gühnemann 等，2013）。

这些研究结果表明，随着机场压力的不断增长，机场扩张的空间和社会可接受性降低，可交易噪声许可方案可以提供诸如固定配额或噪声收费等优势。然而，进一步的研究是必要的，特别是对于更复杂、更拥挤的机场。

24.6　结　　论

从美国的二氧化硫排放交易等现有计划中可以看出，排放交易可以成为控制环境影响的经济有效的手段，特别是在不应超过临界阈值的情况下，如平均 2 ℃全球温度上升或机场周围的噪声。然而，在设计和实施这些方案时，需要认真考虑一系列问题，使其成为政治上可接受和成功的环境政策工具。这尤其涉及分配方法，免费配额的分配将降低计划的环境效益，但可能需要获得来自行业利益相关者的初始支持，如 EU-ETS 的情况。解决这种超额分配问题，减少免费配额的数量，避免造成不公平的分配效应和会员国之间津贴扭曲的暴利，对于这个计划今后的成功至关重要。设定价格也可能是必要的，以避免许可证价格过度波动的不确定性。主要的欧盟排放交易体系运行稳定，并从实施过程中吸取经验教训是建立包括航空在内的任何排放交易的关键因素。

ETS 在航空领域的实施迄今已证明是一个复杂的过程，因为该部门的全球性和现有的管辖其市场的国际协议，虽然国内/区域内的飞行现在已被列入某些系统，但国际航空排放的主要份额仍然不受管制，国际民航组织的全球协议进展缓慢。

2015 年 6 月，美国环境保护局（EPA）提出初步的研究结果，认为飞机温室气体排放危害公共健康和福利，需要根据《清洁空气法》加以解决。如果这一发现得到确认，则美国将不得不制订监管措施，这可能会给国际民航组织带来进一步的压力。要在 2016 年之前制定协调一致的国际二氧化碳排放标准，环保组织则要求欧盟与美国合作（T&E，2015）。欧盟作为一个重要市场持续的政治压力已经在激励国际民航组织的发展方面发挥了强有力的作用，尽管工业界在原则上支持以市场为基础的措施，而且美国的立场可能转移，可能不得不支持进一步推进全球航空排放交易计划的进展。

参考文献

Anger, A. （2010） Including aviation in the European emissions trading scheme: impacts on the industry, CO_2 emissions and macroeconomic activity in the EU. *J. Air Transp. Manag.*, 16, 100 – 105.

Anger, A. and Köhler, J. （2010） Including aviation emissions in the EU-ETS: much ado about nothing? A review. *Transp. Policy*, 17, 38 – 46.

ATAG （Air Transport Action Group）. （2013） Reducing emissions from aviation through carbon-neutral growth from 2020. Position Paper developed for the 38th ICAO Assembly. September/October 2013. Available at http: //www. atag. org/component/downloads/downloads/230. html （accessed August 13, 2015）.

Birchfield, V. （2015） Coercion with kid gloves? The European Union's role in shaping a global regulatory framework for aviation emissions. *J. Eur. Public Policy*, 22 （9）, 1276 – 1294.

Bows-Larkin, A. （2014） All adrift: aviation, shipping, and climate change policy. *Clim. Policy*, 15 （6）, 1 – 22.

Bréchet, T. and Picard, P. （2010） The price of silence: tradable noise permits and airports. *Int. Econ. Rev.*, 51 （4）, 1097 – 1125.

Carbon Market Watch. （2015） Briefing: aviation and climate change. Available at http: //carbonmarketwatch. org/briefing-aviation-and-climate-change/（accessed August 13, 2015）.

Commission of the European Communities. （2005） Communication from the Commission to the Council, the European Parliament, the European Economic and Social Committee and the Committee of the Regions—reducing the climate change impact of aviation. COM/2005/459 final-SEC （2005） 1184.

Coase, R. （1960） The problem of social cost. *J. Law Econ.*, 3, 1 – 44.

Elsworth, R. and MacDonald, P. （2013） Aviation and the EU ETS—What happened in 2012 during "Stop the Clock"? Sandbag report. Available at https: // sandbag. org. uk/blog/2013/dec/18/aviation-emissions-trading-scheme-what- really-happ/（accessed August 13, 2015）.

Faber, J. and Brinke, L. （2011） The Inclusion of Aviation in the EU Emissions Trading System—An Economic and Environmental Assessment. ICTSD Global Platform on Climate Change, Trade and Sustainable Energy Issue Paper No. 5, September 2011. Available at http: //www. ictsd. org/downloads/2011/11/the-inclusion-of-aviation-in-the-eu-emissions-trading-system. pdf （accessed August 13, 2015）.

Fleming, G., Malwitz, A., Balasubramanian, S., Roof, C., Grandi, F., Kim, B., Usdrowski, S., Eliff, T., Eyers, C., and Lee, D. （2007） Trends in global noise and emissions from commercial aviation for 2000 through 2025. 7th USA/Europe Air Traffic Management R&D Seminar, Barcelona.

Forsyth, P. （2008） The impact of climate change policy on competition in the air transport industry. Department of Economics, Monash University, OECD & ITF Joint Transport Research Centre, Discussion Paper No. 2008-18.

Gühnemann, A., Connors, R., Figlar, B., and Öttl, G. （2013） Analysing the feasibility of noise permit trading at an airport using a market simulation approach. 13th WCTR, July 15-18, 2013, Rio de Janeiro, Brazil.

Hahn, R. W. and Hester, G. L. （1989） Marketable permits: lessons for theory for and practice. *Ecol. Law Quart.*, 16, 361 – 406.

Hullah, P., Figlar, B., Öttl, G., Schwanke, S., Rodríguez, R. M., Gjestland, T., Gühnemann, A., Harwatt, H., Tight, M., and Benderli, G. （2011） Final report of the MIME （market-based impact mitigation for the environment） project co-funded by European Commission 6th RTD Programme, April 2011. Available at https: //www. researchgate. net/publication/260024301 _ Final _ Report _ of _ the _ MIME _ Project （accessed August 13, 2015）.

IATA （2009） Aviation and climate change—pathway to carbon neutral growth in 2020. Printed in Switzerland, July 2009. Available at www. iata. org （accessed August 13, 2015）.

ICAO （International Civil Aviation Organisation）. （2007） Report on voluntary emissions trading for aviation （VETS report）. ICAO Preliminary Unedited Version-April 15, 2007. Available at http: //www. icao. int/icao/en/env/vets _ report. pdf （accessed August 13, 2015）.

ICAP （International Carbon Action Partnership）. （2015） *ETS Map*. Available at https: //icapcarbonaction. com/ets-map.

IETA （International Emissions Trading Association）. （2012） *EU ETS & Aviation. 3 Minute Briefing.*

Available at http：//www. ieta. org/index. php? option＝com _ content ＆view ＝ article＆id ＝ 446：eu-ets-aviation＆catid＝54：3-minute-briefing（accessed August 13，2015）.

Laing，T. ，Sato，M. ，Grubb，M. ，and Comberti，C. （2013）Assessing the effectiveness of the EU emissions trading system. Centre for Climate Change Economics and Policy and Grantham Research Institute on Climate Change and the Environment.

Lee，D. S. ，Lim，L. L. ，and Owen，B. （ 2013 ） *Mitigating Future Aviation CO₂ Emissions— "Timing Is Everything"* Dalton Research Institute，Manchester Metropolitan University. Available at http：// www. cate. mmu. ac. uk /projects/mitigating-future-aviation-co2-emissions-timing-is-everything/（accessed August 13，2015）.

Lee，D. S. ，Fahey，D. ，Forster，P. ，Newton，P. J. ，Wit，R. C. N. ，Lim，L. L. ，Owen，B. ，and Sausen，R. （2009）Aviation and global climate change in the 21st century. *Atmos. Environ.* ，43，3520－3537.

Lufthansa Group. （2015）Climate protection：Lufthansa Group *leading the way，policy makers must offer stronger support.* Policy Brief 2/2015，June，p. 7. Available at http：//www. lufthansagroup. com/en/ press/policy-brief/topics/emissions-trading. html （accessed August 13，2015）.

Malina，R. ，McConnachie，D. ，Winchester，N. ，Wollersheim，C. ，Paltsev，S. ，and Waitz，I. A. （2012）The impact of the European union emissions trading scheme on US aviation. *J. Air Transp. Manag.* ，19 （1），36－41.

Netjasov，F. （2012）Contemporary measures for noise reduction in airport surroundings. *Appl. Acoust.* ，73 （10），1076－1085.

Owen B. ，Lee D. S. ，and Lim L. （2010）Flying into the future：aviation emissions scenarios to 2050. *Environ. Sci. Technol.* ，44，2255－2260.

Parry I. A. H. and Pizer W. A. （2007）Emissions trading versus CO₂ taxes versus standards，Issue Brief 5 in Kopp，R. J. and Pizer，W. A. ，*Assessing US Climate Policy Options：A Report Summarizing Work at RFF as Part of the Inter-industry US Climate Policy Forum.*

Rubin J. （1996）A model of intertemporal emission trading，banking and borrowing. *J. Environ. Econ. Manag.* ，31 （3），269－286.

Sandbag. （2013）Ryanair overcharges passengers on the back of green levy. *Press Release* ，December 18，2013，Brussels.

Scheelhaase，J. D. and Grimme W. G. （2007）Emissions trading for international aviation—an estimation of the economic impact on selected European airlines. *J. Air Transp. Manag.* ，13，253－263.

Scheelhaase，J. ，Grimme，W. ，and Schaefer，M. （2010）The inclusion of aviation into the EU emission trading scheme—impacts on competition between European and non-European network airlines. *Transport. Res. D Transp. Environ.* ，15 （1），14－25.

Scheelhaase，J. ，Dahlmann，K. ，Jung，M. ，Keimel，H. ，Murphy，M. ，Nieße，H. ，Sausen，R. ，Schaefer，M. ，and Wolters，F. （2015）Die Einbeziehung des Luftverkehrs in internationale Klima-schutz-protokolle （ AviClim ）. Abschlussbericht BMBF-Vorha-ben " Ökonomie des Klimawandels "，Förderkennzeichen 01LA1138A （English Summary included in report）. http：//www. dlr. de/dlr/Portaldata/1/Resources/ documents/2015/Abschlussbericht _ AviClim _ Maerz _ 2015. pdf （accessed August 13，2015）.

Stavins R. （2005）Lessons learned from SO₂ allowance trading. *Choices* ，20 （1），53－57.

T＆E （Transport ＆ Environment）. （2015）Europe must push for an environmentally effective ICAO CO₂ standard. Letter to EU climate and transport ministers and European Commissioners Miguel Arias Cañete and Violeta Bulc. Available at http：//www. transportenvironment. org/ publications/letter-european-commission-and-ministers-why-europe-must-push-environmentally-effective （accessed August 13，2015）.

Tietenberg，T. （2006）*Emissions Trading Principles and Practice，Resources for the Future* ，2nd ed. ，Washington DC.

Tuteng，V. M. （ed. ），Ahmad，T. ，Rogalla von Bieberstein，K. ，Haywood，C. ，Bian，Y. -M. ，Corrêa De A. ，and Marsolais-Ricard，S. （2012）*Briefing Report by the Centre for International Sustainable Development Law for the Emissions Trading and International Civil Aviation Symposium* ，October 5，2012，Montreal. Available at http：//www. ieta. org/assets/CWG/CWG-Resources-Pubs/cisdl％ 20working％ 20paper％ 20eu％ 20ets. pdf （accessed August 13，2015）.

US Environmental Protection Agency. （2015）*Allowance Trading Basics.* Available at http：//www. epa. gov/ AIRMARKETS/trading/basics. html.

Vespermann，J. and Wald，A. （2011）Much ado about nothing? —An analysis of economic impacts and ecologic effects of the EU-emission trading scheme in the aviation industry. *Transp. Res. A Policy Pract.* ，45 （10），

1066 -1076.

Wadud Z. (2011) Personal tradable carbon permits for road transport: why, why not and who wins? *Transp. Res. A Policy Pract.*, 45, 1052 - 1065.

Wit, R. C. N., Boon B. H., van Velzen, A., Cames M., Deuber, O., and Lee, D. S. (2005) Giving wings to emission trading-inclusion of aviation under the European Emission Trading System (ETS): design and impacts.

Delft, CE, Jul. 2005. Available at http://www.cedelft.eu/publicatie/giving _ wings _ to _ emission _ trading/334 (accessed August 13, 2015).

本章译者：朱春玲 孙一哲
（南京航空航天大学航空宇航学院）

第7部分

系 统

第 25 章

机载能量管理

Dimitri N. Mavris，Imon Chakraborty，Elena Garcia，Christopher A. Perullo 和 David R. Trawick
佐治亚理工学院丹麦古根海姆航空航天工程学院航空航天系统设计实验室，亚特兰大，佐治亚州，美国

25.1 引　　言

无论是对于需要考虑成本的民航，还是对于有着隐身和热管理要求的军事系统，机载能量消耗监控都是未来飞行器子系统架构的一个关键点。在能耗不断提高、对无牵引功率需求增长的背景下，能源管理越来越必不可少。

能源管理是一个很宽泛的涵盖性术语，它指在一个系统或多系统之间对能量的流动进行控制的行为（Schlabe 和 Lienig，2012）。这一术语常常适用于具有储存器件（如电池或者电容）的系统，或者使用储能器件作为唯一能量来源的系统。

在这一章中，能源管理这一术语用以讨论不同体系中的（能量）来源和载荷管理，这些体系既有含储能器件的，也有不含储能器件的。为了更好地理解如何对能源的使用进行优化，本文也将对飞行器子系统、其传统能量使用方式以及局部子系统能量优化的可能性进行总结与讨论。接着，本文也将说明优化的方式和策略。

（常规）传统的子系统体系涉及多种能源，并在能量转换中产生相关的（能量）损耗。此外，这些系统在几十年内已经得到了提高，并且正在接近它们的效率极限。对于这些传统子系统的设计来说，优化能源管理常常只是第二选择。如果真的使用，也至多是在局部进行了优化处理。

近年来，电子电力学的飞速发展使得新的子系统体系成为现实。这些新的子系统体系常常需要（将别的形式的能量）转变成一种单一的无牵引功率的能量：电能。这种"多电"体系有以更少的能量转换和更轻的总体系统按需提供功率的潜能。

这一章既在传统体系的背景下，也在多电、多集成体系的背景下，讨论集成挑战和机载能源管理的可能性。

25.2 能量的产生

对于机载设备和系统的运行来说，无牵引功率是必需的。除了需要用于推进飞行器并保持飞行的牵引功率之外，也必须产生无牵引功率这一额外的功率。

主发动机最常用于提供无牵引功率，以使各种各样的子系统正常运行。在地面上时，辅助动力系统（APU）常用于提供所需要的无牵引功率。在许多情况下，辅助动力系统也可以在飞行过程中启动，以提供功率。由于辅助动力系统的设计，它可以在飞行包线中或者在辅助动力系统重启包线（飞行包线的一个子集）的任何条件下启动。

二次功率可以从燃气涡轮发电机中获得，有如下两种形式。

（1）气动功率：这是通过从燃气涡轮发电机的压缩机中抽取高压气体获得的。虽然不同发动机设计中抽气的抽取阶段是不一样的，但是，在大多情况下，都有从高压阶段（大约 500 ℃，12 bar）和低压（中压）阶段（大约 300 ℃，4 bar）引气的装置。一种引气口的选择逻辑也包含在内，它用来根据飞行状况选择最优的放气抽取口。对于发动机中速到高速之间的状态来说，常常会使用低压引气口，因为它的引气温度和气压在这些条件下都是足够的。而对于发动机怠速状态来说则不是这样的

（比如下降、飞行慢车或地面慢车），在这一状态下，由于更低的发动机运转压力，就必须使用高压引气口。因为引气口的选择方法是为了最小化从高压引气口的吸气量，所以这是能源管理/优化中局部优化的一个体现。然而，尽管如此，被抽取的空气仍旧因为气压和温度过高而无法在下游气动系统中安全地使用——常被用于飞行器环境控制系统（ECS）和防冰系统（IPS）。燃料管附近的温度常常高于燃料的自燃温度，而且高压给密闭性带来了挑战（Hunt 等，1995）。因此，温度必须在预冷机里降低（大约至 200 ℃），预冷机常常将发动机风扇级的空气作为吸热装置。气压也在排气阀可以被下游部件使用前通过一个压力调节阀降低（大约至 3 bar）。因为引气的压缩先于抽气所需的能量输入，这种所必需的下调机制会导致显著的能量浪费，在这种情况下，浪费的能量仅被排到了机外。

（2）机械功率：也就是轴功率输出。机械功率是通过使用附加的变速箱的发动机轴获得的。这种轴功率的获得会带来一个弊端，那就是由于使用了机械传动装置，连接到发动机轴上的部件的转速会随着发动机轴的变化而变化。由于部件的运转效率，诸如水泵和发电机（在后面会讲到），都会受到它们的转速的影响。机械传动装置的这种特性导致这些部件在偏离设计的状态下以非最优的方式运行。一部分获得的机械功率用来在发动机内驱动燃油泵，而大多数获得的机械功率被转化成了另外两种形式的功率：水力功率和电力功率。

1）水力功率：为了给三个多余的集中式液压系统之一里的水流加压，一个由发动机驱动的泵（EDP）被连到了额外的变速箱上。商用和军用的标准液压系统压强分别是 3 000 psi 和 4 000 psi，而较新的商用飞机，比如说波音 787 和较新的军用飞机，比如说 V-22 鱼鹰式倾转旋翼机，都采用 5 000 psi 的液压系统（Jones，2002）。最常用的是各种各样的活塞泵。

2）电力功率：这一功率是由每个发动机中一个或两个发电机产生的，受到附加变速箱的影响。由于发动机轴的速度是变化的，被称作恒速驱动（CSD）的机械变速箱常用于获得有恒定速度输出的轴，这个轴可以用来驱动发电机以恒定的频率生成电功率。发电机和恒速驱动装置也可能被合到一个单元里，该单元被称作组合电源装置（IDG）。如果发电机直接连到额外的变速箱上以在不同的频率获得电功率，则恒速驱动装置/组合电源装置的重量、成本和复杂性问题就可以规避。

储能装置，比如说电池，在主发动机启动之前就会给飞行器系统提供功率，同时也为了在所有发动机都失效的情况下提供后备功率。我们通常用专门的辅助动力系统电池来启动辅助动力系统（该系统反过来也会启动主发动机），并且该专用电池还提供更多的后备功率。其他的储能装置，比如超电容和燃料电池，是目前广泛研究的核心。

25.3　能量的消耗

无牵引（次级）功率的耗能部分是飞行器的子系统，也就是飞行器设备系统（AES），其包括环境控制系统（ECS）、防冰系统（IPS）、用于飞行控制的作动系统、起落架、反推装置、刹车装置、前机轮转向装置、航电系统和舱内负载〔机上厨房、飞行中的娱乐设施（IFE）、照明设备〕。

现在在商用飞行器上最常见的将飞行器子系统和无牵引功率联合在一起的方式是不断发展的结果，这一过程可追溯至第二次世界大战（Jones，2002）。一些军用飞机在 20 世纪 50 年代发展起来，比如英国的 V 轰炸机，在驱动功能上广泛地使用了电功率。然而，高压的集中式液压系统的快速成熟，使它们成了驱动功能的标准。同时，气动的环境控制系统（ECS）和防冰系统（IPS）也成了标准。由于这些系统的电流需用量随着飞行器的尺寸而增加，所以通过可用的涡喷或者低旁路率的涡扇发动机来满足这些要求是可能的。因此，飞行器子系统按传统方式可以分成如图 25.1 所示部分，其中液压用于驱动，气动用于环境控制系统（ECS）和防冰系统（IPS），电功率用于航电和机舱负载。

对于一个假定有 40 MW 牵引力的典型中等大小的客机（比如空客 A330）来说，总共的二次功率消耗大概在 1.74 MW。这种二次功率的典型分布是：气动功率 1.2 MW，液压功率 240 kW，电功率 200 kW，机械功率 100 kW（Wheeler 等，2013）。

这些系统是安全的、经过检验的并且可靠的。就算能量优化没有必要，但对于飞行器的使用来说，再怎么强调安全性和可靠性也不为过。

经过几十年的航空发展，在这样一个传统架构中的子系统方案已经被验证并进行了改进。这些方

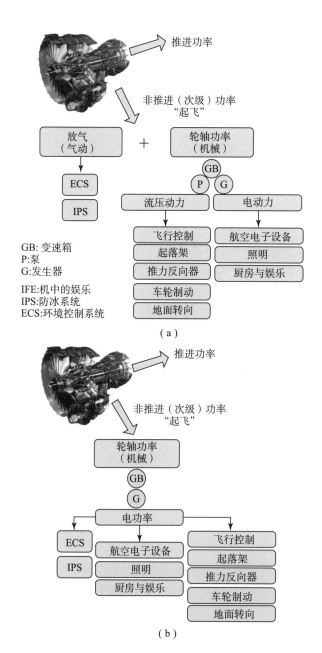

GB: 变速箱
P: 泵
G: 发生器
IFE: 机中的娱乐
IPS: 防冰系统
ECS: 环境控制系统

（a）

（b）

图 25.1　传统和全电子系统结构中的二次功率子系统要求

（a）传统子系统架构（CSA）；（b）电子子系统架构（ESA）

案目前进入了"技术饱和"状态，也即技术成果收益一直在下降，在此之后想要在运行效率上获得更进一步的发展会越来越难。与此同时，在电力驱动和电力电子的功率密度和可靠性上的重大发展，使人们对于将电子系统作为多电触发（MEI）的一部分再次产生了兴趣。

尽管任何形式的二次功率获得都会对发动机产生性能代偿——推力燃料消耗（TSFC 或者 SFC）的上升和可用推力的下降，但这样的代偿在发动机的敏感性和轴功率与引气的获得上都存在显著的不同。比如说，2.16 lb/s 的第五阶段进气量会提高

3.2% 的推力燃料消耗；相反地，由于 216 hp 轴功率的进气量产生的推力燃料消耗上升，只有 0.93%（Cronin，1983）。三喷气发动机上由于 6 lb/s 进气量产生的巡航推力代偿大约是 2 200 lbf[①]，而 600 hp 轴功率的进气量产生的代偿只有 688 lbf（Cronin，1983）。由于考虑了不同的发动机和飞行条件，尽管这些数据在不同的研究中会有所不同，但是在气动方面的确会给发动机带来更多严重的性能代偿。有一项研究给出了进气量每升高 1% 推力燃料消耗代偿上升 1% 的数值结论（Evans，1991）。对于高旁路率的发动机来说，尤其是当大量的引气获得超出操纵区域变动时，这种代偿会越来越多地受到关注。

人们现在对通过两个主要引气消耗系统——环境控制系统（ECS）和防冰系统（IPS）的电气化来消除气动损耗有着很大的兴趣。对于一个双联发动机，由一个 55 000～60 000 lbf 的推力涡扇驱动的可搭载 250～300 乘客的民航来说，环境控制系统每个发动机可能在海平面需要 2.2 lb/s 引气量，在 40 000 ft 需要 1.65 lb/s 引气量。而防冰系统在上升到 30 000 ft 时，可能至少需要相同量的进气量（Jones，1995）。正如之前指出的，由于需要在环境控制系统和防冰系统利用引气前下调引气量，所以会产生巨大的能量浪费。一种解决办法是给这两个系统使用电功率（与气动功率相反）。发动机产生的电损耗可以不赖于可用的气动压力而被独立控制，气动压力与发动机所需推力有关。

这样一种"少进气"或者主要是"无进气"的结构可以在波音 787 中看到，它上面的电功率是用于环境控制系统和机翼防冰系统的。对于环境控制系统（ECS）来说，专用的机舱空气压缩机（CAC），在把冲压空气送入低压空气循环机（ACM）之前，仅把所需量的冲压空气加压到所需的气压。由下调引气造成的能源浪费由此可以避免（Sinnett，2007）。

同样地，对于机翼防冰系统来说，波音 787 使用连在内蒙皮的电加热板，而不使用引气给受保护的前缘表面加热。向"无进气"结构的转变对许多参数产生了广泛的影响。表 25.1 列出了不同文献预测的量级。人们预测，在一个可载 150 名乘客的飞机辅助动力系统上，一个类似的无进气结构，与传统辅助动力系统相比，会有 50 kg/h 的燃料节约

---

① 　1 lbf=4.45 N。

（Derouineau，2009）。

表25.1　转换到"no-bleed"架构的影响估计

参数	影响	来源
燃料消耗	减少1%～2% 减少3%～4%	（Sinnett，2007） （Cronin，1990）
发动机重量	减少2.7%	（Heimbold等，1980）
发动机直径	减少1.3%	
发动机阻力	减少3.7%	
发动机推力	增加10%～15%	（Derouineau，2009）
OEI高度	增加5～8 kft	
操作温度	减少20 ℃～30 ℃	
排放	减少15%	

与气动系统类似，集中式液压系统在能量使用方面也不是最优的。发动机驱动的液压泵通常是根据降落进场设计尺寸的，降落进场在低发动机速度时（从基本的飞行控制、高扬程设备以及起落架）有着高流量的需求。在其他要求不是很高的飞行条件下，在流量要求更低、发动机转速更高而其他要求不是很高的飞行条件下，液压泵则不能被充分使用。此外，由于有泄漏流，需要有定常液压功率输入来维持系统的增压。集中式液压系统维护负担重，并且使用有腐蚀性并且易燃的液体。对于军用飞行器来说，集中式液压系统是一个显著的运行弱点的来源。因此，人们在探索电力供电的驱动子系统和去除液压系统上花了很多精力。预计的能量收益是来自电驱动的离散的开关特性、在目标载荷下获得再生能量的可能性和除去液压管产生的飞行器级别的减重。

对于控制飞行的驱动子系统，飞行中最重要的驱动子系统，军事方面（Cloyd，1998）的测试程序在F-35联合攻击战斗机上发展到了顶点，F-35是第一个出产的在所有飞行控制方面使用电驱动的战斗机。商业的飞行器现在更谨慎，尤其是在电力驱动的基本控制面方面。在A320和A330上运行了技术成熟的软件后，空中客机在A380上的后备部分引进了两种电驱动器（Van den Bossche，2006）。对于飞行中不是那么重要的控制面的电驱动也已经提出，比如说扰流片（Fronista和Bradbury，1997）和高扬程设备（Recksiek，2009）。

其他驱动功能的电力化也已经被研究或投入使用。空客A380的一个特征就是电动推力反向驱动

系统（ETRAS）。电驱动起落架已经进行了研究，但是截至发稿时还没有在任何现役飞行器上找到。

地面的三种运行功能也有着能量管理的巨大潜力：滑行、刹车以及前机轮转弯。

历史上，飞机曾使用过主发动机的推力进行滑行。这导致了巨大的能量浪费，因为对于滑行所需的低油门配置来说，发动机的运转效率较低。当飞机在滑行跑道上静止时，发动机也必须持续处于闲置状态，这导致了能量消耗没有有用的功用。

霍韦尼尔、赛峰和空客共同努力，对一个可能的更加能优化能量的方案进行了测试。这包括对空客A320的滑行测试。空客A320在主起落架轮轴上，装有两个齿轮减速的辅助动力系统驱动的50 kW的发动机。这样一个系统提供了所需要的功率，并且已经预计可以节约能量（通过节省燃料）。经测试，与传统的双发动机滑行相比，比如空客A320在700 n mile的航行中花大约22 min滑行（Nicolas，2013），这种"电滑行"系统可以减少3%的燃料消耗。

在目前大部分的飞行器上，只有主起落架才有刹车，而只有前机轮可以转向。有一些例外，包括老式的苏联飞机，会有额外的前机轮刹车；还有非常大型的飞行器，也会在主起落架上有转向机构（比如波音747和空客A380）。行业标准是用集中式液压系统来驱动刹车和前机轮转向机构。因为有飞行控制面，电驱动就运用到这些子系统上。另一个电驱动刹车操作的原因是可燃液体会从刹车油管里泄漏出来，并且在和加热了的刹车接触之后会着火。这一问题很严重，所以需要给飞行器的操作加上最大快速周转重量来限制刹车的能量。

机电驱动的刹车目前已经在波音787上得到了应用。电驱动的前机轮转向系统也已经被验证并且作出了原型机，但目前还没有发现在飞机上使用。

在局部的能量优化提升之外，电滑行、刹车和前机轮转向的同时使用给更高层次的（整机层次）能量管理带来了机会。比如说，当飞机在降落后刹车时，不是将动能以热的形式浪费掉，而是通过再生刹车系统将这一能量用于储能装置，比如说电池或超电容，收集并储存起来。储存了的能量可以在之后被用于滑行和将飞机从跑道上转向终点站，而无须再使用主发动机并且有限地或者根本不使用辅助动力系统（Grigore-Müller和Barbelian，2012）。

与全电飞行器（AEA）的概念类似，也同样有全电发动机（AEE）的概念（Jones，1995）。在

此，发电机不再通过附加的齿轮箱驱动，而是被安装到了发动机的主轴上。同样的发电机被用作启动发动机来启动发动机。电的燃油泵取代了传统的机械燃油泵。尽管截至发稿时没有投入使用的全电发动机（AEE），波音787的确使用了变频启动发电机（VESG），它可以用来启动发动机并且在之后产生电功率（Sinnett，2007）。

在用电的子系统的解决方案中，最重要的连续而长期的负载来自环境控制系统（ECS，大约280 kW+）、防冰系统（IPS，大约250 kW）和电燃料泵（大约10 kW）。电发动机的启动（大约200 kW），起落架的驱动、转向和刹车（5～70 kW）与飞行控制面的驱动（2～35 kW）可能会产生额外的短时间但高量级的负载（Wheeler等，2013）。

用电的子系统在将来的全电飞行器（AEA）上需要相当高的发电和功率分配的能力。对多电飞行器MEA来说也是如此，这一点通过对安装了的波音787（每个发动机2×250 kVA，2×225 kVA供给辅助动力系统而产出1.45 MW）和传统的波音777（每个发动机主要有120 kVA，每个发动机后备20 kVA功率，120 kVA供给辅助动力系统而产出400 kW）发电能力的比较已经得到了证实。假设同时期工艺水平的发电机的功率重量比是2.75 kW/kg，那么发电硬件很大的质量提升是很明显的。

25.4　结构评估

最新子系统结构的性能表现已经通过标准与传统的结构进行比较。这些标准有操作空重（OEW）、单或多任务燃料需求、起飞总重（TOGW），还有成本标准——直接操作成本（DOC）。

人们关于多电/全电飞行器结构对整个飞行器和任务水平的影响（也有可行性）的争论是很激烈的。在预测的改善或处罚的幅度非常广泛的驱动下，人们对这种MEA/AEA架构的总体车辆和任务级别影响（以及因此的可行性）进行了激烈的辩论。

下面给出两个相对来说最近的例子。Jones（2002）总结了一项A320大小的飞机的研究结果，认为燃料的节约，大约4.5%来自全电飞行器和全电发动机的组合，约4%来自全电飞行器，约3%来自有电驱动的全电发动机，约1.2%仅来自电驱

动。在一个可比较的研究中，人们评估了一个减少了液压功率和进气使用、可搭载165名乘客的单过道多电飞行器。多电飞行器被认为更重并且有更多的阻力，但是它提高了推力燃料消耗率比（SFC），使其对燃料燃烧没有净影响。

对预计的优点和缺点的很大变化以及过去的研究总结归纳如下。

（1）假定和预计的用于最新解决方案的技术工艺水平不同。

（2）由于对传统工艺水平过于保守的假设而产生的对传统基准的过度否定。

（3）对发动机性能影响的不合理性。

（4）对技术的综合效益的错误归纳，尽管这些效益最初是由其他的技术产生的。

针对第一点，可给一个例子。传统的液压驱动和电子线传功率系统的平衡试验的结果，在很大程度上受到电发动机和动力电子设备的假设功率重量比的影响。在一个值得关注的以前的实验中（Howison和Cronin，1982），经过测评，可搭载500名乘客的洛克希勒公司L1011飞机衍生标准的电驱动（系统），相对于传统的液压系统重量增加了630 lb，即使随后有重量预测（Cronin，1983）解释了许多更加先进的发动机设计。这表明电驱动器比同样的液压式驱动器更具竞争力，也可能更轻。即使重量效率更高的5 000 lb/ft^{2}的系统被认为是可行的（Sinnett，2007），但在假设传统标准使用3 000 lb/ft^{2}的液压系统的情况下，同样的平衡研究也可以作为第二点的一个例子。由于同样的原因，在对有新型电池概念、燃料电池以及超电容结构的评估中，人们会发现显著的差异。

一个值得关注的波音IDEA的研究可作为第三点的例子（Tagge等，1985）。在该研究中，一架波音767样式飞行器的燃料燃烧量下降达到3%，这一下降是由于换用了用电的环境控制系统（ECS）。正如Jones（2002）指出的那样，这一研究既评估了传统标准的飞行器，也评估了用了仅为提供轴功率排气口的发动机的全电飞行器，这也因此成为提供进气时的一个不公平的劣势。作者也指出，平行的洛克希勒IDEA研究可以认为提供了一个第二点和第四点的组合例子。在此，一架L-1011衍生机型10%～13%的燃料节约量，可归功于全电飞行器系统，即使主要的原因是通过电脑放大、AEA模式（不是传统标准）的电传操纵的飞行控制而得来的放宽静稳定性的假设。

25.5 集成的挑战

集成是关于机载能量管理的关键因素。对每一个子系统部分的能量消耗的优化并不能保证整体系统的最优。为了阐释这一点，有人可能会提到Sylvain Prudhomme在一个更加开放的电子技术闭幕论坛上的讲话，他说："全电的和中间层次的多电混合方案是可行的，而这种权衡取决于结构的选择。"（Proudhomme，2009）。然而，子系统的集成面临着许多挑战，既有技术上的，也有组织结构上的。

历史上，关于新飞机设计的研发任务最初是由结构设计师和发动机供应者进行的，他们之间有着紧密的关联。另外，子系统供应者的角色大多数被限制在了细节的定义和子系统的生产上。他们常常没有或者不需要同样紧密的关联。这就给新的高度一体化的结构创新带来了明显的结构上的障碍。这一结构对其中一个子系统的优化可能会给其他部分带去不好的作用。但是，那些用于优化子系统的结构无法对潜在的相互作用进行定量。同时也有使用一体化模型和仿真环境的结构上的障碍，这一障碍对机载能量优化是很关键的。这是由于不同的（常常相互竞争的）供应者团队都参与其中，使得他们不可能共享他们的建模能力。

新的结构方法中历史数据的丢失也给其他方面带来了挑战。比如说在不同子系统之间对相互作用的认同。从传统来说，因为有了对它们的足够的知识去评估他们整合后的影响，子系统可能会到设计的细节化阶段才被考虑。但是，有了更多的综合系统，对于相互作用和耦合关系的误解，会使机载能量的节约大打折扣，而这正是新型结构所希望达到的。如果整合的挑战可以并且将被解决，就会有一些在设计整体能量管理方案时的方法和需要考虑的东西。

25.6 能量管理

正如前文所说，能量管理被广泛地定义为能量使用的优化，以使一个系统或所有子系统以最大的能力完成既定的任务（Walters 和 Iden，2010）。能量管理可被分解以等级的视角来看，因为在一个飞机上有无数的子系统共同工作去完成一个任务或达成一个目标。在这样的背景下，能量管理就是对一个已经定义了的体系的总能量使用的优化。能量管理可以在每一个子系统中局部地实现，合并一个仍有子系统在其内部的系统，或者包含子系统使用的优化，子系统使用包括外部的飞行器环境和整体任务。每一个这些选择都会被逐一讨论。

最简单地说，每一个子系统都可以被优化，这样它就有可能在局部使用了最少的能量。这种层次的优化既是主动的也是被动的。被动的或者开环的优化，需要设计者预估部件的使用情况，并将其安排好或者对其进行预优化。子系统的能量使用与这个系统在什么时候、以怎样的方式在任务过程中被使用有关。比如说，当飞行器到达某一高度或者速度时，起落架将不工作，某一子系统就可以选择性地让驱动起落架的液压泵也不工作。尽管这种简单的例子可以在局部节约能量，但如果一个液压泵想要能够单独控制连到整体上的每一个系统，那么就会需要更多的液压泵。此外，被动优化没有考虑由于设计者想要达到的条件而引起的操作上的变化，同时也无法轻易地解释变差的系统。

通过各种各样的方式可以达到主动优化，包括传统的比例积分控制器、基于模型的控制或者模型预测控制（MPC）系统。这其中的每一个都会在后面的段落里讨论到。无论控制或者优化的结构选的到底是哪一种，主动或者说闭环优化使得子系统可以主动地感知并对周围状况作出反应。

尽管提供的关于一个单独系统的能量管理优化的例子很有用，但它并没有说到能量管理概念的核心，也就是说，在多系统之间对一种或多种能量流进行优化。尽管在子系统中的所有能量使用优化是一个宏伟的目标，但正如 Walters 和 Iden（2010）所说，在这种优化的使用上仍有许多显著的问题需要克服。首先，为了对多个相互联系的子系统进行优化，几乎总是需要进行模型仿真，如果这样的花费是值得的。即使最终实际的使用是开环控制的（计划），也是需要的。这从技术上和组织上来说都是具有挑战性的，因为正如前文所说，子系统是由不同的团体通过不同的过程和工具设计制造的。

在技术方面，工具会有不同的接口，也许会被用于不同的软件，也许会根据脑海中不同的需要来进行设计。能量管理是一个固有的瞬态问题，并且不同子系统的操作时间尺度非常不同。电系统的响应是毫秒级的，而热系统可能工作在秒级甚至分钟级。为了建立一个可以优化分析的模型，这些问题必须得到解决。

从组织的角度来看，不同的子系统供应者想要保护知识产权和专利数据，这使得直接将这些工具融合成了一件难事。但解决这些问题的方法的确存在，包括共享压缩了的用户模型，这种模型只会显示一个仿真工具的输入和输出。这也表现了此种方式的不足，即工具之间的不兼容只有在集成时才能发现。还有，信息会被刻意地隐瞒，并且许多用户模型只适用于十分具体的系统，这些系统只在极端的运行约束条件下被评估过。当在一个很狭小的范围之外或在飞机给定尺寸的背景下运行时，用户模型就会失去有效性。最后的挑战是，单个的分析工具不会按照所想的优化发展，这导致阻碍优化进行的运行时间或者数据无效不稳定的工具偏离它们的标准点。

尽管建立一个进行能量管理的集成式工具集在技术上和组织上的困难确实存在，但它们也不是无法克服的。如果想建立一个合适的经整合的模型，则有许多东西需要考虑。首先，为了能真实地优化每一个子系统的能量使用，每一个子系统必须能够在所需的模式下运行。用电部件能够很好地满足这一要求，但是它们也带来了特有的问题。热系统有着它们自己的问题，这两者都将在这里进行介绍。

热管理有着各种各样的形式。在一个基本水平上，热管理系统将热量从各种各样的子系统上移到周围环境中。在一架飞机上，这可以通过许多方式来完成。

首先，热系统可以被分成两个回路。一个或多个二级回路用于从子系统中吸收热量。使用多回路有助于通过控制冷却剂和子系统之间的温度梯度来优化热系统，这样就可以将热传递最大化（Rugh和Benninon，2012）。之后，二级回路就把热量散给基础回路。基础回路将热量通过多种方式散到环境中去。首先，由于飞行器通常是在高海拔运行的，外界的空气可以被压缩，并通过冷却旋管带走热量。在地面，当需要明显的降温时，比如说在热天长滑行时，也可以使用水循环系统将冷却剂降温到周围温度以下（Jomier，2009）。这些想法的许多不同的变体可以被具体化。二级回路可以被串联起来或者一起消除，也就是说，不是把热排到大气中去，而是将燃料作为吸热器。在一些案例中，搭了多热源多吸热器来靠周围的和子系统的运行条件对除热进行优化。

热管理系统既可以在连续状态工作，也可以在开-关状态工作。在连续状态运行时，散热性能会相应地变化；在开-关状态运行时，热系统会像居民使用的空调那样运转。当待冷却的子系统温度升高超过某一温度时，热系统会开始工作并且降温，直到被冷却的子系统的温度降到某一特定值以下。这种系统的优势包括部件和控制的简单性。两个状态的系统意味着冷却剂的泵如果可以被电控制，它就可以是固定速率的种类，这可以简化机械设计和电控制。开-关系统的缺点是它们不能从整体能量管理的角度进行全局优化。虽然这种系统整体依赖于结构和运行特性，但它可能在不完全载荷情况下运行冷却系统时更加实用，可以很长一段时间将子系统保持在低温状态。这与汽车上的冷却系统类似。在汽车上，一个变速打开的恒温器以连续的方式控制冷却剂的流动，以使汽车保持在一个恒定的运行温度。

热系统也可能设计有储热罐来缓冲热排放的需要。这些储热罐可能被放在任意的二级或者初级回路中，并且可以被和整体能量管理框架一起使用。举个例子，如果使用了开-关型热系统，储热罐可能会用于存放多余的热量，直到子系统完成抽拉功率；然后，在低子系统活动期间，热系统可以打开并且将多余的热量从储热罐中带走。作为替代，增加的储热装置可以使热系统小型化、轻型化，因为多余的热量可以被储存起来。这种状况是可能的，当一个子系统在高的但不频繁的最大载荷下运行时，最大载荷在很长一段时间里可以连续不断地被移走（Shanmugasundaram和Ramalingam，2007）。从运行和结构的角度来说，对热系统的设计者有许多可供的选择。然而，所有的这些都是以不断增长的成本和复杂性为代价的。确切的设计和操作非常依赖于一个飞机内的单独的子系统。

如前所述，电系统可被分成源和库。由于系统将会在按需状态下使用，所以必须有一些方法在过渡过程中管理过剩的能量。比如说，发电机最可能和一个发动机的轴相连。如果一个载荷立刻从轴上被移走，这会导致发动机速度的增加，这需要发动机控制器通过减少燃料量来相应地作出反应。尽管这是一个可接受的正常的反应，但也表明了一种能量的浪费，这部分能量本可以在需要的时候被重新获得并被使用的。此外，尽管发动机里的瞬态过程并不严重，但其他的子系统可能不能承受快速的电响应。为了保持电功率的质量，系统必须存在，在需要多余的功率时来积累再生能量并且散出能量。

电池和电容常被用于此目的。其他方式包括通过发电机恢复能量或通过热分流器去除多余能量。然而，除非能量通过具有恢复力的热系统被复原，不然这是应该被避免的。

　　一个能量储存需求的基本例子可以在机电驱动器上得到解释。当驱动器将铰接的控制面转向气流时，需要功率来克服相对的气动载荷。但是，当控制面被命令转向中立位置时，气动力就变成了一个辅助载荷，以帮助能量的再生，因为驱动器从本质上来说是由辅助载荷来进行后驱动的。目前的电功率质量标准不允许再生的功率重新被引入飞行器的电网络中，并且从载荷上再生的能量常常以热的形式通过电阻器被排出。然而，尤其是在再生功率不是很大时，通过吸收再生能量可以获得更有效的能量管理。比如说，通过一个用于再生能量的专用总线或者通过一个局部的或集中式的储能装置。局部的储能装置可以让每一个控制面只接受它自己的平均功率输出作为一个飞行器电网的输入。此外，每一个控制面所需的储能装置的尺寸都可以通过提供功率的快速控制来减小。

　　在电储存结构之外，人们必须设计出一个高水平的控制策略，比如记录在 Serrao、Onori 和 Rizzoni（2011）文献中的那些。尽管分类会有些许不同，但能量管理的种类可以被大致分为如下几类：基于规则、基于模糊规则、基于优化方法、全局优化和实时优化。在基于规则和基于模糊规则的能量管理中，必须有高水平的监测策略，该策略可以顾及多能量管理目标，比如（Zhang 等，2010）：

　　（1）保持标准的总线电压。

　　（2）通过最小化散失的功率优化能量效率。

　　（3）确保储能系统可用。

并且要约束：

　　（4）储能系统的储能能力。

　　（5）储能系统的动态响应。

　　（6）电压和功率质量需求。

　　能量管理的逻辑可以被进一步分为：持续逻辑、顺序逻辑和保护逻辑。在示例的目标中，维持总线水平（1）或维持一个部件所需的功率，是持续逻辑的一个例子。它有一个传统 PI 控制器希望可以维持的设定值。保护逻辑是持续逻辑的一个延伸，并且确保系统可以在一个允许的约束内运行，比如上面目标中的（4）～（6）。储能系统不能过充电或充电不足，并且必须维持总线上合理的运行电压。顺序逻辑会根据更高层的策略来改变单个部件

258

的设置值。在这个例子中，基于规则的或基于模糊规则的方法使用了工程上的规则对系统运行进行了优化。

　　实际上，基于规则的和基于模糊规则的能量管理架构仍旧是被动优化的一种形式。一个工程师在其完全投入使用之前就已经建好了系统的物理模型和解析模型，并且已经将他的工程知识运用到控制系统中。不幸的是，尽管开发基于规则的顺序逻辑对一个甚至多个集成系统相对来说比较直接，但显而易见，当自由度的数目变多时，问题也会变得棘手。因为子系统之间的相互作用必须在这个逻辑内被考虑到。这和可能用于未来飞行器上的子系统伺服、循环的特性一起都要被考虑到。

　　为了避免开发基于规则的逻辑的需要，有两个其他的可能的方法。一个是全局优化，或者说是基于模型的控制（MBC）。基于模型的控制使用了一个系统的解析模型来优化它的当前运行状态。优化的结果会通过物理系统的控制来体现。优化可以使用传统的梯度法进行，并且该优化既可以服从连续约束，也可以服从离散约束。基于模型的控制的优点是，它能适应于一系列无法预计的条件，也能被调整来反映系统当前的状况（劣化）。基于模型的控制不需要一个集成系统的模型，它能被用于单个或者一组相互关联的子系统的局部优化。比如说，分开的系统可以用于电系统和热系统。基于模型的控制的缺点是，为了控制快速的暂态，它必须比实际时间运行得快，也可以通过使用线性模型来达到。这可能使热系统和与它们相关的更大的时间常数在短期内更为合适。

　　尽管基于模型的控制在一个给定的时间点上对系统及时进行优化，但是模型预测性的控制使用MBC，即使用它来优化当前运行状态，同时考虑到其动态的未来目标。方法是使用线性代数来解决约束路径的优化问题。模型预测控制问题可以总结如下（Maciejowskie，1989）：它是一个算法，该算法既运用了预测时域 P，也运用了控制时域 U。有约束的优化问题在每一个时间步长都被解算一次，以确定在预测范围内使目标函数最大化的控制变量的最优设置。然后，在控制范围内执行最优控制变量，不断重复该过程。模型预测公式顾及模型输入和输出的约束。一个模型被用来基于一组优化了的输入来预测未来的路线。一个或者多个优化了的并预测了的输入被执行，并且这样的过程被不断重复。MPC 也需要比实际时间运行得快，因为模

型在每一个"挂钟时间"的时间步里执行了许多次。而且，通过最小化受控参数的过余量和不足量，可以更好地全面利用能源。

虽然 MPC 在传统的控制观念中不被使用，但潜在的线性代数优化方法可以被用来智能地给一套集成的子系统设置运行策略。MPC 可以决定在当前的时间步里如何运行任何一个子系统，来优化服从运行约束的系统。

最终，子系统能量优化要从整个飞行器系统的角度来看。如果做最终总结，那么控制和优化算法应该不仅包括二级子系统，还包括基本的发射和飞行器任务系统。如果飞行器任务已知或者是可预测的，那么发动机所需推力、ECS 增压需求和热需求都可以被制定出来，并且在整个任务过程中用于优化能量。由于建模、组织的障碍和安全考量的限制，这一最终目标可能永远无法实现，但这至少给未来提供了一个目标。

25.7 总结评价

尽管有着各种各样用于优化机载能量的方式方法，但还有显著的挑战需要去克服。这一产业正向电系统的方向发展，这一系统最起码可以使能量更优化地被使用。但是，它们也带来了其复杂性和整合到其他子系统上的问题。在这一事业的方方面面仍有许多工作要做，包括多个实体时间的相互影响，开发新的模型、仿真方法及从分析和使用两个角度集成子系统的运行。

参考文献

Cloyd，J.（1998）Status of the United States Air Force's more electric aircraft initiative. *IEEE Aerosp. Electron. Syst. Mag.*，13（4），17‐22.

Cronin，M.（1983）All-electric vs. conventional aircraft：the production/operational aspects. *J. Aircraft*，20（6），481‐486.

Cronin，M.（1990）The all-electric aircraft. *IEE Rev.*，36（8），309‐311.

Cronin，M. Hays，A.P.，Green，F.B.，Radovcich，N.A.，Helsley，C.W.，and Rutchik，W.L.（1985）*Integrated Digital/Electric Aircraft Concepts Study*. Burbank，CA：NASA Contractor Report 3841.

Derouineau，J.-L.（2009）Power optimized more electrical aircraft，in *Proceedings of the European Conference Towards eEnvironment*.

Evans，A.（1991）*The Effects of Compressor Seventh-Stage Bleed Air Extraction on Performance of the F100-PW-220 Afterburning Turbofan Engine*. Ames Research Center，Dryden Flight Research Facility，Edwards，CA：NASA Contractor Report 179447.

Fronista，G. and Bradbury，G.（1997）An electromechanical actuator for a transport aircraft spoiler surface，in *Proceedings of the 32nd Intersociety Energy Conversion Engineering Conference*，694‐698.

Grigore-Müller，O. and Barbelian，M.（2012）Regenerative braking for aircraft landing roll phase using an electric machine，in the 13th *International Conference on Optimization of Electrical and Electronic Equipment*，584‐593.

Heimbold，R.，Cronin，M.，and Howison，W.（1980）Application of advanced electric/electronic technology to conventional aircraft. Burbank，CA：NACA-CR-163576.

Howison，W. and Cronin，M.（1982）Electronic/electric technology benefits study. Burbank，CA：NASA Contractor Report 165890.

Hunt，E.H.，Reid，D.H.，Space，D.R.，and Tilton，F.E.（1995）Commercial airliner environmental control system—engineering aspects of cabin air quality，in *Proceedings of the Aerospace Medical Association Annual Meeting*.

Jomier，T.（2009）More open electrical technologies（MOET）technical report. *MOET-FP6-030861：MOET Consortium Partners*.

Jones，R.（1995）Considerations of the all electric（accessory）engine concept. *Proc. Inst. Mech. Eng. G J. Aerosp. Eng.*，209（4），273‐280.

Jones，R.（2002）The more electric aircraft：assessing the benefits. *Proc. Inst. Mech. Eng. G J. Aerosp. Eng.*，216，259‐270.

Maciejowskie，J.M.（1989）*Multivariable Feedback Design*. Addison Wesley，Wokingham，UK.

Nicolas，Y.（2013）eTaxi-Taxiing aircraft with engines stopped. *Flight Airworthiness Support Technology（FAST）*，Airbus Technical Magazine，2‐10.

Proudhomme，S.（2009）Closing remarks at the More Electric Aircraft Forum organized by the MOET Project Consortium，More Open Electrical Technologies（MOET），Toulouse，France.

Recksiek，M.（2009）Advanced high lift system architecture with distributed electrical flap actuation. Workshop on Aviation System Technology Workshop，Hamburg，Germany.

Rugh，J.P. and Benninon，K.（2012）Electric vehicle

thermal modeling to assess combined cooling loop concepts, in *Proceedings of the SAE Thermal Management Systems Symposium*, Scottsdale, AZ.

Schlabe, D. and Lienig, J. (2012) Energy management of aircraft electrical systems—state of the art and further directions, in *IEEE Conference on Electrical Systems for Aircraft, Railway and Ship Propulsion* (*ESARS* 2012), Aachen, Germany, pp. 1 - 6.

Serrao, L., Onori, S., and Rizzoni, G. (2011) A comparative analysis of energy management strategies for hybrid electric vehicles. *J. Dyn. Syst. Meas. Control*, 133, 1 - 9.

Shanmugasundaram, V. and Ramalingam, M. L. (2007) Thermal management system with energy storage for an airborne laser power system application, in *5th International Energy Conversion Engineering Conference and Exhibit*, St. Louis, MI.

Sinnett, M. (2007) 787 No-bleed systems: saving fuel and enhancing operational efficiencies. *Boeing Aero Magazine*, Quarter 4.

Tagge, G., Irish, L., and Bailey, A. (1985) *Systems Study for an Integrated Digital/Electric Aircraft* (*IDEA*), Seattle, WA: NASA Contractor Report 3840.

Van den Bossche, D. (2006) *The A380 Flight Control Electrohydrostatic Actuators, Achievements and Lessons Learnt*. Hamburg, Germany, International Congress of the Aeronautical Sciences (ICAS 2006).

Walters, E. A. and Iden, S. (2010) INVENT modeling, simulation, analysis, and optimization, in the *48th AIAA Aerospace Sciences Meeting*, Orlando, FL.

Wheeler, P. W., Clare, J. C., Trentin, A., and Bozhko, S. (2013) An overview of the more electrical aircraft. *Proc. Inst. Mech. Eng. G J. Aerosp. Eng.*, 227, 578 - 585.

Zhang, C., Vahidi, A., Li, X., and Tennant, K. (2010) Role of terrain preview in energy management of hybrid electric vehicles. *IEEE Trans. Veh. Technol.*, 59 (3), 1139 - 1147.

本章译者：陆天和　刘莉
（北京理工大学宇航学院）

第 26 章

机身系统对绿色客机运行的影响

Craig Lawson 和 Ravinka Seresinhe

克兰菲尔德大学航空航天制造与运输学院航空航天中心，克兰菲尔德，英国

26.1 引 言

飞机的运行策略对整个飞机环境有重要的影响。当前商业航空发动机在运行过程中因燃烧煤油而产生了大量的温室气体。虽然绝大部分动力转化为了推力，但仍有相当一部分动力用于机上各系统的正常运转。

飞机本身是一个有多个子系统的复杂系统，子系统中的设备需要能量来驱动。根据是否用以保障安全飞行将这些设备分类。在正常的运行条件下，每个工作的设备都消耗能量，无论它是保障安全飞行的必需设备，如大气数据计算机，还是非安全飞行保障设备，如机舱厨房的饮料机。

不同机型的机身系统不同，同一机型的机身系统也可能不同。通常，机身系统由气压、液压和电力驱动，或这三类混合驱动。传统的大飞机采用这三类组合驱动机上的各系统，然而多电飞机（MEA）旨在更多地采用电力驱动机上的各系统，但并不是所有主要的子系统都采用电动。

一般地，在飞行过程中机身系统运行的动力源是飞机的推进系统。这些机上系统的驱动力是从发动机产生的动力上分离出来的，因此称为二次动力，二次动力需要发动机除产生飞行需要的推力外，还需要产生额外的动力以驱动机上的各系统，从而导致更多的燃油消耗，以及更多的温室气体排放，这就影响了环境。

26.2 机身系统在飞机运行中的作用

讨论机身系统在线飞行时的作用需要考虑以下几个方面。

26.2.1 任务

飞行任务本身对机身系统就有影响。机上的系统，如环境控制系统（ECS）和防冰系统（IPS），对动力的消耗与飞行环境密切相关。对于典型的商业飞机，电力载荷与所处飞行阶段有一定的关系。机载设备，如娱乐设备和厨房烤箱等，一般在爬升、巡航和下降阶段电力需求最大。

表 26.1 列出了空客 A320 由汉堡至图卢兹飞行过程中各阶段的功耗和排气情况。从中可见，在爬升阶段空气流量明显上升。轴功率的变化情况也比较明显，同样，在爬升阶段功耗最大，巡航阶段次之。

表 26.1 空客 A320 飞机从汉堡到图卢兹的功耗和排气情况（Scholz 等，2013）

额定推力	轴功率 /kW	从 HP 压缩机流出空气的最大流量/(kg·s⁻¹)
起飞（达到 15 000 ft）	73.8	0.579
爬升（达到 31 000 ft）	83.5	0.710
巡航（达到 31 000 ft）	79.0	0.481
下降（达到 1 500 ft）	68.6	0.429
接近	68.6	0.453

对于多电飞机，功耗预计会比传统飞机对飞行环境的变化更敏感，且功耗的变化量也更大。这是因为其涉及的技术和电动环境控制系统（ECS）都需要更多的电力。

26.2.2 机身系统框架

传统的大型商用飞机，包括除波音 787 系列以

外的现有和之前的大多数飞机都具备三类电源为机载系统提供电力（图26.1）。机载系统，如环境控制系统（ECS）、防冰系统（IPS），以及其他的一些检测系统，是由气压驱动的。而主辅飞行操纵面和起落架的作动都是由机载液压系统驱动的。通信和导航系统、照明、厨房，以及娱乐设施皆由电网驱动（图26.2）。

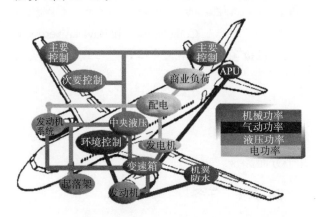

图26.1 传统飞机架构（Liebherr Aerospace，2006）

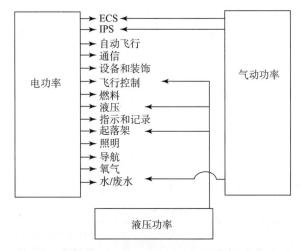

图26.2 传统飞机系统——典型功率种类（Journal of Aerospace Engineering and Technology，2015）

全部由二次电源系统驱动的飞机为全电飞机（AEA），而多电飞机（MEA）是指相对于传统的飞机大多数系统采用电动，或电动系统在所有系统中的占比很高。

本文的多电飞机即被定义为相对传统飞机采用了更高比例的二次电源作为动力的飞机。全电飞机是指机上仅采用二次电源，而不再采用气压和液压驱动（Rosero等，2007）。Feiner（1993）的研究结果表明，全电飞机具有"更低的成本、更高的可靠性，以及更廉价的运营成本"，而且，会带来一系列的好处，包括设计复杂度降低、部件结构数减

少、改进简单、对环境影响小。Arguelles等（2001）的研究进一步说明了多电飞机（MEA）的亮点在于其作为一种方案使得航空对环境的影响更小。此外，也意味着未来的飞机可能具有更多的电动设备。

机身系统的基准模型采用了一个与空客A320相似的可载180名乘客的双发涡扇短程客机。该机身系统模型的目的是提供进气需求和轴功率需求，从而控制二次电源系统在任何给定条件下工作。采用该模型可以计算由于功率分流导致额外的燃料消耗。通过建立环境控制系统（ECS）、防冰系统（IPS），以及其他电力设备的详细模型来表示在二次电源系统中的大多数功率需求。而作动器的功率需求可被看作瞬时需求。而在传统的飞机中，飞行操纵面的伺服系统是液压驱动的。由于液压系统具有持续的压力，因此不会产生大的功率变化。

在建模过程中依赖一个重要的假设，即多电的子系统不会产生额外的重量。高功率密度电子设备技术的进步也表明该假设是可能的，也是合理的。本文的研究聚焦于两种构型飞机的功率消耗特性。

1. 传统飞机环境控制系统模型

传统飞机环境控制系统模型是基于空气循环系统建立的，该系统采用发动机吸入的气流作为主要动力源。建模重点在于建立充分地满足舱内通风、增压，以及热交换控制需求的质量流率模型。

热控制的计算过程主要考虑飞行过程中的运动加热、太阳辐射、系统热载荷、乘客和机组人员的热载荷，以及航电热载荷。由稳态热平衡方程可得如下热控制方程：

$$\dot{m}_a C_p (T_i - T_e) - UA(T_c - T_s) + H_s + H_p + H_e = 0$$

$$(26-1)$$

该模型的验证过程请参考Seresinhe等（2014）文献。

2. 多电飞机环境控制系统模型

多电飞机系统需求与传统飞机相似，同样需要通风、增压和热控。但其所采用的动力源不同，电动环控系统采用电动压缩机来抽压空气，并不是从发动机处引流吸入高压空气，而空气质量流率的计算方法是一致的。电动压缩机模型仅在需要质量流时压缩机工作即可。

电动压缩机的模型方程在Seresinhe和Lawson

(2014) 的文献中给出，且 Seresinhe 等对该模进行了验证。

假设热交换器的效率为常值，建模的主要简化是压缩机的 AFT 温度与传统飞机环控调节的温度一致，以保证两种环控系统性能约束是一致的，从而具有可比性。

3. 电气

飞机上电气的需求与其所有其他的系统密切相关，电气系统的消耗元件仅依赖于其他飞机系统。发电和配电架构取决于所需器件的技术水平与功耗。

电气设备涵盖了以下 ATA 章节：ATA 36，ATA 21，ATA 22，ATA 23，ATA 25，ATA 27，ATA 28，ATA 29，ATA 30，ATA 31，ATA 32，ATA 33，ATA 34，ATA 35，ATA 38，ATA 45，以及 ATA 49。

4. 防冰系统

防冰系统（IPS）的建模采用 Messinger 方法，该方法在能量守恒方程中采用对流、等温加热、蒸发/升华、动能，以及黏度项来找到未结冰表面的平衡温度。Shinkafi 等（2014）给出了传统防冰系统建模理论、模型方程和模型验证的详细描述。而电动防冰系统的建模方法可参见 Shinkafi 和 Lawson（2014）。

通常，飞机飞行至 7 000～22 000 ft（1 ft＝0.304 8 m）的高度时容易出现结冰现象。结冰在很大程度上取决于大气条件和实际的天气情况，而这并不属于本研究的范围。为方便起见，可采用 CS-25 附录 C 来表示人工冰晶云。作为基准，可假设在 7 000～10 000 ft 处温度为 253 K、水含量为 0.23 g/m³。

26.2.3　算例

为了理解传统飞机与 MEA 飞机功耗的差异，以及功耗与航迹的关系，本文给出了一个算例。该算例针对从伦敦到阿姆斯特丹的典型短途航班，模拟了大量的飞机构型、零功率输出、传统的常规机身系统和多电机身系统。

机身系统模型结合飞机动态性能代码和发动机性能代码，然后用于模拟伦敦希思罗机场和阿姆斯特丹史基浦之间的真实短途航迹。飞行数据可从 Flight Aware 网站上获得，其为空客 A320 于 2014

年 4 月 14 日由伦敦希思罗机场飞抵阿姆斯特丹史基浦过程的数据。高度和速度曲线如图 26.3 和图 26.4 所示。

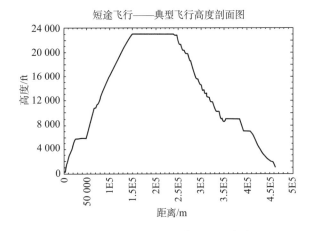

图 26.3　伦敦至阿姆斯特丹典型飞行高度剖面

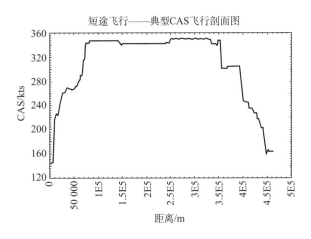

图 26.4　伦敦到阿姆斯特丹典型飞行 CAS 剖面

飞行过程的燃油消耗和飞行时间如表 26.2 所示，MEA 消耗的燃料比传统飞机少了 8.3%。

表 26.2　典型飞行结果总结

轨迹定义	燃烧燃料/kg	飞行时间/s
传统子系统	2 565	2 575
MEA	2 352	2 575

26.3　机身系统对绿色航迹的影响

由于机身系统会造成燃料损失，可以想见机身系统合理运作存在一个最优的飞行轨迹优化。采用轨迹优化可以得到一个生态环保的航迹，即"绿色航迹"。然而，通常的轨迹优化方法往往不考虑机身系统本身的运作，又或者认为其功率损耗为一个定值。

26.3.1 飞机、发动机以及系统设定

研究所采用的短途基准飞机和发动机与空客A320（150座）和CFM-56-5B相仿，而所采用的长途基准飞机则和空客 Airbus A340-300（295座）与CFM-56-5C类似。

26.3.2 软件框架和优化设置

轨迹优化的软件框架可用于进行轨迹优化的仿真研究，其隶属于欧洲 Clean Sky 计划。该框架具有一组优化器，其中含有一个基于遗传算法的优化器——NSGAMO。作为一种处理多目标问题的混合优化器，其采用了禁忌搜索（tabu search）算法。本文采用 NSGAMO 优化器，优化研究的条件如表26.3所示。其设置参考如下：

表26.3 优化条件研究

飞行阶段	目标1	目标2	型号	人数/人	初始因素
起飞	燃料	时间	250	100	50
中途	燃料	时间	250	100	50
到达	燃料	时间	250	100	50

（1）飞行航迹分为三个阶段，每个阶段优化过程分别对考虑机身系统功率损耗和不考虑该损耗加以比较。

（2）优化器采用 NSGAMO（其为克兰菲尔德大学基于 NSGA-2 算法改进而来）。

（3）优化目标为三个飞行阶段的燃料消耗和飞行时间。

对于短途飞机每个阶段的起始质量如下：

（1）起飞阶段——66 000 kg。

（2）中途阶段——65 406 kg。

（3）到达阶段——63 000 kg。

对于长途飞机每个阶段的起始质量如下：

（1）起飞阶段——250 000 kg。

（2）中途阶段——247 000 kg。

（3）到达阶段——162 000 kg。

轨迹优化的模型架构如图26.5所示。

26.3.3 任务航线

航点和航线请参见本章附录 A：航线数据。

26.3.4 结果中的术语

在讨论结果时采用以下术语，其定义如下：

（1）Min. fuel＝最优航迹下的燃料消耗。

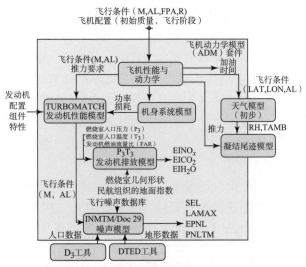

图26.5 模型架构

（2）Min. time＝最优航迹下的最小飞行时间。

（3）Zero power offtakes＝不考虑机身系统功率损耗。

（4）With systems power＝优化过程采用常规机身系统功耗模型。

（5）Systems power postprocessed＝常规系统功耗在优化过程中不考虑，但用于后处理过程。

（6）MEA＝优化过程采用多电机身系统功耗模型。

$$系统功耗损失百分比（\%）=$$
$$\frac{后处理的系统功率损耗-不考虑机身系统的功率损耗}{不考虑机身系统的功率损耗}$$

$$改进后节省的燃料百分比（\%）=$$
$$\frac{常规机身系统的功率损耗-后处理的系统功率损耗}{后处理的系统功率损耗}$$

26.3.5 结 果

为了清楚起见，这里仅绘出了最小燃料消耗的结果。短/长途两个飞机的最小燃料消耗和最小飞行时间已归纳于表26.4~表26.7。短/长途客机的最小燃料轨迹如图26.6~图26.11所示。

表26.4 短途、常规飞机的结果总结

参 数	最小燃料——零功率起飞	最小燃料——系统功率后处理	最小燃料——系统功率
优化阶段燃料消耗/kg	1 817	2 119	2 065
由于系统燃料燃烧增加/%		16.6	
增强方法减少的燃料消耗/%		2.5	
强化途径对 CO_2 的环境增益/%		2.5	
NO_x 排放/kg	—	36.93	38.01
强化途径对 NO_x 的环境增益/%		−2.9	

表 26.5　短途、MEA 飞机的结果总结

参　数	最小燃料——系统功率	最小燃料——MEA
优化阶段燃料消耗/kg	2 065	1 852
MEA 减少的燃料消耗/%	9.9	
MEA 对 CO_2 的环境增益/%	9.9	
NO_x 排放/kg	38.01	37.26
MEA 对 NO_x 的环境增益/%	1.97	

表 26.6　长途、常规飞机的结果总结

参　数	最小燃料——零功率起飞	最小燃料——系统功率后处理	最小燃料——系统功率
优化阶段燃料消耗/kg	85 666	91 010	90 575
由于系统燃料燃烧增加/%		6.24	
增强方法减少的燃料消耗/%		0.5	
强化途径对 CO_2 的环境增益/%		0.5	
NO_x 排放/kg		3 321.4	3 222.6
强化途径对 NO_x 的环境增益/%		2.97	

表 26.7　长途、MEA 飞机的结果总结

参　数	最小燃料——系统功率	最小燃料——MEA
优化阶段燃料消耗/kg	90 575	85 728
MEA 减少的燃料消耗/%	5.35	
MEA 对 CO_2 的环境增益/%	5.35	
NO_x 排放/kg	3 222.6	3 222.4
MEA 对 NO_x 的环境增益/%	0.01	

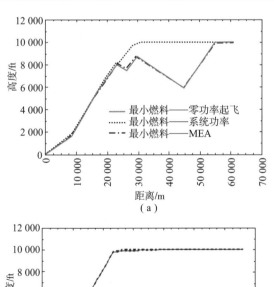

图 26.6　高度与距离——起飞

（a）短途实例；（b）长途实例

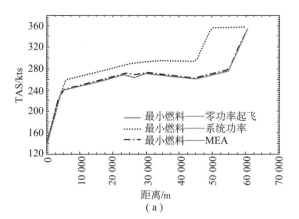

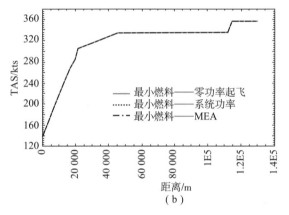

图 26.7　真实空速与距离——起飞

（a）短途实例；（b）长途实例

265

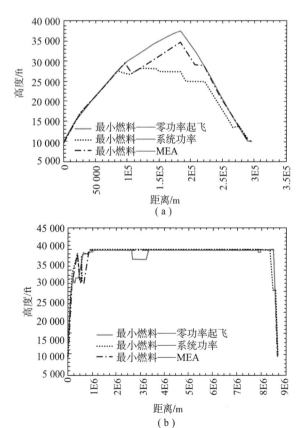

图 26.8　高度与距离——中途

（a）短途实例；（b）长途实例

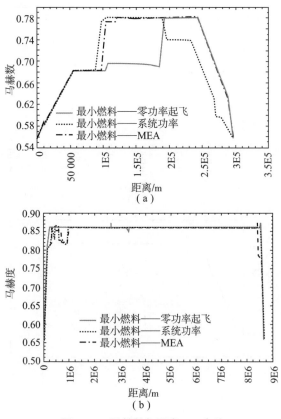

图 26.9　马赫数与距离——中途

（a）短途实例；（b）长途实例

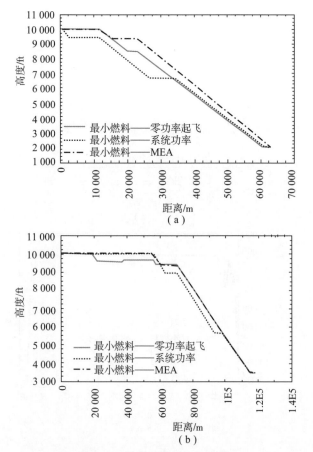

图 26.10　高度与距离——到达

（a）短途实例；（b）长途实例

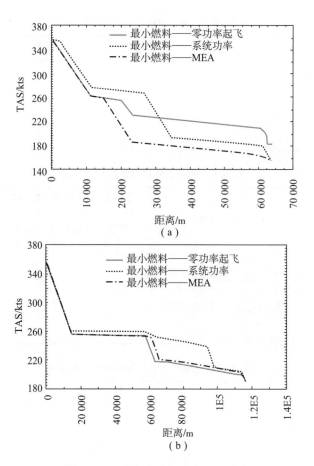

图 26.11　真实空速与距离——到达

（a）短途实例；（b）长途实例

26.3.6　短途飞行结果分析

从短途算例结果中可见，常规机身系统将导致飞行燃料消耗比通过经典方法应用于真实飞机所计算出的"Min. fuel"多 16.6%。然而，由于在优化中考虑了常规机身系统的功率需求，所以系统功耗导致的燃料损失百分比低至 14.1%。以常规系统功耗为约束的最优飞行航迹与不考虑机身系统功耗的结果差别很大。而多电飞机的最优航迹燃料消耗相比常规飞机低了 9.9%。所提出的改进方法使燃料省了 2.5%，这将直接导致 CO_2 的排放降低 2.5%，但是 NO_x 的排放增加 2.9%。

虽然"Min. fuel"降低了，但结果显示 NO_x 反而增加了，由此表明，要得到合理有效的优化结果，还需要考虑飞行动力学、机身系统性能，以及发动机性能之间复杂的相互影响关系。

26.3.7　长途飞行结果分析

对于长途飞行算例，传统常规机身系统真实消耗的燃料比通过经典方法计算得到的最少燃料消耗值多 6.24%。然而，在优化中考虑常规机身系统的功率需求，由机身系统产生的燃料损耗比降低至 5.74%。同样，以常规系统功耗为约束的最优飞行航迹与不考虑机身系统功耗的结果差别很大。多电飞机的最优轨迹所消耗的最少燃料比常规飞机的少了 9.9%。但是，应当注意到，这里没有考虑一些因素，如多电压缩机引起的诱导阻力、较重的电气部件产生额外的重量，这些都会降低这种优势。相比常规飞机，多电飞机排放的 CO_2 少了 5.35%，排放的 NO_x 少了 0.01%。

总之，结果表明了在优化过程中考虑机身系统功耗的重要性。此外，也证明了多电飞机相比常规飞机具有更高的效率。更重要的是，该结果所使用的优化方法对常规飞机和多电飞机的处理明显不同，本文将机身系统纳入问题的定义中以进行这方面的深入研究。

26.3.8 短/长途飞行航迹优化比较

为了对航迹优化、系统配置，以及系统操作之间的相互关系有个清晰的认识，本文对短/长途飞行的最少燃料轨迹的结果进行了比较。

本文重点讨论了由于常规机身系统所导致的燃料消耗。Seresinhe，Lawson 和 Sabatini（2013）中给出的初步结果表明机身系统对轨迹优化的结果是有影响的，这是本文研究的主要依据之一。将无系统功耗的最少燃料与考虑系统功耗的最少燃料对比即可分析常规机身系统所带来的影响。该结果如图 26.12 所示。

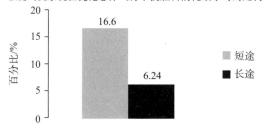

常规飞机系统在优化总体飞行中使燃料消耗最小时的处罚

图 26.12 常规系统对两种轨迹情况的效果比较

可见，机身系统对短程飞行的影响更大。正如预期的那样，系统输出功率的影响在小油门条件下影响更大，如进场着陆阶段。机身系统产生的油耗变化并不是统一的。这是因为航迹会对机身系统产生影响。这进一步证明了在对真实飞机的航程进行优化时，要尽可能准确地表现出机身系统的影响。

本文讨论的一个关键结论是通过经典轨迹优化

方法获得的结果应用于实际飞机，那么燃料消耗和尾气排放将高于预期。这在考虑机身系统所得到的最小燃料消耗的航迹结果中有体现。将机身系统的影响引入优化（改进方法），其结果更接近真实的飞机。改进方法所节省的燃料如图 26.13 所示。

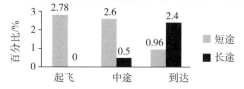

传统飞机采用改进的方法时优化燃料最小燃烧所节省燃料

图 26.13 常规飞机轨迹优化改进节油

采用改进方法后，短途飞行所节省的燃料比长途飞行要多，其中短/长途分别节省了 2.5% 和 0.5% 的燃料，如图 26.14 所示。而这对于 80 000~90 000 kg 的长途飞机来说意义重大，对短途飞机来说同样意义非凡。鉴于每年的航班数量在增加，所节省的燃料、成本和排放也将成指数形式增加。

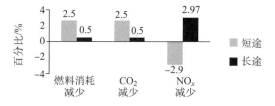

优化最小燃料燃烧时传统系统起飞在回路中对优化的影响

图 26.14 改进的轨迹优化方法的优越性

采用改进方法不仅减少了燃料和排放，也为研究多电飞机航迹优化奠定了基础。对多电飞机相对于常规飞机在燃料消耗上的优势进行量化至关重要；同样，结合环境研究新的设计方法和操作流程也意义重大。多电飞机要比常规飞机燃油效率高，其优势量化的结果如图 26.15 所示。

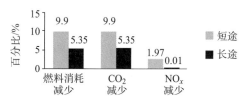

优化最小油耗时MEA相对于传统飞机时的优势

图 26.15 MEA 与常规飞机优化轨迹的比较

26.4 总 结

采用改进的方法（优化过程考虑机身系统约束）进行航迹优化，与之前提出的方案相比，短途飞行的算例油耗节省了 2.6%，长途飞行算例油耗节省了 0.5%。而用于比较的基准是采用经典优化方法且不考虑机身系统影响所得到的油耗值。当以最少油耗作为优化目标时，短途飞行算例中多电飞机的油耗与常规飞机相比减少了 9.9%，长途飞行算例中多电飞机油耗比常规飞机少了 5.35%。

综上，本文展示了机身系统对航迹和航迹优化

的影响。说明了机身系统对飞行和航迹优化的影响与很多方面相关。因此，应尽可能精确地将机身系统模型表达清楚，从而才能够了解真实的飞行过程的油耗情况，以及规划出实际可行的绿色航迹。

附录 A：航线数据

航线数据如表 26.8 和表 26.9 所示。

表 26.8　短途路径和约束

任务点	纬度	经度	高度 (min/max)/ft	CAS (min/max)/kt
		起飞		
LHR	51 27 53.25 N	000 28 54.99 W	83	140
WP2	51 27 52.51 N	000 31 35.75 W	83/10 000	140/310
WP3	51 31 08.00 N	000 40 38.00 W	83/10 000	140/310
WP4	51 35 07.13 N	000 36 29.69 W	83/10 000	140/310
WP5	51 37 23.00 N	000 31 07.00 W	83/10 000	140/310
BPK	51 44 59.00 N	000 06 24.00 W	10 000	310
		中途		
BPK	51 44 59.00 N	000 06 24.00 W	10 000	310
WP6	51 46 30.00 N	000 11 48.00 E	10 000/39 000	310/400
WP7	51 46 45.00 N	000 15 00.00 E	10 000/39 000	310/400
WP8	51 48 40.00 N	000 39 06.00 E	10 000/39 000	310/400
WP9	51 49 19.00 N	000 47 39.00 E	10 000/39 000	310/400
WP10	51 50 55.00 N	001 08 51.00 E	10 000/39 000	310/400
WP11	51 54 19.00 N	001 25 33.00 E	10 000/39 000	310/400
WP12	52 06 52.51 N	002 29 16.61 E	10 000/39 000	310/400
WP13	52 26 52.00 N	003 25 15.00 E	10 000/39 000	310/400
SUGOL	52 31 31.00 N	003 58 02.00 E	10 000	310
		到达		
SUGOL	52 31 31.00 N	003 58 02.00 E	10 000	310
WP14	52 25 20.00 N	004 23 16.00 E	2 000/10 000	150/310
WP15	52 14 14.00 N	004 21 51.00 E	2 000/10 000	150/310
WP16	52 12 33.00 N	004 27 45.00 E	2 000/10 000	150/310
WP17	52 12 28.00 N	004 31 35.00 E	2 000/10 000	150/310
WP18	52 13 14.00 N	004 33 27.00 E	2 000	150

表 26.9　长途路径和约束

任务点	纬度	经度	高度 (min/max)/ft	CAS (min/max)/kt
		起飞		
LHR	51 27 53.33 N	000 27 20.46 W	83	140
WP2	51 27 52.94 N	000 23 50.68 W	83/10 000	140/310
WP3	51 26 36.05 N	000 20 05.61 W	83/10 000	140/310
WP4	51 18 14.00 N	000 35 50.00 E	83/10 000	140/310
DVR	51 09 45.00 N	001 21 33.00 E	10 000	310
		中途		
DVR	51 09 45.00 N	001 21 33.00 E	10 000	310
WP5	51 05 40.86 N	002 39 05.85 E	10 000/39 000	310/400

续表

任务点	纬度	经度	高度 (min/max)/ft	CAS (min/max)/kt
		中途		
WP6	50 30 53.10 N	005 37 25.00 E	10 000/39 000	310/400
WP7	49 14 10.37 N	010 22 59.33 E	10 000/39 000	310/400
WP8	47 25 39.41 N	016 35 58.95 E	10 000/39 000	310/400
WP9	41 27 12.00 N	032 59 34.00 E	10 000/39 000	310/400
WP10	38 42 29.80 N	039 13 26.70 E	10 000/39 000	310/400
WP11	29 52 31.00 N	048 29 44.00 E	10 000/39 000	310/400
WP12	25 37 00.00 N	054 55 34.00 E	10 000/39 000	310/400
WP13	20 37 00.00 N	060 57 00.00 E	10 000/39 000	310/400
WP14	12 15 47.20 N	074 16 06.20 E	10 000/39 000	310/400
WP15	11 08 05.50 N	075 57 17.50 E	10 000/39 000	310/400
WP16	09 49 51.90 N	078 05 20.50 E	10 000/39 000	310/400
WP17	08 17 06.30 N	078 35 55.30 E	10 000/39 000	310/400
ENRE	07 42 43.00 N	079 14 32.00 E	10 000	310
		到达		
ENRE	07 42 43.00 N	079 14 32.00 E	10 000	310
WP18	07 30 32.32 N	079 42 11.10 E	3 500/10 000	180/310
WP19	07 20 30.00 N	080 00 30.00 E	3 500/10 000	180/310
DME	07 09 41.00 N	079 52 07.00 E	3 500	180

术语缩写

ATA   航空运输协会

CAS   校准空速

CO_2 二氧化碳

ECS   环境控制系统

GATAC   航空运输管理下的绿色飞行轨迹

HP   高压

IPS   防冰系统

MEA   多电飞机

MOTS   多目标禁忌搜索算法

NO_x 氮氧化物

NSGA   非支配排序遗传算法

NSGAMO   多目标非支配排序遗传算法

单位

ft   英尺

g/m^3 克每立方米

K   开尔文

kg   千克

kg/s   千克每秒

kts（或 kt）节

kW   千瓦

m   米

s   秒

符号

A 机舱壁面积（m^2）

C_p 在常压下的空气比热容

H_e 电气设备热负荷（W）

H_p 乘客和机组人员的显热负荷（W）

H_s 太阳辐射产生的热负荷（W）

$\dot{m}_a$ 空气质量流率（kg/s）

T_c 机舱温度（K）

T_e 机舱出口温度（K）

T_i 由环境控制系统到机舱的进口温度（K）

T_s 表面温度（K）

U 舱壁导热系数［W/(mK)］

269

参考文献

Arguelles, P. *et al.* （2001）*European Aeronautics: a Vision for 2020-Meeting Society's Needs and Winning Global Leadership*. Luxembourg.

Feiner, L.J. （1993）Power-by-wire aircraft secondary power systems, in *Proc. IEEE 12th Digital Avionics System Conf.*, Fort Worth. ISBN: 0-7803-1343-7.

Liebherr Aerospace. （2006）*Power Optimised Aircraft*. Vienna.

Rosero, J.A., Ortega, J.A., Aldabas, E., and Romeral, L. （2007）Moving towards a more electric aircraft. *IEEE Aerosp. Electron. Sys. Soc.*, 22, 3-9.

Scholz, D., Seresinhe, R., Staack, I., and Lawson, C.

(2013) Fuel consumption due to shaft power off-takes from the engine. *Hamburg*, *Workshop on Airframe System Technologies* (AST).

Seresinhe，R. and Lawson，C. (2014) Electrical load sizing methodology to aid conceptual and preliminary design of large commercial aircraft. *Proc. Inst. Mech. Eng. G J. Aerosp. Eng.*，doi：10.1177/0954410014534638.

Seresinhe，R.，Lawson，C.，and Sabatini，R. (2013) Environmental impact assessment，on the operation of conventional and more electric large commercial aircraft. *SAE Int. J. Aerosp. Eng.*，6 (1)，56 - 64.

Seresinhe，R.，Lawson，C.，Shinkafi，A.，Quaglia，D.，and Madani，I. (2014) *Airframe Systems Power Off-Take Modelling in More-Electric Large Aircraft*

for Use in Trajectory Optimisation，St. Petersburgh，Russia.

Shinkafi，A. and Lawson，C. (2014) Enhanced method of conceptual sizing of aircraft electro-thermal de-icing system. *Int. J. Mech. Aerosp. Manuf. Ind. Sci. Eng.*，8 (6).

Shinkafi，A.，Lawson，C.，Seresinhe，R.，Quaglia，D.，and Madani，I. (2014) *An Intelligent Ice Protection System for Next Generation Aircraft Trajectory Optimisation*，St. Petersburgh，Russia.

本章译者：张晓辉　刘莉

（北京理工大学宇航学院）

第 27 章

环保的现代航空电子设备和 ATM 系统

Roberto Sabatini，Alessandro Gardi，Subramanian Ramasamy，Trevor Kistan 和 Matthew Marino

墨尔本皇家理工大学航空航天、机械与制造工程学院，墨尔本，维多利亚，澳大利亚

27.1 引　言

　　航空领域的研究和开发工作现在着重于提高航空运输系统的环境可持续性，同时提高其安全性、成本效益和运营效率。根据国际民航组织（ICAO）未来空中航行系统（FANS）特别委员会的设想，新型通信、导航、监视/空中交通管理（CNS/ATM）系统都将取得重大成果，并且在此领域上的主要研究机构也取得了进一步的发展，如欧洲的SESAR、美国的 Next Gen，以及全球其他机构，包括日本的 CARATS、巴西的 SIRIUS 以及印度的 FIANS 等（ICAO，2014）。这个新的概念规定了 ATM 将发展成为一个高度自动化、集成化以及通过更高级别的自动化和更准确的导航的协作系统，实现对空域资源的更灵活和更有效的管理。预期的 CNS/ATM 创新包括以下几个方面。

　　（1）四维的（4D）基于轨迹的操作（TBO）。

　　（2）基于性能的通信、导航和监控（PBC/PBN/PBS），以实现基于 CNS 性能的操作（PBO）。

　　（3）全系统信息管理（SWIM）。

　　（4）增强性基于地面-卫星的航空通信，包括大数据链接技术的开发。

　　（5）全球导航卫星系统（GNSS）作为所有飞行阶段的主要导航手段的基于地面/航空的电子设备。

　　（6）卫星的增强系统（GBAS/ABAS/SBAS），包括精确进场和自动着陆。

　　（7）增强性陆基和卫星监视，包括广播式自动相关监视（ADS-B）和自我隔离保证。

　　（8）协同决策（CDM）。

　　（9）动态空域管理（DAM）。

　　（10）改良性人机界面和交互（HMI[2]）、互通性以及更高的自动化水平。

　　为了实现这些增强性概念和功能，新的陆基和空中 CNS/ATM 系统与航空电子（CNS＋A）系统是必需的。新型自动化系统应允许大多数飞机飞行用户首选的最佳飞行路径，对于高等级事件和紧急事件的决定能够限制空中交通管制人员（ATCO）的干预，从而减少整体工作量，增加各种环境下的意识。一些 CNS＋A 技术已经走近市场，与此同时，一些法律框架方面的早期进展正在容纳这些增强的业务能力。关键实用系统包括以下几方面。

　　（1）现代机载和地面系统具有实时 4D 轨迹（4DT）的功能，包括多目标 4DT 优化、协商和验证。

　　（2）针对战略、战术和应急行动，以网络为中心的 ATM 技术。

　　（3）网络化所有 CDM 相关者和 SWIM 的高完整性、高通量、安全的下一代航空数据链（NG-ADL）系统。

　　（4）基于卫星的 CNS 系统，包括多卫星GNSS、天基数据链和 ADS-B。

　　（5）机载和地面系统综合健康管理系统。

　　（6）遥控飞机系统（RPAS）的 CNS＋A 技术。

27.2 ATM 进化道路图

　　SESAR（2012）在一幅演进路线图中定义了

ATM 系统发展的三个阶段，如图 27.1 所示。三个阶段如下。

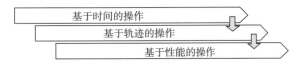

图 27.1 ATM 操作演化路径

（1）基于时间的操作，旨在优化交通同步，包括 ATM 战略和战术行动［包括空中交通流量管理（ATFM）］。

（2）基于轨迹的操作，着眼于进一步进化空中交通的可预测性、灵活性和环境可持续性，释放额外的容量。

（3）基于性能的操作，其中所有可用的 CNS 性能被利用，以建立一个高性能、以网络为中心、协作、集成和无缝的 ATM 系统，支持高密度操作。

TBO 基于采纳 4DT 和当前与预测交通位置的相关精确估计和校正，其中 4DT 通过空间三个维度（纬度、经度和高度）和从起点到终点的时间定义了飞机的飞行路径（JPDO，2010）。每架飞机都遵循一个 4DT，这是通过涉及新系统 CDM 的进程决定的，比如下一代飞行管理系统（NG-FMS），从原始商用参考轨迹不断进行演化。通过积极管理 4DT 在 CNS＋A 环境下得到了更高的效率和吞吐量。在 PBO 的环境下，新一代空中交通管理（NG-ATM）服务将与飞机的性能大小相匹配。航空公司部署实现 PBO 的设备将因高调度优先级和较易进入拥挤区域而获利。规定将加强对系统性能的要求而非具体的技术或设备。

27.3 轨迹优化

相较于传统的飞行计划和相关的局限性，四维轨迹优化代表着一个巨大变革。从操作的角度来看，由于提交的离线飞行计划基本是静态的，不可预见的天气和空中交通情况的影响会逐步降低其有效性与最优性。一套非常狭隘的优化准则以及它们有限的模型是传统飞行计划的另一个主要限制。如图 27.2 所示，一些不同的环境和经济方面因素与飞机的飞行轨迹是相关联的，因此应该构造最优集的积分部分。

因此越来越多的研发工作在寻找更有效和多功能的任务与轨迹规划、优化和管理算法，以实现新的机载和陆基的 CNS＋A 系统。图 27.3 系统地表示了多目标 4DT 优化问题。多目标优化套件包含许多模型是为了获得最佳的 4DT 目标，包括天气模型、商业运作模型、发动机和排放模型、空域模型、飞机动力学模型和噪声模型等。与噪声模型结合使用的数据库是人口数据库和地形数据库。

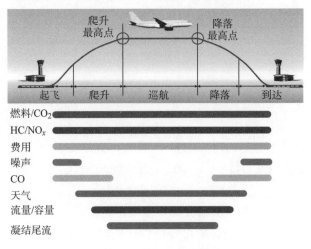

图 27.2 多目标优化标准

27.3.1 发动机和排放模型

利用经验模型计算排放指标（EI_{GP}）。计算气体污染物（GP）排放的一般表达式是

$$GP = \int_{t_0}^{t_f} EI_{GP} \cdot FF\,dt \qquad (27-1)$$

其中，FF 是燃油流量（kg/s），作为发动机推力、环境压力和真实空速条件的一个函数，欧洲航空安全组织飞机数据基础（BADA）为其提供了一个准确的计算方法（BADA，2013）。对于轨迹优化中方程（27-1）的实现，可以方便地参考微分表达式

$$\frac{dGP}{dt} = EI_{GP} \cdot FF \qquad (27-2)$$

国际民航组织已经基于多对象独立收集的数据为发动机排放建立了一个广泛的和持续更新的数据库，该数据库为发动机排放模型提供了理想的参考（ICAO，n.d.）。燃料专用排放指标（EI）在 ICAO 附录 16 卷 2 定义的标准节流设定中给出了标定值（ICAO，2008）。特别地，对于一个专门的亚音速发动机，参考油门设置为起飞（100% 的额定发动机推力）、爬升（85%）、前进（30%）和空转（7%）。考虑到各种航空相关污染物有不同的依赖关系，需要分别讨论。

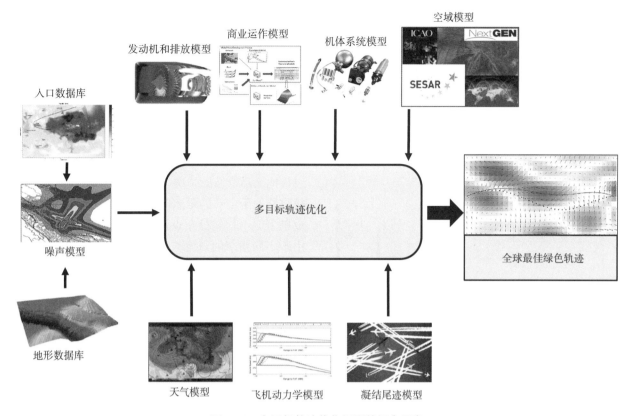

图 27.3 多目标轨迹优化问题的概念示意

1. 碳氧化物和碳氢化合物

碳相关的化石燃料排放物有二氧化碳（CO_2）、一氧化碳（CO）和未燃烧的碳氢化合物（HC）。CO 和 HC 排放对环境与生物都是明显有害的，因此受到关注。在低油门设置下，不完全燃烧会产生大量的 CO 和 HC（Wulff 和 Hourmouziadis，1997）。一种基于由 ICAO 排放数据库提供的涡扇发动机实验数据非线性拟合的平均海平面下 CO 和 HC 排放量经验模型（$EI_{CO/HC}$）为：

$$EI_{CO/HC} = c_1 + \exp(-c_2\tau + c_3) \quad (27-3)$$

其中，最重要的是，考虑了来自 ICAO 排放数据库的 165 个当前运行的民用涡轮风扇发动机 CO 排放的拟合参数 $c_{1,2,3}$：对于 CO，$c = \{0.556, 10.208, 4.068\}$；对于 HC，$c = \{0.083, 13.202, 1.967\}$（ICAO，n.d.）。图 27.4 和图 27.5 展示了实验数据与经验模型。

燃料中所有没转化成 CO 和 HC 的碳元素都转化为 CO_2，这是温室效应的主要贡献者。参考值是 3.1 t CO_2 每吨喷射 A-1 燃料。

2. 氮氧化物

在燃烧温度升高时，大气中氮与氧反应增加，

273

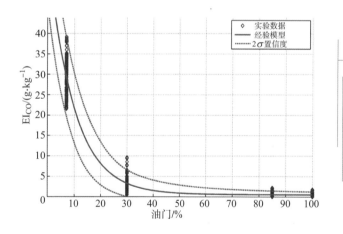

图 27.4 关于油门函数的 CO 排放经验模型

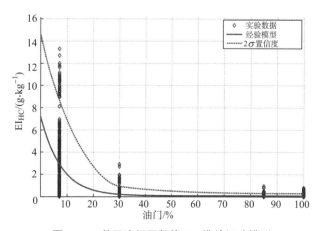

图 27.5 关于油门函数的 HC 排放经验模型

生成了一系列的氮基燃烧产物，即氮氧化物（NO_x）（Wulff 和 Hourmouziadis，1997），这些产物产生了重要影响，因此应该降低其排放。根据国际民航组织排放数据库，为基于节流阀设置的平均海平面 NO_x 排放指标引入了一种经验曲线拟合模型（ICAO，n. d.）。下面的表达式，是一个这样的曲线拟合的例子，其综合核算了 177 个目前运行的民用飞机发动机（图 27.6）：

$$EI_{NO_x} = 7.32\tau^2 + 17.07\tau + 3.53 \quad (27-4)$$

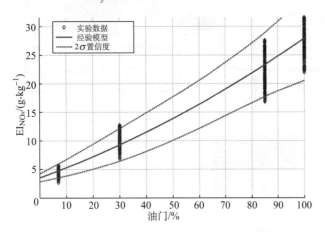

图 27.6 关于油门函数的 NO_x 排放的经验模型

3. 发动机安装和高度的校正

EI 介绍的经验模型在平均海平面上是有效的，并没有考虑安装方面。为了获得一个对高空污染物排放的准确估计，波音公司在 1995 年开发了一种方法，通常被称为"波音方法 2"（Martin 等，1996）。该方法提出了考虑安装影响的经验校正，并且随后基于环境温度、压力和相对湿度引入了 EI 校正。

27.3.2 凝结尾迹模型

由于其公认的潜在辐射影响，航空可持续性研究中越来越多地涉及凝结尾迹。在当地大气温度和相对湿度的组合合适时就会产生凝结尾迹，合适的组合导致航空发动机尾气中的热水蒸气使局部达到或超过液体饱和状态，产生液滴，随后冻结。这种现象的判别式称为凝结尾因子，可以表示为（Schrader，1997；Detwiler 和 Jackson，1997；Schumann，2005）：

$$CF = \frac{pc_p EI_{H_2O}}{\varepsilon(Q - v/k)} \quad (27-5)$$

其中，p 是当地的大气压力（Pa），c_p 是空气的比热容（J/（kg·K）），EI_{H_2O} 是水蒸气排放指标，ε

是水蒸气和空气的摩尔质量比，Q 是燃油热值（J/kg），v 是真实空速（m/s）以及 k 是每千克推力耗油量（kg/（N·s））。

27.3.3 噪声模型

如图 27.7 所示，由发动机内部以及飞机结构周围的各种机械、热化学和流体动力学过程产生的噪声通过大气传播，大气由于热流体动力学和分子过程而充当低通滤波器（Zaporozhets 等，2011）。当接收器处于足够的距离时，大部分波动可以被合并成单个但不均匀分布点源（Zaporozhets 等，2011）。由于不同频率的声波与以不同姿态和空速为特征的飞行器结构之间的相互作用，朝向地面的散布将由高度非线性的 4D 轮廓表征。具体的模型公式还取决于管理规定，其要求不同的输出指标（Zaporozhets 等，2011；ICAO，2012；ECAC，2005；Boeker 等，2008）。

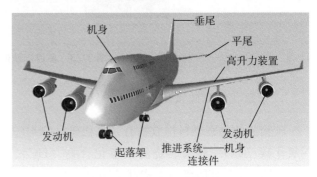

图 27.7 飞机噪声的典型来源

27.3.4 商业运作模型

飞机的运行成本是轨迹优化的基本部分。特别地，有必要捕获对飞行时间的经济依赖性，飞行时间通常是关于燃料消耗和气体排放的冲突标准。此外，某些种类的税收计划依赖于飞行轨迹，并且也应该建模。通过考虑维护成本（MC）、飞行机组成本（CC）、预期成本（SC）、客舱服务（CS）和费用/税收（FT），商业运输任务的总成本表示为

$$TC = MC(t) + CC(t) + SC(t) + CS(t) + FT(t_0, t_f, x) \quad (27-6)$$

维护、机组人员和所有权成本通常以对飞行时间的线性依赖为特征，但是当时间足够长时，人员轮换和更换引入的步骤将会增加。计划成本是一个高度非线性的组成部分，捕获次优时间表和机队利用的所有影响，包括在循环中不必要的停留。客舱服务通常也是非线性的，如当引入附加的机上膳食时就

274

会涉及步骤。费用和税收包括各种各样的不同依赖，如着陆/停机费和碳税。

27.3.5 天气模型

围绕不可预测的危险天气单元的转移和在逆风或侧风条件区域的广泛飞行时间对飞行的所有环境与经济性能具有重大负面影响，除造成延误外，还会扰乱操作和影响旅客满意度。尽管如此，一些引进的优化模型需要准确的当地大气数据作为输入。由于所有这些原因，准确的气象模型是轨迹优化研究的基本组成部分。宏观模型可以提供压力、温度和高空风的全局分布。在较小尺度上工作的较高分辨率模型提供相对湿度，其是凝结尾迹模型的基本输入，以及云底和云端、存在潜在危险的云的产生和动态、降水、雾和霾、晴空乱流、风切变和微爆。

27.3.6 空域模型

简化的空域模型可以通过引入与空域扇区相关联的可变惩罚来向优化器提供有价值的输入，以便阻止在最拥塞扇区内航班的路线。惩罚可以以存在、飞行距离或扇区内飞行的时间来表示。广义表达式是（Gardi 等，2014）

$$J_i = \sum_{j=1}^{n_{sect}} \int \{PF_{i,j} \cdot [x(t) \cap S_j(t)]\} dt \quad (27-7)$$

其中，$PF_{i,j}$ 是与第 j 个惩罚量中的第 i 个目标相关联的惩罚因子，$S_j(t)$ 是第 j 个动态惩罚量。

27.4 用于基于轨道操作的 CNS＋A 系统

高密度行业中的在线重新布置和重新安排功能被设置为新 CNS＋A 系统的关键要求，实现方式是连续地共享本地感测和计算的数据、空域限制、飞行路径约束和机载航空电子设备与地面 ATM 系统间的全局最优性标准。这一级的自动化减轻了空中交通管制员和飞行员的工作量，同时保证了对高层决策和紧急情况的评价与干预。如图 27.8 所示，NG-FMS 生成并通过 NG-ADL 基于地面的 NG-ATM 系统按优先级顺序下行到多个最佳 4DT 意图（Gardi 等，2013，2014；Ramasamy 等，2013，2014）。4DT 目标数据包括所有优化的 4D 航路点（纬度、经度、高度和时间）以及航向和转弯信息。一旦通过实时协商验证了最佳无冲突的 4DT，NG-ATM

系统指示载具飞行经验证的 4DT 路径，并且 NG-FMS 向地面发送确认。当无法识别无冲突的 4DT 时，或者出现新的冲突因素时，NG-ATM 系统计算一组新的可行最佳 4DT，并将其上传到各自的飞机。然后，NG-FMS 识别优选的 4DT 并向 NG-ATM 系统发送确认。

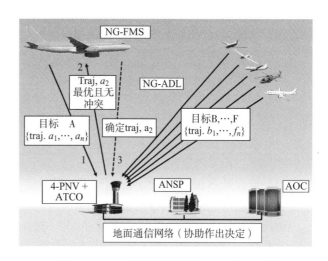

图 27.8 4DT 意向协商和验证 CNS＋A 系统

27.5 空中交通流量管理

在操作过程中可能会出现许多不可预测的因素，包括以下几方面。

（1）延迟起飞。

（2）排队等待起飞。

（3）非计划的弹出式流量。

（4）高空风与预测显著不同。

（5）天气和湍流的回避。

（6）战术空中管制干预以实现分离与测序。

这些因素给预测的交通需求带来了很大的不确定性，一些（如高空风）可能不仅影响单个航班，而且由于其地理范围和相对较长的持续时间而影响群集飞行流。在 ATFM 的战略中，战术前和战术阶段分别解决了由于季节、周和日操作变化引起的容量与需求之间的显著差异，其中需求能力平衡（DCB）是关键目标。ATFM 决策支持工具（DST）通常通过区分由置信度标准表示的活动的和预测的交通需求来承认这些不确定性，如果策略可以在其实际发生的情况下重新分配流量，那么就允许流量管理器容忍一定程度的预测低可信度。相反，当对预测需求有高度信心时，一些主管部门倾向于在其最大容量下运行，以适应机会性 ATFM

行动和战术干预的灵活性。通过在所有运营阶段采取具体措施，可以对机场、航空公司或部门等资源实施DCB（ICAO，2013a）。战略DCB可以通过诸如IATA航空公司航班计划、机场时段协调、ATM规划、空域和程序设计、容量分析和性能预测等措施来解决。预战术DCB措施包括每周和每日的CDM会议与灵活使用空域（FUA）规划，而预战术DCB措施包括如下内容：

（1）出口分离管理和里程/分钟追踪技术。

（2）静平衡和移动馈线固定。

（3）临时和预定义的路线改变（假定的/优先的/替代的/"剧本"）。

（4）水平覆盖和推进。

（5）最小出发间隔。

（6）地面延迟和地面停止。

（7）机载延迟吸收和保持。

传统的ATM自动化系统为实施ATFM措施提供了某种程度的支持，特别是在战术阶段的操作。新兴的ATFM DST将提供额外的功能，包括如下内容：

（1）基于调度、归档或实时交通数据和/或分析估计/数值模拟的需求预测（Lee等，2011）。

（2）快速时间模拟和ATFM措施的"假设"建模。

（3）交通（大气状况显示）和负载（条形图或类似物）的图形可视化。

（4）共同态势感知（天气显示、航空信息、约束等）。

（5）CDM通信机制（越来越基于网络）。

（6）合规报告和事后分析。

ATFM DST的主要研究领域包括可视化复杂性和动态密度概念的HMI2因素，合并计量和排序——到达和离场管理（AMAN/DMAN）操作的整合——以及跨多个ANSP的区域ATFM的开发。空中交通流量管理主要解决需求方问题；修改能力方面因素的能力目前仅限于战略和预防措施。这个限制由DAM解决。

27.6 动态空域管理

引入了灵活/动态空域概念，以克服这种传统空域结构的刚性。根据传统的FUA概念，可以改变特殊用途空域（SUA）的地理范围和激活时间以最小化中断或最大化使用；然而，包含SUA的ATC扇区保持不变。SUA不能增加ATC扇区的容量，只能减少它。DAM允许通过修改扇区本身的地理范围，改变其边界和其邻居的边界以适应移动的业务模式，移动的天气或其他动态因素临时增加了ATC扇区容量。作为结果，相邻ATC扇区的容量可以暂时减小，但这是比在ATC位置合并或拆分扇区更灵活的概念。监管方面考虑（ATCO评级、交通结构等）可能限制行业边界改变的程度，但相对中度的干扰可能仍然为ANSP（最大化ATCO性能和管理人员配置水平）和航空公司运营商（最小化DCB措施，如重设路径和保持）创造显著的运营效益。关于灵活空域管理（FAM）的实验研究，一项在NextGen中的早期动态研究，强调了在扇区变化的幅度、频率、时间和提前期预览方面的关键方面（Lee等，2011）。特别是，发现涉及大交通量，主要交通流量或返回上游/下游方向的班次，对ATCO的工作量和情况意识都有显著的负面影响。还要认识到，规范国际边界协调的协议书（LOA）对DAM构成了严格的约束。然而，预计在未来的ATM系统中更多的数据共享和互操作性将使跨境安排逐步放松。需要对跨部门和中心间协调的影响进行重要研究。DAM技术不应局限于ATC部门和SUA。从长期来说，空中交通服务（ATS）分类、SUA和ATC扇区应基于新型DST的输入进行相关调制，基于可用的CNS性能水平，采用用于估计和决定逻辑的整体动态算法。从这个角度来看，DAM被认为是PBO的重要贡献者。

27.7 后期飞行管理系统

现代飞行管理系统是负责提供任务规划，自动指导和导航服务的主要机载设备。特别是引导、导航与控制（GNC）功能的实现。

（1）横向和垂直导航（位置估计、状态确定、导航辅助调谐、数据融合和极地导航）。

（2）轨迹计算、估计和优化。

（3）侧向和垂直引导（自动驾驶仪和飞行指引的信息）。

（4）性能预测。

（5）连续监测和校正飞行路径。

此外，柔性制造系统（FMS）还提供自动油门系统输入命令和合适的驾驶与辅助驾驶界面。当前的FMS提供区域导航（RNAV）服务，包括所有飞行剖面中的所需导航性能（RNP）水平，通过不断地提供位置矢量的性能监测来确保精度、可用性、连续性和完整性（Cramer 等，2010）。有许多集成的导航和制导系统架构，目前在 FMS 架构中实现以满足所需的性能水平（Sabatini 等，2013a，2013b，2014）。全球最优轨迹要满足 4D TBO 和 PBO 环境中的操作、安全和环境要求，next-generation 飞行管理系统是产生全球最优轨迹的关键推动力。装备有 NG-FMS 的每个飞机产生 4DT 意图，其根据飞行管理计算机（FMC）ARINC 702A-3 特征（ARINC，2006）被定义为一系列 4D 点以及点类型和曲率半径。在飞行计划修订、天气更新、指导模式修改和成本指数修改的情况下重新计算目标数据；然后，轨迹更新通过 NG-ADL 下行链路到 NGATM 系统。主要的 NG-FMS 功能有：

（1）轨迹规划：具有多目标 4DT 优化。

（2）轨迹监测：确定与活动 4DT 意图的偏差。

（3）路径校正：在超过最大公差时校正路径偏差。

（4）与地面 NG-ATM 系统的轨迹协商和验证。

（5）CNS 完整性监测和增强，基于 RNP、RCP 和 RSP 阈值。

（6）完整性管理：与基于航空电子的完整性增强（ABIA）系统一致，基于来自不同传感器/系统的输入和预定义决策逻辑生成完整性警告（预测的）与警告（实时的）标志，并触发恢复轨迹的生成（Sabatini 等，2013b，Sabatini 等，2013b）。

NG-FMS 架构如图 27.9 所示。

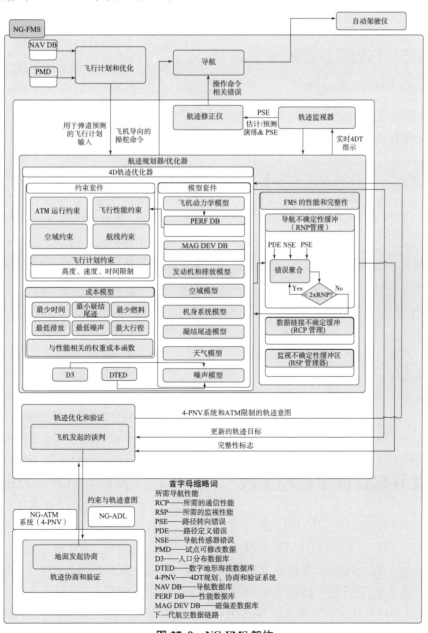

图 27.9 NG-FMS 架构

NG-FMS 功能

多级离场程序（MCDP）使轨道能够在起飞和爬升飞行阶段期间在操作与环境方面得到优化。该概念基于国际民航组织通过的消除噪声离场程序（NADP），并延伸到减少有害气体排放（ICAO，2013b）。图 27.10 突出常规和多规则出发程序的连续爬升高度剖面。

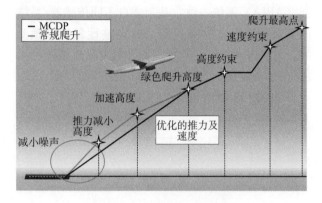

图 27.10　连续爬升高度剖面

采用诸如最佳巡航飞行高度（FL）和时变成本函数的策略，以增加巡航阶段的操作和环境效益。实现的其他方法包括速度变化以满足所需的到达时间（RTA）和直接到计算的航点函数。如图 27.11 所示的多步巡航也被实施。

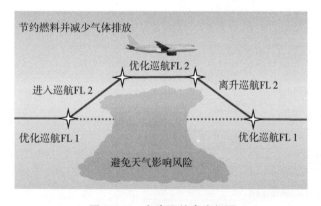

图 27.11　多步巡航高度剖面

27.8　集成载具综合健康管理系统

集成载具综合健康管理系统（IVHM）是高度集成的系统，可在飞行器、系统和组件级别捕获准确和可靠的健康状况，用于任务，维护和支持任务。IVHM 系统提高了确定当前飞行器健康状态的自主性的效率和水平，并且支持未来飞行器设计的更好发展（Benedettini 等，2009；Esperon-Miguez

等，2013）。IVHM 系统的总体优势是提高可用性、安全性和可靠性，最小化操作、维护和生命周期成本，减少系统或相关组件的冗余。图 27.12 展示了 IVHM 系统的典型功能架构（Benedettini 等，2009）。

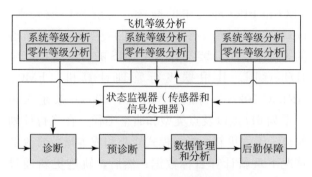

图 27.12　IVHM 系统功能架构

从多个分布式传感器获得的健康数据被融合和后处理。用于数据采集的传感器的范围从常规类型到高级智能和无线传感器（Benedettini 等，2009）。通过分析当前的健康状况，在诊断模块中进行故障的检测、识别和隔离。未来故障的预测由预测模块来执行，同时也考虑了历史数据。进行数据管理和分析以操纵在连续基础上收集的大量数据。根据收集的数据，进行彻底的评估，并得出必要的飞机支持行动。这些动作用作飞机上的恢复系统的输入和/或用于决策支持人员的评估。通常用于诊断和预测的数学模型，包括神经网络、模糊逻辑、汉密尔顿动力学和近似技术、统计分析（包括相关和回归方法、粒子滤波和贝叶斯网络）。

27.9　数据链路演进

飞机通信寻址和报告系统（ACARS）——介导的 FANS-1/A 控制器-控制器-驾驶仪数据链路通信（CPDLC）信息目前用于将地面系统已知的约束传达给飞机 FMS。改进的风信息上行到飞机的 FMS 可以改善后者的下降剖面的计算（Bronsvoort 等，2011）。到达/连续下降法（A/CDA）程序现在记录在国际民航组织全球业务数据链接文件中（ICAO，2010）。NG-FMS 和 NG-ATM 系统互操作性的基本要求是不断交换更新的 4DT 情景信息。这对于当前的 FANS-1/A 技术是可行的，但是我们观察到，所传送的路径改变应当保持最小并且围绕所需偏差定位，在路径重新插入（重新加入路径点）之后省略路径的未改变部分（Mueller，2007）。这些限制归结于以下几点。

（1）当前的 ATM 系统不可能以与 FMS 相同的精度或分辨率来预测未来的飞行器位置。ATM 系统目前通过扩展飞行计划路线来计算飞机轨迹，即最少数量的附加航路点的插入（用于跨区协调、TOD、TOC、对下行链路路径单元的响应或 ADS-C 预测意图等）。

（2）虽然 FANS-1/A 航路清除参数可以包含多达 128 个航路点（由名称、纬度或范围和方位指定）（RTCA，2005），但是机载和基于地面的系统中的带宽与处理功率限制了目前实践中可以使用的数量。

（3）FANS-1/A 路线相关参数中的航点定义不包含高度（RTCA，2005），因此必须通过单独的 CPDLC 消息或类似于语音间隙的消息元素明确地传达电平变化。

虽然未来的 B2 航空电信网络（ATN）标准没有为 CPDLC 路由清除参数（EUROCAE，2014）增加高度，但它确实对 ADS-C 消息集进行了更改。相当于 FANS-1/A 预测路线的 B2 ATN 投影轮廓将预测范围从 2 个扩展到 128 个航点（每个航点都有纬度、经度和可用级别）（EUROCAE，2014），说明在更重视 FMS/ATM 互操作性的 NG-ADL 中可以实现。在考虑 NG-ATM 系统和 NG-FMS 之间的通信时的带宽的最佳使用必须得到解决。这也可以通过采用与 NG-FMS 和 NG-ATM 系统执行的协作处理有一些相似之处的集中-分散分离管理系统来实现（Techakesari 等，2012）。

27.10 系统信息管理

目前，许多全球性计划正在解决实施可靠、安全、集成和可互操作的通信网络系统的挑战。结果是基于性能的解决方案，包括对 TBO 和其他通信使用的功能要求的定义，设置性能要求（例如，可用性、延迟性和消息完整性）以及增强数据通信带宽和频谱。许多计划目前正在为空气—地面，地面—地面和空气—空气通信的演变开发解决方案，以支持 SWIM 的实施，主要包括如下内容：

（1）网络天空（Newsky）。

（2）通过数据链路、无线电和天线的集成进行无缝航空联网（SANDRA）。

（3）用于安全系统的网络信息集成服务（NI2S3）。

（4）澳大利亚的 TAKE OFF。

开发了用于民用/军事双重使用和 SWIM 的高完整性、高吞吐量、安全的数据链路和地面网络基础设施，以便更多地共享 ATM 信息，如天气、机场运行状态、飞行数据、空域状态和限制（FAA，n.d.）。SWIM 由标准、基础设施和治理组成，能够通过互操作的服务管理 ATM 信息及其在合格方之间的交流。根据 SESAR，SWIM 的目标是在正确的时间提供正确质量的信息，并传达到所需的位置，以实现以网络为中心的 ATM 运营的概念。未来的 ATM 系统将依赖于以网络为中心的信息环境的演进，其中地面系统和载人飞机/RPAS 将用作共享信息的一系列节点，并通过集成系统网络传递其意图。SWIM 中的概念化信息交换如图 27.13 所示。这些系统由许多标准兼容和可互操作的服务支持，包括许多平台上的界面管理、消息传递、系统安全性和企业服务管理。SWIM 采用的原则是信息提供和消费的分散化、松散的系统耦合，以及使用开放标准和面向服务的架构。商业智能和大数据也将作为 SWIM 增强数据挖掘的一部分实施。

27.11 用于 RPAS 的 CNS＋A 技术

ATM 监管框架正在发展，使 RPAS 能够不受限制地接入非隔离空域，这一演变将显著影响 CNS＋A 系统设计。针对民用 RPAS 运行和认证问题的第一份推荐文件是 JAA CNS/ATM 指导小组发布的 JAA CNS/ATM pp026。随后的详细报告向 RPAS 研究界提供了技术和战略建议（UAV，n.d.）。北约组织标准化协定（STANAG）4586 规定了 RPAS 运行的架构、接口、通信协议、数据元素和消息格式（NATO，2005）。将 RPAS 纳入非分离空域需要建立标准化委员会（RTCA SC-203，ASTM F38，EUROCAE WG-73 等），其目标是制定最低航空系统性能标准（MASPS）Amato 和 FAA 2013。RPAS 是国际民航组织为 ASBU 确定的关键性能改进领域之一（ICAO，2013c）。实施过程中的关键步骤如下：

（1）将 RPAS 初步整合到非分离空域：实施基本程序和功能，包括运行 RPAS 的 SAA。

（2）运输中的 RPAS 整合：实施精简程序，涵盖失去的链接以及加强的 SAA 职能。

（3）RPAS 运输管理：在机场表面和类似于载人飞机的非隔离空域实施 RPAS 操作。

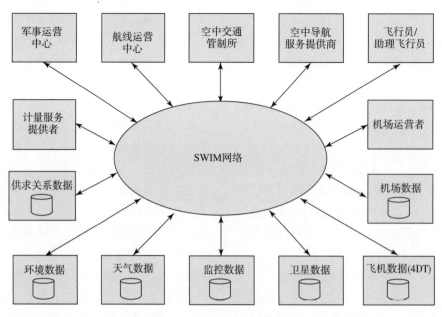

图 27.13 SWIM 信息共享

启用 CNS＋A 原理的关键内容如下：

（1）超视距（BLOS）通信系统。

（2）高度完整的 RPAS 导航系统和集成的故障安全航空电子结构。

（3）融合的合作/非合作监控系统，以网络为中心的运营情景包含冲突避免和协同冲突解决能力。

（4）将 SAA 功能集成到 RPAS NG-FMS 中。

（5）增强 GNC 循环与轨道，决策和回避（TDA）循环之间的相互作用。

用于 RPAS 的 CNS＋A 系统如图 27.14 所示。

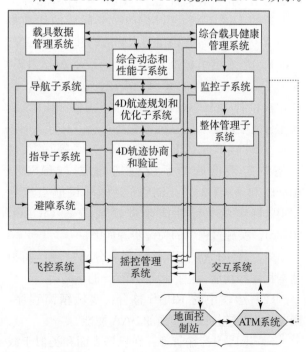

图 27.14 用于 RPAS 的 CNS＋A 系统

已经提出了一些合作和非合作的 SAA 解决方案，但是鉴于支持 RPAS 运营扩展的认证过程需要进一步的努力（ICAO，2013c）。RPAS 的初始整合需要能力，包括基于地面的检测和避免系统，并采用旨在促进安全空域访问的政策、程序和技术的结合。SAA 技术将被整合到 RPAS 的任务管理系统中，以应对碰撞和危害回避责任，并提供所需的情景意识水平。RPAS 在传统空中交通中的完全整合需要开发机载 SAA 系统，能够应对各种特性（自然和人为的）的空中和地面障碍（Ramasamy 等，2014）。同时在 SAA 空中价值和设计标准的变化领域，预计也会产生重大影响。

27.12 小 结

随着人口的增加，民用航空运输的增长是不可避免的，因此造成的影响是气体排放、噪声和其他影响全球环境的因素。航空旅行的未来是更环保的运营之一，航空运输的各个方面都将采取更有效和更安全的运作方式。本章介绍了现代航空电子设备和 ATM 系统，以便能够实现全面的 TBO 和 PBO，以及先进的空对地轨迹协商/验证功能，以支持绿色运营。向未来的 ATM，ATFM，4DT 和 CNS＋A 系统的过渡可提供更高水平的自动化，减少 ATCO 上的人力工作量，同时改善由于天气条件恶劣、交通密度高和 ATCO 工作负载限制而导致的调度问题。这种过渡也将有助于飞行操作本身的变化，因为自动化 4DT 将通过减少分离时间来允许精确的进近和着陆路径。下一代飞行管理系统将通过使用 NG-ADL 的下一代 ATM 系统实时定位反馈，实现精确的 4DT 轨迹估计和跟踪。未来路径的建议包括加强目前 NG-FMS 系统的轨迹预测组件、支持全 4D 信息的增强型显示、用于评估 4DT 的人为因素考虑、谈判和验证策略的实施以及混合等级的认证与标准化。

参考文献

Amato, G. (n.d.) *EUROCAE WG-73: Unmanned Aircraft Systems*. Available at http://media.aero.und.edu/uasresearch.org/documents/033_Contributing-Stakeholder_EUROCAE.pdf.

ARINC. (2006) *Advanced Flight Management Computer System-ARINC Characteristic 702A-3*, Airlines Electronic Engineering Committee, Aeronautical Radio Incorporated (ARINC).

BADA (2013) *User Manual for the Base of Aircraft Data (BADA) Revision 3.11*, EEC Technical/Scientific Report No. 13/04/16-01, EUROCONTROL Experimental Centre, Brétigny-sur-Orge, France.

Benedettini, O., Baines, T.S., Lightfoot, H.W., and Greenough, R.M. (2009) State-of-the-art in integrated vehicle health management. *Proc. Inst. Mech. Eng. G: J. Aerospace Eng.*, 223157-170.

Betts, J.T. (1998) Survey of numerical methods for trajectory optimization. *J. Guidance Control Dyn.*, 21, 193-207.

Boeker, E.R., Dinges, E., He, B., Fleming, G., Roof, C.J., Gerbi, P.J., Rapoza, A.S., Hemann, J. (2008) *Integrated Noise Model Technical Manual v. 7.0*, FAA-AEE-08-01, Office of Environment and Energy, The Federal Aviation Administration (FAA), Washington, DC.

Bronsvoort, J., McDonald, G., Potts, R., and Gutt, E. (2011) Enhanced descent wind forecast for aircraft-facilitation of continuous descent arrivals with improved efficiency and predictability by the use of tailored descent wind forecasts. *Proceedings of 9th USA/Europe Air Traffic Management Research and Development Seminar (ATM 2011)*, Berlin, Germany.

Cramer, M.R., Herndon, A., Steinbach, D., and Mayer, R.H. (2010) Modern aircraft flight management systems, in *Encyclopaedia of Aerospace Engineering*, John Wiley & Sons, Ltd.

Detwiler, A.G. and Jackson, A. (2002) Contrail formation and propulsion efficiency. *J. Aircraft*, 39

(4), 638-644.

ECAC. (2005) *ECAC.CEAC Doc 29-Report on Standard Method of Computing Noise Contours Around Civil Airports*, 3rd edn, European Civil Aviation Conference (ECAC).

Esperon-Miguez, M., John, P., and Jennions, I.K. (2013) A review of integrated vehicle health management tools for legacy platforms: challenges and opportunities. *Prog. Aerospace Sci.*, 56, 19-34.

EUROCAE. (2014) *ED-230-Interoperability Requirements Standard for Baseline 2 ATS Data Communications, FANS 1/A Accommodation (FANS 1/A-Baseline 2 Interoperability Standard)*, Initial Release.

FAA. (2013) *Integration of Civil Unmanned Aircraft Systems (UAS) in the National Airspace System (NAS) Roadmap*, 1st edn. Available at http://www.faa.gov/about/initiatives/uas/media/UAS_Roadmap_2013.pdf.

SWIM. (n.d.) More information is available at https://www.eurocontrol.int/swim and http://www.faa.gov/about/office_org/headquarters_offices/ato/service_units/techops/atc_comms_services/swim.

Gardi, A., Sabatini, R., Ramasamy, S., and deRidder, K. (2013) 4-Dimensional trajectory negotiation and validation system for the next generation air traffic management. *Proceedings of AIAA Guidance, Navigation, and Control Conference 2013 (GNC 2013)*, Boston, MA.

Gardi, A., Sabatini, R., Ramasamy, S., and Kistan, T. (2014) Realtime trajectory optimisation models for next generation air traffic management systems, in *Applied Mechanics and Materials*, vol. 629, pp. 327-332, 2014. DOI: 10.4028/www.scientific.net/AMM.629.327.

ICAO. (2008) *Annex 16 to the Convention on International Civil Aviation-Environmental Protection-Volume II: Aircraft Engine Emissions*, 3rd edn, The International Civil Aviation Organization (ICAO), Montreal, Canada.

ICAO. (2010) *Global Operational Data Link Document*, 1st edn, The International Civil Aviation Organization (ICAO), Montreal, Canada.

ICAO. (2012) *Doc. 9501-Environmental Technical Manual-Volume I: Procedures for the Noise Certification of Aircraft*, 4th edn, The International Civil Aviation Organization (ICAO), AN/929, Montreal, Canada.

ICAO. (2013a) *Doc. 9971-Manual on Collaborative Air Traffic Flow Management-Part II*, The International Civil Aviation Organization (ICAO), Montreal, Canada.

ICAO. (2013b) *Doc 8168-Procedures for Air Navigation Services-Aircraft Operations (PANS-OPS)*, The International Civil Aviation Organization (ICAO), Montreal, Canada.

ICAO. (2013c) *Working Document for the Aviation System Block Upgrades—The Framework for Global Harmonization*, The International Civil Aviation Organization (ICAO), Montreal, Canada.

ICAO. (2014) *Doc 9750-Global Air Navigation Capacity & Efficiency Plan 2013-2028*, 4th edn, The International Civil Aviation Organization (ICAO), Montreal, Canada.

ICAO. (n. d.) *Aircraft Engine Emissions Databank (Online)*, The International Civil Aviation Organization (ICAO)—European Aviation Safety Agency (EASA). Available at http: //easa. europa. eu/node/15672.

JPDO. (2010) *Trajectory-Based Operations (TBO) Operational Scenarios for 2015*, TBO Study Team, Next Gen Joint Planning and Development Office (JPDO).

Lee, P. U., Brasil, C., Homola, J. R., and Prevot, T. (2011) Benefits and feasibility of the flexible airspace management concept: a human-in-the-loop evaluation of roles, procedures, and tools. *Proceedings of 9th USA/Europe Air Traffic Management Research and Development Seminar (ATM 2011)*, Berlin, Germany.

Martin, R. L. (1996) Appendix D. Boeing Method 2 fuelflow methodology description. Presentation to CAEP Working Group III Certification Subgroup, in *Scheduled Civil Aircraft Emission Inventories for 1992: Database Development and Analysis-NASA Contract Report 4700* (eds S. L. Baughcum, T. G. Tritz, S. C. Henderson, and D. C. Pickett), NASA Langley Research Center, Hampton, VA.

Mueller, E. (2007) Experimental evaluation of an integrated datalink and automation-based strategic trajectory concept. *Proceedings of 7th AIAA Aviation Technology, Integration and Operations Conference (ATIO 2007)*, Belfast, UK.

NATO. (2005) *Standardisation Agreement-Standard Interfaces of UAV Control System (UCS) for NAT UAV Interoperability (STANAG 4586)*, 2nd edn. Available at http: //www. uvsr. org/docs/STANAG4586Ed02. pdf.

Ramasamy, S., Sabatini, R., and Gardi, A. (2014) Avionics sensor fusion for small size unmanned aircraft sense-and-avoid. *Proceedings of IEEE Metrology for Aerospace 2014*, Benevento, Italy.

Ramasamy, S., Sabatini, R., Gardi, A., and Kistan, T. (2014) Next generation flight management system for real-time trajectory based operations, in *Applied Mechanics and Materials*, vol. 629, pp. 344 – 349, 2014. DOI: 10. 4028/www. scientific. net/AMM. 629. 344.

Ramasamy, S., Sabatini, R., Gardi, A., and Liu, Y. (2013) Novel flight management system for real-time 4-dimensional trajectory based operations. *Proceedings of AIAA Guidance, Navigation, and Control Conference 2013 (GNC 2013)*, Boston, MA.

Rao, A. V. (2010) Trajectory optimization, in *Encyclopaedia of Aerospace Engineering*, John Wiley & Sons, Ltd.

RTCA. (2005) *Interoperability Requirements for ATS Applications Using ARINC 622 Data Communications (FANS 1/A Interoperability Standard)*, DO-258A, Radio Technical Commission for Aeronautics (RTCA), April 7.

Sabatini, R., Bartel, C., Kaharkar, A., Shaid, T., and Ramasamy, S. (2014) Navigation and guidance system architectures for small unmanned aircraft applications. *Int. J. Mech. Aerospace Ind. Mechatron. Eng.*, 8 (4), 733 – 752.

Sabatini, R., Gardi, A., and Ramasamy, S. (2014) A laser obstacle detection and avoidance system for unmanned aircraft sense-and-avoid, in *Applied Mechanics and Materials*, vol. 629, pp. 355 – 360, 2014. DOI: 10. 4028/www. scientific. net/AMM. 629. 355.

Sabatini, R., Kaharkar, A. Bartel, C., and Shaid, T. (2013a) Carrier-phase GNSS attitude determination and control for small UAV applications. *J. Aeronaut. Aerospace Eng.*, 2 (4). doi: 10. 4172/2168-9792. 1000120.

Sabatini, R., Moore, T., and Hill, C. (2013b) A new avionicsbased GNSS integrity augmentation system. Part 1. Fundamentals. *J. Navigation*, 66 (3), 363 – 384.

Sabatini, R., Moore, T., and Hill, C. (2013b) A new avionicsbased GNSS integrity augmentation system. Part 2. Integrity flags. *J. Navigation*, 66 (4), 501 – 522.

Sabatini, R., Richardson, M., Bartel, C., Shaid, T., and Ramasamy, S. (2013b) A low-cost vision based navigation system for small size unmanned aerial vehicle applications. *J. Aeronaut. Aerospace Eng.*, 2 (2). doi: 10. 4172/2168-9792. 1000110.

Schrader, M. L. (1997) Calculations of aircraft contrail formation critical temperatures. *J. Appl. Meteorol.*, 36 (12), 1725 – 1728.

Schumann, U. (2005) Formation, properties and climatic effects of contrails. *C. R. Phys.*, 6 (4-5), 549 – 565.

SESAR (2012) *European ATM Master Plan—The Roadmap for Sustainable Air Traffic Management*, 2nd edn, EUROCONTROL, SESAR.

Techakesari，O.，Ford，J. J.，and Zapotezny-Anderson，P. M.（2012）Design of flight avoidance manoeuvre alphabets for mixed centralised-decentralised separation management. *Proceedings of 28th International Congress of the Aeronautical Sciences*（ICAS 2012），Brisbane，Australia.

UAV（2005）*Final Report-A concept for European regulations for civil unmanned aerial vehicles（UAVs），the Joint JAA/EUROCONTROL Initiative on UAVs.* Available at http：//easa. europa. eu/system/files/dfu/NPA _ 16 _ 2005 _ Appendix. pdf.

Wulff，A. and Hourmouziadis，J.（1997）Technology review of aeroengine pollutant emissions. *Aerospace Sci. Technol.*，1（8），557 - 572.

Zaporozhets，O.，Tokarev，V.，and Attenborough，K.（2011）*Aircraft Noise：Assessment，Prediction and Control*，CRC Press.

本章译者：沈辉　王正平
（北京理工大学宇航学院）

第8部分

运　营

第 28 章

综合评估建模

Lynnette M. Dray 和 Antony D. Evans
伦敦大学学院 UCL 能源学院，伦敦，英国

28.1 引 言

全球航空系统涉及多个利益相关者之间复杂的相互关系。乘客、货物托运人、航空公司、机场、空中航行服务提供者（ANSP）、制造商和航空监管机构都有各自的动机、优先事项和制约因素。对航空系统中的一部分进行任何改变，包括引入新的政策，都可能会造成远远超出对利益相关者直接的二次（间接）影响。例如，允许航空公司携带较少燃料而不降低客舱负荷的措施可以使得航空公司燃油成本降低但收入不会减少。如果成本的降低全部或部分反映到票价的降低，其结果是导致乘客乘机需求的增加。因此，这项措施对飞机总体排放的影响可能低于预期，也许可能低于 20%（Evans 和 Schäfer，2012）。同样的，地区收入水平的上升可能会刺激民众对当地机场的需求。但如果机场的运行能力已经接近饱和，那可能会增加飞机延误的可能，从而导致需求增长速度下降。

航空和相关领域内应用的不同政策措施可能会相互影响。（例如，Schäfer 等，2009），航空相比于其他大多数二氧化碳排放来源更难实现排放的显著减少，并且可能需要制订一系列不同减排策略来实现排放目标。不同领域的措施可能相互独立，或者（更有可能）他们相互之间导致更高或更低收益（产生的总体影响大于或小于单个政策影响的总和）。例如，生物燃料可能会降低航空公司的碳排放成本，同时也有可能降低其他二氧化碳减排技术的投资（Dray 等，2014）。在减少不同航空外部效应时也需要进行权衡（例如，Antoine 和 Kroo，

2004）。

这些因素导致了区域和全球航空综合模型系统（例如，AERO，2002；Waitz 等，2006；Reynolds 等，2007）以及包含航空综合模型的其他运输模型（例如，Rich 等，2009）的发展。综合模型包含模拟航空系统不同相关方面的子模型，包括乘客需求、航空公司战略、二氧化碳排放位置和排放量等负面外部因素、环境损害的经济价值以及应用和评估政策杠杆对环境与经济的影响。在不同子模型之间存在相互影响的情况下，需要通过适当的计算方法获得输出结果间的平衡。不同模型间有着不同的时间跨度、地理范围和系统。由于航空基础设施使用寿命长，时间跨度也较长（至少到 2030 年，最好是到 2050 年或 2100 年），在评估航空政策和环境影响时，通常选择一年的时间。制约因素包括政策评估的合适的执行时间，需要在地理和时间细节水平上与相关子模型相似，以及要求有可用的覆盖世界各地的数据。本章中，我们考虑一种评估长期环境政策的模式，对每个领域的常见方法进行简要的概述。第 2 节中讨论了航空系统的各个组成部分和建模策略；第 3 节涵盖了系统的杠杆、预测方法及其不确定性；第 4 节讨论了未来前景。

28.2 航空系统组件和建模要素

一般来说，综合模型中不同组成部分对应航空系统中不同的利益相关者。主要利益相关方及其相互作用的总结，如图 28.1 所示。航空旅行的需求来自乘客和货运托运人或代理。航空公司通过直接

方式或通过租赁公司使用设备制造商的飞机以满足这种需求。飞机飞行所需的机场和空域由机场当局与空中航行服务提供者负责。机场、空中航行服务提供者，制造商和航空公司与政府机构和监管机构进行互动，政府机构和监管机构提供不同程度的监督，以确保安全并保护公众利益。

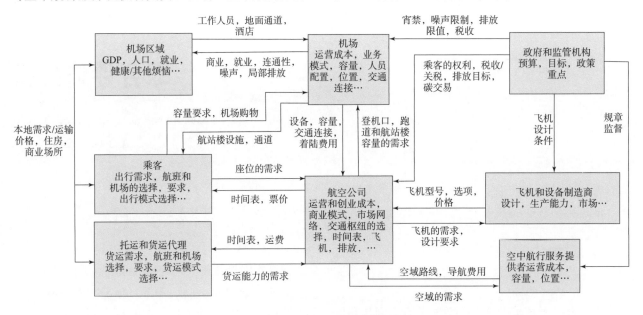

图 28.1　航空系统中主要利益者关系

还需要对外部情况建模，包括空气污染物排放和对气候的影响，对当地和/或区域卫生以及噪声和经济的影响；建模需要定义适当的接口；需要提供解决方案。这些方面都会在下面单独讨论。我们忽略了军用和通用航空以及直升机交通，因为这些通常被排除在综合模型之外。

28.2.1　乘客

航空系统的发展主要取决于乘客长途运输的需求。有多种方法模拟航空乘客的需求，无论是以全球、区域或组合航路为基础自上而下的估计总需求（例如，Schäfer，1998），还是以单个乘客的需求为基础自下而上的估计（例如，Reynolds 等，2007），都可以作为选择设置的一部分选择其中任意的模型（例如，Jamin 等，2004；Rich 等，2009）。对乘客旅行进行建模是十分复杂的，因为乘客需求取决于整个点对点旅程的特点，这可能包含地面和航空运输中多个部分，并且有用的数据通常是分散的。因此，大多数方法需要假设或估计路线、票价或商务乘客和休闲乘客的比例等因素。

航空旅客需求的主要影响因素包括人口、收入以及旅行的费用和时间（以空中和任何其他方式对比）。尽管最简单的方法是将外部需求或项目总需求作为 GDP 和/或其他外部因素的函数，但这在综合建模中是有限制的，因为模型需要响应影响航空策略的因素，包括票价、机场容量和延误情况。如果需要使用外部预测，建模就应侧重于如何应用策略来改变外部的基础需求（例如，Waitz 等，2006）。

大多数综合模型使用弹性（一个变量中的百分比与另一个变量中的百分比相互变化；Oum 等，1992，Oum 等，1992）来描述乘客需求对主要影响因素变化的响应，无论是与年乘客需求数据相比较，或作为估计需求的变化模型的一部分（例如，Jamin 等，2004；Reynolds 等，2007）。这允许对许多因素的需求反馈进行模拟；因此，可以估计合适的弹性。航空相关的弹性估计在文献中很普遍（例如，IATA，2007）。不同的弹性通常用于不同的出行目的、距离和世界区域，并且根据数据的可用性，用于不同的人口群体。另外，经典的四步运输建模方法可以应用行程生成、行程分布、模式选择和路线分配（例如，Rich 等，2009）。

航空公司为乘客提供了一系列可能的行程和机票价格，所以模型要能对平均行程成本和时间变化作出反应。对乘客在不同的行程之间进行建模是可行的（例如，Coldren 等，2003），但由于数据的可用性，在全球范围内进行预测可能是不切实际的。然而，为了真正地将从起始点到最终目的地需求转换为分段需求，需要乘客行程的数据或作出假设。一个常见的假设是每年乘客的基础出行不随时间发生变化。

28.2.2 货运

绝大多数空中交通工具是为乘客需求提供服务的，专门用于货运的飞机占全球飞机的10%以下（例如，波音，2012，2013）。然而，许多载客航空公司在其客机上开通"腹部货运"作为增收来源。虽然空运货物重量占世界贸易量不到2%，但其价值接近40%（Kasarda 和 Green，2005）。虽然腹部货运通常在建模中直接或者间接地被包含在重量负荷因素中，但货机有时却被忽略。

空运通常用于小型、高价值和/或易腐货物，如计算机设备、药品或流通物品。详细的建模需要对这些物品的需求、全球生产地点、联运路线和转运地点进行预测。一种方法是对全球贸易流程建立专门的模型，如使用投入产出模型，然后基于特定商品、运费和运输时间选择模型。Rich 等人采用了这个方法（2009）来研究地面运输模式。然而，这种方法的复杂性意味着通常需要更简单的方法。与客运需求一样，另一种方法是根据每年的基准货物运输数据来模拟总体需求增长，如空中货物需求可以使用到国家或区域级的GDP增长、距离或外国直接投资的弹性量（例如，AERO，2002；Yamaguchi，2008），尽管文献中可用的弹性估算相对较少。如果可以预测政策应用时这些估值将如何变化，那么也可以使用路线组（例如，波音，2012）以及分解假设估算货运需求。

28.2.3 航空公司

航空公司通过安排机场之间的航班来满足航空客运和货运的需求。短期内（从几天到几个月），航空公司会采取复杂的策略设计飞行日程和飞行路线以使成本最小化并最大限度地提高票价的收益。这会受到现有流量的限制，在一些地区，也可能会受到其他航空公司竞争的显著影响。长期内（多年），航空公司必须购买或租赁新飞机来替代退役飞机并满足日益增长的需求。

从综合模型的角度来看，航空公司的决策会影响评估产出，因此必须得到关注。如果要评估全球二氧化碳排放总量，那就必须关注航空公司的决策，因为它会显著地影响燃油使用量。因此，建模必须考虑到飞机周转量、平均飞机尺寸变化、空中交通量增长以及任何需求变化的影响。然而，飞行航线网络和日程表的变化不太重要，因为它们主要

影响排放位置而不是总量（Evans，2014）。相比之下，如果当地空气质量的影响对机场是关键输出，那么飞行网络的模型则可能因为需求的增长而发生改变，通常会使飞行网络从很大的中心辐射网络变换成更多的点对点网络（Evans，2014）。这可能导致机场级别的排放从枢纽机场转移。

在最基本的层面上，综合评估模型必须掌握航空旅行需求与满足需求的供应之间的关系。因此，需要一种动态预测供应方的模型作为投入。动态供应模型可以基于历史趋势或直接模拟航空公司的决策。为了预测全球总排放量，可以使用历史数据来确定平均飞机尺寸和飞行载荷随着飞行需求增加而改变的速率，从而实现计算所需的空中交通流量。Bhadra（2003）、AERO（2002）和 Reynolds（2007）等人证实，平均飞机尺寸或运行不同尺寸等级飞机的飞行比例可以通过与飞行需求相关的多项 Logit 回归方法或类似的方法求得。飞行平台长度和起点与目的地机场交通状态也被包括在变量中。

对综合评估模型的另一个典型要求是能提高航空公司燃油燃烧模型。在最简单的层面上，可以假定年平均燃料燃烧改善率按照历史趋势延续下去。然而，这种方法不能考虑不同航空公司增长率的影响。考虑到退役、飞机改造以及新飞机采购，更复杂的航空公司营业额模型要详细考虑飞机组成。飞机退役通常遵循一个稳定的函数关系（S 曲线），退役率在30年时达到高峰，如图28.2（a）所示（例如，Dray，2013）。也有证据表明，他们受到高燃料价格和可用的新机型的影响（例如，Morrell 和 Dray，2009）。结合对飞机需求的假设、现有飞行的使用时间和退役曲线，可以估计需要新飞机的数量。如果目前全球窄体飞机增长率可以实现约3.4%（例如，空客，2013），那么窄体飞机（例如，Dray，2013）的过去和未来的退役率与生产率如图28.2（b）所示。在通常情况下，航空公司会在几个给定的座位等级和范围的相互竞争的飞机型号中进行选择，其中每一个型号都有不同的定制方式。这种选择是复杂的，但成本是一个关键的决定因素。投资回收期或净现值模型（例如，Morrell 和 Dray，2009）可用于评估哪些技术将在何时被采用，但需要对性能、燃料价格、技术可用性和投入使用以及购置成本进行假设，由此产生的燃油消耗取决于现有和新型飞机的特点。

在必须捕获诸如网络变更等更详细的供应侧作

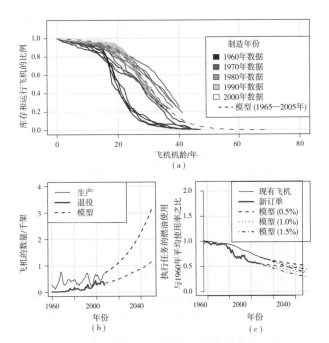

图 28.2 窄体飞机的机队建模
(a) 退役率与飞机机龄的曲线；(b) 新飞机的需求；
(c) 飞机燃料使用情况

用的情况下，可以应用更先进的建模技术。这些包括基于历史数据使用神经网络或其他机器学习技术的更复杂的建模（例如，Kotegawa 等，2010）或对航空公司决策更明确的建模（例如，Adler，2005；Evans 和 Schäfer，2011）。后者可以包括网络优化方法和航空公司之间的游戏模拟以捕捉竞争效应。航空公司为了竞争市场份额，可能对飞机规模和航班频率产生重大影响。竞争建模需要假设航空公司如何捕获市场份额，从将起飞频率与市场份额关联的简单模型（例如，Belobaba 等，2009）到考虑乘客行为选择的更复杂模型。

航空公司的决策也受到为他们提供服务的机场的可用运行能力以及考虑提供服务的机场的影响。

28.2.4 机场

机场提供设施使得航空公司能够经营飞机。这包括停机坪、登机门、滑行道和跑道。机场的每个部分都有容量限制，但机场系统（和航空运输系统一样）的主要"瓶颈"是跑道容量（Odoni，2008）。

航班延误可能受机场容量的限制而影响飞机燃料的使用和排放，并增加平均旅行时间。如果延误率较高，乘客可能会选择不出行或使用其他交通工具。因此，延误的评估是建模中一个重要的部分，而且要对乘客需求进行反馈。由于机场容量有限，

航空业的增长也会受到限制。

在综合评估建模中考虑机场容量约束通常需要使用例如排队理论（例如，Long 等，1999）。这些模型也可以研究由机场网络导致的延误（例如，Pyrgiotis 等，2013）。飞行延误必须对乘客的需求和空中交通的影响进行反馈。

在间隙控制的机场系统中，可以控制可用间隙的数量来限制业务增长，但间隙数量也应该考虑航空公司响应、飞机大小的影响、负载因素、票价和网络结构的建模。另一种选择是使用乘客选择机场的模型，其中拥堵会增加到达机场的通用成本（例如，DfT，2013）。

最终，机场容量扩张是一项政策决定，很难在长时间跨度内进行预测。因此，机场容量的制约因素往往被忽略，其中隐含的假设是随着飞行需求的增加，机场容量也会增长。但实际上，这通常是不真实的。

28.2.5 飞机和发动机制造商

航空公司决定投资哪些技术取决于飞机和发动机制造商决定开发哪些技术，何时以及以何种价格提供这些技术。这些决定又会受到航空公司和机场要求以及监管的影响。在设计过程中需要多方面权衡，包括环境因素（例如，低 NO_x 排放的发动机设计会导致更高的燃料使用和更多的二氧化碳排放；Antoine 和 Kroo，2004）和与环境因素相关的权衡（例如，乘客娱乐系统会增加重量，导致燃料使用增加）。尽管所有制造商都在相同的宽带技术和制约因素之上开展工作，但它们可能有不同的优先事项。未来的一些变化情况如燃料价格也可能会影响制造商的决策：例如，20 世纪 70 年代后期的高燃料价格导致了替代发动机的设计研究，而这现在仅在考虑中（例如，Szodruch 等，2011）。

由于与技术开发相关的时间尺度较长（5～10年；IPCC，1999），制造商的决策通常被应用于综合建模中。这需要对未来技术进行假设。对于近期技术，可以使用制造商出版的技术特性。对于长期预测，一种选择是采用燃料使用和排放趋势代表新的飞机技术改进。图 28.2 (c) 显示了 28.2.3 节中给出的飞机增长率和退役率假设条件下典型窄体飞机到 2050 年的燃料使用情况如何变化，其中假设未来新型飞机模型燃料使用量平均每年降低 0.5%～1.5%。新的飞机类型也可以基于预计的技术和环境目标明确地建模（例如，Antoine 等，

2004）。未来的技术开发要对外部情况变化作出反应，例如，燃料使用量降低的速度更高以适应燃料价格上涨。

对诸如新飞机交付时间（需求和生产能力的函数）、飞机价格以及制造商之间竞争的影响等因素进行直接反馈是可能的，但是这些方面通常是在外部进行模拟的，因为应用更复杂的模型得到的结果变化通常很小。

28.2.6　空中航行服务提供者

空中航行服务提供者是管理空中交通的机构，它们可以是政府部门、国营公司或私有化机构。在综合评估模型中，ANSP影响空域延迟情况和飞机污染排放的位置。通常不需要对飞机飞行轨迹进行详细建模。相反，可以假设飞机飞行遵循最短路径，即大圆路径，并通过利用低效因子来解决任何偏差。风力的影响也可以考虑，但这不是特别的。低效因素可以延长假定的横向轨迹或增加假定的燃油燃烧。例如，Reynolds（2009）根据飞行轨迹数据和相应的燃料燃烧估计了不同地区与飞行阶段的低效因素。

通过技术的发展，如自动监视广播（ADS-B）、区域导航（RNAV）和需求导航性能（RNP），可以在飞行阶段减少这些低效率因素（巡航阶段使用ADS-B，起飞和着陆阶段使用RNAV与RNP）。

一旦航空公司的时间表、技术和路线被建模，二氧化碳和其他排放量就可以通过位置进行估算。

28.2.7　各国政府、监管机构和其他机构

各国政府和监管机构决定、实施和执行与航空有关的政策。它们的影响可能是在地方、区域、国家级别或全球，所应用的政策范围也可能会有所不同。有时候，不同组织的许多不同的执行规定有不同的优先事项。许多航空公司、机场、制造商和其他利益相关者的决定受到这些政策及其相互作用的影响。通常通过在第28.3节中描述的综合建模评估的策略实现。

通常，策略应用于综合建模外部，而不会向策略制定者进行反馈。但是，也有例外。碳交易计划和相关政策中的补贴价格可能取决于碳排放量，这导致航空公司成本与排放量之间存在关联（例如，Dray 等，2014）。政策也可能具有适应性（Walker 等，2001），也就是说，会根据形式或模型变量进行变化，在这种情况下，需要一系列反馈选项。

28.2.8　本地机场区域

（另见噪声建模）当地机场地区受航空外部因素的影响，包括噪声、NO_x 和颗粒物的排放以及排水路径。虽然这些外部因素可以通过简单的指标（例如，数量）来部分获取，但全面评估是很困难的。模型需要评估机场周围污染物浓度或噪声的影响，或者将这些分析拓展到健康指标和/或货币化中（例如，噪声对当地房价的影响）。成本或对健康影响的详细建模需要跑道配置和使用数据、气象数据和当地人口分布等，也可能需要详细计算每个机场的运行时间。对于涵盖许多机场的区域或全球模式，这种方法通常是不可行的。相反，需要简化的模型，通过使用替代模型技术或简化基础方程来逼近更复杂模型的输出。Barrett 和 Britter（2008）探讨了可以用扩散模型作出近似值以将合理的运行时间用于综合建模。类似地，He 等（2014）提出了基于市场收入估算货币化噪声影响的方法，Wadud（2009）回顾了当地环境外部因素评估方法。综合模型的输出结果也可以用作选定机场的更详细的独立噪声或扩散模型的输入条件。

航空也会影响当地经济，机场提供就业机会，吸引企业到机场地区经营。这些影响通常在模型输出结果后进行处理，尽管当地繁荣程度与飞行需求增加之间存在潜在的关联。Gillingwater，Mann 和 Grimley（2009）给出了航空对地方经济量化影响的综述。

28.2.9　全球气候影响

（另见大气建模）目前已经开发了多种综合模型用来评估航空对全球环境的影响。航空政策通常基于二氧化碳或其他污染物排放，而不是气候影响指标，因此该领域模型可能仅对排放总量进行反馈。然而，评估结果时需要对气候进行建模，因为它能把航空对气候的不同影响（二氧化碳、氮氧化物、转折点等）放在共同的标准上进行检验，并与其他来源的影响进行比较。在综合建模中直接使用详细的气候模式通常需要很长的计算时间。然而，网格化综合模型中的排放和飞行路径数据可以在合适的气候模型中进行后处理，或者可以使用简化模型近似详尽地模拟气候输出。后一种方法有一些实例，如 AERO（2002），Lim 等（2007），Krammer，Dray 和 Köhler（2013）中所述。

28.2.10　反馈和解决方法

在任何综合评估建模框架中，不同系统部件之间和不同利益相关者之间的相互作用需要整合不同模型的方法，保证模型内部假设的一致性。在许多情况下，这种关系是明确的，如需求的估计会反应在航空公司的航班调度之上。然而，一些关系不太直接，需要相互反馈。这就需要一种解决方法来达到系统变量之间的（部分）平衡。通常，用迭代方法足以找到解决方案。这个过程在图 28.3 中显示为返回效应。更高效的飞机会降低飞行运营成本。在竞争激烈的市场，这样可以降低机票价格，增加客运需求。航空运输业务增加，运营成本和飞机延误也会增加。航班延误又会降低乘客需求，进一步增加运营成本。这显然需要一个迭代程序来计算空中交通流量，从而确定系统级的燃油燃烧。解决方案需要收敛到符合程序应用的适当水平，因此必须采用一个收敛标准来停止迭代。

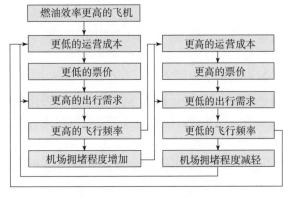

图 28.3　航空领域的反馈效应

28.3　情景和系统杠杆

28.3.1　对未来的预测及其不确定性

评估航空政策通常需要对未来的情况进行建模。例如，为新飞机设计的排放标准只有在飞机生产（5～10 年；IPCC，1999）后才会产生影响，并逐渐在航线方面取得显著的效果（另外 5～10 年，取决于飞行增长；见图 28.2）。这需要对时间敏感因素如人口、收入和燃料价格进行预测，以及对技术发展、机场能力和地面运输网络进行假设，但这些都有重大的不确定性。分析包括成本在内的影响时需要对贴现率进行假设，而贴现率又会根据是否使用的市场利率或社会贴现率而有显著差异。图 28.4 展示了

包括过去和现在对航空需求发展预测的一些关键驱动因素，包括选定的 SRES（Nakicenovic 和 Swart，2000）、CCSP（Clarke 等，2007）和 RCP/SSP 方案（例如，Kriegler 等，2014）和美国 EIA 的年度预测（例如，Conti 等，2014）。虽然其中一些预测，如美国人口，随着时间的推移是准确和稳定的，但其他一些预测改变明显。例如，过去对 2012 年石油价格的预测从 40 美元/桶到 200 美元/桶不等。过去的预测组合，如 SRES，包括了许多可能的未来模型，但仍未能捕捉近期的趋势，如中国人均 GDP 的上涨。假设人口和收入的弹性为 1.0，票价的弹性为 1.0，航空公司的非燃料成本不变，这种变化意味着到 2040 年的预期需求可能变化，如美国会上升 4 倍而中国会上升 25 倍。这可能会深刻地改变相关政策，以及整个系统的评估指标，如是否可以达到排放目标。因此，使用一系列未来情景评估政策很重要。

情景变量不是不确定性的唯一来源。未来的技术特征是不确定的，并且可能取决于情景变量（燃料价格上涨促使对减少燃料消耗技术的更多研究）。同样，机场容量和地面运输基础设施的扩张也是不确定的，这取决于未来的政治环境。模型参数、功能形式和输入数据对基础系统也可能表示得不准确或不完美。有很多种方法可以量化这种不确定性。可以使用蒙特卡罗建模（如果运行时间很短，也可以直接使用，或者通过近似集成模型对参数变化的响应）给定不确定参数的概率分布函数。或者，可以使用"透镜"方法，对其中的不确定输入参数的选定值进行建模（例如，Dorbian 等，2011），或者模型本身可以改为输入并传递变量的分布概率。Allaire 等人提供了一种评估和量化综合建模环境中的不确定性的方法（2014）。

28.3.2　政策和缓解措施的适用

广义上，减少航空对环境影响的措施分为三类。首先，经济上的缓解措施针对航空公司和乘客的成本，旨在减少出行需求和/或鼓励利益相关者寻找减少排放的其他方法。范例包括碳交易和票务税。这些政策通常是简单直接的模型，只需要调整航空公司成本或机票价格，但碳交易需要在碳排放和航空公司成本之间进行反馈。其次，运营上的缓解措施针对飞机的使用方式。它可能受经济政策的刺激，因为它可能会降低燃料成本，这些政策由法规规定或由航空公司自主采用上述的任意组合。范

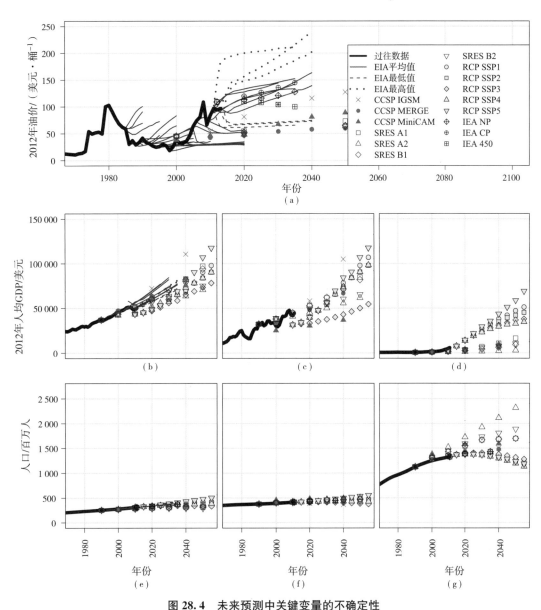

图 28.4 未来预测中关键变量的不确定性

（a）石油价格；（b）美国 2012 年人均 GDP；（c）西欧 2012 年人均 GDP；（d）中国 2012 年人均 GDP；
（e）美国人口；（f）西欧人口；（g）中国人口

例包括单发动机滑行和连续下降方法（例如，Reynolds 等，2010）。在没有每架飞机详细的飞行资料的情况下，一种折中的计算方法是得到在每个飞行阶段每个措施对燃料使用量的影响，然后将其应用于模型中的适用航班中（这种方法需要注意：不要从相互叠加的措施中重复计算好处，并且确定措施的不相容性或不可叠加性）。最后，技术上的缓解措施是通过应用新技术（可能由新的排放标准引起）或改造、新发动机或机身概念或替代燃料以减少排放。这些措施的建模策略取决于如何使用这些技术（第 28.2.6 节）。如果未来的飞机类型没有被详细地建模，那么可以适用类似于运营中缓解措施的方法。

政策也可能针对其他出行方式，如建设高速铁路。如果在模型中包括了详细模式选择（例如，Rich 等，2009），那么可以改变其他模式的时间和成本以模拟该模式。

28.4 结论和未来模型的发展

随着全球航空系统的增长和环境政策的发展，对长期政策影响的评估能力变得至关重要。本章仅介绍了用于评估航空政策的少数几种模式，关注了具有全球范围和长期环境影响的重点政策。也有许多其他模型模拟部分全球航空系统，这些模型专注于不同的系统方面，或是将航空纳入其更广泛的模型中。

综合模式的未来发展将受到当时具体的政策环境、科技和建模技术的发展以及可用计算能力的进步的影响。目前系统的发展趋势也可能会受到影响。亚洲航空需求的快速增长正在改变全球大气污染排放分布特征,进而又可能影响气候。需要抓住发动机、机身和燃料技术的持续发展,以及本地和全球航空相关法规的变化。数据来源正在改善,可用于修正现有的分析。计算能力的增加可以解决严重的系统优化问题(例如,通过大型网络模拟航线的变化;Evans 和 Schäfer,2011)。

此外,还有许多其他系统危害和政策目标,以反馈等相关形式影响全系统内多个利益相关者。在许多其他方面,如机场容量决策、遏制流行病或在严重系统破坏的情况下保护供应链的战略以及改善乘客体验的方法等,都是可以从综合建模方法中受益的领域。

参考文献

Adler, N. (2005) Hub-spoke network choice under competition with an application to Western Europe. *Transport. Sci.*, 39 (1), 58 - 72.

AERO. (2002) *Aviation Emissions and Evaluation of Reduction Options*, Main Report, Directorate General for Civil Aviation, The Hague.

Airbus. (2013) *Global Market Forecast 2013-2032*, Airbus, Toulouse.

Allaire, D., Noel, G., Willcox, K., and Cointin, R. (2014) Uncertainty quantification of an aviation environmental toolsuite. *Reliab. Eng. Syst. Saf.*, 126, 14 - 24.

Antoine, N. E. and Kroo, I. M. (2004) Aircraft optimization for minimal environmental impact. *J. Aircraft*, 41 (4), 790 - 797.

Antoine, N. E., Kroo, I. M., Willcox, K., and Barter, G. (2004) A framework for aircraft conceptual design and environmental performance studies. *10th AIAA/ISSMO Conference*, Albany, NY.

Barrett, S. R. H. and Britter, R. E. (2008) Development of algorithms and approximations for rapid operational air quality modeling. *Atmos. Environ.*, 42, 8105 - 8111.

Belobaba, P., Odoni, A., and Barnhart, C. (eds) (2009) *The Global Airline Industry*, vol. 23, John Wiley & Sons, Ltd, p. 68.

Bhadra, D. (2003) Choice of aircraft fleets in the US NAS: findings from a multinomial logit analysis. *3rd AIAA ATIO Conference*, Denver, CO.

Boeing (2012) *World Air Cargo Forecast 2012-2013*, Boeing, Seattle, WA.

Boeing (2013) *Current Market Outlook 2013-2032*, Boeing, Seattle, WA.

Clarke, L. E., Edmonds, J. A., Jacoby, H. D., Pitcher, H. M., Reilly, J. M., and Richels, R. G. (2007) *Scenarios of Greenhouse Gas Emissions and Atmospheric Concentrations*, U. S. Climate Change Science Program, Washington, DC.

Coldren, G. M., Koppelman, F. S., Kasturirangan, K., and Mukherjee, A. (2003) Modeling aggregate air-travel itinerary shares: logit model development at a major US airline. *J. Air Transport Manage.*, 9 (6), 361 - 369.

Conti, J. J., Holtberg, P. D., Diefenderfer, J. R., Napolitano, S. A., Schaal, A. M., Turnure, J. T., and Westfall, L. D. (2014) *Annual Energy Outlook 2014*, U. S. Energy Information Administration, Washington, DC.

Department for Transport (DfT). (2013) *UK Aviation Forecasts*. Department for Transport, London, UK. Available at https://www.gov.uk/government/publications/uk-aviation-forecasts-2013 (accessed April 10, 2015).

Dorbian, C. S., Wolfe, P. J., and Waitz, I. A. (2011) Estimating the climate and air quality benefits of aviation fuel and emissions reductions. *Atmos. Environ.*, 45 (16), 2750 - 2759.

Dray, L. (2013) An analysis of the impact of aircraft lifecycles on aviation emissions mitigation policies. *J. Air Transport Manage.*, 28, 62 - 69.

Dray, L., Evans, A., Reynolds, T. G., Schäfer, A., Vera-Morales, M., and Bosbach, W. (2014) Airline fleet replacement funded by a carbon tax: an integrated assessment. *Transport Policy*, 34, 75 - 84.

Evans, A. D. (2014) Comparing the impact of future airline network change on emissions in India and the United States. *Transport. Res. D*, 373 - 386.

Evans, A. D. and Schäfer, A. (2011) The impact of airport capacity constraints on future growth in the United States air transportation system. *J. Air Transport Manage.*, 17, 288 - 295.

Evans, A. and Schäfer, A. (2012) The rebound effect in the aviation sector. *Energy Econ.*, 36, 158 - 165.

Gillingwater, D., Mann, M., and Grimley, P. (2009) *Economic Benefits of Aviation*, Final Report for the Omega Consortium.

He, Q., Wollersheim, C., Locke, M., and Waitz, I. (2014) Estimation of the global impacts of aviation-related noise using an income-based approach. *Transport Policy*, 34, 85 - 101.

IATA (2007) *Estimating Air Travel Demand Elasticities*,

Final Report，InterVistas，Washington，DC.

IPCC.（1999）*Aviation and the Global Atmosphere*，Cambridge University Press，Cambridge，UK.

Jamin，S.，Schäfer，A.，Ben-Akiva，M.，and Waitz，I. A.（2004）Aviation emissions and abatement policies in the United States：a city-pair analysis. *Transport. Res. D*，9（4），295-317.

Kasarda，J. D. and Green，J. D.（2005）Air cargo as an economic development engine：a note on opportunities and constraints. *J. Air Transport Manage.*，11（6），459-462.

Kotegawa，T.，DeLaurentis，D. A.，and Sengstacken，A.（2010）Development of network restructuring models for improved air traffic forecasts. *Transport. Res. C*，18（6），937-949.

Krammer，P.，Dray，L.，and Köhler，M.（2013）Climate-neutrality versus carbon-neutrality for aviation biofuel policy. *Transport. Res. D*，23，64-72.

Kriegler，E.，Edmonds，F J.，Hallegatte，S.，Ebi，K. L.，Kram，T.，Riahi，K.，Winkler，H.，and van Vuuren，D. P.（2014）A new scenario framework for climate change research：the concept of shared climate policy assumptions. *Climatic Change*，122，401-414.

Lim，L.，Lee，D. S.，Sausen，R.，and Ponater，M.（2007）Quantifying the effects of aviation on radiative forcing and temperature with a climate response model. *Proceedings of the TAC Conference，Oxford*.

Long，D.，Lee，D.，Johnson，J.，Gaier，E.，and Kostiuk，P.（1999）*Modelling Air Traffic Management Technologies with a Queuing Network Model of the National Airspace System*，Technical Report NASA/CR-1999-208988，NASA Langley Research Center，Hampton，VA.

Morrell，P. and Dray，L.（2009）*Environmental Aspects of Fleet Turnover，Retirement and Life Cycle*. Final Report for the Omega consortium. Available at http：//bullfinch. arct. cam. ac. uk/documents/FleetTurnover_CranfieldCambridge. pdf.

Nakicenovic，N. and Swart，R.（eds）（2000）*Emissions Scenarios*，Cambridge University Press，Cambridge，UK.

Odoni，A. R.（2008）The airport capacity crisis and its solutions. *Proceedings from the International Forum on Shipping，Ports and Airports*，Hong Kong，China，May 2008.

Oum，T. H.，Waters，W. G.，and Yong，J. S.（1992）Concepts of price elasticities of transport demand and recent empirical estimates. *J. Transport Econ. Policy*，26（2），139-154.

Pyrgiotis，N.，Malone，K. M.，and Odoni，A.（2013）Modeling delay propagation within an airport network. *Transport. Res. C*，27，60-75.

Reynolds，T. G.（2009）Development of flight inefficiency metrics for environmental performance assessment of ATM. *8th USA/Europe Seminar on Air Traffic Management Research and Development*（ATM2009）.

Reynolds，T. G.，Barrett，S.，Dray，L.，Evans，A.，Köhler，M.，Vera-Morales，M.，Schäfer，A.，Wadud，Z.，Britter，R.，Hallam，H.，and Hunsley，R.（2007）Modeling environmental and economic impacts of aviation：introducing the aviation integrated modeling project. *Proceedings of the 7th AIAA ATIO Conference*.

Reynolds，T. G.，Marais，K. B.，Muller，D.，Uday，P.，Lovegren，J.，and Hansman，R. J.（2010）Evaluation of potential near-term operational changes to mitigate environmental impacts of aviation. *27th ICAS Conference*.

Rich，J.，Bröcker，J.，Hansen，C. O.，Korchenewych，A.，Nielsen，O. A.，and Vuk，G.（2009）*TRANS-TOOLS version 2：Model and Data Improvements*，TENConnect，Copenhagen.

Schäfer，A.（1998）The global demand for motorized mobility. *Transport. Res. A*，32（6），455-477.

Schäfer，A.，Heywood，J. B.，Jacoby，H. D.，and Waitz，I. A.（2009）*Transportation in a Climate-Constrained World*，MIT Press，Cambridge，MA.

Szodruch，J.，Grimme，W.，Blumrich，F.，and Schmid，R.（2011）Next-generation single-aisle aircraft：requirements and technological solutions. *J. Air Transport Manage.*，17（1），33-39.

Wadud，Z.（2009）*A Systematic Review of Literature on the Valuation of Local Environmental Externalities of Aviation*. Final Report for the Omega Consortium.

Waitz，I. A.，Lukachko，S.，Willcox，K.，Belobaba，P.，Garcia，E.，Hollingsworth，P.，Mavris，D.，Harback，K.，Morser，F.，and Steinbach，M.（2006）*Architecture Study for the Aviation Environmental Portfolio Management Tool*，PARTNER，Cambridge，MA.

Walker，W. E.，Rahman，S. A.，and Cave，J.（2001）Adaptive policies，policy analysis，and policy-making. *Eur. J. Oper. Res.*，128（2），282-289.

Yamaguchi，K.（2008）International trade and air cargo：analysis of US export and trade policy. *Transport. Res. E*，44（4），653-663.

本章译者：朱春玲　王正之
（南京航空航天大学航空宇航学院）

第 29 章

绿色航空飞机先进技术开发中的成本分析方法

Peter Frederic[1]，Gaudy M. Bezos-O'Connor[2] 和 Craig Nickol[2]

1 圣塔芭芭拉 Tecolote 研究集团，加利福尼亚州，美国

2 NASA 兰利研究中心，汉普顿，弗吉尼亚州，美国

29.1 绿色航空背景：ERA 项目

未来 20 年内，航空运输系统预计将扩大 2～3 倍。这种扩张同样会通过温室气体、氮氧化物（NO_x）、水蒸气和颗粒物的排放增加航空对气候变化的影响，除非技术进步可以减轻影响。由于航空对环境的潜在影响，人们越来越意识到需要减少人类对环境的影响，特别需要高度关注全球气候的变化。下一代航空运输系统（NextGen）的发展将满足空中运输需求的预计增长，但噪声和排放对环境的影响可能限制系统增长的能力。这些因素是美国国家航空研究政策中的焦点。为了解决这些持续存在的问题，NASA 制定了积极的时间表，目标是减少噪声、排放和燃料燃烧，如表 29.1 所示。具体来说，这些目标包括噪声降低于第 4 阶段认证水平；着陆起飞循环（LTO）的 NO_x 排放达到 CAEP 6 标准；巡航阶段的 NO_x 排放和燃料燃烧少于 2005 年最好飞机的水平。如表 29.1 所示，NASA 已经确定了近期（2015 年）、中期（2020 年）和远期（2025 年）的技术改革时机，并以 5 年为间隔逐渐增加噪声、排放和燃料燃烧的减少目标。

NASA 的目标是在这些日期前将这些技术提升到 TRL 4～6 级别，以便它们用于任何后续的运输类飞机和发动机项目中。在每种案例下，在 2005 年技术之上考虑增量值以确定参考基准。关于亚音速运输系统的水平量级及其值确定方法的附加信息可以在 Collier 等（2010）；Nickol 和 McCullers（2009）与 N+3 NASA 研究公告（NRA）

表 29.1　NASA 亚音速运输系统级别指标

用于显著改善噪声、排放和性能的技术			
技术效益[a]	技术世代 （技术水平 4～6）		
	N+1 （2015）	N+2 （2020[b]）	N+3 （2025）
噪声较少幅度（相对于 Stage 4）/dB	−32	−42	−71
LTO NO_x 排放（相对于 CAEP 6）/%	−60	−75	−80
巡航的 NO_x 排放（相对于 2005 年最佳情况）/%	−55	−70	−80
飞机燃料/能源消耗[c]（相对于 2005 年最佳情况）/%	−33	−50	−60

a. 一旦技术成熟并在行业中应用就会产生收益。收益根据飞机尺寸和用途会有不同。N+1 和 N+3 的值参考了带有 CFM56-7B 发动机的 737-800，N+2 的值参考了带有 GE77 发动机的 777-200。

b. ERA 的时间分段方法包括在 2015 年前将"长杆"技术推广到 TRL 6。

c. CO_2 排放收益取决于生命周期内用于燃料和/或能源使用的二氧化碳，单位为 MJ。

等研究中找到（Bradley 和 Droney，2011；Bruner 等，2010；D'Angelo 等，2010；Greitzer 等，2010）。

NASA 航空正使用表 29.1 中的亚音速运输系统的等级指标来指导技术投资。为此，美国宇航局

航空研究任务局（ARMD）的综合系统研究计划下的、对环境负责的航空（ERA）项目于2010年创建，这是一个6年420万美元的集成系统级技术开发项目，项目专注于成熟的技术，这将有助于将运输类飞机的噪声、排放和燃料燃烧同时从TRL 3降低到5/6级别。ERA项目是一个合作项目，与其他美国政府机构、行业和学术界分摊成本（6年约40%，并且一起评估这些N＋2技术在航空领域对环境的影响）。

ERA项目开发了一个健壮的概念设计方法，以评估将ERA（N＋2）的机身、推进和声音屏蔽技术应用于2025年商业运输飞机系统的可能影响。NASA的评估表明，同时满足所有三个目标将需要改变飞机配置，如混合翼身（HWB）。

除了使航空界和利益相关者能够制定战略技术投资决策之外，ERA项目还投资开发了一个成本分析工具，其将成本估算和分析方法集成到概念设计过程中，以便能有系统地确定绿色航空飞机机身和推进技术投资的优先级。本章提供了成本分析工具开发的介绍，并给出了实施战略技术投资决策工具的测试范例。

29.2 绿色航空飞机的概念设计过程

飞机概念设计的技术和科学是绿色航空飞机技术发展的关键推动因素。NASA航空的概念设计过程可以量化各种技术组合和配置对环境目标的综合影响，有能力提供各种设置技术需求，并可以追踪目标随时间推进的进展直至各种技术成熟。

在一个较高层次上，NASA开始对不同飞机结构的影响情况感兴趣［例如，大型双通道飞机（LTA）］，并为飞机开发了可靠的先进发动机模型。该模型使用名为NPSS（推进系统数值模拟方法）（Lytle，2000）和WATE（涡轮发动机的重量分析）的发动机模拟软件代码（Tong和Naylor，2008）。各种发动机参数和先进技术被使用并用作建模过程的输入参数，用以估算发动机性能数据（燃料需求、推力、NO_x排放等与节气阀门设置、飞行高度和马赫数等的函数关系）以及发动机重量和几何特性。接下来，将发动机数据与先进的商业运输机机体模型组合。机身模型由几何、执行任务时的飞行剖面和性能约束组成，并与飞行器尺寸一起输入命名为FLOPS（飞行优化系统）（McCullers，1984）的计算机代码中。FLOPS将整合这些输入参数并估计飞机

的空气动力学性能、重量和总体性能。然后，FLOPS的输出可以用于称为ANOPP（飞机噪声预测程序）的计算机代码（Greitzer等，2010；Zorumski，2005）来详细评估噪声的影响。

在大型双通道飞机中，选择777-200LR作为基准模型。构造777的基准模型是从GE90发动机的建模开始的，这要利用发动机几何和转动等建模参数，如发动机推力，特定情况下的燃料消耗、涡扇效率、涡轮机出口温度和总压力比。NPSS和WATE模型可以校准GE90发动机的可用数据。机身模型是基于几何、空气动力学性能和重量参数（如翼展、机身长度、巡航L/D和起飞总重量）构建的。GE90发动机舱也能集成到FLOPS模型中，飞机性能可以根据现有数据进行校准，如机场规划文件中波音飞机的特性（波音商用飞机，2011）。使用来自FLOPS的起飞和着陆轨迹、详细的发动机噪声源数据、机身噪声源数据以及飞行器的几何和重量参数来完成噪声的建模。

一旦使用一致的输入和校准数据创建并验证基准模型，就可以在此基础之上开发先进的技术。发动机和机身技术［例如，先进材料和主动流动控制（AFC）］被集成到模型中，并且新飞机的尺寸可以设计成与基准模型有相同的有效载荷/性能范围。此外，在开发非常规的配置，如混合翼身组合（Nickol和McCullers，2009）或合并翼舱（Hill等，2009）时，可以与基准模型进行比较。ERA燃料燃烧度量是指先进的燃料燃烧概念比执行相同任务的基准模型使用燃料的减少量。排放指标是着陆和起飞时NO_x排放相对于CAEP 6标准减少量所占百分比。噪声度量是累积分贝相对于Stage 4标准有降低。这些指标代表了设计中的优化目标。虽然ERA衡量标准主要关注性能，但技术的生命周期也是影响成本的一个关键因素。考虑到开发、认证、生产和维护技术的成本，应该确定能提供最大整体成本效益的技术并优先投资。因此，在选择技术研究时，应该对成本和性能进行综合分析。以下部分描述了目前开发的先进技术的例子，这些技术将有助于实现这些环境目标并提供成本效益。

29.3 成本分析方法概述

ERA成本分析方法基于一种称为概率技术投资排名系统（PTIRS）的工具。PTIRS是在商用飞机开发、制造和运营的背景下评估新兴技术的商

业案例模型。如图 29.1 所示，PTIRS 将帮助有潜力的技术通过可靠的量化燃料消耗降低、噪声减少和排放减少带来经济利益，克服研究与成功商业化之间的技术"死亡谷"，从而控制研发成本。

图 29.1　技术转型的挑战

PTIRS 设计得较为精简，可以支持快速分析，但是当时间允许并且有足够信息可用时，也支持更为详细的分析。在参考配置数据库中需要存储基准飞机的性能、设计和程序化数据，因此，PTIRS 的大多数输入都是从下拉菜单中挑选参数，如图 29.2 所示。

Analyst	P Fredenc
Reference Aircraft	777-200LR, 301 Pax
Disable Resizing	777-200LR, 301 Pax
Notes:	1998 Tube and Wing 224 Pax / 8000 NM 737-800, 160 pax 787-8
This is a sample session to illustrate PTIRS features for the user's	

图 29.2　参考基准配置的选择界面

PTIRS 中的技术影响可以通过一段 Excel 表来描述。技术影响是根据性能影响、成熟度和认证测试要求以及实施要求来描述的。PTIRS 允许所有这些输入参数具有不确定性，但要在一个统计分布范围内，这个统计分布范围的结果是使用蒙特卡罗模拟来产生的。这就简化了输入过程，因为它允许技术人员处理一些不确定的输入信息，以确保 PTIRS 不会夸大结果的意义。

PTIRS 包括了一个内置的飞机重量调整模块。这也简化了输入和分析过程，因为不需要分析评估新技术对重量调整的影响。内置的重量调整模块还允许重量尺寸在蒙特卡罗迭代范围内移动并分析，确保尺寸输入时的不确定性在经济结果中得到适当反映。

PTIRS 通过开发的 PTIRS 成本估计关系（CER）来生成可信的结果，这些成本估算关系被校准后可以再现商用飞机历史上的成本和现代航空公司历史上的运营成本。分析表明，通过适当的调整，PTIRS 估算的航空运输价格与公布数据误差在 ±5% 以内，运营成本在 ±13% 以内。PTIRS 提供了覆盖整个生命周期的成本，表明了从技术成熟到运营结束的所有花费。除了政府和承包商承担的开发、生产和运营成本外，PTIRS 还考虑了社会成本，包括噪声、NO_x 和 CO_2 排放导致的经济影响。

由于 PTIRS 精简的输入要求和清晰简洁的输出格式，程序可以将成本分析集成到概念设计过程中，以便能系统性地确定特定技术投资的优先级。

图 29.3 显示了从用户角度来看的 PTIRS 分析流程。

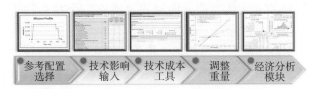

图 29.3　PTIRS 分析流程

典型的 PTIRS 分析流程沿着图中的箭头从左到右。

首先，选择参考配置。参考配置定义了一个完整的飞机生命周期，包括在对飞机性能和设计以及程序细节方面进行适度详细的描述：

- 目标纲领
- 传承因素
- 航线规模
- 飞行费用
- 任务范围
- 有效载荷
- 飞机配置
- TSFC
- L/D
- 噪声
- 排放
- 维护因素
- 质量特性

接下来，用户需要描述加入新技术对飞机的设计、性能和程序信息的影响。每个影响都规定了其不确定性范围，并利用程序确定最终结果的可信度。

- TSFC 影响
- L/D 影响
- 航线中噪声的影响
- 排放的影响

- 维护因素的影响
- 质量特性的影响

然后,选择实施技术所需的一些新的、独特的硬件或软件的 CER。PTIRS 技术成本工具将引导用户完成此选择过程。技术成本工具包括一个包含 130 种技术的多样化数据库,用于估算硬件和软件开发、生产和运营成本的 CER。

接下来,PTIRS 重量调整模块将确定由于结构质量效率、SFC 影响和 L/D 影响导致的技术变化对整个飞机尺寸的影响。在 PTIRS 概率计算中,这种影响会在每次蒙特卡罗迭代中重新计算。

最后,用户可以查看模型结果,包括 PTIRS 重量调整模块生成的技术结果以及 PTIRS 经济分析模块生成的经济结果。

29.4　PTIRS 成本估算关系

经济分析模块包括了商用飞机开发、生产和运营这一完整生命周期内的成本模型。PTIRS 经济分析模块中 CER 的开发和生产经过商业运输飞机 2012 年公布的价格进行校准之后,对发展成本摊销、投资回报率和制造商定价加价进行了合理假设。经济分析模块中的运营 CER 直接来自美国交通局对航空公司实际运营数据的交通运输统计表 41 数据库。PTIRS 经济分析模块的 CER 都是简单的形式,是基于当前的技术。例如,图 29.4 展示了用于喷气发动机风扇叶片生产的 PTIRS CER。

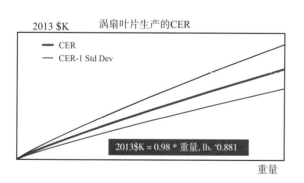

图 29.4　PTIRS CER 示例

上述 CER 估计了发动机第一级涡扇叶片的生产成本随重量的变化。它是基于目前在生产中的 18 种发动机的数据库得出的。

PTIRS CER 不包括主观调整,因此可以解决一些尚未发现的技术。然而,PTIRS CER 与其他广泛使用的飞机成本模型〔如 RAND DAPCA-Ⅲ(Boren,1976)〕不同,PTIRS CER 可以估算子系

统的成本,在某些情况下估算装配水平,而 DAPCA-Ⅲ和其他模型则只能估计总体水平的成本。将成本降低到更低的细节水平的能力,使得 PTIRS 工具能够准确地反映新技术的实施影响。在最低的细节水平上,工具也可以以合理的精度应用用户提供的体重调节因子和复杂性调节因子。

此外,除了连接到经济分析模块中的工作分解结构(WBS)项目的传统机体和子系统的 CER 之外,PTIRS 技术成本工具还可以将新硬件和软件的 CER 库组件添加到 WBS 中的任何地方。例如,如果混合层流控制系统需要将空气处理管道系统添加到机翼,那么可以从技术成本工具中选择环境控制系统(ECS)生产的 CER,并且可以将成本结果反映到机翼的 WBS 项目中,这比将成本添加到 ECS WBS 项目中更合适。此外,技术成本工具包括了商用飞机新技术的 CER。例如,如果在实施新技术时需要基于激光的空速传感器,那么可以从技术成本工具中选择光检测和测距(LIDAR)的 CER。此外,技术成本工具包括与流行的第三方成本估算工具的自动化接口。

除了由制造商或操作者指定的传统飞机生命周期的成本要素之外,经济分析模块包括飞机运行中与噪声和排放相关的未被指定成本的 CER。使用 CER 估计的噪声成本影响是"愿意支付"给机场周围居民的噪声补贴(He,2010)。二氧化碳成本影响基于加利福尼亚空气资源委员会(2013)和欧盟排放交易体系(彭博新能源财经,2014)指定的碳排放补偿价格。NO_x 成本影响基于美国环境保护局的空气颗粒对健康影响的成本因素(Brunelle-Yeung,2009)。经济分析模块在"执行摘要"中显示结果,如图 29.5 所示。

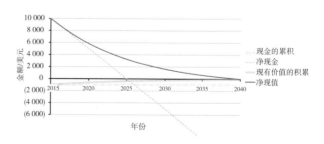

图 29.5　NPV 示例

29.5　技术使用的商业分析

PTIRS 工具可以分析新飞机使用一项技术的

商业价值，这回答了一个问题，就是一项技术在飞机的经济寿命期间能否体现自身的价值。在衡量经济影响随着时间的变化时，有必要考虑货币的时间价值。货币的时间价值可以定义为过去借了一定量的钱随着时间推移需要支付的利息，或者是钱被绑定时损失的投资收益（也就是"机会成本"）。其中关键点是，如果现在投资的钱与预期回收相符，那么收回的金额会随时间减少，这是因为产生利息（无论是贷款支付的利息还是从其他投资机会损失的利息）的金额是固定的。

为了在商业分析中考虑货币的时间价值，投资者需要将初始投资金额与回收金额进行比较，这反映在调整初始投资（"现在"）时间和回收时间之间所需支付的利息。投资与回收之间调整的余额被称为净现值（NPV）。

例如，一个家庭考虑投资一个提升能源效率的窗户。假设窗户项目的成本是 10 000 美元，并且将用一个年利率为 10% 的信用额度来支付。假设新的窗户每年可以节省 1 000 美元的供暖和空调成本。玻璃商将声称窗户可以在 10 年内赎回自己的成本（如图 29.6 中虚线所示）。然而，NPV 分析显示，考虑到 10 000 美元初始投资支付的利息（如图 29.6 中的实线所示），新的窗户在 25 年前都不会真正收益！

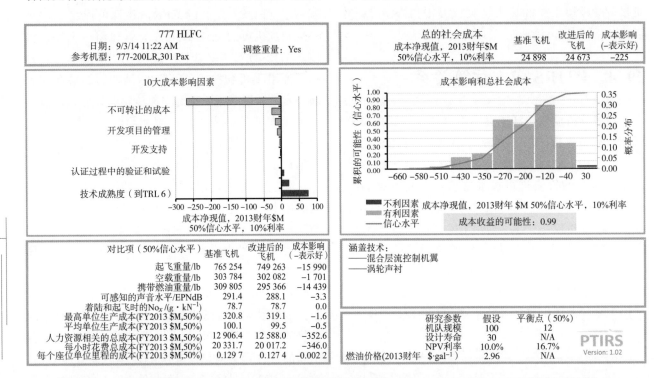

图 29.6 主要案例结果，类似 777-200LR 的有发动机和机翼的新型飞机，采用了 HLFC 机翼和金属泡沫声衬

大多数绿色航空技术承诺将降低运营成本，但需要在开发和生产过程中增加投资。在这种情况下，如替换窗户的示例所示，NPV 分析可以为新技术提供更高的经济壁垒。然而，这是飞机制造商和运营商对如何避免投资失败以确保营利能力的考虑。运营商也不会支付更高的价格购买不能提供相同或降低总成本的飞机。

虽然 PTIRS 开发的商业分析包括了噪声和排放影响的货币化，但对技术的追求可能会超越纯经济商业案例，这包括一些非经济因素，如公众对航空影响环境的认识、监管标准和全球竞争等。

29.6 商业案例示范

下面给出的商业案例说明了 PTIRS 工具提供的结果。样本考虑了在 777-200LR 类飞机上实施两种技术：①机翼上的混合层流控制（HLFC）；②发动机进气口中的金属泡沫隔音管。这些技术首次在全新的 777-200LR 型飞机上实施。HLFC 技术的各种影响在 PTIRS 输入中进行描述，如增加的升阻比（L/D）、燃料消耗的轻微增加、由增加真空泵和分配系统导致的重量影响、保持机翼清洁和 HLFC 通风顺畅的维护影响。隔音管技术的影响被描述为减少着陆、起飞和其他情况下的噪声水平（"认证噪声"）与增加发动机入口重量。

另一种情况是考虑在实际的 777-200LR 上将两种技术相结合。在这种情况下，PTIRS 重量调整功能被禁用。在前两种情况下，每个 PTIRS 输入都会指出一定程度的不确定性以反映目前对 HLFC 和声衬技术的理解。在第三和最后的情况下，不确定性范围缩小说明了通过与 ERA 项目下进行的技术示范相似的技术演示可以增加信心。

29.6.1 主要案例——一个新的 777-200LR 类型飞机，在入口处采用 HLFC 机翼和金属泡沫声衬垫

主要案例的结果如下所示，使用 PTIRS "执行总结"格式，为决策者提供简洁但信息丰富的输出结果。"执行总结"输出中的关键要素是技术的净经济利益的大小和概率、利益的组成部分和反作用的惩罚、文中考虑经济利益的有价值的指标、关键假设的说明以及与每个假设相关的敏感性。

用于这种情况的 PTIRS 技术成本工具 CER 包括用于环境控制系统和航空电子设备开发、生产和维护的花费，以及在 PTIRS 成本计算中运行的第三方估算工具 SEER-for-Software TM 实施的 DO-178B B 类软件开发的软件成本模型。

这种情况的结果如图 29.6 所示，即使在输入不确定性相对保守（广义）的情况下，成本效益也很高（0.99）。对社会总成本的影响中间值是减少了 2.25 亿美元的净现值，大约改善了 1%。社会总成本包括由政府、制造商和航空公司承担的技术成熟、产品开发、生产和运营与维护的"可分配成本"以及由社会整体承担的"不可分配成本"，如噪声、氮氧化物和碳排放。虽然 HLFC 系统成本高昂，但由于增加了 L/D，减轻了重量，使得生产成本净减少，而且运营期间燃料成本明显降低。金属泡沫衬垫导致了噪声减少，所以显著降低了不可分配成本。

该图右下角的盈亏平衡分析表明，将飞机数量减少到 12 个或将净现值利率提高至 16.7%，可以将收益概率降低至 0.50。燃油价格（最低 0.30 $/gal）或设计寿命（最少 3 年）没有合理的取值能将收益概率降低到 0.50，因此图中的这些领域出现了"N/A"。

29.6.2 备选案例 1——对现有 777-200LR 进行改装 HLFC 机翼和金属泡沫声衬垫

备选案例 1 显示了新技术对现有的 777-200LR 的经济影响，而不是对大尺寸、干净的飞机进行设计。这种情况包括拆除现有飞机组件，并安装新的硬件来实施新技术的费用。结果如图 29.7 所示。在现有 777-200LR 上改装 HLFC 和金属泡沫衬垫后飞机很结实，但并不像新设计中那样坚固，因为整体飞机尺寸保持不变（重量调整被禁用）。唯一的好处是减少了燃料费用和噪声。盈亏平衡分析显示，将飞机数量减少到 57 架，或将设计寿命缩短至 11 年，净利润利率将提高至 12.1%，将燃料价格上调至 1.98 $/gal，收益概率降低到 0.50。

29.6.3 备选案例 2——技术验证程序后不确定性减少的改进案例

备选案例 2 显示通过技术验证程序可以减少输入的不确定性，使在现有 777-200LR 上开展 HLFC 和金属泡沫声衬垫的改装案例更加有说服力。在这种情况下，我们假设验证结果增强了我们对 HLFC 技术减小阻力的认知，因此我们可以将 L/D 输入的不确定性范围从备选案例 1 中的 ±2% 降低到 ±1%。结果如图 29.8 所示。

如预期一样，结果表明，结合技术验证程序获得的信息，改造 HLFC 的情况变得更加有说服力。唯一的好处仍然是减少燃料费用和噪声，但在这种情况下，收益的概率是 100%。

盈亏平衡分析显示，将飞机数减少至 42 架，或将设计寿命缩短至 7 年，净利润利率将提高至 13.3%；将燃料价格降至 1.59 $/gal，收益概率降低到 0.50。

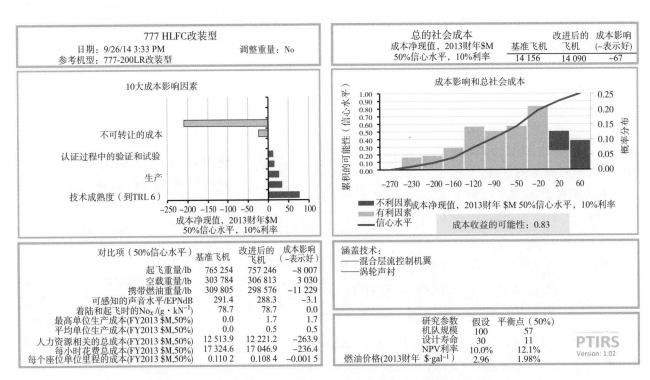

图 29.7　备选案例 1——有 HLFC 翼和金属泡沫声衬的改造飞机

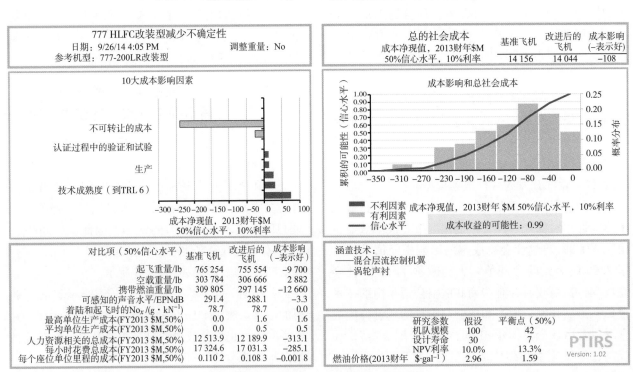

图 29.8　备选案例 2——风险降低的案例

29.6.4　案例比较

上述三种案例的比较表明，HLFC 技术在应用于新飞机时具有较高的收益概率，即使是在现有飞机上应用，不考虑调整外形的好处，其收益概率仍然很大。最后，通过降低风险减少技术和经济的不确定性，根据 ERA 项目进行的技术验证增加计算的收益概率。

29.7　ERA 技术投资总结

在 ERA 项目的第一阶段对 N＋2 机身和推进技术进行了广泛的研究。经过努力可以得出以下结论。

（1）推进系统将会出现配置的变化。美国政府和工业界正在研究超高旁路（UHB）推进系统，其具有同时减少推力需求的燃油消耗和发动机噪声的特征。

（2）目前已经证明通过改造机身配置并与UHB推进系统整合，能够获得减小阻力和噪声的综合效益。

（3）N+2的NO_x目标似乎可以实现，但需要进一步整合核心、降低风险。

（4）复合结构的进一步提升需要克服SOA方法中观察到的缺陷，并获得结构重量减轻的复合效益，通过改变飞机配置更进一步减小阻力和噪声。

（5）要通过改变飞机配置完全实现减阻和减重，则需要应用创新的流动控制技术（层流控制和主动流动控制）。

（6）为了充分实现N+2的噪声目标，需要对机身进行噪声屏蔽和航空声学整合，同时不会产生性能损失（N+2燃料燃烧目标）。

根据第一阶段的这些研究，ERA项目第二阶段的重点将放在其技术成熟方面，开展综合技术验证（ITD），并在2025年作为飞机重要的加速技术。

29.7.1　机身技术

1. 轻型结构

（1）ITD 21A：防损复合材料验证。该ITD支持大规模PRSEUS（拉挤杆拼接单位化）结构评估，包括对PRSEUS标本的实验和分析，以提高结构性能，了解联合设计和损坏等问题。为此，在ERA第二阶段，于2015年在美国航空航天局的LaRC COLTS实验室测试一个80%模型的加压HWB中心体多托架盒，以证明PRSEUS制造系统符合FAA负载和压力认证的TRL 5要求。

（2）ITD 21c：先进柔性后缘（ACTE）飞行试验。该ITD支持一项旨在确定安装在NASA AFRC G3上的ACTE FLAP系统的结构适航性的飞行实验。这项飞行测试将验证技术成熟度达到TRL 6标准以满足主要结构要求，并证明后缘符合TRL 6标准。

2. 减速

ITD 12A+：AFC增强垂直尾翼和先进机翼的飞行实验。

美国宇航局与波音公司的ecoDemonstrator计划合作，将于2015年开展飞行实验，以验证在B757垂直尾翼上集成的主动流动控制技术，以及测试昆虫减淤工程（IAM）表面处理上的先进机翼。先进的机翼飞行实验展示了技术的实际应用，使得高展弦比机翼实现大范围的层流，具有可接受的着陆和起飞（LTO）的声学特征，同时降低重量使燃油节省5%~15%。AFC VT飞行实验可以缓解风险，重点是展现一个飞行重量的集成、低能源认证的方法，减少AFC净效益的不确定性，AFC驱动技术成熟度达到TRL 6标准，IAM工程表面技术成熟度达到TRL 4标准。

3. 降噪

ITD 50A：襟翼和起落架降噪概念实验。

在第一阶段，对18%缩比的G550飞机半模上进行了广泛的航空声学测量和高精度数值模拟。在NASA LaRC 14 ft×22 ft的风洞中获得实验测量值，以确定对侧翼缘、主起落架和齿轮相互作用的降噪概念是否能够同时有效降低机体噪声，达到N+2目标。在ERA第二阶段，正在进行计算工作以预测最有前途、性能和可制造性的飞机规模级别的襟翼与起落架的噪声性能。这个CFD工作将在2015年总结结束，并将提供对襟翼和起落架降噪概念的认识，以便将来进行测试以实现TRL 6标准。

29.7.2　推进技术

1. 燃烧技术

ITD 40A：低NO_x燃料柔性燃烧室集成。

ERA的燃烧室工作旨在通过从燃烧管实验（TRL 2/4）到环形燃烧室发动机试验（TRL 6）测试几种新的燃烧室概念的成熟度来实现降低NO_x的目标。第一阶段的结果表明，NO_x目标是可以实现的，但必须开展降低整合风险的工作。为此，在ERA第二阶段中，选择了一种单一的燃烧室概念用于进一步的发动机开发，并将于2015年在环形试验台中进行TRL 6测试。实验将验证低NO_x柔性燃烧室的性能、耐用性和可操作性，以作为下一代燃烧室的核心。

2. 推进器技术

ITD 35A：第二代UHB推进器集成。

推进效率对飞机的燃料消耗有显著的影响。众所周知，增加涡轮风扇发动机的涵道比可以减少燃油提供和降噪。在可预见的未来（未来10年），由于发动机尺寸、重量、气动阻力和安装问题，涵道比值将被限制在5～13，并取决于飞机的级别。对于具有较高涵道比率的未来飞机，目前正在考虑几种推进器系统，包括开式转子系统和超高涵道（UHB）齿轮传动风扇。对于N+2飞机概念，这些推进系统的整合是NASA正在解决的关键技术问题。在ERA第二阶段中，将于2015年在GRC 9 ft×15 ft的风洞中对缩比后的UHB集成推进系统进行测试，以确定推进器的空气动力学性能以及噪声性能是否达到TRL 5。该测试的结果将扩展到全尺寸的UHB推进器，以评估低压风扇、短口、喷嘴、机舱、挂架和机翼的一体化设计的最佳性能与最大收益。

3. 核心技术

ITD 30A：高负载前置压缩机。

为推进器提供动力的发动机内部的热效率是燃油消耗的重要参数。有一种观点认为，燃气轮机发动机核心部件几乎达到了最佳热效率目标。然而，仍然有可能通过增加涡轮入口温度和压缩系统的总体压缩比来优化燃料燃烧系统。然而，压缩机和涡轮附加HP刀片的要求也更为苛刻，先进的涂层和先进的金属合金将有利于控制技术与财务风险。金属材料选择特别需要与新出现的先进涡轮冷却方法相配合，这样能满足发动机设计者冷却空气交换量的要求，以增加涡轮机入口温度和/或降低NO_x燃烧器的温度。为此，在ERA第二阶段中，于2015年在GRC W7压缩机钻机上开展了高负荷的前置压缩机叶片测试，以验证高负荷前置压缩机的设计能达到TRL 5，并证明其稳定性和高热效率，而压缩系统整体压力提高是提高发动机核心热效率的关键因素。

29.7.3 推进器和机身一体化

ITD 51A：HWB与UHB一体化。

在ERA第一阶段（2012），对安装有紧凑型喷射模拟器的5.8%缩比的HWB模型开展了高分辨率航空声学测试，实验中测量到噪声降低了40.5 EPNdB，结果验证了配置HWB后的屏蔽效益。作为ERA第一阶段的一部分，一个遥控的HWB配置X48，在NASA AFRC进行了飞行，并验证了HWB配置的低速稳定性和操纵品质。作为

ERA第二阶段工作的重点，剩余的挑战是调整HWB飞机设计，以减少机身气流对入口压力恢复和变形不利的影响。为此，ERA第二阶段计划于2015年在NASA ARC 40 ft×80 ft风洞中进行低速动力测试实验，试验件为5.75%缩比的HWB配置上集成的UHB发动机，以验证飞机巡航阻力，并对UHB发动机优化以达到TRL 5。

29.8　ERA组合投资案例

PTIRS已被应用于第29.7节中列出的ERA技术中，从而进行完整的投资组合分析。参考配置是777-200LR，这些技术也可以应用在先进的LTA配置中。结果如图29.9所示。

假设有855架运营飞机以及20年的运营时间，总体成本的影响是在飞机使用寿命期间节省17.9亿美元。这一潜在的节省是由NASA迄今为止总共超过4.2亿美元的投资所实现的。另外，还有2亿美元由其他行业和美国政府合作伙伴通过ERA进行投资。结果表明，投资具有很高的回报。

29.9　结　　论

本文提出了一种可以在概念设计过程中使用的成本分析方法，为先进亚音速商业运输机技术投资提供商业分析。PTIRS可以将新技术纳入干净飞机的设计或者改造方案中。PTIRS技术成本工具包含一个具有灵活性的CER库以满足各种技术实施的要求。PTIRS经济分析模块允许在目标飞机完整的生命周期成本中考虑技术的影响，包括噪声和排放的社会成本。PTIRS是一款从制造商、运营商和国际社会三个角度评估先进商业飞机技术商业情况的综合工具。NASA的ERA项目投资了一套跨越机身、推进和一体化领域的先进技术，以实现表29.1所列的噪声、排放和燃料燃烧的目标值。但是，仅仅简单地实现这些指标是不够的，经济情况也必须有利。如第29.7节的分析所述，PTIRS是一项关键的成本分析方法，可以全面地分析所提出的技术，给出成本与绩效之间的紧密关系，并增加ERA投资的可信度。PTIRS是一个可以提供逻辑严谨数据的独特工具，可为我们在快速发展的世界中及时作出未来绿色航空技术投资决策提供帮助。

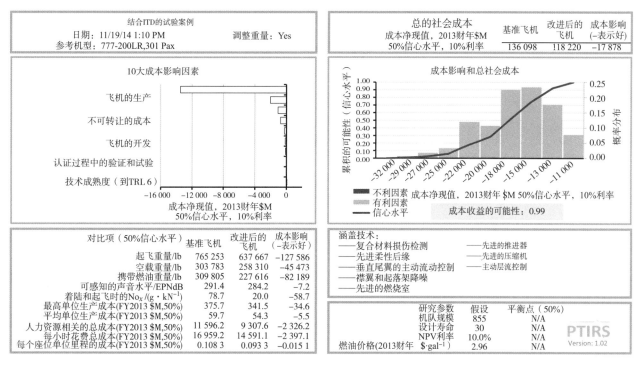

图 29.9 完整的 ERA 投资组合分析结果

致谢

作者感谢 Ree Carpio 和 Tecolote 的 John Trevillion 以及 ERA 系统分析团队的贡献，包括 Steven Holz，Andy Hahn，Frank Gern 和 Doug Wells。

参考文献

Bloomberg New Energy Finance. （2014）*Siemens and GE vie for Alstom's Hand*.

Boeing Commercial Airplanes. （2011）777 *Airplane Characteristics for Airport Planning*. D6-58329-2. Available at http：//www.boeing.com/commercial/airports/777.htm （accessed June 11，2014）.

Boren，H. E. （1976）*A Computer Model for Estimating Development and Procurement Costs of Aircraft （DAPCA-Ⅲ）*，RAND Corporation.

Bradley，M. K. and Droney，C. K. （2011）Subsonic ultra green research：phase 1 final report. *NASA/CR-2011-216847*.

Brunelle-Yeung，E. （2009）*The Impacts of Aviation Emissions on Human Health Through Changes in Air Quality and UV Irradiance*，Massachusetts Institute of Technology.

Bruner，S.，Baber，S.，Harris，C.，Caldwell，N.，Keding，P.，Rahrig，K.，Pho，L.，and Wlezian，R. （2010）NASAN＋3 subsonic fixed wing silent efficient low-emissions commercial transport （SELECT）vehicle study. *NASA/CR-2010-216798*.

California Air Resources Board. （2013）California air resources board quarterly auction 4，August 2013，Summary Results Report.

Collier，F. S.，Thomas，R.，Nickol，C. A.，Lee，C.-M.，and Tong，M. （2010）Environmentally responsible aviation-real solutions for environmental challenges facing aviation，*27th International Congress of the Aeronautical Sciences*，Paper No. 802，Nice France，September 19-24，2010.

D'Angelo，M. M.，Gallman，J.，Johnson，V.，Garcia，E.，Tai，J.，and Young，R. （2010）N＋3 small commercial efficient and quiet transportation for year 2030-2035. *NASA/CR-2010-216691*.

Greitzer，E. M.，Bonnefoy，P. A.，delaRosaBlanco，E.，Dorbian，C. S.，Drela，M.，Hall，D. K.，Hansman，R. J.，Hileman，J. I.，Liebeck，R. H.，Levegren，J.，Mody，P.，Pertuze，J. A.，Sato，S.，Spakovszky，Z. S.，Tan，C. S.，Hollman，J. S.，Duda，J. E.，Fitzgerald，N.，Houghton，J.，Kerrebrock，J. L.，Kiwada，G. F.，Kordonowy，D.，Parrish，J. C.，Tylko，J.，and Wen，E. A. （2010）N＋3 aircraft concept designs and trade studies，final report：volume 1. *NASA/CR-2010-216794/Vol1*.

Greitzer，E. M. Bonnefoy，P. A.，delaRosaBlanco，E.，Dorbian，C. S.，Drela，M.，Hall，D. K.，Hansman，R. J.，Hileman，J. I.，Liebeck，R. H.，Levegren，J.，Mody，P.，Pertuze，J. A.，Sato，S.，Spakovszky，

305

Z. S., Tan, C. S., Hollman, J. S., Duda, J. E., Fitzgerald, N., Houghton, J., Kerrebrock, J. L., Kiwada, G. F., Kordonowy, D., Parrish, J. C., Tylko, J., and Wen, E. A. (2010) N + 3 aircraft concept designs and trade studies, final report: volume 2: appendices-design methodologies for aerodynamics, structures, weight, and thermodynamic cycles. *NASA/CR*-2010-216794/Vol21.

He, Q. (2010) *Development of an Income-based Hedonic Monetization Model for the Assessment of Aviation-related Noise Impacts*, Massachusetts Institute of Technology.

Hill, G. A., Kandil, O. A., and Hahn, A. S. (2009) Aerodynamic investigations of an advanced over-the-wing nacelle transport aircraft configuration. *J. Aircr.*, 46 (1), 25 – 35.

Lytle, J. K. (2000) The numerical propulsion system simulation: an overview. *NASA TM*, 2000-209915.

McCullers, L. (1984) Aircraft configuration optimization including optimized flight profiles. *Proceedings of the Symposium on Recent Experiences in Multidisciplinary Analysis and Optimization*, *NASA CP*, 2327.

Nickol, C. L. and McCullers, L. A. (2009) Hybrid wing body configuration system studies. *AIAA*, 2009-931.

Tong, M. T. and Naylor, B. A. (2008) An object-oriented computer code for aircraft engine weight estimation. GT2008-50062, *ASME Turbo-Expo*, 2008.

Zorumski, W. E. (2005) Aircraft noise prediction program theoretical manual. *NASA TM*-83199, 1981, Parts 1 and 2 (Currently maintained at NASA LaRC by the ANOPP team in electronic format and provided upon request; Latest revision: December 2005).

本章译者：朱春玲　王正之
（南京航空航天大学航空宇航学院）

第 30 章

绿色飞机运营

Tom G. Reynolds

麻省理工学院林肯实验室空中交通控制系统研究组，莱克星顿，马萨诸塞州，美国

30.1 引 言

了解和减轻航空对环境的影响正变得越来越重要。目前有不同的策略可供选择，包括发展先进的飞机机体、发动机或替代燃料技术，制定新的政策和标准（如二氧化碳排放认证标准）与修改操作技术规程。新技术、可持续喷气燃料和相关政策都可以明显减少对环境的影响，但这种影响需要中长期的积累才能有足够数量以体现效益。目前可用的方法对缓解整体影响的潜力较小，但短时间内可以在现有机型上实现，因此可以与长期方法互补。

在一个完全不受约束的航空运输系统中，飞机可以在机场之间按照事先选定的四维轨迹飞行。例如，这可以根据风向选择最直接的路线，同时以最低油耗、最少时间或两者的某种平衡为原则选择最有效的飞行高度和飞行速度。然而，现实因素往往会导致飞机在相对低效的轨迹上飞行，因此油耗、耗时和/或对环境的影响比理想状态更多。从以往事件来看，飞机运营中主要关注噪声对环境的影响（部分原因是因为噪声可以直接感知），但对空气质量和气候变化的影响正逐渐成为重要的考虑因素。对空气质量的影响通常是指污染物水平升高，可能会对机场附近的社区居民的健康产生不利影响。而对气候变化的影响可能会导致温度升高和极端天气，最终大规模影响社会生活。

本章的主要内容"绿色飞机运营"旨在从一个或多个方面减少对环境的影响，同时空中运输系统中需要考虑的其他因素仍然是可行的。绿色运营方式的实施可能影响航线规划者、飞行员、空中管理者和政策制定者（例如，程序和空域的设计师）的决策。

下一节概述飞行中影响环境的关键因素，包括燃油、噪声、空气质量及气候变化。然后，下面的章节将详细介绍当前或未来航空运输系统中能改善飞机运营的、最好的实践技术，它们在减少对环境影响的同时仍具有可行性。

30.2 当前运营中环境的低效因素

在本章中，环境的低效定义为任何导致飞机飞行偏离其燃料最优的四维轨迹路径的因素（纬度方向/经度方向地面轨迹、垂直包线和速度包线）。这种定义适当地考虑了燃油消耗最小、飞机直接运营成本和主要温室气体排放之间的关系。请注意，噪声或空气质量影响最低的轨迹可能与燃料消耗最佳的轨迹不同，这就导致当有多重环境影响缓解目标时往往需要考虑环境因素间的平衡。这种平衡会在本章中强调适当。

环境的低效在典型飞行过程的不同阶段有不同的潜在因素。可以将飞行过程简单地划分为制订飞行计划、起飞阶段地面和航站区域、途中和降落阶段地面与航站区域，如图 30.1 所示。

30.2.1 制订飞行计划

绝大多数航线都有一个中央航线运行控制中心（AOCC）、航线运营中心（AOC）或系统运营中心（SOC）（这取决于航线），并配备有认证的飞行调度员。他们的职责包括同时为多达 20 个航线（或更多）"制订飞行计划"和"跟踪航班"。制订飞

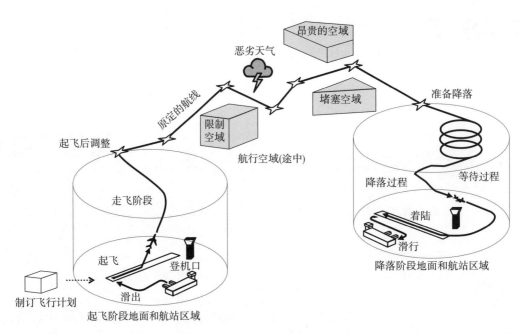

图 30.1　环境中低效的潜在原因

行计划任务包括根据飞机横向包线、垂直包线和速度包线设计一条符合需要的路线，而这些又要考虑飞机型号、性能、质量、机械条件、预计的天气条件、市场约束、机场限制/宵禁以及尽量减少公司在整个飞行网络的成本。由此产生的飞行计划将被提交给航空交通控制处（ATC），并且由飞行员编排进飞行管理系统（FMS）中。

　　航线的总直接运营成本是由总时间（例如，人员工资和延误导致的损失）和燃料部分组成的。通常，飞机最低燃油速度包线明显低于最低时耗速度包线，这是由于最低时耗速度包线会导致燃油消耗显著提高。对于一个给定的航线，确定时间和燃料成本的相对性优先级取决于其在整个航线网络中的作用与地位（例如，如果航线上有大量转机的旅客或者航班已经推迟，这可能会增加时间成本的重要性）。

　　航线制定者们通过飞行计划软件中的"成本指数"（CI）参数确定优先级。在 FMS 中可以定义为

$$成本指数\ CI = 花费时间（美元/分钟）÷$$
$$燃料成本（美元/千克）\qquad(30-1)$$

CI＝0 会造成时间成本被忽略，导致飞行计划在一个燃料消耗最小的速度包线中，而以更长的飞行时间为代价。相反，如果 CI 采用最大值（不同机型取值不同），飞行计划的速度包线会以更高的燃油消耗和排放为代价将飞行时间减至最低。在实践中，假设时间成本与燃料成本同样重要（或更重要）情况下飞行计划通常采用非零的 CI 值。因此，相比于理论的最小油耗，这些航班的飞行计划不可

避免地会提高油耗，因为这种权衡是建立在飞行计划决策之上的。

　　另一个由航线设计师和飞行员作出的决定涉及燃料负载。初始时所需的燃料负荷是在飞行计划包线内从出发地到目的地所需的燃料，同时要考虑到 ATC 对飞行计划中限制的航向、高度或速度、根据需要储备的指定备用品（这取决于飞行状况，比如，水域和天气条件）、飞行员的偏好，以及从性价比考虑是否需要携带额外的燃料到目的地以用于返回。最后两个因素（飞行员偏好和携带燃料）是酌情增加的，因为会增加飞机重量和整体燃油消耗，所以将超出最低的法定燃料负荷。

30.2.2　起飞阶段地面和航站区域

　　一旦为给定的航线建立飞行计划，下一个低效之处就在起飞阶段。例如，利用机载电源和冷却系统［由辅助动力装置（APU）或发动机燃烧喷气燃料驱动］而不是使用更有效的地面供电或冷却系统。

　　与起飞跑道可以处理的情况相比，如果太多的飞机在滑行到跑道期间的短时间内被推迟起飞，低效的运营可能导致显著的过度拥塞、燃料燃烧和排放（Simaiakis 等，2011）。此外，一个较长的滑行路线，具有许多停止和启动的滑行路线和/或过大的发动机功率，这些因素都可以使滑行燃料燃烧和发动机噪声高于理论最小量。起飞过程也可能是低效的，如使用比所需更高的发动机功率（增加燃料

燃烧和噪声）或在与另一可用跑道相比在与飞行方向不一致的跑道上起飞。在起飞之后，起飞程序可能需要飞机执行预定义的轨迹以进行噪声消减和/或交通分离目的，从而迫使飞机在机场初始爬升期间离开其理想高度和速度剖面，导致低效率。飞机还可能必须离开起飞机场的航站楼区域，绕过与合理航线相连的特定起飞航线，与更直接的航线相比，起飞区域可能需要更长的飞行路径，以及对航线高度和速度加以限制。在图30.2（a）中给出了进入和离开达拉斯沃斯堡（DFW）机场的飞行轨道，其中雷达跟踪数据显示了超过固定跑道的延伸轨道。机场（其北/南方向的跑道）在圆的中间。

30.2.3 途中

在航路和海洋空域中，飞机经常有标准的航路，航程数量和航行速度都有限制。这些约束限制通常又增加了人类控制者管理空中交通的复杂性（Histon 和 Hansman，2008）。在低交通流量条件下，标准的横向线路要求可以放宽。标准的线路网络设计用来保留大量限制空域区域以容纳世界上诸如通用航空或军事等其他空域用户。除了基本空域结构中的这些空域限制之外，由于需要避免不利天气或拥挤的空域，还存在动态约束以维持飞行安全、乘客舒适度和/或进度的可预测性。图30.3给出了在某一天美国10个主要机场所有飞行航班的地面轨迹。几个航路上的低效率来源是很明显的：标准航路导致飞行限制在许多横贯大陆的路线中；空域限制导致避开一些零散区域；恶劣天气导致需要避开美国东南部的圆形区域（这一数据对应于2005年卡特里娜飓风的主要影响日期，并显示了其近似位置）。

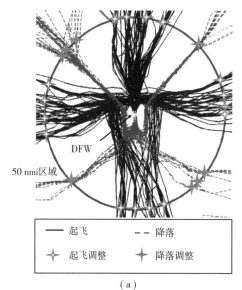

（a）

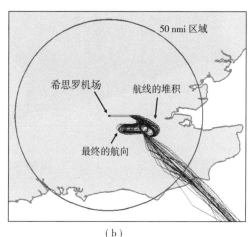

（b）

图30.2 达拉斯沃斯堡机场和伦敦希思罗机场周围的航线地面轨道

昂贵的空域也可能是一个低效率的来源。图30.3所示为美国的航线结构和对应的地面轨道示例。

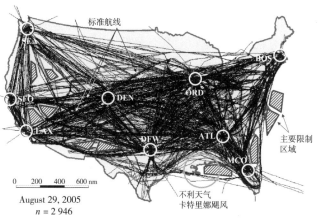

图30.3 美国的航线结构和对应的地面轨道示例

从一国到另一国的空中航行费用可能存在显著差异（IATA，2008），并且有一些证据表明，航空公司利用这种差异选择了耗时更长的航线（导致较高的燃料燃烧和排放），较低的空中航行费用和拥堵水平抵消了较高的燃料成本（Reynolds等，2009）。欧洲是世界上交通最为发达的地区，相对

较小的地区存在较大的费用差异，图30.4显示了欧洲和北美之间的费用比较。在欧洲地区可以观察到邻近空域地区的费用之间有显著差异，这可以导致航空公司在一些城市间选择更长的航线以使燃料成本比空中航行费用更便宜。北美更加均匀的费用结构降低了这种趋势。

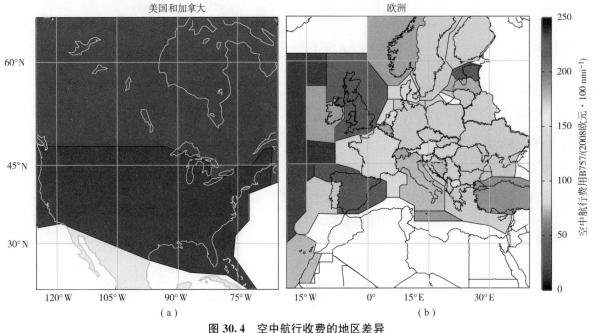

图 30.4　空中航行收费的地区差异

(a) 北美；(b) 欧洲

30.2.4　降落阶段地面和航站区域

飞机通常要到达特定高度（或高度带）和速度才能进入降落区域，这可能需要下降顶点和着陆点之间非最佳的下降高度和/或速度分布。一旦进入降落空域，如果有机场拥堵，飞机可能需要排队和/或被导向为分流的目的地；这些影响从图30.2(b) 伦敦希思罗机场的线路中显而易见。到达过程的横向和纵向范围可能受到着陆的空间、交通合并和序列的约束，这可能迫使它们针对着陆现场的情况远离它们的最佳着陆过程。最后，着陆、滑行和出入口管理过程可能会导致低效率增加。例如，要求在离出入口很远的一条跑道上着陆，需要一个长的滑行路线，需要等待穿过跑道，或者等待到达的出入口可用。

30.3　绿色飞机运营

图30.5中标识了关于减轻噪声（N）、空气质量（A）和气候变化（C）影响的最佳可行的绿色飞机管理流程。这一流程基于潜在操作变化的识别

和系统评价在 Marais 等（2013）中的介绍，结合了下面讨论中确定的其他正在进行的研究领域，可减轻上一节中低效率确定的不足。许多缓解方法可以帮助对抗多个环境影响，而噪声和空气质量缓解更集中在较低高度飞行阶段（地面、离场和降低），气候缓解更集中在较高高度的巡航阶段。对于每种绿色管理技术，确定了负责促进减缓方法的航空运输系统中的主要负责人，以及允许其实施所需的相关技术和其他因素；接下来更详细地讨论了每个飞行阶段中的绿色管理。

30.3.1　飞行计划

在飞行计划期间对横向、垂直和速度分布（包括成本指数优化）的战略优化是一种主要技术，可用于减少燃料燃烧，从而减少飞机飞行产生的温室气体排放。图30.6说明了空中客车A320在不同飞行距离下成本指数选择对燃料燃烧和时间的影响。随着 CI 的增加，燃料燃烧增加和飞行时间减少之间的关系是非常明显的。增加飞行距离的相对影响也很有意思：CI 对于 2 000 n mile 飞行的燃料燃烧影响与 1 000 n mile 非常相似，而在 3 000 n mile 处的

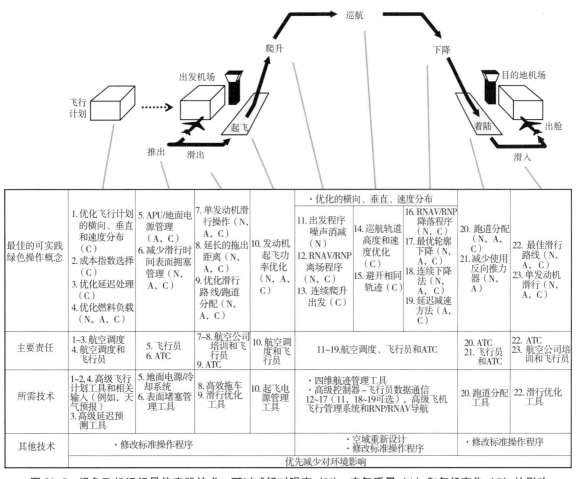

					· 优化的横向、垂直、速度分布					
最佳的可实践绿色操作概念	1. 优化飞行计划的横向、垂直和速度分布（C） 2. 成本指数选择（C） 3. 优化延迟处理（C） 4. 优化燃料负载（N, A, C）	5. APU/地面电源管理（A, C） 6. 减少滑行时间表面拥塞管理（N, A, C）	7. 单发动机滑行操作（N, A, C） 8. 延长的拖出距离（N, A, C） 9. 优化滑行路线/跑道分配（N, A, C）	10. 发动机起飞功率优化（N, A, C）	11. 出发程序噪声消减（N） 12. RNAV/RNP离场程序（N, C） 13. 连续爬升出发（C）	14. 巡航轨道高度和速度优化（C） 15. 避开相同轨迹（C）	16. RNAV/RNP降落程序（N, C） 17. 最优轮廓下降（N, C） 18. 连续下降法（N, A, C） 19. 延迟减速方法（C）	20. 跑道分配（N, A） 21. 减少使用反向推力器（N, A）	22. 最佳滑行路线（N, A, C） 23. 单发动机滑行（N, A, C）
主要责任	1~3.航空调度 4.航空调度和飞行员	5.飞行员 6.ATC	7~8.航空公司培训和飞行员 9.ATC	10.航空调度和飞行员	11~19.航空调度、飞行员和ATC			20.ATC 21.飞行员和ATC	22.ATC 23.航空公司培训和飞行员
所需技术	1~2,4.高级飞行计划工具和相关输入（例如，天气预报）3.高级延迟预测工具	5.地面电源/冷却系统 6.表面堵塞管理工具	8.高效拖车 9.滑行优化工具	10.起飞电源管理工具	· 四维航迹管理工具 · 高级控制器-飞行员数据通信 12~17（11, 18~19可选），高级飞机飞行管理系统和RNP/RNAV导航			20.跑道分配工具	22.滑行优化工具
其他技术	· 修改标准操作程序				· 空域重新设计 · 修改标准操作程序			· 修改标准操作程序	
	优先减少对环境影响								

图 30.5 绿色飞机运行最佳实践技术，可以减轻对噪声（N）、空气质量（A）和气候变化（C）的影响

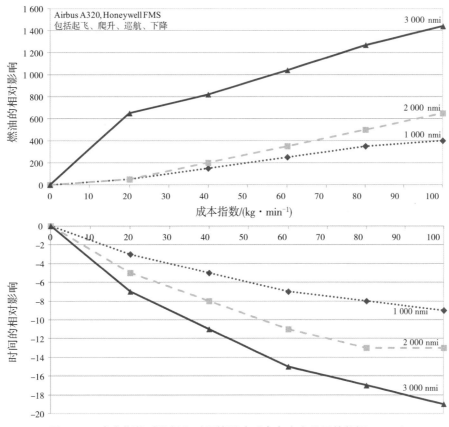

图 30.6 成本指数对燃料和时间的影响（来自空客公司的数据，1998）

燃料燃烧影响更大。时间影响与飞行距离更接近于线性关系。这说明了 CI 选择较长飞行的重要性增加，因为对燃料燃烧的影响大于对飞行时间的影响。飞行计划者利用 CI、燃料燃烧和飞行时间之间的关系更好地优化不同飞行器的 CI 选择，最佳地平衡燃料和时间成本。这对于那些可能导致航班延误的航班尤其重要：选择较低的 CI 以增加飞行时间，期望的航路延迟时间将会相对应地节省燃料和排放，而整体没有时间惩罚。这需要高级飞行计划和延迟预测方法来实现这些缓解措施。

燃料负载优化还可能由于携带超过安全操作飞行所需的额外燃料重量而使得燃料过量燃烧，从而导致燃料和排放显著减少，这是由飞行计划和飞行员确定的。燃料储备的实践在这方面尤其重要，因为其增加了与初始飞行相关的重量和燃料燃烧。虽然这种做法通常在起飞和目的地机场之间存在显著的燃料价格差异时使用，但是储油的环境影响也应该由飞行计划员在决策过程中考虑。

由于任意燃料载荷增加（额外储备或燃料）直接影响飞机重量，这反过来影响起飞时的推力要求，因此该缓解被列为影响噪声、空气质量和气候；战略飞行计划缓解主要旨在减少燃料燃烧/温室气体排放，因此会被列为主要减轻对气候的影响。

30.3.2 地面作业

当飞机在出舱口停留时，飞行员可以选择使用机载 APU 或地面电源和冷却系统来为飞机系统供电并对机舱进行空气调节。地面供电和冷却通常更有效，通过消除 APU 的燃料燃烧和排放，可以降低对空气质量和气候的影响。地面统一管理方法在减少滑行燃料燃烧和相关排放方面非常有效。每个机场对其能有效处理的飞机数量的限制是跑道配置、天气条件和需求等的特性函数。地面拥堵管理的目的是在高需求期间保持机场运行在或低于这个极限之内。过多的飞机会被安排在出舱口或其他适当的位置，关闭发动机直到它们可以有效地行驶到离场跑道，如图 30.7 所示。通过限制在地面上移动的飞机数量，可以减少发动机的滑出时间、燃料燃烧、噪声和排放。这些概念已在运行试验中得到广泛研究，如果 ATC 具有能够有效执行该方法的策略，那么可以观察到显著的益处。

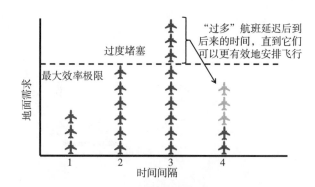

图 30.7　地面堵塞管理概念

飞机滑行期间，发动机运转时噪声和气体排放最小化的操作包括在一个发动机关闭的滑行（单发动机滑行）和有效的地面车辆或飞机上电机延伸牵引飞机滑行。单发动机滑行在任何给定飞行中都是处于飞行员的控制之下，可在航空公司培训实践中加以练习，而更有效的牵引方法是由航空公司的设备决定的。分配有效的滑行路线（例如，将滑行时间或对当地社区的噪声影响最小化的路线）是 ATC 的职责，这也可以由先前描述的地面交通管理系统来帮助实现。机场的一些起飞跑道可以比其他跑道噪声影响低得多（例如，相比于在住宅区，如果最初在有水体的跑道上进行起飞），在这些情况下，分配噪声最优跑道是地面的空中交通管制员决策过程中的重要方面。飞机着陆时减少反向推力器的使用可以降低大量噪声，但是在拥有高需求的机场需要仔细考虑增加跑道占用时间的影响，因为跑道吞吐量的减少可能导致飞机到达过程中更大的低效。

发动机起飞功率的优化会影响起飞时的推力水平和噪声，以及起飞所需的跑道长度和随后的爬升率。所有这些因素都可能影响飞机上的噪声、低空排放和总体燃料燃烧。它们还与起飞过程的改善方法相关，这将在下面更详细地讨论。

30.3.3 起飞操作

起飞过程中的降噪措施（NADP）会改变飞行的起飞和初始爬升阶段。目前国际民航组织指导确定了两种改变推力和速度特性的 NADP 类型（国际民航组织，2005）：NADP 1 通过降低爬升的加速度直到 3 000 ft 高度，减少靠近起飞跑道末端地区的噪声；NADP 2 通过更早的加速使飞机更快地到达较高速度，从而距离跑道末端地区更远，使得噪声降低。因为这些方法改变了发动机的推力设置，还影响不同高度的燃料燃烧和排放，所以可能导致对空气质量的不利影响，这是噪声和空气质量影响之间折中的示例。因为这还改变飞机到达较高海拔（发动机更高效）所花费的时间，整体燃料燃烧和气候排放也在一定程度上受到这些过程的影响。

许多机场还有"遏制噪声走廊"，起飞（和到达）的航线应保持在走廊之内，以尽量减少对居民的影响。将起飞程序定义保持在这些区域内[例如，通过使用区域导航（RNAV）/导航性能需求（RNP）起飞程序；见后面关于到达过程的相关讨论]是噪声管理的另一个重要部分。这些可能导致飞行距离增加和低空燃油燃烧，以空气质量和气候影响为代价降低噪声。或者可以设计 RNAV/RNP 起飞程序，使得燃料燃烧和相关排放最小化，但可能以较高噪声为代价。

可以在 RNAV/RNP 程序中设定连续爬升起飞（CCD），以尽可能减少爬升阶段的水平度，使飞机更快地升高（伴随降噪），同时尽快达到有效巡航高度（降低整体燃油燃烧和排放）。

装备先进的 FMS 和导航能力的现代飞机通常需要执行这些类型的程序以获得全部好处。但空域限制也可能阻碍最有效规划的实行，因此可能需要对空域进行重新设计，这往往需要一个很长的实施过程。

30.3.4　巡航操作

因为大部分的燃料燃烧和温室气体排放发生在巡航阶段，所以在这个阶段的节约可能对气候影响区域的环境有很大影响。最有效的改善方法涉及优化巡航阶段的四维轮廓，可以分为横向、垂直和速度优化。横向路径优化涉及在给定风场和诸如受限空域的约束情况下，确定起点和目的地之间的最短可行航迹。由于对这些因素的敏感性加上飞机性能变量，垂直和速度廓线优化有些困难，其影响也不易于控制者和飞行员使用。美国超过 200 000 架飞机的近期分析（Jensen 等，2013，2014）表明，巡航速度和高度优化可以显著节省燃油，如图 30.8 所示。分析使用的航迹数据包括 2012 全年的 18 个案例，有各种代表性天气条件。如前所述，飞行计划员负责路线的初始定义，但是空中交通控制者和飞行员的组合可以进行策略上的调整，以便在判断出效率有所增益并且考虑到总体交通状况可

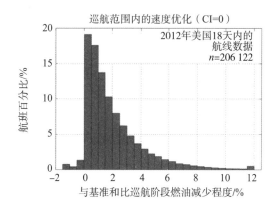

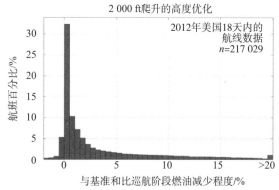

图 30.8　从巡航高度和速度优化节省燃油的潜力

[经美国航空航天局（AIAA）许可，商业航空速度优化策略以减少巡航燃料消耗，Jensen, L. L., R. J. Hansman, J. Venuti & T. G. Reynolds，AIAA 航空 2013 会议，洛杉矶，加利福尼亚州，AIAA 2013-4289.]

行时实现速度和高度的优化。在地面或驾驶舱中的高级工具可用于识别航路上效率改进的潜力，然后需要高级数据链修改航线轨迹以协调航空公司调度、飞行员和 ATC。

30.3.5　到达操作

RNAV/RNP 程序由横向航路点定义，高度和速度目标是航路点的一个子集，可用于提升优化下降（OPD）的有效性。这些通常由特定的高度和速度特性组成，旨在使噪声、燃料燃烧或两者最小化。在垂直维度上，连续下降方法（CDA）可以消除传统"逐步降低"方法中存在的水平段。图 30.9 说明了 CDA 的基本概念，并表明在 10～40 n mile 到着陆范围内有较大的降噪优势。例如，CDA 的目标是在下降和着陆阶段将水平飞行的时间最小化，使飞机保持更高的速度和更低的推力，从而减少燃料燃烧、排放和噪声影响。与标准下降和着陆相比，飞机在整个下降和着陆阶段期间能够将燃料燃烧和相关联的排放减少多达 50%，在某些情况下峰值噪声也降低 3～6 dB/min（Reynolds 等，2007）。

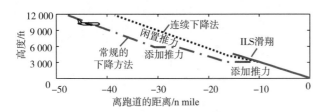

图 30.9 连续下降方法的概念

CDA 可以通过适当的 RNAV/RNP 程序中航路点的目标高度确定并手动或自动编程输入 FMS 中。这些可以让飞机具有更多可重复的且精确的降落（和起飞）路径，以便被引导到影响较低的区域，如河流和人口较少的地区（图 30.10）。因此，与常规进程中噪声影响更加分散相比，噪声在这些区域会更加集中。例如，华盛顿/里根机场的飞行是沿着波托马克河的曲线，而不是在城市核心部分直接飞行。需要仔细考虑确定这种预定的飞行路径是否适用于任何机场，如关于噪声影响"集中"和"分散"的问题，以及噪声影响的过程中可能会

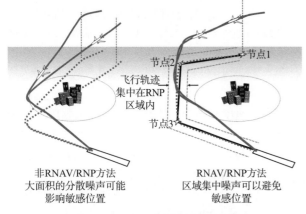

非RNAV/RNP方法　　　　RNAV/RNP方法
大面积的分散噪声可能　　区域集中噪声可以避免
影响敏感位置　　　　　　敏感位置

图 30.10 分散式与集中式进场路径

导致更长的飞行距离以及较高的燃料燃烧和排放影响。

延迟减速方法（DDA）与 CDA 互补，降落的初始阶段距离更长以使飞机速度更快，因此，从更清洁的气动配置来考虑会导致更低的发动机推力需求（Rodriguez 等，2013）。与早期减速曲线相比，这已被证明可以在 10 000 ft 以下将燃料燃烧和排放减少 50%。这些方法也可以通过在适当的航路点巧妙地使用速度目标，在 RNAV/RNP 方法中加以形式化。

OPD 可以合并从下降到最终落地间的 CDA 的垂直剖面和 DDA 的速度剖面，以实现燃料减耗、减排和降噪。增加 RNAV/RNP 的使用能力以及对操作和环境需求精心设计的起飞与着陆程序对在运行过程中受益至关重要。

30.4　总　　结

飞机运营是改善空中运输系统环境性能的重要因素。本章确定了当前操作中飞行效率低下的一些主要原因，然后确定了可用于提高效率的一些方面。文中描述了一系列绿色的飞机操作，包括每个飞行阶段中最佳可行的技术，可以减少噪声、空气质量和/或气候的影响。表 30.1 提供了操作概念并总结了主要影响区域中的获益潜力，以便于比较。

文中还描述了每种技术的可行性：其中一些技术在现在很容易实施，而其他一些则需要技术或其他类型的投资（例如，修改程序或重新设计空域），这可能导致在成本或时间方面有一定的障碍，从而阻碍其广泛使用。

表 30.1　绿色飞机运行总结——假设燃料燃烧由各个飞行阶段组成：滑行 5%，出发 8%，巡航 83% 和着陆 4%
（基于美国 BTS Form 41 h 的数据）

运行阶段	绿色飞机运行	减少环境影响的潜力 （假设被所有飞机使用）	主要参考文献
地面	APU/地面电源管理	10%滑行燃料和 CO_2 0.5%总燃料和 CO_2	作者估计
	地面堵塞管理	15%滑行燃料和 CO_2 0.75%总燃料和 CO_2	Nakahara 和 Reynolds（2013）
	单发动机滑行/地面拖车	40%滑行燃料和 CO_2 2%总燃料和 CO_2	Clewlow 等（2010）
	优化滑行路线/跑道分配	10%滑行燃料和 CO_2 0.5%总燃料和 CO_2	作者估计
起飞	发动机功率优化/NADP	距离机场 10 n mile 处，2~9 dBA 的峰值噪声	ICAO（2007）

续表

运行阶段	绿色飞机运行	减少环境影响的潜力 （假设被所有飞机使用）	主要参考文献
	RNAV/RNP 连续爬升起飞	20%起飞燃料和CO_2 1.6%总燃料和CO_2	Muller，Uday 和 Marais（2011）
巡航/飞行计划	巡航轨道、高度和速度优化	5.5%巡航燃料和CO_2 4.6%总燃料和CO_2	轨迹：Reynolds（2008）；高度：Jensen 等（2014）；速度：Jensen 等（2013）
	减少燃料负载	0.25%总燃料和CO_2	Schäfer 等（2015）
	RNAV/RNP/OPD 降落	40%降落燃料和CO_2 1.6%总燃料和CO_2	Muller，Uday 和 Marais（2011）
降落	CDA	距离机场 10～20 n mile 处 3～6 dBA 的峰值噪声 15%降落燃料和CO_2 0.6%总燃料和CO_2	Reynolds，Ren 和 Clarke（2007）
	DDA	30%降落燃料和CO_2 1.2%总燃料和CO_2	Rodriguez 等（2013）
	减少使用反向推力器	机场处最多 10 dBA 的峰值噪声	作者估计

如图 30.5 所示，推动更多地利用这些绿色运营技术的关键因素是增加利益相关者心目中减少环境影响的优先级，特别是航空公司飞行计划者、飞行员和 ATC。减轻环境影响通常是复杂的，因为问题需要考虑一系列的地理范围（地方、区域、国家和国际）以及从秒（噪声事件）到几个世纪（气候变化影响）的时间跨度。此外，环境影响和其他系统性能指标之间的相互作用（例如，缓解环境影响可能对系统吞吐量产生不利影响，反之亦然），以及环境影响本身之间的相互作用（例如，减少噪声影响但增加空气质量或气候影响排放）是一项复杂的挑战。但是，考虑到航空环境影响的全面重要性，确定的绿色飞机运行概念为实施有意义的改进奠定了现实基础。

致谢

作者要感谢各种团体多年来对作者所研究的绿色飞机操作概念的支持，包括美国联邦航空局（FAA）环境和能源办公室（尤其是 Christopher Dorbian，Pat Moran 和 James Hileman），英国工程与物理科学研究委员会（EPSRC），自然环境研究委员会（NERC）和欧米茄联盟。作者还要感谢麻省理工学院林肯实验室的空中交通控制系统团队、国际航空运输中心（ICAT）（特别是 John Hansman 教授和 Hamsa Balakrishnan 教授）和空中交通噪声与减排伙伴关系（PARTNER）、航空集成建模（AIM）小组和 Cambridge 大学航空与环境研究所（特别是 Andreas Schäfer 教授）。

这项工作部分由联邦航空局空军项目 FA8721-05-C-0002 赞助。文中意见、解释、结论和建议是作者的观点，不一定能得到美国政府的赞同。

参考文献

Airbus.（1998）Airbus flight operations support & line assistance, *Getting to grips with the cost index*, Airbus Customer Services, France, Issue 2.

Clewlow, R., Balakrishnan, H., Reynolds, T., and Hansman, R. J.（2010）A survey of airline pilots regarding fuel conservation procedures for taxi operations. *Int. Airport Rev.*, 3.

Histon, J. M. and Hansman, R. J.（2008）*Mitigating Complexity in Air Traffic Control: the Tole of Structure-based Abstractions*, Doctoral thesis, Department of Aeronautics and Astronautics, Massachusetts Institute of Technology, Cambridge, MA.

IATA.（2008）*Airport & Air Navigation Charges Manual*, Ref. No: 9249-00, ISBN 92-9195-049-1, July.

ICAO.（2005）*Procedures for Air Navigation Services—Aircraft Operations*（PANS OPS）*Volume I: Flight Procedures*, Doc 8168, International Civil Aviation

Organization，Montreal，Canada.

ICAO.（2007）*Review of Noise Abatement Procedure Research & Development and Implementation Results Discussion of Survey Results*，International Civil Aviation Organization，Montreal，Canada.

Jensen，L.，Hansman，R. J. Venuti，J.，and Reynolds，T. G.（2013）Commercial airline speed optimization strategies for reduced cruise fuel consumption. *AIAA Aviation 2013 Conference*，Los Angeles，CA，AIAA 2013-4289.

Jensen，L.，Hansman，R. J.，Venuti，J.，and Reynolds，T. G.（2014）Commercial airline altitude optimization strategies for reduced cruise fuel consumption. *AIAA Aviation 2014 Conference*，Atlanta，GA，AIAA 2014-3006.

Marais，K.，Reynolds，T. G.，Uday，P.，Muller，D.，Lovegren，J.，Dumont，J-M.，and Hansman，R. J.（2013）Evaluation of potential near-term operational changes to mitigate environmental impacts of aviation. *J. Aerosp. Eng.*，227，1277 – 1299.

Muller，D.，Uday，P.，and Marais，K. B.（2011）Evaluation of the potential environmental benefits of RNAV/RNP arrival procedures. *11th AIAA Aviation Technology，Integration，and Operations（ATIO）Conference，Virginia Beach，VA*，September 21-22，2011.

Nakahara，A. and Reynolds，T. G.（2013）Estimating current & future system-wide benefits of airport surface congestion management. *10th USA/Europe Air Traffic Management Research and Development Seminar*，Chicago，IL.

Reynolds，T. G.（2008）Analysis of lateral flight inefficiency in global air traffic management. *26th Congress of International Council of the Aeronautical Sciences/8th AIAA Aviation Technology，Integration & Operations Conference*，Anchorage，AK，ICAS 2008-11. 3. 1/AIAA-2008-8865.

Reynolds，T. G.，Budd，L. C. S.，Gillingwater，D.，and Caves，R.（2009）Effects of airspace charging on airline route selection & greenhouse gas emissions. *9th AIAA Aviation Technology，Integration and Operations Conference*，Hilton Head，SC，AIAA-2009-7028.

Reynolds，T. G.，Ren，L.，and Clarke，J-P. B.（2007）Advanced noise abatement approach activities at a regional UK airport. *Air Traffic Control Q*，15（4），275 – 298.

Rodriguez，Y.，Reynolds，T. G.，Venuti，J.，Hansman，R. J.，and Dumont，J.-M.（2013）Identifying airport opportunities for increased use of delayed deceleration approaches. *AIAA Aviation 2013 Conference*，Los Angeles，CA，AIAA 2013-4251.

Schäfer，A.，Evans，A.，Reynolds，T. G.，and Dray，L.（2015）Costs of mitigating CO_2 emissions from passenger aircraft. *Nat. Clim. Chang.*，in press，http：//dx. doi. org/10. 1038/nclimate2865.

Simaiakis，I.，Khadilkar，H.，Balakrishnan，H.，Reynolds，T. G.，Hansman，R. J.，O'Reilly，B.，and Urlass，S.（2011）Demonstration of reduced airport congestion through push-back rate control. *9th USA/Europe Air Traffic Management Research and Development Seminar（ATM2011）*，Berlin，Germany.

本章译者：朱春玲　王正之
（南京航空航天大学航空宇航学院）

第 31 章

机场对当地空气质量的影响

Mike Bennett 和 Dave Raper

曼彻斯特城市大学航空运输与环境中心，曼彻斯特，英国

31.1 引　　言

关于航空的环境影响，我们可以说最严重的问题是与之相关的全球气候变化（二氧化碳和其他辐射气体排放），而产生抱怨最多的是飞机噪声。机场空气质量的公共形象越来越低，但是这说明在什么重要和什么被严格控制之间有个类似的不平衡。

表 31.1 列举了一个发动机在不同运行模式（滑行、起飞等）下的主要排放。在这一章中，我们不关注二氧化碳的排放，因为它们的影响是全球的，并不是当地的。就飞机场空气质量而言，我们感兴趣的主要污染物是 NO_x、未燃烧的碳氢化合物（UHC）和细颗粒，这些都是直接从飞机发动机中产生的。

表 31.1　标准发动机运行机制下的主要排放指标（$g \cdot kg^{-1}$ 燃油）（IPCC，1999）

种类	运行工况		
	闲置	起飞	巡航
CO_2	3 160	3 160	3 160
H_2O	1 230	1 230	1 230
CO	25(10~65)	<1	1~3.5
HC(如 CH_4)	4(0~12)	<0.5	0.2~1.3
NO_x			
短程	4.5(3~6)	32(20~65)	7.9~11.9
长程	4.5(3~6)	27(10~53)	11.1~15.4
SO_x(如 SO_2)[a]	1.0	1.0	1.0

复制于剑桥大学出版社© 1999。

a 假定燃料中含 0.05% 的硫，现如今硫含量低于此值。

国际民航组织（ICAO）发布了一个额定推力超过 26.7 kN 的喷射发动机的排放指标数据库（http：//www. caa. co. uk/default. aspx? catid=702.）。然而，机场对当地空气质量的影响绝对不仅限于航空发动机在着陆和起飞循环过程中的排放。其他重要的本地来源可能有以下几个方面。

（1）飞机辅助动力装置的排放（例如，当飞机在地面上时，这些提供动力和舱室空气）。

（2）飞机着陆的轮胎烟雾。

（3）煤油蒸发的排放（溢油和呼吸）。

（4）地面服务车辆的排放。

（5）来自航站楼的气体排放（例如锅炉厂）。

（6）输送员工到机场的车辆排放。

（7）输送乘客到机场的车辆排放。

（8）机场周围商业活动的排放。

当我们列出这个清单时，机场运营商应该清楚他们是排放量的控制者。尽管如此，即使我们提出（7）、（8）的情况，规划当局应该在授权这种增长之前，考虑机场增长所带来的活动的可能影响。同样，只要可能，机场运营商也希望管理任何一个或所有这些来源，否则，其增长可能受到当地空气质量的限制。

在大多数发达国家，从工业和商业发展排放出的气体必须满足一套环境空气质量标准，表 31.2 列举了欧盟和美国的长期标准。

虽然对短期（例如，超过 1 d 或者 1 h）污染也有限制，但是这些往往很少用于机场排放。对欧洲机场来说，具有代表性的最严格约束通常是 NO_2 的长期限制值，尽管 PM10 在进行建设工作时也可能会是一个问题，如雅典埃莱夫塞里奥斯·

韦尼泽洛斯国际机场附近。在美国，PM2.5往往会受到最严格的约束。

接下来，将关于气溶胶的污染给出一些定论。大气颗粒物以各种形状和大小流动。颗粒可以根据在标准空气条件下沉积的速度来进行分类。重力沉降是一种惯性加速度的测量手段，一个粒子可以沿着弯曲流线运动。这种方法则是一种有用的测量，可以测量颗粒在吸入时可能穿透人肺有多深，或者在被处置前它将在大气中存活多长时间。然而，按照与之前讨论的颗粒在空气中具有相同沉降速度的单位特定重力球的直径来分类大气颗粒是更方便的。这个直径被称为粒子的"空气动力学直径"。粒子的重量浓度（每单位体积空气的气溶胶质量）由大颗粒的气溶胶决定，因为一个粒子的体积跟它的直径立方成正比。因而，这个数字密度由最小的部分决定。空气动力学直径<10 μm（<2.5 μm）的PM10（PM2.5）被定义为气溶胶重量浓度。就人类健康影响而言，最应该关心的是PM2.5和纤维颗粒，因为这些可以渗透到肺深处的空气交换表面，尽管PM10~PM2.5较大的部分也可能导致健康不佳。明显，任何此类颗粒物的化学成分也与其毒性高度相关，这将在后面的部分讨论。另外，在当今的环境关注下，可溶性气体往往被吸入上呼吸道中，故通常不太被关心。

表31.2 截至2010年1月的欧洲国家极限值和美国保护人类健康国家环境空气质量标准（NAAQS）

	种类						
	NO₂	CO	SO₂	PM₁₀	PM₂.₅	苯	铅
EU 极限值	40	10 000	125ᵃ	40	29ᵇ	5	0.5
US NAAQS	100	10 000	78	150ᶜ	15	—	0.15ᵈ

除另外说明，所示值是历年算术平均值。

a 一年中不多于3天。

b 截至2015年1月1日线性降至25 μg/m³，到2020年1月1日可能降至20 μg/m³。

c 3年不超过3天。

d 3个月滚动平均值。

除了具有NAAQS标准的物质外，美国环境保护局（EPA）也有义务控制清单上的187个危险空气污染物（HAP）的排放。其中45个在国际民航组织的飞机发动机排放数据库中。特别令人感兴趣的是多芳烃（PAH），其中许多是致癌的、致突变的或致畸的（对发育中的胎儿造成损害）。EPA已经指定其中16个［包括萘和强力致癌物苯并（a）芘］作为优先污染物并且常常针对这些进行采样。

以伦敦希思罗机场的第三条跑道为例，目前机场增长可能受到当地空气质量问题的限制。这里的局部浓度已经超过了欧盟限制值40 μg/m³，所以英国运输部（DfT）在技术问题（DfT，2006）里发表了一项重大研究"希思罗机场可持续发展项目"（PSDH）。现在这些都可以通过DfT的网站获得，我们将在本章中定期参考。

另外，有关机场空气质量评估的详细资料，读者可直接向国际民航组织索取。

31.2 监 测

如果没有监测来测试当地大气符合这些标准，那么列出空气质量标准显然是徒劳的。普遍使用的三种监测方法如下。

（1）点采样器。

（2）长途监控。

（3）扩散管。

传统的点采样器本质上是一个19 ft的机架安装盒，通过一个管道吸入环境空气，并将测量浓度数据传递给计算机记录器。所有的主要气体污染物都存在系统中，其灵敏度通常为十亿分之一以下，时间响应为20~60 s（但用于碳氢化合物的火焰离子化检测器的响应时间少至几毫秒）。现代仪器允许用于自我校准，也用于实时监测空气中颗粒物质（例如，TEOM）。在这种情况下，通过采样头的选择可以确定大颗粒（PM10）和小颗粒（PM2.5或更小）气溶胶之间的区别：对于小颗粒气溶胶，采样头会压迫进口空气跟随曲折的路径，以使大颗粒气溶胶到达检测器。显然，头部和仪器之间的样品线尽可能是直和短，这是非常重要的。从图31.1右侧我们可看到，曼彻斯特南部某地取得成功，它是通过将仪器安装在外部，每个由一个直管从采样头向下输送。

事实上，这种手段相对昂贵（约10万美元，或者在这种气溶胶监测仪情况下会显著更多）并需要电、住所和安保。它们通常会被安装设置在小型建筑物（图31.1）或拖车中，然后将运行多个月或数年。

但重要的是，任何这样的监控站点都不是单独监控机场，而是监视与当地环境有关的机场。我们

图 31.1 曼彻斯特南部的环境空气质量监测站

（该站点位于跑道1的入口路径的正下方，距离跑道末端有1 150 m。所有的环境样本都是从舱室上方约1 m的自由空气中取出的，并且与植被相连）

可以从希思罗机场清楚地看出，在18个固定网站的网络中，只有1个（LHR2）在机场边界内。经仔细分析（Carslaw 等，2008；PSDH 第 2 章），除了机动车辆大量的排放等外，机场的影响也可以在近场被区分。

显然，如果要可靠地检测污染物浓度的长期趋势，固定网站网络是必不可少的。另外，移动网站对于调查空间的变异性非常有价值。这种技术已经在法兰克福国际机场（2008）使用，其机场 SE 角落的固定站点（SOMMI1）已被移动站点（SOMMI2）补充。它们将会一年一次被搬迁到有趣的地点，如空域的中心。然后可以证明在靠近主要道路的空域边界处，污染物浓度最高。识别污染源的有用技术是将污染物浓度和风向共同显示为污染玫瑰色（图 31.2）。这些图中的数据已经被风向分解，并且每个方向的平均浓度被绘制在极坐标中。因此，高浓度指向可能的来源。在分析希思罗机场时，风速也很重要，Carslaw（PSDH 第 2 章）使用"双变量"图显示风速、风向和平均浓度。在这种情况下，它表明，最高的浓度与相当轻微的风相关联，这意味着在轻风中，表面浓度受到源的浮力的缓和。

当然，空气污染浓度不仅仅取决于污染源的位置，也取决于风速和大气稳定性。如果空气温度随高度而增加，则会抑制色散。化学活性污染物，如氮氧化物、紫外线辐照度和背景空气质量，至少在区域规模上也至关重要。这些因素可以与运营问题相互作用。例如，就飞机着陆和起飞（LTO）循环中的排放，空域中心是最干净的地方之一：飞机起飞和降落在风中，故它们的排放通常会从机场的

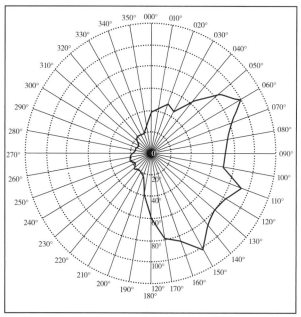

SOMMI1

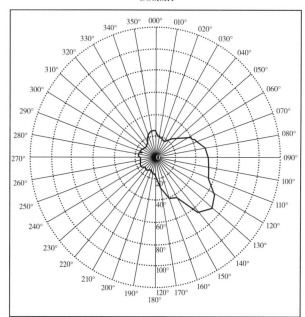

SOMMI2

图 31.2 法兰克福国际机场 SOMMI1 与 SOMMI2 的 NO（μg·m³）污染玫瑰图，2007（法兰克福国际机场，2008）

（在这种情况下，大量污染向机场东部和东南部集中，SOMMI1 位于机场的东南角，SOMMI2 今年位于机场中心）

地面径向向外流出。显然，从出租车排放的污染往往集中在停靠点附近。

出于安全和其他后勤原因，进入空域去测量空气质量往往是很困难的。

如果需要特定的空域浓度，则使用"长途"监测方法可能更为方便。多种系统都是可以用的。最常见的是使用宽带可见光或红外光源，沿着感兴趣的路径

将其投射在窄光束中，并且在远处测量透射光谱；然后将光谱结合到各种目标气体已知的吸收光谱，以沿着光路达到一个集成的浓度。大多数多原子气体在红外线中具有可用的旋转振动带，因此可以使用这种技术来检测。例如，Düsiseldorf International（2004）使用这种系统（由 OPSIS 制造）监测其两条跑道两端的 NO_2，从而证明其符合欧盟限制。毋庸置疑，这种系统并不能测量给定点处的浓度，但能测量路径长度大约为 600 m 的平均浓度。在监管方面，这不一定是问题，因为欧盟指令（2008/50/EC）要求监测通常与至少 250 m × 250 m 的区域相关：不能覆盖在一个适度的工业堆场或道路隧道口附近的超标。

通过使用复现器、发射器和接收器可以实现共同定位，这意味着电力和道路仅需要一个位置。如果一个位置使用散射的阳光作为光源，同样它也使用无源采样系统（Galle 等，2002）。当然，这样的系统只能在一天中使用。

鉴于电力和道路的困难，另一种非常受欢迎的技术是使用扩散管。有了这个，污染物实际上就是样本。该装置是一个小的有机玻璃管，通常长为 71 mm 且内直径为 11 mm。它下端是开放端，顶端用反应性纱布封闭。目标气体被吸收在纱布上，导致浓度梯度，因此沿管道扩散。在部署期间，平均流量应与平均环境浓度成正比。在部署期结束时，将管密封，然后移除纱布来分析吸收的总气体。有了这样一个系统，道路或安保问题将会减少并且也没有电源需求。

当然，缺点是扩散缓慢，因此在环境浓度下，普通的部署期将是 2～4 周。此外，虽然资本成本低，但在几年时间内必要的手工处理和分析可能导致收入成本变得很重要。系统存在于 NO_2、NO_x、SO_2、苯、甲苯和二甲苯（BTX）中。在 2007—2008 年冬季 Roissy 周围，Airparif（2009）使用这种技术对 NO_2 浓度进行了广泛的调查，并且这种技术也被许多工业场所常规部署。

虽然点采样器将保持多年的黄金标准，但目前使用电化学取样器的进展表明，它们可能弥补了昂贵的固定监测站和多个廉价扩散管之间的差距。

实际上，一个小型电池供电单元的云可以监控多个点的空气质量，时间响应要优于 1 min。利用现代消费技术，将 GPS（全球定位系统）包括在模块和移动电话中将变得方便，装在模板中能够确定其自身位置，装在移动电话中可以将其结果传输到中心位置。剑桥大学目前正在开发此类设备，用于检测一系列相关物种。

31.3　建　　模

监控可以在有限数量的点上测试当前的合规性。为了预测除了我们测量以外点的影响，或者是未来各种场景的结果，我们需要某种形式的色散建模。从广义上说，有以下三种模型。

（1）欧拉模型：在这种情况下，大气被划分为一个固定的网格，当它们平静和分散时，其污染浓度将被模仿。也就是说，该技术通常用于区域模型，其中浓度通常仅在网格正方形之间变化。化学反应方案可以应用于每个栅格箱内的建模污染浓度，从而使得能够模拟烟流的化学演化。然而，当化学成分包括显著的非线性时，网格分辨率必须足够精确，使浓度在每个网格单元内或多或少是均匀的：这可能会造成大量的计算负担。

（2）拉格朗日模型：在这种情况下，污染物排放是呈大量的微粒或小颗粒状，当它们分散时将顺风而下。

（3）高斯模型：如果平流扩散方程在欧拉框架中解决，则我们得到了一个近似参数化公式，用于所有下风点的污染物浓度。对于从有效高度 h 的烟囱到具有平均风速 u 的深边界层的连续释放 Q，浓度由以下高斯公式给出：

$$\chi(x,\ y,\ z) = \frac{Q}{2\pi u \sigma_y \sigma_z} \exp\left(-\frac{y^2}{2\sigma_y^2}\right) \times$$

$$\left[\exp\left(-\frac{(z-h)^2}{2\sigma_z^2}\right) + \exp\left(-\frac{(z+h)^2}{2\sigma_z^2}\right)\right]$$

$$(31-1)$$

其中，x 和 y 分别是来自风向的顺风与侧风距离，z 是地面上方的高度。

参数 $\sigma_y(x)$ 和 $\sigma_z(x)$ 确定烟流的水平和垂直扩展作为下风向距离的函数。常规高斯模型根据大气条件（稳定性、风速等）和源的性质（连续/瞬态、点/线/面积、浮力/中性等）来预测 σ_y 和 σ_z。考虑到给定时间的气象，式（31-1）因此提供了每个源的表面浓度图；总结这些得出总预测浓度图，并且整合一年内所有的时间得出年平均值（或小时超过量的统计或任何其他所需参数）。

在拉格朗日模型中包含化学反应方案是可行的，尽管这在数学上不如欧拉模型自然。但基于大大简化化学，高斯模型仅限于化学参数化。

各种商业监管模式可用于计算机场周围的空气

质量。一些最著名的模型被列在了表 31.3 中。

表 31.3　当前可用监管分散模型列举

模型	类型	关联	备注
ADMS-机场	高斯型	英格兰剑桥海洋工程研究中心	主要在英国用
EDMS	高斯型	华盛顿特区联邦航空局	美国要求的模型，其分散核是 EPA 的 AERMOD 模型
LASPORT	拉格朗日型	德国杜努姆 Janicke 咨询公司	用于许多欧洲国家机构
STACKS	高斯型	荷兰阿纳姆的 KEMA	用于 Schiphol

任何建模的第一阶段都是排放清单的准备。这不是一件小事！PSDH 第 3 章描述了这些经典练习。对于在半城市地点的主要机场的情况下，本章简要列出了 65 个必须解决的问题，因此可能会感觉到任务的复杂性。显然，这些包括飞机运行的所有方面和可能的排放因素，但评估了第一部分列出的其他一些问题。特别是当地的道路网分成了几千个部分。每部分都有一个恰当的混合车尾气排放量作为每天时间的函数。对地面服务车辆、辅助动力装置的运行和固定污染源（例如，锅炉厂）也进行了类似的建模。总的来说，库存包括数十万个来源。

从图 31.3 中可以看到这种库存的全球效应。飞机运动对跑道和码头周围的影响非常清楚。然而主要的道路网络也清楚可见，这对于计算机场周围的氮氧化物是非常典型的。实际上，一般市民接触到的室外 NO_x 浓度主要是机动车排放。

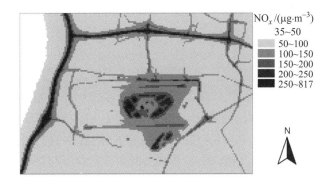

$NO_x/(\mu g \cdot m^{-3})$
35~50
50~100
100~150
150~200
200~250
250~817

N

图 31.3　采用 LASPORT 计算得到的希思罗机场
NO_x 的平均浓度（PSDH 后第 4 章）

图 31.3 说明了这种模式的进一步应用：它们允许我们执行某种形式的源归属。实质上，我们可以运行不同类别来源的模型，从而以现实的方式分配目前监测浓度的责任。

表 31.3 中列出的第三种型号特别有助于将机场活动纳入库存的用户界面。例如，EDMS 具有飞机操作、地面支援设备、辅助动力装置、道路车辆、固定源等输入目录。这大大加快了将模型应用于新机场的过程。相比之下，STACKS 是更普遍应用的模型，需要用户将飞机轨迹等分解成一系列线源。

当然，比用户界面更重要的是有不同来源的离散参数。一架飞机不是一个躺在它边上的烟囱！有几个动力学问题使飞机发动机排放的离散变得复杂，超过了简单的高斯公式所预测的。主要的离散参数包括以下几个。

（1）动量：适用于飞机的发动机推力，通过大小相等、方向相反的净动量流入烟流来保持平衡；靠近地面时，使得烟流形成一个壁喷射，黏附在表面上（"Coanda"效应），并最终上升到终止头；来自商用客机发动机的热发射达 100 MW 以上，这将最终导致羽流深化并远离地面。

（2）浮力：从商用客机的发动机排放的热排放量大于 100 MW，这将最终导致烟流深化并远离地面。

（3）加速：起飞期间，飞机不仅仅只是移动而且还加速，这改变了烟流的动力学。

（4）升力：以飞行速度，飞机的重量由向下的动量到周围空气平衡。这将迅速产生两个携带发动机烟流向下传播的涡旋。

浮力和发射动量在近场竞争，这种动力将尾气排放在地面上，而浮力则试图升起它。对于现代高旁路涡轮喷气发动机，浮力在大约 80 s 的行驶时间后获胜。这可能足以使当地社区免受起飞时引起的发动机排放影响。因此，轻风（当空中边界的平流时间可能＞80 s）时，机场的影响可能相对适中。相反，在强风中，排放物纵向分散。对希思罗机场（PSDH）的监测浓度的分析表明，边界围栏以外的最高浓度出现在相对较快的 8 ms 的风速下（16 kt）。表 31.3 中列出的模型将全部尝试以更多或更少的粗糙方式来参数化这种快速的增长。

使用扫描激光雷达（LIDAR）系统可以监测飞机在其前行几百米内的排放离散（Eberhard 等，

321

2005；PSDH-Annexe 7)。这些数据被用于提高对上述动力过程的理解，因此在未来几年内可能被更加严格地模拟。

31.4 NO₂

从 2010 年 1 月 1 日起，欧盟公共区域 NO₂ 的年平均浓度不得超过 40 $\mu g/m^3$（表 31.2）。在瑞士，限制更严格，NO₂ 的平均浓度不得超过 35 $\mu g/m^3$；在美国，限制可能小一点，是 100 $\mu g/m^3$。明显地，欧洲的严格限制来自世界卫生组织（以下简称"世卫组织"）的指导值，其中 NO₂ 最初被用作机动车一般排放的替代品（无疑是危险的）。更具体地说，NO₂ 有着催化剂的作用，能促使碳氢化合物的氧转化为臭氧。最近的世卫组织经审查（世卫组织，2003）可以确定没有理由改变 400 $\mu g/m^3$ 标准，但放宽标准是不可取的。世卫组织的限定值现已被写入欧洲法律：是否相关，现在是成员国应该遵循的标准。我们可以注意到，在燃气灶台上烹饪时，室内常见的浓度是每立方米几百微克。

从控制和规划的角度来看，NO₂ 的测量很不方便。首先，来自燃烧源的大部分 NO_x 以 NO 而不是 NO₂ 排放，尽管在懒惰（与终端周围的浓度高度相关）的低燃烧温度下，大部分来自飞机发动机的 NO_x 被排放为 NO₂；在高推力设置下，大于 90% 的 NO_x 排放为 NO。在整个降落和起飞周期中，超过 75% 的 NO_x 排放为 NO（Wood 等，2008）。如果有显著的臭氧存在，那么这个 NO 中的大部分可能会很快转化为 NO₂；因为，$NO+O_3 \rightarrow NO_2+O_2$。表 31.3 列举出的模型中包括这个过程的参数化。在非常高的浓度和相对较低的温度（例如，在道路隧道）中，三体反应也可能是显著的：$2NO+O_2 \rightarrow 2NO_2$。因此，我们有这种尴尬的情况，源头的主要排放仅间接与数百米外的浓度有关。

由于相同的原因，在技术上难以测量源中 NO₂：NO_x 的值：如果我们在发动机的出口处提取样品，在测量其组成之前则可能在样品管线中部分反应，进一步的复杂性是可能存在其他痕量组分。在曼彻斯特机场起飞时，飞机发动机排气的近期光谱测量表明，每四个或五个 NO₂ 分子存在一个亚硝酸（HONO）分子。总的来说，百分之几的 NO_x 会以 HONO 的形式排放，这个成分又会被

光电化为 NO 和一个 OH 自由基；后者在光化学上是非常重要的，它会鼓励生产更多的臭氧（Langridge 等，2009）。

其次，燃烧源是多种多样的，大多数会在一定程度上释放 NO_x。图 31.3 和图 31.4 展示了希思罗机场周围模拟的 NO_x 和 NO₂ 浓度。请注意，这里使用的大气化学模型相对于 NO_x 的 NO₂ 浓度有一定的影响。因此，远离主要来源的 NO₂ 和 NO_x 的适度浓度比约为 45%，在原始 NO 有氧化机会之前，接近这些来源的比例降至约 30%。

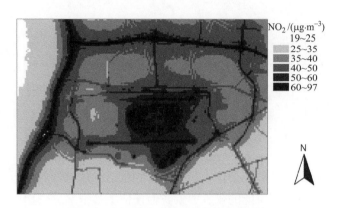

图 31.4　采用 LASPORT 计算的希思罗机场的 NO₂ 年平均浓度（PSDH 后第 4 章）

（大于 40 $\mu g/m^3$ 的值超过了欧盟极限。转载于运输部© 2006)

在当地，希思罗机场、巴黎 CDG、法兰克福以及史基浦机场年平均 NO₂ 浓度超过约 40 $\mu g/m^3$（PSDH：第 1 章；Airparif，2009；法兰克福国际机场，2008；高级决策系统，2005）。如图 31.2 和图 31.4 所示，通过相关联的建模证实，这主要是局部机动车辆排放的结果。有趣的是，各个司法管辖区的回应是相当不同的。在英国政治上，在希思罗机场兴建第三条跑道是非常困难的，并且对欧洲法院在空气质量方面的法律挑战的可能性是进一步的潜在障碍。在荷兰，Schiphol 正在逐步实施措施来使 NO₂ 保持在极限之内（例如，使用主电而不是辅助动力装置）。在德国，法兰克福正在进行第四条跑道的建设，在生态敏感场所妥协，并可能向联邦或欧洲法院提出上诉。在法国，官方报道了（Dermagne，2008）关于巴黎 CDG 内容本身的可持续增长，并建议机场将其监测和分析程序与巴黎市政当局协调一致，透明地报告其监测数据。与其他地方一样，附近的居民最关心的是飞机噪声，而不是当地的空气质量。

31.5　精细颗粒物

无疑地，细粒子甚至以现在的浓度可以杀死大量人群。在"参考文献"一节中包括环境保护署（2006）和世界卫生组织（2003）对最近流行病学研究的评论。例如，哈佛六城市研究表明，即使以目前相当小的气溶胶浓度，PM2.5 每增加 10 $\mu g/m^3$，死亡率将增加 1.16 倍。

实际上，从增量削减到目前水平的好处似乎比这更大［虽然可能包含较大的颗粒物，但我们可能会注意到，50 年前伦敦长期的"黑烟"浓度超过 150 $\mu g/m^3$，今天希思罗机场周围 PM2.5 的估计浓度是这一数字的 1/10（PSDH：第 2 章）］。同质人口的死亡率遵守 Gompertz 分布：从第四个 10 年起，每 7 年大约增加 1 倍。这里插一句，我们看到 1.16 的相对死亡风险相当于 18 个月的预期寿命的减少。因为没有确定无烟气体的毒性阈值，所以我们可以将表 31.2 中的极限值初步解释为对应于预期寿命的降低［>4 年（欧盟），或>2 年（美国）］。这显然是不能让人接受的，美国已经采取了一些措施，从简单地通过/失败标准转变为基于对任何重大新兴工业发展损失的"质量调整生命年"的计算。这种损失在合理切实可行的情况下应明显保持在较低水平。

这种简单外推的弱点是将 PM2.5 视为单一实体。如第 31.1 节所述，大气颗粒有各种形状和尺寸。它们还涵盖了广泛的化学成分：元素碳、硫酸盐/硝酸盐、金属烟雾、半挥发性有机物、地壳材料、花粉、细菌等。那么在混合物里的什么具有剧毒呢？这是很重要的，因为一般城市气溶胶的毒性流行病学现在已经建立得很好，但是相同的校准并不一定适用于任何其他来源的排放。对此可以提出以下几点。

（1）来自飞机发动机的烟尘排放量超出了（小于 100 n mile）范围，最初由层状碳层组成。相比之下，轮胎烟雾排放可能太大，不能呼吸（虽然它们可能代表一种气味滋扰）。柴油地面服务车辆和往返机场的汽车运输的气溶胶排放量可能与一般城市车辆排放量相当。

（2）尽管可能预计超细气溶胶应该是最毒的，它们贡献的 PM2.5 总数很少、质量均匀，所以不能解释 PM2.5 与死亡率之间、流行病学之间的相关性。

（3）许多体外研究已经被证明了响应大气气溶胶的各种成分。铁和锌已经涉及这种反应。目前流行的体外测定是二硫苏糖醇（DTT），它可用来直接测量氧化还原活性（Geller 等，2006），测量氧化还原活性就是在测量毒性。似乎 PM 的氧化还原电位与气溶胶的许多化学成分（例如，元素碳、Ni、Zn 和 PAH）高度相关。

（4）让人特别感兴趣的是半挥发性有机物、特定的 HAP 或 PAH。这些在排放点凝结成超细的气溶胶，然后随着稀释而快速蒸发。测量的超滤气溶胶浓度因此可能随离源距离而迅速下降。这意味着，飞机发动机的这种排放是公共卫生危害最小的，因为一般公众被排除在空中之外（与机动车排放的情况相反）。

总之，气雾剂代表潜在的高毒性物质对深肺的递送机制。然而，机场排放的影响可能与城市汽车排放量的质量有所不同。

31.6　总　　结

虽然与飞机噪声相比，飞机大气排放对机场当地空气质量的影响可能是附近居民的次要考虑因素，但合法的空气质量标准可以限制机场的进一步发展。

我们现在有了实用的工具来监测和建模机场周围的空气质量。这些表明，实际上绝大多数的当地污染来自机动车排放物。特别是细小颗粒，这种排放可能会对健康造成重大影响，流行病学研究表明了持续的大量死亡率和发病率。

对于空气质量而言，与航空有关的排放量，在非常局部的范围（例如，终端建筑物周围）和区域范围内，特别是在通风不畅的情况下，有强烈的光化学处理，可能会对空气质量产生很大影响。航空对空气质量的影响仍然是这一规模两端积极研究的课题。

参考文献

Advanced Decision Systems. (2005) Evaluatie schipholbeleid: schonere lucht, schonere vliegtuigen, meer uitstoot luchtverk-eer. Report commissioned by the Dutch Ministry of Transport and Works (ed. J. Lammers), Phoenixstraat 49c, 2611 AL Delft.

Airparif (2009) Campagne de mesure autour de l'aéroport de Paris Charles de Gaulle. Airparif, Pôle Etudes 7, rue

Crillon，Paris.

Carslaw，D. C.，Ropkins，K.，Laxen，D.，Moorcroft，S.，Marner，B.，and Williams，M. L.（2008）Near-field commercial aircraft contribution to nitrogen oxides by engine，aircraft type and airline by individual plume sampling. *Environ. Sci. Technol.*，42，1871–1876.

Dermagne，J.（2008）Pour un développement durable de l'aéroport Paris-Charles de Gaulle. Report to the President of the Republic，November.

DfT.（2006）Project for the sustainable development of heathrow，department for transport，76 Marsham Street，London.

Düsseldorf International.（2004）Umweltreport. Flughafen Düs-seldorf GmbH，Postfach 30 03 63，Düsseldorf.

Eberhard，W. L.，Brewer，W. A.，and Wayson，R. L.（2005）Lidar observations of jet engine exhaust for air quality. *Proceedings of the 85th AMS Annual Meeting，2nd Symposium on Lidar Atmospheric Applications*，San Diego，CA.

Environmental Protection Agency.（2006）Provisional assessment of recent studies on health effects of particulate matter exposure. Report No. EPA/600/R-06/063. National Center for Environmental Assessment，Office of Research and Development，US Environmental Protection Agency，Research Tri-angle Park，NC.

Frankfurt International Airport.（2008）Lufthygienischer Jahres-bericht 2007. Fraport AG，FBA-RU，Frankfurt.

Galle，B.，Oppenheimer，C.，Geyer，A.，McGonigle，A. J. S.，Edmonds，M.，and Horrocks，L.（2002）A miniaturized ultraviolet spectrometer for remote sensing of SO_2 fluxes：a new tool for volcano surveillance. *Atmos.*

Environ.，119，241–254.

Geller，M. D.，Ntziachristos，L.，Mamakos，A.，Samaras，Z.，Schmitz，D. A. Froines，J. R.，and Sioutas，C.（2006）Physio-chemical and redox characteristics of particulate matter（PM）emitted from gasoline and diesel passenger cars. *Atmos. Environ.*，40，6988–7004.

ICAO.（2007）*Airport Air Quality Guidance Manual*，http：//www. icao. int/icaonet/dcs/9889/9889 _ en. pdf.（accessed 21 May 2010）.

IPCC.（1999）*Aviation and the Global Atmosphere. Chapter 7：Aircraft Technology and Its Relation to Emissions*，Cambridge University Press，Cambridge.

Langridge，J. M.，Gustafsson，R. J.，Griffiths，P. T.，Cox，R. A.，Lambert，R. M.，and Jones，R. L.（2009）Solar driven nitrous acid formation on building material surfaces containing titanium dioxide：a concern for air quality in urban areas? *Atmos. Environ.*，43，5128–5131.

Wood，E. C.，Herndon，S. C.，Timko，M. T.，Yelvington，P. E.，and Miake-Lye，R. C.（2008）Specification and chemical evolution of nitrogen oxides in aircraft exhaust near airports. *Environ. Sci. Technol.*，42，1884–1891.

World Health Organization.（2003）Health aspects of air pollution with particulate matter，ozone and nitrogen dioxide. Report on a WHO Working Group，Bonn，Germany，January 13-15.

本章译者：朱春玲　王红兵
（南京航空航天大学航空宇航学院）

第 32 章

澳大利亚航空业发展路线研究

Roberto Sabatini，Aleksandar Subic，Graham Dorrington，Adrian Mouritz，Chun Wang，Cees Bil，
Trevor Kistan，Alessandro Gardi 和 Subramanian Ramasamy

皇家墨尔本理工大学航空航天、机械与制造工程学院，墨尔本，澳大利亚

32.1 引　言

澳大利亚航空业为国内生产总值贡献约 320 亿美元（占比 2.6%），并创造 31.1 万个就业机会（牛津经济学，2011），可见其对国民经济和就业的重要性。其中，雇用约 10 万名工人，由数百家年营业额达 110 亿美元的大中型企业组成的综合性供应链，是澳大利亚航空业的重要组成部分。该部分持续受到经济、技术以及环境因素的压力影响，包括运营和燃料的成本上涨。为了适应技术上更复杂、维护上有新要求的新一代飞机，需要制定新规则和新流程，同时将面对澳大利亚和亚太地区空中交通流量的增加、主机场容量的限制、减小机场和飞机运行环境影响并实现更佳的可持续性的需求，以及更加激烈的全球竞争等问题。为确保澳大利亚航空业在建设国民经济和就业方面继续发挥重要作用，国家航空运输系统需在运营效率和成本效益两个方面发展的同时，提高安全、安保和环境可持续性保障能力。澳大利亚及全球航空业在未来几十年的主要优先领域包括增加安全和保安、乘客和航空货运能力、效率、成本效益和环境可持续性。这些重大目标的实现，需要澳大利亚迎接不断提高的全球绩效标准的另一个挑战。最近，欧盟为未来航空部门（ACARE，2012）制订了新的业绩和环境目标，如 99% 的飞行员必须在其预定时间的 15 min 内起飞，航班必须在其预定时间的 1 min 内到达，（相对于 2000 年）到 2020 年温室气体排放量必须减少一半。除此之外，燃料成本在过去 10 年中增长了 4 倍，也影响了大型航空公司和通用航空公司的盈利。为了提高效率和环境可持续性，这些需求决定了机场和飞机运营的根本改进，但预估澳大利亚客运量每年增长约 5%，亚洲约为 10%（波音公司，2013）。为了应对新的挑战并把握商业机会，澳大利亚研究界将通过政府机构、产业和研究机构之间的合作伙伴关系开发新的系统和解决方案。确定的重点优先研究方面如下：

（1）提高机场的效率和容量。

（2）综合空中交通管理（ATM）的新系统和技术。

（3）新型及老化飞机的寿命及有效成本。

（4）采用部分来源于生物质的低排放技术和替代燃料。

（5）改进航空安全和安保的最佳实践流程与解决方案。

未来航空的劳动能力发展战略路线也是一个重要因素。多方面和相互关联的航空部门需要更全面与综合的系统联合方法，充分涵盖基础设施、服务和技术领域。另外，在空域的分享开放和日益拥挤情况下，将所有航空运输模式整合，包括商业无人机的运行，是澳大利亚航空业务增长的关键。这需要不同的监管框架和系统来最小化与减轻风险，而这些目标的实现将提高澳大利亚航空业的国际竞争力，增加对国家经济的贡献并提供就业机会，同时为澳大利亚展开新技术服务，并向亚太地区和全球出口提供新技术服务。

32.2　提高机场效率及容量

由于澳大利亚国际和国内航空运输的快速增长（澳大利亚政府，2008；澳大利亚统计局，2014），澳大利亚机场需要提高其效率和容量的同时也提高机场安全、安保和环境可持续性。图32.1展示了澳大利亚国内和国际客运的趋势（澳大利亚政府，2013a，2013b）。

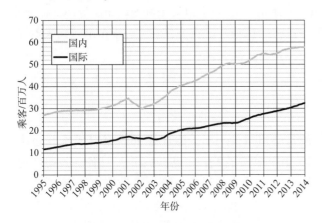

图32.1　澳大利亚国内和国际客运
（澳大利亚政府，2013a，2013b）

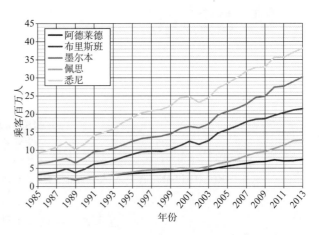

图32.2　澳大利亚主要机场年旅客流量统计
（澳大利亚政府，2013c）

过去20年来，随着主要航空公司巩固业务模式，低成本航空公司（LCC）成为行业的重要参与者，澳大利亚机场发展已很可观。环境法规和国际规则重点也变化很大，新型飞机、卫星式ATM、改进安全控制和广泛采用信息技术等新机场技术也在不断增加。目前，澳大利亚有2 000多个机场和航空领域，但只有10%左右的商业航空服务（澳大利亚政府报告，2013）。图32.2展示了过去30年来澳大利亚五大机场的年度客运量（澳大利亚政府，2013c）。从2009—2010年到2029—2030年，澳大利亚的乘客人数预计将翻一番，悉尼、墨尔本和布里斯班机场预计到2029—2030年都将达到5 000多万人次（澳大利亚政府报告，2013）。因此，在接下来的20年中，现有澳大利亚机场和/或新机场的基础设施和其他相关设施将需要重大投资（澳大利亚政府报告，2013），重大投资将涌入现有澳大利亚机场和/或新机场的基础设施设备建设中（澳大利亚政府报告，2013）。从商业的角度来看，机场的编制和融资特征也在迅速变化，这在很大程度上是受到航空公司放松管制和技术变革刺激的原因。

在传统模式中，机场管理权属于国家中央官僚

机构，这让其不能满足快速发展的大型机场的需求。新兴机场商业模式侧重于机场管理机构的概念，该机构通常是由政府或私人投资者拥有的公司实体或两者的组合，作为自主和可协调的机场运营商。为了应对这些技术和商业变化，正在调查计划、设计和管理机场的战略与模式的进展。新型飞机类型和空中交通管理系统需要大量的空侧开发和重建计划，包括皮圈、燃料系统、飞机滑行道、停车场、除冰海湾、跑道等。新型机场系统和规程的推出，如最小化辅助动力装置（APU）使用、发动机试验和隔音屏障，可减少噪声和气体排放。机场公共场所开发和重建计划解决了航站楼、绿色车辆地面运输系统、机场地面接入改进系统以及将大型机场转变为多式联运节点的可再生能源供应和安全的升级问题。机场运营的推进包括拥堵和排队的有效管理、机场协同决策的实施（A-CDM）、尾流湍流和预测举措的重新分类（RECAT）以及交通需求峰值预测与方法分析。航空公司运营中心（AOC）和ATM系统之间的协调、综合出发和到达管理（DMAN/AMAN）以及前期的排序和清关是为管理机场拥堵而采取的几项重要举措。另外，作为改善机场运营的一部分，航空公司/运营商业务模式和工具，包括备用槽交易机制，都将协同一致。

明显地，国家监管框架需要改进，包括定期修改机场、融资、定价和需求管理系统的所有权与管理。税收计划的演变，包括对航空器噪声和气体排放征税，也正在调查中。另一个重要方面是从技术驱动转向以目的为导向的演变，包括评估潜在的国际合作举措和附带利益。

32.3 空中交通管理与技术

为应对亚太地区空中交通的飞速发展，澳大利亚空中交通管理系统正在发展成为一个高度集成网络。在该网络中，民用、军事和遥控飞机将以高度自动化与协作的方式持续、动态地共享共同空域决策环境。

为了实现增强飞行安全、环境绩效和效率的目标，同时满足未来航空业务增长的需求，澳大利亚政府已经确定了几个关键的政策方向（澳大利亚政府，2012）：强大而综合的规划，采用先进技术、国际统一的 ATM 系统，加强区域航空安全和减轻环境影响。在这方面，澳大利亚的一个关键性的优先战略是规划、开发和实施一个满足民用和军用航空未来需求的新 ATM 平台，并通过解决服务能力、连续性和环境可持续性来提高 ATM 业务竞争力（Airservices Australia, n. d.）。OneSKY 项目（澳大利亚航空服务公司）专注于一个联合运作系统，协调澳大利亚民用和军用 ATM 系统，提供替代或加强现有系统的国家解决方案。随着澳大利亚航空运输预算在新运输机的使用寿命中更加显著增长，并且为了改进空域组织和机场运行，澳大利亚推出了新的概念方案，这个方案将是澳大利亚航空的重要里程碑。因此，澳大利亚需要研究开发新的空中交通管理框架和动态空域管理、自由飞行和基于意图行动的新系统。这也包括民用/军用空域资源以及通信、导航、监视和航空电子技术（CNS＋A）的动态分配的创新方法、算法的发展，使遥控飞行空中系统（RPAS）无限制地接入商业空域。

基于地面的自动相关监控广播（ADS-B）目前提供全国范围的监控覆盖范围，包括不属于澳大利亚主要雷达或二次监视雷达（SSR）覆盖范围的广大地区。民航安全局（CASA）已经在 ADS-B 监视下批准了雷达式的分离标准，并于 2013 年 12 月发布了第一个 ADS-Bt 的授权。接收机自主完整性监控（RAIM）系统使控制器能够预测和规划，如果预测到 GPS 中断，则返回到程序分离。

对于雷达监视区域（主要空中走廊和终端机动区域），融合传感器的雷达和 ADS-B 数据已被证明优于单独的雷达数据，特别是跟踪机动飞机。基于空间的 ADS-B 承诺将 ADS-B 的利益扩大到海洋空域，并解决自动相关监视合同（ADS-C）报告率低的问题。

如今已经在澳大利亚试行或实施了优化的 ATM 程序，如量身定制的到达（Bronsvoort 等，2011）和布里斯班绿色 RNP 项目（澳大利亚航空服务公司，2008）。现在，这些国家计划与那些和澳大利亚一起参与"亚太减少排放倡议"（ASPIRE）的亚太地区国家站在一条线上。位于堪培拉的澳大利亚国家运营中心（NOC）采用多种技术来优化流量。优化的 Flextracks 可以让长途运输从有利的风中获益。执行箱位管理以优化机场和空中交通管制（ATC）箱位的分配，而诸如地面延迟计划的交通管理举措可以解决关键的拥塞情况，同时降低燃料消耗、噪声和气体排放。协作决策（CDM）程序可以改善常见的情境意识，并允许预处理的箱位交换。目前的措施包括用户优先航线（UPR）、国家 CDM 和空中交通管理（ATFM）运营的扩展，以支持亚太地区远程 ATFM 战略。值得注意的是，在这方面亚太地区正在建立一个既定的区域 ATFM 计划。泰国孟加拉湾合作 ATFM（BOBCAT）系统通过喀布尔 FIR（Sangngurn 等，2007）的大门穿过几个飞行情报区域（FIR）进行交通。澳大利亚参与国际民航组织（ICAO）亚太地区 ATFM 指导小组（ICAO, 2014a），其目的是在国家 ATFM 中心多点网络的基础上开发亚太地区 ATFM 运行概念。跨国界进行 ATFM 将提高其效能，特别是商业航空公司。例如，延迟可能在途中被吸收或者作为地面延迟被分配，如果在目的地机场预期多个 FIR 区域拥挤，则飞行员离开。在亚太地区实现这些是需要解决的问题之一，在没有欧洲管制局或联邦航空管理局（FAA）等单一监管机构的情况下，在亚太地区实现这一目标是需要解决的问题之一，但好处是显而易见的。曼谷和新加坡之间早期区域的 CDM 试验证明这是有希望的（CANSO, 2013）。很明显，标准的互操作性和协调性将是推动发展的关键因素。

根据国际民航组织 ASBU 执行的时间表，将为战略、战术和紧急 ATM 业务开发与部署如下新的高度完整性和安全关键的 CNS＋A 系统。

（1）民用/军用两用 CNS＋A 技术，包括安全可靠的网络基础设施和用于信息共享、CDM 的机载数据链路，用于战略和战术 ATFM 的网络中心 ATM 技术，动态空域管理（DAM）和实时四通道尺寸轨迹（4DT）的可操作性。

（2）CNS＋A 技术用于 RPAS，可靠地满足需要的通信、导航和监控性能（RCP，RNP 和 RSP）

标准，用于不受限制地使用 RPAS 到国家空域（非分离操作）。从这个角度来说，重要的步骤是采用融合的合作/非合作监视系统、超越视线（BLOS）通信系统、高度完整性导航系统和集成航空电子设计架构。

（3）基于卫星的 CNS 系统，如多星座全球导航卫星系统（GNSS），基于数据链接和 ADS-B，用于改进远程和大洋空域、精确方法和自动区域的覆盖范围。

（4）机场 ATM 系统，主要包括用于地面和空中交通运输的安全网、远程塔系统（RTS）和新标准 ATC 运营商（ATCO）工作职位。特别是高级地面运动指导和控制系统（A-SMGCS）也将提供跑道入侵、巡视检测和类似于欧洲和美国开发的机场运动区安全系统（AMASS）、跑道入侵和咨询系统（RAAS）的警报。

将开发民用/军事双重使用和全系统信息管理（SWIM）系统的高完整性、高吞吐量和安全的数据链路和地面网络基础设施，以便更多地共享 ATM 信息，如天气、机场运行状态、飞行数据、空域状况和限制；还将包括用于移动和互联网访问的 Web 服务技术，以便扩大 CDM 流程参与者的数量。商业智能和大数据也将作为 SWIM 增强数据挖掘的一部分来实施，其中包括澳大利亚航空服务公司（Sharwood，2012）在内，ANSP 实施的企业级数据仓库将使 ATM 能够超越事件后报告和多年的历史数据，以确定潜在的流量模式和排放水平，并产生强化的模型以解决这些问题。自动 ATFM（A-ATFM）系统将加强空中交通需求与能力的连续平衡，以确保对国家空域资源安全和有效的利用。自动动态空域管理（ADAM）能够实现空域资源的无缝优化配置。在下一代地面和空中 CNS＋A 系统中实施的实时多目标 4DT 优化与协商/验证算法，将促进环境影响的持续减少，这在严重的拥堵和天气条件下特别重要。

为了提高澳大利亚航空在区域和全球层面的效率，必须解决澳大利亚 ATM 监管框架演变与亚太地区的其他地区和欧洲/美国框架（由 SESAR 和 NextGen 定义）的互操作性。这可能有助于国际民航组织在这一领域的全球举措，如航空系统块升级（ASBU）。从技术的角度来看，包括信号空间（SIS）、系统级以及人机界面和交互（HMI2）在内的各个层面也需要互操作性。

32.4　新老客机通过生命支持

航空公司正在朝着基于绩效承包方向迈进，以保证最低性能水平，包括运营成本，从而将风险从客户转移到制造商。这需要研究，通过减少维护（例如，系统健康监测、通过生命支持）和升级（例如，航空电子设备硬件和软件）来降低飞机制造和操作中的成本。确保和维持老化飞机的结构与系统完整性是航空业的一个重大挑战。研究技术和非技术解决方案中的设计、开发、实施和认证是解决相关问题的必要条件。在这方面，必须采用多尺度方法作为解决航空部门（从通用航空公司到商业航空公司）独特要求的适当方式。

在过去 10 年中，许多商业航空公司已经显著发展了其飞机和服务，扩大了远距离运营以及相关的全球规模中心，如中东地区。另外，全球范围内的 LCC 也出现扩散，这给传统航空业务模式带来新的挑战。不可避免地，使用更多节能飞机的 LCC，竞争越来越激烈，迫使整个航空业确定经济有效地维修老化飞机的解决方案，这些解决方案占常规航空公司的很大一部分。包括商业现货（COTS）的组件已经成为服务寿命扩展的常见做法。然而，COTS 在航空中的引入对过时管理提出了几个挑战，并在配置和认证过程中增加了复杂性。因此，需要开发研究开发架构、通用接口、后向兼容性以及整合旧系统组件和新系统组件的协调方法，使技术插入变得更少。

此外，在新一代飞机上广泛应用复合材料和轻质混合材料（如波音 787 梦幻客机和空中客车 350 XWB 使用基本上先进的纤维增强复合材料），军用飞机在物流支持性方面也面临新的挑战。特别是调查正在解决安全标准的成本效益管理，包括对复合材料部件进行无损检测和测试，以适应持续适航性、经济复合材料修复过程以及飞机维修人员的培训/技能。为了反映这些变化，澳大利亚的绿色航空计划正在调查采用先进技术和飞机通过生命支持的模式。快速无损检测和测试技术的研发，能够快速表征结构损坏及其对结构完整性的影响，是设计和开发新型飞机通过生命支持的主要动力。特别地，将使用混合材料系统和新纳米技术来改进复合材料的黏合剂黏合过程与防雷保护的新型复合材料修复技术。此外，正在选择能够有成本效益地维护复合材料飞机、模块化架构和民用/军用飞机数据网络演进的新一代航空服务人员的培训资源；正在调查整合车辆健康管理（IVHM）系统，以改善后勤支持性、COTS部件维修和更换方面。飞机中期更新、可靠的COTS部件插入以及结构和系统完整性监控系统的升级被认为是延长老化飞机使用寿命的潜在解决方案。

32.5 低排放技术和生物燃料

澳大利亚航空运输部门的增长速度超过了国家经济，同时引入了显著的技术和业务进展。由于空气流通速度与环境改善速度之间的差距在温室气体的排放、机场周围的噪声，以及高海拔的折扣等重要方面都有所扩大，整体环境影响势必增加。这种趋势是不可持续的，是必须扭转的，因为其对气候、健康和生活质量有影响（美国全球变化联合研究计划，2014）。与2005年相比，到2050年，国际航空运输协会（IATA，2013）的目标是减少二氧化碳排放量的50%。

可持续航空燃料（SAF）国际合作中的第一个实际步骤是在2011年9月签署（Stanier和Vellacott，2014）了美国运输部（DOT）、美国联邦航空局（FAA）和当时的澳大利亚资源、能源和旅游业（DRET）之间的谅解备忘录（MOU）。尽管平均年龄相对较年轻、燃油效率较高，但主要的澳大利亚航空公司致力于对最新的飞机进行大量投资，其中包括波音B787梦幻客机和空客A350 XWB，而且这一事实证明越来越多的人意识到不可持续的环境影响后果和对新政策的责任。然而，考虑到航空运输全球增长的幅度，与引进这些新飞机有关的好处在很大程度上是不够的。短期和长期都需要采取更有效的措施来减少燃料燃烧与碳排放。澳大利亚作为国际民航组织的成员国承诺，到2020年实现航空目前的温室气体排放量。从短期而言，除了有效的燃油减排计划外，航空业也致力于引进与现有电厂兼容的"drop-in"SAF混合动力车，这完全符合国际标准。因此，该活动主要涉及飞机改装和运行策略（地面和空中），这必须在澳大利亚境内获得允许和认证。与主流研究取得空气推进和其他节油技术取得进展的同时，估计与实施上述燃料减少燃烧方案相比，每客运千米燃料燃烧额外减少2%（Stanier和Vellacott，2014）。Qantas and Virgin Australia已经宣布了各种库存调查生物燃料生产的伙伴关系和战略。澳大利亚

SAF的规模扩大涉及生物量（包括陆地植物和藻类）和其他碳原料来源（例如，生物废料）的生产。为了得到至2020年含喷气式飞机A-1在内的5%的排放许可，要基于之前的澳大利亚著名研究（澳大利亚航空公共报告，2013；Goss等，2014）。作为这一举措的一部分，确定了原料来源和收获方法，还选择了在选定的集线器、存储和预处理中进行原料收集的方法。原料生产符合标准的SAF，SAF与Jet A-1的混合以及通过完全集成和可靠的供应链进行商业分销的原料的处理与修复是实施绿色倡议的主要挑战之一。将执行用于确定环境审计方法和总体成本风险分析的经济活力分析。这一举措旨在解决认证、政府消费税退回和监管法规问题，最终将实施包括实际温室气体排放在内的终端用户操作监控。

从长远来看，航空中的派生燃料对于在燃料生命周期中达到碳中和是至关重要的，而且由于预测的价格趋势和对进口的战略依赖，它将是非常可取的。为了允许这种根本性的变化，需要规范物流的发展。可持续航空燃料路线图（SAFRM）在澳大利亚和新西兰于2010年由包括航空公司、制造商、政府机构和其他航空利益相关者在内的一些来自SAF用户组的澳大利亚组织进行研究，《财富科学》和工业研究组织（CSIRO）2011年的SAFRM报告显示，澳大利亚基于国内生物质能生产的当地生物衍生航空燃料工业将是可行的（CSIRO，2011）。到2030年，澳大利亚每年可节省20亿美元的航空燃料进口。只要经济上满足扩大本地原料生产和供应链配送，国内SAF的生产和开采在澳大利亚就有显著的经济与环境潜力。将生物燃料用量扩大到其他工业部门和交通工具所产生的协同效应将进一步提高苏维埃工业的经济效益。在SAFRM研究中，为澳大利亚SAF原料的修复和认证能力制定了路线图，包括关键事件的明确时间表。设定的目标包括在2013年将成本效益好的木质纤维素修复剂引入2050年的50%生物衍生喷气燃料中。因此，SAFRM报告与IATA时间尺度相一致。据估计，通过建立SAF的本地生产行业，可以获得相对于所有石油基喷气燃料每年减少17%的航空温室气体排放量（CSIRO，2011）。经济利益是显而易见的，但是相对较大的时间尺度阻碍了发展这一事业的社会热情。

在SAFRM研究之后，2012年1月，波音澳大利亚和CSIRO宣布联合研究，以评估在澳大利

亚北部生长 SAF 原料的潜力。澳大利亚可持续航空燃料倡议（AISAF）成立于 2012 年 8 月（AISAF，2014）。AISAF 旨在通过促进强大的国家和国际合作来建立 SAF 的商业供应链。

2013 年 8 月，AISAF 宣布与澳大利亚航空航天公司合作，在澳大利亚开发可持续航空燃料。澳大利亚航空航天公司、壳牌公司和澳大利亚可再生能源局（ARENA）于 2013 年 6 月发布的联合报告（Qantas Airways Ltd，2013）详细讨论了澳大利亚大规模生物燃料生产的可行性。

该研究强调，加氢处理的酯和脂肪酸（HEFA）原料可获得的 SAF 生产不足以满足未来的需求。然而，它确定了澳大利亚在很大程度上基于原料的有希望的途径，如木质纤维素，或其他来源如蓬蒿和藻类产生的油。未来的替代性全球燃料供应链战略（特别是亚太地区）以及民用和军用航空部门可管理飞机系统与机场基础设施变化的可行性将是 SAF 长期且持久成功的主要因素（Stanier 和 Vellacott，2014）。

32.6 加强航空安全和安保

在过去 10 年中，全球航空安全和安保目标明显增加。诸如爆发严重急性呼吸综合征、全球金融危机以及冰岛和智利火山爆发等外部因素在航空市场上一直具有很强的破坏性。此外，美国和其他地区的恐怖袭击导致了机场安全的显著变化（澳大利亚政府报告，2013）。在澳大利亚，航空安全和安保条款旨在维护国家航空业务，防止非法干扰行为，并防止地面和飞机飞行中的事故。澳大利亚政府负责制定和实施一致的航空安保与安全措施国家框架（澳大利亚政府，n.d.-a，n.d.-b）。特别是澳大利亚民航安全局负责澳大利亚民航的安全工作，以及在澳大利亚境外运营的澳大利亚飞机，澳大利亚运输安全局（澳大利亚交通安全局）是澳大利亚独立调查民用航空事故、事件和安全隐患的主要机构。根据国际民航组织的任务规定，澳大利亚国家安全计划（SSP）显示了澳大利亚的航空安全管理体系，它规定了澳大利亚旨在改善航空安全的法规和活动。澳大利亚 SSP 提供监测和治理框架，运营商和服务提供商建立和维护安全管理体系（SMS）。此外，澳大利亚政府已经承认安全（这是 ATM 的主要目的）是澳大利亚政府的首要任务（澳大利亚政府，n.d.-b）。

这导致了最后稳定的安全记录 10 年（图 32.3）。然而，预期的业务增长、新的自动柜员机的利用率、引进新的自动化工具以及空中和地面之间的新的工作方法，都将在安全方面面临新的挑战。为了应对这些挑战，CASA SMS 框架采用系统的方法来管理航空安全，包括必要的组织结构、责任和程序（CASA，2009；ICAO，2013，2014b）。另外，根据澳大利亚基础设施和区域发展部（DIRD）的说法，必须将安全需求纳入航空规划、设计和部署的各个方面，无论涉及新的地面设施还是主要的系统发展（澳大利亚政府，nd-b）。这说明在技术进步和过程中的所有实体（航空公司、机场、飞机和自动柜员机）等方面都会加强改进，澳大利亚航空部门的安全和安保要求也将不断演变。计划的政策、目标和规划的演变是 SMS 发展的基准。安全保障程序、培训和推广以及风险管理策略是 SMS 发展的其他关键因素。为进一步加强安全，正在调查载人飞机和 RPAS 的附加适航规定与安全指标。增强的机场和 ATM 安全目标与规定也将对整个航空运输系统的安全性进行实质性改进。整体安全将受益于加强安全措施。特别是在终端安全的范围内，正在研究安全检查站/大门和乘客筛选、等候和过境区以及行李检查与和解的安全系统的改进。还将为空中业务开展加强安全措施，包括飞机监视、空勤人员、围裙人员调动、乘客登机和安全威胁的检测。

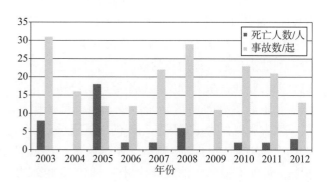

图 32.3　2003—2012 年商用飞机事故与死亡人数记录（澳大利亚政府，2013d）

一个重要的研究课题涉及 ATM 设施的安全方面。事实上，逐渐采用更大的自动化、网络和数据链接，使整个航空运输系统面临与非法干扰以及犯罪和恐怖主义行为有关的新威胁。正在探索在国家层面上必要的技术驱动和过程驱动的监管框架演变，并确定潜在的国际分拆。

32.7　总　　结

本章确定了澳大利亚航空部门的主要研究需求、挑战和机遇。虽然显著的不确定性影响到全球和区域层面的经济与监管环境，但澳大利亚研究和开发界正在采取短期与长期的行动来实现更有效、更安全和更环保的航空。主要领域包括机场、自动取款机系统和技术、飞机成本效益好的全生命周期支持、低排放技术和替代燃料，以及加强安全和保障。

参考文献

Advisory Council for Aviation Research and Innovation in Europe (ACARE). (2012) *Strategic Research & Innovation Agenda (SRIA)*, vol. 1. Available at http：//www. acare4europe. org/sites/acare4europe. org/files/attachment/SRIA％20Volume％201. pdf.

Airservices Australia. (2008) *RNP Project-Brisbane Green-Stage One Report*, Available at http：//www. Airservicesaustralia. com/wp-content/uploads/RNP _ Brisbane _ Green _ Project _ Stage1 _ Report. pdf.

Airservices Australia. (n. d.) *One SKY Australia*. Available at http：//www. Airservicesaustralia. com/projects/onesky-australia/.

Australian Bureau of Statistics. (2014) *Overseas Arrivals and Departures*, *Australia*, *Time Series Spreadsheets*. Available at http：//www. abs. gov. au/AUSSTATS /abs@. nsf/De-tailsPage/3401. 0Oct％202013？OpenDocument.

Australian Government. (2008) *Australian Domestic Airline Activity*, Department of Infrastructure and Regional Development. Available at http：//www. rex. com. au/AboutRex/Investor Relations/Files/BTRE/otp _ mar08. pdf.

Australian Government. (2012) *ATM Policy Directions*, Department of Infrastructure and Regional Development. Available at http：//www. infrastructure. gov. au/aviation/atmpolicydirections/index. aspx.

Australian Government. (2013a) *Domestic Aviation Activity*, Statistical Report, Bureau of Infrastructure, Transport and Regional Economics, Department of Infrastructure and Regional Development. Available at https：//www. bitre. gov. au/publications/ongoing/domestic _ airline _ activity-time _ series. aspx.

Australian Government. (2013b) *International Airline Activity*, Statistical Report, Bureau of Infrastructure, Transport and Regional Economics, Department of Infrastructure and Regional Development. Available at https：//www. bitre. gov. au/publications/ongoing/inter-national _ airline _ activity-time _ series. aspx.

Australian Government. (2013c) *Airport Traffic Data*, Statistical Report, Bureau of Infrastructure, Transport and Regional Eco-nomics, Department of Infrastructure and Regional Development. Available at https：//www. bitre. gov. au/publications/ongoing/airport _ traffic _ data. aspx.

Australian Government. (2013d) *Aviation Occurrence Statistics 2003 to 2012*, Report AR-2013-067, Australian Transport Safety Bureau. Available at http：//www. atsb. gov. au/media/4355945/ar-2013-067 _ final. pdf.

Australian Government. (n. d. -a) *Aviation Security*, Department of Infrastructure and Regional Development. Available at http：//www. infrastructure. gov. au/transport/security/aviation/index. aspx.

Australian Government. (n. d. -b) *Aviation Safety Regulation Review*, Department of Infrastructure and Regional Development. Available at http：//www. infrastructure. gov. au/aviation/asrr/index. aspx.

Australian Government Report. (2013) *Australia Major Airports-Economic Regulation of Airport Services*. Available at http：//www. pc. gov. au/-data/assets/pdf _ file/0003/114645/airport-regulation. pdf.

Australian Initiative for Sustainable Aviation Fuels (AISAF). (2014) Available at http：//aisaf. org. au/.

Bronsvoort，J.，McDonald，G.，Potts，R.，and Gutt，E. (2011) Enhanced descent wind forecast for aircraft-facilitation of continuous descent arrivals with improved efficiency and pre-dictability by the use of tailored descent wind forecasts. *Ninth USA/Europe Air Traffic Management Research and Development Seminar (ATM2011)*, Berlin，Germany.

CANSO. (2013) *Bangkok-Singapore Collaborative Decision Making (CDM)*. Available at http：//www. canso. org/cms/streambin. aspx？requestid ＝ 6e2fcb83-4045-4440-92c7-dc7090699c.

Civil Aviation Safety Authority (CASA). (2009) *Safety Management Systems for Regular Public Transport Operations*, Document CAAP SMS-1 (0). Available at http：//www. casa. gov. au/wcmswr/ _ assets/main/do-wnload/caaps/ops/sms-1. pdf.

CSIRO (2011) *Sustainable Aviation Fuel Road Map*, *Flight Path to Sustainable Aviation*. Available at http：//www. csiro. au/～/media/CSIROau/Flagships/Energy％ 20Trans-formed％20Flagship/FlightpathSustainableAviation _ ETF _ pdf％20Standard. ashx.

Goss，K.，Abadi，A.，Crossin，E.，Stucley，C.，and Turnbull，P.（2014）*Sustainable Mallee Jet Fuel，Sustainability and Life-Cycle Assessment for Supply to Perth Airport*，Western Australia，2014，Future Farm Industries CRC，commissioned by Airbus.

Oxford Economics.（2011）*Economic Benefits from Air Transport in Australia*，v1.1. Available at http：//www. benefitsofaviation. aero/Documents/Benefits-of-Aviation-Australia-2011. pdf.

Qantas Airways Ltd.（2013）*Feasibility Study of Australian Feedstock and Production Capacity to Produce Sustainable Aviation Fuel*. Available at http：//www. qantas. com. au/infodetail/about/environment/aviation-biofuel-report. pdf.

Qantas Public Report.（2013）*Feasibility Study of Australian Feedstock and Production Capacity to Produce Sustainable Aviation Fuel*. Available at http：//www. qantas. com. au/infodetail/about/environment/aviation-biofuel-report. pdf.

Sangngurn，N.，Richardson，J.，Choowong，T.，and Tantimekabutm，P.（2007）The bay of bengal cooperative air traffic flow management system（BOBCAT）. *J. Air Traffic Control*，49（3），33－39.

Sharwood，S.（2012）Data analysis takes off. *Government Technology Review*，issue 10，pp. 20－22. Available at http：//www. govtechreview. com. au/wp-content/themes/transcript/images/magazines/gtr10. pdf.

Stanier，R. and Vellacott，M.（2014）The next 50 years-emissions，environment and biofuels，RAeS Australian Division. Available at http：//www. raes. org. au/assets/The-next-50-years-emissions-environment-and-biofuels. pdf.

The Boeing Company.（2013）*Current Market Outlook，2013-2032*. Available at http：//www. boeing. com/assets/pdf/commercial/cmo/pdf/Boeing _ Current _ Market _ Outlook _ 2013. pdf.

The International Air Transport Association（IATA）.（2013）*IATA Technology Roadmap*，4th edn. Available at http：//www. iata. org/whatwedo/environment/Documents/technology-roadmap-2013. pdf.

The International Civil Aviation Organization（ICAO）.（2013）*Doc. 9859-Safety Management Manual（SMM）*，AN/474，3rd edn. Available at http：//www. icao. int/safety/Safety Management/Documents/Doc. 9859. 3rd％ 20Edition. alltext. en. pdf.

The International Civil Aviation Organization（ICAO）.（2014a）*Report of the Third Meeting of the Asia/Pacific Air Traffic Flow Management Steering Group（ATFM/SG/3）*，March 10-14，2014，Singapore. Available at http：//www. icao. int/apac/meetings/2014％ 20atfmsg3/final％20report％20atfmsg3. pdf.

The International Civil Aviation Organization（ICAO）.（2014b）*ICAO SMS Training Material*. Available at http：//www. icao. int/safety/SafetyManagement/Pages/Training. aspx.

United States Global Change Joint Research Program.（2014）*National Climate Assessment*. Available at http：//nca2014. globalchange. gov.

本章译者：朱春玲　王红兵
（南京航空航天大学航空宇航学院）

第9部分

大气和气候

第 33 章

大气模型

剑桥大学，剑桥，英国

33.1 引　言

　　大气建模在如金星、火星，特别是地球等行星的大气层数值表示方面有广泛的研究及应用。根据所需的应用场合得到一组合适的派生偏微分方程，采用数值方法推导出解决方案。在很大程度上，大气建模可以被看作一个初值问题（天气预报）或是一个边界值问题（气候预测）。它依赖于高性能的计算机处理大量的观测、计算数据的能力。其中一个关键是模型验证，即将大气建模的结果与过往观测数据进行比对，目的是建立模型性能的度量方式，并了解构造的模型对以往数据的模拟符合程度。此外，可以查阅在其他时间跨度范围内的值。可以研究以此机制为基础的古气候的现象和过程，只需几秒钟就可跨越几千年的时间。用这样的程序建立的合理的模型，随后可能被用于对未来气候变化的评估。政府间气候变化专门委员会（IPCC，2007）和世界气象组织（WMO，2007）的评估中都已建立了此类模型。

　　现有的大气模型的复杂性差别很大，从仅考虑大气层到地球系统模型（其中大气成分只是许多物理模块中的一个）。这里，我们将专注于国家最先进的地球大气模型，并考虑空气化学耦合系统。当对大气中微量气体和化学物质（包括气溶胶）的排放及其对气候的影响进行评估时，其排放量成为重要的因素。虽然它可能采用所谓的化学运输模型（CTM）来自行评估排放物（如飞机排放物）的影响，但是这种化学-空气耦合系统的充分评估方法越来越普遍。这在 CTM 中是规定，从而避免了在

大气状态的选择上太过任意。而大气和化学的耦合建模带来的复杂性的增大，也会相应需要一点代价，因为相较仅单独考虑两个系统的方式而言，耦合系统的理解可能更难一些。然而，耦合系统建模无疑更贴近现实。

　　最近几年，大气模型的一个重要用途是对上一阶段大气状态的综合评估。在这个活动中，一个大型的观测数据库通过数据同化技术被插入大气数值模型中。

　　例如，欧洲中期天气预报中心（ECMWF）（Uppala 等，2005）和美国国家环境预测/美国国家大气研究中心（Kalnay 等，1996）等运营中心会提供这样的产品，这同时是大气模型验证的核心，无论它们是否与海洋模型耦合，它们所提供的数据描述了大气的状态。例如，风、温度、湿度等，在几十年的时间段内每 6 h 更新一次。上面提到的 CTM 利用这一信息，解决了大气中详细考虑化学损失和生产过程中微量气体的运输问题。

　　大气模型跨越了广泛的空间和时间尺度。通过数据同化的空间分辨率高的全球模型会解决初始值问题来进行天气预报（数据同化是用来构造一个受到观测数据约束的初始状态，随后开始预测）。典型的水平尺度为几十公里，可产生长达 10 天的预测。而低分辨率的气候模型用来求解边值问题，评估十年至千年尺度上的气候变化。

　　典型的水平尺度为几百公里的全球气候模型和大约几十公里的区域气候模型，产生十年至百年尺度上的预测。最近，无缝预测已成为一个新的研究领域，通过季节性的潜力（3~6 个月）和年代际预测来弥补经典预测（~10 天）和气候（30~100

年）之间的空白。从本质上说，这些问题是初始和边界的混合问题（预测周期越长，模型就越靠近大气的边界值问题，但对于海洋则不一定，这一问题在本章中不做讨论）。

即使我们有以物理为基础的大气模型，但要记住大气层是一个潜在的混沌系统。例如，我们需要考虑到连续整体。设置相似的初始状态并多次运行模型，不同的预测表现了一定概率的特定事件的发生，如强降水和极端温度异常。这是现代预测和气候预测之间不确定性的一个挑战（其中边界条件也在变化）。

建设一个大气模型需要以下几种选择。

（1）我们想解决哪一组微分方程（答案可能取决于需要建模的空间和时间尺度）？

（2）我们可以如何简化模型使其对于一个给定的目的更有效（这一选择可能会使模型更灵活）？

（3）我们要使用什么数值方法（例如，在自然坐标或波数空间离散）？

（4）我们想要使用什么水平和垂直网格？

在许多情况下，这些问题不是独立的。在细节上，（1）和（2）就有着密切的联系，当模型底层的偏微分方程进行一个目的明确的简化，如静压近似（详情见下文）时，这主要是为了超越这个限制。

第33.2节将对模型建设的注意事项进行讨论。第33.3节处理大气模型运行的实用性，第33.4节将大气模型放在大气中存在微量气体的运输和反应的环境中考虑。

33.2　模型建设

在大气建模中，使用耦合的微分方程组来描述大气的基本热力学和动力学性质。通常方程（33-1）～方程（33-3）被称为运动方程。它们描述了三维风矢量（南-北，西-东，下-上）和力导致的风向与速度的改变。主要存在的力有压力梯度力、科里奥利力（因为地球的旋转）和表面附近的摩擦力。纯粹的平衡压力梯度力和科里奥利力建立的平衡风（方向和速度）叫地转风。这个风矢量平行于北半球向左的低压等压线。这个风矢量在自由大气边界层上是一个很好的近似值。靠近表面的摩擦引入了风矢量向低压的偏转，从而使压力梯度平滑。方程（33-4）是一个连续性方程，即整个大气必须质量守恒（大气质量不产生或消失）。方程（33-5）

是热力学能量平衡，考虑到在一个固定位置的温度变化的原因有三个：由温暖/冷空气平流或由空气被压缩或膨胀（绝热过程）导致温度的增加/减少；此外，非绝热过程也发挥重要作用，并需要求解辐射传输方程。请注意，为了简单起见，讨论的方程组将不考虑水的相位变化。如果像国家的最先进的模型那样，考虑水的问题，热力学方程将不得不考虑潜热。解决辐射传输问题就更复杂了。通常垂直向上和向下的辐射通量是通过每个垂直模型层来计算的，且垂直通量散度用每天的开尔文温度趋势来表示。这种趋势随后被用于模型的时间积分。辐射传输计算考虑到了各种各样的痕量物质，包括水蒸气、臭氧、甲烷和二氧化碳，以及表面性质（反照率）、云和气溶胶。

本节将采用欧拉方法对大气模型进行限制。这意味着存在一个固定的底层网格空间、定义描述大气状态的变量值。下面将介绍一个可能的基本偏微分方程组，类似于目前的大气模型中所使用的，它将说明水平网格和垂直坐标的选取，并将推动数值模拟实现。

33.2.1　典型方程组

所谓的原始方程是一组典型的方程。原始方程描述的是更大规模的大气运动，且在过去已被应用过，这是一类大气模型的一个很好的起点。可以进一步地简化可以产生更理想化效果的大气模型。相比之下，在计算机技术和数值模型的进步非常明显的情况下，这组方程仍然是我们了解大气运动的核心。关于如何得到这样的一组在一个旋转的球体上的方程，许多气象教材上都有讨论（例如，Holton，1979及以后的版本；Salby，1996）：

$$\frac{du}{dt} - \left(f + \frac{u\tan\phi}{a}\right)v = -\frac{1}{\rho a\cos\phi}\frac{\partial p}{\partial \lambda} - D_\lambda$$

$$(33-1)$$

$$\frac{dv}{dt} + \left(f + \frac{u\tan\phi}{a}\right)u = -\frac{1}{\rho a}\frac{\partial p}{\partial \phi} - D_\phi \quad (33-2)$$

$$\frac{\partial p}{\partial z} = -\rho g \qquad (33-3)$$

$$\frac{d\varrho}{dt} + \rho\nabla\cdot\boldsymbol{v} = 0 \qquad (33-4)$$

$$\rho c_v \frac{dT}{dt} + p\nabla\cdot\boldsymbol{v} = \dot{q}_{net} \qquad (33-5)$$

方程（33-1）～方程（33-3）是运动方程，描述风的演变作为时间的函数。方程（33-1）和方程

（33-2）描述了水平风在大气中的 u（纬向）风矢量的西-东分量和 v（经向）风矢量的南-北向分量（D：非保守力；f：科里奥利参数；a：地球半径；p：压力；λ：经度；ϕ：纬度；t：时间）。由于静压相似的使用［如方程（33-3），其中 g 为重力加速度］，在这组方程中垂直风分量（w，上-下）并没有明确指出。

在这里，垂直速度是一个诊断量，可以从纵向一体化的水平风量（u，v）的收敛性与发散性推导得到。请注意，大气中的垂直风通常比水平风小几个数量级，而方程（33-3）则表示平均密度（或压力）随大气高度呈指数下降。一个相关的气象概念是"气块方法"。这是一个理想化的想法，连续的气体可以细分成一定数量的气块，并可以相互移动/代替。例如，讨论大气中的浮力时，气块向上移动（高度增加、环境压力降低）意味着气块膨胀及并联绝热冷却。向下移动一个气块（高度降低、环境压力增加）意味着气块收缩且并联变暖。由此产生的环境气体和被替换的气块之间的温度差决定了大气的稳定性。如果向上移动的气块比周围的空气更冷，那么它会回到原来的位置。即使气体块在上升时冷却，周围的温度更低，气块也继续上升，那么阶层分化是不稳定的。因此，垂直温度梯度决定了大气的稳定性。

方程（33-4）是基于质量守恒方程的（大气的质量不随时间变化，设置密度为 ρ，g 为 9.81 m/s^2）。方程（33-5）是温度 t 的热力学限制约束。在一个固定的位置处温度变化的原因有三种：温暖的空气平流、空气压缩或膨胀时温度根据理想气体定律发生变化（绝热温度变化）、痕量气体（如水蒸气）及冷热空气对太阳能和热辐射的吸收与释放。建立大气模型的原理不依赖于基本方程组中的干物理量或湿物理量的选择。

33.2.2 方程的离散与实现

耦合偏微分方程组（33-1）～（33-5）是一个完善的地球大气表达方式。这些方程必须转换成可以在计算机上进行计算的形式。这就对方程的离散化（无法在所选的模型网格上解析的次网格尺度过程及其效应以函数关系表示，以模型数量作为输入。例如，未求解的波动量淀积通过使用大尺度风作为波浪断裂的标志进行参数化）、次网格尺度处理的参数化和进一步的子模型产生了要求（特别是辐射加热率的计算）。注意，复杂的参数化和简单

的子模型之间的差别变得模糊，这实际在很大程度上是技术性的。

在大气建模中，主要有两种方法来求解一组耦合的偏微分方程。

（1）谱方法：方程被写为 Fourier（纬向方向）和 Legendre（经向）扩展，并在波数空间中加以解决。动力学变量是涡度（水平风矢量的旋转）和水平风矢量的散度。请注意，在这里垂直风的推导是非常简单的（见上文）。用高斯网格推导出物理倾向（physical tendencies），前后变换的步骤需要将其扩散到波数空间。

（2）离散差异：方程写成一个基本的物理经纬度网格上的有限差分形式对水平风矢量（u，v）进行直接计算。需要注意的是，在计算垂直风时，水平风的散度也必须计算。这种方法通常使用交错网格（图 33.2），以简化所需的整体空间导数的有效性。例如，导数

$$f(x) = \frac{\partial \Psi}{\partial x} \sim \frac{\Delta \Psi}{\Delta x} = \frac{\Psi_{i+1} - \Psi_i}{x_{i+1} - x_i} = f(x_{i+1/2})$$

在初始网格点之间 $x_{i+1/2}$ 处有效。值得注意的是，有许多常规经纬度网格的替代网格，但不在这里进行讨论（例如，基于网格体；Majewski 等，2002）。它们在离散化上的细节不同，但采用类似的方式处理。

这两种方法分别对水平坐标和垂直坐标进行处理。任何随（几何）高度变化而具有强单调增加或减少的物理量都可以用作垂直坐标，如压力、潜在温度位温或几何高度本身。在下面的部分中讨论了垂直坐标的选择。

由高斯定理或以下两个例子给出的规律来看，若要确定经纬网格的模型疏密，就要重点考虑大气运动中所涉及的尺度。从分子耗散到大型全球范围内循环系统，大气运动在相差巨大的尺度上均有发生。通常，规模越大，变量特征就持续得越久。对数-对数尺度特征的时间和空间尺度往往似乎形成一个近似线性关系。使用数值模型，选择必须与时间尺度相对应的空间尺度。尺度分析和尺度关系，可以通过对网格或整体尺度的选择来帮助我们了解什么样的大气运动可以解决［通常是大尺度（罗斯贝）波］，以及什么样的大气运动会受到抑制［通常是小规模（重力）波］。这种方法的重点是填充尺度差距的必要物理量参数化。例如，水平分辨率有数百公里的全球气候模型特征无法捕捉对流过程的细节，如果必须得到这一参数，则要以模拟大尺

度环流量作为输入值，在未解决域上导出对流特性，并给出与大尺度环流相关的次网格尺度来处理所产生的大尺度模型［例如，潜热释放或（垂直）对流质量流量］。

1. 垂直离散网格

在气象学中使用不同的垂直坐标。一般来说，任何强单调变量都可以代替几何高度作为垂直坐标。两个最常见的选择如下。

（1）气压：气压随几何高度呈指数下降，是许多气象应用选择的传统变量。历史上的无线电探空仪已被用于记录气压、温度、湿度和高精度的风。

（2）位温：定义为气块绝热转移到地面（或者更准确地说是 1 000 Pa 压力）时的温度。根据定义，这个量在绝热运动的自由大气中是守恒的（不计摩擦和不可观的非绝热升温）。

目前许多气候模型仍然在全球范围内使用以气压为纵坐标的静压近似（33.2.1节）。即使是许多增加了水平和垂直分辨率的全球规模的应用程序也不认为这是一个问题。包括简单的地形模型都将表面压力（p_s）作为一种预测量，根据它设置垂直轴；然后，通常选择一个无量纲数作为实际的变量来写运动方程，最简单的形式是相对于表面压力（p_0，见 Phillips，1957 和 Mintz，1965，最初的讨论）的静压（p）。

$$\sigma = \frac{p}{p_s} \qquad (33-6)$$

一个稍微不同的方法，允许一个指定的上边界压力（点对点），此处改变表面压力不产生影响。由此产生的 0（模型顶部的压力）和 1（等于表面压力）之间的坐标变化，可以写成

$$\eta = \frac{(p - p_{top})}{(p_s - p_{top})} \qquad (33-7)$$

这个方程可以重新排列成离散形式（k 表示水平指数）

$$p = \eta(p_s - p_{top}) + p_{top} = \eta p_s + (1-\eta)p_{top} \qquad (33-8)$$

$$p_k = \eta_k(p_s - p_{top}) + p_{top} = \eta_k p_s + (1-\eta_k)p_{top} \qquad (33-9)$$

由此产生的垂直离散如图 33.1 所示，它使用了一个很小的选择值 η 和具有理想化的钟形表面压力分布曲线。

这种形式很容易涉及 ECMWF 模式中的应用（例如，用于 ERA-40 再分析；Uppala 等，2005）：

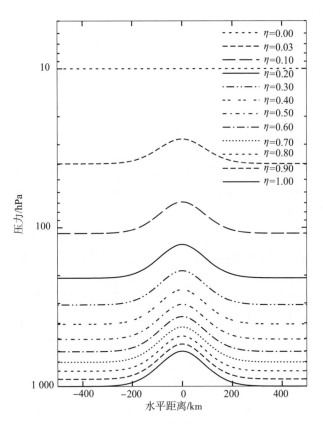

图 33.1　基于垂直坐标系的下表面压力坐标示意

［钟形的表面压力分布是变形的垂直轴，直到达到指定的顶部压力（这里为 10 hPa）。同时给出了相应的 η 等值线（顶部：$\eta=0$；底部：$\eta=1$）］

$$p_k = a_k + b_k p_s \qquad (33-10)$$

其中一定数量的等值线是跟随地形的（随表面压力而变化），高于一定的"过渡"压力的等值线是不受表面压力变化影响的纯压力等值线（b_k 设置为零，a_k 为所需的压力等值）。这种混合坐标系统在许多模型上已经流行多年。

当前气候模型应用的垂直范围和等值线的数量差别很大，一些模型有低至 10 hPa（~32 km）的限制，一些则可达到 80 km 及以上。等值线的数量从几十个到大约 100 个不等，导致垂直分辨率差别非常大。

2. 水平离散网格

如本节导言所述，本小节将侧重于变网格方法。大气模型的水平离散化与垂直的不同（见 33.2.2 的 1 节）。下面的讨论是基于经度和纬度所提供的自然坐标。

在数值模型中可以区分两类变量。预后变量是在最后（数字化）集成，而诊断变量可以在不知道大气之前/早先的状态的情况下在每个时间步长瞬间获得的。根据等式的选择，预后变量可能不同

（见上文的水平风矢量、发散度和涡量）。在基于压力的垂直坐标系下（见 33.2.2 中的 1 节），表面压力也是一个重要的预测量。

如在第 33.2 节导言中所述，在水平网格上有优势（图 33.2）。动量变量（例如，风的 u 和 v 分量与科里奥利力）在"点"上，而所有其他变量（例如，质量和水分变量）都在"十字"点上。点阵形成了模拟域的规则格子，而交叉点则由网格点在 x 和 y 方向（Arakawa 和 Lamb，1977）上偏移 0.5 个网格距离。

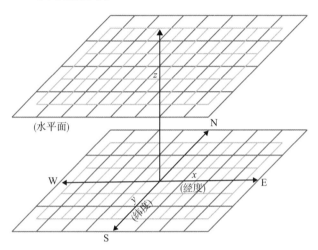

图 33.2　一个交错网格的理想化示意
（例如，Arakawa 和 Lamb，1977）

（纵坐标 x 轴可以从西到东，横坐标 y 轴由南向北。内部网格是由相对于外部网格的 $\Delta x/2$ 和 $\Delta y/2$ 来表示的）

3. 参数化和其他物理量

就像在 33.2.2 章节中所描述的，某些较小的尺度由于大气的数值表征的性质而被压制。谱方法中的截断波数和底层水平网格在离散差分方法中规定了一个截断，超出其物理尺度就不能在模型中显示。当然，"真正的"世界并不存在这种"粗糙"。对大气层的建模、缺失的尺度和相关的过程都必须加以考虑。大多数模型对微观过程使用参数化选择，包括湍流在边界层、对流、小尺度破浪等。

4. 时间积分

在实践中，大气环流模式有两个主要组成部分：一个求解运动方程的动力学核心和计算趋势的物理包，作为动力向前整合的驱动程序（例如，未求解的波浪阻力、辐射加热率）。

向前整合在时间上采用了通常行之有效的数值方法，如 Runge-Kutta 或 Leap-frog 方法。模型集

成中使用的时间步长取决于已解决的水平和垂直刻度。模型的稳定性取决于时间步长的正确选择。太大的时间步长会导致模型的不稳定，而太小的时间步长将导致模型稳定但计算非常耗时。水平方向分辨率在百公里级和垂直方向在百米级的气候模型以典型的时间步长运行需要 15～30 min，或换句话说，一天只能运行 48～96 个时间步。模型中的其他过程在假定是缓慢和平稳变化的情况下可以减少计算，如平流层气相化学可以每数小时计算一次或辐射传输可以每 3 h 计算一次。其他子模型，特别是子网格尺度过程的参数化计算可能要用更小的时间步长，如每个动态模型时间步长计算两次。

33.3　建　　模

在 33.2 节中，建立了一组基本方程，探讨了水平和垂直网格，以及时间积分。对于大气模型的集成，两种不同类型的数据是必需的：模型开始预测天气或预测气候的初始条件，以及由于缺少细节而不在模型中计算的约束一些变量的边界值。因此，需要额外的模块来构建大气气候模型。读取初始数据的输入模块、连续读取和更新边界值数据的输入模块与输出结果的输出模块，可用于做后续的初始数据集成或分析。在数据同化的情况下（混合的建模数据与观测数据，常见的天气预测和气候再分析），读取和更新边界条件的模块可以添加一个根据观测调整/改变预测变量的模块。

33.3.1　初值问题（天气预测）

天气预测在很大程度上是初值问题。面临的挑战是使用该模型准确猜想过去一段时间内的大气状态和使用一种方法来限制模型用于最初观察。一定时间后，该模型将自由运行，以预测未来几天的天气。初始值构造的核心是一种称为数据同化的技术。许多简单而复杂的方法可将实验数据插入大气模型以及使用数据和模型以一致的方式来获得对大气过去（近）状态的准确猜测。

数据同化的简单形式包括实验数据结合短模型集成的差值（时间和空间），采用实验差值来放宽实验数据的模型变量。近年来，基于变量化分析和复杂过滤器的更复杂的方案已成为可能。尽管复杂但目标都是一样的：提供在过去一段时间内准确的大气状态猜测。

建立了初始条件后，模型运行会得到对未来的

预测。人们已经认识到想要捕捉大气的变化和不确定性，只有一个确定性预测往往是不够的。给出经常选择（可能）的初始条件和模型运行多次使用的略有不同的初始条件，然后预测并进行统计分析，给出一定的天气条件的概率。

最近，研究人员已经开始研究如何更现实地描述微量气体（例如，臭氧）的辐射活性，这能够提高天气预报的准确性。

33.3.2　边值问题（气候预测）

与天气预报相反，气候预报本质上是边界值问题（从大气的角度）。它仍然是共同运行海洋-大气耦合模型（OAM）、大气化学-气候分离模型（ACCM）。耦合的OAM模型计算海表面温度和海冰覆盖的未来变化，ACCM模型则接着使用OAM模型结果作为下边界条件。两种模型对于充分混合的温室气体（2007年IPCC）都将使用相同方案（导出确定的或通常不确定的边界条件，经济发展设想），下一代的模型将同时包含更多的构成要素。

假设气候时间尺度上的大气可以被看作由边界条件驱动的系统（包括海面温度和观测到的温室气体变化）。这种假设在模拟过去气候时有一定的好处——简化了气候变化信号的属性，并以简单而合理的方式约束模型以适应20世纪真实气候的发展，但不排除内部大气变化。做这样的整合使得对比大气气候模型与综合数据同化系统所得数据（见上文）成为可能。这个验证步骤是建立在对模型的信心上，用于运行预测未来22世纪的气候变化。

33.4　大气建模的自然延伸

前面的章节推动和阐释了大气的一般经典动力学模型的结构。将传输微量气体嵌入大气模型中。较新的模型以复杂的方式解决在大气中输送几十种微量气体（气溶胶）的问题。历史上，大气模型中的传输往往制定得非常简单，因为水蒸气是唯一的传输种类。水蒸气在很大程度上受到微物理过程的影响，因此单纯的传输特性并不认为太重要。

33.4.1　传输

大气中的传输描述是化学气候建模的中心，这不仅评估了未来大气动力学的状态，而且解决了空气污染（2007年IPCC）的问题，以及讨论了臭氧层的未来（2007年WMO）。在拉格朗日框架中，

气块被大规模风定义和驱动（每个气块都有自己的轨迹）。气块的相对坐标必然随着时间的变化而变化，最初均匀覆盖的气块可能在很短时间内会变得相当不均匀。在欧拉方法中，空间框是预先定义的，通量是通过相邻两个计算单元求得的。

依据单元的大小，这种方法可能过于扩散，特别是尖锐的示踪梯度可能不被保留。因此，混合方法是经常使用的。所谓的半拉格朗日方法（例如，Staniforth和Cote，1991），是指所有的轨迹总是在一个积分时间步长内在欧拉架构定义的网格点结束，但是每个轨迹的出发点（在稍早的时间）不受欧拉网格的约束。出发点可以（将在大多数情况下）在定义网格点之间，对流量作为插值问题在相邻网格点和计算的出发点加以处理。在这种情况下，应注意的是，在大气中的垂直和水平的速度差异显著，垂直速度一般比水平速度小几个数量级。因此经常采用算子分裂，分别处理水平和垂直对流。即使人工数值扩散是不可取的，次网格尺度的传输过程仍然值得考虑，其中包括扩散和对流质量通量。特别是由于显著的规模差距（气候模型的网格：约100 km；对流过程：～10～100 m；见上文），对流质量通量将在气候模型中得到参数化。

33.4.2　化学与气溶胶模拟

大气模型可以提供气象输入（例如，温度和压力）来构建化学速率方程的模型。在传输模型良好（第33.4.1节）的假设下，包括化学是大气建模系统的自然延伸。即使在大气中的模型，辐射传热计算涉及了温室气体、臭氧和气溶胶的加热速率。许多温室气体可以被认为是充分混合的空间不变量。相反，如臭氧具有明显的空间和季节特征，这是大气模型的通常规定（例如，2007年IPCC的全球大气和海洋环流模型）。当化学包含在大气模型中时，这种限制可以放弃。

与化学相似，气溶胶的建模也变得越来越全面。气溶胶对于大气辐射预算至关重要。它们在辐射传热中有直接的作用，而且通过提供云凝聚核产生间接效应。第二个间接的影响是云的存在期的变化和由于气溶胶的吸收对云的加热效果的半直接效果，这可能会减少云量和液态水含量。间接影响及其对气候的影响存在很大的不确定性，许多模型仍然忽视或高度参数化这一影响。

毫无疑问，地球系统的化学和气溶胶成分是影响我国气候未来发展的重要子系统。重要的是要注

意这两个成分之间存在许多相互作用，如气溶胶表面的化学反应或由前驱气体产生的气溶胶、化学和气溶胶通过对辐射与冷凝过程的影响实现和一般气象的耦合，但反过来反应和微物理过程受到温度与水的可用性和相的影响。

33.5　总　　结

本章主要介绍了大气模型的构建块。考虑到它的范围和长度，只能触及这个复杂话题的表面。理解大气模型的核心是，人们认识到连续的多尺度大气流可以在很大程度上用本质截断尺度的数值模型来仿真。通过了解方程和网格选择的局限性，能够判断适合于目的的大气模拟的适宜性，是成功地进一步利用基础模型产生大气数据的关键。

注释

（1）相比之下，模型可以建立在流场坐标的基础上，即所谓的拉格朗日法。对于全球大气模型，这实际上是复杂的，其中质量守恒定律尤为重要。通常所谓的半拉格朗日法被建立起来：根据定义的轨迹在固定的预定义的网格结束，而出发点是不受约束的。

（2）辐射预算被认为（例如，Kiehl 和 Trenberth，1997）是维持大气运动至关重要的因素。预算和相关的辐射加热受到大气微量气体浓度与分布的影响，包括水蒸气、二氧化碳和臭氧的强烈影响。大气的温度大致上是辐射和动力学影响的结果。

（3）相比之下，Davies 等人（2005）探讨了一种使用混合几何高度坐标的非静力天气气候模型。

（4）自由大气层有一个大约 7 km 的特征高度比例尺（由于它的温度）。通常，模型将有 5 个或更多的水平线来解决对流顶层的 7 km 高度差。

参考文献

Arakawa, A. and Lamb, V. R. （1977） Computational design of the basic dynamical process of the UCLA general circulation model. *Methods Comput. Phys.*, 17, 173 - 265.

Davies, T., Cullen, M. J. P., Malcolm, A. J., Mawson, M. H., Staniforth, A., White, A. A. and Wood, N. （2005） A new dynamical core for the Met Office's global and regional modelling of the atmosphere. *Quart. J. Roy. Meteor. Soc.*, 131, 1759 - 1782. doi:

10. 1256/qj. 04. 101.

Holton, J. R. （1979） *An Introduction to Dynamic Meteorology*, 2nd edn, International Geophysics Series, vol. 23, Academic Press （and newer editions）.

IPCC. （2007） *Climate Change 2007：The Physical Science Basis. Contribution of Working Group I to the Fourth Assessment Report of the Intergovernmental Panel on Climate Change* （eds Solomon S., Qin D., Manning M., Chen Z., Marquis M., Averyt K. B., Tignor M., Miller H. L.）, Cambridge University Press, New York.

Kalnay, E., Kanamitsu, M., Kistler, R., Collins, W., Deaven, D., Gandin, L., Iredell, M., Saha, S., White, G., Woollen, J., Zhu, Y., Chelliah, M., Ebisuzaki, W., Higgins, W., Janowiak, J., Mo, K. C., Ropelewski, C., Wang, J., Leetmaa, A., Reynolds, R., Jenne, R. and Joseph, D. （1996） The NCEP/NCAR 40-year reanalysis project. *Bull. Amer. Meteor. Soc.*, 77, 437 - 471.

Kiehl, J. T. and Trenberth, K. E. （1997） Earth's annual global mean energy budget. *Bull. Amer. Meteor. Soc.*, 78, 197 - 208.

Majewski, D., Liermann, D., Prohl, P., Ritter, B., Buchhold, M., Hanisch, T., Paul, G., Wergen, W. and Baumgardner, J. （2002） The operational global icosahedral-hexagonal gridpoint model GME：description and high-resolution tests. *Mon. Weather Rev.*, 130, 319 - 338.

Mintz, Y. （1965） Very long-term global integration of the primitive equations of atmospheric motion：an experiment in climate simulation. *Meteor. Monogr.*, 8, 351 - 356.

Phillips, N. A. （1957） A coordinate system having some special advantages for numerical forecasting. *J. Meteor.*, 14, 184 - 185.

Salby, M. L. （1996） *Fundamentals of Atmospheric Physics*, International Geophysics Series, vol. 61, Academic Press.

Staniforth, A. and Cote, J. （1991） Semi-Lagrangian integration schemes for atmospheric models—a review. *Mon. Weather Rev.*, 119, 2206 - 2223.

Uppala, S. M., Kallberg, P. W., Simmons, A. J., Andrae, U., Bechtold, V. D., Fiorino, M., Gibson, J. K., Haseler, J., Hernandez, A., Kelly, G. A., Li, X., Onogi, K., Saarinen, S., Sokka, N., Allan, R. P., Andersson, E., Arpe, K., Balmaseda, M. A., Beljaars, A. C. M., Van De Berg, L., Bidlot, J., Bormann, N., Caires, S., Chevallier, F., Dethof, A., Dragosavac, M., Fisher, M., Fuentes, M., Hagemann, S., Holm, E., Hoskins, B. J.,

Isaksen，L.，Janssen，P. A. E. M.，Jenne，R.，McNally，A. P.，Mahfouf，J. F.，Morcrette，J. J.，Rayner，N. A.，Saunders，R. W.，Simon，P.，Sterl，A.，Trenberth，K. E.，Untch，A.，Vasiljevic，D.，Viterbo，P. and Woollen，J.（2005）The ERA-40 re-analysis. *Quart. J. Roy. Meteor. Soc.*，131，2961 – 3012. doi：10. 1256/qj. 04. 176.

WMO.（2007）*Scientific Assessment of Ozone Depletion*：2006，*Pursuant to Article 6 of the Montreal Protocol on Substances that Deplete the Ozone Layer*. National Oceanic and Atmospheric Administration, National Aeronautics and Space Administration, United Nations Environment Programme, World Meteorological Organization, European Commission.

本章译者：朱春玲　边庆勇
（南京航空航天大学航空宇航学院）

第 34 章

羽流中的物理和化学过程

Xavier P. Vancassel[1]，François A. Garnier[1] 和 Philippe J. Mirabel[2]

1 法国国家航天航空研究中心物理与仪器系，沙蒂永，法国

2 斯特拉斯堡大学材料实验室，斯特拉斯堡，法国

34.1 引　　言

对于民航飞机所处的对流层上部和平流层下部（UT/LS）区域，飞机通常会导致大气成分发生改变。飞机发动机排放物的直接影响是引起周围空气中一些物质的含量增加，如氧化氮和二氧化碳。但除此之外，还存在一些间接的影响，因为环境中一些其他物质，诸如臭氧和甲烷的浓度，也会因为受到航空器的影响而明显改变。当凝结尾迹（凝结物）变得可见时，甚至可以观察到大气颗粒物质的变化。它们可以存留数个小时，蔓延数十公里，甚至可以促成艺术卷云的形成。

这里所提到的臭氧、甲烷、冰或液体颗粒都不是燃烧产物，然而它们通过改变地球的辐射平衡来对航空大气环境产生影响。这就强调了一个事实，在羽流和大气中有重要的物理与化学过程发生，并且改变了排放物的初始属性。因此，理解羽流效应对于从以下两个角度解决航空影响的问题是必要的：航空制造商和大气科学家。喷气发动机还受控于认证程序，以此来控制所选排气化合物的排放，但是在发动机之外不存在要求，因为在下游发生的过程是高度可变的，并且还会随着燃料燃烧类型、使用的发动机类型、排气与环境空气的混合强度以及大气条件的不同而变化。因此，对羽流变化过程的精确了解可以帮助科学家确定触发或加强控制航空排放影响的参数的关键机制。反过来，工业上可以通过修改发动机或燃烧来改善排放物的环境影响。大气科学家广泛使用数值研究来评估航空器的全球影响。基于三维（3D）排放情景建立了飞行器飞行特征的函数，它们能够通过化学传输模型（CTM）确定大气的组成。大气化学和全球环流方程基本上是在大的时间（可能数年）和空间尺度内得到解决的。通常，前面提到的过程每隔 $15 \sim 30$ min 在 $1° \times 1°$ 纬度-经度网格单元内的不同高度下得到求解。这些尺度与羽流过程中的典型尺度完全不同，因此不能直接包括在 CTM 的模型中。所以，必须对羽流效应开展参数化研究，而这只有对羽流过程有非常深入的理解之后才能有可行性。

本章的目的是回顾整个飞机羽流周期内发生的主要过程，尤其是在近场区域。本章重点分为三个主要部分：尾流动力学、羽流化学和气溶胶微物理学。它们都是排气与大气相互作用后的主要表现形式。

34.2 飞机尾流动力学与排气羽流混合

描述和物理性质

1. 飞机尾涡

飞机尾部涡流的形成是由于机翼上下表面之间产生了强烈的径向压力梯度差。这些压力梯度可以产生单个或多对涡旋，其特征体现在旋转的流场。如图 34.1 所示，一个尾流的生命周期可以划分为不同的状态。

在前 100 s 内，尾流受到飞机强烈的影响。尾

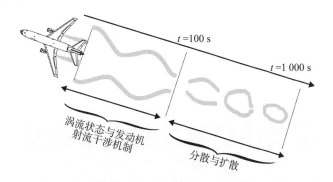

图34.1　不同时期羽流的演变

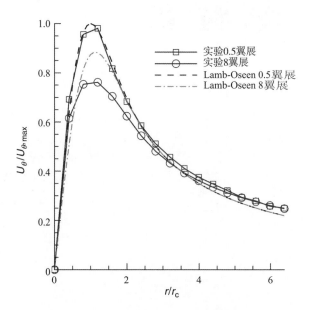

图34.2　$U_\theta/U_{\theta,\max}$ 作为 r/r_c 的函数的理论值和实验值演变

流的结构取决于飞行的阶段和飞机的类型，尤其是机翼和水平尾翼的几何形状。涡流的强度可以由它们的流通量确定，其与重量成正比并且与翼展和飞机速度成反比。它可以用以下方程表示：

$$\Gamma_0 = \frac{4m_a g}{\rho_0 \pi b V_0} \quad (34-1)$$

一般情况下，在飞机升力面后缘处会脱落涡流板，这个涡流板在大约下游一个翼展距离处卷成少量的集中涡流。但在巡航条件下，从一个机翼上脱落的涡流板基本上会卷起而形成从翼梢发出的单个涡流。在高升力配置中也是这样，当尾涡从一个机翼上脱落时，可能首先卷成几个正向或反向的旋转涡旋，这取决于襟翼的设置。随后，这些涡流在近场中相互作用，这通常会导致同向旋转结构的合并和远场中的单个涡流对的形成，与巡航飞行的情况相类似。

由尾涡对引起的速度场可以通过两个完全卷起的 Lamb-Oseen 涡相叠加来体现，同时压力可以通过对以下轴对称动量方程进行积分来确定：

$$\frac{\mathrm{d}p}{\mathrm{d}r} = \rho_0 \frac{U_\theta^2}{r} \quad (34-2)$$

对于这种广泛使用的尾涡模型，切向速度的径向分布由下式给出：

$$U_\theta(r) = \frac{\Gamma_0}{2\pi r}\left\{1 - \exp\left(-1.256\left(\frac{r}{r_c}\right)^2\right)\right\}$$
$$(34-3)$$

作为比率 r/r_c 的函数的 $U_\theta/U_{\theta,\max}$ 的演变绘制在图34.2中。

图34.2表明了 $r = r_c$ 时出现的最大速度，以及观测值和计算值之间的差值。该差异随着下游距离的增加而增加。

2. 排气射流的演变

在飞机近场（小于50个翼展下游），发动机的

排气射流被夹带到反向旋转的翼梢涡流中。发动机射流/涡旋相互作用的质量特征可以通过两个不同的阶段来识别。在排气后的最初几秒钟内，射流与周围空气（射流机制）快速混合，并且从机翼脱落的涡旋会卷成一对尾涡。对于有两个或四个发动机的飞机，射流在远离初始涡流的位置产生。因此，涡流流动不影响发动机射流，直到下游距离为0.5～1个翼展处。这一点可以通过观察喷射量和涡动量比率 R 来证实：

$$R = \frac{4\rho_j V_j (V_j - V_0) S_j}{\rho_0 \Gamma_0 V_0 b\pi} \quad (34-4)$$

对于现代大型运输机来说，这个比值最初很小（约1000）。这意味着射流最初的状态几乎不会受到尾流旋转分量的影响。随后，这一机制被涡流流动中的夹带所主宰，并且下游从0.5倍翼展处延伸到10倍翼展处（Ferreira-Gago 等，2002）。

在相互作用区，射流流动不会明显改变涡流的切向速度分布，并且基本上没有改变旋转方向。然而，由于受到涡流尾流诱导速度场的影响，其产生了二次涡旋结构。与基线同向流动的射流相比，这些涡流的运动会引起射流的横向拉伸和垂直压缩，并且最终使速度衰减得更快；也就是说，翼尖涡增强了混合效果。图34.3说明了发动机射流的混合是如何受到湍流和在相互作用状态期间的涡流场的影响的。夹带过程表明了射流和外部流动之间的界面的拉伸与变形，随后它们被相对大规模的旋转区域所吞没。

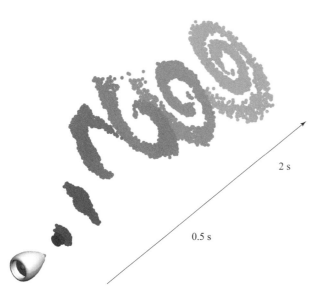

图 34.3 发动机排气羽流进化：近场的射流-涡流相互作用

当然，温度也会受到涡流运动的影响。图 34.4 给出了沿羽流中的湍流流体颗粒的下游温度的变化。在下游约 100 m 处，羽流温度几乎达到环境水平。值得注意的是，如果整个尾流中的混合演变过程的特点仅体现为普通的同向射流的物理过程，那么在相同距离处的温度将高 10 K。尾涡将不再发展，并通过扩散衰减。环境侧风、风切变、湍流和热梯度进入稳定状态，而衰减的两翼尖涡进入正弦长波状的不稳定状态（通常称为 crow instability），并且通常可以观察到反向尾迹的形成。然后，尾流动力学受到涡对相互感应的控制，导致涡流系统重

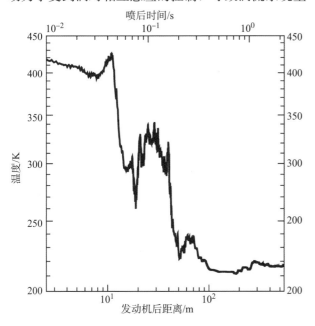

图 34.4 典型喷气式飞机羽流中流体颗粒的湍流温度演变模拟

新连接，最终形成下降的涡环（图 34.4）；同时，还会产生小规模的湍流，随后消散在环境中。

分散状态的开始（100 s 后）以夹带率的大幅增加为标志，定义为

$$\omega = \frac{d(\ln C)}{dt} \qquad (34-5)$$

这个增加表明有组织的涡旋运动结束，并且是开始分散涡旋中排气的起点。在这种状态中，大气中羽流的膨胀和混合在一个或两个 Brunt-Väisälä 频率内的浮力下进行。1 000 s 后，大气层边界剪切，湍流和分层效应将在 2～12 h 作用于浮力羽流。当剪切条件有利时，羽流可以在水平和垂直方向内扩展到 $1 \times 4 \text{ km}^2$。流块结构会在 1 h 后出现和消失，并且由于大气的混合，线性形状逐渐消失。

羽流膨胀可以用稀释率方便地表示。稀释率代表羽流浓度和核心发动机出口浓度之间的相对差异。它已由 Schumann，Schlager 和 Arnold 在 1998 年从大量不同类型的飞机的羽流稀释观测资料和不同制度的插值结果中得出，形式如下：

$$d(t) = \frac{\text{AFR}}{7\ 000(t/t_0)^{0.8}} \quad (t_0 = 1 \text{ s}) \quad (34-6)$$

使用这个公式评估（最佳 $t < 50$）得到的典型飞机在第一个 15 s 内的羽流稀释因子为 1 000（空燃比 AFR＝60）。

34.3 气溶胶前身的化学过程和形成

34.3.1 氮氧化物

发动机的排放气体主要是二氧化碳（CO_2）、水蒸气（H_2O）、氮氧化物（NO_x）、硫氧化物（SO_x）、一氧化碳（CO）和碳氢化合物。非理想燃烧产物所占体积非常小，但是在大气化学中具有重要的地位。在上述混合过程中，当与周围物种相互作用时，产生的物质将发生化学转化，这意味着其对大气的影响来自涉及二次产物的直接或间接的影响。这些影响的强度取决于许多参数，如发动机的类型、燃料燃烧、混合强度和环境条件等。

发动机排放物的改变主要受氧化机理影响。羟基自由基（OH）起着重要的作用，这是由于它们的氧化能力以及在喷嘴出口的初始浓度高。在前 10 m 内，OH 分子有效地将 NO_x 活性物质转换成更加稳定的储层物质，如 HNO_2 和 HNO_3（分别为亚硝酸和硝酸）。这些反应涉及第三种物质（M），

一般为 N_2：

$$NO+OH+M \longrightarrow HNO_2+M \quad (34-7)$$
$$NO_2+OH+M \longrightarrow HNO_3+M \quad (34-8)$$

图 34.5 中绘出了运用一种改进的大气化学箱模型得到的膨胀羽流中 NO_x 和 OH 的变化仿真结果（Hauglustaine 等，2004），以及适当的反应速率（Kärcher 等，1996；Garnier 等，1997；Tremmel 和 Schumann，1999）。整体的稀释比例已经被 ATTAS 系统计算得到（Schröder 等，1998）。最初的羟基自由基 OH 混合比（百万分之—— ppm[①]）的选择接近 10（Garnier 等，1997）。

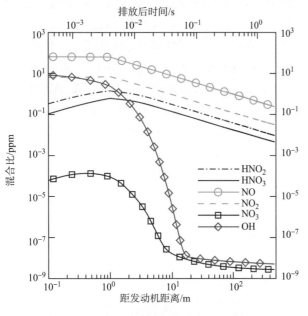

图 34.5 氮氧化物混合比关于发动机距离和羽流中的反应时间的函数

这个值是确定活性物种氧化转化效率的关键，但是这个值很难估算。羟基自由基 OH 是在发动机中形成的，甚至可以存在于喷嘴出口，但是其生命周期很短。在超过发动机几米的范围内，羟基自由基 OH 会很快减少，这是由于化学反应［式（34-6）和式（34-7）］的强度远远超过了稀释效应。在 NO 和 NO_2 的消耗下羟基减少，并在羽流中转换成亚硝酸和硝酸。氮氧化物对大气化学平衡的影响主要与对流层上部和平流层下部潜在的臭氧扰动有关。在全球范围内评价臭氧变化需要引入有效的排放指数，这在更大程度上考虑到了羽流效应。

34.3.2 硫氧化物

飞机燃料中发现了不同浓度的硫，其最大允许

值为每千克燃料 3 g，但它通常在每千克 0.4～0.8 g 的范围内（400～800 ppm）。它会被氧化成二氧化硫（SO_2），并在发动机中经过进一步的转化后，在新生的羽流中转化为高氧化化合物。1983 年，Stockwell 和 Calvert 提出了生成硫（VI）产物的以下反应机理：

$$SO_2+OH+M \longrightarrow HSO_3+M \quad (34-9)$$
$$HSO_3+O_2 \longrightarrow SO_3+HO_2 \quad (34-10)$$
$$SO_3+H_2O+M \longrightarrow H_2SO_4+M$$
$$(34-11)$$

主要形成的硫制品为 SO_3 和 H_2SO_4［见式（34-10）和式（34-11）］。这些反应中所涉及的物质的变化如图 34.6 所示。

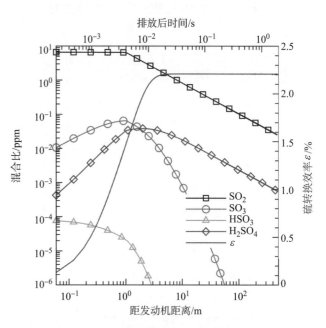

图 34.6 硫氧化物混合比关于发动机距离和羽流中的反应时间的函数

最初的 SO_2 混合比是根据燃料中的硫含量进行估算的，即假设燃料中所有的硫都被氧化成为二氧化硫。根据式（34-10），HSO_3 快速形成，随后 SO_3 浓度上升。硫酸混合比例略有增加，这是因为它的形成需要消耗三氧化硫。然而，由于在这个仿真中缺少其他流入项，因此羽流中 H_2SO_4 很快达到峰值并开始减少。以下就是估算硫（IV）到硫（VI）转换效率 ε 的公式：

$$\varepsilon = \frac{[SO_3]+[H_2SO_4]}{[SO_x]} \quad (34-12)$$

ε 的值取决于很难准确估计羟基自由基的浓

---

① 1 ppm=10^{-6}。

度。因此，所给出的值会随着动力学数据、化学方案和所设定初始值变化。在这项研究中得到的结果表明，最大转换效率能够很快达到。在几个毫秒后，得到 ε 的最大值为 2.25%，其在实测值与仿真值的范围之内（例如，Vancassel 等，2004）。

34.3.3　前体的作用

氮和硫的化学性质在羽流中的重要性在于其氧化产物的冷凝性能。硫酸是气溶胶的前驱体，因为它促进了新粒子的形成，但是与硝酸一起，它也使粒子生长冷凝成了持续存在的粒子，如烟尘。因此，这些物质的初始浓度对于了解它们对航空大气产生影响的过程是至关重要的。硫酸在飞机羽流中的作用在过去的 10 年里得到了广泛的研究（Schumann 等，2002），并且为了更好地评估羽流过程的重要性，了解其中包含多少气体硫酸是一个非常关键的挑战。考虑到一些不确定因素，直接对 H_2SO_4 进行测量，得到转换效率 ε 的值在 0.3%～5%。而间接地通过对冷凝的挥发性物质样本的推断得到的 ε 值更高（有时＞50%），但是这不能得到化学动力学的支持（Schumann 等，2002）。这意味着除了硫酸以外的一些其他物质会促进液体粒子的生长。

在飞机排气羽流的气相化学中也包括微量化合物，如低挥发性碳氢化合物和化学离子（CI，发动机高温下形成的带电团簇）。有机物和 CI 被视为粒子形成和生长的促进因子（Yu 和 Turco，1997；Yu 等，1999）。通过测量得出的结论是，正离子实际上可能是由有机分子组成的，而负离子对燃料中的硫含量较为敏感，因此其可能是由硫酸盐组成的（Kiendler 等，2000；Wohlfrom 等，2000）。

34.4　粒子物理学和气溶胶相互作用

34.4.1　新粒子形成

1. 相变

发动机射流中释放出的一些气体在被外界冷空气夹带冷却的过程中会经历相变的过程。水蒸气、硫酸、硝酸和烃与在燃烧室中产生的化学离子和烟灰颗粒混合在一起。它们经历物理变化，如冷凝和冷冻，导致形成不可见的（亚微米气溶胶）或可见的（凝结尾迹或飞行云）颗粒物质。该过程可以使用平衡相图来查验。这样的图（图 34.7 中示出的

水）展现了不同相在平衡稳定时的条件，这些不同的相态通过共存线分离。例如，在典型的对流层条件下，水处于气态。然而，温度的突然降低可能导致空气质量穿过共存线，从而有利于冰相的形成。当发动机排出的湿空气与相当干燥、相当冷的环境空气混合时，便会发生上述过程。但只参考平衡相态图并不足以精确地描述转换轨迹形成和演化的条件，特别是考虑到水的亚稳态的存在。众所周知，水可以在低于 273 K 的温度下保持液态（过冷状态）。一个多世纪以前，奥斯特瓦尔德就已经发现了这种状态的存在，并指出成核相（新形成相）不需要成为热力学上更加稳定的相，但新相的自由能应当与母相相当接近；也就是说，冰只会形成一个（过冷的）液相，之后将会经历一个冻结的过程。这一点很重要，因为凝结尾迹的形成需要排气的射流相对于液态水是饱和或者过饱和状态，但并不一定要相对于冰是饱和或过饱和状态。这意味着在羽流中需要更高的水蒸气含量（Jensen，Toon 和 Kinne 在 1998 的工作）。

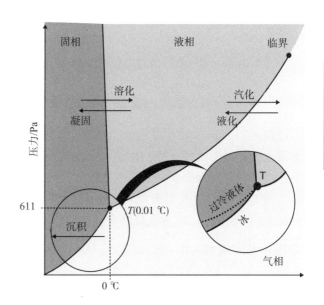

图 34.7　水平衡相图

2. 成核现象

亚稳态相向更稳定相的转变是通过新相微观碎片的形成而发生的，这就需要新相在边界处形成一个交界面。当来自蒸汽的液体成核时，这一交界面的生成需要由下式表达能量：

$$\Delta G^* = 4\pi r_p^2 \gamma \qquad (34-13)$$

这种产生界面所需要的功可以通过与蒸汽冷凝相关的两相的化学势的变化来平衡。因此，与核形

成相关的自由能 ΔG^* 可写为

$$\Delta G^* = -\frac{4}{3}\pi r_p^3 \frac{kT}{\upsilon}\ln(\text{Sat}) + 4\pi r_p^2 \gamma$$

$$(34-14)$$

其中，等号右边的第一项是体积自由能，它代表由核的形成造成的能量减少。当 Sat>1 时，该项是负的，而第二项（表面自由能）总是正的。式（34-14）的典型图示如图34.8所示。

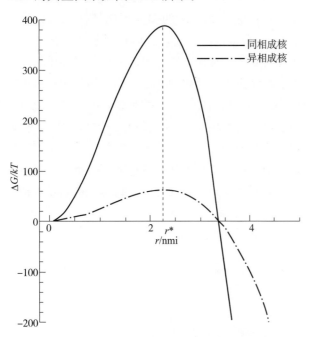

图 34.8　临界核的形成能量与半径的函数

ΔG^* 首先随着核半径的增大而增加，直到达到最大值，然后持续下降。其最大值表示了核为了生长和变得稳定而必须克服的能量势垒。正是这个最大值的存在，加强了蒸汽需要保证过饱和状态（Sat>1）的条件，以便成核现象的发生。由于相对湿度 RH 定义为 100 Sat，只有当 RH 超过100%时，水才能成核。

到目前为止，成核现象都是在假设气相中没有任何杂质的情况下发生的。因此，这种相变又被称为"均匀成核"。在气相（灰尘、气溶胶、表面等）中引入任何物质都会减少界面形成的自由能，并由此降低了核形成的自由能。这种情况被称为"异相成核"。在喷射排气的情况下，由于其形状和表面性质，在燃烧器中形成的烟灰颗粒将会充当"凝结核"（CN）。烟灰颗粒最初被认为是疏水的，它们由于吸收了凝结物质而变得活化。当暴露于硫酸环境中时，烟灰颗粒变得亲水，它们的吸湿性显著增加（Andronache 和 Chameides，1997，1998）。它们对于提供可发生成核现象的固体核有着高效的

作用。

如34.3.3节所述，硫酸作为颗粒的前体起着重要的作用。即使在非常低的相对湿度下，它依然是最有效的成核剂。其原因与水和硫酸之间非常高的混合热以及混合物的低饱和蒸汽压有关。在这种情况下，新颗粒的形成被称为异质分子成核，并且由于硫酸的存在，水可以均匀成核。对于双组分成核，核形成的自由能通常可以由呈现鞍点状的3D表面表示，最小能量路径的最大值是新生成的核为了变得稳定而必须克服的。

3. 凝结尾迹形成的情况

凝结尾迹是在飞机后面经常可以观察到的线形云。根据 Schmidt-Appleman 理论（Appleman，1953；Schumann，1996），如果已知飞行高度下的大气条件，则凝结尾迹形成过程中的热力学关系是可以推导得出的，燃料燃烧特性和飞行器整体推进效率 η 定义为

$$\eta = \frac{\text{有用功}}{\text{燃料所得热能}} = \frac{\text{推力} \times \text{速度}}{\text{比热} \times \text{燃料流量}}$$

$$(34-15)$$

假设大气湿度对于水蒸气排放指数是可忽略的，则羽流入口和羽流出口的水蒸气质量混合比之差可表示如下：

$$\chi_{\text{H}_2\text{O,plume}} - \chi_{\text{H}_2\text{O,amb}} \approx \chi_{\text{H}_2\text{O,plume}} = \frac{\text{EI}_{\text{H}_2\text{O}}}{\text{AFR}}$$

$$(34-16)$$

通过定义质量分数，并且仍将气体视为理想气体，又水蒸气压力与空气压力相比非常小，可以推导得出以下表达式：

$$\chi_{\text{H}_2\text{O,plume}} - \chi_{\text{H2O,amb}} = \frac{M_{\text{H}_2\text{O}}}{M_{\text{air}}} \times \frac{P_{\text{H}_2\text{O,plume}} - P_{\text{H}_2\text{O,amb}}}{P_{\text{amb}}}$$

$$(34-17)$$

这种方法也可以用于计算羽流和大气之间的焓差。与式（34-16）和式（34-17）类似，可以得到

$$h_{\text{plume}} - h_{\text{amb}} \approx h_{\text{plume}} = \frac{Q(1-\eta)}{\text{AFR}} \quad (34-18)$$

以及

$$h_{\text{plume}} - h_{\text{amb}} = C_p(T_{\text{plume}} - T_{\text{amb}}) \quad (34-19)$$

结合式（34-16）和式（34-19），可以导出：

$$\frac{P_{\text{H}_2\text{O,plume}} - P_{\text{H}_2\text{O,amb}}}{T_{\text{plume}} - T_{\text{amb}}} = G = \frac{P_{\text{amb}}\text{EI}_{\text{H}_2\text{O}}C_p}{0.622 \times Q(1-\eta)}$$

$$(34-20)$$

根据式（34-20），羽流在混合过程中的水蒸气压力和温度遵循直线进行演化（实际上是混合线）。当到达过冷水的共存线时，凝结尾迹就形成了（图34.9）。因此，凝结尾迹形成的阈值温度是混合线与液体饱和曲线相切时的温度。最显著的特征是斜率 G 以及由此得到的阈值温度取决于飞机的总体效率 η。现代飞机（具有更高的推进效率）可能在更高的温度范围内、更大的巡航高度范围内形成凝结尾迹（Schumann 等，2000）。

凝结物颗粒的初始状态是液体，但是由于非常低的局部温度和预先存在的颗粒（尤其是烟灰），会发生异质或同质冻结，并形成球形冰晶。凝结尾迹的持续性最终取决于环境条件。当混合线在液体饱和线与冰饱和线之间结束时，即当环境大气是冰过饱和时（图34.9），形成寿命较长的凝结尾迹。否则，凝结尾迹可能在几秒到几分钟的时间内蒸发。关于这一部分更详细的解释可以在 Contrail 和 Contrail Cirrus 的文献中查阅。

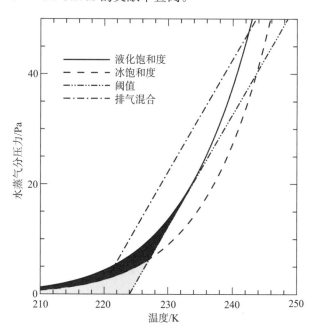

图 34.9 凝结尾迹形成的条件以及混合过程中作为热力学条件的持续性函数

34.4.2 气溶胶的演变

1. 物理过程

新成核颗粒的性质随着它们在羽流中经历物理和化学转化而快速变化。颗粒的密度主要受到稀释和凝固的影响。环境空气的夹带作用使羽流被稀释（参见第34.2节），其气溶胶含量较低。在排气羽流膨胀期间，颗粒浓度会因此减小几个数量级。

影响气溶胶数密度的第二个过程是凝结。悬浮颗粒的特征在于由载气分子的热活性而引起的布朗运动。在这个随机运动期间，粒子彼此散射和碰撞，同时保持总体积不变。这个过程在羽流被排出的最先几秒钟内是非常有效的，因为成核产生了大量的新颗粒，并且羽流还没有完全稀释。对于相同类型的颗粒，离散凝结方程为

$$\frac{dN_k}{dt} = \frac{1}{2}\sum_{j=1}^{k-1} K_{k-j,j} N_{k-j} N_j - N_k \sum_{j=1}^{\infty} K_{k,j} N_j$$

$$(34-21)$$

其中，等号右边的第一项是 k 型（体积或尺寸级）颗粒的生成项，而第二项是当 k 型颗粒碰撞到另一颗粒时发生的颗粒损失项。因此，较大颗粒的形成是以较小颗粒的损失为代价，经历了一个浓度降低的过程。碰撞机制带来的粒子生长由于化学离子的存在而被增强。在大量刚排放出的飞机羽流中可以发现这些颗粒，每千克燃烧的燃料有 $10^{16} \sim 10^{17}$ 个（Arnold，2000；Sorokin 等，2001）。化学离子在燃烧器中形成，它们可能是硫酸盐簇（带负电荷）和有机分子（带正电荷）。它们参与凝固过程，并且可以提高相互碰触的可能性和由颗粒间库仑力导致的碰撞效率。异性带电粒子的重组和带电粒子与中性粒子之间的附着可以将凝结内核增加几个数量级。颗粒的尺寸性质也会在羽流中改变，特别是通过可凝结物质的吸收或蒸发的方式。我们在34.3.2节（气相化学）中看到，硫酸是在羽流中的最先几毫秒内形成的。虽然二元成核过程显著地耗尽了硫酸，但无论在任何情况下都会对已经形成的颗粒产生冷凝作用：挥发性颗粒或含碳气溶胶（烟灰）。

可以使用以下表达式确定由冷凝（或蒸发）导致的颗粒质量的变化：

$$\frac{dm_p}{dt} = 4\pi r_p D_i M_i N_i^{Sat} f \times (Sat-1)$$

$$(34-22)$$

无论考虑哪种蒸汽，关键因素都是冷凝物质的饱和比。对于水蒸气，大气相对湿度将显著地促进液滴的改变，因为干燥的大气将会造成颗粒相当快地蒸发。对于寿命较短的凝聚尾迹来说，这种相变发生在恒定压力（等压混合）下。因此，当干燥的空气被夹带在羽流中时，水蒸气饱和比降低，冰不经过熔融相而蒸发（图34.7）。在环境空气潮湿的情况下，气态水分子通过与已有的冻结颗粒相接处

而形成冰。最后，低挥发性有机化合物的冷凝也可能发生在羽流中，如第34.4.2中的2节所示。

2. 控制挥发性颗粒生长的因素

挥发性颗粒演化的早期阶段主要是成核，随后通过凝固和凝结生长。羽流中最初的硫酸含量决定了会有多少新粒子形成以及会有多少新粒子生长。忽略硫酸形成所需的时间，我们可以大致定义其关于燃料硫含量和转换效率的排放指数的函数，其方程如下：

$$EI_{H_2SO_4} = FSC \times \varepsilon \times \frac{M_{H_2SO_4}}{M_{SO_2}} \quad (34-23)$$

硫酸的作用在硫战役期间被广泛地研究，包括运用数值模拟技术进行的飞行测量。排放指数的增加导致挥发性粒子的浓度增加，从而加快了烟尘活化，并显著增加了粒子的平均尺寸。运用数值模拟将挥发性颗粒的粒径分布绘制在图34.10中，发动机运行0.5 s后，有三种不同的燃料中含有硫，其转换效率 ε 为2.5%。

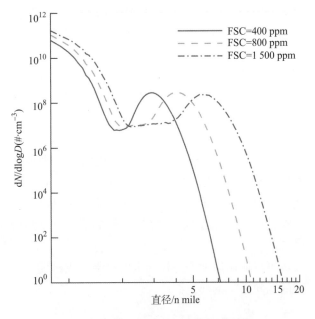

**图 34.10　不同初始浓度硫酸的挥发性颗粒的
模拟尺寸分布**

对于中硫含量（FSC）为400 ppm和1 500 ppm的燃料，其大颗粒的峰值分别为3 n mile和6 n mile，这里突出了硫对颗粒生长的影响。对于硫含量分别为2.6 ppm和2 800 ppm的燃料，可以观察到它们的粒子发射率（每千克燃料燃烧形成的粒子数）增加到了10（Schumann等，2002）。

化学离子和有机化合物同样有助于颗粒的生长。基于只吸收硫酸，后者的存在解释了大量实验

和数值模拟结果之间的差异。当硫酸初始浓度低时，有机物对低含硫量的燃料的影响较大。图34.11显示了对于FSC=100 ppm的燃料，当有机物为40 ppm时喷嘴处挥发性颗粒的粒径分布的模拟效果。粒径分布的尾部明显加宽，这强调了二元均匀成核形成的颗粒会吸收有机物。

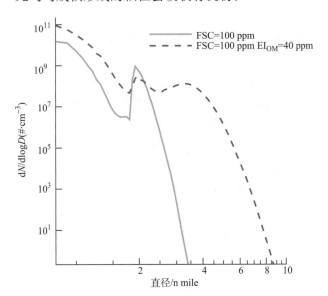

**图 34.11　考虑到有机物的影响，挥发性颗粒的
模拟尺寸分布 *w/o***

最后，在远场，粒子的性质与大气条件密切相关，如大气温度和相对湿度。

34.5　总　　结

飞机喷气发动机会排放出气态燃烧产物和颗粒物质。这些气态燃烧产物和颗粒物质经过一系列的化学变化与物理转化，将会改变射流的初始组成。在翼尖涡流的影响下，羽流通过空气的卷吸作用非常快速地膨胀，并且温度降低。最终，同质和/或异质的成核过程将会形成新的颗粒物。新成核的颗粒物通过吸收凝聚物和凝结物而不断生长，直到化学离子的出现标志着这一过程的终结（图34.12）。这一过程伴随着硫酸和有机化合物，在气溶胶的形成中起着重要的作用。

根据环境条件和燃料燃烧特性，羽流可能遇到有利于冰形成的热力学条件。在这种情况下，冷凝痕迹是通过液滴的冻结或者活化的烟灰颗粒形成的。对于远场处的情况，羽流的性质主要取决于大气条件。

注释表

γ	表面张力（kg/s²）

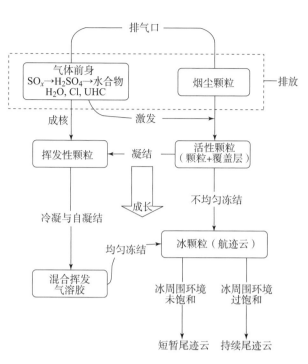

图 34.12　气态和颗粒燃烧产物转化过程

ε	硫（Ⅳ）转换为硫（Ⅵ）的转换效率	
η	飞机整体推进效率	
ρ_0	密度（kg/m³）	
ρ_j	射流密度（kg/m³）	
$\chi_{H_2O,plume}$	水蒸气质量混合比［kg（水）/kg（大气）］	
$\chi_{H_2O,amb}$	环境水蒸气质量混合比［kg（水）/kg（大气）］	
ω	夹带率（s）	
Γ_0	翼尖涡流循环（m²/s）	
b	翼展长（m）	
d	总稀释比	
f	非连续统一体的校正因子	
g	重力加速度（m/s²）	
h_{plume}	羽流焓值（J）	
h_{amb}	大气焓值（J）	
k	玻尔兹曼常数（J/K）	
m_a	飞机的质量（kg）	
m_p	粒子的质量（kg）	
p	压强（Pa）	
r	到涡流中心的径向距离（m）	
r_c	涡核半径（m）	
r_p	粒子半径（m）	
t_0	参数化稀释比的参考时间	
v	分子体积（m³）	

AFR	空燃比
C_p	空气比热容［J/(kg·k)］
D_i	物种 i 的扩散率（m²/s）
EI$_i$	i 的发射指数［kg/kg(燃料)］
FSC	燃料的硫含量［kg（硫）/kg（燃料）］
G^*	吉布斯自由能（J）
$K_{i,j}$	i 类和 j 类粒子的凝结核［m³/（粒子·s）］
M_i	物质 i 的摩尔质量（kg/mol）
N_k	尺寸等级为 k 的颗粒浓度（m⁻³）
N_i^{Sat}	i 的饱和浓度（m⁻³）
P_{amb}	环境压力（Pa）
$P_{H_2O,amb}$	环境水蒸气分压力（Pa）
$P_{H_2O,plume}$	羽流水蒸气分压力（Pa）
Q	单位质量的燃料燃烧时释放的热量（J/kg）
R	轴向动量和横流动量（涡流）之比
RH	相对湿度（％）
Sat	饱和比
S_j	发动机喷射出口表面积（m²）
T	温度（K）
T_{plume}	羽流温度（K）
T_{amb}	环境温度（K）
U_θ	涡流中的切向速度（m/s）
$U_{\theta,max}$	涡流中的最大速度（m/s）
V_0	飞机速度（m/s）
V_j	喷嘴出口处的发动机喷射排气速度（m/s）

参考文献

Andronache, C. and Chameides, W. L. (1997) Interactions between sulfur and soot emissions from aircraft and their role in contrail formation. 1. Nucleation. *J. Geophys. Res.*, 102, 21443–21451.

Andronache, C. and Chameides, W. L. (1998) Interactions between sulfur and soot emissions from aircraft and their role in contrail formation. 2. Development. *J. Geophys. Res.*, 103, 10787–10802.

Appleman, H. (1953) The formation of exhaust contrails by jet aircraft. *Bull. Amer. Meteor. Soc.*, 34, 14–20.

Arnold, F., Kiendler, A., Wiedemer, V., Aberle, S., Stilp, T., and Busen, R. (2000) Chemiion

351

concentration measurements in jet engine exhaust at the ground: implications for ion chemistry and aerosol formation in the wake of a jet aircraft. *Geophys. Res. Lett.*, 27, 1723 – 1726.

Ferreira-Gago, C., Brunet, S., and Garnier, F. (2002) Numerical investigation of turbulent mixing in a jet/wake vortex interaction. *AIAA J.*, 40, 276 – 284.

Garnier, F., Baudoin, C., Woods, P., and Louisnard, N. (1997) Engine emission alteration in the near field of an aircraft. *Atmos. Environ.*, 31, 1767 – 1781.

Hauglustaine, D. A., Hourdin, F., Walters, S., Jourdain, L., Filiberti, M.-A., Larmarque, J.-F., and Holland, E. A. (2004) Interactive chemistry in the Laboratoire de Météorologie Dynamique general circulation model: description and background tropospheric chemistry evaluation. *J. Geophys. Res.*, 109. D04314 doi: 10. 1029/2003JD003957.

Jensen, E. J., Toon, O. B., and Kinne, S. (1998) Environmental conditions required for contrail formation and persistence. *J. Geophys. Res.*, 103, 3929 – 3936.

Kärcher, B., Hirschberg, M. M., and Fabian, P. (1996) Small-scale chemical evolution of aircraft exhaust species at cruising altitudes. *J. Geophys. Res.*, 101, 15169 – 15190.

Kiendler, A., Aberle, S., and Arnold, F. (2000) Positive ion chemistry in the exhaust plumes of an aircraft jet engine and a burner: investigations with a quadrupole ion trap mass spectrometer. *Atmos. Environ.*, 34, 4787 – 4793.

Schröder, F. P., Kärcher, B., and Petzold, A. (1998) Ultrafine aerosol particles in aircraft plumes: in situ observations. *Geophys. Res. Let.*, 25, 2789 – 2792.

Schumann, U. (1996) On conditions for contrail formation from aircraft exhausts. *Meteorol. Z.*, 5, 4 – 23.

Schumann, U., Schlager, F., and Arnold F. (1998) Dilution of aircraft exhaust plumes at cruise altitudes. *Atmos. Environ.*, 32, 3097 – 3103.

Schumann, U., Busen, R., and Plohr, M. (2000) Experimental test of the influence of propulsion efficiency on contrail formation. *J. Aircraft*, 37, 1083 – 1087.

Schumann, U., Arnold, F., and Busen, R. (2002) Influence of fuel sulfur on the composition of aircraft exhaust plumes: the experiments SULFUR 1-7. *J. Geophys. Res.*, 107. (D15) 4245 doi: 10.1029/2001JD000813.

Sorokin, A. and Mirabel, P. (2001) Ion recombination in aircraft exhaust plumes. *Geophys. Res. Lett.*, 28, 955 – 958.

Stockwell, W. R. and Calvert, J. G. (1983) The mechanism of the HO-SO$_2$ reaction. *Atmos. Environ.*, 17, 2231 – 2235.

Tremmel, H. G. and Schumann, U. (1999) Model simulations of fuel sulphur conversion efficiencies in an aircraft engine: dependence on reaction rate constants and initial species mixing ratios. *Aerosp. Sci. Tech.*, 3, 417 – 430.

Vancassel, X., Sorokin, A., and Mirabel, P. (2004) Volatile particles formation during Part Emis: a modelling study. *Atmos. Chem. Phys.*, 4, 439 – 447.

Wohlfrom, K.-H., Eichkorn, S., Arnold, F., and Schulte, P. (2000) Massive positive and negative ions in the wake of a jet aircraft: detection by a novel aircraft-based large ion mass spectrometer (LIOMAS). *Geophys. Res. Lett.*, 27, 3853 – 3856.

Yu, F. and Turco, R. P. (1997) The role of ions in the formation and evolution of particles in aircraft plumes. *Geophys. Res. Let.*, 24, 1927 – 1930.

Yu, F., Turco, R. P., and Kärcher, B. (1999) The possible role of organics in the formation and evolution of ultrafine aircraft particles. *J. Geophys. Res.*, 104, 4079 – 4088.

拓展阅读

Paoli, R. and Garnier, F. (2005) Interaction of exhausts jets and aircraft wake vortices: small-scale dynamics and potential microphysical-chemical transformations. *C. R. Physique*, 6, 525 – 547.

本章译者：朱春玲　边庆勇
（南京航空航天大学航空宇航学院）

第 35 章

尾迹与尾迹卷云

Klaus M. Gierens

德国航空航天中心物理研究所，普法芬霍芬，德国

35.1 引　言

飞机在大气中产生两种凝结产物。最常见的一种是螺旋桨与喷气式飞机排气过程中产生的尾迹，这一现象经常发生在极冷空气条件下（<40 ℃），也就是对流层上部的巡航段。这些尾迹先是线状冰云，当其在过饱和空气中形成时，风将其携带至外伸的湿润舱板上。它最终不能保持线状，从卷云变成难以辨别的形状。这些云被称为尾迹卷云。飞机产生第二种冷凝产物是由于气动影响。近地面的湿润空气与一定高度下相当干燥的气象条件足以引发冷凝现象。气动冷凝是气流经过飞机时加速从而绝热冷却的结果。飞机经过混合相或者过冷的云层时，冰晶数量显著增加。这种结果被称为飞机产生冰粒（APIP），它被认为是已经存在的冰晶破碎或者飞机周围气流绝热冷却（气动导致）的结果。本章不会深入讨论 APIP。

35.2 排气尾迹的形成

35.2.1 热力学

排气尾迹的形成与冷空气下人呼吸产生可见的冷凝气类似：暖湿气流与干冷空气等压混合，瞬时产生了饱和态或者过饱和态，使得水分子在周围空气中大量存在的极小的悬浮颗粒表面冷凝。排气尾迹的形成也需要冷凝核，但是它们是从飞机发动机中排放出来的，比周围空气中存在的冷凝核更多。因为排出的气体非常热，在周围空气低于 40 ℃

时，排气与其混合产生饱和水，尾迹只有在这样冷的条件下才能形成。

从理论上说，在这样的寒冷条件下，凝结产物一开始是饱和态的冰，其蒸汽压力小于液态水的饱和蒸汽压力（液态水可以存在于 0 ℃ 以下，通常以极小的过冷水滴形式存在）。

然而，冰在这些粒子上直接凝结要求粒子具有非常特殊的表面性质，满足这一要求的粒子很少。（例如，其表面晶体结构需要和冰晶体结构类似）。

如此，尾迹以凝结形式形成液滴，然后冻结。尾迹的形成需要排出的暖湿气流与周围冷空气等压混合产生的饱和水，这一事实被称为 Schmidt-Appleman 准则（Schumann，1996）。虽然排气中的粒子数量大，但是尾迹云的形成从来不是那些粒子所决定的。即使排气中没有粒子，尾迹也可以在周围空气中的粒子上形成，如液氢（LH_2）推进飞机的排气（Ström 和 Gierens，2002）。因此，尾迹的形成只取决于热力学定律和发动机排放物所处的大气条件。从 Schmidt-Appleman 准则可以得到一个简单的方程，包含大气温度与压力、特征能源物质、水蒸气的特征排放以及整体推进效率。准则表明，如果在羽流膨胀过程中，排气与周围空气瞬时混合产生饱和液态水，则尾迹云形成（图 35.1）。假定混合过程是等压的，所以在 T-e 关系图上，混合相的轨迹一开始是直线状（e 是混合相中的水蒸气分压力，T 是其绝对温度）。对于不同的大气条件和飞机/发动机/燃料，相轨迹的斜率 G（单位 Pa/K）是其特征值。G 由下式给出：

$$G = \frac{de}{dT} = \frac{p c_p \mathrm{EI}_{H_2O}}{\varepsilon Q (1 - \eta)} \qquad (35-1)$$

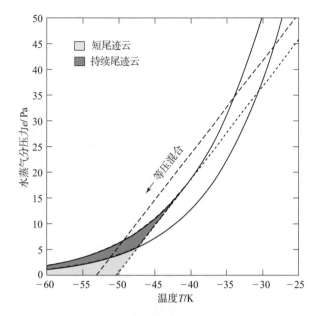

图 35.1 热排气与周围冷空气等压混合形成尾迹的 *T-e* 关系

[两条曲线是液态水的水蒸气饱和分压力（上）、冰的水蒸气分压力（下）。两条直线代表了始于高温，然后降低到周围大气温度的两个可能的混合轨迹。混合轨迹是式（35-1）中给出的斜率 G。在混合过程中，达到水的饱和态时，尾迹就形成了。右边这条轨迹相切于水的饱和曲线，标志着尾迹形成的最高周围温度。当相切的混合轨迹斜率 G 增加或者减小时，尾迹可以在很广的温度范围内形成。左边的轨迹是低于温度阈值几开尔文的尾迹形成的一个例子，在混合过程中，水的过饱和度瞬时变得相当大。当周围条件处于深灰色区域内时，尾迹持续，即冰过饱和。当周围条件处于浅灰色区域内时，形成会早早升华的短尾迹。]

其中，ε 是水与干空气的摩尔质量之比（0.622），$c_p=1\,005$ J/(kg·K) 是空气的定压比热容，p 是周围空气的压力。G 依赖于燃料性质（水蒸气的排放指数，$EI_{H_2O}=1.25$ kg/kg 煤油燃烧；化学燃料热能 $Q=43$ MJ/kg 煤油）和飞机整体推进效率 η（现代飞机的 η 约为 0.35）。

35.2.2　尾迹变化的阶段

从流体动力角度，尾迹变化可以分为三个阶段：初始喷射阶段（约 20 s）、涡流阶段（约 2 min）和最终扩散阶段（数分钟到数小时）。

一开始，离开发动机的高速排气与周围空气迅速混合。在此阶段，排气离开发动机排气口约 1/3 s，尾迹就形成了。机翼后缘流出一对反向的涡，排气被携卷入涡系，飞机离开大约 20 s，冰晶被"困"在了涡管里。"困"意味着与周围空气的混合被强烈抑制。涡系统携带冰晶向下运动，向下运动表明绝热升温，在此阶段，小冰晶已经升华

（Unterstrasser 等，2008）。在向下运动过程中，当一级涡产生二级涡时，涡系统上边缘的小部分冰晶可以离开。

这种机理使得在涡流阶段后尾迹具有几百米的初始高度。涡形成约 2 min 后变得不稳定而破碎。这样，冰晶在绝热升温过程中可以保留下来，并被释放到周围大气中。扩散阶段的"未来命运"决定于气象条件。

35.2.3　持续性或者非持续性：冰过饱和

Schmidt-Appleman 准则只决定了尾迹是否形成。它并没有说明尾迹的持续性，以及尾迹是否能扩散出尾迹卷云的范围。在不完全饱和的条件下，在射流、涡流或者最终涡破碎过程中，尾迹都会蒸发。只有当周围空气是过饱和的情况下，尾迹云才有可能持续，这意味着一旦冰晶进入扩散阶段，直到空气变得不完全饱和（由于气象因素）或者它们由于重力的原因掉入更低的不完全饱和大气层，从而蒸发，它们才会停止增长。冰过饱和，尽管是一个亚稳态的热力学状态，它也会经常发生在上部对流层，天空常常有持续的尾迹云则证明了这一点。

在欧洲 MOZAIC 计划（空客在役飞机空间测量）期间，商业飞机湿度与温度的测量结果表明在巡航平飞段，15% 以上的时间处于冰过饱和区域（ISSR），此区域只有很小的周期性的变化。甚至是更低的平流层，2% 的数据显示冰过饱和。

平均饱和值大约是 15% 时，通常不足以自然形成云团，这样的区域通常无云，除非是飞机的尾迹云。MOZAIC 飞行舰队在 ISSR 中平均飞行了 150 km，而且超过 3 000 km 的飞行实验也做了。平均垂直方向上的差距在 1 km 以内（超过 3 km 的样本数据很少），但是在得到严谨的结论之前，需要分析无线高空探测仪的数据。ISSR 通常在热带区域，但主要是在海拔超过目前的飞行高度上。它们也相对频繁地出现在中纬度地区，这与气象条件有关，如射流和风暴轴。

35.2.4　冰在排气粒子上的形成

液滴和冰晶的形成需要悬浮颗粒。这一规则也适用于尾迹云。可以形成尾迹的悬浮粒子来源于排气产物以及混入羽流或者被发动机及其旁路吸入的周围空气粒子。周围悬浮颗粒被吸进核心发动机在燃烧室被点燃，但是发动机排气口以冷却的方式形成了新粒子。周围粒子对于尾迹中形成的冰晶数量

的作用是很重要的，如 LH$_2$-驱动飞机，因为燃烧液氢时不产生其他粒子。对于传动煤油驱动飞机，周围粒子的作用几乎可以忽略，因为排气中的粒子的数量级更大，这里不深入讨论。

烟尘是不完全燃烧的结果，以目前的发动机技术，可以减少它，但是不能消除它。目前发动机的烟尘排放指数，EI$_{soot}$，是 1 014~1 015 mg/kg 煤油燃烧，它取决于发动机类型与动力环境（Petzold 等，1999）。飞机燃烧室烟尘包括最初的圆球粒子，直径大约是纳米的几十倍，它们在羽流区快速形成直径在 100~500 nm 的分形聚集体。不同于疏水的石墨碳，飞机发动机燃烧室内形成的烟尘粒子具有亲水性，在羽流达到水的饱和之前，液滴已经形成。飞机发动机排放出带电分子团，即化学离子，排放指数是 1 017 mg/kg 燃料（Arnold 等，2000）。这些离子对于不稳定悬浮粒子的形成非常重要。羽流中的脱硫不稳定悬浮颗粒具有相同的指标，即 1 017 mg/kg 燃料（Schumann 等，2002）。这些粒子来源于可凝烃。

煤油包含硫，平均烟尘排放指数为 400 mg/kg（通常是 10~1 000 mg/kg，规格限制是 3 000 mg/kg）。燃烧硫产生 SO$_2$ 的排放指数是 0.8(0.6~1.0)g/kg。一部分 SO$_2$ 之后氧化为 SO$_3$，与水蒸气反应生成 H$_2$SO$_4$（气态硫酸）。H$_2$SO$_4$ 排放指数为 0.04(0.01~0.1)g/kg。这一气体具有很低的饱和水蒸气分压力，因此可以与水剧烈地凝结到一起形成硫的水溶液滴。相应地，排气中的硫燃料也是粒子的重要来源。

排气羽流中的硫酸液滴数量是烟尘粒子数量的 100~1 000 倍。硫酸气体与水蒸气凝结在粒子的表面，硫酸液滴与烟尘粒子凝结，粒子被硫酸包裹（硫酸质量<5%），硫酸增加了飞机排气中烟尘粒子成为凝结核的能力。

尾迹云冰晶的最初形成包含烟尘粒子与不稳定粒子，尾迹云中冰晶的初始数量取决于排放的烟尘粒子数量，烟尘粒子控制在 EI$_{soot}$ 以下。温度低于 Schmidt-Appleman 阈值几度，几乎所有烟尘粒子都会形成冰晶，这样，减少 EI$_{soot}$ 会使尾迹中的冰晶数量更少。这只有在烟尘减少到一定范围时才能实现。取决于温度的 EI$_{soot}$ 减少到 10^{12}~10^{13} mg/kg 时就不能再减少了，或者低温条件下（低于阈值 10 K 以上），甚至会出现冰晶数量增加的现象，这是因为不稳定粒子成了主要冰核（Kärcher 和 Yu，2009）。

从这个角度来说，减少燃料中的硫并没有用，

因为脱硫不稳定悬浮颗粒有助于冰的形成。应当进行空中测试检测模拟结果，因为它们对于采用合理的缓解措施很重要（见 35.5.2 节）。

35.3 空气动力尾迹

排气尾迹不是飞机能够引发凝结的唯一形式。由于绝热条件（近似）下的能量守恒（伯努利定律），凝结也常常发生在加速空气流中。在近地面和相对较湿（未饱和）的条件下，可以观察到源自涡流、上升和跨音速流动的短时存在的云团。为了加速从而获得很好的冷却效果，飞机很大的加速度 g（例如，强加速）产生了涡和升力导致的凝结。强涡流加速发生在翼尖、襟翼和其他尖角或边缘，以及飞机和直升机推进器叶尖位置。这些位置对于运动空气有力的作用，根据 Kutta-Joukowski 定律，意味着涡的产生。涡管中压力（和温度）的降低会导致凝结。跨音速（亚音速流通过翼与其他向上弯曲的表面如座舱盖，变为超音速）中的凝结被称为 Prandtl-Glauert 凝结。这产生了著名的锥形云，这种云具有尖锐的背面，这是由于激波前端使亚音速流动变为超音速流动。

伯努利方程表明总熵的守恒，熵是流体流动过程中动能与热能之和。对于绝热不可压缩流，满足：

$$\frac{\gamma}{1-\gamma}R_a(T_1-T_0)+\frac{u_1^2-u_0^2}{2}=0 \quad (35-2)$$

其中，$\gamma=c_p/c_v$ 是比热比（1.4），R_a[287 J/(kg·K)] 是空气的气体常数，T 是绝对温度，u 是流动速度。下标 0 表示飞机远场的常值；下标 1 表示相应的变化值。温度变化与压力变化有绝热关系：

$$\frac{T_1}{T_0}=\left(\frac{p_1}{p_0}\right)^{R_a/c_p} \quad (35-3)$$

温度从 T_0 变化到 T_1 表明饱和蒸汽压力的变化，$e^*(T)$，也是同样变化，这样，气流中饱和蒸汽压力饱和比 S（或相对湿度）变化如下：

$$\frac{S_1}{S_0}=\left(\frac{T_1}{T_0}\right)^{c_p/R_a}\frac{e^*(T_0)}{e^*(T_1)} \quad (35-4)$$

冷却表明 $S_1>S_0$，因为饱和压力变化所导致。对于近地面条件，采用液态水的饱和蒸汽压力；对于巡航段，采用冰的饱和压力。

承载飞机需要的压力变化量级是 50 hPa。与近地面周围压力相比，这是一个相对小量。因此，近地面的凝结效应需要湿度条件，或者很强的加速

度。然而，在巡航段，50 hPa 与周围压力为同一量级。这样，相对湿度的影响通常很大，即使是相对干的空气（20％相对湿度），机翼上方也变成过饱和的了，于是就发生了凝结。然而，只有在冰（过）饱和条件下，形成的冰晶才能保留下来，并且只有在相对温暖的环境下，冰晶才能快速长到可以观测到的尺度。在冰增长的最理想条件下，并且

有来自太阳的光照，会出现彩虹效应。空气动力尾迹似乎更喜欢温暖的大气层。然而排气尾迹需要冷环境。从这一意义上来看，空气动力尾迹与排气尾迹互补，这一现象当飞机机翼和新设计飞行器进入编役，特别是低空飞行段（高温）时更加常见，进入热带的航线这一现象更加普及，而且会出现得更加频繁。图 35.2 是一个空气动力尾迹的例子。

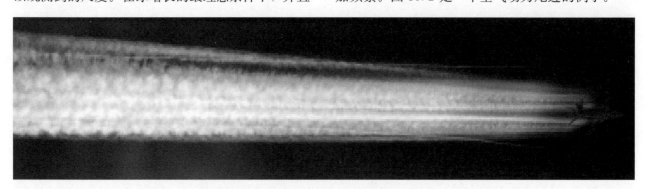

图 35.2　具有彩虹色的空气动力学尾迹（经摄影师 Jeffwell 许可后复制）

35.4　尾迹对气候的影响

基于目前的观测水平，早期的尾迹（线状）可以从尾迹卷云中分离出来，但丧失了线状。然而线状尾迹可以从卫星图片中检测到，但是，如果飞机被检测到产生尾迹，只有尾迹云可以被检测到。从 Minnis 等（1998）中可以找到一个可观的例子。这样，基于卫星数据，无线电测试设备以及气候建模，可以估计线状尾迹的局部与整体分布区域。但是尾迹云团的整体覆盖区是未知的。线状尾迹全局平均覆盖率约为 0.1％（对比：云团的全局平均覆盖率要高 20％）。然而，通常认为，尾迹云团的全局覆盖率大于线性尾迹的覆盖率，覆盖率越大，对于气候的影响也越大。尾迹云团与线状尾迹的覆盖率之比被认为是"扩散因子"。对其较低估值为 1.8（Minnis 等，2004），但是也有文献指出估值为 10（Mannstein 和 Schumann，2005）。图 35.3 给出了线状尾迹的俯瞰图，其中也有云团向外扩散，这可能也来源于空中交通。

35.4.1　尾迹到卷云的转变

一旦尾迹持续，在周围风速场的作用下（风剪切力），它们就会向外扩散，最终对于观测者来说，它们会变得与自然云团一样不可辨别。这一过程被称为尾迹到卷云的转变，结果就是尾迹卷云。尾迹扩散主要是由风剪切、周围湿度和温度导致的。尾

迹的初始垂直跨度越大（初级涡下降，相应地演化出次级涡的结果，见 35.2.2 部分），风剪切扩散尾迹的作用就越强。扩散导致尾迹的稀释，但是新的过饱和空气的卷入可以平衡这种稀释，因为新的空气使得冰晶长得更多。在忙碌的空中交通区域，尾迹倾向于成群出现，而非单个出现。这主要是由于 ISSR 在水平方向上的扩大，尾迹扩散逐渐融合于近乎固态的交织网络。尾迹填充到原先 ISSR 的垂直方向上。这些尾迹在 ISSR 中竞争凝结水汽，但是天气尺度抬升有助于尾迹基准的发展，因为伴随的绝热冷却降低了饱和蒸汽压力，释放出水汽，凝结在已经存在的冰上。

单个尾迹水平扩散且垂直方向上的速度依赖于周围温度。测量所得的水平扩散速率是 18～140 m/min，采用扫描激光雷达，时间帧达到了 1 h，横截面区域随速率增加而增加，达到了 3 500～25 000 m²/s（Freudenthaler 等，1995）。

尾迹的垂直生长对周围截面的位温（稳定性）和对于尾迹内部的辐射加热或冷却都很敏感。垂直生长率常常受限于过饱和层的厚度，特别是在尾迹下边缘，但是据雷达测量，其生长率可达 18 m/min。

35.4.2　尾迹对于温室效应的影响

典型的测量温室效应的方法被称为辐射强迫（RF）。RF 测量潜在气候变化机理的重要性。它表达的是地球大气层能量平衡的扰动或变化，单位是 W/m²。正辐射强迫表示地表和对流层变暖，负值

图35.3 ENVISAT卫星的中分辨率成像光谱仪（MERIS）在2009年3月21日拍摄的北海图片捕获了大量的线状尾迹以及稀薄云气团。它们也可能来自空运交通。尾迹投影在下方的云团上。图片由欧洲航天局（ESA）提供

表示冷却。严格地讲，RF是全局度量标准，在局部效应方面，它具有严重的缺陷，如尾迹和尾迹卷云。越来越多的合适的度量标准正在研究中，讨论仍然激烈。然而，这里用RF，是因为它是最广泛采用的度量标准。

尾迹和尾迹卷云就像气候系统中很细小的自然云团。它们反射来自太阳的辐射，这意味着地球从太阳接收的能量减少。这是冷却效应。但是它们也会吸收主要来自地球表面和中低部对流层云团的热辐射。如果没有尾迹和尾迹云，那么大部分热辐射

会离开大气。当然，尾迹和尾迹云本身也有热辐射，但是辐射温度比云团下部和地面低很多，这样，其携带的辐射能量很少。因而它们对于热辐射的影响包括了变暖的效应。很明显，晚上这种加热效应单独存在，白天的时候加热与冷却效应相平衡，这种平衡取决于某些条件，如太阳位置、低层云是否存在及存在类型、地面反射。经过一天一夜的积累，尾迹和尾迹云会导致温室效应，即全球变暖。

一天当中短波冷却（强烈依赖于太阳位置）似

357

乎是在日出和日落时最强。尾迹的温室效应作用此时最小，但是测量它们对于辐射平衡的影响时，必须对其持续时间加以考虑。日落时形成的长时间存在的尾迹可能一开始冷却了大气，但是日落之后，它们就导致了红外加热。

尾迹的很多 RF 都可以归因于夜晚的航班（Stuber 等，2006；Stuber 和 Forster，2007）。尽管只有 25% 的飞机在夜晚航行，它们却是 60%～80% 尾迹的 RF 的原因。夜晚时间（18：00—24：00GMT）航行的英格兰东南部的飞机具有最大的净辐射强迫，特别是在冬天的时候。事实上，虽然每年只有 22% 的空运发生在冬天，但出于尾迹的原因，它们导致了近乎一半的年平均 RF。

IPCC 关于航空与全球大气的特别报告（Penner 等，1999）将航空排放物的第二大气候影响（就 RF 而言）归因于线状尾迹（1992 空运；2050 Fa1 方案，尾迹具有最大的 RF）。据估计，尾迹云的影响更大，但是出于不太确定的原因，在最终总体航空强迫估计中，它被排除在外。尾迹的 RF 通过平均光学厚度和全局覆盖度来控制。关于其计算，IPCC 基于一个假定的平均光学厚度为 0.3。后来，计算得到了相当小的平均深度（0.1 数量级），然而，全局尾迹覆盖估计并没有更新。这样，很多最近的研究表明线状尾迹具有更小的 RF。不管怎样，尾迹云的估计，虽然不确定，但仍然是所有估计中最大的。

出于很多原因，尾迹云 RF 的估计非常难，尤其是只有在研究活动中采用特殊设备，才能区分尾迹云团和自然云团。

采用卫星数据，不可能得到全局值，尽管这是唯一手段。结果，部分尾迹产生的尾迹卷云的扩散不能得到全局性的确定。相反，有很多人试图从云量趋势以及它们与空运密度的关系中估计航空导致的云团覆盖情况。

35.4.3　卷云覆盖趋势

增加的云量与增加的空运情况之间关系的观测至少追溯到 20 世纪 80 年代，甚至是飞机发动机起始的时间。云团覆盖率数据的获得从地面观测到近几年的卫星观测。通常它们包含相当紊乱的时间序列，在任何情况下我们都很难从噪声信号中确定一种趋势，通常很多年（>10）大致相同的数据被用来找到一个重要的趋势。当然，气候变化（自然或者人为）和自然天气条件也影响着云团的形成，要

特别注意筛去这些影响，然后才能得到航空对于云量有多大影响的结论。自然现象会影响云量，具有不定期的性质（火山），或者振荡性质。振荡信号的频率变化多端（例如，厄尔尼诺南方涛动和北大西洋涛动），或者是一个近乎固定的频率（如平流层准两年周期振荡和一年四季）。这些信号可以被滤掉，航空的影响应当出现在时间残差序列中（或者不是这样）。

虽然云团覆盖看起来似乎全面减少了，但是在空运繁忙的区域，云团增加与空运增加被发现具有正相关性。Boucher（1999）发现 1982—1991 年，美国东北部云团每 10 年增加 +13.3%，北大西洋飞行带每 10 年增加 +7.1%。只有仔细辨别没有云团的区域和只有尾迹可以形成的区域以及自然云团形成的区域之间的关系，才可以发现整个欧洲的这种正相关性较弱，数据的这种额外的分类也导致了欧洲很明显的正相关性（+3.7%，每 10 年）。

对于这种趋势，据分析，整个欧洲航空产生了额外的云团覆盖，3%～5%，这表明整个欧洲尾迹云的覆盖率可能会超过线状尾迹的覆盖率约一个数量级（覆盖因子约为 10）。

35.4.4　航空粒子排放潜在的深层影响

所有烧煤油的飞机都会产生烟尘粒子，无论是否有尾迹（短）形成。这些烟尘粒子会扰乱云团性质，在区域范围内改变云团覆盖（Kärcher 等，2007），这是因为悬浮颗粒在上对流层的停驻时间大约是几天到几周，这取决于排放位置、季节以及高度。目前对于这些效应的了解还很少。云团变化的量级（如冰晶平均尺寸）取决于释放出的烟尘粒子的冰成核能力、背部悬浮颗粒成为冰核的效率、烟尘粒子与周围气体和悬浮颗粒的时间作用、水蒸气的富集程度以及在冰过饱和区域动力过程导致的云团生长阶段。

35.5　缓解措施

从技术上和操作方式上消除尾迹（尾迹云）是有可能的，但是很具有挑战性。只有在飞机不排放任何烟尘粒子的情况下，避免上述提到的这种间接云的形成才有可能。液氢（LH$_2$）推进飞机是解决这一问题唯一的解决方法，但是即使这样也会产生尾迹，即在悬浮颗粒的作用下，周围空气粒子卷入羽流中（或者被吸入发动机中）。这里我们仅仅考

虑限制尾迹的方法（Gierens 等，2008），回顾最新研究的方案。

任何环节策略，无论是技术上的还是操作上的，必须基于它所具有的整体效应来判断。这意味着需要考虑权衡。权衡既包含在技术解决方案上，也包含在新的操作规程上。它们源自附加设备的重量、飞机飞行距离，也源自气动物理和化学（例如，平流层飞行会减少尾迹和云的形成，但是排放物的停留时间增加了）。每一个方案都需要考虑的其他因素有安全、可行性和成本。在采取任何措施之前，都要以全面的视角考虑这一措施的方方面面。

35.5.1 技术措施

对目前的喷气式飞机来说，减少尾迹的形成要求采取的措施应减小因子 G ［式（35-1）］。

这样，尾迹的技术缓解措施只包括减小水蒸气排放指数 EI_{H_2O}、增加燃料比热容 Q 和减小整体推进效率 η。

自从第一架商业飞机开始，整体效率 η 有了极大的提升。很明显，它的值较大就可以节省燃油、减少二氧化碳排放。目前，大约可以达到 0.35。传统发动机效率理论值界限大约是 0.56。较大的 η 表明较大的 G ［式（35-1）］，这样就会产生更多的尾迹。一种减少尾迹的可能就是安装可变导叶片，尽管增加了效率 η，但飞行员在飞过冰过饱和区域时可以降低 η。这当然会有更高的燃油消耗。

可替换燃料具有特征燃料排放指数 EI_{H_2O}/Q，这不同于煤油的相应值。然而，LH$_2$ 和亚甲基（IPCC 认为唯一可行的可替换能源，Penner 等，1999）比煤油有更大的 EI_{H_2O}/Q（亚甲基 0.045 kg/MJ，LH$_2$ 0.075 kg/MJ，煤油 0.029 kg/MJ；Penner 等，1999）。假定有相同的 η，LH$_2$ 发动机的 G 因子比煤油发动机高 2.6 倍。亚甲基的因子是 1.55。用这些可替换燃料飞行的飞机会隐性地产生尾迹，即使是在比煤油驱动飞机还要高的周围温度下（较低高度）。

燃料添加剂不影响 G，但是会设想一种可能，添加剂会使排气粒子更加疏水，以至于不是在水饱和时（正如 Schmidt-Appleman 的准则），凝结需要相当高的相对湿度。然而，似乎不太可能找到一种材料可以包含排放粒子的大部分并使之疏水。正如我们看到的，单独包裹烟尘粒子有不足之处，因为羽流中有很多其他粒子可以使尾迹形成。结论

是，燃料添加剂不是一种可行的尾迹化解措施。

用另外的热交换单元（通过旁路冷却）通过排气冷却减小水蒸气排放指数，这样水蒸气可以凝结在热交换单元上（Taylor 等，2007）。新概念是基于交互冷却恢复式发动机循环。凝结水有两个作用：一是排放出的悬浮颗粒（主要是烟尘）在凝结过程中可以清除；二是凝结水可以重新注入燃烧室，从而减少氮氧化物的产量。循环计算表明新概念相比传统的设计具有更高的热效率，从而减少了温室气体的排放。

然而，这一概念的实行需要热交换器技术取得重大进步。Noppel 和 Singh（2007）概括了很多未来技术发展的可能，修正了目前的发动机结构、框架、发动机一体化、燃烧室，还有对于尾迹形成与变化有影响的辅助设备。对于一部分这样的新技术，形成的尾迹可能会增加，对于另一部分新技术来说，不太容易预测它们的缓解作用，特别是传统形式的 Schmidt-Appleman 准则 ［式（35-1）］ 不能直接使用了。

虽然不太可能消除排放粒子（烟尘、硫酸溶液液滴、颗粒有机物）或者粒子前身（SO$_2$，SO$_3$）的数量与特性，通常排放物的改变会导致尾迹成分和性质的改变（如粒子数量和尺寸，尾迹的光学厚度，等等），如果尾迹的光学厚度与存在时长可以减少，那么这些改变将有利于气候。

35.5.2 改变尾迹性质

Noppel 和 Singh（2007）所列出的一些技术措施不会导致尾迹的减弱，而是也许会改变其光学特性。通常，尾迹影响气候，因为它们是具有辐射能量的自由流在大气中流动的阻碍。使其变稀薄或者减少它们的存在时间的尝试都有利于气候，这些目标都可以达成，如果在初始阶段形成的冰晶较少或者涡流阶段存留下来的冰晶较少，那么两个尾迹所具有的冰的总体质量相同，但是具有不同的冰晶数量浓度，较少的冰晶数量的那个尾迹具有更小的光学厚度。同时，它的冰晶更大，因为重力掉落得更快；同时存在时间也缩短了。尾迹中冰的整体质量几乎完全取决于周围条件，但是冰晶数量可能会受影响。

减少一开始形成的冰晶数量是有可能的。例如，一架 LH$_2$ 驱动式飞机（低温飞机）不产生凝结核，尾迹通过周围粒子的凝结来形成。这样低温飞机尾迹的冰晶数量预计相比于同样质量的煤油发

动机尾迹小 1~2 个数量级，低温飞机尾迹中的冰晶相比于煤油燃料飞机的要大 4~6（长度）倍。大尺寸更倾向于较早掉落，这使得低温飞机的尾迹相比于煤油发动机在光学上更稀薄，平均 3 倍左右（Ström 和 Gierens，2002）。

低温飞机可能是未来的一种选择，它可能在更少时间里降低烟尘排放指数。至少现在已经有实验室在做减少飞机烟尘排放的燃料添加剂实验。但是目前没有结论性的结果。如前所述，烟尘因素减少 5~10 就会很有效，但是减少过多就会导致相反的效果（Kärcher 和 Yu，2009）。烟尘减少 5 差不多就会使尾迹的初始光学厚度减半。

一个相反的策略就是采用疏水材料密集排放排气羽流，不压制尾迹的形成，但是形成了很多极小的冰晶（小于 0.4 μm，也就是说，小于可见光的波长）。这样的尾迹是不可见的。这一策略可能在军事应用方面更有吸引力。但是从气候角度来说，为了避免尾迹而在大气中播撒奇怪物质（酒精），这是很荒谬的。

尾迹冰晶被向下运动的涡对捕获。涡系统的绝热升温导致冰晶的蒸发，这很重要（在特定情况下只有少于 1% 的冰晶会存留下来）。因此，这样看来，削弱翼尖涡对的空气动力设备平均来说，有可能造成更强的尾迹，所以在飞过 ISSR 区域的时候，应该避免使用这些设备。

35.5.3 操作措施

目前巡航段（10~12 km 高度）是尾迹云 RF 最敏感的区域。也就是说，这一高度上交通密度的增加相比于更高的高度或者更低的高度都会引起 RF 更大的增加。这意味着将交通航线从最敏感的高度上移到更高或者更低的高度上会减弱尾迹的辐射影响。改变飞行高度要求系统性地重新设计飞机，使之能够在新的高度上实现最优操控。

如果避免飞过 ISSR，就能避免形成持续性的尾迹。原则上，有三种可能：ISSR 区域上空飞行、ISSR 区域下方飞行、ISSR 周边绕行。虽然后者允许飞行在最优飞行高度上，但是很少选择这样做，因为 ISSR 周围飞行意味着更长的距离以及与之相应的燃油和延误。因此，我们这里仅仅考虑垂直方向上的绕行。

由于 ISSR 通常位于对流层顶垂直下方或多或少的一个较厚的高度层上，当一架飞机飞行在最低的平流层（对流层的正上方）时，另一架可以避

开。这是中等高度飞行的一个选择。在热带，平流层对于目前的飞机来说太高了。然而，权衡这样的策略（例如，平流层排放物更长的停驻时间，以及其对于臭氧的化学影响）需要分析。

通常飞行在较低的高度上会导致中等高度上尾迹减少，然而，为了实现这样一个重要的结果，需要设立最大允许飞行高度限制（例如，最大飞行高度 10 000 ft，约 3 000 m，冬季），特别是要考虑北美和北大西洋上空。很明显，这样严格地限制、设置飞行路线选择的上极限，是出于很多原因，特别是从安全角度考虑，这是不可行的。

最优解决方案是考虑实际和预测的大气环境以及设计的飞行路线。如果有需要，尽可能地避免飞过 ISSR。这一策略的先决条件是航空是否有能力预测预报这些区域的位置，但目前来说这还达不到。也许有这一功能的第一个气象模型是欧洲中期天气预报中心（ECMWF）的操作模型，从 2006 年 9 月以来它就预测冰过饱和度。但是在有可能预测持续尾迹是否能在某一时间某一地点形成之前，仍然需要许多验证尝试与进一步的优化（特别是空间方案与数据同化方面）。给许多商业航线配备在高层对流层使用的湿度探针有助于航空天气预报更准确地预测冰过饱和区域。

这一问题一旦得到解决，就很有可能通过飞行高度的调整避免很大一部分尾迹和尾迹所导致的云团，这是因为 ISSR 很浅薄（Mannstein 等，2005）。如前所述，尾迹和尾迹云在夜晚导致温室效应更甚，只有长波是有影响的。因此，很有可能避免穿过 ISSR 区域，特别是在晚上的时候。因为晚上的空运密度较低，尾迹具有很大的单体辐射强迫，有很大可能重新规划航线离开冰饱和区域，而不需要特别加重空运调控的工作量。仅对产生"最坏"尾迹的飞机重新规划航线，这种做法使策略可行，并保持最低的燃油消耗。

35.6 总 结

一旦温度低于依赖于压力、燃料性质（水蒸气排放指数和热值）和飞机性质（整体推进效率）的温度阈值，尾迹就会在对流层上层产生。这些量被组合到所谓的 Schmidt-Appleman 准则［式（35 - 1）］。有趣的是，排气粒子作为形成尾迹的凝结核，其性质并不直接在准则中体现。它们仅仅解释了当排气羽流膨胀时，水必须达到饱和（而不是冰饱和或者

其他相对湿度）这样一个事实。

尾迹演化有三个动力阶段：喷射阶段，尾迹形成的约 1/3 s 里；涡流阶段，冰粒子被捕捉，加热，在向下运动的涡对中部分粒子升华；扩散段，尾迹冰被释放到周围大气，初始为线状的尾迹向外喷洒形成云团，就是所谓的"尾迹云"。如果空气是冰过饱和的，尾迹只会存在比几秒钟到几分钟长一点的时间。对流层上部，冰过饱和区域的发生相对频繁，飞机平均只有 15% 的时间在这样的空气中。

煤油驱动飞机的排气中有烟尘、硫酸液滴和其他亚稳定的悬浮颗粒。在目前的技术水平下，大部分冰晶通过水凝结在烟尘粒子表面形成。采用脱硫燃料，完全限制烟尘排放并不能避免尾迹的形成。尾迹会出现在其他亚稳定排气粒子上。

巡航段飞机也通过空气动力效应导致冰晶的形成。周围悬浮颗粒作为凝结核。然而，在巡航段的通常温度下，空气动力尾迹是不可见的。只有在较低高度、较高温度（较高水蒸气浓度），它们才能可见。如果冰晶在冰过饱和区域形成，空气动力效应形成的冰晶会在大气中存在几个小时。尾迹的形成独立于 Schmidt-Appleman 准则。

尾迹和尾迹云被认为会导致全球变暖。就辐射强迫而言，据估计，它们的影响会等于或者大于同时排放的 CO_2 的变暖影响。

目前，这些估计是很不确定的，因为尾迹的辐射强迫不仅依赖于自身性质，也依赖于时间和位置、下方是否有其他云团，等等。尾迹云增加了自然云量，在空运繁忙的区域，统计发现云团趋势与空运密度具有很强的关系。据估计，整个欧洲航空增加了云团覆盖率 3%～5%（绝对）。航空的颗粒排放可能会影响自然云团的形成与演变，也就是说，它们可能会改变其覆盖情况以及微观物理和光学性质。

理论上，尾迹和尾迹云可以通过技术措施与操作手段避免；也有可能改变其光学性质，从而有利于气候。但是很多措施都有负效应；尤其是，它们会导致燃油消耗增加。由于尾迹只是航空对气候影响的一个方面，所以制定环境影响最小化和未来空运系统持续发展策略时，避免尾迹只是整体策略的一个方面。

参考文献

Arnold, F., Kiendler, A., Wiedemer, V., Aberle, S.

and Stilp, T. (2000) Chemiion concentration measurements in jet engine exhaust at the ground: Implications for ion chemistry and aerosol formation in the wake of a jet aircraft. *Geophys. Res. Lett.*, 27, 1723 - 1726.

Boucher, O. (1999) Air traffic may increase cirrus cloudiness. *Nature*, 397, 30 - 31.

Freudenthaler, V., Homburg, F. and Jäger, H. (1995) Contrail observations by ground-based scanning lidar: cross-sectional growth. *Geophys. Res. Lett.*, 22, 3501 - 3504.

Gierens, K., Lim, L. L. and Eleftheratos, K. (2008) A review of various strategies for contrail avoidance. *The Open Atmospheric Science Journal*, 2, 1 - 7.

Kärcher, B., Möhler, O., DeMott, P. J., Pechtl, S. and Yu, F. (2007) Insights into the role of soot aerosols in cirrus cloud formation. *Atmos. Chem. Phys.*, 7, 4203 - 4227.

Kärcher, B. and Yu, F. (2009) Role of aircraft soot emissions in contrail formation. *Geophys. Res. Lett.*, 36, L01804, doi: 10.1029/2008GL036694.

Mannstein, H. and Schumann, U. (2005) Aircraft induced contrail cirrus over Europa. *Meteorol. Z.*, 14, 549 - 554.

Mannstein, H., Spichtinger, P. and Gierens, K. (2005) A note on how to avoid contrails. *Transportation Research Part D*, 10, 421 - 426.

Minnis, P., Ayers, J. K., Palikonda, R. and Phan, D. (2004) Contrails, cirrus trends, and climate. *J. Climate*, 17, 1671 - 1685.

Minnis, P., Young, D. F., Nguyen, L., Garber, D. P., Smith, Jr., W. L. and Palikonda, R. (1998) Transformation of contrails into cirrus clouds during SUCCESS. *Geophys. Res. Lett.*, 25, 1157 - 1160.

Noppel, F. and Singh, R. (2007) An overview on contrail and cirrus cloud avoidance technology. *J. Aircraft*, 44, 1721 - 1726.

Penner, J. E., Lister, D. H., Griggs, D. J., Dokken, D. J. and McFarland, M. (eds.) (1999) *Aviation and the global atmosphere*. Cambridge University Press for the Intergovernmental Panel on Climate Change.

Petzold, A., Döpelheuer, A., Brock, C. A. and Schröder, F. (1999) In situ observation and model calculations of black carbon emission by aircraft at cruise altitude. *J. Geophys. Res.*, 104, 22171 - 22181.

Schumann, U. (1996) On conditions for contrail formation from aircraft exhausts, in *Meteorol. Z.*, 5, 4 - 23.

Schumann, U., Arnold, F., Busen, R., Curtius, J.,

Kärcher，B.，Kiendler，A.，Petzold，A.，Schlager，H.，Schröder，F. and Wohlfrom，K. H. （2002）Influence of fuel sulfur on the composition of aircraft exhaust plumes：The experiments SULFUR1-7. *J. Geophy. Res.*，107，1 -28.

Ström，L. and Gierens，K. （2002）First simulations of cryoplane contrails. *J. Geophys. Res.*，107，doi：10.1029/2001JD000838.

Stuber，N. and Forster，P. （2007）The impact of diurnal variations of air traffic on contrail radiative forcing. *Atmos. Chem. Phys.*，7，3153 - 3162.

Stuber，N.，Forster，P.，Rädel，G. and Shine，K. （2006）The importance of the diurnal and annual cycle of air traffic for contrail radiative forcing. *Nature*，441，864 -867.

Taylor，M. D.，Noppel，F. and Singh，R. （2007）A gas turbine engine. European Patent Number EP1852590.

Unterstrasser，S.，Gierens，K. and Spichtinger，P. （2008）The evolution of contrail microphysics in the vortex phase. *Mete-orol. Z.*，17，145 - 156.

拓展阅读

Burkhardt，U.，Kärcher，B.，Mannstein，H. and Schumann，U. Climate impact of contrails and contrail cirrus FAA-NASA Aviation-Climate Change Research Initiative （ACCRI），White Paper IV. （http：//www. faa. gov/about/office _ org/headquarters _ offices/aep/aviation _ climate/）.

Heymsfield，A.，Baumgardner，D.，DeMott，P.，Forster，P.，Gie-rens，K.，Kärcher，B. and Macke，A. Contrails and contrailspecific microphysics FAA-NASA Aviation-Climate Change Research Initiative （ACCRI），White Paper III. （http：//www. faa. gov/about/office _ org/headquarters _ offices/aep/aviation _ climate/）.

Lee，D. S.，Pitari，G.，Grewe，V.，Gierens，K.，Penner，J. E.，Petzold，A.，Prather，M. J.，Schumann，U.，Bais，A.，Berntsen，T.，Iachetti，D.，Lim，L. L. and Sausen，R. （2009）Transport impacts on atmosphere and climate：Aviation. *Atmos. Environ.*，43，in press. doi：10. 1016/j. atmosenv. 2009. 06. 005.

Schumann U. （2005）This is how we write authors. Formation，properties and climatic effects of contrails. *Comptes Rendus Physique* 6，549 - 565.

本章译者：朱春玲
（南京航空航天大学航空宇航学院）

第 36 章

辐射强迫与气候变化

Keith P. Shine

雷丁大学气象学系，雷丁，英国

36.1 引　　言

在最早评估人类活动对于气候影响的时候，航空对于气候变化的影响就已经考虑在内了（如，Matthews 等，1971）。在之后的时期，大量的精力都放在了测试超音速飞机对于平流层臭氧的影响上；航空对于气候的影响退居次位。欧洲 Brasseur 等人（1998）的评估给予了气候影响以新的活力。之后政府间气候变化评定委员会（IPCC，1999）大量的关于"航空与全球大气"的报告随之而来。这一直是一个基本的参考。Lee 等（2009，2010）提供了一个更新的评估测试。

36.2 概念框架

36.2.1 辐射强迫

行星能量平衡可以描述为两部分：太阳辐射（波长大多小于 4 μm）被地球和大气层吸收或者反射回宇宙；长波（热红外）辐射（波长大多大于 4 μm）被地球表面和大气排放或者吸收。

在大气层顶部，平均全球每年吸收的太阳辐射（ASR）与向外的长波辐射（OLR）大致平衡，所以净辐射（NET）是

$$NET＝ASR－OLR≈0 \qquad (36-1)$$

卫星观测表明，全球年平均 ASR 和 OLR 大约都是 240 W/m^2，（例如，Hartmann，1996）。

导致气候变化的主要机理扰乱了 ASR、OLR 或者这两者。所以 NET 不等于 0。更多精确的定义在如 Myhre 等（2013）的文献中可获得。但是 NET 初始扰动的大小，还有随之而来的 CO_2 浓度的变化，是气候变化辐射强迫的一个很有用的定义。RF 提供了一个很有用的、不同气候变化大小的一级指标，它是本文的一个主要关注点。

除非有其他声明，这里的 RF 指的是全球平均值。RF 可以指任何指定时间段内的 NET 的变化。由于人类活动导致的辐射强迫经常被报告为自从工业化前时代以来的总的变化，如自从 1750 年，所以对于航空来讲，辐射强迫发生的存在时间只有很短一段时期，因为 1940 年之前，排放物几乎可以忽略。

36.2.2 温度反馈和气候敏感度

当 RF 是正值的时候，地球吸收能量比排放能量多（如果 RF 是负值，反之类似）。气候系统做出反应时升温，从而导致更多的红外排放，这样会有一个更高的 OLR。若给定足够的时间（假定 RF 不随时间变化），则系统会达到一个新的平衡，NET 会再一次趋近于 0。

气候系统对强迫的反馈最简单的表达由 Hartmann（1996）和 Fuglestvedt 等（2010）给出：

$$C \frac{d\Delta T(t)}{dt}＝RF(t)-\frac{\Delta T(t)}{\lambda} \qquad (36-2)$$

式中，t 为时间；C 为气候系统的热容（大部分是在海洋中），J/（K·m^2）；ΔT 为全球平均表面温度（K）的距离未扰动时的偏离值；λ 为气候敏感参数，（K·m^2）/W。

一个有用的特殊期情况是，当 RF 与时间无关

时，式（36-2）可以变为

$$\Delta T(t) = \lambda \mathrm{RF}\left[1 - \exp\left(-\frac{t}{\lambda C}\right)\right] \quad (36-3)$$

当 t 趋近于无穷时，平衡表面温度 ΔT_{eq} 为：

$$\Delta T_{eq} = \lambda \mathrm{RF} \quad (36-4)$$

式（36-4）表明来自一个辐射强迫（常值）的 ΔT_{eq} 只和强迫、气候敏感性参数有关。对于采用 RF 作为气候变化的指标来说，这一公式提供了很多判定方法。

式（36-3）表明 λ 和 C 定义了气候系统的对于 RF 反馈的一个时间常数，是几十年；不能给出一个准确的数字，因为 λ（见下面）和 C 值的不确定性没有得到很好的定义，它依赖于从海洋表层到深海的传热速率。

36.2.3　气候反馈

在气候变化学科中，λ 的值是长期不确定的。如果地球与大气作为黑体向外太空传播，那么史蒂芬定律给出的 OLR 是 σT^4，σ 是史蒂芬-玻尔兹曼常量，T_e 是气候系统的有效排放温度。在这种情况下，史蒂芬定律的导数是 $4\sigma T^3$，反比会得到 λ。若 OLR 为 240 W/m²，λ 大约是 $0.3\ \mathrm{K/(W \cdot m^2)}$，则表明每平方米每瓦的辐射强迫使地球温度上升 0.3 K。这有时被称为"黑体"或者"无反馈"反应。

然而，随着地球变热（或者变冷），很多改变大气和表面辐射性质的反馈过程就会发生。例如，若 RF 为正值，变暖的大气可以容纳更多的水蒸气，水蒸气是温室气体，这又加剧了变暖，给了一个正反馈。相似地，变暖的地球上雪和冰会变少，这样就会减少反射回外太空的太阳辐射，这就导致了进一步的变暖。这两个反馈被认为是相对好理解的（例如，IPCC，2013）。二者一起使得 λ 的值比认为成黑体时的值大约增加 1 倍。

自从 20 世纪 70 年代末期，普遍认为不同实验室提出的数值气候模型给出了完全不同的 λ 值。现在看来，这是因为不同模型处理云的反馈对于气候变化的影响时，采取的方法不同。一个主要的困难是气候模型在一个 100 km 大小的水平网格上表示地球气候——许多重要的气候过程，包括控制云团的过程、在更小尺度上发生的过程，这些都需要以某种方式与模型网格所代表的变量（例如，温度和湿度）相联系。

其余的描述云团的参数（例如，云团中冰的数量）没有全局观测；很难证实气候模型表示云团的

有效性。新一代的卫星设备开始改善这种局面（例如，Boucher 等，2013）。

云团强烈地影响 OLR，ASR 有可能成为非常强大的反馈机制。很多云团特征影响 OLR 和 ASR——例如，云量、高度、厚度以及冰水比例。任何其中之一都会随着气候的变化而变化。即使气候模型对于如今云量具有很令人信服的表示，这也不能代表它们可以很好地表示性质的变化。最新 IPCC 科学评估（IPCC，2013）报告指出，λ 的值很有可能位于 $0.4 \sim 1.2\ \mathrm{K/(W \cdot m^2)}$，这表明气候模型具有较弱到极强的气候反馈。

有很多可能的气候反馈（IPCC，2013）——例如，气候变化会影响海洋和陆地吸收 CO_2 的方式。所谓的碳气候反馈是目前研究的一个很重要的焦点，也有可能是很强的正反馈。

36.2.4　利用辐射强迫的限制

应用式（36-4）的时候，有一些需要注意的地方（Myhre 等，2013）。原先认为 λ 的值几乎与气候变化机理无关。所以，如果 RF 因为太阳辐射的变化（影响 ASR）而变化，λ 的值会随 CO_2 的变化而变化（主要影响 OLR）。很多最新的计算都表明 λ 在气候变化机制中变化很大。这一效应可以用"功效"来描述，其定义为给定气候变化机制下的 λ 与 CO_2 加倍时候的 λ 的比值。Ponater 等（2006）给出了一定范围内航空引起的不同 RF 下的"功效"。这些都是广泛熟知的，同一实验不同气候模型下的实验结果需要细致对比——目前尚没有达成共识。这里假定所有的气候变化机理都具有相同的功效值。一旦达成共识，就可以更好地采用功效与 RF 的结果进行对比，又或者（如同 Myhre 等，2013 提出的那样）采用 RF 的变式，称为"有效 RF"。第二个要注意的是，式（36-4）指的是严格的整体平均量。因为两个原因，这非常重要。第一，式（36-4）不能被应用于局部，特定位置的 RF 值不是当地温度反馈的一个良好指标。这是因为风与洋流在全球范围内传递热量——反馈的地理规律更加严格地决定于反馈的本质而非辐射强迫的分布（例如，Boer 和 Yu，2003；IPCC，2013）。例如，雪/冰的反馈导致了更高地区的更强反应。第二，很容易想到一种全球平均 RF 为 0 的情况（由于造成正负 RF 机理之间的机会补偿）——尽管全球平均温度变化可能接近于 0，仍有可能发生很大的局部气候变化。

这里讨论的最后一个需要注意的是，除了 RF 与 ΔT 外，气候变化还有很多其他的方面——例如，降水量的变化、极端暴雨、海平面上升，对于社会影响而言，这也很重要。这要在更复杂的模型中表示，而不是由式（36-2）概括性地得到一个简单的表述。

大部分航空与气候变化方面的工作都聚焦于计算 RF，本文中 RF 是关注点。

36.3 航空导致的辐射强迫

由航空累积的排放物所致的 RF 总结如图 36.1 所示，其源自 Lee 等（2009）的最新详细评估。

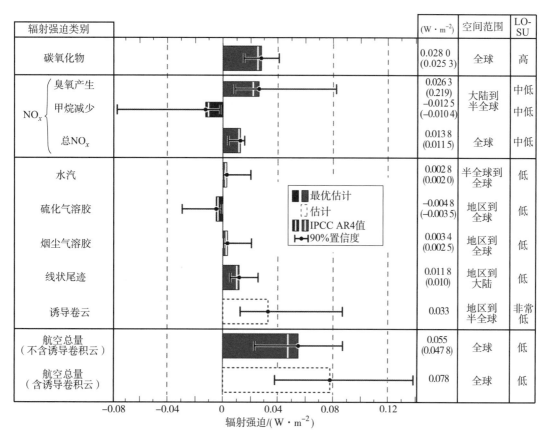

图 36.1 由于航空导致的全球 2005 年平均辐射强迫成分表，相对于工业化之前而言

［阴影部分条形图最优估计（除了航空导致的云变化，不能给出最优估计）。条形图内白线所表示的值来源于 Forster 等（2007）。AIC 估计包括线状尾迹。右边给出 Forster 等（2007）（圆括号内）和 Lee 等（2009）的数字值。误差带表示每一估计 90% 的可能区域。在有无 AIC 情况下，航空全部辐射强迫的最优估计值已给出。每一辐射强迫的空间尺度与其科学理解水平（LOSU）在右边条目中给出（来自 Lee 等，2009，Elsevier）。］

每一条目的整个尺寸都给出了 2005 年 RF 的最佳估计，相对于工业化之前的时代，右手边第一列给出了数值。白线给出了 Forster 等（2007）的估计值（在右手边的第一栏圆括号内给出）。误差带表示 90% 的可能范围，这来源于发表的范围值与专家判断的一个综合。右手边中间栏表示辐射强迫的空间范围。基于专家判断，考虑计算辐射强迫的难度，最后一栏给出了科学理解的水平（LOSU）。图 36.2 表示了这些辐射强迫的很多高度分布。

当然，如果 RF 可以直接观测到，就很令人满意了。在很少情况下，这是有可能的（例如，大的火山喷发影响或者太阳输出发生变化，基于卫星观测，近期这才变得可能）。这有很多原因。首先，由于 RF 导致的 NET 的偏离较小，探索它需要一系列的校准好的卫星观测。其次，任何观测到的 NET 的变化都是由于 RF 以及气候对辐射强迫的反馈造成的，很难分开这两者。最后，在本文中，即使 RF 可以被观测到，也很难弄清楚多少是由于航空影响的，多少是由于其他人类活动影响的——后面将会给出，航空影响仅仅是整个的一小部分。所以，RF 计算通常严重依赖于计算机模拟——除

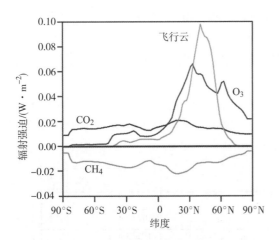

图 36.2　1992 年全球航空辐射强迫与纬度的关系，相对于工业化之前的时代而言，有很多航空导致的辐射强迫

[注意这些值与图 36.1 中不对应，因为它们是不同时期的，且科学理解水平不同（来源于 IPCC，1999. 剑桥大学出版社）]

了对于大气过程理解不全面导致的不确定性外，在假定的航空排放 CO_2、其他气体和粒子分布情况下，RF 的计算是可信的——目前总结看来，这些分布有很大的不同（例如，Wilcox 等，2012）。

要注意，航空导致的影响具有很多不同的时间尺度。对于 CO_2，任何扰动的相当一大部分（百分之几十）、航空（或者其他）排放，会在大气中持续成千上万年（Archer 和 Brovkin，2008；IPCC，2013）——这是因为 CO_2 的改变导致了海洋碳循环的改变。这样，图 36.1 中的 CO_2 RF 是飞机排放整个时间周期的结果。另一个极端，尾迹通常持续数个小时。这样，由线状尾迹导致的 RF 是最近航空活动的结果。这些不同时间尺度的一个结果就是考虑到一个假象：航空排放突然停止。由线状尾迹导致的 RF 几乎会立即消失；CO_2 RF 将会持续几个世纪。

这些时间尺度的问题将会在第 36.4 部分再次讨论。在最近的文献中，对于图 36.1 没有根本性的更正，但是由理解的深入导致的变化将会在下面说明。

36.3.1　碳氧化物

CO_2 是很重要的温室气体，因为它具有很宽的热红外波长吸收带，大约是 15 μm。在每一个分子水平上，CO_2 是相对较弱的，部分原因是自然 CO_2 的浓度。然而，CO_2 浓度的绝对变化要比其他人类活动排放的温室气体更高，这样一个事实弥补了单个分子较弱的特点。

CO_2 是所有航空强迫中考虑最早的，其在大气中的存在时间（几十年到上千年）很长，以至于飞机发动机燃烧煤油产生的 CO_2 与人类在地球上到处燃烧化石燃料所产生的 CO_2 没有大的气候方面的不同。风在地球上传播 CO_2 排放物的时间（好几个月）远远小于 CO_2 在大气中的存在时间。

图 36.1 表明到 2005 年，估计的航空排放 CO_2 RF 是 28 mW/m^2，LOSU 值较高，很明显这是最大的单一成分之一。2011 年的值可能略高，10%～15%，这是由于排放物的增加。图 36.2 所示说明强迫是全球性的。

36.3.2　氮氧化物

航空氮氧化物（NO_x）的排放导致了一系列复杂的化学后果，使得净 RF 测定富有挑战性。NO_x 导致臭氧的增加。臭氧吸收紫外线和可见光辐射，具有热红外吸收带，特别是在 10 μm 波长附近，臭氧强迫是正的；图 36.1 表明这个强迫在不确定带内，与 CO_2 强迫大小相同，但是最近有分析指出，它可能要小 20% 左右（例如，Søvde 等，2014）。

臭氧变化具有连锁反应，增加了羟基自由基（OH），在控制许多大气成分浓度方面扮演着重要角色。在气候变化方面，最重要的就是甲烷（CH_4），它是一种非常重要的温室气体（每一个分子水平上是 CO_2 的 24 倍）——更多的 OH 意味着 CH_4 破坏得更加剧烈，这样 CH_4 浓度就下降了［自从工业化前时代以来，甲烷浓度增加（例如，Myhre 等，2013），这是人类活动导致的，但是 NO_x 排放减弱了这种增长趋势］。这样，航空 CH_4 减少产生负的 RF，图 36.1 展示了臭氧强迫，大约是 -50%。

CH_4 的减少还有一些其他结果（例如，Myhre 等，2013）。其中之一就是甲烷本身对于臭氧的形成很重要；甲烷的减少导致臭氧的减少，而 NO_x 的增加会产生更多的臭氧。一些最近的文章（例如，Søvde 等，2014）指出航空 NO_x 排放的净效应比图 36.1 中标明的小 5（±4）mW/m^2，这是由于对大气的理解进一步加深了。

关于 NO_x 还有其他复杂的问题。首先，对臭氧的影响强烈地依赖于排放 NO_x 的高度与纬度。图 36.1 中给出的值指的是现在的飞机，集中在北方中纬度对流层上部与平流层下部。如果排放物的高度和地理分布发生了改变，NO_x RF 也会发生改变。其次，O_3 和 CH_4 强迫在全球平均意义上有了一定的减小，但是局部意义上并非如此。图 36.2 表示的如今飞机的臭氧强迫，集中在北部中纬度地区；作为对比，由于 CH_4 存在时间较长（约 10 年），全球范围都在减弱，大约南北半球都平衡。这样，在北半球正的臭氧强迫占主导，在南半球负的 CH_4 强迫占主导。这是一个小的全球平均强迫有可能导致明显的局部气候变化的例子。

36.3.3 水蒸气

燃烧煤油导致航空排放水蒸气。水蒸气是一种很重要的温室气体，也是自然温室效应的主要成员。在对流层航空水蒸气的排放被认为不会导致任何明显的浓度变化——自然水文循环的生命力在于水蒸气分子的存在时间大约是 7 天，不可能累积，从而形成大的浓度变化。然而，在平流层，存在时间相当长（好几个月），允许更多显著的变化发生。对流层顶部将对流层与平流层区分开来，它随位置、季节，还有特定的天气系统而变化，回归线纬度上变化 8～16 km。民航飞机在平流层底部花费很多时间（例如，Gauss 等，2003），特别是在北半球冬季，从平均意义上说，此时对流层顶部纬度较低。

图 36.1 展示了水蒸气 RF 适中（3 mW/m²），数量级小于 CO_2。更多最新测评（例如，Wilcox 等，2012）表示它可能会更小（1 mW/m²，一个可能的上限是 1.4 mW/m²）。然而，IPCC（1999）指出，如果未来超音速飞机舰队在平流层飞行，水蒸气可能会变成主要的 RF，因为大部分排放物都会发生在其存在时间较长的纬度上。

36.3.4 悬浮颗粒

航空发动机排放的悬浮颗粒，或者是在排气羽流中形成的，可以通过吸收或者分散太阳辐射而影响 RF；它们通常都很小（亚微尺度），不能明显地影响热红外辐射。

硫化的悬浮颗粒通常不被吸收，特别是在可见光波段；它们通过分散太阳辐射产生一个 RF，这样 RF 为负值。图 36.1 展示了一个很小的 RF（5 mW/m²）。作为对比，烟尘粒子通常吸收可见光和太阳辐射，如果不吸收，就会分散到外太空去。这样，它们产生一个正的 RF，大小几乎相同（3 mW/m²），但是与硫化物强迫的符号相反。最近的模拟（Gettelman 和 Chen，2013；Righi 等，2013）都证明在此值附近。

这表明悬浮颗粒不是直接产生航空 RF 的主要因素。然而，它在尾迹形成过程中扮演着重要的角色，而且有可能极大地改变自然云团的性质。这些问题在以下分段中讨论。

36.3.5 尾迹

飞机尾迹可以说是人类活动对于大气影响最明显的可见现象，特别是对于那些生活在繁忙的航线下方的人来说。有趣的是，这里所谓的持续尾迹是指飞机飞过冰过饱和的足够冷的区域时所形成的。这些尾迹可以存留几个小时。

因为尾迹的原因，估计 RF 有很多困难。首先，虽然在卫星图像中尾迹清晰可见，但是不能认识到水平面内的可靠的全球气候学。这需要模式识别手段从其他云团中分辨出尾迹。截至目前，可以获得对更加严格的地区与时间内的卫星图片的更加详细的分析。这些与建模手段（将气象数据与机票库存结合）一起应用，从而提供尾迹发生的全球范围内的估计。典型的估计是，在全球平均水平上，天空的 0.05%～0.1% 在任何时间都有尾迹覆盖（例如，Myhre 和 Stordal，2001；Spangenberg 等，2013）。

第二个难点是 RF 计算需要尾迹性质额外的信息，如厚度、数量、大小以及组成尾迹的冰晶形状。仅有有限的案例研究数据可以获得，所以对全球计算来说，需要做很多假设。

这里讨论的最后一个难点是净尾迹 RF 是一个反向的长波 RF 与短波 RF 的小的残余量。尾迹反射太阳辐射，造成负的 RF，捕获热红外辐射，减小 OLR 并产生正的 RF。

在全球平均水平上，人们相信热红外占主导——图 36.1 表明全球年平均 RF 大约是 12 mW/m²，很多其他最新的研究得到的值是 10 mW/m² 或者更小一点（例如，Boucher 等，2013；Burkhardt 和 Kärcher，2011；Spangenberg 等，2013）。

因为尾迹存在时间很短，它们仅仅在航运繁忙的地区持续，这样得到的强迫是很不均匀的（图 36.2）。尾迹强迫白天变化也很大，因为热红外与短波 RF 之间的补偿依赖于能够获得阳光（Myhre 和 Stordal，2001；Stuber 等，2006）。这样，晚上热红外 RF 是唯一因素。如果短波 RF 占据主导地位，那么白天的时候净辐射可能是负的。目前还不确定这种昼夜差距是否明显地影响着尾迹的气候效应。

Ponater 等（2006）和 Rap 等（2010）的模拟表明尾迹 RF 可能不是造成表面温度变化的主要因素，因为它们的功效（见 36.2.4 部分）可能比 CO_2 的要小得多（分别是 0.6 和 0.3）。这就需要看未来更多的模拟结果是否得到了相似的较低值，这很重要。

曾有对气候明显受到影响的申诉，这是在"9·11"事件之后，美国民用飞机接地后由尾迹缺乏导致的（Travis 等，2004）。这些结论被很多研究所求证（例如，Dietmuller 等，2008）。

36.3.6　航空导致的云团变化

航空导致的云团（AIC）变化有可能是最不确定的航空 RF，但是它有可能是最重要的。

Lee 等（2009）之后，讨论了两个不同的 AIC 效应。第一，持续尾迹（见 36.3.5 部分）可以传播形成云状的云团，看起来与自然云团不可分辨——这里指的是直接 AIC 强迫。确实有明显的证据证明尾迹演化成了云状云团（例如，Minnis 等，1998）。确定这一强迫的困难包括，明确自然云团是否在任何情况下都能形成、明确航空排放对自然云团的影响以及确定 AIC 性质（例如，Burkhardt 和 Kärcher，2011）。这一 RF 的中度估计是 30 mW/m² （图 36.1），这一值在 2011 年被 IPCC 最近的评估（Boucher 等，2013）所更新，达到了 40 mW/m²，这使得其成为最大的单项航空所致的 RF。然而，这一估计的不确定性因子是 3，并不令人信服。

第二，基于表面的硫化悬浮颗粒排放可能通过影响高度较低的云团的性质，产生一个负的 RF（例如，Boucher 等，2013）。航空排放中的硫化和黑碳悬浮颗粒会有相似的效应。进行这样的计算具有很大的困难，这是因为云团微观物理过程的不确定性以及改变悬浮颗粒浓度对云团的影响。然而，最新的建模研究表明，航空硫化物排放对于云团的影响可能会造成一个负的 RF，是几十 mW/m² （Righi 等，2013；Gettelman 和 Chen，2013）。这将会使它与直接 AIC RF 一样重要，但是符号相反。很明显，这需要更多的研究工作。

36.3.7　总结并比较人类活动的全部影响

图 36.1 展示了 2005 年由航空导致的不包含（55 mW/m²）或者包含（78 mW/m²）直接 AIC RF 中度估计的总的 RF。这表明虽然对于总的 RF

的科学认识水平不高，但是总的航空 RF 是 CO_2 RF 的 2～3 倍。航空排放的增长以及对 NO_x RF 和硫化排放物对云团影响的最新研究很有可能得到一个与 2011 RF 大致相同的图，但是详细的评估尚不可知。

这些数据可以与相对于工业化以前的时代，2011 年由人类活动导致的总 RF 评估相比（Myhre 等，2013）。总的 CO_2 RF 评估为 1.8 W/m² （± 10%，科学理解水平较高），人类活动总的 RF 约为 2.3 W/m²；这一值的不确定性是 50。

Lee 等（2009）估计目前航空 CO_2 占整个人类活动 CO_2 RF 的 1.6% 左右，整个航空 RF 占 3.5%（不含直接 AIC RF）或者 4.9%（含直接 AIC RF）。Lee 等（2009）采用不确定性估计给出蒙特卡罗模拟结果，发现航空对于人类活动 RF 影响的 90% 的区域占据 1.3%～10%（不含直接 AIC RF）或者 2%～14%（含直接 AIC RF）。

这里没有做未来航空对整个 RF 影响的研究分析，但 Lee 等（2009）已经讨论了。许多因素阻碍得出令人信服的预测。整个人为 RF 严重依赖于未来人口变化、经济增长和技术发展以及国际气候协议影响排放的程度。航空 RF 依赖于这些发展，也依赖于现在和未来是否发生飞机调控变化（例如，巡航高度）。

36.4　排放指数

36.4.1　总的考量

航空排放的不同区域导致了一些问题，即这些排放是否能放在一个通用的尺度上作比较。有几条这样做的理由。一个是技术上的：如果允许飞机的设计与操控有所改变，那么会改变它的气候影响吗？例如，尾迹可以通过低飞加以避免，但是这很有可能需要增加燃油消耗并增加 CO_2 排放，这是期望看到的吗？另一个是立法环境上的：考虑要求无航空（或其他）CO_2 排放，从而提供对于整个影响的更清楚的认识。还有一个是公司给消费者提供支付计划的机会，从而补偿其航空旅行的气候影响，也可以包括无 CO_2 排放的影响。

RF 是用于比较的备用指标——确实，一个指标是整个强迫与只有 CO_2 强迫的比值——这有时被称为辐射强迫指数（RFI），或者简单点说，一个 CO_2 乘子。在这种应用下，CO_2 与 RFI（根据 Lee

等，2009 估计，是 2～3）相乘得到整个气候影响。RF 与 RFI 对于观测过去排放的累积效应非常有用，但是不适用于观测目前排放的未来效应。这样，采用 RFI 受到严重批判（例如，Fuglestvedt 等，2010），因为它不能说明排放物的不同存在时间（尾迹约数小时，排放的 CO_2 大多可达千年）；另外，它表示了一个固定的油料使用税，这样就使得减少 CO_2 排放的行动不那么彻底，忽视了无 CO_2 排放。

建立一个鲁棒性很好的指数有很多困难（例如，Fuglestvedt 等，2010）。具体包含如下内容：①确定需要比较哪种气候参数？RF、温度变化，或者这些效应的时间积分？②参数计算的时间范围是什么？应当考虑是 10 年的气候影响还是跟踪一种排放物，或者更长时间的效应？③怎么考虑排放物影响的不确定性？正如下面将要讨论的，①和②的答案对于认识 CO_2 和无 CO_2 排放具有深刻的影响。比较飞机排放的气候影响还有其他因素，如计算的时间范围、政策制定者必须做的价值导向决定、目前没有广泛接受的方法。

36.4.2 全球变暖潜势与全球温度变化潜势

IPCC 自从其早期以来一直都在给出叫作全球变暖潜势的指数（GWP）。如果一个脉动排放，即 1 kg 的气体被排放到大气中，随着其在大气中流动，脉动在一段时候后衰减（大多数排放物是指数形式）。GWP 表示由于这种衰减脉动导致的 RF 的时间积分——这表示气体的存在时间与其辐射强度已经被考虑在内。它通常表示为一种气体的 GWP 与 CO_2 的 GWP，GWP（100 年时间长度的积分）被用在联合国气候变化框架公约《京都协定书》，从而允许协议签约国决定控制哪种温室效应气体来达到其承诺。所以，例如，在给定年限内的甲烷排放可以映射于"CO_2——平衡"，目前可通过将其乘以 28 来估计甲烷的 100 年的 GWP（Myhre 等，2013）。曾有很多关于 GWP 作为一种概念和计算短期存在产物，如 NO_x（Fuglestvedt 等，2010 和其参考资料）的值难以认定方面的批评，但是它仍然被广泛使用着。

另一个指数，全球温度变化潜势（GTP），也被提了出来，它给出了一个脉动排放到大气之后，一定时间的温度变化，GTP 并没有实现像 GWP 那样的接受度，但是在某些气候政策的情况下更加

适用（Myhre 等，2013）。虽然它也饱受批评，但是它说明了设计排放指数时不同选择的影响。因为它是看一个排放之后一段时间的温度变化，而不是一个排放的时间累积效应，通常它表明航空短期存在的非 CO_2 排放物影响较小，GTP 的实际值依赖于 λ 与 C 的假定（见第 36.2 部分）。

表 36.1 与表 36.2 说明了典型的航空排放的 GWP 与 GTP 值，是基于 Fuglestvedt 等（2010）给出的值。需要强调的是，这些值指的是如今飞机的平均效应——它们不能被应用到单个飞机的情况（对单个飞机来说，例如，气象条件可能不允许尾迹形成）。如果飞机飞行的高度与纬度有变化，也不能应用—— NO_x 和尾迹的效应强烈依赖于排放物发生的位置。

表 36.1　就如今航空飞机每千克燃油，相对于 CO_2 而言，对于航空排放物造成的全球气候变暖三个时间尺度的估计

	时间尺度/年		
	20	100	500
NO_x（高估计值）	0.68	0.10	0.03
NO_x（低估计值）	0.17	−0.003	−0.001
尾迹	0.74	0.21	0.064
航空导致的云团	2.2	0.63	0.19
水蒸气	0.27	0.078	0.023
CO_2 乘子（NO_x 高，无 AIC）	2.7	1.4	1.1
CO_2 乘子（NO_x 高，含 AIC）	4.9	2.0	1.3
CO_2 乘子（NO_x 低，无 AIC）	2.2	1.3	1.1
CO_2 乘子（NO_x 低，含 AIC）	4.4	1.9	1.3

说明：最下面四行表示了对于每千克燃油来说，多少倍的 CO_2 效应可以说明非 CO_2 效应。

表 36.2　就如今航空飞机每千克燃油，相对于 CO_2 而言，对于航空排放物全球温度变化潜势的三个时间尺度的估计

	时间尺度/年		
	20	50	100
NO_x（高估计值）	−0.29	−0.09	−0.01
NO_x（低估计值）	−0.85	−0.30	−0.01
尾迹	0.21	0.04	0.03
航空导致的云团	0.64	0.11	0.09
水蒸气	0.08	0.01	0.01
CO_2 乘子（NO_x 高，无 AIC）	1.0	1.0	1.1
CO_2 乘子（NO_x 高，含 AIC）	1.6	1.1	1.1
CO_2 乘子（NO_x 低，无 AIC）	0.4	0.7	1.0
CO_2 乘子（NO_x 低，含 AIC）	1.1	0.9	1.1

说明：最后四行表示对于每千克燃油来说，多少倍的 CO_2 效应可以说明非 CO_2 效应。

一些高度和纬度独立性的信息可以在如 Grewe

和 Stenke（2008）、Rädel 和 Shine（2008）、Søvde
等（2014）中找到。最后，表 36.1 和表 36.2 中所
给出的值有待于随着科学理解的深入而彻底更新。

表 36.1 和表 36.2 表示了相对于 CO_2 的值，给
出了三个时间尺度的 IPPC 曾给出的 GWP 值（20
年、100 年和 500 年）。给出的 GTP 是 20 年、50
年和 100 年，因为这对于这一指数来说更合适；任
何情况下，对于长时间尺度，航空非 CO_2 排放物都
会迅速衰减到 0，因为它们与 CO_2 相比，存在时间
很短。

表 36.1 和表 36.2 都是从燃烧 1 kg 燃油相对
于 CO_2 的效应的角度给出的值。对于每千克燃油，
3.16 kg CO_2、1.23 kg H_2O 和 0.015 kg NO_2 被排
放出来——NO_2 数量最不确定，因为它依赖于煤油
燃烧的方式。以"高 NO_x"和"低 NO_x"的形式
给出值，从而反应目前文献中的 RF 值的范围。表
中最下面的四行表示了需要乘多少 CO_2 效应才能得
到非 CO_2 效应；由于特别高的不确定性，所以给出
了两个 NO_x 并且有或无 AIC 的情形。这些行可以
类比于 RFI，但是以如今的排放对未来影响的形式
给出的。

表 36.1 表明对于所有成分来说，GWP 随时间
而减小——这是因为值是与作为在大气中存在超过
500 年的重要成分——CO_2 相比较的；这样，部分
在大气中存留 500 年的 CO_2 脉动仍然对 RF（累积
积分）有影响，然而短期存在气体的 RF 早已衰减
到 0 了，由此可知 NO_x 成分的迹象有所改变，这
是由创造的臭氧与分解的甲烷之间的相对平衡所决
定的。CO_2 乘子行表示了不同的总效应组合。这
清晰地说明了用来说明非 CO_2 排放的 CO_2 乘子变
化很大，这依赖于选择的时间尺度，以及考虑从
1.1 到 4.9 的哪种影响。

表 36.2 表明 GTP 相对于 GWP（比较表 36.1
和表 36.2 中 20 年和 100 年的值）来说，随时间变
化掉落得很快；由于 GTP 的特性，它相对于 GWP
来说，保持短时存在所产生的效应的时间很短。
NO_x 的值通常为负，因为甲烷导致的冷却控制了
由于臭氧导致的变暖。Fuglestvedt 等（2010）说
明了这些值表现出这种现象的原因。通常 CO_2 乘
子的值比 GWP 的值要小，并且确实在甲烷导致的
冷却具有很强影响的情形下小于 1。在给定的情形
下，乘子变化范围是 0.4～1.6。

36.5　结　　论

航空排放物如 CO_2、氮氧化物、悬浮颗粒以及
水蒸气会导致气候变化。虽然由于 CO_2 变化导致的
RF 可以很好地表示人类其他活动导致的其他源头
的 RF，在估计非 CO_2 强迫方面仍然有着很大的困
难——这是一个航空导致的云量变化的例子。到
2005 年的航空最佳辐射强迫估计，采用最新综合
评估（Lee 等，2009）排除 AIC 是 55 mW/m^2，不
排除 AIC 是 78 mW/m^2，不确定性因子至少为 2；
这些值就 2011 年给出的科学发展水平而言，很有
可能具有普适性。2005 年航空 CO_2 RF 代表了由于
人类活动导致的总的 CO_2 强迫的 1.6%。据估计，
包括非 CO_2 效应，航空造成的由人类活动导致的
总 RF 为 1.3%～14%。

比较现在航空排放物对未来的影响的两种不同
方法在本文给出——全球变暖潜势与全球温度变化
潜势。对于非 CO_2 排放物相对于 CO_2 排放物的相
对重要性的认识强烈地依赖于所选的方法以及所选
方法中参数的选择。比较结果所选的时间尺度具有
很大的重要性——通常，所选时间尺度越长，CO_2
相对于非 CO_2 排放物就更加重要。

对于 RF 估计的改进需要我们对于大气过程理
解的进步、对于这些过程数值建模更好的技巧，以
及更加详细和持续的观察、综合采用原地与远距测
试手段。

相关章节

第 35 章

参考文献

Archer, D. and Brovkin, V.（2008）The millennial atmospheric lifetime of anthropogenic CO_2. *Climatic Change*, 90, 283 - 297.

Boer, G. J. and Yu, B.（2003）Climate sensitivity and response. *Climate Dyn.*, 21, 415 - 429.

Boucher, O., Randall, D., Artaxo, P., Bretherton, C., Feingold, G., Forster, P., Kerminen, V.-M., Kondo, Y., Liao, H., Lohmann, U., Rasch, P., Satheesh, S. K., Sherwood, S., Stevens, B., and Zhang, X. Y.（2013）Clouds and aerosols, in *Climate Change* 2013: *The Physical Science Basis. Contribution of Working Group I to the Fifth Assessment Report of the Inter-governmental Panel on Climate Change*（eds T. F. Stocker, D. Qin, G.-K. Plattner, M. Tignor,

S. K. Allen, J. Boschung, A. Nauels, Y. Xia, V. Bex, and P. M. Midgley), Cambridge University Press, Cambridge, UK.

Brasseur, G. P., Cox, R. A., Hauglustaine, D., Isaksen, I., Lelieveld, J., Lister, D. H., Sausen, R., Schumann, U., Wahner, A., and Wiesen, P. (1998) European scientific assessment of the atmospheric effects of aircraft emissions. *Atmos. Environ.*, 32, 2329 – 2418.

Burkhardt, U. and Kärcher, B. (2011) Global radiative forcing from contrail cirrus. *Nat. Climate Change*, 1, 54 –58.

Dietmuller, S., Ponater, M., Sausen, R., Hoinka, K. P., and Pechtl, S. (2008) Contrails, natural clouds, and diurnal temperature range. *J. Climate*, 21, 5061 – 5075.

Forster, P., Ramaswamy, V., Artaxo, P., Berntsen, T., Betts, R., Fahey, D. W., Haywood, J., Lean, J., Lowe, D. C., Myhre, G., Nganga, J., Prinn, R., Raga, G., Schulz, M., and Van Dorland, R. (2007) Changes in atmospheric constituents and in radiative forcing, in *Climate Change 2007: The Physical Science Basis. Contribution of Working Group I to the Fourth Assessment Report of the Intergovernmental Panel on Climate Change* (eds S. Solomon, D. Qin, M. Manning, Z. Chen, M. Marquis, K. B. Averyt, M. Tignor, and H. L. Miller), Cambridge University Press, Cambridge, UK.

Fuglestvedt, J. S., Shine, K. P., Berntsen, T., Cook, J., Lee, D. S., Stenke, A., Skeie, R. B., Velders, G. J. M., and Waitz, I. A. (2010) Transport impacts on atmosphere and climate: metrics. *Atmos. Environ.*, 44, 4648 – 4677.

Gauss, M., Isaksen, I. S. A., Wong, S., and Wang, W. -C. (2003) Impact of H_2O emissions from cryoplanes and kerosene aircraft on the atmosphere. *J. Geophys. Res.*, 108, 4304.

Gettelman, A. and Chen, C. (2013) The climate impact of aviation aerosols. *Geophys. Res. Lett.*, 40, 2785 – 2789.

Grewe, V. and Stenke, A. (2008) AirClim: an efficient tool for climate evaluation of aircraft technology. *Atmos. Chem. Phys.*, 8, 4621 – 4639.

Hartmann, D. L. (1996) *Global Physical Climatology*, Academic Press.

IPCC. (1999) Aviation and the global atmosphere, in *Inter-governmental Panel on Climate Change* (eds J. E. Penner, D. H. Lister, D. J. Griggs, D. J. Dokken, and M. McFarland), Cambridge University Press, Cam-bridge, UK.

IPCC. (2013) *Climate Change 2013: The Physical Science Basis. Contribution of Working Group I to the Fifth Assessment Report of the Intergovernmental Panel on Climate Change* (eds T. F. Stocker, D. Qin, G. -K. Plattner, M. Tignor, S. K. Allen, J. Boschung, A. Nauels, Y. Xia, V. Bex, and P. M. Midgley), Cambridge University Press, Cambridge, UK.

Lee, D. S., Fahey, D. W., Forster, P. M., Newton, P. J., Wit, R. C. N., Lim, L. L., Owen, B., and Sausen, R. (2009) Aviation and global climate change in the 21st century. *Atmos. Environ.*, 43, 3520 – 3537.

Lee, D. S., Pitari, G., Berntsen, T., Grewe, V., Gierens, K., Penner, J. E., Petzold, A., Prather, M., Schumann, U., Bais, A., Iachetti, D., and Lim, L. L. (2010) Transport impacts on atmosphere and climate: aviation. *Atmos. Environ.*, 44, 4678 – 4734.

Matthews, W. H., Kellogg, W. W., and Robinson, G. D. (eds) (1971) *Man's Impact on Climate*, MIT Press, Cambridge, MA.

Minnis, P., Young, D. F., Garber, D. P., Nguyen, L., Smith, W. L. J., and Palikonda, R. (1998) Transformation of contrails into cirrus during SUCCESS. *Geophys. Res. Lett.*, 25, 1157 – 1160.

Myhre, G., Shindell, D., Bréon, F. -M., Collins, W., Fuglestvedt, J., Huang, J., Koch, D., Lamarque, J. -F., Lee, D., Mendoza, B., Nakajima, T., Robock, A., Stephens, G., Takemura, T., and Zhang, H. (2013) Anthropogenic and natural radiative forcing, in *Climate Change 2013: The Physical Science Basis. Contribution of Working Group I to the Fifth Assessment Report of the Intergovernmental Panel on Climate Change* (eds T. F. Stocker, D. Qin, G. -K. Plattner, M. Tignor, S. K. Allen, J. Boschung, A. Nauels, Y. Xia, V. Bex, and P. M. Midgley), Cambridge University Press, Cambridge, UK.

Myhre, G. and Stordal, F. (2001) On the tradeoff of the solar and thermal infrared radiative impact of contrails. *Geophys. Res. Lett.*, 28, 3119 – 3122.

Ponater, M., Pechtl, S., Sausen, R., Schumann, U., and Hüttig, G. (2006) Potential of the cryoplane technology to reduce aircraft climate impact: a state-of-the-art assessment. *Atmos. Environ.*, 40, 6928 – 6944.

Rädel, G. and Shine, K. P. (2008) Radiative forcing by persistent contrails and its dependence on cruise altitudes. *J. Geophys. Res.*, 113, D07105.

Rap, A., Forster, P. M., Haywood, J. M., Jones, A., and Boucher, O. (2010) Estimating the climate impact of linear contrails using the UK Met Office climate model. *Geophys. Res. Lett.*，37，L20703.

Righi，M.，Hendricks，J.，and Sausen，R.（2013）The global impact of the transport sectors on atmospheric aerosol：simulations for year 2000 emissions. *Atmos. Chem. Phys.*，13，9939 - 9970.

Søvde，O. A.，Matthes，S.，Skowron，A.，Iachetti，D.，Lim，L.，Owen，B.，Hodnebrog，Ø.，Di Genova，G.，Pitari，G.，Lee，D. S.，Myhre，G.，and Isaksen，I. S. A.（2014）Aircraft emission mitigation by changing route altitude：a multi-model estimate of aircraft NO_x emission impact on O_3 photochemistry. *Atmos. Environ.*，95，468 -479.

Spangenberg，D. A.，Minnis，P.，Bedka，S. T.，Palikonda，R.，Duda，D. P.，and Rose，F. G.（2013）Contrail radiative forcing over the Northern Hemisphere from 2006 Aqua MODIS data. *Geophys. Res. Lett.*，40，595 - 600.

Stuber，N.，Forster，P.，Rädel，G.，and Shine，K. P.（2006）The importance of the diurnal and annual cycle of air traffic for contrail radiative forcing. *Nature*，441，864 -867.

Travis，D. J.，Carleton，A. M.，and Lauritsen，R. G.（2004）Regional variations in US diurnal temperature range for the 11 - 14 September 2001 aircraft groundings：evidence of jet contrail influence on climate. *J. Climate*，17，1123 - 1134.

Wilcox，L. J.，Shine，K. P.，and Hoskins，B. J.（2012）Radiative forcing by aviation water vapour emissions. *Atmos. Environ.*，63，1 - 13.

本章译者：朱春玲

（南京航空航天大学航空宇航学院）

第 37 章

大气成分

Thomas W. Schlatter

美国海洋暨大气总署（NOAA）地球系统研究实验室，博尔得，科罗拉多州，美国

37.1 引　言

本章回顾了大气的组成、飞机及宇宙飞船飞行所处的流动介质和其组成如何随高度而变化。大气并没有一个明确的上边界。存在于很高的大气层的带电的和电中性粒子最终将与太阳风汇合，而电离气体流不断地从太阳向外流动。那些发生在高海拔（数万公里）的现象比发生在这里的要考虑的因素多得多。为了保持本章的适用范围，特使用了从地球表面到海拔大约 1 000 km 的这段高度的大气成分。仅仅只考虑了垂直的高度，也就是说，大气特性以及主要的大气风特性的水平梯度没有讨论。

第 37.2 节描述了大气气体的最基本特性，介绍了大气气体会被认定为流体的最基本的条件。

第 37.3 节解释了为什么空气这种混合气体的平均分子量会在海拔高度超过 85 km 前基本保持恒定不变、为什么空气的平均分子量会在高于这个高度情况下减少和为什么在高海拔的情况下带电粒子会成为大气混合气体的一部分。

第 37.4 节讨论了大气中的主要气体，以及相关气体的来源和去向（向大气引入某种气体以及去除它的过程）。

空间上并不能对所有的这些问题在细节上进行处理，但是这样做的目的是在不牺牲科学精度的前提下提供基本的概念。

注意本章没有涉及的主题也是很有用的。飞机和宇宙飞船穿过大气层的影响完全可以在航天工程百科全书（Richard Blockley，Wei Shyy，书号：978-0-470-75440-5）中的第一卷流体动力学与气动热力学中找到。天气对飞机的影响，大部分是有害的，可以在第 38 章中找到相关内容。空间天气对太空飞行器的危害，包括对机组人员的危害，可以在第 6 卷第 278 章中的由 Dave Finkleman 所写的"大气与航天器的相互作用"中找到。与本章内容最接近的也在第 6 卷第 274 章——大气垂直结构，其作者是 Thomas W. Schlatter。该篇文章讨论了随高度改变的温度变化所定义的大气垂直结构并且给出了大气中称为电离层的带电粒子和中性粒子之间相互作用的详细信息。

37.2 大气气体的基本属性

考虑地球大气层的单个组件气体。理想气体定律的最原始形式是将该气体分子的数目 n 与气体压强 p 和绝对温度联系起来。

$$pV=nkT \tag{37-1}$$

其中，k 是玻尔兹曼常数，它的值为 1.38×10^{23} J/K。如果该气体的分子质量为 m，气体定律可以改写为

$$p=m\frac{n}{V}\frac{k}{m}T=\rho RT \tag{37-2}$$

其中，密度 ρ 是气体分子的数量乘以每个分子的质量再除以体积。气体常数 $R=k/m$ 是特定于类型的气体。理想气体定律的一个关键点是绝对温度的定义

$$\frac{1}{2}\langle mv^2\rangle=\frac{3}{2}kT \tag{37-3}$$

其中，〈 〉内的物理量取用的是平均值，v 是分子速度，等号左边是分子的平均动能。在低层大气中，

单个分子以每秒数百米的速度激烈地运动着，在一个容积小于 1 cm³ 的空间内以非常高的速度相互碰撞。假设个体分子间发生弹性碰撞，且不相互作用，那么任何一个热绝缘气体以高速度不断地碰撞，温度会很快达到一个平衡值，速度也将接近所谓的麦克斯韦-玻尔兹曼速度分布：

$$f(v) = 4\pi \left(\frac{m}{2\pi kT}\right)^{3/2} v^2 \exp\left(-\frac{mv^2}{2kT}\right)$$
$$(37-4)$$

其中，π 是常数，值为 3.1416。式（37-4）的推导是气体动力学理论的主要成果，它给出了在给定温度和给定气体情况下的分子速度分布。这种分布对海拔高达 600 km 处的中性气体来说仍是适用的。高于这个高度，中性气体的数量密度变得很低，碰撞变得罕见。另外，带电粒子与中性粒子的比率随海拔的增加而变大，带电粒子之间的库仑力（电的吸引力和排斥力）导致它们的速度在海拔 600~1 000 km 处遵循麦克斯韦-玻尔兹曼分布。因此在 600~1 000 km 讨论温度时，离子和电子的速度将决定各自的温度，因为它们速度不同将导致两者温度的差异。由于它是一个分布函数，所以 $f(v)$ 可写作

$$\int_0^\infty f(v)dv = 1 \qquad (37-5)$$

平均速度为

$$\langle v \rangle = \int_0^\infty v f(v)dv = \left(\frac{8kT}{\pi m}\right)^{\frac{1}{2}} \qquad (37-6)$$

速度有效值的均方根为

$$v_{rms} = \sqrt{\langle v^2 \rangle} = \sqrt{\frac{3kT}{m}}, \text{其中}$$

$$\langle v^2 \rangle = \int_0^\infty v^2 f(v)dv \qquad (37-7)$$

这与式（37-3）完全一致。我们还可以通过令 f 的一阶导数等于零来求得一个速度 v_p 来使 $f(v)$ 值为最大

$$v_p = \left(\frac{2kT}{m}\right)^{\frac{1}{2}} \qquad (37-8)$$

考虑一些特定类型的气体，它们仅靠重力，并不受垂直加速度作用，这种气体被认为是处于流体静力学平衡：这类气体在任何情况下，压力（单位面积的气体所施加的力）仅由上覆气体的重量决定。压力随高度的变化由下式表示

$$\frac{\partial p}{\partial z} = -\rho g \qquad (37-9)$$

其中，g 是地球重力加速度，在地球表面，$g = 9.807$ m/s²。如果气体是理想气体，那么式（37-9）可写为

$$\frac{1}{p}\frac{\partial p}{\partial z} = -\frac{g}{RT} \qquad (37-10)$$

这个表达式可以由海平面（$z=0$）到某个海拔 z 这组数据或用海平面的压力 p_0 到某个海拔 z 处的压力 p 这组来表达。改写的结果是

$$p = p_0 \exp\left(-\int_0^z \frac{g}{RT}dz\right) \qquad (37-11)$$

对于一种特定的气体，R 是常数，不随高度改变，g 随高度的增加慢慢降低，而 T 可能增加或减少。为了在标准大气中测定不同高度的压力，可以对式（37-11）进行数值积分。现在，有必要定义一个大气标高 H，即

$$H = \frac{RT}{g} \qquad (37-12)$$

H 的单位必须为长度单位。H 的物理意义是，如果将它考虑为几乎恒定的值，气压将按照海拔的增长而以 $1/e$ 的因子成比例地降低。注意，H 取决于所考虑的气体的类型，更明确地说是取决于气体的分子质量（因为 $R=k/m$）。这一点将在第 37.3 节讨论。

到目前为止，讨论都在说某种特定的气体，但是空气是气体的混合物，这将在第 38.4 节具体讨论。道尔顿分压定律指出混合物中的每一种气体都有自身的压力，似乎它们在温度 T 下在混合物中单独具有自己的体积一样。而混合物中所有气体所施加的总压强 p 等于部分压强的总和。

$$p = \sum_i p_i \qquad (37-13)$$

混合气体的总密度直接取决于在混合物体积中每种类型分子的 n_i 的值 [$n_i = N_i/V$，在式（37-1）中这代表的是数密度] 和它们的分子质量 m_i：

$$\rho = \sum_i n_i m_i \qquad (37-14)$$

将理想气体定律应用于式（37-13）中的分压，得到

$$p = kT \sum_i n_i \qquad (37-15)$$

T 没有下标，因为在这里温度是由气体混合物中所有分子的平均动能来描述的。

下一步，将式（37-14）引入式（37-15）得到

$$\frac{p}{\rho} = \frac{kT \sum_i n_i}{\sum_i n_i m_i} \qquad (37-16)$$

平均分子质量$<m>$，可由个体数量密度加权得到，即

$$\langle m \rangle = \frac{\sum_i n_i m_i}{\sum_i n_i} \quad (37-17)$$

用这个定义，式（37-16）可写成

$$p = \frac{\rho k T}{\langle m \rangle} \quad (37-18)$$

重述的气体定律适用于混合气体的总压力 p、总密度 ρ，以及用混合气体中所有分子的平均动能来定义的温度 T。通常不方便处理单个分子的质量，所以 k 和 m 都乘以了阿伏伽德罗常数。阿伏伽德罗常数是每摩尔物质所含有的分子数。1摩尔物质的分子数和质量为摩尔质量 M 的物质中所含的分子数一样。$A = 6.022 \times 10^{23}/mol$。也就是说，分子数为 6.022×10^{23} 的气体的质量应为 M 克。对于氧气（O_2）来说，它的摩尔质量 M 近似为 32 g（任何背离32的都是因为氧气的天然同位素的存在）。定义 $R^* = Ak$ 和 $M = Am$，式（37-18）就可以写成

$$p = \frac{\rho R^* T}{\langle M \rangle} \quad (37-19)$$

R^* 被称为通用气体常数，它的值为 8.314 J/(g·mol·K)。

计算时正确的做法是使用 MKS 单位计算。因此，如果 M 用千克来表示，那么 R 的值为 8 314 J/(kg·mol·K)，在海平面上 1 kg 干空气的 M_d 为 28.96 kg。因此对于干空气可以引入 R_d，定义 $R_d = R^*/M_d$，然后干空气的气体定律可写成：

$$p_d = \rho R_d T \quad (37-20)$$

R_d 的值为 287 J/(kg·K)。

标准大气可假设为干燥空气。主要的原因是水蒸气作为大气气体中浓度含量第三多的气体，其浓度波动很大，主要是因为温度对蒸气压的最大值有很大的影响。一旦空气中的水蒸气饱和，温度任何程度的降低都会引起水蒸气凝结。在正常大气条件下，没有其他成分气体会发生相变。人们经历的大部分天气都是由水蒸气来决定的。水可以凝结成云并形成降水，水以液态或冰的形式存在可能会对飞机飞行造成严重危害，这将在第 38 章中进行讨论。

在本节中讨论的内容可以参考 Bohren 和 Albrecht 于 1998 年所写文章的第 51-78 页。

37.3　均匀层、非均质层、外逸层

人们可能希望流体静力学关系［式（37-11）

对包含空气在内的每种气体均适用。事实上，我们注意到，通常并不是这样的。用下标 i 来表示特定气体：

$$p_i(z) = p_i(0) \exp\left(-\int_0^z \frac{g}{R_i T} dz\right)$$
$$= p_i(0) \exp\left(-\int_0^z \frac{m_i g}{kT} dz\right) \quad (37-21)$$

假设在某混合气体中气体 2 比气体 1 质量更大，即 $m_2 > m_1$，使用式（37-21）表示出 $p_1(z)/p_2(z)$ 这一比率，表示如下：

$$\frac{p_1(z)}{p_2(z)} = \frac{p_1(0)}{p_2(0)} \exp\left[\frac{1}{k} \int_0^z \frac{g(m_2 - m_1)}{T} dz\right] \quad (37-22)$$

由于被积函数是正的，指数的参数是正的，所以

$$\frac{p_1(z)}{p_2(z)} > \frac{p_1(0)}{p_2(0)} \quad (37-23)$$

这两种气体在不同海拔高度的分压关系表明，"较轻"气体的相对丰度随海拔高度的增加而增加。上面这个属性并不适用于海拔低于 100 km 的区域，因为海拔低于 100 km 的区域大量空气的大部分运动使整个区域空气中的各组成气体得到混合，这就导致了空气中各气体的相对浓度并不会变化。正因如此，在这个高度范围内，干燥空气的分子量以及干燥空气的气体常数也不会发生改变。气体成分按常数混合的那部分大气称为均匀层。式（37-11）可用于均匀层的干燥的混合气体但并不适用于单一气体。对于 $z_{100} = 100$ km 且 $z > z_{100}$ 的情况来说，有

$$\frac{p_1(z)}{p_2(z)} > \frac{p_1(z_{100})}{p_2(z_{100})} \quad (37-24)$$

式（37-24）是成立的。在 80～120 km 的高度存在一个过渡区域，该区域分子分散的方法是气体以湍流的形式混合，这种混合是由分子相互碰撞引起的。火箭排气的轨迹在这个高度范围有明显的改变。在达到 80 km 后的几分钟内，湍流经常明显地扭曲排气的轨迹。在海拔高于 120 km 后，轨迹便显得更加光滑。在分子扩散主导混合的那段大气区域中，重力沉降使得较轻的气体相对于较重的气体在浓度上随着高度的增加而变大。这个区域被称作非均质层。对高于 100 km 处的第 i 种气体的数密度可以从式（37-21）中得到很好的近似。而式（37-1）可表示为

$$n_i(z) = n_i(z_{100}) \frac{T(z_{100})}{T(z)} \exp\left(-\int_{z_{100}}^z \frac{dz}{H_i}\right),$$

$$z > 100 \text{ km} \qquad (37-25)$$

在这一点上，表37.1的内容将对我们有所帮助，表37.1中包括了从美国标准大气（1976）中

提取的一些数据。这些参数都是一个几何高度函数，并且它们涉及电中性的粒子。

表 37.1　作为几何高度函数的中性大气气体的一些性质

几何高度 z/km	重力加速度 g/(m·s^{-2})	数密度 n/m^{-3}	平均分子速度 $\langle v \rangle$ /(m·s^{-1})	碰撞频率 v/s^{-1}	平均自由路径 λ/m	平均分子量 $\langle M \rangle$/(kg·kmol^{-1})	标高 H/km
0	9.807	2.547+25	458.9	6.919+09	6.633−08	28.96	8.434
20	9.745	1.849+24	398.0	4.354+08	9.139−07	28.96	6.382
40	9.684	8.308+22	427.8	2.104+07	2.034−05	28.96	7.421
70	9.594	1.722+21	400.6	4.084+05	9.810−04	28.96	6.570
100	9.505	1.189+19	381.4	2.68+03	1.42−01	28.40	6.009
150	9.360	5.186+16	746.5	2.3+01	3.3+01	24.00	23.380
200	9.218	7.182+15	921.6	3.9+00	2.4+02	21.30	36.183
300	8.943	6.509+14	1 080	4.2−01	2.6+03	17.73	51.193
400	8.680	1.056+14	1 149	7.2−02	1.6+04	15.98	59.678
600	8.188	5.950+12	1 356	4.8−03	2.8+05	11.51	88.244
800	7.737	1.234+12	1 954	1.4−03	1.4+06	5.54	193.86
1 000	7.322	5.442+11	2 318	7.5−04	3.1+06	3.94	288.20

两位数前面的加减号表示之前的数字乘以10的该数（带加减号）的次方数。数据来自美国标准大气数据（1976），适用于干燥的空气。

（1）地球重力加速度：

$$g(z) = g_0 [r_0/(r_0+z)]^2$$

其中，$g(z)$是指在几何高度 z 的重力加速度，g_0 是在海平面上的加速度（9.807 m/s^2），r_0 是指地球的半径（6.357×10^6 m）。

（2）空气分子数密度 n：低于 85 km，n 是从式（37-1）的表达式 $pV = nkT$ 中获得的。高于 85 km 时，$n = \sum n_i$，其中 n_i 是从一个格式与式（37-25）类似的式中得到的，但更加复杂。

（3）粒子的平均速度：可以从式（37-6）计算：

$$\langle v \rangle = [8R^* T/\pi \langle M \rangle]^{1/2}$$

（4）平均碰撞频率 v：$v = 4A\sigma^2 p (\pi/\langle M \rangle R^* T)^{1/2}$，其中 A 表示阿伏伽德罗常数，σ 仍表示有效碰撞直径。有效碰撞直径可以理解为如果两分子的随机运动的中心之间的距离保持大于 σ，碰撞将不会发生（$\sigma = 3.65 \times 10^{-10}$ m）。v 表示单个分子与相邻分子在每秒相互碰撞的次数。在一单位体积内的所有分子每秒时间内的总共碰撞总数，可表示为 v 乘以 n（n 表示数密度）。

（5）平均自由程 λ 表示的是中性粒子与其他粒子连续碰撞时的平均距离。测量平均自由程时，体积必须足够大，且达到可以容纳大量的粒子。

$$\lambda = \frac{\langle v \rangle}{v} = \frac{2^{1/2}}{2\pi\sigma^2 n} \qquad (37-26)$$

（6）空气的平均分子量 $\langle M \rangle$：式（37-3）表示出可使用分子平均速度去定义温度。随着高度改变，分子平均速度的大幅度变化反映了温度的大幅度改变。这部分知识在由 Thomas W. Schlatter 所写的《大气垂直结构》中可以查到，这篇文章在卷6的第274章。如前所述，因为湍流混合的原因在到 100 km 的高度附近前平均分子量都会保持不变。而在 100 km 以上，由于分子扩散越来越在混合过程中占主导地位，所以空气流动几乎成为层流。在海拔高度为 120 km 以上以重力沉降为主，因此较重气体的相对浓度会随着海拔高度的增加而减少，同时平均分子量也会随海拔高度的增加而减少。

即使是在海平面，空气分子也仅仅占有空气总体积的 1‰ 的空间。然而，它们的高数密度和激烈的运动会导致分子的平均自由程小于 1 μm 以及每个分子每秒内会有数十亿的碰撞次数。出现这种短

的平均自由程以及在均匀层每秒天文数字的碰撞次数的根本原因在于大量的空气能够在厘米到数米这样的规模上一致地移动（以湍流的形式）。在海拔100 km处，100 km是均匀层和非均质层之间的模糊边界，在这里平均自由程接近10 cm，碰撞频率降低到每秒几千次。高于这个高度，湍流将不再有效，分子的扩散成为传热和动量传递的主要方式。

在海拔500 km处（表37.1中未列出），平均自由程是7.70×10^4 m。这种行进77 km而不与周围分子碰撞的分子，是靠弹道轨迹（飞行轨迹）作用的。也就是说，它们是仅在重力影响下抛射的。非均质层的顶部通常定义为规模高度等于平均自由程的海拔高度。在500 km以内，$\langle M \rangle$为14.33 kg·$kmol^{-1}$，g为8.43 m·s^{-2}，温度约为1 000 K。通过使用这些值，使用式（37-12）可以得到海拔高度为492 km处的标高，即$H = \lambda$。大气层500 km以上的那部分被称为外逸层，因为在这层的分子有一个上升趋势，如果它们的初速度足够大，它们将有机会逃离地球大气层而不与另一个分子发生碰撞。

一个直线行驶在外逸层底部（海拔高度为z_e）的分子，如果它的动能能够克服海拔高度z_e到外空间之间的势能，那么它的速度就达到了逃逸速度v_e

$$\frac{1}{2}mv_e^2 = \int_{z_e}^{\infty} mg\,dz = \int_{z_e}^{\infty} mg_0\left(\frac{r_0}{r_0+z}\right)^2 dz \quad (37-27)$$

整理式（37-27）后，逃逸速度可写成

$$v_e = \left(\frac{2g_0 r_0}{1+z_e/r_0}\right)^{\frac{1}{2}} \quad (37-28)$$

当海拔高度z_e为500 km时，其他常数上文已给出，那么逃逸速度v_e通过计算可知为10.8 km/s。此结果与分子类型无关。它也大大高于表37.1所列的平均分子速度。

一个粒子能达到或超过逃逸速度的概率是多少？用麦克斯韦-玻尔兹曼速度分布［式（37-4）与式（37-8）］可估计出速度的分布：

$$f(v) = \frac{4}{\pi^{1/2} v_p}\left(\frac{v^2}{v_p^2}\right)\exp\left(\frac{v^2}{v_p^2}\right) \quad (37-29)$$

粒子速度将达到/超过逃逸速度的概率P由积分给出

$$P(v \geqslant v_e) = \int_{v_e}^{\infty} f(v)\,dv \quad (37-30)$$

使用式（37-29）来替换$f(v)$，式（37-30）可

写为

$$P(v \geqslant v_e) = \frac{4}{\sqrt{\pi}}\frac{1}{v_p}\int_{\frac{v_e}{v_p}}^{\infty} x^2 e^{-x^2}\,dx \quad (37-31)$$

积分后可得

$$P(v \geqslant v_e) = \frac{2}{\sqrt{\pi}}\frac{v_e}{v_p}\exp\left(\frac{v_e}{v_p}\right) + \mathrm{erfc}\left(\frac{v_e}{v_p}\right)$$

$$(37-32)$$

erfc是补充误差的函数，可由下式定义

$$\mathrm{erfc}(x) = \frac{2}{\sqrt{\pi}}\int_x^{\infty} e^{-t^2}\,dt \quad (37-33)$$

氮是在大气中最常见的气体，分子量可表示为，$v_e/v_p = 10.8/0.77 = 14.0$，一个氮分子达到或超过逃逸速度的概率是$1.20 \times 10^{-84}$。在整个大气层里有很多在数量级上小于氮分子的数量的分子。我们得出这样的结论：重力对大气中较重的大气气体包括氧气在内的逃逸有严格的控制。

氢在海拔较低的大气中很稀少，但在500 km以上的高度，其在大气中的相对丰度得到提高，因为来自太阳的高能光子会分离水蒸气、甲烷分子和氢分子来产生氢原子。氢原子（分子量为1.0 kg·$kmol^{-1}$）达到逃逸速度的概率与氮分子的概率相同。通过式（37-32）可以得出氢的逃逸速率为4.08 km/s，v_e/v_p的值为2.65。氢原子达到或超过逃逸速度的概率为2.84×10^{-3}。请注意，速度的垂直分量必须达到这个值的氢原子才能逃离大气层。即便如此，这仍是一个很大的概率，因此氢从大气中热逃逸的现象是值得关注的。据估计，如果大气没有氢的来源，那么大部分氢会在几周内逃逸。这就解释了为什么在大气中仅有那么少的氢，并且其中大部分是在非均质层通过阳光照射来生产的。氢的热逃逸（$\langle M \rangle = 4$ kg/kmol，$v_p = 2.04$ km/s）的数量在数量级上仍小于大气中的氢的数目，但仍然显著。

图37.1说明了本节中描述的三层大气：均质层、非均质层和外逸层。其中在外逸层显示了几个分子的运动轨迹。

在讨论下一个问题前，我们应该关注对于前面的讨论结果的两个特例。已经指出的是在均质层中水蒸气的不均匀混合。另一种在均质层不均匀混合的气体是臭氧，在15～50 km高度的大气中它的形成和破坏与阳光和化学反应有关。又由于在高层大气中有来自太阳的高能辐射，一些在低高度的大气中浓度较低的气体在高海拔高度大气中的浓度有

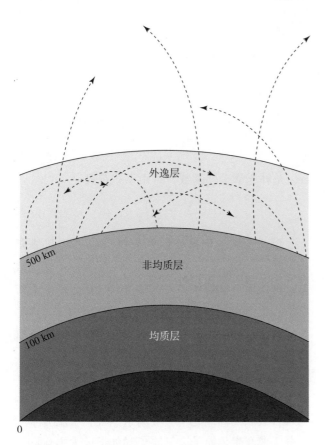

图 37.1 一个均质层、非均质层和外逸层的断面

(已获得 Salby（1996）的转载许可）

明显的提高，已经提到的氢原子，还有原子氧和臭氧表现得尤为突出。大气中的主要气体将在下一节中描述。

到目前为止，讨论只涉及电中性气体，但在大气中并非所有的气体都是电中性的，因为在高层大气中气体可以吸收太阳的高能辐射，因此带电粒子比比皆是，并且这对电离层的分段有着深远的影响，这部分内容在卷 6 第 274 章中作者 Thomas W. Schlatter 所写的《大气垂直结构》文章中有体现。

37.4 大气主要气体

一些大气气体已经在上文被顺带讲过了；而在这里，我们将讨论许多重要的中性大气气体，讨论它们在大气中的浓度、源与汇，以及停留时间。表 37.2 列出了大气中的气体以百万分之几的数量级对干空气量的浓度排序。对于理想气体，按体积计算所占的百万分之几的分数（ppm）等于该气体的摩尔分数，也等于该气体分子数占总分子数的比率。ppm 的另一种表达方式可为一个特定气体的

数密度除以混合物所有气体的总密度（在这里，混合气体为干燥的空气）。如果将表 37.2 中所有气体的 ppm 值相加，那么结果将略高于 1 000 000，这主要是因为二氧化碳和甲烷的浓度一直在增长，而其他气体的 ppm 值并没有根据这个来进行调整。

表 37.2 按体积计算所占的百万分之几数量级的气体浓度（ppm）

气体	化学符号	平均分子量 /(m·mol^{-1})	浓度 /ppm
氮气	N_2	28.013	780 840
氧气	O_2	31.999	209 460
氩	Ar	39.948	9 340
二氧化碳	CO_2	44.010	384
氖	Ne	20.180	18.18
氦	He	4.003	5.24
甲烷	CH_4	16.043	1.774
氪	Kr	83.798	1.14
氢	H_2	2.016	0.56
氧化亚氮	N_2O	44.012	0.320
氙	Xe	131.293	0.09
臭氧	O_3	47.998	0.01~0.10

注：浓度是接近海平面的值。气体按浓度递减顺序列出。

平均分子量不是一个整数，这是因为自然产生的同位素，同位素是有相同的质子数但有不同数量的中子的同一元素的不同原子。

37.4.1 氮

如表 37.2 所示，大气中的气态氮几乎完全以 N_2 的形式存在，在大气中差不多有 $3.9×10^{18}$ kg。除了 N_2，下一个最丰富的含氮气体是氧化亚氮，它的浓度要比 N_2 少多于 8 个数量级。分子氮非常稳定。它的源和汇被认为是平衡的。一年进出大气的 N_2 的通量大概是 1 011 kg。大气中 N_2 的停留时间很长，如果没有来源来补充，那么它需要花费超过 10^7 年才能把所有的 N_2 耗尽。

无论什么时候，大气中的氮气反应形成其他氮化合物，这一过程都是在进行固氮作用。N_2 的最大损失发生在生活于土壤和水中的专门的固氮细菌上，它们会把氮分子反应融进生物质中。这对植物生长很重要。生产化肥和炸药以及发电厂的化石燃料的燃烧和汽车排放是两个人为的固氮行为。最

后，闪电会从大气中去除少量的 N_2。

反硝化反应还原硝酸盐，释放出分态氮，主要是 N_2，完成所谓的氮循环。这主要是由细菌在贫氧环境中进行的。生物质燃烧也会将硝基化合物回馈到大气中，氮肥的使用也是同样的道理。

37.4.2 氧气

现在的大气中含有约 1.2×10^{18} kg 的氧气，从 2 500 万年前到如今，氧气量基本保持稳定。大气中氧气的主要来源是光合作用，光合作用主要由陆地上的植物和浮游植物来完成，浮游植物是生活在海洋表面的一种藻类。在阳光的存在下，气态二氧化碳和液态水通过化学反应形成碳水化合物、固体和氧气。反应可写作以下形式

$$CO_2 + H_2O + 阳光 = CH_2O + O_2 \quad (37-34)$$

仅次于光合作用但占比要小得多（$1\% \sim 2\%$）。氧源是以太阳的紫外线辐射作为能量来源的水蒸气和氧化亚氮（N_2O）的光解。O_2 在高层大气中的光解作用产生了大量的原子氧（O）。事实上，在海拔高度 120 km 以上 O 的数密度是超过 O_2 的。其中动物和细菌通过呼吸与腐烂来消耗氧气和释放二氧化碳，占有大气中的氧气损失的 93% 以上。生物质燃料的消耗和生物质燃烧则负责损失中的 4%。

O_2 在大气中的停留时间约为 5 000 年。

37.4.3 水蒸气

由于大气中水汽的浓度是有限的，并且风可以很容易地输送蒸汽数千公里，所以这种气体在空间和时间上是高度可变的。按体积来计算的话，其浓度为 $0 \sim 4\%$。几乎所有大气中的水蒸气都局限于对流层中乌云和风暴发生的地方。对流层顶部的低温使得几乎所有的蒸汽都在超过对流层到达平流层前就被冷凝了。

水蒸气的主要来源是海洋中水的蒸发，这部分又主要集中在温度相对较高的热带地区。从湖泊和土壤中的蒸发与植物的蒸腾是水蒸气的另一重要来源。降水可以消除大气中的水蒸气。

水蒸气是一种天然的温室气体，它吸收少量的传入地球的太阳辐射（可见波段），同时却吸收大量的由地表向外放出的长波辐射（红外线）。

海洋中含有约 1.35×10^9 km³ 的水，约占地球上所有水的 97%。相比之下，大气中只含有 1.3×10^4 km³ 的液体水当量。全球每日降水量大约是 1 400 km³，用这些数据来估计的话，大气中水蒸气的停留时间为 $9 \sim 10$ 天。

37.4.4 二氧化碳

2008 年，大气中 CO_2 的浓度为 ppm $= 384$，其浓度处于增长的趋势，CO_2 从其浓度上讲可以被看作微量气体，但从以下三个理由来看 CO_2 又是一种很重要的大气气体：第一，CO_2 参加光合作用；第二，CO_2 是一种强效的温室气体；第三，CO_2 是碳循环中的主要参与者。

碳的主要储层是在大气中（大气中共有 750 亿 t；一亿 t = 10^9 t）；在地表上，土壤和植被以及生物的生存和腐烂都起到了储存碳的作用（2 200 亿 t）；海洋中也储存着碳（4 000 亿 t）。每年在各个储存层间的碳的净交换量与储存的碳相比非常小，同时碳循环方面存在很大的不确定性。二氧化碳的主要来源有化石燃料的燃烧、水泥的制造、植被的腐烂和森林砍伐（减少可吸收利用二氧化碳的植物）。CO_2 的主要消耗是光合作用以及海洋的吸收，其中海洋的吸收会导致海洋可测量的酸化。2007 年政府间气候变化专门委员会（IPCC）估计，2000—2005 年，CO_2 从地球表面流向大气中的年均净通量约为 7.2 亿 t。其中，4.1 亿 t 留在大气中，2.2 亿 t 被海洋所吸收，0.9 亿 t 进入土壤。

将上面的数字加总就是净通量。朝每个方向的实际流量更大（见 515 页图 7.3，政府间气候变化专门委员会，2007）。例如，光合作用以及海洋对二氧化碳的吸收每年使大气中的 CO_2 减少约 200 亿 t。如果针对大气的 750 亿 t 的碳储量来说，那么损失的速度会使得 CO_2 的停留时间为 3.8 年，用这个时间可以将大气中的 CO_2 全部溶解到海洋里以及植物中去。这与要将突然增加的 CO_2 量衰减到它原始值的 $1/e$（约等于 0.368）所需要的时间有很大的不同。后者被认为大约需要 100 年。

37.4.5 惰性气体

惰性气体，按原子序数的增加排序分别为氦、氖、氩、氪、氙、氡。它们最初被称为惰性是因为其化学性质不活泼。这六种气体都有最大数量的外层电子，氦有两个，其他气体都有 8 个，这使得它们十分稳定。这些气体，氦除外，都在大气中有足够的浓度，这在表 37.2 中有体现。

在大部分的地球地质史中，所有的惰性气体都被认为存在于大气中。除了能达到逃逸速度的氦原

子外，惰性气体也没有可检测的损失，主要是因为它们仅与很少的物质发生反应。它们在大气中的停留时间远远超过 100 万年。

37.4.6 甲烷

大气中甲烷的浓度已经自工业化时代以来翻了1 倍以上，但现在不再增长了。它是大气中含量最多的有机气体。人为来源有农业、垃圾填埋场、煤矿、天然气输配和生物质燃烧，农业方面主要来自牲畜和稻田。甲烷也有相当的一部分来自其自然来源。甲烷在缺氧的地区产生，如热带湿地、沼泽、苔原和高纬度湿地。它主要是由于有机物分解而产生的。甲烷在大气中的停留时间较短，约 9 年。

羟基自由基氧化甲烷这一反应，占超过 90% 的甲烷损失，该反应主要发生在平流层之中。在化学中，"羟基"是指由氢原子和氧原子组成的分子。中性形式称为羟基自由基（OH）。其浓度在对流层中是非常低的（按体积来计算数量级为兆分之几——ppt），在海拔高度为 50 km 处浓度上升到 ppt＝1。OH 具有高度反应性，其寿命仅仅只是几十分钟。甲烷通过羟基自由基的氧化最终导致水蒸气（这一反应是平流层水蒸气的主要来源）和氢分子的产生。剩余的 10% 的甲烷损失是土壤的吸收以及平流层中发生的对甲烷的破坏。

37.4.7 氧化亚氮

氧化亚氮（N_2O）也是一种重要的温室气体，在改变地球红外辐射收支的能力中排名第四，仅次于 CO_2、CH_4，以及 CFC－12。它当前在大气中的浓度为 0.33 ppm，比工业化前要多 18%，而工业化前的浓度与 10 000 年前相比变化并不大，仅几个百分点的变化。N_2O 的自然源是土壤，这主要是在热带地区，但也在中纬度地区和海洋里。对于 N_2O 来说，天然来源所占的份额超过人为来源所占的份额，超过了近 60%。后者来源按所占比率从大到小排序为：耕地土壤；河流、河口、海岸带；化石燃料燃烧和工业排放；生物量燃烧；牲畜饲养场。平流层是 N_2O 的主要消耗处，在平流层吸收太阳紫外线辐射后 N_2O 转化为 N_2 和氧原子（O）。少量也可以在土壤中除去。在大气中的 N_2O 停留时间估计为 110～150 年。

37.4.8 臭氧

臭氧是一种重要的大气气体，它的重要性可用

这几个原因来阐述。它在平流层中吸收太阳紫外线辐射，特别是波长在 0.23～0.32 μm 的辐射，所以大大减少了到达地球表面的紫外线辐射；平流层臭氧的减少会导致皮肤癌的发病率增加；臭氧吸收紫外线辐射导致温度升高，这在本质上决定了平流层垂直面的温度曲线。同时，臭氧参与许多化学反应。例如，当阳光与化石燃料燃烧和挥发性有机化合物中所含有的氮氧化物相互作用后在地球表面附近形成光化学烟雾，而臭氧就是这一反应的产物。在对流层下部，O_3 对身体健康来讲是一种危害。最后，像水蒸气一样，O_3 也是一种自然产生的温室气体，它能强烈吸收波长为 9.6 μm 处的红外辐射。

O_3 在海平面这一高度是浓度上差异很大，在 ppb＝10 和 ppb＝500 之间变化。平流层是产生臭氧的地方，因此臭氧浓度较大，在海拔 35 km 处浓度达到最高，值为 ppm＝8～10。平流层臭氧的产生是由分子氧通过紫外线辐射分解成原子氧：O_2＋阳光→O＋O。这种反应第一次是在 37.4.4 节中提到的。在 N_2 或 O_2 的存在下，这里使用 M 来替代 N_2 或 O_2，原子氧和分子氧结合形成臭氧：O＋O_2＋M→O_3＋M。

平流层 O_3 的消耗是通过几种自然发生的化学反应进行的。人类活动也会破坏臭氧。人们生产的在 100 年前不存在的化学物质含氯氟烃的化合物是极地纬度处早春那段时间出现的臭氧层破坏的一个原因。大气中 O_3 的停留时间只有 100 天。

37.4.9 氢

氢分子（H_2）在地球大气中的总质量大约 2×10^{11} kg。H_2 每年进出大气的通量在 0.4×10^{11}～1.3×10^{11} 范围中变化。

H_2 的自然来源有海洋、生物过程、地热蒸汽和火山的排放。前面提到的甲烷在平流层的光化学氧化作用也是 H_2 的一个重要来源，植物中异戊二烯和萜烯类物质（碳氢化合物）的释放同样是 H_2 的一个重要来源，植物中的这个过程会因为光合作用以及叶片温度上升而加速释放。这些物质发生光化学反应而产生氢气。人为来源是内燃机和生物质燃烧。

土壤从大气中吸收大量的 H_2。其他的主要的 H_2 损失发生在对流层和平流层，有两种方式：①分子氢与羟基自由基的反应形成水和氢原子：OH＋H_2→H_2O＋H；②分子氢与带电的激发态氧原子

$O(^1D)$ 反应形成羟基自由基和原子氢：$O(^1D) + H_2 \to OH + H$。氢分子被分解，进而获得了氢原子，这使得氢原子在均质层的顶部（海拔 100 km 处）以上的区域成为氢形态的主流。而正如在第 37.3 节所讨论的，外逸层原子氢的逃逸是常有的。

本节的大部分材料引用于两篇优秀的文章：Hobbs 于 2000 年所作的一篇，在 143～152 页可以看到；Brasseur 等在 1999 年所写的一篇，在 159～203 页可以看到。图 37.2 是来自第二篇文章的。它显示了从地球表面到海拔 120 km 高度的许多气体的混合比。混合比是所考虑的气体的数密度除以空气中所有气体的数密度。图中没有描述 N_2 气体和一些罕见的稀有气体，它们的混合比从地球表面到 100 km 处几乎恒定不变，这是因为它们的化学性质稳定。N_2 的混合比曲线平行于 O_2 曲线，处于 O_2 曲线的右侧，在海平面处以值为 0.78 开始。如上所述，平流层是甲烷和氧化亚氮的主要消耗处，因此在高度为 20 km 以上处它们的混合比率开始下降。

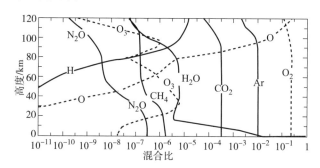

图 37.2 表 37.2 中列出的一些大气气体在大气中所占的比率

（无论是氮和罕见的稀有气体，在图中可以看出，它们在均质层（海拔高度约 100 km 以下）中的浓度保持基本不变。该数据来自由牛津大学出版社于 1999 年出版的 Brasseur 等的文章的第 9 页）

水汽浓度受温度限制，其混合比随对流层温度的降低而迅速减小。最后，正如刚才提到的，O_3 在平流层中，在海拔 35 km 处有一个明显的峰值。

37.5 总 结

地球的大气层气体是混合气体，混合气体的性质用平均分子量和温度来衡量，这两者定义为与分子的平均动能成正比。空气的温度、压力和密度与理想气体定律有关，在分子密度足够高的情况下，分子间的碰撞无数且持续不断。在 100 km 以下的这个区域被称为均质层，在这里湍流使大多数大气气体混合比例不变。而水蒸气是最明显的例外。在任何静止的空气柱中，任何水平位置的压力完全是由于上覆空气的重量，被称为流体静力平衡。在海拔 100～500 km 处，这一区域被称为非均质层。在非均质层中，是通过分子扩散而非湍流来控制单个气体的浓度，因此，随着高度增加，较轻气体的浓度相对于较重气体来讲更容易增长，我们把这种现象称为重力沉降。外逸层位于海拔 500 km 以上，在这里，大气是很稀薄的，碰撞是罕见的。温度在 1 000 K 附近使一些轻的分子，主要是氢，达到逃逸速度。

然后，它们基本靠着弹道轨迹运动，它们可以离开大气层。在海拔高度达到 60 km 左右之前大气中的气体均呈电中性。在高海拔地区，极短波长的高能太阳辐射使一些中性分子电离，从而产生带电粒子（离子和自由电子），这些带电粒子与剩下的中性分子混合。

氮和氧占地球大气的 99%，它们的浓度已经数百万年不变。下一个浓度最高的气体则是水蒸气，但水蒸气浓度是高度可变的。它在空气中的浓度是受温度限制的，它的来源是地球表面。没有氧气或水的话，只有最原始的地球生命形式才能存在。所有其他大气气体浓度均小于 1%。惰性气体氩、氖、氦、氪、氙、氡，在化学和辐射方面是不活跃的。即使只有非常低的浓度，温室气体，如二氧化碳、甲烷、氧化亚氮和臭氧，还是对大气温度的调节起着重要的作用。

致谢

在这里，我感谢 K. John C. Osborn 帮我改写稿子以及帮我调整文章的格式，并感谢 Tim Fuller-Rowell，George C. Reid，Raymond G. Roble，和 Susan Solomon，他们对本文内容提出了许多宝贵的建议，并为我选择了许多参考文献。感谢 John M. Brown，Tim Fuller-Rowell，Howard Singer，和 Ann M. Reiser 认真审查了我的手稿，并提供了许多有益的意见。

相关文章

第 38 章

参考文献

Bohren, C. F. and Albrecht, B. A. (1998) *Atmospheric Thermodynamics*, Oxford University Press, New York.

Brasseur, G. P., Orland, J. J., and Tyndall, G. S. (eds)

（1999）Trace gas exchanges and biogeochemical cycles（Chapter 5），in *Atmospheric Chemistry and Global Change*，Oxford University Press，New York.

Hobbs，P. V.（2000）Tropospheric chemical cycles（Chapter 8），in *Introduction to Atmospheric Chemistry*，Cambridge University Press，New York，pp. 143-152.

IPCC.（2007）*Climate Change 2007：The Physical Science Basis.* Contribution of Working Group I to the Fourth Assessment Report of the Intergovernmental Panel on Climate Change（eds S. Solomon，D. Qin，M. Manning，Z. Chen，M. Marquis，K. B. Averyt，M. Tignor and H. L. Miller），Cambridge University Press，New York.

Salby，M. L.（1996）*Fundamentals of Atmospheric Physics*，Academic Press，New York，pp. 8-15.

U. S. Standard Atmosphere（1976），prepared jointly by the National Oceanic and Atmospheric Administration，National Aeronautics and Space Administration，and the U. S. Air Force，U. S. Government Printing Office，Washington，D. C.

本章译者：朱春玲 李胜超
（南京航空航天大学航空宇航学院）

第 **38** 章

气 象 学

Alfred J. Bedard Jr.

国家海洋和大气管理局地球系统研究实验室物理科学部环境科学合作研究所，波尔德，科罗拉多州，美国

38.1 引　言

　　气象学深刻地影响着飞机的飞行操作。大气现象的影响导致的事故包含从危险的低级别风切变导致的一系列商业飞行器的事故（尤其在 1975—1985 年）到航路遭遇湍流导致的数起机上人员伤亡。表 38.1 列出了主要的危害以及影响到的平台。显然，我们对于气象危害的物理过程的了解以及由此对机体产生的反应在过去的 25 年间有了提升。结合分析、数值模拟、现场试验以及实验室模拟已经可以帮助预测以及预警航路。除此之外，还有远程和当地传感器在预测、检查以及飞行气象危害的预警上发挥着越来越大的作用。相比之下，用来预测高级别风的改进后的能力可以被用在节省燃油和飞行次数上。表 38.2 改编自 Orlanski（1975）。

表 38.1　影响飞行的气象现象

气象现象	影响的平台	评论
水平风切变	大多数飞行器	微下击暴流的危害在较大的机场已经得到了很大程度的缓解
垂直风切变	大多数飞行器	
山峰流	大多数飞行器	
山谷流	民航客机、某些商业飞行、机场	
自由大气湍流——重力/剪切波	大多数飞行器	
雷暴附近	大多数飞行器	

续表

气象现象	影响的平台	评论
闪电	大多数飞行器不受影响	对复合材料机身的重要影响参数
结冰	大多数飞行器	很小的沉积都会造成严重后果
尘暴，板状上升热气流	比空气轻，小型飞行器	
雾，可见性	大多数飞行器	
尾迹涡	轻型飞机在重型飞机后起飞或降落时	边界层气象学控制输运偏差和位置预测
火山灰	在较高高度的所有飞行器	灰尘地输运和分散部分受控于大气参数

表 38.2　一系列气象学现象的空间和时间尺度的总结

大气进程的尺度范围				
时间上 ➜ 1月	1天	1小时	1分	1秒
空间上 ↓				
大 α 10 000 km	驻波 超长波 潮汐波			
大 β 2 000 km	斜压波			
中 α 200 km		前锋飓风		
中 β 200 km	云团山/湖扰流		夜间低空急流 风包线惯性波	
中 γ 2 km	雷暴内重力波 晴空湍流		下沉气流	
小 α 200 m	风暴深对流 小λ重力波			
小 β 20 m	尘暴热尾流			
小 γ	尾流 粗糙度湍流			

本章的目的是描述对飞行来说不同的气象危害，阐述一些可以产生被用来减轻这些危害的气象现象。本章还回顾了飞行事故的统计数据和美国国家运输安全委员会（NTSB）记录的事故数据中的一部分。除此之外，还包含了一些其他飞行调查机构的数据。调查事故的国家机构有以下几个。

（1）美国的 NTSB。

（2）欧盟的欧洲航空安全机构（EASA）。

（3）澳大利亚安全运输局（ATSB）。

（4）加拿大交通安全委员会（TSB）。

许多其他国家与这些组织直接合作来进行有关事故调查方面的工作。

38.2　微下击暴流风切变

微下击暴流风切变是既没有被了解也没有特性定义的偶尔会导致严重事故的自然现象之一。下击暴流是一股强烈的下沉气流，可以导致地面上或在地面附近的破坏性的风暴。

微下击暴流是风的峰值持续 2～5 min，沿一个方向覆盖区域小于 4 km 的下击暴流。穿过辐射中心的速度差异会超过 10 m/s（Glickman，2000）。与之相反，巨暴流是一个巨大的下击暴流，它所爆发出的风在水平方向可以达到 4 km（Fujita，1985）。在 1975—1985 年，有 9 起涉及商业飞机的事故发生在起飞和降落期间。这些事故导致了 540 死 158 伤。在通常情况下，前续和后续的飞机会受到非常大的影响。结合中尺度天气分析、一系列主要的外场试验、数值模拟以及分析研究和实验确定了该大气现象所导致的危害与减轻该现象导致危害的途径。微下击暴流是在当时表面测量网络分辨率下的小尺寸暴流。在向外快速移动的强风中心的强向下气流导致了一对不可恢复的增大/减小的现象。图 38.1（a）展示了复杂气流和不稳定条件下的雷雨中可能出现的下击气流的概念图。图 38.1（b）展示了雷暴运动中的复杂过程。

因为生成上的困难，微下击暴流不是必然会发生在雷雨天气中的，也很少或几乎没有视觉上可见的危险存在。图 38.2（a）展示了从云层底部降下雨幡的例子，该现象可能在发生地比较温和。相反地，图 38.2（b）展示了一个强外流的例子。

Fujita 和 Caracena（1977）的文章很重要，因为它将这些小尺度、大能量的流动直接和一系列的事故联系在了一起。接下来与此起着同样重要作用

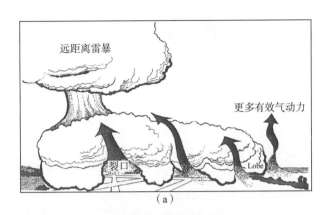

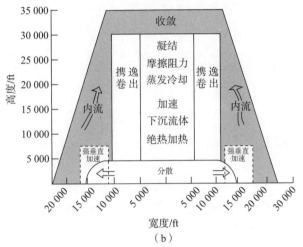

图 38.1　巨暴流概念图及雷暴运动中的复杂过程

（a）远距离雷暴中的巨暴流概念图，展示出了外流边界的复杂结构；（b）雷暴运动中复杂过程的总结

图 38.2　一个强外流的例子

（a）幡状云的照片。注意，即使云从地表以上中部开始蒸发，向下气流还是会继续向地面运动，导致肉眼可见的危害；（b）暴雨中的下降气流，底部向外凸起的部分是向外高速运动携带雨滴的风

的是一系列定义微暴流及其起源的外场试验（例如，O'Hare 机场、Dulles 机场、Atlanta 机场、Denver's Stapleton 机场、Boulder 天文台、Bedard 等，1977；Bedard 等，1984）。图 38.3 展示了在丹佛于 1982 年 5 月 19 日由地面站阵列检测到的风矢量。在 13 min 里，风从温和状态增加到了东西方向有超过 30 m/s 的风切变。

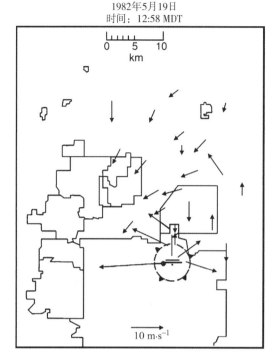

图38.3 两次微下击暴流碰撞演化过程中的风矢量场，12:58时刻的虚线圆展示的是中心的大致位置和初始大小

表38.3展示了在丹佛Stapleton机场进行的一次试验中所总结的微下击暴流的特性。这一系列实验的结果帮助我们确定了数值模型和创建以及部署低阶风切变预警系统。结合提高版的飞行员训练资源和机场额外的多普勒雷达，这个危害已经在很大程度上被消除了。

表38.3 在丹佛地面气象监测站获得的影响微下击暴流的统计数据（1982年夏）

参　数	平均	最小值	最大值
风速变化/(m·s^{-1})	13.5	2.5	27.5
风矢量变化/(m·s^{-1})	20.7	10.0	37.5
温度变化/℃	−1.5	−9.0	+5[a]
压力变化/mbar	0.66	−1.5[a]	2.0
露点变化/℃	−7	+7	
降雨率/(mm·min^{-1})	0.28	0	2.75
事件数	−33		

a 温度的异常升高和压力的异常降低是由向外微下击暴流通道在正在侵蚀地面表面的反演造成的。

与1975—1985年的540起死亡的一系列事故相比，1986—2007年发生了50起和微下击暴流有关的事故，总共导致了62人死亡。图38.4展示了与微下击暴流相关的死亡数据。

这些事故大部分都包含了轻型飞行器。1992年7月2日，一架DC-9飞机发生的事故导致了37人死亡。导致这起事故的一个原因是航路管制部门没有及时地将风切变的信息报告给机组人员，并且这架飞机遇到了微下击暴流。结果就使这架DC-9飞机遭遇了超过15 s的达到61节的风切变。当时该机场的多普勒雷达（可以帮助给飞行员提供更好的指引）还没有安装完成。在1999—2008年，EASA记录了12起包含风切变和雷暴的事故。

影响微下击暴流危害的演化过程总结在了表38.4中。

表38.4 微下击暴流危害演化参数

参　数	参考文献
中尺度天气分析/事故研究	Fujita 和 Caracena（1977），Fujita（1985）
主要外场试验进展	Bedard 等（1977）
微下击暴流统计数据发展	Bedard 等（1984）
分析/数值研究	Srivastava（1985）
尺度模拟研究	Johnson 等（1991）
远程传感器应用	
多普勒雷达	Wilson 等（1984）
多普勒激光雷达	Intrieri 等（1990）
预报途径	Caplan 等（1990），Wakimoto（1985）
培训资源	Caracena 等（1989）

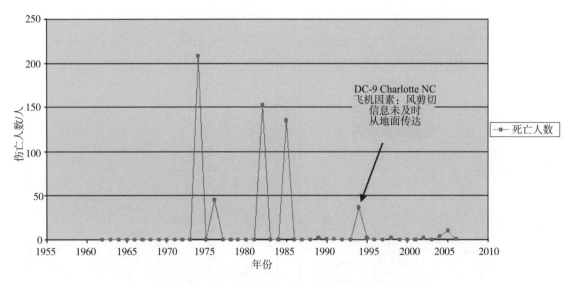

图38.4　1962—2006年与微下击暴流有关的死亡人数

事实是，给通用航空机场和事故调查员安装与配备低阶风切变探测系统或者可以避免发生危害的多普勒雷达是不可行的。所以通用航空的飞行员能够在视觉上发现危险是很重要的。

Microbursts：A Handbook for Visual Identification[作者 Caracena，Holle 和 Doswell（1989）]是帮助飞行员进行训练的很重要的一个资源。

38.3　湍　　流

根据NTSB的数据，1962—2006年，有3 599起致命的事故与湍流有关。其中612起为商业飞行。图38.5展示了以年为单位的死亡人数。

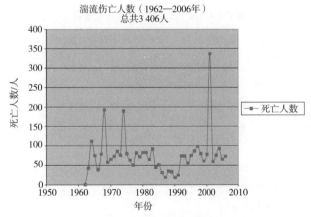

图38.5　1962—2006年与湍流有关的死亡人数

一年中经常会有50人以上死亡。在1985—1991年死亡人数有下降的趋势，但是最近死亡人数已经增加到了1985年以前的水平。死亡人数的上升是由大型商业飞机发生事故导致的。例如，1974年9月1日，一架波音727坠毁，导致92人

死亡。导致该事故的原因之一就是由云层和/或雷暴导致的湍流。2001年9月1日的事故是一架空客A300B4导致的265人死亡。在这次事故中，一阵强风和飞行员错误的反应导致垂直稳定器失灵。在1999—2008年，EASA有记载的事故中22起涉及了湍流。

Tvaryanas（2003）研究了湍流对飞机工作人员的影响。在这篇综述文章中，他指出20世纪90年代特别是1995年以后，湍流事故发生的数量和比率都有上升。只占机上总人数4.4%的航班乘务员对超过50%严重的或是致命的事故负有责任。他在对1992—2001年事故的研究中发现伤亡与飞机飞行的阶段也有关系。在爬升阶段有30人受伤，巡航阶段有190人受伤，下降阶段有140人受伤。与湍流相关的伤害似乎与飞行阶段无关。这表明许多原因都可以导致飞行遭遇湍流，所以重构导致湍流发生的气象场是很困难的，尤其是在远离远程气象传感器的巡航阶段。例如，在1962—2006年，NTSB就有67起评估中将山岳波列入了可能导致事故发生的原因。这些事故导致了93人死亡。山岳波场导致的扰动非常复杂，即使是详细测量了三维气象体积的额外外场试验数据，也很难说明。

影响飞行的湍流经常不是随机任意的过程，但是包含了有组织的大气不稳定性。本文所指的湍流来源包括以下几个。

（1）重力波/剪切波。

（2）地形引起的湍流。

（3）风暴附近区域。

（4）"自由"大气湍流。

386

38.3.1 重力波/剪切波

重力波/剪切波可以发生在有温度或风梯度的所有级别的飞行中。导致它们的原因可以是从低层大气边界层到急流风、前部边界层区域的垂直风切变或者是高压或低压区域的风切变。低级别的垂直风切变对通用航空飞行器来说更加重要。图38.6展示了1984年博尔德东部的博尔德大气天文台利用回声测深仪记录到的一段一系列重力波的图像。

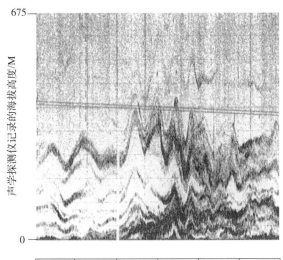

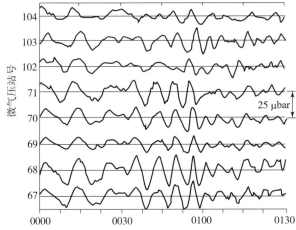

图38.6 1984年4月6日在0000～0130 MST[①]之间声波探测器探测到的在低层大气边界层中传播的重力波

（声波探测器图下方压力随时间变化的曲线显示出了与高处波很高的相关性）

探测器检测到声波从温度的空间变化处向后散射。其中的一些波形显示出了超过100 m的振幅。图38.6下部的压力图是由一系列敏感的微气压计得到的，并且显示出了和波的相关性。这些压力变化可以用来预测波的传播方向和波的相位速度。Einaudi等（1989）在该地创立了一种关于重力波的气象学理论，它表明重力波在夜间基本上无处不在。

低大气边界层扰动的另一个例子展示在了图38.7中，该图的数据是由回声测速仪和表面风速计在1980年3月5—6日测量到的。

在图38.7中，回声测速仪返回值说明最开始在400 m以下的白色区域为一个稳定的冷空气区，该区也是回声测速仪返回值最小的区域。这个区域上方的波和风切变导致了白色区域顶部边界层的扰动，并且返回值是强力的黑色。回声测速仪图片下方的图代表的是表面风，向量的起点是风速，箭头指向风吹向的方向，该图中的风很微弱并且方向是任意的。

图38.7（b）展示了接下来3 h稳定冷空气区域的持续侵蚀，白色稳定空气区域下降到了小于100 m。最终，在0100 MST附近，侵蚀过程到达了表面，并且西北方向表面风迅速增大到了10 m/s，温度上升了超过10 ℃。

地面气象监测站不能监测到这些高处的风切变可以解释飞行员突然发现遇到垂直风切变和相关的波活动以及湍流。因为这些空气层趋向于按照小时为尺度的时间以常速率缩小为一个面，相关的低成本声波探测器可以为小型机场提供很有价值的信息。

弗劳德数 Fr，是惯性与重力相关性的亮度。在稳定层以上的流动：

$$Fr = \frac{U}{[dT(gh/T)]^{1/2}} \qquad (38-1)$$

其中，U 是反演之上的流体速度与反演之下的流体速度的比值，g 是当地重力加速度，h 是反演的高度，dT 是两层中温度的变化，T 是平均温度。在外场以及实验室实验中，扰动和波开始出现在弗劳德数超过0.6时。因此，如果高度高于反演并且温度变化已知，速度的阈值就可以得到。一旦侵蚀过程开始，该过程 t 经常可以以一个低的且大约为常量的速率进行。该表达式同样可以用来预测大气阵风锋的速度，但条件是该系统的高度和温度差已知。

重力波在较高高度影响飞行器的例子发生在1973年2月21日（Bedard 等，1986）。采取的测量方式是独一无二的：在科罗拉多州落基山脉的西部和东部放置了一系列敏感的微气压计，并且在严格的一段时间内在山脉的西部释放了一个测风仪，同时从东部进行了追踪以获得完整的气象学数据（图38.8）。

---

① MST 代表磁信号传输。

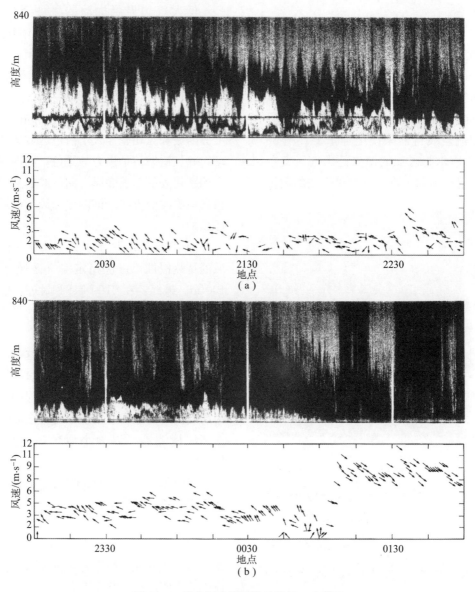

图38.7　低大气世界层扰动的另一个例子

（a）1980 年 3 月 5 日回声测速仪记录到的 1930～2300 MST 的数据。表面风速计和方向信息在回声测速仪数据下方的图中在同一时段用风矢量表示；（b）1980 年 3 月 5—6 日的 2300～0200 MST 的回声测速仪记录的结果和风速信息

图 38.8（a）中的风速图展示了在 6 000～11 000 m 处的相当高的风速（超过 80 m/s）和强剪切力。

湍流中另一个重要的无量纲数是理查德森数 Ri。这个无量纲数取决于垂直方向温度和风速的梯度：

$$Ri = \frac{(g/\theta)(\mathrm{d}\theta/\mathrm{d}Z)}{(\mathrm{d}U/\mathrm{d}Z)^2} \quad (38-2)$$

其中，g 是当地的重力加速度，θ 是平均位温，$\mathrm{d}\theta/\mathrm{d}Z$ 是位温随高度的变化，$\mathrm{d}U/\mathrm{d}Z$ 是风速随高度的变化。对于湍流的判定标准来说，$Ri < 1/4$，当温度和风速已知并且能与预测湍流高度和飞行员反馈的实际值进行对比时是很有价值的一个标准。然而，不管是预测还是精确测量温度和风速的梯度以提供有参考价值的 Ri 值，都是很有挑战性的。风廓线雷达与无线电声波探测系统（RASS）一同使用来获得温度信息对低阶湍流的应用是很有价值的。大多数无线电声波探测系统被限制在低海拔地区使用（通常 4 km 以下）。此外，飞行员的汇报和对视觉线索的使用对避免高空湍流区域来说用处不大。

在温度和风速的廓线图已知的情况下，Ri 便是高度的函数［图 38.8（b）］。在图 38.8（b）中湍流区域用灰色阴影表示。

图 38.9（a）显示了两列微气压计的位置和一些飞行员报告的湍流区域的位置。每列气压计的波

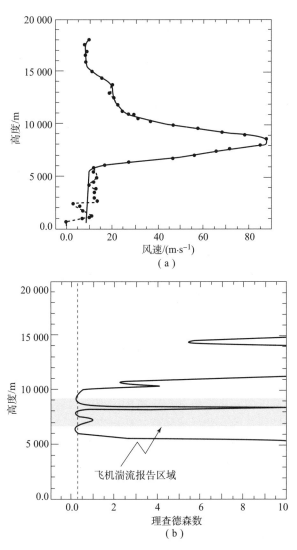

图 38.8 风廓线图和理查德森数廓线图

（a）风廓线图；（b）1973 年 2 月 21 日理查德森数廓线图

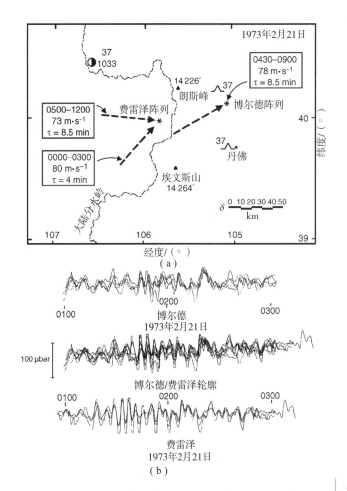

图 38.9 飞行员报告的湍流区域与大气压力波的比较

（3）山的背风波（二维情况）。

（4）三维山脉流。

（5）Bora 流。

加拿大 TSB 调查了德哈维兰 DHC-2 海狸飞机在 2005 年 9 月 1 日发生的一起导致一人死亡的事故。他们总结事故的原因是失去视觉参考，遭遇强上升气流、从温和到剧烈的湍流和风切变，从而导致了飞机的气动失速。这个事故表明，不同的气象现象可以结合起来对飞行造成危害。

1. 山谷流

山谷流可以视为稳定冷空气在可以聚集的盆地中发生的。山谷上斜坡上风的流动可以激起驻波和复杂的循环流动。Cunningham 和 Bedard（1993）已经在实验室中对这个现象进行了研究。背风面冷空气池由于背风波的作用而消逝的过程可以产生局部和复杂的流动，在图 38.10 中进行了概念上的展示。

在实验室中模拟山脉流时可能出现的情况如下。

相位速度和传播速度按照具体的时间间隔列在了图中。图 38.9（b）展示的是弗雷泽和博尔德的气压计序列在 0100～0300UTC 区域测得的压力波数据。四个传感器在每一次测量中的数据都会互相覆盖穿过，显示出了良好的一致性。中间的轨迹为弗雷泽和博尔德测得数据的合并显示。波形的一致显示出了这些波在传播 50 km 的过程中变化很小。即使这个现象发生在落基山脉，山的存在也不会影响波传播过程中波形的变化。接下来的章节讨论地形引起的湍流。

38.3.2 地形引起的湍流

地形与大气流动的相互作用可以影响所有的飞行过程。不同的类型有以下几种。

（1）山谷流。

（2）与脊线平行的流动。

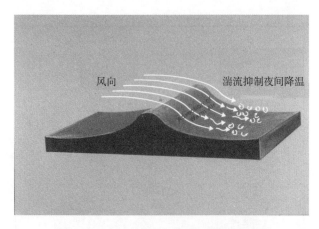

图 38.10　山谷背风面冷空气撤离的概念图

（1）开始激增的流量会产生不稳定涡旋将下游河谷斜坡的稠密流体在跟随运动流体移动前消除。

（2）侵蚀发生在顶部被困住的稠密流体，开尔文-亥姆霍兹波发生在山脉背风面的上游。

（3）背风面的涡旋持续消耗着山谷中的稠密流体，并且非常奇怪地使稠密流体向上游斜坡移动。在这时山谷中的流体开始震荡。山脉中的这些驻波已经被测量过了。

（4）在最后一相中驻波已经不再明显并且稠密流体已经被涡旋移动到了山脉背风面的上游。

这些流动对山区机场的飞行是很具有挑战性的。

2. 与脊线平行的大气流动

与脊线平行的大气流动还没有得到集中的研究，原因之一为流动基本上是直角，研究起来很困难。缺乏研究的事实可以被接下来云波、旋转、破坏性的地表风以及发生在山脉背风面的许多事故来部分说明。

然而，平行于障碍物的流动可以修正当地的气象学情况，边界层风切变会产生在脊线上的复杂流动。比如说，对滑翔机重要的热气流的增加可以被平行流动所抑制，并且，山对面的边界层流动可以在山顶直接合并而产生一个大范围的流动不稳定性。这些情况需要更深入的研究。目前已有的一些研究成果如 Thorpe 等（1993）聚焦阿尔卑斯山脉主要部分的平行流动的影响。

3. 山的背风波（二维情况）

某些地形在第三维时显示出了很小的变化，并且背风面的影响会在长距离中出现。有时，如果流动是稳定的，背风波和旋转会出现并且持续好几个小时；如果有不稳定气流的激增，就会形成一个涡片并且卷起而成为一个聚集的强力涡向下游移动。图 38.11 展示了这两种情况。

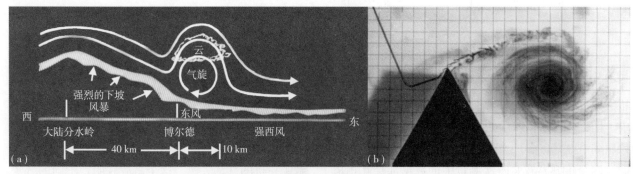

图 38.11　概念图及涡片卷起的过程
（a）博尔德地区典型下风波和相关的旋转和云波的概念图；（b）实验室模拟山上的流量激增导致的涡片卷起过程。食品着色剂被用来对流体进行可视化

背风波系统几乎是不能被肉眼直接看见的，除非在云形成的过程中或是吹起了尘埃，但也仅仅能看到该系统的一部分。一些背风波系统可以由上游火焰的烟尘使其可见。这些山岳波已经是导致遭遇湍流事故发生的原因。例如，Clark 等（2000）描述了一起由遭遇高阶旋转导致的事故。一系列密集的外场试验（例如，Project AEOLUS，MCAT 以及最近的 T-REX；Darby 和 Poulos，2006）正在提升或已经提升了我们对这些复杂流动的认识。激光多普勒雷达对有复杂地形存在的情况是一个强有力的工具（例如，Darby 和 Poulos，2006）。在向下风暴中，风的剧烈增加可以在它们达到前数十秒就被听到。这些激增经常出现并且可以被激光多普勒雷达监测到。

然而，三维地形会在更短的时间内产生一些更复杂的流场。

4. 三维山脉流

Zipser 和 Bedard（1982）描述了两种非常不同

的风暴和它们的表面效应。其中的一种风暴会产生速度很高的风，影响区域很大；另一种风暴则是结构高度复杂，并且会对当地区域产生破坏。图38.12

展示了三维流动的概念图和实验室中用到的一个圆柱绕流模型。

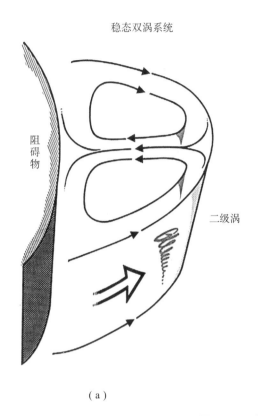

稳态双涡系统

阻碍物

二级涡

（a）

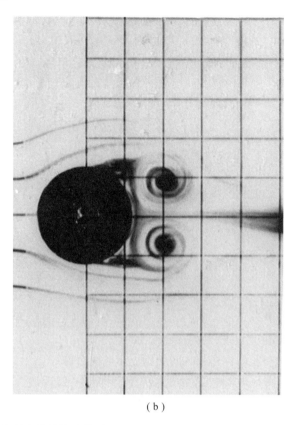

（b）

图 38.12　概念图和圆柱绕流模型

（a）屏障后双涡系统形成的概念图。外围风切变很强的区域很容易生成小尺度涡；（b）实验室中在一股流体后形成的双涡系统。流体是用上游释放的食品着色剂进行上色可视化的。这张图片是在博尔德科罗拉多大学地球物理流动模拟实验室得到的

风暴对停泊在博尔德机场的飞机造成了相当大的破坏，而这些破坏主要是由一系列大致沿着同一路径运动的连续的类似于龙卷风的涡旋造成的。大型背风面涡旋不仅在破坏调查中被发现，在延时摄影中也发现了反向旋转的荚状云。

当山顶附近的平均气流是从西北方向流来的时候，它们会经过包含长峰在内的一系列山脉，在这些情况下，经常会观察到小涡旋。涡旋切向速度超过 70 m/s 的时候会在湖面产生扰动（图38.13）。

这些涡结构每隔几个小时就会偶尔出现一次并沿着不同的方向传播。

5. Bora 流

当负升力是一个很重要（但不是决定性）的参数时，会产生当地向下风暴。这种在南极洲和地球上大部分山脉周围区域观测到的向下风暴会对地表产生破坏，对飞行在低海拔的飞机也很有危害性。不同的名字比如 bora，morder，sarma，nortes 和

图 38.13　离开湖边缘的一个涡的结构

oroshi 都被用来描述这种冷空气现象。冷锋可以到达山脉附近，这取决于它什么时候后退向与山脉相反的方向移动。开始时，密度不稳定会导致零星的冷空气穿过山脉向峡谷方向移动。随着时间的推移，冷空气会下沉并达到一个稳定的状态，产生大范围的风和较低的温度。正是在这个阶段，这些过

程常常会符合水利跳跃模型（Bedard 和 LeFebvre，1983）。

各种不同的危害会同时产生，比如，激光雷达监测到的一个从科罗拉多斯普林斯地区东北面移动过来的一个 bora 流，同时跟随着一个从西北方移动来的 chinook 流。

香港国际机场配备了激光多普勒雷达作为一系列传感器的一个组成部分，来帮助发现和预警各种危害的存在。

38.3.3 风暴附近区域

在对流活动的附近有各种可能的危险，特别是当对流炮塔穿透强风区域时，但是不一定是遇到风暴才会遇到这些危险的情况。例如，下述的这些情况都是可能的。

（1）在低海拔（例如，约 1 km）会遇到阵风前锋。

（2）风暴顶部以下的任何级别的飞行会碰到被风暴激发的重力波、反演波。

（3）在风暴穿透强风的级别上，风暴会像一个屏障产生背风波和向下的湍流或者是可能在云层顶部以上产生严重湍流的垂直传播的重力波。

（4）风暴自然产生的沿着大气垂直运动的内部环流可以在与高空剪切层的相互作用中被放大，因此产生强力涡。

Keller 等（1983）提供了一个高度在 11 km，飞行在发展中的风暴 2 km 以上的一个事故的例子。他们的数值模拟显示，在该飞行高度以上会出现大幅度的重力波扰动。

38.3.4 "自由"大气湍流

"自由"大气湍流指的是随机领域，随机湍流在大气层的所有高度上基本都是无处不在的。这种形式的湍流与物体、地表、特别的风切变层都无关。这些湍流是由动力学和热力学过程的弱混合产生的，如果它们以大范围出现，就会对飞机机身材料产生长期疲劳，但是它们经常不是导致事故的原因。一个很好的例子就是白天时，大气边界层顶部（例如，大约 2 km）是随机小型热气流导致的扰动。Vinnichenko 等人（1973）提供了这些形式的湍流的很好的一个参考。在经常情况下理查德森数会非常接近 1/4 但不会小于 1/4。Knox 等（2008）已经提出的一种预测重力波向远离它们源区域方向传播的理论可以调节当地理查德森数，产生湍流区

域。他们对这种理论进行了评估，发现它提高了预测洁净空气湍流（CAT）的可能性。Cornman 等（1985）提出了一种有飞机使用过的实时量化湍流的客观方法。

38.4 结 冰

NTSB 文件中列出在 1963—2006 年，结冰作为一个影响因素的事故有 4 054 起，造成的死亡人数有 2 975 人。这些事故中的 3 633 起发生于通用航空飞行器。这些无疑反映了一个事实：通用航空飞行器的飞行环境中会更频繁地遭遇过冷水滴（SLW）。另一个因素是通用航空飞行器与商用飞机相比不太可能装备除冰设备。结冰与湍流导致的死亡人数对比图显示出了同样的趋势：在 1985—1990 年，发生的数目下降了，紧接着又达到了 1985 年以前的数字。尽管在 1990—1994 年通用航空飞行器的数量从 199 000 架下降到了 172 000 架，事故数还是增加了。EASA 在 1999—2008 年记录了 8 起与结冰有关的事故，导致了 5 人死亡，如图 38.14 所示。

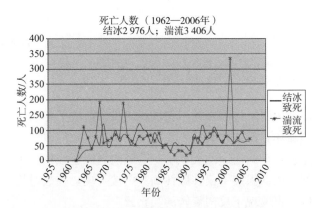

图 38.14 1962—2006 年结冰与湍流导致的死亡人数对比图

过冷水滴会在对流云中出现，并随着强上升气流迁移到冰点以上的区域。过冷水滴通常也会出现在有弱上升气流的云层中，不过这些云层顶部温度会超过 12 ℃。在后一种情况下形成的冰晶通常要比云层顶部温度较低时形成的冰晶小。因此，冰在持续增长过程中消耗的过冷水滴与除掉过冷水滴相比微乎其微。

过冷水滴可以在许多种非对流的情况下产生。它们包括以下几项。

（1）障碍物迫使。

（2）各种原因的低阶汇聚。

（3）波前迫使。

（4）风切变导致的水滴聚集，水滴尺寸增大。

（5）辐射降温。

（6）过冷水滴的水平对流运动。

云层中较小的水滴倾向于跟随机翼周围的流线运动，而大水滴则会撞到机翼表面并停留。因为这些水滴是过冷的，它们撞击后会在表面冻结。Cebeci（1989）计算了有水滴存在的机翼周围流场的流动并与实验结果进行了对比。即使非常薄的冰层也会对飞机性能产生非常大的影响。商业飞行器由于配备有除冰装置，因此会在爬升至巡航高度时短时间穿越有过冷水滴存在的区域。相反，通用航空飞行器在它们较低的作业高度飞行时更容易在云层进行长时间的停留，冰也会在飞机上持续堆积。预测和观测过冷水滴区域是很富有挑战性的，即使近年来天气预测的数学模型已经可以提供结冰的详细预测。

图38.15总结了可以用来探测过冷水滴空间分布的检测工具。

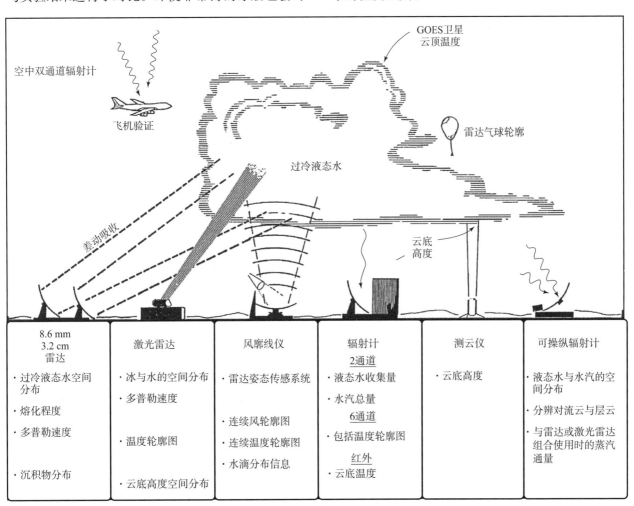

图38.15　可以用来预测和发现过冷水滴区域的远距离与近距离设备

（这张图是用来帮助指导由联邦航空管理局资助的一个测量项目）

这些工具包含从集成了水蒸气和液态水的双通道辐射测量计到有可以提供连续的风和温度数据的无线电声波探测系统的垂直风分析器。例如，一系列双通道辐射计可以监控液态水流场的变化，无线电声探测系统探测到的温度信息可以用来判断是否过冷。Stankov 和 Bedard（1990）在丹佛斯台普顿机场用这些传感器进行了研究。远距离探测技术的应用和从飞机表面有效除冰方法的使用可以帮助消除积冰的危害。

38.5　尾迹涡

NTSB记录的在1962—2006年发生的14起涉及尾迹涡的事故导致了7人死亡。这么少的事故数可能在很大程度上归因于重型飞机起飞后与轻型飞机之间的距离控制。涡的环量 Γ 取决于飞行器的重量 W、飞行器的速度 U，以及翼展 S（Shevell，1989）。因此：

$$\Gamma \propto \frac{4W}{\pi US} \qquad (38-3)$$

以低速运动的重型飞行器会产生最大的环量。环量是流体速度沿着封闭曲线一圈的积分。对于许多大气中的涡，包括尾迹涡，核心外的环量在每一个半径尺寸上的值大约是恒定的，这就为测量涡的尺寸提供了一个有力的指标。如果大气是理想的，没有风、湍流或者温度的波动，那么尾迹涡的轨迹是可以预测的。不幸的是，典型的气象学不稳定性导致涡的位置很难确定，甚至是重飞行器也会处于危险之中。1999 年 9 月 8 日，一架波音 737 就发生了事故。在该次事故中，737 飞机在 29 000 ft 高度附近爬升时进入了不受控的滚动。一架 DC-10 在 1 min 前、相同区域，爬升经过了 737 发生事故 600 ft 以上的空域。探测和追踪尾迹涡的技术已经在发展中，它们包含被动（例如，利用麦克风阵列来探测涡的噪声）和主动（例如，激光雷达）远程探测方案。目前的间距控制方案，尽管可以有效阻止事故的发生，但是往往造成了机场跑道的利用率下降。Carney 等人（1995）建议持久的航迹云可以为飞行员提供关于大气状态有价值的信息。

38.6 闪 电

规避风暴有很多原因，包括潜在的下降气流、水平和垂直的风切变与冰雹。另一个非常重要的原因就是闪电。

NTSB 评估的在 1962—2006 年闪电作为可能为导致原因的事故就有 293 起。然而，这些事故中仅有 49 起是闪电直接击中了飞行器。研究飞行器发生损害的类型也是非常有趣的，因为其中包含了各种各样的形式。在发生事故的飞行器坠毁后，雷电导致的损害就往往不能被评估。闪电导致的危害包括以下几个方面。

（1）通信中断。
（2）闪光导致的飞行员致盲。
（3）电线烧断。
（4）方向舵和副翼损坏。
（5）窗户破裂。
（6）翼尖玻璃纤维损坏。
（7）天线罩烧坏。
（8）发动机损坏和极化。
（9）翼肋结构分裂。
（10）空气燃油混合物着火。

Rakov 和 Uman（2006）就闪电对飞行器的危害进行了一次深入的综述。他们指出 90% 的闪电放电都是由飞行器引起的。

避免遇到雷暴是预防遭遇闪电的最好途径。闪电预测网络提供的数据可以提供指导。

38.7 尘卷风

Cooley（1971）回顾了与尘卷风形成有关的气象学条件。涡因为夹杂着尘土而变得可见，并且这些尘土来自有助于产生这些涡流的地表土壤。Cooley 列出了导致地面附近产生大温度梯度的因素。

（1）强太阳辐射（大太阳辐射入射角）。
（2）空域中覆盖的云层很稀少。
（3）低湿度。
（4）干燥、贫瘠的土壤。
（5）地表风速低。

许多尘卷风相对而言是很弱的（风速＜10 m/s），然而不稳定的气流会导致意外的大作用力而产生相当大的损害。

有许多区域产生尘卷风的可能性很高，当地经验应为最常发生的地区提供切实的建议（例如，Idso，1972）。

Sinclair（1968）编译了美国图森附近的华楚卡堡地区的尘卷风统计数据。他的数据提供了在华楚卡堡附近区域一年中和一天中可能会遇到尘卷风的时间。Sinclair（1968）的数据显示一天中尘卷风最可能出现的时间为 10：30—16：30 MST，如图 38.16 所示。

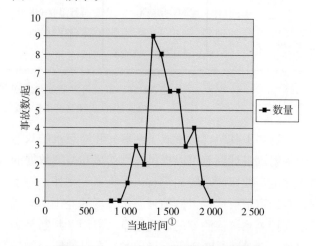

图 38.16 一天中与尘卷风有关的事故数

---

① 原文如此。

这些数据与 Flower（1936）提出的数据是一致的，他还比较了尘卷风出现的频率和近地表温度梯度的大小关系。这些数据显示，最强和最常出现的尘卷风是在当地时间的 12：30—15：30 出现的。Flower 提供的以年为单位的数据还显示尘卷风最容易在 5—9 月发生。Sinclair（1968）观测的大多数涡都是在 7 月。

1962—2006 年，有 45 起事故涉及了尘卷风。这些发生事故的飞行器中也包含了通用航空飞行器。以天为单位的事故发生起数图所显示的结果与 Sinclair（1968）的观测结果是一致的。ATSB 调查了 2007 年 11 月 6 日一架塞斯纳飞机的事故，该飞机撞到了山的一侧，导致一人死亡，他们总结事故的原因是该飞机起飞后遭遇到了强阵风和尘卷风（"沙漠旋风"）。

对于处于尘卷风经常出没地区的机场，应该建立一个决策树来帮助预测可能发生的尘卷风并使飞行员对其提高警惕。北半球可以用来建立决策树的一些参数如下。

（1）一年中的 4—9 月。

（2）地表是干燥有灰并且贫瘠的（有利于产生近地附近的大温度梯度）。

（3）当地时间 10：00 和 16：00。

（4）云层覆盖<50%。

（5）近地表温度递减率高于每 100 m 9 ℃。

（6）当地地形的影响也是很重要的。

38.8 结束语

这一章回顾了影响所有高度、大范围时间和空间尺度飞行的现象，它们从可以影响平流层的基本连续的山岳波（Smith 等，2008）到瞬时近地表面的微下击暴流。目前不仅天气预测的数值模型取得了进展，互补观测系统（例如，风廓线雷达网络；Benjamin 等，2004）也取得了很大进步。预报可以帮助规划航线，使用高阶的风信息来节省时间和燃料成本。

虽然商业飞机发生的事故数明显减少，尤其是微下击暴流导致的事故数，但是在预防湍流和结冰方面仍有许多工作要做。自 1990 年以来，这些天气状况导致的事故数量显示了上升的趋势，尤其是通用航空领域。通用航空机场如果能应用低成本的远距离传感器来定位这些危害（例如，尘卷风、下边界层风切变、热气流、向下风暴、阵风锋面），

那么将是非常有益的。对于其中的一些危害来说，风向袋和声学探测器就可以提供实时的信息。

在一些情况下，一本照片集或者一系列记录当地天气特征的视频可以让飞行员迅速地了解当地的情况，记录有危害的山脉风的照片集（Carney 等，1995）就是这样的一个例子。通用航空机场管理人员会发现当地的气象学家、风暴侦察员和风暴追击者是宝贵的信息来源。由云、雪或者雾的存在导致的视野受限也会是导致事故发生的原因之一，尤其是对于那些缺少雷达指引的通用航空机场，地形特征可能被隐蔽掉了。云层中的冰会直接影响飞机的飞行质量。大雨除了会阻碍起飞和降落过程中的视野外，也会导致微下击暴流的程度变大，因为风切变会随着降雨量的增大而增大。

军用飞机由于与商用飞机和通用飞机采用不同的飞行模式，经常在地面附近高速飞行，或以编队飞行。大多数的事故都是由于硬件问题导致的或是与其他飞行器相撞或者撞到地面上。在 1975—1999 年有 12 起事故的原因列入恶劣天气。其中的 6 起是能见度太低。许多级别的军用飞机和商业飞机或通用飞机相比，由于更高的速度和灵活性更不容易受风切变或者结冰的影响。

联邦航空管理局在 1990—2000 年资助的研究已经在数值预测模型上有了很大的提高，以至于他们有能力明确地预测航空危害（如过冷水滴和结冰）或危害可能发生的情况（如湍流）。本章最后列出了可以进一步阅读的资源，主题从热气流和山岳波的理论工作到尾迹涡与密度流。当然，也包含了航空和气象领域的教科书。

参考文献

Bedard, A. J., Jr., Canavero, F. and Einaudi, F. (1986) Atmospheric gravity waves and aircraft turbulence encounters. *J. Atmos. Sci.*, 43 (23), 2838 - 2844.

Bedard, A. J., Jr., Hooke, W. H. and Beran, D. W. (1977) The Dulles Airport pressure-sensor array for gust-front detection. *Bull. Am. Meteorol. Soc.*, 58, (9) Instrumentation Issue, 920 - 926.

Bedard, A. J., Jr. and LeFebvre, T. J. (1983) Downslope windstorms and negative buoyancy forces. *Proceedings of the 13th Conference on Severe Local Storms*, October 17-20, Tulsa, OK, American Meteorological Society, Boston, MA, pp. 283 - 287.

Bedard, A. J., Jr., McCarthy, J. and LeFebvre, T. (1984) Statistics from the operation of the Low-level

Wind Shear Alert System（LLWAS）during the Joint Airport Weather Studies（JAWS）project. *Report for the Federal Aviation Administration*，DOT/FAA/PM-84-21，p. 76.

Benjamin，S. G.，Schwartz，B. E.，Szoke，E. J. and Koch，S. E.（2004）The value of wind profiler data in U. S. weather forecasting. *Bull. Am. Meteorol. Soc.*，75，1871–1886.

Caplan，S. J.，Bedard，A. J.，Jr. and Decker，M. T.（1990）Remote sensing of the 700-500 mb lapse rate trend and microburst forecasting. *J. Appl. Meteorol.*，29，680–687.

Caracena，F.，Holle，R. L. and Doswell，C. A. III.（1989）*Microbursts: A Handbook for Visual Identification*，U. S. Department of Commerce，U. S. Government Printing Office，Washington，DC，p. 35.

Carney，T. Q.，Bedard，A. J.，Jr.，Brown，J. M.，McGinley，J.，Lindholm，T. and Kraus，M. J.（1995）*Hazardous Mountain Winds and Their Visual Indicators*，Department of Commerce，National Oceanic and，Atmospheric Administration，Washington，DC，p. 80.

Cebeci，T.（1989）Calculation of flow over iced airfoils. *AIAA J.*，27（7），853–861.

Clark，T. L.，Hall，W. D.，Kerr，R. M.，Middleton，D.，Radke，L.，Ralph，E. M.，Neiman，P. J. and Levinson，D.（2000）Origins of aircraft-damaging clear-air turbulence during the 9 December 1992 Colorado downslope windstorm: numerical simulations and comparison with observations. *J. Atmos. Sci.*，57，1105–1131.

Cooley，J. R.（1971）Dust devil meteorology，*NOAA Technical Memorandum NWS CR*-42，National Weather Service，Silver Spring，MD，p. 34.

Cornman，L. B.，Morse，C. S. and Cunning，G.（1985）Real-time estimation of atmospheric turbulence severity from in-situ aircraft measurements. *J. Aircraft*，32（1），171–177.

Cunningham，W. T. and Bedard，A. J.，Jr.（1993）Mountain valley evacuation by upper level flows: a scale model study. *AIAA J.*，31，1569–1573.

Darby，L. S. and Poulos，G. S.（2006）The evolution of lee-wave-rotor activity in the lee of Pike's Peak under the influence of a cold frontal passage: implications for aircraft safety. *Monthly Weather Rev.*，134，2857–2876.

Einaudi，F.，Bedard，A. J.，Jr. and Finnigan，J. J.（1989）A climatology of gravity waves and other coherent disturbances at the Boulder Atmospheric Observatory during March-April 1984. *J. Atmos. Sci.*，46（3），303–329.

Flower，W. D.（1936）Sand devils. *London. Meteor. Office*，*Prof. Notes*，5（71），1–16.

Fujita，T. T.（1985）The downburst，microburst，and macroburst. SMRP research paper No. 210（NTIS PB85-148880），University of Chicago，p. 112.

Fujita，T. T. and Caracena，F.（1977）An analysis of three weatherrelated accidents. *Bull. Am. Meteorol. Soc*，58，1164–1181.

Glickman，T. S.（ed.）（2000）*Glossary of Meteorology*，2nd edn，American Meteorological society，Boston，MA，p. 855.

Grubisic，V.，Doyle，J. D.，Kuettner，J.，Mobbs，S.，Smith，R. B.，Whiteman，C. D.，Dirks，R.，Czyzyk，S.，Cohn，S. A.，Vosper，S.，Weissmann，M.，Haimov，S.，De Wekker，S. F. I.，Pan，L. L. and Chow，F. K.（2008）The terrain-induced rotor experiment. *Bull. Am. Meteorol. Soc.*，89（10），1513–1533.

Idso，S. B.（1972）Tornado or dust devil: the enigma of desert whirlwinds. *Am. Scientist*，62，530–541.

Intrieri，J. M.，Bedard，A. J.，Jr.，and Hardesty，R. M.（1990）Details of colliding thunderstorm outflows as observed by Doppler lidar. *J. Atmos. Sci.*，47（9），1081–1098.

Johnson，K.，Prette，K.，Robbins，B. and Bedard，A. J. Jr.（1991）Gravity wave generation by atmospheric downdrafts and the possible role of gravity waves in the initiation of microbursts: a comparison between laboratory and atmospheric measurements. *Proceedings of the 8th Conference on Atmospheric and Oceanic Wave Stability*，October 14-18，Denver，CO.

Keller，T. L.，Ehernberger，L. J. and Wurtele，M. G.（1983）Numerical simulation of the atmosphere during a CAT encounter. *Conference of Aerospace and Aeronautical Meteorology*，June 1983，Omaha，NE.，American Meteorological Society，Boston，MA，pp. 316–319.

Knox，J. A.，McCann，D. W. and Williams，P. D.（2008）Application of the Lighthill-Ford theory of spontaneous imbalance to clear-air turbulence forecasting. *J. Atmos. Sci.*，65，3292–3304.

Orlanski，I.（1975）A rational subdivision of scales for atmospheric processes. *Bull. Am. Meteorol. Soc.*，56（5），527–530.

Rakov，V. A. and Uman，M. A.（2006）*Lightning: Physics and Effects*，Cambridge University Press，N. Y. p. 699（Chapter 10: Lightning and Airborne

Vehicles).

Shevell, R. S. (1989) *Fundamentals of Flight*, Prentice-Hall, Upper Saddle River, NJ, p. 438.

Sinclair, P. C. (1968) General characteristics of dust devils. *J. Appl. Meteorol.*, 8, 32 – 45.

Smith, R. B., Woods, B. K., Jensen, J., Cooper, W. A., Doyle, J. D., Jiang, Q. and Grubisic, V. (2008) Mountain waves entering the stratosphere. *J. Atmos. Sci.*, 65 (8), 2543 – 2562.

Srivastava, R. C. (1985) A simple model of evaporatively driven downdraft: application to microburst downdraft. *J. Atmos. Sci.*, 42, 1004 – 1023.

Stankov, B. and Bedard, A. (1990) Atmospheric conditions producing aircraft icing on 24-25 January 1989: a case study utilizing combinations of surface and remote sensors. *Proceedings of the 28th Aerospace Sciences Meeting*, January 8-11, 1990 Reno, NV.

Thorpe, A. J., Volkert, H. and Heimann, D. (1993) Potential vorticity of flow along the Alps. *J. Atmos. Sci.*, 50 (11), 1573 – 1590.

Tvaryanas, A. P. (2003) Epidemiology of turbulence-related injuries in airline cabin crew, 1992-2001. *Aviat. Space Environ. Med.*, 74 (9), 970 – 976.

Vinnichenko, N. K., Pinus, N. Z., Shmeter, S. M. and Shur, G. N. (1973) *Turbulence in the Free Atmosphere*, Consultants Bureau, NY, p. 263.

Wakimoto, R. M. (1985) Forecasting dry microburst activity over the high plains. *Mon. Weather Rev.*, 113, 1131 – 1143.

Wilson, J. W., Roberts, R. D., Kessinger, C. and McCarthy, J. (1984) Microburst wind structure and evaluation of Doppler radar for airport wind shear detection. *J. Climate Appl. Meteor.*, 23, 898 – 915.

Zipser, E. J. and Bedard, A. J. Jr. (1982) Front range windstorms revisited: small scale differences amid large scale similarities. *Weatherwise* (April), 36, 82 – 85.

延伸阅读

Baines, P. G. (1995) *Topographic Effects in Stratified Fluids*, Cambridge University Press.

Bosart, L. F., Bracken, W. E. and Seimon, A. (1998) A study of cyclone mesoscale structure with emphasis on a large-amplitude inertia-gravity wave. *Mon. Weather Rev.*, 126, 1497 – 1527.

Buck, R. N. (1997) *Weather Flying*, McGraw Hill, NY, pp. 304.

Byers, H. R. and Braham, R. R. Jr (1949) *The Thunderstorm: Report on the Thunderstorm Project*, United States Printing Office, Washington, DC.

Horne, T. A. (1999) *Flying America's Weather*, Aviation Supplies and Academics, Newcastle, WA.

Lenschow D. H. (ed.) (1986) *Probing the Atmospheric Boundary Layer*, American Meteorological Society, Boston, MA.

Lester, P. F. (1995) *Aviation Weather*, Jeppesen Sanderson, Englewood, CO, 480 pp.

Newton, D. (2002) *Severe Weather Flying*, Aviation-Supplies and Academics, Newcastle, WA, 190 pp.

Olsen J. H., Goldberg A., and Rogers M. (eds) (1971) Aircraft wake turbulence and its detection. *Proceedings of the Symposium on Aircraft Wake Turbulence*, September 1-3, Seattle, WA. Plenum Press, NY.

Scorer, R. S. (1978) *Clouds of the World*, Lothian Publishing Company, Melbourne.

Scorer, R. S. (1978) *Environmental Aerodynamics*, E. Horwood, Chichester.

Simpson, J. E. (1987) *Gravity Currents in the Environment and the Laboratory*, E. Horwood, Chichester.

Whiteman, C. D. D. (2000) *Mountain Meteorology: Fundamentals and Applications*, Oxford University Press.

本章译者：朱春玲 曹 宇
（南京航空航天大学航空宇航学院）

附录

《航空航天科技出版工程10　绿色航空》英文版参编人员

Ramesh K. Agarwal
Department of Mechanical Engineering and Materials Science, Washington University in St. Louis, St. Louis, MO, USA

Kevin L. Anderson
Tyndall Centre for Climate Change Research, School of Mechanical Aerospace and Civil Engineering, University of Manchester, Manchester, UK

David Angland
Faculty of Engineering, University of Southampton, Southampton, UK

Alfred J. Bedard Jr.
Cooperative Institute for Research in Environmental Sciences, Physical Sciences Division, Earth System Research Laboratory, National Oceanic and Atmospheric Administration, Boulder, CO, USA

Mike Bennett
Centre for Aviation, Transport and the Environment, Manchester Metropolitan University, Manchester, UK

Gaudy M. Bezos-O'Connor
NASA LaRC, Hampton, VA, USA

Cees Bil
School of Aerospace, Mechanical and Manufacturing Engineering, RMIT University, Melbourne, Victoria, Australia

Bilal M. M. Bomani
NASA Glenn Research Center, Cleveland, OH, USA

Alice Bows-Larkin
Tyndall Centre for Climate Change Research, School of Mechanical Aerospace and Civil Engineering, University of Manchester, Manchester, UK

D. Douglas Boyd
NASA Langley Research Center, Hampton, VA, USA

Peter Braesicke
Chemistry Department, NCAS Climate, University of Cambridge, Cambridge, UK

Simon I. Briceno
Aerospace Systems Design Laboratory, The Daniel Guggenheim School of Aerospace Engineering, Georgia Institute of Technology, Atlanta, GA, USA

Rachel Burbidge
EUROCONTROL, Brussels, Belgium

Imon Chakraborty
Aerospace Systems Design Laboratory, The Daniel Guggenheim School of Aerospace Engineering, Georgia Institute of Technology, Atlanta, GA, USA

Jeffrey D. Crouch
Boeing Commercial Airplanes, Seattle, WA, USA

Oliver Dessens
Centre for Atmospheric Science, Cambridge University, Cambridge, UK

Graham Dorrington
School of Aerospace, Mechanical and Manufacturing Engineering, RMIT University, Melbourne, Victoria, Australia

Lynnette M. Dray
UCL Energy Institute, University College London, London, UK

Wenbo Du
University of Illinois at Urbana-Champaign, Urbana, IL, USA

Antony D. Evans
UCL Energy Institute, University College London, London, UK

Peter Frederic
Tecolote Research, Inc., Santa Barbara, CA, USA

Joshua E. Freeh
NASA Glenn Research Center, Cleveland, OH, USA

Astrid Gühnemann

398

Institute for Transport Studies, *University of Leeds*, *Leeds*, *UK*

Elena Garcia

Aerospace Systems Design Laboratory, *The Daniel Guggenheim School of Aerospace Engineering*, *Georgia Institute of Technology*, *Atlanta*, *GA*, *USA*

Alessandro Gardi

School of Aerospace, *Mechanical and Manufacturing Engineering*, *RMIT University*, *Melbourne*, *Victoria*, *Australia*

François A. Garnier

Physics and Instrumentation Department, *ONERA*, *Châtillon*, *France*

Klaus M. Gierens

Institut für Physik der Atmosphäre, *Deutsches Zentrum für Luft- und Raumfahrt (DLR)*, *Oberpfaffenhofen*, *Germany*

James Gill

Faculty of Engineering, *University of Southampton*, *Southampton*, *UK*

Susan A. Gorton

NASA Langley Research Center, *Hampton*, *VA*, *USA*

Jonathan Hart

Rolls-Royce plc, *Derby*, *UK*

Robert C. Hendricks

NASA Glenn Research Center, *Cleveland*, *OH*, *USA*

Paul D. Hooper

Center for Aviation, *Transport and the Environment*, *Manchester Metropolitan University*, *Manchester*, *UK*

Ken I. Hume

Center for Aviation, *Transport and the Environment*, *Manchester Metropolitan University*, *Manchester*, *UK*

Dawn C. Jegley

NASA Langley Research Center, *Hampton*, *VA*, *USA*

Wayne Johnson

NASA Ames Research Center, *Mountain View*, *CA*, *USA*

Marcus O. Köhler

School of Geography, *Earth and Environmental Sciences*, *University of Birmingham*, *Birmingham*, *UK*

Trevor Kistan

School of Aerospace, *Mechanical and Manufacturing Engineering*, *RMIT University*, *Melbourne*, *Victoria*, *Australia*

Lee W. Kohlman

NASA Glenn Research Center, *Cleveland*, *OH*, *USA*

Craig Lawson

Centre for Aeronautics, *School of Aerospace Manufacturing and Transport*, *Cranfield University*, *Cranfield*, *UK*

David S. Lee

Dalton Research Institute, *Manchester Metropolitan University*, *Manchester*, *UK*

John C. Lin

NASA Langley Research Center, *Hampton*, *VA*, *USA*

Mujeeb R. Malik

NASA Langley Research Center, *Hampton*, *VA*, *USA*

Sarah L. Mander

Tyndall Centre for Climate Change Research, *School of Mechanical Aerospace and Civil Engineering*, *University of Manchester*, *Manchester*, *UK*

Matthew Marino

School of Aerospace, *Mechanical and Manufacturing Engineering*, *RMIT University*, *Melbourne*, *Victoria*, *Australia*

Joaquim R. R. A Martins

Aerospace Engineering Department, *University of Michigan*, *Ann Arbor*, *MI*, *USA*

Janet A. Maughan

Center for Aviation, *Transport and the Environment*, *Manchester Metropolitan University*, *Manchester*, *UK*

Dimitri N. Mavris

Aerospace Systems Design Laboratory, *The Daniel Guggenheim School of Aerospace Engineering*, *Georgia Institute of Technology*, *Atlanta*, *GA*, *USA*

Michael McCune

Division of UTC, *Pratt & Whitney*, *East Hartford*, *CT*, *USA*

Philippe J. Mirabel

Surfaces et Procédés pour la Catalyse, *Université de Strasbourg*, *Laboratoire des Matériaux*, *Strasbourg*, *France*

Adrian Mouritz

School of Aerospace, *Mechanical and Manufacturing Engineering*, *RMIT University*, *Melbourne*, *Victoria*, *Australia*

Craig Nickol

NASA LaRC, *Hampton*, *VA*, *USA*

Bethan Owen

Dalton Research Institute, *Manchester Metropolitan University*, *Manchester*, *UK*

Daniel E. Paxson

Communications and Intelligent Systems Division, *NASA Glenn Research Center*, *Cleveland*, *OH*, *USA*

Alexia P. Payan

Aerospace Systems Design Laboratory, *The Daniel Guggenheim School of Aerospace Engineering*, *Georgia Institute of Technology*, *Atlanta*, *GA*, *USA*

H. Douglas Perkins

Propulsion Division, *NASA Glenn Research Center*, *Cleveland*, *OH*, *USA*

Christopher A. Perullo

Aerospace Systems Design Laboratory, *The Daniel Guggenheim School of Aerospace Engineering*, *Georgia Institute of Technology*, *Atlanta*, *GA*, *USA*

Clément Pornet
Bauhaus Luftfahrt，Munich，Germany

Subramanian Ramasamy
School of Aerospace, Mechanical and Manufacturing Engineering, RMIT University, Melbourne, Victoria, Australia

Dave Raper
Centre for Aviation, Transport and the Environment, Manchester Metropolitan University，Manchester，UK

Tom G. Reynolds
Air Traffic Control Systems Group，MIT Lincoln Laboratory，Lexington，MA，USA

Carl R. Russell
NASA Ames Research Center，Mountain View，CA，USA

Roberto Sabatini
School of Aerospace, Mechanical and Manufacturing Engineering, RMIT University, Melbourne, Victoria, Australia

William S. Saric
Department of Aerospace Engineering, Texas A&M University，College Station，TX，USA

Thomas W. Schlatter
Earth System Research Laboratory，National Oceanic and Atmospheric Administration，Boulder，CO，USA

Jeff S. Schutte
Aerospace Systems Design Laboratory，The Daniel Guggenheim School of Aerospace Engineering，Georgia Institute of Technology，Atlanta，GA，USA

Ravinka Seresinhe
Centre for Aeronautics，School of Aerospace Manufacturing and Transport，Cranfield University, Cranfield，UK

William Sheridan
Division of UTC，Pratt & Whitney，East Hartford，CT，USA

Keith P. Shine
Department of Meteorology，University of Reading，Reading，UK

Wei Shyy
Hong Kong University of Science and Technology，Hong Kong，P. R. China

Christopher A. Snyder
NASA Glenn Research Center，Cleveland，OH，USA

Aleksandar Subic
School of Aerospace, Mechanical and Manufacturing Engineering, RMIT University, Melbourne, Victoria, Australia

Callum S. Thomas
Center for Aviation, Transport and the Environment,

Manchester Metropolitan University，Manchester，UK

Egbert Torenbeek
Department of Aerospace Engineering，Delft University of Technology，Delft，The Netherlands

Michael B. Traut
Tyndall Centre for Climate Change Research，School of Mechanical Aerospace and Civil Engineering，University of Manchester，Manchester，UK

David R. Trawick
Aerospace Systems Design Laboratory，The Daniel Guggenheim School of Aerospace Engineering，Georgia Institute of Technology，Atlanta，GA，USA

Xavier P. Vancassel
Physics and Instrumentation Department，ONERA，Châtillon，France

Alexander Velicki
The Boeing Company，Huntington Beach，CA，USA

Zia Wadud
Institute for Transport Studies and Centre for Integrated Energy Research，University of Leeds，Leeds，UK

Chun Wang
School of Aerospace, Mechanical and Manufacturing Engineering, RMIT University, Melbourne, Victoria, Australia

Edward A. Whalen
Boeing Research & Technology，Hazelwood，MO，USA

John Whurr
Rolls-Royce plc，Derby，UK

Michael Winter
Division of UTC，Pratt & Whitney，East Hartford，CT，USA

F. Ruth Wood
Tyndall Centre for Climate Change Research，School of Mechanical Aerospace and Civil Engineering，University of Manchester，Manchester，UK

Nansi Xue
Zee. Aero，Mountain View，CA，USA

Gloria K. Yamauchi
NASA Ames Research Center，Mountain View，CA，USA

Larry A. Young
NASA Ames Research Center，Mountain View，CA，USA

Dale E. Van Zante
Acoustics Branch，Propulsion Division，NASA Glenn Research Center，Cleveland，OH，USA

Xin Zhang
Department of Mechanical and Aerospace Engineering，School of Engineering，The Hong Kong University of Science and Technology，Hong Kong SAR，China

索　引

403

413

X

419

（王彦祥　张若舒　编制）